PIC 单片机原理与实践
——汇编及 C 语言

曾　辉　编著

北京航空航天大学出版社

内 容 简 介

本书以介绍 PIC16F877A 型号单片机硬件为主，兼顾关联系列。后续推出的 PIC16F193X 系列（PIC16F182X 系列、PIC16F151X 系列）在每一章也单独列出一节专门介绍。CCS 公司的 C 语言函数在每一章的末节也作了专门讲解。

全书共分 21 章，内容全面，解说清晰，系统性强，注重实践环节与能力培养。在每一章节通过编排实验来认识硬件的工作原理，安排的实验及程序大多逻辑简明、目的明确，容易学习。实验中的汇编程序都有对应的 C 语言程序，方便读者比较分析。在对硬件原理的讲解或实验过程中，插入了大量的原理图、带标注示波器图及各类示意图，这使读者更易理解并融会贯通。

本书定位于电子技术应用层次，可供测量、控制等相关专业的工程技术人员使用，也可作为单片机研发人员的自学用书以及高等院校电气电子、机电一体化、工业自动控制等专业的教学参考用书。

图书在版编目(CIP)数据

PIC 单片机原理与实践：汇编及 C 语言／曾辉编著
．—北京 ：北京航空航天大学出版社，2017.8
ISBN 978-7-5124-2504-0

Ⅰ．①P… Ⅱ．①曾… Ⅲ．①单片微型计算机-汇编语言-程序设计 ②单片微型计算机-C 语言-程序设计
Ⅳ．①TP368.1 ②TP313

中国版本图书馆 CIP 数据核字(2017)第 221384 号

版权所有，侵权必究。

PIC 单片机原理与实践——汇编及 C 语言
曾 辉 编著
责任编辑 胡晓柏 剧艳婕
＊
北京航空航天大学出版社出版发行

北京市海淀区学院路 37 号(邮编 100191) http://www.buaapress.com.cn
发行部电话：(010)82317024 传真：(010)82328026
读者信箱：emsbook@buaacm.com.cn 邮购电话：(010)82316936
涿州市新华印刷有限公司印装 各地书店经销
＊
开本：710×1 000 1/16 印张：39.75 字数：847 千字
2017 年 8 月第 1 版 2017 年 9 月第 1 次印刷 印数：3000 册
ISBN 978-7-5124-2504-0 定价：99.00 元

若本书有倒页、脱页、缺页等印装质量问题，请与本社发行部联系调换。联系电话：(010)82317024

前　言

在人们生活的这个世界,已经很少有没用到单片机(MCU)的产品了,比如各类家用电器、汽车、智能门锁、遥控玩具、医疗设备、办公设备、数控机床等,在它们的内部,几乎都包含着一颗或数颗"智能"芯片,使用这些产品让人们生活更加舒心方便。MCU 的应用是如此广泛,这使我们不得不关注它。

MCU 也是一种电脑芯片,但它不同于办公用的电脑中的 CPU,这类 CPU 主要是为处理大量数据而设计的。而 MCU 只能进行小批量的数据处理,然而设计的重点不在于此,而在于它的控制功能。它除了具备计算机的基本结构外(学习并使用 MCU 是了解计算机原理与结构的最佳选择),其内部还集成了许多与控制功能相关的模块,如具备负载能力的 I/O 端口、各类定时器/计数器等。根据不同的应用领域,厂家可以为 MCU 配置不同的功能模块(外设),这使得 MCU 的应用越来越广泛。

本书主要介绍 Microchip 公司生产的 8 位 MCU 的中档系列(Midrange)产品,讲解这类单片机中所配置的典型模块的结构性能及使用方法。

Microchip 公司是全球领先的单片机和模拟器件供应商。它推出的 8 位 MCU,在全球众多厂家的同类产品中,其销售量一直名列前茅,可见其产品独具特色。Microchip 公司生产的 8 位 MCU 在命名上通常以 PIC 开头,如 PIC16F1939,其中打头的 PIC 其英文全称是 Peripheral Interface Controller,意思是外围设备接口控制器,可见它设计的初衷是为了实现某些控制功能;F 表示它的程序存储器是采用先进的 FLASH 工艺制作的,又称作闪速存储器,这种存储器可以实现快速擦除或写入信息。这样的特点非常适合用作在线调试,即烧写程序代码和修改程序代码非常方便。

与其他厂家的 MCU 相比较,PIC 单片机的设计亮点是在总线上采用哈佛结构,指令集采用 RISC 精简指令集。这些特点使它的指令少,执行速度快。关于这些亮点的具体说明将会在后面阐述。

对于中档系列的 MCU,可选取 PIC16F877A 这款具有代表性的型号进行讲解,尽管这款机型推出已经有很多年了,但是因为它典型的架构,它以及它的衍生型号仍然具有较大的市场份额。即便是后来推出的中档新品种(更加适合便携式应用),如 PIC16F88X,PIC16F193X、PIC16F182X、PIC16F151X 等,其功能部件大多也是在它的基础上演化而来的。对于既定的外设如 TIMER1,扩展的功能只是使对它的使用更加细致,并且兼容了来自片外的门控信号,功能增强后称作ETimer1。新增的功能如 LCD 驱动器,电容触摸屏等是为了提高系统集成度的便携式应用而设置,尽管并不一定总是要用到它。但总的来说,熟悉了 PIC16F877A 的原理及使用对了解中低档系列其他型号的 MCU 可以起到触类旁通的效果。本书的附录囊括了 C 编译器包含的"16F"打头的 8 位 MCU,附录 A 的机型偏向于通用,附录 B、C 的机型偏向于专用。观察附录的配置可以发现,本书的章节内容在通用型 MCU 中很有代表性。

书中主要对 PIC16F877A 的每一个功能模块进行细致的讲解,另外过程中还会把升级型号 PIC16F193X 拿来与它作比较,看看升级型号新增了哪些功能,有什么意义。最后一章对后期推出的偏向于专业应用的 16 系列 MCU 按照年代进行了分类说明,并列举了每一类的特色。特别对独立于内核的外设(CIP)、智能模拟器件进行了逐一介绍,让读者能及时掌握新型 MCU 的亮点及发展趋势。附录 A、B、C 提供了 16 系列 MCU 的详细配置(截止 2016 年),方便读者比较选型。

本书的写作特色是原理与实践相结合。每一章对相关功能模块的原理进行解释后,再做相应的实验以便加深理解。实验过程中,配有实验原理图、示波器图、汇编程序及对应的 C 程序这四大类,目的是给读者创造一种正在做实验的模拟场景。阅读"实验"时,读者要思考汇编程序与示波器图之间的因果关系,以及汇编程序与 C 程序之间的关联。

写作过程中,对于汇编程序,力求逻辑简单,篇幅简练,以突出其主要功能。比如对于显示,全部采用 8 位 LED 的二进制数码显示方式,这样可以使显示程序达到最小化。另外,通过观察 8 位 LED 亮灭计数,也可增进对二进制计数方式的理解。每条汇编语句后都附有详细的注释,通过注释,很容易弄清楚语句的功能及其逻辑关联。基于以上原因,又为了节省篇幅,实验程序中很少使用流程图。

另外,对 C 语言的掌握也是必不可少的,对于一些中大型程序,使用 C 语言编写可以大大提高工作效率。本书使用 CCS 公司的 C 编译器,对每一章的 C 语言函数、预处理器都进行了详细的解释,而且,几乎所有的汇编程序都附有对应的 C 程序,通过这种对比,可以让读者认识到使用 C 编写源程序的便利性,同时也可以认识到原有汇编程序在代码方面的紧凑性。对于 C 语言程序,每一条语句后都有详细的注释,有的注释用文字不好表达,改用汇编语句解释,从这个意义上说,要编好 C 程序,最好具备一定的汇编语言基础。

本书的编写方式是,把每一个功能模块作为一个章节进行讲解,除了文字描述,过程中还配有大量的插图,通过这种"形象"的方式来加深读者对某些原理及概念的了解。

PIC 单片机的最大特点是,不搞单纯的功能堆积,而是从实际出发,重视产品的性能价格比,靠发展多种型号来满足不同层次、不同场合的应用需求。有心的读者如果对产品进行概览,会发现 PIC 单片机的分型非常细,细到每一个系列,仅仅对中档 16 系列而言,分型就有上百种。如果把每个功能模块比作一个特定形状的积木,那么,这种分型设计就像是在搭积木。在满足基本配置(CPU)的基础上,对存储器容量及外设模块种类进行选择性配置,这样配出的实体外形各异,性能各异,价格不同,于是系列产品便可以满足千差万别的应用场合的要求。用户通过选型,其产品性价比也能得到最大的满足。

基于 PIC 单片机的以上特点,读者在学习完本书并熟练掌握有关内容后,对使用配置低于 PIC16F877A 的 MCU 是不在话下的,对配置高于 PIC16F877A 的 MCU,掌握它们的使用也不是一件很困难的事情。

虽然本书是为 PIC 单片机而写作,但外设的工作原理是相通的。由于每章对工作原理都有细致的解释,所以相关内容对于学习其他公司 MCU 的读者,也具有一定的参考价值。

学习本书前,读者需要具备一定的电子学知识,如模拟电子和数字电子。数字电子可以帮助我们了解大部分模块的工作原理,模拟电子可以帮助我们了解如 A/D 转换器、比较器等外设的工作原理。并且,读者也需具备 C 语言的基础知识,本书不可能过多地进行这方面的讲解。

另外,读者最好具备一定的英文水平,由于 PIC 单片机是美国人的原创,对于器件的原理说明,并不是每一个单词都方便翻译成中文。比如,特殊功能寄存器(SFR)采用的就是英文简写。软件方面,C 语言作为高级语言,对人有很好的亲和性,它的语言很接近人类语言(英文),比如它的函数名都由若干单词组成,表义明确,一看就知道要做什么。要做到这一点,也须具备好的英文基础。

良好的英文功底可以很快地在对象的功能和名称之间建立关联,从而方便理解记忆,也方便书写。另外,非专业人士翻译的软硬件说明并不一定尽如人意,良好的英文功底可以帮助我们看懂原版的软硬件说明,从而获得第一手信息。

作者本人从事电测设备的设计制作十年有余,过程中积累了许多宝贵的经验,通过编纂此书,愿把这些宝贵的经验与广大读者分享。读者若有疑问需要探讨,可以致函:mapleleave402@163.com;或通过微信联系,微信号:pic_garden;或通过 QQ 号联系,QQ 号:577365121。

本书可供测量、控制等相关专业的工程技术人员使用,也可供高等院校电气电子、机电一体化等专业的学生使用。在本书的编撰过程中,对张志勇、邱小田、周志雄、魏益平、李三明、程鹏飞、万锦华、覃河德、查庆安、胡辉、黄诚、余旭、宋常会、万红星、窦峰、顾伟、王青松、张维敏、徐德海和车玉兰的支持与帮助表示由衷的感谢。

由于作者水平有限,书中错误在所难免,希望广大读者在阅读过程中,能批评指正,并提出宝贵意见。若读者指出错误属实,本人会将修正后的内容公示于个人微博:http://t.qq.com/mapleleave402。

曾　辉

2017 年 5 月于　湖北荆州

目　录

第 1 章
PIC16F877A 硬件系统

1.1　PIC16F877A 硬件配置概览

在 Microchip 公司生产的 8 位单片机中,PIC16F877A 是中档系列配置中很典型的一款,为了让读者有一个大致的了解,现将它的硬件组成及特点罗列如下:

(1) 中央处理器 CPU

① 采用 RISC 结构,数据传输效率更高;

② 工作主频最大可达 20 MHz,与之对应的是最短指令周期 200 ns;

③ 仅仅只有 35 条单字长指令,非常容易学习;

④ 除了程序跳转指令是 2 个指令周期外,其他指令都是单周期指令。

(2) 存储系统

① FLASH 程序存储器:每个字长是 14 位,共可存放 8K(2^{13})个字;

② RAM 数据存储器:每个字节是 8 位,共有 368 个字节可用,断电后信息消失;

③ EEPROM 存储器:每个字节是 8 位,共有 256 个字节可用,断电后信息保留。

(3) 外围数字设备

① TIMER0:8 位定时器/计数器功能,带预分频器(分频比可调);

② TIMER1:16 位定时器/计数器功能,带预分频器(分频比可调);如果自带振荡器,在 CPU 睡眠态下仍可工作;

③ TIMER2:8 位定时功能,带预分频器和后分频器(分频比均可调节);

④ CCP1:捕捉输入、比较后输出以及 PWM 发生器模块;

Capture：捕捉输入边沿信号功能，用于测量边沿与边沿之间的时间间隔（与 Timer1 配合）。操作精度最大可达到 16 位，计时步长最小可达到 12.5 ns；

Compare：比较后输出信号功能，用于获得一个定时时间段，结束时刻释放驱动信号（与 Timer1 配合）。操作精度最大可达到 16 位，计时步长最小可达到 200 ns；

PWM：脉冲宽度调制功能（与 Timer2 配合），用于产生脉冲宽度及周期可调的方波信号。其中周期调整精度可达 8 位，脉宽调整精度可达 10 位（含 2 位小数）。

⑤ CCP2：它是一个重复的模块，其工作原理与 CCP1 相同，唯一不同的是它的比较功能可以启动 ADC 的运行。

（4）外围模拟设备

① A/D 转换器：8 个输入通道，通过切换方式连接，转换分辨率最高可达 10 位；

② 电压基准源：可通过程序设定 16 个阶梯的输出电压；

③ 2 个模拟比较器：它们的输入输出端总是发生着关联，通过程序的设定，可以形成 8 种关联方式。比较器的输出信号可以位于芯片内部，也可以输出到外部引脚上。

（5）通信设备

① SPI(Serial Peripheral Interface)通信接口（包含于 MSSP 模块）：串行外围接口，最多使用 4 条通信线，可进行全双工通信；

② I^2C(Inter－Integrated Circuit)通信接口（包含于 MSSP 模块）：集成电路间总线，采用 2 条通信线；

③ UART(Universal Asynchronous Receiver Transmitter)异步通信接口（包含于 USART 模块）：通用异步收发器，采用 2 条通信线，可进行全双工通信；

④ USRT(Universal Synchronous Receiver Transmitter)同步通信接口（包含于 USART 模块）：通用同步收发器，采用 2 条通信线；

⑤ PSP(Parallel Slave Port)通信模块：并行从动端口，最多使用 11 条通信线（8 条数据线加 3 条控制线），是唯一可进行高速通信的并行接口，通信中始终处于受控状态。

（6）其他的功能

① PWRT(Power up Timer)：上电延时定时器；

② BOR(Brown out reset)：欠压复位电路；

③ WDT(Watchdog Timer)：看门狗定时器，定时时基来自自带振荡器电路；

④ ICD(In Circuit Debugger)：在线调试功能，只须连接芯片上的两个引脚就可以实现；

⑤ ICSP(In Circuit Serial Programming)：在线串行编程(烧写代码)功能，通常使用 12 V 高压编程；LVP 模式下，可采用 5 V(V_{dd})编程电压，编程时只需连接芯片上的两个或三个引脚；

⑥ 程序代码保护功能(Code Protection)；

⑦ 能产生省电的睡眠模式(Sleep mode)；

⑧ 可选择振荡器的 RC、LP、XT 和 HS 四种振荡模式中的一种。

(7) 存储器寿命

① Flash 程序存储器中的信息可以重复擦写，擦写次数的典型值是 10 万次；

② EEPROM 中的信息可以重复擦写，擦写次数的典型值是 100 万次；

③ EEPROM 中的信息可保存 40 年以上的时间。

(8) 采用 CMOS 技术的特点

① 低功耗、高速度 Flash/EEPROM 技术；

② 全静态设计；

③ 宽供电电压，从 2 V～5.5 V；

④ 商业级(0 ℃～70 ℃)和工业级(−40 ℃～85 ℃)的温度范围。

1.2　PIC16F877A 引脚布置图

对照引脚布置图 1.1，对相关引脚的功能加以说明：

图 1.1　DIP40 封装形式的 PIC16F877A

(1) OSC1/CLKIN　　主振荡器信号输入端；

(2) OSC2/CLKOUT 主振荡器信号输出端；

(3) MCLR/V_{pp}　　　上电复位及手动复位输入端/编程脉冲电压输入端；

(4) RA 口除了 RA4 其他均可作为普通的 I/O 口使用，需要注意的是，RA4 必须接上拉电阻才能当做普通 I/O 口使用。另复用功能说明如下：

RA0/AN0　　　　　第 0 路模拟信号输入端；

RA1/AN1　　　　　第 1 路模拟信号输入端；

RA2/AN2/V_{ref-}　　第 2 路模拟信号输入端，A/D 转换器负参考电压输入端；

RA3/AN3/V_{ref+}　　第 3 路模拟信号输入端，A/D 转换器正参考电压输入端；

RA4/T0CKI　　　　Timer0 的外部计数信号输入端；所有 I/O 口中，只有它是漏极开路的；

RA5/AN4/SS　　　第 4 路模拟信号输入端/SPI 通信从机片选信号输入端。

(5) RB 口全部可以作为普通 I/O 口使用，RB 口用作输入时，内部配有弱上拉电路（可通过软件设置）。另复用功能说明如下：

RB0/INT　　外部中断信号（上升沿或下降沿触发）输入端；

RB1　　　　仅附带弱上拉功能；

RB2　　　　仅附带弱上拉功能；

RB3/PGM　表示 ICSP(LVP)模式下编程（烧写）使能控制端；

RB4　　　　具备电平变化中断功能；

RB5　　　　具备电平变化中断功能；

RB6/PGC　具备电平变化中断功能，表示 ICSP 模式下的编程（烧写）时钟输入端；

RB7/PGD　具备电平变化中断功能，表示 ICSP 模式下的编程（烧写）数据输入端。

(6) RC 口全部可以作为普通 I/O 口使用。另复用功能说明如下：

RC0/T1OSO/T1CKI　Timer1 的外部振荡器信号输出端/Timer1 的外部计数信号输入端；

RC1/T1OSI/CCP2　　Timer1 的外部振荡器信号输入端/CCP2 功能信号输入输出端口；

RC2/CCP1　　　　　CCP1 功能的信号输入输出端口；

RC3/SCK/SCL　　　SPI 通信时钟端口/I^2C 通信时钟端口；

RC4/SDI/SDA　　　SPI 通信数据输入端/I^2C 通信数据输入输出端；

RC5/SDO　　　　　SPI 通信数据输出端；

RC6/TX/CK　　　　UART 通信数据输出端/USRT 通信时钟端口；

RC7/RX/DT　　　　　　UART 通信数据输入端/USRT 通信数据端口；

（7）RD 口全部可以作为普通 I/O 口使用，另复用功能说明如下：

RD0～RD7/PSP0～PSP7　　作为 PSP 通信的并行从动端口。

（8）RE 口全部可以作为普通 I/O 口使用，另复用功能说明如下：

RE0/RD/AN5　　第 5 路模拟信号输入端/PSP 通信读出控制信号；

RE1/WR/AN6　　第 6 路模拟信号输入端/PSP 通信写入控制信号；

RE2/CS/AN7　　第 7 路模拟信号输入端/PSP 通信片选控制信号。

1.3　PIC16F877A 内部结构图

尽管单片机是最简单的计算机系统，它同样具备计算机的基本结构，可从嵌入式计算机的组成结构方面来分析图 1.2。传统的 CPU 由运算器和控制器组成。

1. 运算器

总的来说，运算器专门负责数据的加工处理。在图 1.2 中，运算器由四部分组成，它们分别是：

（1）ALU（Arithmetic Logic Unit）算术逻辑单元

它的主要功能有两点：

① 执行所有的算术运算；

② 执行所有的逻辑运算，并进行逻辑测试，如零值测试和两个值的比较。

（2）W（Working Register）工作寄存器

它相当于 51 系列 MCU 中的累加器 A，其地位非常重要。功能是：当 ALU 执行算术或逻辑运算时，为 ALU 提供一个工作区。如，在执行一个加法运算前，先将一个操作数（源操作数）暂存在 W 中，再从 RAM 或 FLASH 中取出另一操作数，然后同 W 的内容相加，相加的结果（目标操作数）存入 W 中，而 W 中原有的数据被覆盖。从这个意义上讲，W 既是源操作数也是目标操作数的存放区。

（3）STATUS 状态寄存器

它保存由算术运算或逻辑运算产生的测试结果，即标志位。对于该型 MCU，有三个标志，如 C（进位标志）、DC（半进位标志）、Z（零位标志）。其具体用法将在后文阐述。

此外，STATUS 寄存器还保存着 RAM 分区（IRP、RP0、RP1 位）信息和系统工作状态等信息（TO、PD 位），通过查询这些信息，CPU 可以感知机器的运行状态。总之，STATUS 寄存器是一个由各种状态条件标志拼凑而成的寄存器。

（4）复用器（MUX）

复用器用于给 ALU 提供操作数，由图中可以看出，它的数据有两个来源，一个来源于指令寄存器的低 8 位,由此获得的是一个立即数;另一个来源是数据总线,也可以看作来源于 RAM 中的 SFR 或 GPR。

作为数据复用器,当前只能选择一个数据源。复用器对进入 ALU 的数据也能起到一个缓冲作用。

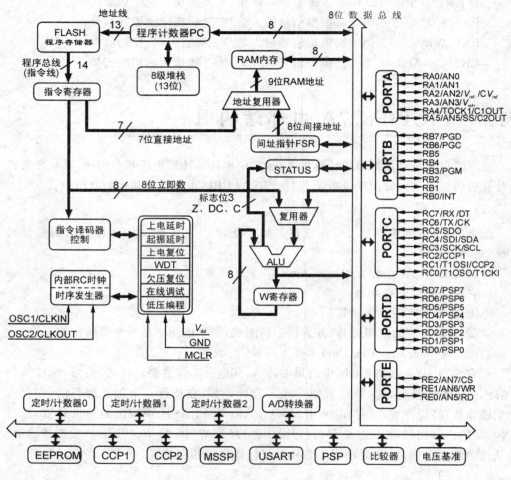

图 1.2　PIC16F877A 内部结构图

2. 控制器

控制器是系统的"决策机构",它负责完成协调和指挥整个计算机系统的操作。它主要由程序计数器、指令寄存器、指令译码器、时序发生器、操作控制器这五部分组成。

（1）程序计数器（Program Counter）

为了保证程序能够连续地执行,CPU 必须具备手段来确定下一条指令的地址。程序计数器可以起到这种作用,它也可称作指令计数器。

程序开始执行前,必须将它在 FLASH 中的起始地址送入 PC,PC 的内容是从 FLASH 提取的第一条指令的地址。当指令执行时,CPU 会自动修改 PC 的值,以便使其总是指向下一条指令的地址。由于大多数指令是按照顺序方式执行的,所以修改的过程总是简单地对 PC 作加 1 操作。但是当遇到 GOTO 或 CALL 这类跳转指令时,那么后继指令的地址(PC 的内容)必须从指令寄存器中的地址字段获得。此时,下一条从 FLASH 取出的指令将由跳转指令确定。

有关 PC 如何对 FLASH 空间编码的内容将在后文讲述。

(2) 指令寄存器(Instruction Register)

对于本型号 MCU,一个指令的字长是 14 位二进制码。指令寄存器的信息源自 FLASH 程序存储器,它用于保存当前正在执行的一条指令的机器码,并将机器码按照不同的字段分解成操作码(Opcode)和操作数(Operand)两部分,分别送到不同的目的地。

对于操作码,它被送入指令译码器。对于操作数,它有两个去向,如果操作数是 8 位立即数,它会通过复用器到达 ALU 的入口;如果操作数是 7 位直接地址,它会通过地址复用器到 RAM 中去寻址。

(3) 指令译码器(Instruction Decoder)

进入指令译码器的信息是指令寄存器的操作码部分,指令译码器会对操作码进行测试,以便识别所要进行的操作。操作码一经译码后,即可向操作控制器发出具体操作的特定信号。

(4) 控制器(Operation Controller)

操作控制器的功能是根据指令操作码和时序信号,产生各种操作控制信号,以便正确地建立数据通路,从而完成取指令和执行指令的操作。图 1.2 中,指令译码器和操作控制器是合在一起的。

(5) 时序发生器(Timing Generater)

计算机高速地工作,每一个动作的时序是非常严格的,不能有任何差错。时序发生器的作用就是对各种操作实行时间上的控制,使系统有条不紊地进行工作。

3. 存储器

存储器分为 FLASH 程序存储器和 RAM 数据存储器,它们都是内部存储器。关于它们的存储结构及寻址方式将会在后文阐述。

FLASH 程序存储器用于存放汇编通过的程序源代码和一些常数。它的英文全称是"Flash EEPROM(闪速存储器)"。它是一种非易失性存储器,即断电后信息依然被保存,这种存储器适于保存大量的数据。图 1.3 中标明该存储器的地址线是 13 位,即它的存储容量可以达到 $2^{13} = 8K$。

RAM 数据存储器用于存放 CPU 执行过程中所产生的中间数据。它的英文全称是"Random Access Memory(随机存储存储器)",也可称作数据存储器。它是一种易失性存储器,即这类存储器只在电源上电时才能工作,一旦掉电,它将失去所有存储信息。

编制程序的时候,经常用到 RAM 的存储单元,这其中包括特殊功能寄存器 SFR 和通用寄存器 GPR。图中标明该存储体的地址线是 9 位,即它的存储容量可以达到 $2^9=512$。

对 RAM 进行寻址包括直接寻址和间接寻址两种方式。由图 1.2 中可以看出,通过地址复用器当前只能选择一种寻址方式。

在直接寻址方式下,RAM 的地址值来自相关指令机器码的低 7 位,其中高 2 位在 STATUS 寄存器的 RP0、RP1 中。

在间接寻址方式下,RAM 的地址值来自间址指针 FSR 的 8 个位,其中最高位在 STATUS 寄存器的 IRP 位。

4. 其他特殊功能电路

（1）上电复位电路

对芯片施加电压 V_{dd},当 V_{dd} 上升到 1.6～1.8 V 时,该电路会产生一个复位脉冲使 MCU 复位。

（2）上电延时电路

它是为保证系统可靠工作而设计的,与弱电部分相连的强电部分在通电时会产生一定强度的电磁干扰。为避开这个时间段的干扰,系统设计了上电延时电路,时间大约是 72 ms,在延时过程中,芯片始终保持在复位状态。

（3）起振延时电路

上电延时动作结束后,该电路再提供 1 024 个振荡周期（T_{osc}）的延时,目的是让振荡电路有足够的时间达到稳态。

（4）欠压复位电路

它是为保证系统可靠工作而设计的。在芯片工作过程中,如果外部电磁环境发生突变致使其电源电压 V_{dd} 发生跌落并下降到 4 V 以下时,该电路会产生一个复位信号,使 CPU 进入并保持在复位时的状态（程序不会运行）,直到 V_{dd} 恢复到正常的范围,之后再延时 72 ms,CPU 才会从复位状态进入到运行状态。

（5）WDT 看门狗定时器

WDT 是一个自带 RC 振荡器的定时器电路,它的溢出周期约为 18 ms。它专门用于监视程序的运行状态。在程序语句中需要定期给 WDT 清零,以防止 WDT 计数溢出。一旦程序"死机",WDT 便无法清零,于是 WDT 发生计数溢出,在溢出时刻,会强行使系统复位。

（6）在线调试电路

用于实现对焊接在 PCB 上的 MCU 进行程序调试,即程序运行不理想还可以进行修改,不需要取下芯片。过程中需要 MPLAB IDE 及相关硬件（如 ICD3）支持,只需要很少的连线即可实现。

（7）低压编程电路

在非 LVP 模式下（通常），给芯片灌注代码时，需要施加高电压（12 V）。但是，当条件变得苛刻时，也可以将 V_{dd} 作为烧写电压，这个功能称作低压编程（LVP）。

1.4　PIC16F877A 程序存储器结构图

1. 分页（Paging）

PIC16F877A 的程序计数器（PC）是 13 位的，那么它最大可以编码 $2^{13}=8$K 个地址，如图 1.3 所示。图 1.3 中，把 8K 个地址四等份，每一份是 2K（2^{11}），把 2K 作为 1 页，那么一共可以分 4 页。

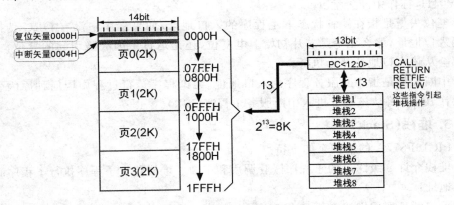

图 1.3　程序存储器（FLASH）的分页及堆栈

读者可能会思考，为什么不把 1K 或 4K 的大小划作 1 页，而要把 2K 划作 1 页呢？或者干脆不分页岂不是更加方便？这个问题跟硬件的局限性有关。在后面的指令系统及汇编语言章节中，读者会了解到，由每条指令形成的机器码是 14 位，而对于跳转指令如 CALL、GOTO，它们的机器码中，5 位用作操作码，剩下的只有 11 位用作跳转地址值了，那么它能跳转的最大地址范围就是 $2^{11}=2$K。

所以说，如果在 2K 地址范围内使用 CALL 或 GOTO 指令，不需要有什么顾忌。但是如果程序较大，需要跳出 2K 的地址范围，那么在执行跳转之前，需要将指令中的 11 位地址值作一下扩展才能达到目的，具体怎样操作在后面的章节（汇编语言编程）会讲述。但即便这样，编写程序时还是显得比较"麻烦"。其实，"麻烦"的目的是为了在现有条件下实现对硬件资源的最大化利用，由此可以看出这是矛盾的。把 PC 的 13 位用足，最大可以编码 8K 个地址；而跳转指令只能在 2K 的空间跳转。如果任其这样，程序代码量超过 2K 就没有任何意义了。要解决这对矛盾，只能用软件来扩展跳转指令中的 11 位地址。

对于有的 MCU,指令的机器码更宽些,除了操作码,它还可以容纳更多的地址位,这样它的程序存储器空间就不需要分页了。比如 51 系列 MCU 的短跳转指令 ACALL(2 字节),跳转范围是 2K,相当于这里的 CALL 指令。然而,不仅如此,它设计有长跳转指令 LCALL(3 字节),跳转范围是 64K。有了这条指令,存储空间就不必分页了,但这是以增加指令的机器码长度(也增加 CPU 执行时间)为代价的。PIC16F877A 硬件系统不具备此条件。

以上就是关于存储器分页的大致描述,如果读者不理解,在学习完第 2、3 章后,再回过头来看就可以理解了。

2. 矢量(Vector)

矢量也称向量。在这里,矢量分为复位矢量和中断矢量。在程序存储器空间里,有 2 个单元地址非常特殊,一个单元地址是 0000H,称作复位矢量。另一个单元地址是 0004H,称作中断矢量。

复位矢量是指在缺省状态下主程序的入口地址,如果程序中没有 ORG 伪指令指明入口地址,那么无论是芯片初始上电复位,还是运行中因故障引起的复位,主程序都会从该入口地址开始执行。

中断矢量是指中断服务程序的入口地址,无论程序运行过程中因何种原因引发中断,CPU 都将从该地址进入中断服务子程序(ISR)。

3. 堆栈(Stack)

PIC16F877A 的堆栈有如下特点:

堆栈允许 8 级深度的子程序嵌套调用和中断。堆栈包含了程序执行子程序时的返回地址;

采用的是硬件堆栈方式,8 级深度、13 位宽。堆栈既不占用程序存储空间也不占用数据存储空间,栈指针不能读写。没有进栈出栈之类的专用指令(如 PUSH、POP)。当执行 CALL 指令或响应中断发生跳转时,断点的 PC 值被压入堆栈;而执行 RETURN、RETLW 或 RETFIE 指令时,断点的 PC 值又从堆栈弹出。

执行压栈或出栈操作时,不会修改 PCLATH 寄存器的值;

堆栈的操作,遵循数据后进先出(或先进后出)的原则。

压栈 8 次之后,在进行第 9 次压栈时,进栈的数据将覆盖第 1 次压栈存储的数据,而第 10 次压栈时进栈的数据将覆盖第 2 次压栈存储的数据,依此类推。

1.5 PIC16F877A 数据存储器结构图

PIC16F877A 的数据存储器简称 RAM(Random Access Memory)。它的特点是存储在其中的数据可以随机读出或写入,存储速度与存储单元的位置无关,断电时信息会丢失。单片机中的 RAM 采用的是静态 RAM。RAM 用于存放程序运行过程中的一些临时数据,它的存储单元分为两大类,一类是特殊功能寄存器 SFR,另一类是通用寄存器 GPR。

PIC16F877A 的 RAM,其数据宽度是 8 位的,地址宽度是 9 位的。其地址编码数可达 $2^9 = 512$。它也存在分区,其分区设计原理与数据存储器非常类似。

如图 1.4 所示,RAM 分为 4 个区域,每个区域称作一个 BANK(体),编号从体 0 到体 3,每个区规划 128(2^7)个存储单元,共 $128 \times 4 = 512$ 个单元。实际上,分区越多,使用起来越麻烦,为什么不能分两个区或不分区呢?

这个问题也跟硬件的局限性有关。在后面的指令系统及汇编语言章节,读者会了解到,由每条指令形成的机器码是 14 位,对于常用的直接寻址指令如 MOVWF 35H,它们的机器码中,用于表示 RAM 地址编码的位数只有 7 位,那么单指令信息所包含的最大寻址范围就是 $2^7 = 128$。如果不通过其他的方式对地址进行扩展,那么像这样只能用到 RAM 空间的 1/4,这显然是不划算的。要使寻址范围达到整个 RAM 空间,需要将地址编码向高位扩展 2 位(原理后面会详述),这两位的信息被设置在 STATUS 寄存器中,用 RP0、RP1 表示。所以说,针对 RAM 寻址的地址范围超过 128 时,需要预先设定 STATUS 寄存器的 RP0、RP1 两个位的值。

以上讲解让人明白了为什么在给定 9 位 RAM 地址宽度的前提下,RAM 必须要分成 4 个区,且每个区包含 128 个单元。可见,RAM 的分区机制与指令系统密切相关。

另外能体现这一点的是,在间接寻址的方式下,RAM 只需要分两个区,每个区有 256 个单元。原因是间接寻址寄存器 FSR(也称间址指针)宽度是 8 位的,一次性用足可以访问 256 个地址。要访问余下的 256 个地址,地址高位向上扩展一位即可,这一位就是 STATUS 寄存器中的 IRP 位。

可见在不同的寻址方式"眼中",RAM 的分区也不尽相同。但由于直接寻址方式用得最频繁,所以一般意义上,系统采用与直接寻址相适应的分区方式。

如图 1.4 所示,很多地方标注了"General Purpose Register",这就是通用寄存器区域。顾名思义,通用寄存器用于通用目的,即由用户自由选择使用和存放随机数据。其中的内容在芯片上电复位后是不确定的。

对于 PIC16F877A 的 RAM,其通用 GPR 在四个体中的地址分布情况如下:

体 0:　20H ～7FH

体 1:　A0H ～FFH

体 2:　110H～17FH

体 3:　190H～1FFH

其中,体 0 中的 70H～7FH 这 16 个地址单元比较特殊,在其他 3 个体内,分别利用地址 F0H～FFH、170H～17FH、1F0H～1FFH,都能映射到体 0 中的 16 个地址。这种规划的好处是,在访问某些 GPR 单元时,可以避免频繁地切换"体",也更加便于中断服务程序的设计和处理。读者在学习完中断章节后可以体会到这种规划的便利性。

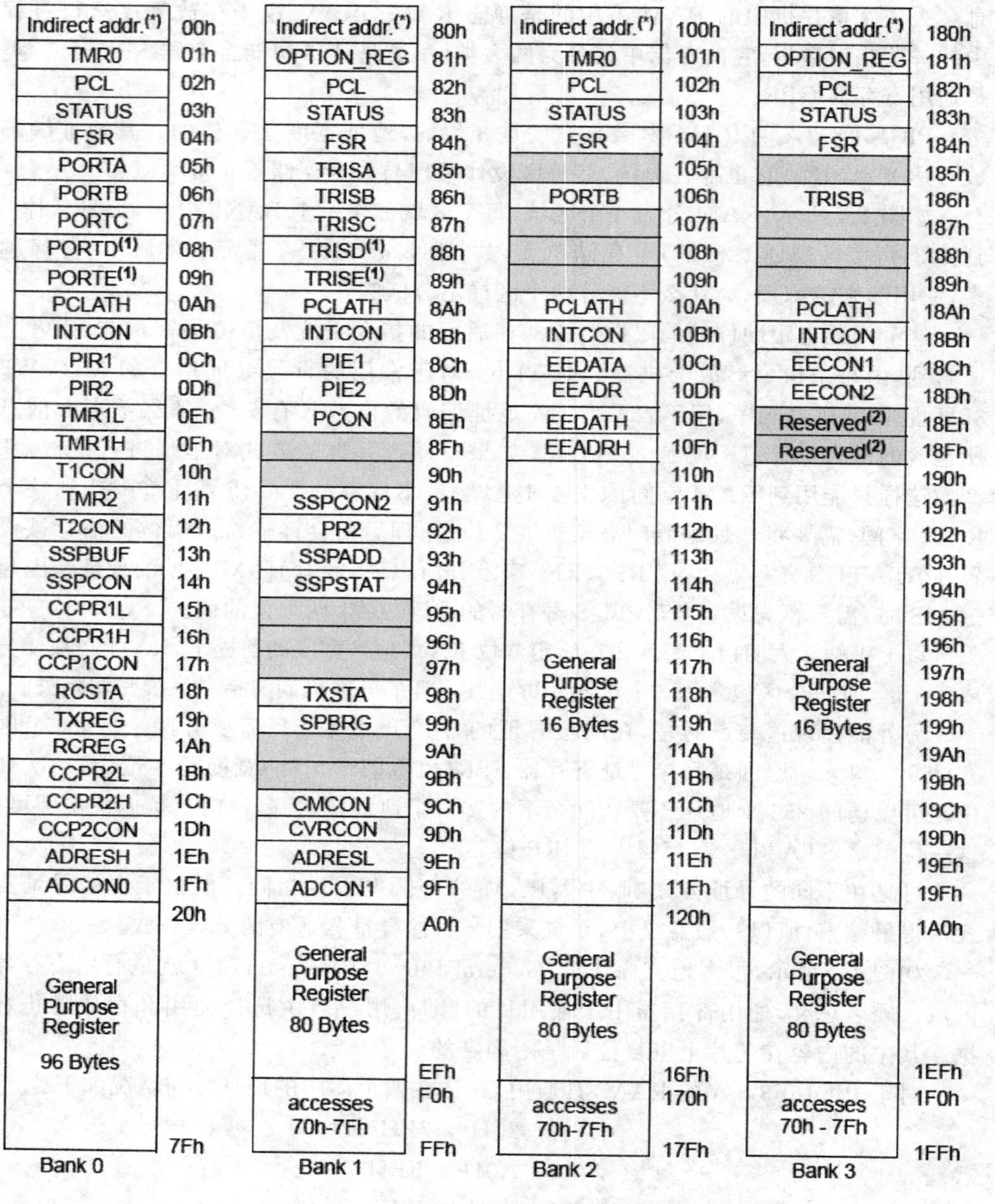

Bank 0		Bank 1		Bank 2		Bank 3	
Indirect addr.(*)	00h	Indirect addr.(*)	80h	Indirect addr.(*)	100h	Indirect addr.(*)	180h
TMR0	01h	OPTION_REG	81h	TMR0	101h	OPTION_REG	181h
PCL	02h	PCL	82h	PCL	102h	PCL	182h
STATUS	03h	STATUS	83h	STATUS	103h	STATUS	183h
FSR	04h	FSR	84h	FSR	104h	FSR	184h
PORTA	05h	TRISA	85h		105h		185h
PORTB	06h	TRISB	86h	PORTB	106h	TRISB	186h
PORTC	07h	TRISC	87h		107h		187h
PORTD(1)	08h	TRISD(1)	88h		108h		188h
PORTE(1)	09h	TRISE(1)	89h		109h		189h
PCLATH	0Ah	PCLATH	8Ah	PCLATH	10Ah	PCLATH	18Ah
INTCON	0Bh	INTCON	8Bh	INTCON	10Bh	INTCON	18Bh
PIR1	0Ch	PIE1	8Ch	EEDATA	10Ch	EECON1	18Ch
PIR2	0Dh	PIE2	8Dh	EEADR	10Dh	EECON2	18Dh
TMR1L	0Eh	PCON	8Eh	EEDATH	10Eh	Reserved(2)	18Eh
TMR1H	0Fh		8Fh	EEADRH	10Fh	Reserved(2)	18Fh
T1CON	10h		90h		110h		190h
TMR2	11h	SSPCON2	91h		111h		191h
T2CON	12h	PR2	92h		112h		192h
SSPBUF	13h	SSPADD	93h		113h		193h
SSPCON	14h	SSPSTAT	94h		114h		194h
CCPR1L	15h		95h		115h		195h
CCPR1H	16h		96h		116h		196h
CCP1CON	17h		97h	General Purpose Register 16 Bytes	117h	General Purpose Register 16 Bytes	197h
RCSTA	18h	TXSTA	98h		118h		198h
TXREG	19h	SPBRG	99h		119h		199h
RCREG	1Ah		9Ah		11Ah		19Ah
CCPR2L	1Bh		9Bh		11Bh		19Bh
CCPR2H	1Ch	CMCON	9Ch		11Ch		19Ch
CCP2CON	1Dh	CVRCON	9Dh		11Dh		19Dh
ADRESH	1Eh	ADRESL	9Eh		11Eh		19Eh
ADCON0	1Fh	ADCON1	9Fh		11Fh		19Fh
	20h		A0h		120h		1A0h
General Purpose Register 96 Bytes		General Purpose Register 80 Bytes	EFh	General Purpose Register 80 Bytes	16Fh	General Purpose Register 80 Bytes	1EFh
		accesses 70h-7Fh	F0h	accesses 70h-7Fh	170h	accesses 70h - 7Fh	1F0h
	7Fh		FFh		17Fh		1FFh
Bank 0		Bank 1		Bank 2		Bank 3	

图 1.4 PIC16F877A 的 RAM 布局图

GPR 在不同型号的 MCU 中布局不一定相同，具体要看相关的芯片说明，如果程序在移植过程中发生了不兼容，首先应该检查问题是否出在 GPR 寄存器。

除了通用寄存器 GPR，其他的就是特殊功能寄存器 SFR，从图 1.4 中可以看出，SFR 的规划很细致，每个 SFR 单元都有它的命名，不同的命名对应着不同的功能。

它们的用途,包括其中的每一位都是系统事先规划好了的,而非通用的目的,所以称作特殊功能寄存器。

SFR 在不同型号的 MCU 中布局是雷同的,唯一不同的是"有"跟"无"的问题,例如"EEDATA"寄存器在有的机型中没有,而如果配备"EEDATA"寄存器的机型,其地址值都是一样的。

中档系列的 MCU,常用的 SFR 都配置在体 0 和体 1 中,而体 3 和体 4 中的 SFR 主要是为读写 Flash 程序存储器和 EEPROM 而设置的。一般的应用,较少用到这些功能,所以运行程序一般都造访体 0 和体 1 两个区。

对于使用频率很高的 SFR,如 STATUS、INTCON、PCL 等,它们的地址在 4 个体都是互相映射的,这样做可以方便程序的编写,免去频繁切换存储体的麻烦,同时也提高了 CPU 的访问效率。

SFR 在功能上分为两类,一类是与 CPU 内核相关的寄存器,另一类是与外围模块相关的寄存器。后者将会在各个章节详细讲述,这里,只介绍与 CPU 内核相关的几个寄存器。

(1) STATUS 寄存器

这个寄存器非常重要,不论是哪种类型的 CPU,其中都有与之类似的寄存器。关于它的功能,前面的结构部分已描述过,这里对它的每个位进行说明:

① C(Carry Flag bit):进位/借位标志位

0＝执行加法(或减法)指令时,最高位无进位(或有借位);

1＝执行加法(或减法)指令时,最高位有进位(或无借位)。

② DC(Auxiliary carry Flag bit):辅助进位/借位标志位(也称半进位标志位)

0＝执行加法(或减法)指令时,低 4 位向高 4 位无进位(或者有借位);

1＝执行加法(或减法)指令时,低 4 位向高 4 位有进位(或者无借位)。

③ Z(Zero Flag bit):零标志位

0＝运算结果不为 0;

1＝运算结果为 0。

④ PD(Power Down Flag bit):低功耗标志位

0＝执行 Sleep 指令以后;

1＝上电复位,或者 WDT 复位以后。

⑤ TO(Time out Flag bit):WDT 定时器超时标志位

0:WDT 发生了计数溢出(超时);

1:上电或者 WDT 清零指令或者 Sleep 指令执行以后;

⑥ RP1,RP0:RAM 数据存储体选择位,仅用于直接寻址。

RP1:RP0＝00　寻址范围是体 0;

RP1:RP0＝01　寻址范围是体 1;

RP1:RP0＝10　寻址范围是体 2;

RP1:RP0＝11　寻址范围是体 3。

⑦ IRP:RAM 数据存储体选择位,仅用于间接寻址。

0＝选择数据存储器低体位,即体 0(FSR 的 bit7＝0)或体 1(FSR 的 bit7＝1);

1＝选择数据存储器高体位,即体 2(FSR 的 bit7＝0)或体 3(FSR 的 bit7＝1)。

把 STATUS 各个位的功能作一下分类,可分为以下四类:

① C、DC、Z 是与算术运算有关的标志位;

② PD 用于查询系统是否进入低功耗状态;

③ TO 用于查询 WDT 定时器是否发生溢出;

④ IRP、RP1、RP0 是与存储体选择有关的位,它们的具体用法在汇编语言寻址章节会说明。

(2) 用于间接寻址的寄存器 INDF 和 FSR

INDF 寄存器不是一个实际存在的寄存器,它只有自身对应的地址编码。

FSR 是一个 8 位的寄存器,它装载的是 RAM 地址编码的低 8 位,最高位在 IRP 中。在间接寻址中,FSR 充当 RAM 的地址指针,指针所指即是 INDF 的内容。所以说 INDF 和 FSR 是配合使用的。它们的具体用法在汇编语言寻址章节会说明。

(3) 与定位 Flash 程序存储器内部地址相关的寄存器 PCL 和 PCLATH。

PCL 是个 8 位寄存器,它的 8 个位全部有效,它用作程序计数器 PC 的低 8 位。

PCLATH 是 8 位的寄存器,它的低 5 位有效,它用作程序计数器 PC 的高 5 位。

PCL 和 PCLATH 的有效位共同组成 13 位的程序计数器 PC,使它最大能寻址 $2^{13}＝8K$ 的空间。

为什么要采取这种方式来规划 PC? PC 如何访问 8K 程序存储器空间? 这些将在汇编语言寻址章节讲述。

1.6　两种不同的存储器组织结构的比较

不论是哪一类微处理器,都必须具备 ROM(存放程序代码)和 RAM(存放临时数据),CPU 可使用总线(Bus)来访问这两类存储器。总线也分为两种,一种是地址总线(Address Bus),另一种是数据总线(Data Bus)。不管 CPU 访问哪类存储器,都必须用到这两种总线。先发送地址信息,再找到地址信息所对应的存储单元,然后通过数据总线进行存储操作。微处理器要想达到这个目的,可以用两种连线方式实现,每一种连线方式代表一种体系结构,它们分别是哈佛结构和冯·诺依曼(普林斯顿)结构。

在硬件上,PIC 系列 MCU 采用哈佛结构,51 系列 MCU 采用冯·诺依曼(普林斯顿)结构。这两种硬件构架各具特色,下面将分别介绍并作比较。

最早出现的计算机结构是冯·诺依曼结构（Von Neumann Architecture），这种结构是计算机科学家冯·诺依曼在美国普林斯顿大学创建的，它也可以称作普林斯顿结构。在这种结构下，ROM 和 RAM 在存储空间上是合并在一起的，其中的程序代码字和数据字节都具有相同的宽度。系统只有一条地址总线和数据总线，不论是访问 ROM 还是访问 RAM，都只能用到相同的地址总线或数据总线，这从外部给人的感觉是，ROM 和 RAM 像是合为一体的，具体结构如图 1.5 所示。

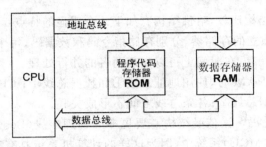

图 1.5　冯·诺依曼（普林斯顿）结构

如图 1.5 所示，在冯·诺依曼体系结构下，当 CPU 访问 ROM 的时候，就不能访问 RAM，反之亦然。即当前 CPU 只能访问 ROM 和 RAM 中的一个，两者在时间上不能共享。但它们在空间上是共享的（即位于同一存储器中，只是物理位置不同而已）。当数据量比较大的时候，会出现"瓶颈效应"，CPU 的工作效率会大幅下降。

为了提高数据的处理效率，后来出现了一种新的计算机结构，它的每个存储器，即 ROM 和 RAM，各自都有自己的地址总线和数据总线。由于这种结构是计算机科学家在美国哈佛大学创建的，因此也称作哈佛结构（Harvard Architecture）。

如图 1.6 所示，在哈佛体系结构下，CPU 首先到 ROM 中读取指令代码，解码后得到 RAM 中的数据地址，再到 RAM 中读取数据，之后执行下一步操作。由于 ROM 和 RAM 分开，各自又都有自己的地址与数据总线，于是数据码和指令码的存

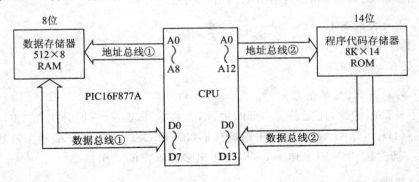

图 1.6　哈佛结构

储操作可以同时进行。这样的体系结构可以将指令码和数据码设计成具有不同二进制位数的代码,也可以将指令设计成单字节化,单周期化指令,即精简指令集(RISC)。

哈佛结构的 ROM 和 RAM,在物理空间上是分开的,在工作时间上是可以共享的。图 1.6 中,举例说明了 PIC16F877A 这种 MCU 的具体结构。ROM 中的程序代码字是 14 位,地址总线是 13 位,最大可寻址 $2^{13}=8K$ 个存储单元。而 RAM 中的数据字节是 8 位的,地址总线是 9 位,最大可寻址 $2^9=512$ 个存储单元。

与冯·诺依曼结构比较,哈佛结构有如下几个明显的特点:

(1) 使用两个独立的存储器,分别存储指令码和数据码,每个存储器都不允许指令信息与数据信息并存,在时间上可以实现两者的并行处理。

(2) CPU 访问 RAM 时,使用地址总线①和数据总线①;CPU 访问 ROM 时,使用地址总线②和数据总线②;各条总线之间不形成关联。

(3) 哈佛结构比冯·诺依曼结构需要更多的物理连线(Bus),因此,它只适合于用在小型计算机(如 MCU)系统中,因为这样的计算机系统具有很小的物理尺寸,使得哈佛结构的应用成本不会太高。

哈佛结构的计算机系统通常具有较高的工作效率。这样的结构使得 CPU 在执行当前指令的同时,可以读取下一条指令,从而实现流水作业(Pipeline)。

1.7　PIC16F193X 硬件配置概览

与 PIC16F877A 相比,PIC16F193X 的功能更强大,这使得它在硬件配置的数量和容量上都有所增加。另外一个亮点是 193X 采用纳瓦 XLP(Extreme Low Power)技术(针对'LF'型 1.8～3.6 V),最小待机电流可达 60 nA@1.8 V,这对于便携式应用中延长待机时间具有重大意义。以下 193X 的配置是在 877A 的基础上列出的(见 1.1 节),相近的方面略去,本节只列出不同点。

(1) 中央处理器 CPU

① 工作主频最大可达 32 MHz;

② 只有 49 条单字长指令。

(2) 时钟系统(主振荡器)

除了外部时钟源,还配备了内部时钟源,存在 3 个基频,它们分别是 16 MHz 高频振荡器(HFINOSC)、500 kHz 中频振荡器(MFINOSC)、31 kHz 低频振荡器(LFI-NOSC)。通过锁相环 PLL 电路,可以衍生出多种恒定的工作频率。

(3) 存储系统

① FLASH 程序存储器:每个字长是 14 位(同 877A),最多可存放 16K(2^{14})

个字;

② RAM 数据存储器:每个字节是 8 位,最多可存放 1K 字节,断电后信息消失;

③ 配备了两个 16 位的地址指针 FSR0、FSR1。利用地址映射,可以对以上两类存储器统一寻址,避免了软件上跨页、跨区操作的麻烦。

(4) 外围数字设备

① TIMER0:8 位定时/计数功能,带有"独立的"预分频器;

② TIMER1:16 位定时/计数功能,带有"门控"功能;

③ TIMER2:8 位定时功能,带预分频器和后分频器(分频比均可调节);

④ TIMER4:同 Timer2;

⑤ TIMER6:同 Timer2;

⑥ CCP4:捕捉输入、比较后输出以及 PWM 发生器模块(标准);

⑦ CCP5:同 CCP4;

⑧ ECCP1:增强型 CCP 模块,配备各种组合功能,应用灵活方便;

⑨ ECCP2:同 ECCP1;

⑩ ECCP3:同 ECCP1。

(5) 外围模拟设备

① A/D 转换器:最多 14 个输入通道,通过切换方式连接,转换分辨率 10 位;

② 固定电压基准 FVR:可通过程序设定 3 种输出电压,分别是 1.024 V、2.048 V 和 4.096 V;

③ 2 个模拟比较器:输入输出引脚的配置可通过程序设定,功能更加灵活强大。每个比较器输出都具备"独立的"电平变化中断功能;

④ D/A 转换器:具有正负电压选择功能的 5 位轨到轨电阻式 DAC;

⑤ SR 锁存器:可以仿真 555 定时器的功能;

⑥ 每个 RB 端口引脚都具备"独立的"电平变化中断功能;

⑦ 每个 RB 端口引脚都具备"独立的"弱上拉功能。

(6) 通信设备

① MSSP:主从同步串口(启动时自动唤醒,7 位地址掩码,SMBus/PMBus 兼容);

② EUART:增强型 USART(自动波特率检测,与 RS232、RS485、LIN 兼容)。

(7) 其他的功能

① BOR(Brown out reset):欠压复位电路(可选择 2 个阈值电压,Sleep 态下可禁止);

② WDT(Watchdog Timer):看门狗定时器(具备独立的预分频器)。

(8) 人机接口设备

① 集成的 LCD 控制器;

② 电容触摸传感器模块 CPS。

1.8 PIC16F193X 引脚布置图

40 引脚封装的 PIC16F1934 引脚布置如图 1.7 所示。图 1.7 中，除了与 LCD 和 CPS 有关的功能外，其他的引脚功能都作了标注。

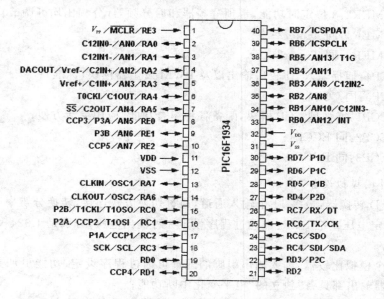

图 1.7 DIP40 封装形式的 PIC16F1934

图 1.7 中引脚的排列与 877A 是兼容的，与 877A 相比，每个引脚复用了更多的功能。由于向下的兼容性，大部分功能在 1.2 节都有过说明，这里只简要讲解一下添加的功能。

对于 ECCP1 模块，某种工作方式下，存在 P1A、P1B、P1C、P1D 四个引脚的组合输出。

对于 ECCP2 模块，某种工作方式下，存在 P2A、P2B、P2C、P2D 四个引脚的组合输出。

对于 ECCP3 模块，某种工作方式下，存在 P3A、P3B 两个引脚的组合输出。

对于 A/D 转换器模块：存在 14 个模拟输入通道（AN0～AN13）。

对于比较器模块：C12IN0－、C12IN1－、C12IN2－、C12IN3－这四个引脚是两个比较器同时可选的负输入端。C1IN＋是 C1 的正输入端，C2IN＋是 C2 的正输入端。C1OUT 是 C1 的输出端，C2OUT 是 C2 的输出端。

对于带门控的 Timer1,T1G 是门控信号的输入端。

对于数模转换器 DAC,DACOUT 是其信号的输出端。

对于 MCLR,它增加了一项复用功能,就是可以当做数字输入端口(RE3)使用。具体选择哪种功能,可通过设置系统配置字或 fuses 实现。

1.9　PIC16F193X 内部结构图

PIC16F193X 的内核结构如图 1.8 所示。它的主体部分与 877A 是类似的,对照前文的图 1.2,本节仅仅讲述它们的不同。

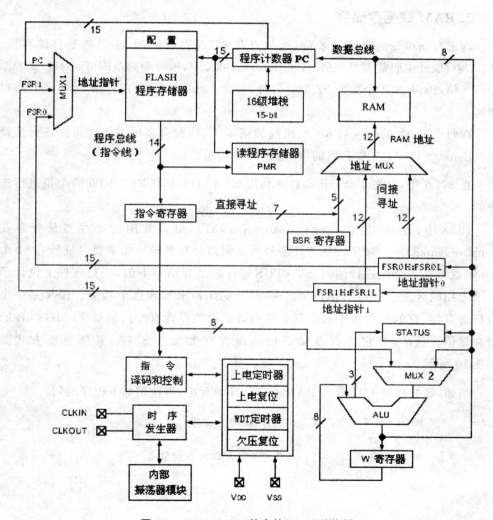

图 1.8　PIC16F193X 的内核(Core)结构图

1. FLASH 程序存储器

内部存储单元的宽度（字宽）是 14 位，这一点与 877A 是相同的，不同的是存储容量。877A 中，容量可达 8K，PC 的宽度是 13 位；193X 中，PC 的宽度是 15 位，理论上可寻址的最大存储空间可达 32K（实际配置为 16K）。

FLASH 的分页原理与 877A 雷同，如图 1.3 所示，也是 2K 分为 1 页，最大可分 8 页（如 PIC16F1938/9），PCLATH 只需向上扩展 1 位（实际扩展 2 位）。877A 中与分页有关的位是 PCLATH<4:3>，193X 中与分页有关的位是 PCLATH<6:3>，如图 3.9 所示。

2. RAM 数据存储器

内部存储单元的宽度是 8 位，这一点与 877A 是相同的，不同的是存储容量。877A 中，地址编码范围是 0.5K（512 bytes）；193X 中，地址编码范围可达 4K，变为原来的 8 倍，Bank 由 4 个变为 32 个。另外，每个 Bank 的最后 16 个单元都是公共存储区。

在每个 Bank 的构造与 877A 相同的情形下，面对众多的 Bank，如何进行选择呢？Bank0～Bank8 中寄存器的排布如图 1.9 所示。

在 877A 中，存在 4 个 Bank，它是利用 STATUS 中的 RP1、RP0 两个位进行选择的。

193X 中，存在 32 个 Bank（Bank0～Bank31），但是常用的寄存器只分布在 Bank0～Bank8 中。GPR 区视芯片型号的不同而分布各异。如果要寻址所有 32 个 Bank，就需要 5 个位进行编码，STATUS 寄存器是容纳不下的，于是硬件上设计了一个专用的区选寄存器 BSR（Bank Select Register）来实现这个功能。BSR 是一个内核寄存器，它的 8 个位中只有低 5 位有效。系统设计有专门的指令（MOVLB k）给它赋值。这样，对它进行直接寻址的过程就类似于 877A，具体寻址方式如图 1.10 所示。

例如，要把数据 47H 载入 RAM 的 120H 单元中，可使用如下程序语句：

```
MOVLB  0X02          ;选择 Bank2 存储体
MOVLW 0X47
MOVWF 120H           ;将 47H 载入 120H 存储单元
```

	Bank0		Bank1		Bank2		Bank3
0	INDF0	80	INDF0	100	INDF0	180	INDF0
1	INDF1	81	INDF1	101	INDF1	181	INDF1
2	PCL	82	PCL	102	PCL	182	PCL
3	STATUS	83	STATUS	103	STATUS	183	STATUS
4	FSR0L	84	FSR0L	104	FSR0L	184	FSR0L
5	FSR0H	85	FSR0H	105	FSR0H	185	FSR0H
6	FSR1L	86	FSR1L	106	FSR1L	186	FSR1L
7	FSR1H	87	FSR1H	107	FSR1H	187	FSR1H
8	BSR	88	BSR	108	BSR	188	BSR
9	WREG	89	WREG	109	WREG	189	WREG
A	PCLATH	8A	PCLATH	10A	PCLATH	18A	PCLATH
B	INTCON	8B	INTCON	10B	INTCON	18B	INTCON
C	PORTA	8C	TRISA	10C	LATA	18C	ANSELA
D	PORTB	8D	TRISB	10D	LATB	18D	ANSELB
E	PORTC	8E	TRISC	10E	LATC	18E	—
F	PORTD	8F	TRISD	10F	LATD	18F	ANSELD
10	PORTE	90	TRISE	110	LATE	190	ANSELE
11	PIR1	91	PIE1	111	CM1CON0	191	EEADRL
12	PIR2	92	PIE2	112	CM1CON1	192	EEADRH
13	PIR3	93	PIE3	113	CM2CON0	193	EEDATL
14	—	94	—	114	CM2CON1	194	EEDATH
15	TMR0	95	OPTION_REG	115	CMOUT	195	EECON1
16	TMR1L	96	PCON	116	BORCON	196	EECON2
17	TMR1H	97	WDTCON	117	FVRCON	197	—
18	T1CON	98	OSCTUNE	118	DACCON0	198	—
19	T1GCON	99	OSCCON	119	DACCON1	199	RCREG
1A	TMR2	9A	OSCSTAT	11A	SRCON0	19A	TXREG
1B	PR2	9B	ADRESL	11B	SRCON1	19B	SPBRGL
1C	T2CON	9C	ADRESH	11C	—	19C	SPBRGH
1D	—	9D	ADCON0	11D	APFCON	19D	RCSTA
1E	CPSCON0	9E	ADCON1	11E	—	19E	TXSTA
1F	CPSCON1	9F	—	11F	—	19F	BAUDCTR
20		A0		120		1A0	
	GPR 区 96Bytes		GPR 区 80Bytes		GPR 区 80Bytes		GPR 区 80Bytes
6F		EF		16F		1EF	
70		F0	映射到 70H～7FH	170	映射到 70H～7FH	1F0	映射到 70H～7FH
7F		FF		17F		1FF	

图 1.9　PIC16F193X 直接寻址示意图

Bank4		Bank5		Bank6		Bank7		Bank8	
200	INDF0	280	INDF0	300	INDF0	380	INDF0	400	INDF0
201	INDF1	281	INDF1	301	INDF1	381	INDF1	401	INDF1
202	PCL	282	PCL	302	PCL	382	PCL	402	PCL
203	STATUS	283	STATUS	303	STATUS	383	STATUS	403	STATUS
204	FSR0L	284	FSR0L	304	FSR0L	384	FSR0L	404	FSR0L
205	FSR0H	285	FSR0H	305	FSR0H	385	FSR0H	405	FSR0H
206	FSR1L	286	FSR1L	306	FSR1L	386	FSR1L	406	FSR1L
207	FSR1H	287	FSR1H	307	FSR1H	387	FSR1H	407	FSR1H
208	BSR	288	BSR	308	BSR	388	BSR	408	BSR
209	WREG	289	WREG	309	WREG	389	WREG	409	WREG
20A	PCLATH	28A	PCLATH	30A	PCLATH	38A	PCLATH	40A	PCLATH
20B	INTCON	28B	INTCON	30B	INTCON	38B	INTCON	40B	INTCON
20C	—	28C	—	30C	—	38C	—	40C	—
20D	WPUB	28D	—	30D	—	38D	—	40D	—
20E	—	28E	—	30E	—	38E	—	40E	—
20F	—	28F	—	30F	—	38F	—	40F	—
210	WPUE	290	—	310	—	390	—	410	—
211	SSPBUF	291	CCPR1L	311	CCPR3L	391	—	411	—
212	SSPADD	292	CCPR1H	312	CCPR3H	392	—	412	—
213	SSPMSK	293	CCP1CON	313	CCP3CON	393	—	413	—
214	SSPSTAT	294	PWM1CON	314	PWM3CON	394	IOCBP	414	—
215	SSPCON1	295	CCP1AS	315	CCP3AS	395	IOCBN	415	TMR4
216	SSPCON2	296	PSTR1CON	316	PSTR3CON	396	IOCBF	416	PR4
217	SSPCON3	297	—	317	—	397	—	417	T4CON
218	—	298	CCPR2L	318	CCPR4L	398	—	418	—
219	—	299	CCPR2H	319	CCPR4H	399	—	419	—
21A	—	29A	CCP2CON	31A	CCP4CON	39A	—	41A	—
21B	—	29B	PWM2CON	31B	—	39B	—	41B	—
21C	—	29C	CCP2AS	31C	CCPR5L	39C	—	41C	TMR6
21D	—	29D	PSTR2CON	31D	CCPR5H	39D	—	41D	PR6
21E	—	29E	CCPTMRS0	31E	CCP5CON	39E	—	41E	T6CON
21F	—	29F	CCPTMRS1	31F	—	39F	—	41F	—
220		2A0		320		3A0		420	
	GPR 区 80Bytes		GPR 区 80Bytes		GPR 区 80Bytes		GPR 区 80Bytes		GPR 区 80Bytes
26F		2EF		36F		3EF		46F	
270	映射到 70H～7FH	2F0	映射到 70H～7FH	370	映射到 70H～7FH	3F0	映射到 70H～7FH	470	映射到 70H～7FH
27F		2FF		37F		3FF		47F	

图 1.9　PIC16F193X 直接寻址示意图(续)

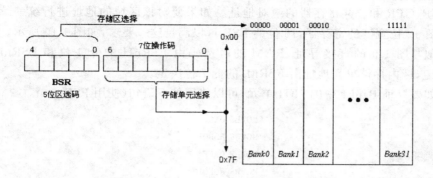

图 1.10　PIC16F193X 直接寻址示意图(续)

3. 堆　栈

不同于 877A 的 8 级堆栈,193X 的堆栈有 16 级深。该堆栈具有溢出(上溢或下溢)复位功能,通过相关设置可以实现。在发生溢出事件时,PCON 寄存器中的相应位(STKOVF 或 STKUNF)将会置 1,并使软件复位。

877A 的堆栈无法访问,193X 的堆栈可以访问,可通过 TOSH、TOSL 和 STKPTR 寄存器(堆栈指针)来访问堆栈。STKPTR 是堆栈指针的当前值,TOSH:TOSL寄存器对指向栈顶,这两个寄存器都可读写。由于程序计数器 PC 的宽度为 15 位,故 TOS 被划分为 TOSH 和 TOSL 两部分。要访问堆栈,可调整用来定位 TOSH:TOSL 的 STKPTR 值,然后对 TOSH:TOSL 执行读/写操作。STKPTR 的有效位数只有 5 位,允许检测上溢和下溢。堆栈访问的具体示例可见芯片说明。

4. 16 位的间接地址指针 FSRn(FSR0 或 FSR1)

与 877A 比较起来,193X 的最大亮点就是它配备了两个 16 位的间址指针 FSR0 和 FSR1,它们分别由 2 个 8 位的寄存器组成(FSRnH:FSRnL)。硬件上设计它的目的是为了使其能在 64K 空间范围内寻址,为什么要这样呢?

通过了解 3.13、3.14 章节的内容,可以知道,不论是对于 RAM 还是 FLASH,在寻址方式上,由于硬件的限制,都需要软件进行跨区(或跨页)操作,这样做会使得程序的编制更加麻烦,也容易出错。试想如果将地址指针的位数进行扩展,能否避免跨区(或跨页)操作呢? 回答是肯定的,硬件上设计了 16 位的地址指针 FSR,寻址空间变得足够大。

在讲解 FSR 的寻址功能之前,有必要说明一下 193X 存储体的划分。FSR 可寻址的空间是由三类存储器组成的,它们分别是:传统数据存储器、线性数据存储器、闪存程序存储器。这三类存储器在"映射"之前虽然各自都有自己的地址编码系统,但是在 FSR 空间中,它们的地址被"统一"编码。以下将分别讲解每一类存储器在 FSR 空间中的编码特点及寻址方式。

(1) 传统数据存储器(Traditional Data Memory)

FSR 地址从 000H 到 FFFH 这一段区域称作传统数据存储器,此地址对应于所有的 SFR、GPR 和公共寄存器的绝对地址。如果要对该区域的地址进行统一编码，至少需要 12 位宽度的寄存器，16 位的 FSR 可以满足这一要求，如图 1.10 所示。

类似与图 1.9 的直接寻址，RAM 的区选码由 FSRnH 的低 4 位和 FSRnL 的 Msb 决定，区内存储单元地址由 FSRnL 的低 7 位决定。

例如要寻址 Bank1 中的 7FH 单元，可以使用如下语句（使用 FSR0）：

```
MOVLW 0x00
MOVWF FSR0H
MOVLW 0xFF
MOVWF FSR0L
```

程序语句执行后，相应的间址指针 INDF0 就会指向该存储单元。

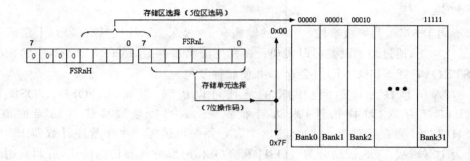

图 1.10　传统数据存储器映射到 FSR 空间

（2）线性数据存储器（Linear Data Memory）

FSR 地址从 2000H 到 29AFH 这一段区域称作线性数据存储器，该区域为虚拟区域，它指向整个 RAM 存储区中非连续的 80 字节的 GPR 区块，未实现的存储区读作 00H。使用该 FSR 区域允许缓冲区大于 80 字节，因为当 FSR 增大到超过一个 GPR 区时（见图 1.11 右），会直接转到下一个 Bank 的 GPR 区。线性数据存储器区域不包含 16 字节的公共存储器区。线性数据存储器的映射方式如图 1.11 所示。

例如要寻址 Bank1 中的 EFH 单元，可以使用如下语句（使用 FSR）：

```
MOVLW 0x20
MOVWF FSR0H
MOVLW 0x9F
MOVWF FSR0L
```

程序语句执行后，相应的间址指针 INDF0 就会指向该存储单元。

线性数据存储器将离散的存储区映射为连续的 FSR 存储区，这方便了用户的使用。

在 877A 中，间址寻址需要知道 8 位的 FSR 指向哪个 Bank，而在这里，可以完全不必关注存储单元的方位。

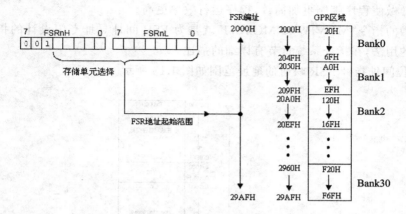

图 1.11 线性数据存储器映射到 FSR 空间

（3）FLASH 程序存储器（Program Flash Memory）

要使常数的访问更为容易，可将整个 Flash 程序存储器映射到 FSR 地址空间的高半部分（8000H～FFFFH）。当 FSRnH 的 MSB 置 1 时，低 15 位就是可通过 INDFn 进行访问的 Flash 地址。注意，只有每个 Flash 存储单元（14 位）的低 8 位可通过 INDFn 进行访问。

通过 FSR/INDF 接口无法对 Flash 程序存储器执行写操作。另外，所有通过 FSR/INDF 接口对 Flash 进行访问的指令都需要一个额外的指令周期（T_{cy}）才能完成。FLASH 程序存储器的映射方式如图 1.12 所示。

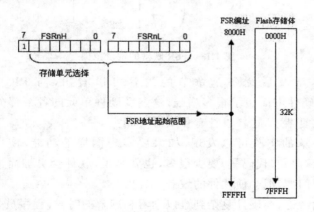

图 1.12 FLASH 程序存储器映射到 FSR 空间

在 877A 中，当需要访问 Flash 中的大量常数时（如 LCD 的字形码），常常需要跨页操作（见 3.14 节内容），程序的编制比较麻烦，也容易出错。而在这里，Flash 空间被映射到 FSR 的 16 位地址空间中，当访问其中常数的时候，可以完全不必考虑分页的问题。

这样做使程序编制更加简练,程序运行效率更高。

新增的指令"MOVIW"、"MOVWI"就是为 FSR 间址寻址专门设计的指令。有关它们的用法,在指令系统章节有详细的描述。

16 位间址指针 FSR 映射的地址范围如图 1.13 所示。

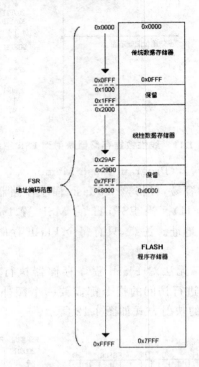

图 1.13　FSR 映射的地址范围

小结:从本章及后续各个章节的内容可以看出,与 PIC16F877A 比较,PIC16F193X 在硬件方面做了很多增强,这遍及硬件单元的各个部分,也就是说,硬件结构变得更加复杂了,这样设计有什么意义呢?

从后面每一章的实验可以发现,如果要实现同样的功能,使用 193X 比使用 877A 需要的汇编语句(代码量)要少很多,也就是说,软件会更加简洁。虽然增加了学习硬件的入门门槛,但会使软件的编制更轻松。

从极限方面考虑,当硬件复杂到难以学习和理解的时候,程序员是不是可以摆脱硬件呢?确实是可以的,那就是使用高级语言(C 语言)编程,通过编译器连接硬件。由此看来,193X 比 877A 更适合使用 C 语言。

第 2 章
指令系统

2.1　关于指令系统

　　指令(Instruction)就是要计算机执行某种操作的命令。某型计算机中所有指令的集合,称为该型计算机的指令系统,也可称为指令集(Instruction set)。

　　指令系统与计算机的性能密切相关,它是衡量计算机性能的重要标志。它是硬件设计的依据,也是软件设计的基础。它的格式与功能不仅直接影响到系统的硬件结构,而且还会影响到系统的软件。

　　对指令系统中的每一条指令的识别都有与其相对应的硬件电路,这些硬件电路由大量的晶体管构成,这便是指令译码器(Instruction Decoder),指令译码器作为控制器的一部分集成在 CPU 电路中。由此可以推断,指令系统越大,对应的硬件系统越复杂并且开销越大。

　　回顾计算机的发展历史,最早的计算机系统采用的是 CISC(复杂指令集计算机)结构,并且直到现在,它还占主流,第 1 章节对此有过具体的介绍。CISC 结构的计算机指令系统很庞大。直到后来,才有人发现,在 CISC 系统中,有相当一部分指令(较复杂的指令)的利用率很低,这样会造成硬件资源的极大浪费。为了改进这一缺陷,RISC(精简指令集计算机)系统诞生了。RISC 指令系统的显著特点是指令精简,即指令数量少。

　　Microchip 公司生产的 PIC 系列单片机也是计算机的一种,它硬件上采用的就是 RISC 结构,与其对应的就是 RISC 指令系统。其中 PIC16F877(A)系列 MCU 共有 35 条指令。

2.2　RISC 与 CISC 指令系统的比较

由于 RISC 是对 CISC 不足的改进,所以在谈到 RISC 的时候,不得不提到 CISC。现在在单片机这个层次上将两者的指令系统作一下大致的比较:

(1) RISC 结构有固定的指令长度,而 CISC 结构的指令长度可以是 1 个、2 个或 3 个字节。指令长度的不确定会给译码带来很大的不便,而确定的指令长度可以方便快速译码(Decoder)。这样,对于 RISC 结构的 MCU,其译码效率会更高。这一点非常类似于生产线上的工人,当他们用机床加工同样尺寸的零件和不同尺寸的零件时,哪种效率更高? 显然是前者。

(2) RISC 结构选取使用频率最高的一些简单指令,指令集小(如下所述 35 条指令),指令的利用率高;而 CISC 结构的指令集(AT89S51 有 111 条指令)则较大,指令的利用率低。

(3) 对于 RISC 结构来说,由于指令长度比较固定,95% 以上的指令可以在一个指令周期(T_{cy})内完成,而 CISC 结构则难以做到这一点。

(4) CISC 的指令系统庞大,其中每一类指令有多种指令格式,且每一条指令又有不同的寻址方式,微指令就是用来实现这些的。对于多数 CISC 处理器来说,CPU 内微指令的实现会占用超过 60% 的晶体管;而对于 RISC 来说,由于指令少,微指令的实现占用晶体管数量不超过总量的 10%,这极大地节省了硬件资源。

(5) RISC 的指令尽管简练,但实现同样的功能,RISC 比 CISC 需要更多的程序代码行,这也是简练的代价。比如,在 PIC16 系列中没有乘除法指令,而只有加减法指令,但是基本的数学理论告诉我们,乘除法只是在加减法运算步骤上的一种简化,也就是说,使用加减法同样能达到乘除法运算的目的,只是过程更为繁琐。对于 PIC16 系列 MCU 而言,乘除法运算可以通过加减法及移位操作来实现,可以想象,这样需要较多的程序代码。

2.3　指令的格式

1. 指令的书写格式

指令最终是以二进制代码的形式在芯片内运作的,但是我们用二进制代码来书写指令是非常麻烦的。为便于书写和阅读程序,书面上每条指令通常由若干个英文缩写字母来表示,这些英文缩写能表达一定的文字意义。我们称其为指令助记符(Instruction mnemonic)。

指令助记符和操作数构成了指令在书面上的格式,它的表现形式如下:

指令助记符　　　　【操作数】

【Mnemonic】   【Operand】

例 1：MOVWF 46H

其中，"MOVWF"是指令助记符；"46H"是操作数，表示 RAM 中的一个存储单元。

例 2：MOVLW 38H

其中，"MOVLW"是指令助记符；"38H"是操作数，表示一个常数。

可见，操作数随指令的不同，其表达的意义也不尽相同，具体可见指令解释部分。

2. 指令的二进制码格式及格式分类

前面讲过，指令最终还是以二进制代码形式存在的，在这个意义上，一条指令是由操作码（Opcode）和操作数（Operand）两部分构成的。两者的宽度相加形成一个指令字长度，简称字长。由此形成的代码也称机器码。

操作码是描述指令操作功能的二进制编码。不同的编码对应着不同的指令助记符。它表示该指令应该进行什么类型的操作，如加法、减法、操作数递增、数据转移等。不同的指令具有不同的操作码，具体可见表 1.1。CPU 中的译码器就是专门解释操作码的，解释之后，系统就能执行操作码所表示的操作了。操作数紧跟在操作码之后，它描述操作的对象和范围。只有极少数的指令不带操作数。

以下对各种类型指令的操作码进行分析，可以发现，本系列机型的字长为 14 位，操作码部分位数最大的是 6 位，那么理论上，它最多可以生成 $2^6 = 64$ 个操作码，但是指令集中，有部分指令的操作码小于 6 位，所以实际的指令数量（35 个）没有这么多。

由此可以推断，对于字长越大的 MCU，其所携带的指令码和操作数可以有更多的位数，那么在硬件上可以编码更多的指令，操作数的值可以更大，整体上，MCU 的功能越强。

通过观察表 1.1 可以发现，对于指令系统的操作码和操作数，它们各自的二进制位数并不是固定的，但总的位数是 14 位。这是由于 MCU 相对于其他的计算机系统，其指令字长较短，为了充分利用字长所表达的信息才进行这样的设计。

PIC16F87X（A）中档系列 MCU 的指令分为四类，以下对每类指令的特点及其二进制码（机器码）格式进行一下分析：

（1）针对 byte 的操作指令（机器码格式）

D13	D12	D11	D10	D9	D8	D7	D6	D5	D4	D3	D2	D1	D0
操作码（6位）						d		f的地址值（7位）					

例如： IORWF 指令的二进制码是：00 0100 dfff ffff $0 \leqslant f \leqslant 7F$

14 位字长的前面 6 位是留给操作码的，"d"的意义与指令释义的介绍相同，后 7 位表示直接寻址寄存器在 RAM 中的地址范围，范围是从 00H 到 7FH。

对于具体的指令 IORWF 32H，F （如果 F 在 RAM 中的地址值是 32H），它的机器码是 00 0100 1011 0010,用 16 进制表示就是 04B2H。

（2）针对 bit 的操作指令（机器码格式）

D13	D12	D11	D10	D9	D8	D7	D6	D5	D4	D3	D2	D1	D0
操作码(4位)				bit的位值			f的地址值(7位)						

例如： BSF f,b 指令的二进制码是：01 01bb bfff ffff　　　　$0 \leqslant f \leqslant 7F$

14 位字长的前面 4 位是留给操作码的,"b"的意义与指令释义的介绍相同,后 7 位表示直接寻址寄存器在 RAM 中的地址范围,范围是从 00H 到 7FH。

对于具体的指令 BSF 36H,3 （如果 F 在 RAM 中的地址值是 36H）,它的机器码是 01 0101 1011 0110,用 16 进制表示就是 15B6H。

（3）针对立即数(Literal)的操作指令和控制类操作指令（机器码格式）

D13	D12	D11	D10	D9	D8	D7	D6	D5	D4	D3	D2	D1	D0
操作码(6位)						k值(8位)							

例如： MOVLW k 指令的二进制码是：11 00xx kkkk kkkk　　　　$0 \leqslant k \leqslant FF$($x$ 表示任意数值)

14 位字长的前面 6 位是留给操作码的,其余 8 位用于从 00H 到 FFH 的立即数。

对于具体的指令 MOVLW 0x64,它的机器码是 11 0000 0110 0100,用 16 进制表示就是 3064H。

（4）仅限 CALL 和 GOTO 指令（机器码格式）

D13	D12	D11	D10	D9	D8	D7	D6	D5	D4	D3	D2	D1	D0
操作码(3位)			k值(11位)										

例如： GOTO k 指令的二进制码是：10 1kkk kkkk kkkk　　　　$0 \leqslant k \leqslant 7FF$

14 位字长的前面 3 位是留给操作码的,k 表示程序要跳转的目标地址值,取值范围从 000H 到 7FFH。

对于具体的指令 GOTO NEXT,如果 NEXT 标定的地址值是 3ABH,表示程序将跳转到 3ABH 地址去执行。它的机器码是 10 1011 1010 1011,用 16 进制表示就是 2BABH。

2.4 RISC 指令的时序

指令周期(Instruction Cycle)就是取出并执行一条指令的时间。每个指令周期(T_{cy})由 4 个振荡周期(T_{osc})组成。因此,对于频率为 4 MHz 的振荡器,正常的指令执行时间为 1 个 T_{cy}(1 μs)。但是当发生了条件测试为真或者指令的结果改变了 PC

值时,指令的执行则需要 2 个 T_{cy}(2 μs),在第 2 个 T_{cy} 会执行一条 NOP 指令来代替 PC 实际指向的指令。

　　为什么 1 个指令周期(T_{cy})由 4 个振荡周期(T_{osc})组成呢? 由图 2.1 可知,在时序上,每个振荡周期都有自己的任务安排。在 Q1 周期,对已经读取并等候在队列里的指令进行译码(Decorder);在 Q2 周期,读取相关的操作数(Read);在 Q3 周期,执行指令(Process);在 Q4 周期,执行结果载入目标寄存器(Write)。每条指令都有详细的 Q 周期操作。

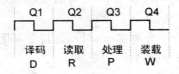

图 2.1　指令执行过程的细节说明(1 个 T_{cy} 内)

　　由图 2.2 可以看出,RISC 处理器在执行当前指令的同时,也在提取下一条指令,从而实现流水作业(Pipeline)。即执行指令和提取指令在时间上是重叠的。这个不同于 CISC 处理器,CISC 处理器在提取指令和执行指令两方面是顺序进行的。

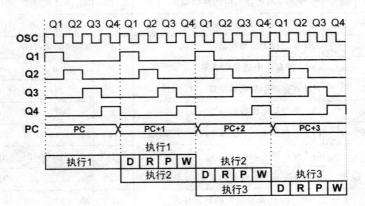

图 2.2　RISC 指令时序和流水作业图

　　观察图 2.2,执行既定的某指令需要 2 个指令周期,但是由于"重叠"的影响,平均而言,执行 1 条指令只需要 1 个指令周期。

　　对于 RISC,绝大多数指令的执行时间是单周期,除了少数引起程序跳转的指令外。具体分析见下文指令解释。

2.5 指令系统概览

对于 PIC16F87X 中档系列 MCU 而言,一共有 35 条指令,每一条指令的代码位数(字长)是 14 位,它由说明指令类型的英文助记符(Mnemonic)和进一步说明指令操作对象或范围的一个或多个操作数(Operand)组成。它的指令特点既不同于低档系列(33 条指令,12 位字长),也不同于高档系列(58 条指令,16 位字长)。指令数量越多,相应的指令代码的位数就越多,MCU 功能就越强,这也是 PIC16F87X 系列为什么居于中档的重要原因。

表 2.1 对 35 条指令进行了分类排布,对每条指令都附有简短的说明。读者可以根据表中的内容对比各条指令(码)的不同。

表 2.1 PIC16F87X(A)指令集

No.	助记符与操作数	功能描述	指令周期数	14 位机器码	受影响状态位
		面向 byte 的操作指令			
1	ADDWF f, d	将 W 与 f 两寄存器中的数据相加	1	00 0111 dfff ffff	C, DC, Z
2	ANDWF f, d	将 W 与 f 两寄存器中的数据相与	1	00 0101 dfff ffff	Z
3	CLRF f	将 f 寄存器中的数据清零	1	00 0001 1fff ffff	Z
4	CLRW	将 W 寄存器中的数据清零	1	00 0001 0xxx xxxx	Z
5	COMF f, d	将 f 寄存器中的数据取反	1	00 1001 dfff ffff	Z
6	DECF f, d	将 f 寄存器中的数据减 1	1	00 0011 dfff ffff	Z
7	DECFSZ f, d	将 f 寄存器中的数据减 1,若为零则跳过	1(2)	00 1011 dfff ffff	
8	INCF f, d	将 f 寄存器中的数据加 1	1	00 1010 dfff ffff	Z
9	INCFSZ f, d	将 f 寄存器中的数据加 1,若为零则跳过	1(2)	00 1111 dfff ffff	
10	IORWF f, d	将 W 与 f 两寄存器中的数据相或	1	00 0100 dfff ffff	Z
11	MOVF f, d	将 f 寄存器中的数据移到自身或 W 中	1	00 1000 dfff ffff	Z
12	MOVWF f	将 W 寄存器中的数据移到 f 中	1	00 0000 1fff ffff	
13	NOP	空操作	1	00 0000 0xx0 0000	
14	RLF f, d	将 f 寄存器中的数据带 C 位左循环	1	00 1101 dfff ffff	C
15	RRF f, d	将 f 寄存器中的数据带 C 位右循环	1	00 1100 dfff ffff	C
16	SUBWF f, d	f 与 W 寄存器中的数据相减:(f)-(W)	1	00 0010 dfff ffff	C, DC, Z
17	SWAPF f, d	将 f 寄存器中的数据左右半字节交换	1	00 1110 dfff ffff	
18	XORWF f, d	将 W 与 f 两寄存器中的数据相异或	1	00 0110 dfff ffff	Z

续表 2.1

No.	助记符与操作数	功能描述	指令周期数	14 位机器码	受影响状态位
面向 bit 的操作指令					
19	BCF f,b	把 f 寄存器的第 b 位清零	1	01 00bb bfff ffff	
20	BSF f,b	把 f 寄存器的第 b 位置 1	1	01 01bb bfff ffff	
21	BTFSC f,b	测试寄存器 f 的第 b 位,若为 0 则跳过	1(2)	01 10bb bfff ffff	
22	BTFSS f,b	测试寄存器 f 的第 b 位,若为 1 则跳过	1(2)	01 11bb bfff ffff	
面向立即数 k 的操作指令和控制类指令					
23	ADDLW k	立即数 k 与 W 寄存器中的数据相加	1	11 111x kkkk kkkk	C,DC,Z
24	ANDLW k	立即数 k 与 W 寄存器中的数据相与	1	11 1001 kkkk kkkk	Z
25	CALL k	调用子程序	2	10 0kkk kkkk kkkk	
26	CLRWDT	看门狗定时器的计数值清零	1	00 0000 0110 0100	TO,PD
27	GOTO k	跳转	2	10 1kkk kkkk kkkk	
28	IORLW k	立即数 k 与 W 寄存器中的数据相或	1	11 1000 kkkk kkkk	Z
29	MOVLW k	将立即数 k 载入 W 寄存器中	1	11 00xx kkkk kkkk	
30	RETFIE	从中断返回	2	00 0000 0000 1001	
31	RETLW k	立即数送 W 子程序返回	2	11 01xx kkkk kkkk	
32	RETURN	从子程序返回	2	00 0000 0000 1000	
33	SLEEP	睡眠	1	00 0000 0110 0011	
34	SUBLW k	立即数 k 减去 W 寄存器中的数据	1	11 110x kkkk kkkk	C,DC,Z
35	XORLW k	立即数 k 与 W 寄存器中的数据相异或	1	11 1010 kkkk kkkk	Z

2.6 指令系统说明

上一节对整个指令系统进行了分类和概览,本节将对每一条指令的功能进行详细说明,希望读者在学习后能够熟练掌握指令的使用。由于以下说明的是指令的书面格式,首先应该明白格式中的一些符号所表达的意思。现将这些符号及其中英文解释罗列如下:

f:　　　　寄存器的阵列地址(从 0x00 至 0x7F)—— Register file address

W:　　　　工作寄存器(累加器)—— Working register(accumulator)

b:　　　　8 位寄存器内的位地址—— Bit address within an 8—bit file register

k:　　　　立即数、常量或标号—— Literal field,constant data or label

d:　　　　目标寄存器选择位—— Destination select

当 d＝0 时,结果存在 W 中;

当 d＝1 时,结果存在 f 寄存器中。默认值为 d＝1。

x: 　　　　表示无关的位。

PC: 　　　　程序计数器(程序地址指针)—— Program Counter

PCLATH:程序计数器的高字节(低 5 位有效)—— Program Counter Latch High

PCL: 　　　程序计数器的低字节(8 个位有效)—— Program Counter Low byte

TO: 　　　　超时标志位—— Time-out bit

PD: 　　　　断电标志位—— Power-down bit

TOS: 　　　栈顶地址—— Top of Stack

［　］: 　　表示其中是可选项

(　): 　　　表示是其内容

＜　＞: 　　表示寄存器中 bit 的范围

∈: 　　　　表示包含于

下面将指令集中的 35 条指令逐一进行解释,希望读者在学习过程中注意理解并思考。

ADDLW 立即数 k 与 W 相加 （Add Literal and W）

指令格式：ADDLW k

立即数取值：0≤k≤FF

操作方式：(W)＋ k → W

影响状态位：C,DC,Z

说明:将 W 寄存器的内容与 8 位立即数 k 相加,结果存入 W 寄存器。

举例:MOVLW 0X3C

　　　　指令执行后,W = 0X3C。

ADDWF f 寄存器内容与 W 相加 （Add W and f）

指令格式：ADDWF f,d

f 寄存器地址取值：0≤f≤7F　　 d∈［0,1］

操作方式：(W)＋(f)→ f 　 (d＝1)

　　　　　(W)＋(f)→W 　 (d＝0)

影响状态位：C,DC,Z

说明:将 W 寄存器的内容与 f 寄存器的内容相加,结果存入 W 寄存器(d＝0)或 f 寄存器(d＝1)。

举例①:- ADDWF REG,F

　　　　给定 W = 0x86,REG = 0x34

　　　　指令执行后,REG = 0xBA　 W 的值不变。

举例②:ADDWF REG,W

给定 W = 0x86, REG = 0x34

指令执行后, W = 0xBA　REG 的值不变。

ANDLW　立即数 k 与 W 的内容相与（AND Literal with W）

指令格式：ANDLW k

立即数取值：$0 \leqslant k \leqslant FF$

操作方式：(W)AND k → W

影响状态位：Z

说明：W 寄存器的内容与立即数 k 相与,结果存入 W 寄存器。

举例：ANDLW 0x64

给定 W = 5A,指令执行后, W = 40。

ANDWF　W 的内容与 f 的内容相与（AND W with f）

指令格式：ANDWF f,d

f 寄存器地址取值：$0 \leqslant f \leqslant 7F$　　$d \in [0,1]$

操作方式：(W)AND f → f　　(d=1)

　　　　　(W)AND f → W　　(d=0)

影响状态位：Z

说明：将 W 寄存器的内容与 f 寄存器的内容相与,结果存入 W 寄存器(d＝0)或 f 寄存器(d＝1)。

举例①：ANDWF　REG,F

给定 W = 0x86, REG = 0xD4　指令执行后, REG = 0x84　W 的值不变。

举例②：ANDWF　REG,W

给定 W = 0x86, REG = 0xD4　指令执行后, W = 0x84　REG 的值不变。

BCF　f 寄存器的某一位清零（Bit Clear f）

指令格式：BCF f,b

f 寄存器地址取值：$0 \leqslant f \leqslant 7F$

位取值：$0 \leqslant b \leqslant 7$

操作方式：$0 \rightarrow f<b>$

影响状态位：无

说明：f 寄存器的第 b 位被清零。

举例：BCF REG,4　　　　;将 REG 的 D4 位置 0

　　　BCF PORTC,2　　　;将 PORTC 的 RC2 引脚电平置 0

BSF　f 寄存器的某一位置 1（Bit Set f）

指令格式：BSF f,b

f 寄存器地址取值：$0 \leqslant f \leqslant 7F$

位取值：$0 \leqslant b \leqslant 7$

操作方式：1→f<b>

影响状态位：无

说明：f 寄存器的第 b 位被置 1。

举例：BSF REG,4   ;将 REG 的 D4 位置 1

BSF PORTC,2   ;将 PORTC 的 RC2 引脚电平置 1

BTFSS 对 f 寄存器作位测试,如果这一位为 1 则跳过执行(Bit Test f,Skip if Set)

指令格式：BTFSS f,b

f 寄存器地址取值：0≤f≤7F

位取值：0≤b≤7

操作方式：如果 f<b>＝1,那么执行时跳过下一条指令

影响状态位：无

说明：如果 f 寄存器的第 b 位为 0,则执行下一条指令,这时指令执行时间为 $1T_{cy}$;

如果 f 寄存器的第 b 位为 1,则不会执行下一条实际上的指令,而会代之执

行一条 NOP 指令,这时指令执行时间为 $2T_{cy}$。

举例：BTFSS FLAG,6

L1:GOTO NEXT1

L2:MOVLW 0x7E

当位值 FLAG<6> = 0 时,程序顺序执行到 L1 后跳转到 NEXT1;

当位值 FLAG<6> = 1 时,程序会跳过 L1(NOP)去执行 L2 的指令。

BTFSC   对 f 寄存器作位测试,如果这一位为零则跳过执行(Bit Test f,Skip if Clear)

指令格式：BTFSC f,b

f 寄存器地址取值：0≤f≤7F

位取值：0≤b≤7

操作方式：如果 f<b>＝0,那么执行时跳过下一条指令

影响状态位：无

说明：如果 f 寄存器的第 b 位为 1,则执行下一条指令,这时指令执行时间为 $1T_{cy}$。

如果 f 寄存器的第 b 位为 0,则不会执行下一条实际上的指令,而会代之执

行一条 NOP 指令,这时指令执行时间为 $2T_{cy}$。

举例：BTFSC FLAG,6

L1:GOTO NEXT1

L2:MOVLW 0x7E

当位值 FLAG<6> = 1 时,程序顺序执行到 L1 后跳转到 NEXT1;

当位值 FLAG<6> = 0 时,程序会跳过 L1(NOP)去执行 L2 的指令。

CALL   调用子程序（Call Subroutine）

指令格式：CALL k

子程序首地址相对于当前地址范围取值：$0 \leqslant k \leqslant 7FF$　（2047D）

操作方式：(PC)＋1→TOS,k→PC＜10:0＞,PCLATH＜4:3＞→PC＜12:11＞

影响状态位：无

说明：首先，将当前地址值(PC)＋1压栈保护，然后将 11 位常数 k 载入 PC 的＜10:0＞位，同时将 PCLATH＜4:3＞的值载入 PC 的＜12:11＞位，从而使 PC(程序计数器)指向子程序入口地址。

CALL 指令的执行占用时间是 $2T_{cy}$。

CLRF　对 f 寄存器清零（Clear f）

指令格式：CLRF f

f 寄存器地址取值：$0 \leqslant f \leqslant 7F$

操作方式：00H→f　　1→Z

影响状态位：Z

说明：f 寄存器清零后，导致零标志位 Z 被置 1。

举例：CLRF REG

　　　　指令执行前，REG = 0x29；指令执行后，REG = 0x00,Z = 1。

CLRW　对 W 寄存器清零（Clear W）

指令格式：CLRW

操作数：无

操作方式：00H→W　　1→Z

影响状态位：Z

说明：W 寄存器清零后，导致零标志位 Z 被置 1。

举例：CLRW

　　　　指令执行前，W = 0x29；指令执行后，W = 0x00,Z = 1。

CLRWDT　把看门狗定时器的计数值清零（Clear Watchdog Timer）

指令格式：CLRWDT

操作数：无

操作方式：00H→WDT,0→WDT 预分频器,1→TO,1→PD

影响状态位：TO,PD

说明：CLRWDT 指令将 WDT 的计数值清零；状态位 TO 和 PD 被置 1。

COMF　对 f 寄存器的内容取反（Complement f）

指令格式：COMF f,d

f 寄存器地址取值：$0 \leqslant f \leqslant 7F$　$d \in [0,1]$

操作方式：(f)取反 →　f　（d=1）

　　　　　　(f)取反 → W　（d=0）

影响状态位：Z

说明:对 f 寄存器的内容求补,其结果存入 W 寄存器(d=0)或 f 寄存器(d=1)。

举例①:COMP REG,W

给定 REG = 0xF0,指令执行后,W = 0x0F,REG 的值不变。

举例②:COMP REG,F

给定 REG = 0xF0,指令执行后,REG = 0x0F。

DECF　对 f 寄存器内容减 1　(Decrement f)

指令格式：DECF f,d

f 寄存器地址取值:0≤f≤7F　　d∈[0,1]

操作方式:(f)-1 → f　　(d=1)

$\qquad$ (f)-1 → W　　(d=0)

影响状态位:Z

说明:对 f 寄存器的内容减 1,其结果存入 W 寄存器(d=0)或 f 寄存器(d=1)。

举例①:DECF REG,F

给定 REG = 0x26,指令执行后,REG = 0x25。

举例②:DECF REG,W

给定 REG = 0x26,指令执行后,W = REG = 0x25。

DECFSZ　对 f 寄存器的内容减 1,若结果为 0 则跳过下一条指令执行 (Decrement f, Skip if Zreo)

指令格式：DECFSZ f,d

f 寄存器地址取值:0≤f≤7F　　d∈[0,1]

操作方式:(f)-1 → f　　(d=1)

$\qquad$ (f)-1 → W　　(d=0)　　　若结果=0 则跳过执行

影响状态位:无

说明:对 f 的内容进行减 1 操作,其结果存入 W 寄存器(d=0)或 f 寄存器(d=1)。

如果结果不为 0,则顺序执行下一条指令;

如果结果为 0,则不会执行下一条实际上的指令,而会代之执行一条 NOP 指令,这时指令的执行时间为 $2T_{cy}$。

举例:L0：DECFSZ COUNT

$\qquad$ L1:GOTO L0

$\qquad$ L2:…

给定 COUNT = 0x05,程序执行后,COUNT 不断地进行减 1 操作,每次减 1,同时也判断其值是否为 0。若不为 0,程序执行下一条指令"GOTO L0",继续作减 1 操作;若为 0,程序会跳过 L1(NOP)去执行 L2 的指令。

GOTO　无条件转移指令 (Unconditional Branch)

指令格式：GOTO k

跳转地址相对于当前地址范围取值:0≤k≤7FF　　　(2047D)

操作方式：k →PC<10：0>　　　PCLATH<4：3>→PC<12：11>

影响状态位：无

说明：11 位常数 k 被载入 PC 的<10：0>位，同时将 PCLATH<4：3>的值载入 PC 的<12：11>位。

CALL 指令的执行占用时间是 $2T_{cy}$。

举例：GOTO NEXT

　　　　指令执行后，PC = NEXT 指向的地址。

INCF　对 f 寄存器内容加 1（Increment f）

指令格式：INCF f,d

f 寄存器地址取值：0≤f≤7F　　d∈[0,1]

操作方式：(f)−1 → f　（d=1）

　　　　　(f)−1 →W　（d=0）

影响状态位：Z

说明：对 f 寄存器的内容进行加 1 操作，其结果存入 W 寄存器（d=0）或 f 寄存器（d=1）。

举例①：INCF REG,F

　　　　给定 REG = 0x26，指令执行后，REG = 0x27。

举例②：INCF REG,W

　　　　给定 REG = 0x26，指令执行后，W = REG = 0x27。

INCFSZ f　对 f 寄存器内容加 1，若结果为 0 则跳过下一条指令执行（Increment f，Skip if Zero）

指令格式：INCFSZ f,d

f 寄存器地址取值：0≤f≤7F　　d∈[0,1]

操作方式：(f)+1 → f　（d=1）

　　　　　(f)+1 →W　（d=0）　　若结果=0　则跳过执行

影响状态位：无

说明：对 f 的内容进行加 1 操作，其结果存入 W 寄存器（d=0）或 f 寄存器（d=1）

　　如果结果不为 0，则顺序执行下一条指令；

　　如果结果为 0，则不会执行下一条实际上的指令，而会代之执行一条 NOP 指令，这时指令的执行时间为 $2T_{cy}$。

举例：L0：INCFSZ COUNT

　　　　L1：GOTO L0

　　　　L2：…

给定 COUNT = 0xFA，程序执行后，COUNT 不断地进行加 1 操作，每次加 1，同时也判断其值是否为 0。若不为 0，程序执行下一条指令"GOTO L0"，继续作加 1 操作；若为 0，程序会跳过 L1（NOP）去执行 L2 的指令。

IORLW 对立即数 k 和 W 作或运算 (Inclusive OR Literal with W)

指令格式：IORLW k

立即数取值：0≤k≤FF

操作方式：(W)OR k → W

影响状态位：Z

说明：寄存器 W 的内容与立即数 k 进行或运算，结果存入 W 寄存器。

举例：IORLW 0x64

　　　给定 W = 5A，指令执行后，W = 7E。

IORWF 对 W 和 f 作或运算 (Inclusive OR W with f)

指令格式：IORWF f,d

f 寄存器地址取值：0≤f≤7F　　d∈[0,1]

操作方式：(W)OR(f)→f　(d=1)

　　　　　(W)OR(f)→ W　 (d=0)

影响状态位：Z

说明：W 与 f 寄存器两者的内容进行或运算，结果存入 W 寄存器(d=0)或 f 寄存器(d=1)。

举例①：IORWF　REG,F

　　　　给定 W = 0x86，REG = 0xD4　 指令执行后，REG = 0xD6　W 的值不变。

举例②：IORWF　REG,W

　　　　给定 W = 0x86，REG = 0xD4　 指令执行后，W = 0xD6　REG 的值不变。

MOVF 传送 f 寄存器的内容 (Move f)

指令格式：MOVF f,d

f 寄存器地址取值：0≤f≤7F　　d∈[0,1]

操作方式：(f)→ f　　(d=1)

　　　　　(f)→ W　　(d=0)

影响状态位：Z

说明：将 f 寄存器的内容送至 W(d=0)或 f 本身(d=1)。由于本指令会影响零位标志 Z，那么可由此判断寄存器 f 的值是否为零。

举例①：　MOVF REG,W

　　　　　给定 REG = 0xBD，指令执行后，W = 0xBD。

举例②：　MOVF REG,F

　　　　　给定 REG = 0x00，指令执行后，REG 的值不变，触发 Z = 1。

MOVLW 立即数送 W 寄存器 (Move Literal to W)

指令格式：MOVLW k

立即数取值：0≤k≤FF

操作方式：k →W

影响状态位:无

说明:立即数 k 被送入 W 寄存器。

举例:MOVLW 0x7A

　　　指令执行后,W = 0x7A。

MOVWF　把 W 的内容载入 f 寄存器（Move W to f）

格式:MOVWF f

f 寄存器地址取值:0≤f≤7F

操作方式:(W)→f

影响状态位:无

说明:将 W 寄存器中的数据送入 f 寄存器。

举例:MOVWF REG

　　　给定 W = 0X8E,指令执行前:REG = 0X45;指令执行后:REG = 0X8E,W 的值不变。

NOP　空操作（No Operation）

指令格式:NOP

操作数:无

操作方式:空操作

影响状态位:无

RETFIE　中断返回（Return from Interrupt）

指令格式:RETFIE

操作数:无

操作方式:TOS →PC, 1 →GIE　　（TOS 表示栈顶地址）

影响状态位:无

RETLW　将立即数送到 W 中返回（Return with Literal in W）

指令格式:RETLW k

立即数取值:0≤k≤FF

操作方式:k→W　　TOS→PC　　（TOS 表示栈顶地址）

影响状态位:无

说明:先将立即数 k 载入 W 寄存器,再把 TOS 的内容（返回地址值）弹出送入 PC（程序计数器）,返回到调用指令的下一条指令处。RETLW 指令的执行占用时间是 $2T_{cy}$。

RLF f　寄存器带进位位左循环（Rotate Left f　through Carry）

指令格式:RLF f,d

f 寄存器地址取值:0≤f≤7F　　　　d∈[0,1]

操作方式:参见下图

影响状态位:C

说明:f 寄存器的内容带 C 标志向左循环一位。结果存入 W 寄存器(d=0)或 f 寄存器(d=1)

举例①:RLF REG,W

    指令执行前,REG = 11100110   C = 0;

    指令执行后, W = 11001100   C = 1。

举例②:RLF REG,F

    指令执行前,REG = 11100110   C = 0;

    指令执行后,REG = 11001100   C = 1。

RETURN　从子程序返回（Return from Subroutine）

指令格式：RETURN

操作数：无

操作方式：TOS →PC　　　　　（Top of Stack 栈顶地址）

影响状态位:无

说明：把 TOS 的内容(返回地址值)弹出送入 PC(程序计数器),返回到调用指令的下一条指令处。RETURN 指令的执行占用时间是 $2T_{cy}$。

RRF　f 寄存器带进位位右循环(Rotate Right f through Carry)

指令格式：RRF f,d

f 寄存器地址取值：$0 \leqslant f \leqslant 7F$　　　$d \in [0,1]$

操作方式：参见下图

影响状态位:C

说明:f 寄存器的内容带 C 标志向右循环一位,结果存入 W 寄存器(d=0)或 f 寄存器(d=1)。

举例①:RRF REG,W

    指令执行前,REG = 11100110   C = 0;

    指令执行后, W = 01110011   C = 1。

举例②:RRF REG,F

    指令执行前,REG = 11100110   C = 0;

    指令执行后,REG = 01110011   C = 1。

SLEEP

指令格式：SLEEP

操作数：无

操作方式：00H→WDT,0→WDT 预分频器,1→TO,0→PD

影响状态位：TO,PD

说明：指令执行后,断电状态位 PD 被清零,超时状态位 TO 被置 1,WDT 及其预分频器被清零。振荡器停振,CPU 进入休眠状态。

SUBLW　立即数 k 减去 W 的内容（Subtract W from Literal）

指令格式：SUBLW k

立即数取值：0≤k≤FF

操作方式：k － （W） → W

影响状态位：C,DC,Z

说明：立即数 k 减去 W 寄存器中的数据,结果存入 W 寄存器。其减法运算通过 2 的补码方法实现。

举例①：MOVLW 0x06

　　　　SUBLW 0x08　　　　指令执行后,W = 0x02,C = 1,结果为正。

举例②：MOVLW 0x08

　　　　SUBLW 0x06　　　　指令执行后,W = 0xFE,C = 0,结果为负。

举例③：MOVLW 0x08

　　　　SUBLW 0x08　　　　指令执行后,W = 0x00,C = 1,Z = 1,结果为零。

SUBWF　f 寄存器的内容减去 W 的内容（Subtract W from f）

指令格式：SUBWF f,d

f 寄存器地址取值：0≤f≤7F　　　d∈[0,1]

操作：(f)－(W)→f　　　(d=1)

　　　(f)－(W)→W　　　(d=0)

影响状态位：C,DC,Z

说明：f 寄存器内容减去 W 的内容,结果存入 W 寄存器(d=0)或 f 寄存器(d=1)。

举例①：MOVLW 0x06

　　　　SUBWF REG

　　　　给定 REG = 0x08　　　指令执行后,W = 0x02,C = 1,结果为正。

举例②：MOVLW 0x08

　　　　SUBWF REG

　　　　给定 REG = 0x06　　　指令执行后,W = 0xFE,C = 0,结果为负。

举例③：MOVLW 0x08

　　　　SUBWF REG

　　　　给定 REG = 0x08　　　指令执行后,W = 0x00,C = 1,Z = 1,结果为零。

SWAPF　对 f 寄存器的内容进行半字节交换（Swap Nibbles in f）

指令格式：SWAPF f,d

f 寄存器地址取值：$0 \leqslant f \leqslant 7F$　　$d \in [0,1]$

操作方式：f<3:0>→f<7:4>　　f<7:4>→f<3:0>

　　　　　　结果→ f　　（d＝1）

　　　　　　结果→W　　（d＝0）

影响状态位：无

说明：f 寄存器的高半字节和低半字节相交换，结果存入 W 寄存器（d＝0）或 f 寄存器（d＝1）。

举例①：SWAP REG,W

　　　　给定 REG = 0x8B,指令执行后,W = 0xB8　REG 的值不变。

举例②：SWAP REG,F

　　　　给定 REG = 0x8B,指令执行后,REG = 0xB8。

XORLW　W 寄存器的内容与立即数 k 相异或（Exclusive OR Literal with W）

指令格式：XORLW k

立即数取值：$0 \leqslant k \leqslant FF$

操作方式：(W)XOR　k　→ W

影响状态位：Z

说明：W 寄存器的内容和立即数 k 相异或，结果存入 W 寄存器。

举例：XORLW 0x64

　　　　给定 W = 5A,指令执行后,W = 3E。

XORWF　W 与 f 寄存器相异或（Exclusive OR W with f）

指令格式：XORWF f,d

f 寄存器地址取值：$0 \leqslant f \leqslant 7F$　　$d \in [0,1]$

操作方式：(W)XOR(f)→　 f　　（d＝1）

　　　　　　(W)XOR(f)→ W　　（d＝0）

影响状态位：Z

说明：W 和 f 寄存器两者的内容相异或，结果存入 W 寄存器（d＝0）或 f 寄存器（d＝1）。

举例①：XORWF　REG,F

　　　　给定 W = 0x86,REG = 0xD4　指令执行后,REG = 0x52,W 的值不变。

举例②：XORWF　REG,W

　　　　给定 W = 0x86,REG = 0xD4　指令执行后,W = 0x52,REG 的值不变。

2.7 寻址方式

PIC 系列 MCU 采用精简指令集(RISC)结构体系,所以寻址方式和指令又少又简单。这一点非常方便初学者入门。其寻址方式根据操作数来源的不同,可以分为以下 4 种。

(1) 立即数寻址(Immediate Addressing 或 Literal Addressing)

在这种寻址方式中,指令码携带着实际的操作数(立即数),也就是说,操作数本身可以在指令码中立即获得,而不用到别处去找。

例如: MOVLW 0X38 ;把立即数 38H 送到累加器 W 中

又如: MOVLW 0X34 ;先把立即数 34H 送到累加器 W 中

ADDLW 0X57 ;再将立即数 57H 和 34H 的值相加,结果放在 W 中

指令执行后,W 中的值为 8BH。其过程如图 2.3 所示。

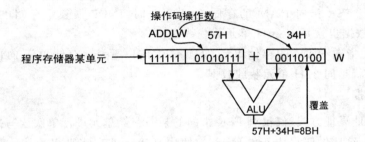

图 2.3 立即数寻址示意图

(2) 直接寻址(Direct Addressing)

在这种寻址方式中,指令码可以通过地址值来访问任意一个 RAM 中的寄存器,从而获得其中的数据。即指令码的操作数部分是待访问寄存器的地址值。

例如: MOVLW 0X38

MOVWF 20H ;把立即数 38H 送到 RAM 的 20H 单元中

又如: MOVLW 0X27 ;先把立即数 27H 送到累加器 W 中

IORWF 32H,W ;再将 32H 单元中的数据和 27H 的值相或,结果放在 W 中

指令执行后,W 中的值为 6FH。其过程如图 2.4 所示。

(3) 寄存器间接寻址(Indirect Addressing)

如果把寄存器用作地址指针,指向 RAM 的数据地址,这种寻址方式称为寄存器间接寻址。在这种方式下,指令中寄存器的内容不是操作数,而是操作数的地址。指令执行时,先通过寄存器内容取得操作数地址,再到此地址规定的 RAM 单元去取操作数。

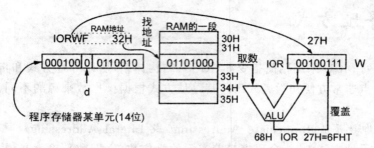

图 2.4　直接寻址示意图

寄存器间接寻址只能访问 GPR，而不能访问 SFR。

寄存器间接寻址是一种很重要的寻址方式，它可以实现动态寻址（直接寻址是静态寻址），从而大大提高了寻址效率。这种寻址方式需要用到两个专用的寄存器，它们分别是 FSR 和 INDF，两者通常是配合使用的。两者的关系是：当 FSR 被用作地址指针，指向 RAM 的某一单元时，INDF 便表示当前的存储单元。

例如：当 FSR 指向 RAM 的存储单元 20H 时，INDF 便表示存储单元 20H，向 INDF 装载数据也就是向 20H 单元装载数据。

当 FSR 指向 RAM 的存储单元 21H 时，INDF 便表示存储单元 21H，向 INDF 装载数据也就是向 21H 单元装载数据。

依次类推。

利用间址寻址方式，仅仅对 FSR 指向的某一存储单元进行单次读写操作是没有太大意义的，这样做使得语句繁琐，不如使用直接寻址方式来得简洁。需要明白的是，在硬件上设计 FSR 和 INDF 的目的就是为了实现动态寻址，即 FSR 指向的地址值可以不断地变化，那么 INDF 存储单元的内容也会随着变化。

INDF 并不是一个物理上存在的寄存器，它在 RAM 中的地址单元是 00H，在每个 BANK 中都可映射。INDF 的英文名是 Index File register，意思是对寄存器单元进行索引，这跟高级语言中数据库的索引非常类似，其中的数据指针类似于这里的地址指针。

FSR 是一个物理上存在的寄存器，它的英文名是 File Select register，即存储单元选择寄存器，也可以称作地址指针。它在 RAM 中的地址单元是 04H，在每个 BANK 中都可映射。

例如：　　MOVLW 0X74

　　　　　MOVWF FSR　　　;要访问的 RAM 单元是 74H

　　　　　MOVLW 0XAB

　　　　　MOVWF INDF　　　;把数据 ABH 存入 74H 单元

这样做不如采用直接寻址来得简洁，如

　　　　　MOVLW 0XAB

　　　　　MOVWF 74H　　　　;把数据 ABH 存入 74H 单元

另外再举一例：

```
MOVLW 0X32
MOVWF FSR        ;要访问的 RAM 单元是 32H
MOVLW 0X68
MOVWF INDF       ;把数据 68H 存入 32H 存储单元
MOVLW 0X27       ;把即将参与运算的立即数 27H 存入 W 中
IORWF INDF,W     ;把 27H(W 中)和 68H(INDF 中)进行或运算,结果放在 W 中
```

程序执行后,W 中的值为 6FH。整个操作过程如图 2.5 所示。

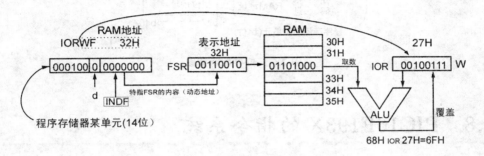

图 2.5　间接寻址示意图

寄存器间接寻址的真正意义在于动态寻址。例如,把数据 0x21 装入 RAM 地址 30H 到 60H 的 48 个存储单元中,如果采用直接寻址,程序的实现尽管很简单,但是程序量会很大(约 50 条指令)。如果采用间接寻址,程序量会很小(约 10 条指令),尽管程序的实现需要多动些脑筋(循环方式)。程序如下：

```
include <p16f77.inc>
        COUNT EQU 20H    ;把循环量寄存器 COUNT 定义在 RAM 的 20H 单元
        MOVLW 0X30
        MOVWF COUNT      ;给循环量寄存器 COUNT 赋初值 30H,表示后面将循环 30H 次
        MOVLW 0X30
        MOVWF FSR        ;给地址指针 FSR 赋初值 30H,表示最开始指向 RAM 的 30H 单元
        MOVLW 0X21
WRITE:  MOVWF INDF       ;将索引寄存器 INDF 存入数据 0x21
        INCF FSR,F       ;增量 FSR
        DECFSZ COUNT,F
        GOTO WRITE       ;未满 30H 次,继续 Write
LOOP:   GOTO LOOP        ;满 30H 次,进入主循环
        END
```

在 MPLAB IDE 中打开 File Register 窗口并运行这个程序,可见运行结果达到了最初的目的。

（4）位寻址

位寻址是对任一寄存器的任一位进行寻址访问。

例如：BCF 27H,3　　　　;表示把 RAM 中 27H 存储单元的 bit3 位清零

位寻址的过程如图 2.6 所示。

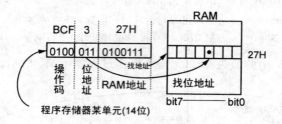

图 2.6　位寻址示意图

2.8　PIC16F193X 的指令系统

在 PIC16F877A 的基础上，PIC16F193X 的指令系统增添了若干条指令，这些指令是与扩展的硬件系统相适应的。它们使得系统的性能更为强大。新增指令如表 2.2 所列。若对这些指令进行分析，可发现它们有如下几个特点：

（1）为兼容其他型号芯片而设计；

（2）为适应扩充的存储系统（RAM 或 FLASH），方便寻址而设计；

（3）为提高数学运算能力而设计。

表 2.2　PIC16F193X 中增加的指令（基于 PIC16F877A）

No.	助记符与操作数	功能描述	指令周期数	14 位机器码	受影响状态位
		面向 byte 的操作指令			
1	ADDWFC f, d	将 W 与 f 两寄存器中的数据相加（带进位）	1	11　1101　dfff　ffff	C,DC,Z
2	SUBWFB f, d	f 与 W 寄存器中的数据相减（带借位）	1	11　1011　dfff　ffff	C,DC,Z
3	ASRF f, d	算术右移	1	11　0111　dfff　ffff	C,Z
4	LSLF f, d	逻辑左移	1	11　0101　dfff　ffff	C,Z
5	LSRF f, d	逻辑右移	1	11　0110　dfff　ffff	C,Z
		面向立即数 k 的操作指令			
6	MOVLB k	将立即数 k 载入 BSR 寄存器	1	00　0000　001k　kkkk	

No.	助记符与操作数	功能描述	指令周期数	14 位机器码				受影响状态位
7	MOVLP k	将立即数 k 载入 PCLATH 寄存器	1	11	0001	1kkk	kkkk	
8	ADDFSR n,k	将立即数 k 与 FSRn 相加	1	11	0001	0nkk	kkkk	
控制类指令								
9	BRA k	相对跳转	2	11	001k	kkkk	kkkk	
10	BRW	将 W 的值作为偏移量进行相对跳转	2	00	0000	0000	1011	
11	CALLW	调用由 W 的内容指定地址的子程序	2	00	0000	0000	1010	
固有操作								
12	OPTION	将 W 的内容载入 OPTION_REG 寄存器	1	00	0000	0110	0010	
13	RESET	用软件方法使芯片复位	1	00	0000	0000	0001	
14	TRIS	将 W 的内容载入 TRIS 寄存器	1	00	0000	0110	0fff	

下面将指令集中增加的 14 条指令逐一进行解释,希望读者在学习过程中注意理解并思考。

ADDWFC　f 寄存器内容与 W 相加一带进位（ADD W and CARRY bit to f）

指令格式：ADDWFC f,d

f 寄存器地址取值：$0 \leqslant f \leqslant 7F$　　$d \in [0,1]$

操作方式：$(W)+(f)+C \rightarrow f$　　$(d=1)$

　　　　　$(W)+(f)+C \rightarrow W$　　$(d=0)$

影响状态位：C,DC,Z

说明:将 W 寄存器的内容、f 寄存器的内容、进位位 C 的值相加,其结果存入 W 寄存器(d=0)或 f 寄存器(d=1),这个指令主要用于 2 个 16 位数的加法运算(高字节)。

举例①:ADDWFC REG,F

　　　给定 W = 0x86,REG = 0x34,C = 1　　指令执行后,REG = 0xBB,W 的值不变。

举例②:ADDWFC REG,W

　　　给定 W = 0x86,REG = 0x34,C = 1　　指令执行后,W = 0xBB,REG 的值不变。

SUBWFB　f 寄存器的内容减去 W 的内容一带借位（Subtract W from f with Borrow）

指令格式：SUBWFB f,d

f 寄存器地址取值：$0 \leqslant f \leqslant 7F$　　$d \in [0,1]$

操作：$(f)-(W)-C \rightarrow f$　　$(d=1)$

　　　$(f)-(W)-C \rightarrow W$　　$(d=0)$

影响状态位：C,DC,Z

说明：f 寄存器内容减去 W 的内容，再减去 C 值，其结果存入 W 寄存器（d＝0）或 f 寄存器（d＝1）。

这个指令主要用于 2 个 16 位数的减法运算（高字节）。

举例①：MOVLW 0x06

      SUBWFB REG,W

      给定 REG＝0x08,C＝1   指令执行后,W＝0x01。

ASRF 算术右移（Arithmetic Right Shift）

指令格式：ASRF f,d

f 寄存器地址取值：0≤f≤7F   d∈[0,1]

操作：(f<7>)→目标寄存器<7>

     (f<7:1>)→目标寄存器<6:0>

     (f<0>)→C

影响状态位：C,Z

说明：将寄存器 f 的内容连同进位标志位 C 一起右移 1 位,MSb 保持不变。结果存入 W 寄存器（d＝0）或 f 寄存器（d＝1）。图 2.7 为算术右移示意图。

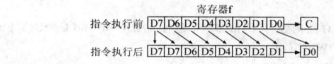

图 2.7 算术右移示意图

LSLF 逻辑左移（Logical Left Shift）

指令格式：LSLF f,d

f 寄存器地址取值：0≤f≤7F   d∈[0,1]

操作：(f<7>)→ C

     (f<6:0>)→ 目标寄存器<7:1>

     0→ 目标寄存器<0>

影响状态位：C,Z

说明：将寄存器 f 的内容连同进位标志位 C 一起左移 1 位,0 移入 LSb。结果存入 W 寄存器（d＝0）或 f 寄存器（d＝1）。图 2.8 为逻辑左移示意图。

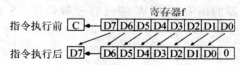

图 2.8 逻辑左移示意图

LSRF 逻辑右移（Logical Right Shift）

指令格式：LSLF　f,d

f 寄存器地址取值：0≤f≤7F　　d∈[0,1]

操作:0 →目标寄存器＜7＞

　　　(f＜7:1＞)　→ 目标寄存器＜6:0＞

　　　(f＜0＞) → C

影响状态位：C,Z

说明：将寄存器 f 的内容连同进位标志位 C 一起右移 1 位,0 移入 MSb。结果存入 W 寄存器(d=0)或 f 寄存器(d=1)。图 2.9 为逻辑右移示意图。

图 2.9　逻辑右移示意图

MOVLB　将立即数传送到 BSR(Move literal to BSR)

指令格式：MOVLB k

立即数取值：0≤k≤0F

操作：k → BSR

影响状态位：无

说明:将 5 位立即数 k 装入存储区选择寄存器 BSR,这是为了提高对 Bank 访问的效率而设计的专门指令,没有它,用常规方法仍可达到目的。

MOVLP　将立即数传送到 PCLATH(Move literal to PCLATH)

指令格式：MOVLP k

立即数取值：0≤k≤7F

操作：k → PCLATH

影响状态位：无

说明:将 7 位立即数 k 装入 PCLATH 寄存器,这是为了提高对 Page 访问的效率而设计的专门指令,没有它,用常规方法仍可达到目的。

BRA　相对跳转(Relative Branch)

指令格式：BRA 标号　或　BRA $+k

操作数：−256D ≤(标号−PC+1)≤ 255D　　或　　−256D ≤ k ≤ 255D

操作:(PC)+ 1 + k→ PC

影响状态位：无

说明:9 位立即数 k(带符号)与 PC 相加。由于 PC 将增量 1 以便取出下一条指令,所以新地址为 PC + 1 + k。该指令为双周期指令,且跳转有范围限制。

BRW　将 W 的内容作为偏移量进行相对跳转(Relative Branch with W)

指令格式：BRW

操作数：无

操作：(PC)+(W)→ PC

影响状态位：无

说明：W 的内容(无符号)与 PC 值相加。由于 PC 将增量 1 以便取出下一条指令，所以新地址为 PC + 1 +(W)。该指令为双周期指令，它用于实现快速查表。

CALLW 调用 W 内容指定地址的子程序(Subroutine Call With W)

指令格式：CALLW

操作数：无

操作：(PC)+1 → TOS

(W)→ PC<7:0>

(PCLATH<6:0>)→ PC<14:8>

影响状态位：无

说明：调用由 W 寄存器内容指定地址的子程序。首先，将返回地址(PC + 1)压入返回堆栈。然后，将 W 寄存器的内容装入 PC<7:0>，将 PCLATH 的内容装入 PC<14:8>。该指令是双周期指令。

RESET 软件复位(Software Reset)

指令格式：RESET

操作数：无

操作：执行 MCU 复位，指令执行后，PCON 寄存器的 RI 标志位会清零。

影响状态位：无

说明：该指令为用软件执行硬件复位提供了一种方法。

OPTION 将 W 的内容载入 OPTION_REG 寄存器(Load OPTION_REG Register with W)

指令格式：OPTION

操作数：无

操作：(W)→ OPTION_REG

影响状态位：无

说明：将 W 中的数据载入 OPTION_REG 寄存器。该指令为单周期指令。

该指令是为了与 PIC16F5X 系列兼容而设置的一条指令，本机型中 OPTION_REG 寄存器是可以直接读写的，所以不必使用这条指令。该指令存在的目的是为了与后续产品兼容，方便程序移植。

举例：OPTION

执行指令之前： OPTION_REG = 0xFF   W = 0x4F;

执行指令之后： OPTION_REG = 0x4F   W = 0x4F。

TRIS 将 W 的内容载入 TRIS 寄存器（Load TRIS Register with W）

指令格式：TRIS f

操作数：$5 \leqslant f \leqslant 7$

操作：（W）→ TRIS 寄存器 f

影响状态位：无

说明：该指令是为了与 PIC16F5X 系列兼容而设置的一条指令，本机型中 TR-ISf 寄存器是可以直接读写的，所以不必使用这条指令。该指令存在的目的是为了与后续产品兼容，方便程序移植。

举例：将 W 中的数据载入 TRIS 寄存器。

　　当 f = 5 时，数据载入 TRISA；

　　当 f = 6 时，数据载入 TRISB；

　　当 f = 7 时，数据载入 TRISC。

MOVIW 将 INDFn 的内容载入 W，它存在 5 种指令格式

指令格式 1：MOVIW ++FSRn

指令格式 2：MOVIW −−FSRn

指令格式 3：MOVIW FSRn++

指令格式 4：MOVIW FSRn−−

指令格式 5：MOVIW k[FSRn]

操作数：$n \in [0,1]$ 　　　　mm $\in [00, 01, 10, 11]$ 　　　$-32D \leqslant k \leqslant 31D$

操作：INDFn → W

说明：它是为提高间接寻址效率而设计的指令。该指令用于在 W 和任一间接寄存器（INDFn）之间传送数据。执行该传送指令之前或之后，可通过对其进行预增、预减、后增、后减来更新指针（FSRn）。对不同指令格式的解释如表 2.3 所列：

表 2.3 指令格式解释

mm	语法	执行效果
00	++FSRn	预增
01	−−FSRn	预减
10	FSRn++	后增
11	FSRn−−	后减

注：INDFn 不是物理上存在的寄存器。任何访问 INDFn 的指令实际上是访问由 FSRn 指定地址的寄存器。FSRn 是 16 位的寄存器（地址指针），其范围限制在 0000H～FFFFH 内。若递增或递减超出边界，会导致其返回。对 FSRn 的递增或递减操作不会影响任何状态位。

举例①：将 Flash 存储区由地址 0800H 开头（第 1 页）的 3 个常数 58H、A5H、9EH 分别存放到 RAM 区的 20H、21H、22H 这 3 个存储单元中。程序如下：

```
include <p16f1934.inc>
        ORG 0000H
        MOVLW 0X88
        MOVWF FSR0H          ;16 位地址高位赋值
        MOVLW 0X00
        MOVWF FSR0L          ;16 位地址低位赋值
        MOVIW FSR0++         ;将 INDF0 中的数据载入 W,之后 FSR0 自动加 1
        MOVWF 20H            ;W 中的数据载入 RAM 的 20H 存储单元
        MOVIW FSR0++         ;指令执行前 FSR0 = 8801H,执行后 FSR0 = 8802H
        MOVWF 21H
        MOVIW FSR0++         ;指令执行前 FSR0 = 8802H,执行后 FSR0 = 8803H
        MOVWF 22H
LOOP:
        NOP                  ;主程序(循环)
        GOTO LOOP
        ORG 0800H
        MOVLW 0X58           ;在 Flash 中存放常数
        MOVLW 0XA5
        MOVLW 0X9E
        END
```

用 MPLAB SIM 调试程序，可以发现，程序执行后，RAM 区的 20H～22H 中分别显示数据 58H、A5H、9EH。可见程序达到了预期目的。

编程说明：0800H 是 Flash 存储体中第 1 页的起始地址，地址指针 FSR 进行统一编址时，可以完全不必考虑分页。Flash 程序存储器的 FSR 起始地址从 8000H 开始，那么常数的起始地址应作一个叠加，为 8800H，所以 FSR0 应赋值 8800H。FSR0++语法具有当前指令执行后，FSR0 自动加 1 功能，这可以简化程序的编写。

Flash 中存放常数的指令也可以用 RETLW、IORLW、ANDLW 等实现，因为对于 14 位的 Flash 存储单元，只有后面 8 位"码"表示常数，其他"码"表示指令类型。另外，在利用 FSR 进行间接寻址的时候，仅仅只有每个 Flash 存储单元的低 8 位可通过 INDFn 进行访问。

举例②：将 Flash 存储区由地址 0800H 开头的区域存放 5 个常数 58H、A5H、9EH、43H、FDH。采用变址寻址的方式将（FSR0＋2）的内容载入 RAM 区的 20H 单元中。程序如下：

```
include <p16f1934.inc>
        ORG 0000H
        MOVLW 0X88
        MOVWF FSR0H        ;16 位地址高位赋值
        MOVLW 0X00
        MOVWF FSR0L        ;16 位地址低位赋值
        MOVIW 2[FSR0]      ;当前地址 FSR0(8800H)加上偏移量 2,使 FSR0 最终指向 8802H
        MOVWF 20H          ;将 INDF0 中的数据载入 RAM 的 20H 单元中
LOOP:
        NOP                ;主程序(循环)
        GOTO LOOP
        ORG 0800H
        MOVLW 0X58         ;在 Flash 中存放常数
        MOVLW 0XA5
        MOVLW 0X9E
        MOVLW 0X43
        MOVLW 0XFD
        END
```

用 MPLAB SIM 调试程序,可以发现,程序执行后,RAM 区的 20H 中显示数据 9EH。可见程序达到了预期目的。

编程说明:利用地址指针 FSR 进行变址寻址,指令格式为"MOVWI k[FSRn]"。 k 的取值范围是 $-32D \sim 31D$。这说明以 FSR 为基准,既可以向前寻址,也可以向后寻址。

本程序的 k=2,那么 FSR0 会定位 8802H,指向数据"0x9E"。如果 k=4,那么 FSR0 会定位 8804H,指向数据"0xFD",以此类推。

MOVWI　将 W 的内容载入 INDFn

操作:$(W) \rightarrow INDFn$

说明:除了数据传递方向不同外,其他细节与"MOVIW"指令相同。它是为提高间接寻址效率而设计的指令。

ADDFSR　立即数与 FSRn 相加(Add Literal to FSRn)

指令格式:ADDFSR FSRn, k

操作数:$-32D \leqslant k \leqslant 31D$　　　　$n \in [0,1]$

操作:$FSR(n) + k \rightarrow FSR(n)$

影响状态位:无

说明:有符号的 6 位立即数 k(最高位是符号位)与 FSRnH:FSRnL 寄存器对 (16 位)的内容相加。FSRn 限制在范围 0000H~FFFFH 内,传送超出这些边界将导致 FSR 返回。它是为提高间接寻址效率而设计的指令。

2.9 C 语言中与位操作有关的函数

CCS 公司的 C 编译器中包含着一些与位操作有关的函数,现介绍如下:

(1) bit_clear( )

语法:bit_clear(value, bit);

函数功能:将变量 value 的某一位清零。

函数参数说明:value 可以是 8 位、16 位、32 位整型数。bit 是具体的位,取值范围是 0~31,0 是最低位。

(2) bit_set( )

语法:bit_set(value, bit);

函数功能:将变量 value 的某一位置 1。

函数参数说明:value 可以是 8 位、16 位、32 位整型数。bit 是具体的位,取值范围是 0~31,0 是最低位。

(3) bit_test( )

语法:result = bit_test(value, bit);

函数功能:测试变量 value 的某一位是 1 还是 0,若为 1,则 result 返回值为 1;反之为 0。

函数参数说明:value 可以是 8 位、16 位、32 位整型数。bit 是具体的位,取值范围是 0~31,0 是最低位。

举例:

```
int value;
short result;
void main( )
{
    value = 0xA0;
    result = bit_test(value, 0);
}
```

若 value=0xA0,则 result 为 0;若 value=0xA1,则 result 为 1;

(4) shift_left( )

语法:shift_left(pointer, bytes, value);

函数功能:将字节组合的最高位移出,并追加最低位 value。

函数参数说明:pointer 表示指向 RAM 地址某单元的指针,bytes 表示从该单元开始的字节数,value 表示最高位 MSB 移出后,追加到最低位 LSB 的值,它是 0 或 1。

（5） shift_right（ ）

语法:shift_right（ pointer，bytes，value ）;

函数功能:将字节组合的最低位移出,并追加最高位 value。

函数参数说明:pointer 表示指向 RAM 地址某单元的指针,bytes 表示从该单元开始的字节数,value 表示最低位 LSB 移出后,追加到最高位 MSB 的值,它是 0 或 1。

举例:

```
int pointer;                    //定义 8 位指针变量
void main（ ）
{
    pointer = 0x50;            //给指针变量赋值,指向 50H 地址单元
    * pointer = 0xAA;         //将 AAH 装载到 50H 地址单元
    shift_left (pointer, 1, 1);  //执行后,50H 单元的值变为 55H
}
```

（6） rotate_left（ ）

语法:rotate_left（ pointer，bytes ）;

函数功能:将字节组合的最高位移出,并追加到最低位。

函数参数说明:pointer 表示指向 RAM 地址某单元的指针,bytes 表示从该单元开始的字节数。

（7） rotate_right（ ）

语法:rotate_right（ pointer，bytes ）;

函数功能:将字节组合的最低位移出,并追加到最高位。

函数参数说明:pointer 表示指向 RAM 地址某单元的指针,bytes 表示从该单元开始的字节数。

举例:

```
int value;                      //定义 8 位变量
void main（ ）
{
    value = 0xAB;             //给变量赋值
    rotate_left (&value, 1);   //将变量内容进行 rotate_left 处理,结果是 57H
}
```

（8） swap （ ）

语法:swap （value）;

函数功能:将 8 位字节的高 4 位和低 4 位交换。

函数参数说明:value 是 8 位整型变量。

另外介绍与位操作及字节操作有关的三个预处理器,它们非常有用!

(1) #bit

语法:#bit ID = x,y

参数说明:ID 是位变量标识符,x 是字节变量标识符,y 是常量(取值范围 0~7)。

功能:将字节变量中的某一位用标识符代替,方便阅读及操作。

例 1:	#bit TOIF = 0x0b.2	//0x0b 表示 INTCON 寄存器的 SFR 地址
	...	
	TOIF = 0;	//将 TMR0 中断标志清零
例 2:	int result;	
	#bit result_odd = result.0	
	...	
	if (result_odd)	
	...	

(2) #byte

语法:#byte ID = x

参数说明:ID 是单字节变量标识符,x 是 RAM 地址。

功能:将变量用标识符代替,方便阅读及操作。

举例:	#byte cap = 0x2A	//2AH 是 RAM 地址
	...	
	cap = 0x68;	//将常数 68H 存入 RAM 的 2AH 单元

(3) #locate

语法:#locate ID = x

参数说明:ID 是单字节或多字节变量标识符,x 是 RAM 地址。

功能:将变量用标识符代替,方便阅读及操作。

注意:#locate 比 #byte 的功能要强。

例 1:	#locate cap = 0x2A	
	...	
	cap = 0x68;	//将常数 68H 存入 RAM 的 2AH 单元
例 2:	float x;	//定义 x 为 float 型变量(32 位共 4 个 byte)
	#locate x = 0x50	//预备 50H~53H 共 4 个地址单元
例 3:	long x;	//定义 x 为 long 型变量(16 位共 2 个 byte)
	#locate x = 0x25	//预备 25H、26H 共 2 个地址单元
	x = 0x1234;	//34H 存入 25H 单元、12H 存入 26H 单元

第 3 章
汇编语言编程

3.1 关于汇编语言

  汇编语言是直接面向机器(硬件系统)的编程语言,不同的硬件系统分别对应着不同的汇编指令集。也就是说,它们有各自的汇编语言,不可通用。

  在前一章介绍了指令系统,并对每一条指令进行了解释与分析。从中可知,每一条指令都有它的书面文字格式和它对应的二进制代码格式。在这里,文字格式中的助记符和数据就是组成汇编语言的重要单元。

  还必须明确机器代码的意义。对于计算机系统,只能以 0 跟 1 来表示数字信息,处理器也只能识别这两种状态,指令(程序)要被执行,最终还是要以二进制代码面对处理器。如果要求用机器码来编写程序,那么可想而知,其过程必定繁琐,而且容易出错;再进一步,如果拿它来阅读和调试,几乎是不可能的。为了克服这些困难,就产生了与机器码一一对应的具有文字意义的指令(助记符)语句。这些指令语句按照合理的方式组合起来,就形成了汇编程序。也就是说,程序是由汇编语言编写的。

  汇编语言是对机器语言(Machine Language)的一种改进,虽然实质上还是机器语言,但它赋予了机器语言文字意义。指令集中对每条指令都有详细的英文解释,助记符就是英文简写。对于英文功底好的人,很快就能明白指令表达的意思。具有文字意义的语言当然方便人们记忆、编写、阅读和修改。

  汇编语言是一种低级语言,因为它直接面向 CPU 及外设的内部硬件结构。要掌握汇编语言的编写,编写者必须熟悉相关硬件的技术细节。

  本章将讲述汇编语言(Assembler Language)及其编程(Program)方式。

3.2　汇编器

如何把汇编语言编写的程序(源程序)变成机器语言呢？实现这个转换任务的角色叫做汇编器(Assembler)，它实际上是一种专门的程序。用汇编器把汇编语言转换成机器语言的过程叫做"汇编(Assemble)"，显然，汇编过程也可以通过手工完成，只是使用专门的程序来做这件事可以大幅提高汇编效率。

对于每一种 MCU，都有大量的汇编器可供使用。MCU 厂家为了鼓励人们购买其产品，会免费发布汇编器。也有的汇编器是需要付费的，这类汇编器通常用于商业领域。熟悉 MPLAB IDE 的人都知道，这是一套集成的开发系统，其中就有 Microchip 公司提供的 MPASM™汇编器。

MPASM™汇编器不仅具备"翻译"功能，还可以检查源程序中的语法错误和格式错误，给用户以提示。当汇编不成功的时候，汇编器还会提供一些反馈信息，以便用户更正源程序。汇编工作的具体细节可以通过相应的菜单项目进行设置。

只要做好了相关设置，掌握 MPASM™汇编器的使用很简单，具体怎么操作可以查看 MPLAB IDE 中的帮助文件，这里不赘述。

3.3　汇编语言的语句格式

对于 Microchip 公司的 MPASM™汇编器，汇编语言的编写必须遵循汇编器的某些约定，其中关于汇编语言这一块，它约定一条汇编语句由以下四部分组成：

| 【标号】 | 指令助记符 | 【操作数】 | 【;注释】 |
| 【Lable】 | 【Mnemonic】 | 【Operand】 | 【;Comment】 |

举例一：　NEXT　MOVLW 0X63　　;将立即数 63H 载入 W 中

举例二：　　　MOVWF 70H　　　;将 W 中的数据载入 70H 存储单元中

举例三：　　　GOTO NEXT　　　;跳转

举例四：　　　RETURN　　　　;返回

由以上示例可以看出，除了指令助记符，其他部分都是可选的。

(1) 标号(Lable)

① 每行的标号都是可选的，并不是一定需要，只有那些要被其他语句引用的语

句之前才需要加标号；

② 如果给一行汇编程序指定标号，标号必须位于该行的最左边。汇编器将从标号所在的位置开始解释该行代码；

③ 标号实际上是对当前语句 PC 值的一种标定，一旦这样定义标号后，标号也可以作为操作数来使用，如跳转指令；

④ 标号必须以字母或下划线开头，但不能以数字开头；标号可以单独占用一行。

（2）指令助记符（Instruction mnemonic）

① 指令助记符是汇编语句中的关键词，它是必不可少的，其他三项可以是空的，但是这一项不能空；

② 指令助记符来自指令集，它不能开头于编辑器最左边一列，如果这样，它会被汇编器误认为是标号；

③ 指令助记符和标号之间至少应留有一个空格。

（3）操作数（Operand）

在指令集中讲过，操作数可以是常数或地址值，它能以不同的数制形式表示，如十六进制、二进制、八进制等。但是 MPASM™ 汇编器默认的数制是十六进制。

操作数的书写必须严格符合在指令集中指定的格式。为了更好地理解程序，操作数通常采用字母代码而非数字。如果有多个操作数，操作数之间应该用逗号隔开。

（4）注释（Comment）

注释项是可有可无的，它用于给程序加入注解信息，便于读者理解程序，可增强程序的可读性。注释必须以分号开头，汇编器会忽略每行语句分号之后的部分。注释可位于每行指令的后面，也可以单独占用一行。

3.4 操作数格式描述

在 MPASM™ 汇编器里，有 5 种方法来表示字节数据。数据可以是十六进制（HEX）、十进制（DEC）、八进制（OCT）、二进制（BIN）或 ASCⅡ 码形式的。其中十六进制是默认的数制，其他数制仅仅是一种表现形式，通过汇编器，其他数制最终还是会转换成默认数制。这一点可以在 MPLAB IDE 仿真模式（SIM）下观察得到。下面对每一种数制的使用格式作一下具体的说明。

1. 十六进制数（Hexadecimal）

用来表示十六进制数的方法有 4 种：

① 在数字后加 h 或 H，比如：MOVLW 99H；

② 在数字前加 0x 或 0X,比如:MOVLW 0x99;

③ 在数字前后什么都不加,比如:MOVLW 99;

④ 给数字加上单引号,并且在前面加 h 或 H,比如:MOVLW H'99'。

如果数字是以十六进制的 A～F 开头,那么必须在它的前面加 0。也就是说,十六进制数不能以字母开头。

比如:MOVLW 0xAB　　也可以写作　MOVLW 0AB　或　MOVLW 0ABH;

　　　MOVLW 0x0F　　也可以写作　MOVLW 0F　或　MOVLW 0FH。

2. 十进制数(Decimal)

用来表示十进制数的方法有 2 种:

```
MOVLW D'12'              ;等同于 MOVLW 0x0C
MOVLW .12               ;等同于 MOVLW 0x0C
```

3. 八进制数(Octal)

可以像这样来表示八进制数:

```
MOVLW O'355'            ;等同于 MOVLW 0xED。
```

4. 二进制数(Binary)

用来表示二进制数的方法只有 1 种:

比如:MOVLW B'10010011';等同于 MOVLW 0x83。

5. ASCⅡ字符

使用 ASCⅡ码时要加上字母 A 或 a 作为标识。

比如:MOVLW A'5'　　　;通过查询 ASCⅡ码表,它等同于 MOVLW 0x35;

也可以这样表示:MOVLW '5'; 效果同上。

3.5　汇编伪指令

指令是告诉 CPU 要做什么的,而伪指令(Directive)是指示汇编器工作的,也可以说,它是为"翻译"工作服务的。它的英文解释是"Showing the way by conducting or leading",即以引导或领导的方式来指示前进的道路,即汇编器在指引下进行汇编。

与指令系统的助记符不同,伪指令没有相对应的机器码,它仅在汇编过程中起作用。比如:ADDWF 或 GOTO 等是 CPU 要执行的命令;又比如:ORG、EQU、END 等是汇编语言的指令。

汇编器所定义的伪指令多达数十条,而常用的比较有限,下面将介绍几种常用的伪指令及其用法。

（1）ORG 伪指令

ORG(Originate)伪指令用于确定某一段程序的起始地址,它的后面必须是十六进制数格式。比如:ORG 03FC,表示后面程序的起始地址从 03FC 开始。

（2）END 伪指令

它是很重要的一个伪指令,它向汇编器表明汇编程序(源文件)的结束。END 位于汇编程序的最后一行,并且当前程序中只能有一条这样的指令。END 后面的程序将被汇编器忽略。

（3）LIST 伪指令

LIST 伪指令是 PIC 汇编语言里独有的,它向汇编器表明程序面向的具体 PIC 芯片型号,比如:LIST P＝16F74。

这个伪指令告诉汇编器,程序是为 PIC16F74 单片机编写的。LIST 伪指令明确了程序将植入的目标芯片的型号。

（4）INCLUDE 伪指令

比如:include ＜p16f77.inc＞。

它用来告知汇编器,将 PIC16F77 的库文件包含进来,作为源程序的一部分。这样做可以减少重复劳动,提高编程效率。库文件是与该型号 MCU 属性相关的文件,它定义了相应的复位矢量、SFR 在 RAM 中的地址以及 SFR 中的位地址等信息。使用这条伪指令后,在编制程序时,就不需要"PORTA EQU 05"等这种对 SFR 进行定位的语句了。

（5）RADIX 伪指令

比如:RADIX　DEC。

如果不使用这条指令,编辑环境默认的数制是十六进制,使用了上述指令后,当前的数制就变成了十进制。

（6）EQU 伪指令

EQU(Equal)是最为常用的伪指令,它用于定义一个常数或固定地址。它的作用并不是给数据分配存储空间,而是给常数"贴上"一个数据标签或地址标签。当标签在程序中出现的时候,它代表的常量就会替代标签值。例如:

```
X EQU 25H
MOVLW X          ;当把 X 当做常数的时候,X 的值就是 25H
MOVWF X          ;当把 X 当做寄存器时,X 在 RAM 中定义的地址值就是 25H
```

上述程序执行后,数据 25H 就存入了 RAM 的 25H 地址单元中。此例表明,把 X 当做常数还是地址单元来使用,要看 X 在具体指令中扮演的是什么角色。

在程序中,把 X 当做常数使用有这样的好处,如果程序比较大,这个常数又需要修改,那么不必在程序的每一处都修改,而只需把"25H"改为其他的值就行了,汇编器在"翻译"的时候会自动修改所有的值。

EQU 在定义地址单元的时候,可以通过"标签"赋予地址单元一定的文字意义,使地址值变得形象生动,增强程序的可读性,方便程序员理解和记忆。例如,将常数 31H 存入 RAM 的 20H 单元,可用如下语句:

```
MOVLW 0X31
MOVWF 20H
```

当语句所在的程序变大了后,后面很容易忘记"20H"表示什么,可能是地址,也可能是数据,如果从头查询,那应该是费神又费力。如果 20H 存储的是一个比较基准值(Reference),我们不妨使用伪指令来表达(REF 是 Reference 的简写):

```
REF EQU 20H
```

于是,程序变成:

```
MOVLW 0X31
MOVWF REF
```

这样,地址单元 20H 在符号上被 REF 替换掉了。在编制程序时,只需要面对"REF"寄存器,而不需要面对枯燥的数字"20H"。不论程序多么庞大,若碰到"REF"时,顺着它的文字意义,就知道它是装载基准值的。

(7) BANKSEL 伪指令

BANKSEL(Bank Select)伪指令是非常有用的,它可以同时确定 RP0、RP1 两个体选位的值。例如:

```
选择体 1:BANKSEL TRISA          汇编后生成:BCF STATUS,RP1
                                           BSF STATUS,RP0

选择体 3:BANKSEL EEDATA         汇编后生成:BSF STATUS,RP1
                                           BCF STATUS,RP0
```

如果只需要在体 0 和体 1 两个存储区切换,可以只使用"BCF(BSF) STATUS,

RP0"这样的指令,而涉及读写存储器(Flash 或 EEPROM)的程序,数据需要在 RAM 的 4 个体之间切换,强烈建议使用这条伪指令。

另外,任何情况下使用这条伪指令可以不用考虑相关寄存器处在哪个体中。

（8）DT 伪指令

DT（Define Table）伪指令用于定义表格数据,使用它可以简化程序的书写,方便程序阅读。它汇编后会产生一系列的"RETLW"指令。

例如查表数据可以这样表示：　　DT　　D'0',D'1',D'4',D'9

它汇编后会生成：

```
            RETLW   D'0'
            RETLW   D'1'
            RETLW   D'4'
            RETLW   D'9'
```

后面程序 10 中的查表子程序部分如果采用这条伪指令,程序行会减少很多。对于数据量大的表,使用这条伪指令显得更有意义。

3.6　汇编语言的程序格式

程序的英文名是 program,它的英文解释是"a sequence of instructions that a computer can interpret and execute",即计算机可以翻译和执行的指令序列。

在编写汇编程序的时候,有一套基本的构架（规程）,如先定义 GPR 的地址、程序末尾以 END 结束等。尽管这样,也会出现不同的编程风格,各种风格并不要求一致,只要能遵循相关语法及规范即可。良好的编程习惯不论是对学习还是对工作都是很有好处的,在此笔者推荐下面的程序格式供读者参考。

对于比较复杂的汇编程序,强烈要求使用流程图来理清程序思路。流程图的逻辑性很强,它能使程序设计者更好地了解各个系统之间的相互关系,使不懂这门语言的人也能表示理解。学习完本书,读者会发现,本书的流程图甚少,这是因为示例程序的逻辑关系都很简单,这样使得程序短小精悍,容易理解。另外也是为了节省篇幅。

示例程序格式如图 3.1 所示。

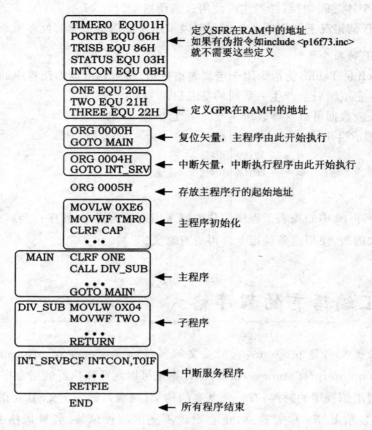

图 3.1　本例程序格式

3.7　顺序程序结构

顺序程序结构是最常见的一种程序结构,任何程序中都包含有这种结构,它在逻辑上是最简单的。其程序流程图如图 3.2 所示,图中 A、B、C 表示一条语句或是一段程序,即

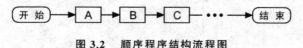

图 3.2　顺序程序结构流程图

例如:要把数据 45H 写入到 RAM 的 30H 到 35H 这六个单元中,程序如下:

```
程序 1: include <p16f73.inc>
        MOVLW 0X45
        MOVWF 30H          ;将数据 45H 写入到 30H 单元中
        MOVWF 31H          ;将数据 45H 写入到 31H 单元中
        MOVWF 32H          ;将数据 45H 写入到 32H 单元中
        MOVWF 33H          ;将数据 45H 写入到 33H 单元中
        MOVWF 34H          ;将数据 45H 写入到 34H 单元中
        MOVWF 35H          ;将数据 45H 写入到 35H 单元中
LOOP:   GOTO LOOP
        END
```

3.8　循环程序结构

循环程序结构是一种在程序代码中执行效率最高的程序结构,它能以最少的程序语句达到最优的执行效果。比如上面的程序 1,数据仅仅装载了 6 个寄存器,如果要装载更多的寄存器岂不是要更多的程序语句,进而占用更多的 FLASH 存储空间吗? 面对这个问题,优化的方法就是把顺序程序结构改为循环程序结构。改进后的程序如下:

```
程序 2: include <p16f73.inc>
        COUNT EQU 20H      ;定义 COUNT 寄存器在 RAM 中的地址为 20H
        MOVLW 0x06
        MOVWF COUNT        ;给 COUNT 载入循环次数常量 06H,这也是计数器初值
        MOVLW 0X30
        MOVWF FSR          ;地址指针指向 RAM 的 30H 单元,这也是地址指针初值
        MOVLW 0X45         ;装载数据 45H
WRITE:  MOVWF INDF         ;将数据 45H 载入 RAM 的 30H 单元
        INCF FSR,F         ;递增地址指针 FSR
        DECFSZ COUNT,F     ;将循环次数常量减 1,并判断有没有减到 0
        GOTO WRITE         ;没有减到 0,继续装载数据 45H
LOOP:   GOTO LOOP          ;减到 0 后,进入死循环
        END
```

程序的流程图如图 3.3 所示。

比较以上两个程序,在程序量上两者没有太大的差别,甚至程序 2 还多一点,但是设想要装载的寄存器多达 100 个,那程序 1 的语句会多达 100 条,而程序 2 的语句还是这么多。可见在进行数据批量处理的时候,使用循环程序不失为一种好办法。

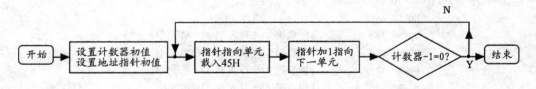

图 3.3　循环程序结构流程图

3.9　分支程序结构

分支程序结构涉及逻辑上的选择关系,如图 3.4 所示。程序顺序执行到语句 A,后续面临条件是否成立的选择,当逻辑值为"Y"时,执行程序 B;当逻辑值为"N"时,执行程序 C,当前只可能选择一条执行路径,直到程序结束。条件是否成立的逻辑选择指令通常用 BTFSS 或 BTFSC。

设计一个程序,程序的思想是,给定一个基准值 REF,将被比较的数据放在 CAP 中,如果 CAP 大于 REF,那么将寄存器 FAN 的 bit0 置 1,反之则置 0。程序流程图如图 3.4 所示。

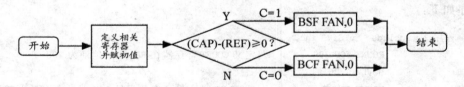

图 3.4　分支程序结构流程图

实现这个流程的具体汇编程序如下:

```
程序 3:include <p16f73.inc>
        REF EQU 20H             ;定义 REF 寄存器在 RAM 中的地址为 20H
        CAP EQU 21H             ;定义 CAP 寄存器在 RAM 中的地址为 21H
        FAN EQU 22H             ;定义 FAN 寄存器在 RAM 中的地址为 22H
        MOVLW 0X09
        MOVWF REF               ;给比较基准值赋初始值 09H
        MOVLW 0X0A
        MOVWF CAP               ;给比较值赋初始值 0AH
        MOVF REF,W
        SUBWF CAP,W             ;作减法运算(CAP)-(REF)
        BTFSS STATUS,C
        BCF FAN,0               ;如果差是负数(C=0),执行本条指令
```

```
          BTFSC STATUS,C
          BSF FAN,0              ;如果差是正数或零(C = 1),执行本条指令
LOOP:     GOTO LOOP              ;进入死循环
          END
```

　　调试程序的过程中,可以将 CAP 的值任意设置,要么大于 REF,要么小于 REF,要么等于 REF,过程中打开相关的寄存器窗口,观察程序执行的相应效果。

3.10　子程序结构

　　实际编制程序的过程中,经常会用到一些表达同样功能的程序语句,比如延时功能,显示功能,运算功能等。如果表达某功能的语句多达 20 条,每次需要引用时都把这 20 条语句重复一遍,那么如果多次引用,程序量无疑会大得惊人,这样编制的程序脉络不够清晰,不具备可读性,也不方便调试,并且会占用大量的 FLASH 存储空间。解决这个问题的理想方法是采用子程序结构,子程序结构形成的是一个或多个在主程序框架下的功能模块,它以 RETURN 或 RETLW 结尾,每次需要时用 CALL 指令调用即可。子程序结构有时和循环程序结构一起使用,可见如下控制程序:

```
程序 4:include <p16f73.inc>    ;@4M oscillator
          COUNT EQU 20H          ;定义 COUNT 在 RAM 中的地址
          BANKSEL TRISC          ;选择体 1
          CLRF TRISC             ;RC 端口引脚全部设为输出
          BANKSEL PORTC          ;选择体 0
LOOP:
          BSF PORTC,7            ;将 RC7 引脚电平置高
          CALL DELAY             ;延时
          BCF PORTC,7            ;将 RC7 引脚电平置低
          CALL DELAY             ;延时
          GOTO LOOP              ;进入循环
DELAY:
          MOVLW 0XFF             ;给 COUNT 赋递减初值
          MOVWF COUNT
CYCLE:    DECFSZ COUNT,F         ;对 COUNT 的内容作减 1 操作
          GOTO  CYCLE            ;未减到 0,继续
          RETURN                 ;减到 0,子程序执行结束
          END
```

　　以上程序要实现的是在 RC7 引脚上实现方波输出,方波的正负半波持续时间各为子程序"DELAY"的执行时间。"DELAY"是个子程序,它执行的是一个固定的时延,本例中它在一轮主循环中被调用了两次,其实根据需要,也可多次调用,比如要更改方波的占空比。如果想改变这个延时时间,只需在子程序中更改相关参数(COUNT)即可。

　　采用子程序结构设计程序,增强了程序的可读性,方便程序的修改调试,也节省了有限的程序存储器空间。调用子程序"CALL DELAY"后,主程序执行的效果如图 3.5 所示

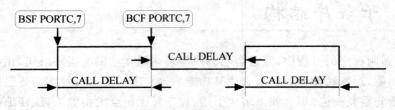

图 3.5　子程序执行时间效果图

3.11　延时程序设计

　　延时程序是编制程序过程中经常要用到的,如果不考虑使用外设比如用定时器进行延时,对于短时间的延时,可用若干个 NOP 指令实现;对于较长时间的延时,则需要用到循环或循环嵌套程序。如:

```
DELAY:
(1)      MOVLW 0XFF           ;费时 1 μs
(2)      MOVWF X              ;费时 1μs
(3) SEC :DECFSZ  X , F         ;对 X 的内容作减 1 操作,每次减 1,费时 1μs
(4)      GOTO   SEC           ;未减到 0,循环,费时 2 μs;减到 0,跳过执行,费时 2 μs
(5)      RETURN              ;从子程序返回,费时 2 μs
```

　　这是一个没有循环嵌套的延时子程序,也就是说,它只有单层循环。如何测算这个子程序的延时时间,有两种方法来实现:一是使用 MPLAB SIM 仿真的方法,在运行中观察"STOP WATCH"来实现,读者可以自行尝试;二是在熟悉指令执行时间及程序运行原理的基础上进行测算。下面重点讲述方法二。假设系统的工作主频是 4MHz,那么一个指令周期就是 1 μs。

　　① 执行 CALL 指令,费时 2 μs;

　　② 执行语句 1 和 2,费时 2 μs;

③ "GOTO SEC"循环要执行 254 次才能使 X 的值为 1,那么过程费时 254×(1+2)＝762 μs;

④ "X"的值为 1 时,执行语句 3,程序会停止循环,并跳转到"RETURN",费时 2 μs;

⑤ "RETURN"执行后,子程序返回到主程序,费时 2 μs。

可见,在主程序中,如果包括子程序的调用和返回时间,那么整个过程花费的时间就是上面的 5 项之和,共 770 μs。

另举一个延时子程序的例子,它比上一个要复杂些:

```
DELAY:
(1)        MOVLW 0X0F
(2)        MOVWF Y
(3) MIN:        MOVLW 0XFF
(4)        MOVWF X
(5) SEC:        DECFSZ X,F
(6)        GOTO  SEC
(7)        DECFSZ Y,F
(8)        GOTO  MIN
(9)        RETURN
```

这是一个带循环嵌套的延时子程序,也就是说,它有两层循环。把里面一层比作"秒(SEC)",外面一层比作"分(MIN)",现分析它的延时时间。

由程序可知,内层计数初值为(X)＝FFH,外层计数初值为(Y)＝0FH。从语句(3)到语句(6),都是内层循环,循环时间是在上例的基础上减去 CALL 和 RETURN 的时间,即(770－4) μs＝766 μs。

单次内循环的时间还需要加上(7)和(8)的时间,即(1+2) μs＝3 μs,那么内循环一次的时间(周期)是 766+3＝769 μs。

① 当内循环进行到第 14 次的时候,外层循环计数值(Y)＝2,整个费时(769×14) μs＝10 766 μs;

② 当内循环进行到第 15 次时,外层循环计数值(Y)＝1,单次费时 766+2(DECFSZ Y,F 跳转时间)＋2(语句 1 和 2 执行时间)＋2(CALL 时间)＋2(RETURN 时间)＝774 μs

在主程序中,如果包括子程序的调用和返回时间,则整个花费的时间就是①和②之和,共(10 766+774) μs＝11 540 μs

以上对单层循环和双层循环的延时程序进行了时间段的构成分析,读者即使读懂了也会发现整个分析过程比较繁琐,特别是对于多层循环。

然而实际工作中,几乎很少需要这样的分析,这是因为 MPLAB SIM 中的"STOP WATCH"可以快速确定延时时间。另外,在 C 语言编程中,只需要调用一个函数就可以确定延时时间,这使过程更加简便。

如先声明预处理器"♯ use delay(clock＝4M)",再设置函数"delay_ms(50)",表示延时 50 ms。常数"50"可以更改,以达到所需延时时间。又如函数"delay_cycles(50)"表示延时 50 T_{cy},即 50 个 NOP 指令。

掌握上述分析方法可以使我们对硬件的工作原理有更深入的理解。

3.12 查表程序设计

查表程序是汇编语言编程中经常用到的功能,它允许以最少的操作指令来访问频繁使用的表,此过程中能实现代码的转换、索引或翻译等。以下举两个例子来说明查表程序的工作原理。

例 1:在某些应用中,需要求出数字 0～9 的平方值。如果采用常规的计算方式,需要编制冗长的程序,这样会消耗较多的程序存储空间和 CPU 的执行时间。事实上,有一种简易的、带有技巧性的编程方式可以使用,这便是查表,见以下程序:

```
程序 5:include <p16f73.inc>
          RESULT EQU 20H          ;定义 RESULT 在 RAM 中的地址
          ORG 0000H
          MOVLW 0X05              ;向 W 寄存器中载入某常数
          CALL CONVERT           ;通过查表找到该常数的平方值
          MOVWF RESULT           ;将平方值载入 RESULT 寄存器
LOOP:     GOTO LOOP              ;主循环
CONVERT:
          ADDWF PCL,F            ;本指令执行后,程序计数器从 PCL 处跳到(PCL＋W)处
TAB:      RETLW D'0'             ;0H       ;0 的平方值
          RETLW D'1'             ;1H       ;1 的平方值
          RETLW D'4'             ;4H       ;2 的平方值
          RETLW D'9'             ;9H       ;3 的平方值
          RETLW D'16'            ;10H      ;4 的平方值
          RETLW D'25'            ;19H      ;5 的平方值
          RETLW D'36'            ;24H      ;6 的平方值
          RETLW D'49'            ;31H      ;7 的平方值
          RETLW D'64'            ;40H      ;8 的平方值
          RETLW D'81'            ;51H      ;9 的平方值
          END
```

以上程序要求输出常数 5 的平方值。在 MPLAB SIM 中,程序执行完毕后,打开 FILE REGISTER 窗口,可见 RESULT 寄存器中的值是 19H。如果把常数 5 改为其他的值,再运行程序,同样可见 RESULT 寄存器中会出现对应的平方值。

在这里,W 的值相当于程序计数器 PC 的一个偏移量,通过偏移量"对号入座",这便是查表程序的特点。

数据表可以看做由 10 条 RETLW 组成,表头为 TAB。当 CPU 跳转到子程序时,便开始执行 ADDWF 指令,同时,程序计数器 PC 的当前值已经指向表头。此时再叠加 W 中的偏移量,程序计数器便从 PCL 处跳到(PCL+W)处,然后执行相应的 RETLW 指令,找到对应的数据,载入 W 并返回,数据最终在主程序中存入 RE-SULT 寄存器。这就是查表程序的工作原理。要想清晰地观察整个过程,可以把程序放在 MPLAB SIM 中模拟。

图 3.6 中,横轴表示偏移量 W 的值,纵轴表示 W 的平方值,两者存在一定的函数关系。对于所有的单调函数,在自变量为整数的情形下,如果不想通过运算程序来得到结果,那么查表便是一种优选的方法。

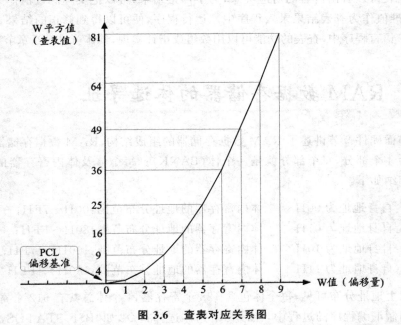

图 3.6 查表对应关系图

上面展示了函数关系的两个量通过查表实现的例子,实际上,只要是两个量具有对应关系,通过查表程序都可以实现。比如,LED 数码管显示,参数校正等。

(1) 查表程序也经常用于数码管显示,每一位数字图形由 8 个 LED(包括小数点)组成,每个 LED 连接 RB 端口的其中一位,直到全部连接。这样,固定形状的数字就与 RB 端口 8 个引脚的电平状态形成一个对应关系,不论 LED 是共阴极还是共阳极。

比如:某位数码管在某连接方式下,当输出"PORTB=B'01001111'"时,数码管上对应的就是"3"的形状,其他的对应关系依次类推,那么就可以把所有 10 个数字的字形对应的 PORTB 口的输出状态罗列出来,载入查表程序中。

具体的程序,读者可以自行尝试编制,程序工作原理同上。

(2)查表程序可以用于参数校正。这个可用于各种物理量的测量,比如用某种廉价的传感器进行模拟采样时,某一段的线性度不是很好,但是其变化关系在区间内仍是单调的,并且重复性较好。这种情况下,为了得到高精度的结果,可以用软件的方法进行校正。

下表是实际测量值与标准值之间的比较,为了简明扼要,表中只取了部分典型且不连续的数据。

标准值	30	40	50	60	70	80
实际测量值	29	38	47	56	65	74

由上表可以看出两者的对应关系,为了修正结果,可以把实际测量值作为查表偏移量,标准值作为查表结果录入程序中。运行程序,便可以得到修正的结果。

在 C 语言程序中,查表的功能可以用数组或指针实现,具体可见 SPI 章节实验 4。

3.13　RAM 数据存储器的体选寻址

在前面硬件章节讲述了 RAM 数据存储器的组成结构,RAM 数据存储器在空间上平分为 4 个部分,每个部分就是一个体(BANK)。每个体及体内寄存器的地址分布情况归纳如下:

体 0:自身地址为 00H　　　体内寄存器的地址分布范围:00H~7FH;
体 1:自身地址为 01H　　　体内寄存器的地址分布范围:80H~FFH;
体 2:自身地址为 10H　　　体内寄存器的地址分布范围:100H~17FH;
体 3:自身地址为 11H　　　体内寄存器的地址分布范围:180H~1FFH。

由以上地址分布可见,每个体包含 128 个寄存器,4 个体总共有 512 个寄存器。

在编制汇编程序的过程中,经常要用到体选择指令,如"BSF STATUS,RP0"或伪指令如"BANKSEL PORTA",选择好了之后,才能对相关体的内部寄存器进行操作。与其他类型的 MCU 比较,这样做显得比较麻烦。为什么会这样? 其实,这是由于指令所对应的硬件资源有限而在软件上采取的弥补措施。

再回顾前面介绍的指令的相关内容,会发现对于一般的指令,指令码中的操作数部分,如果是常数,其宽度是 8 位,取值范围从 00H 到 FFH;如果是地址,其宽度是 7 位,取值范围从 00H 到 7FH,这些都是由硬件构架决定的。对于 512 个单元的 RAM,像这样限定有效位宽度(7 位),那么其取值范围只能对应 RAM 空间的 1/4,即只能用到 128 个单元。

如何使得 RAM 空间能得到充分的利用,只能寄希望于有效位宽度(地址编码)

的扩展了。

如何把 00H～7FH 存储空间编码为 RAM 空间的 1/4,对二进制计数比较熟练的读者一定会想到将最高位向前扩充两个二进制位,这两个二进制位能形成 4 种编码,分别是 00、01、10、11,于是它们分别形成了 4 个体的体编号。这样,00H～7FH 编码单元就成了相关体的体内地址单元。

体编号通常由 STATUS 寄存器的 RP0 和 RP1 位决定,这要通过汇编语言编程实现。如果忽略这项设置,那么系统会默认体 0 为当前体。

设想如果把体编号(高 2 位)和体内地址编码(低 7 位)结合起来,形成的就是 9 位宽度的地址编码,如果在硬件构架上能容纳 9 个位给 RAM 空间的地址编码,则确定地址单元就可以一步到位,就不需要另外设置 STATUS 寄存器的 RP0 和 RP1 位。实际上在描述 RAM 中的某个存储单元地址时,都是以 9 位地址值来称呼的,如 TRISC 的地址是 88H(体 1),EEDATA 的地址是 10CH(体 2),EECON2 的地址是 18DH(体 3)。

然而,硬件上只有 7 个位给 RAM 空间编码,所以如果要在整个 RAM 空间访问其中某个存储单元时,不得不分两步进行操作,首先要确定体编号(高 2 位),然后才能定位体内地址(低 7 位)。体内地址单元表面上是通过汇编语句中的操作数确定的,"翻译"成机器码后由 14 位指令码中表示地址的后 7 位编码(编码范围从 00H～7FH)来决定。

在程序实际运行过程中,体编码的确定方式有两种。

(1) 对 RAM 进行直接寻址时,体编码由 STATUS 寄存器的 RP0 和 RP1 位决定,这种情况比较常见。其寻址方式如图 3.7 所示。

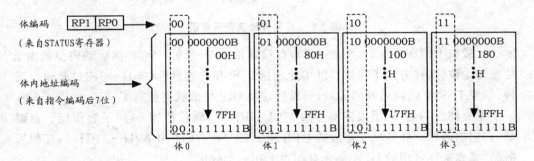

图 3.7　RAM 分区以及直接寻址示意图

程序示例:

```
BCF STATUS,RP1
BCF STATUS,RP0      ;选择体 0,也可用 BANKSEL PORTA 伪指令
MOVLW 0X74
MOVWF 30H           ;要访问的 RAM 单元是 30H,将立即数 74H 存入其中
```

（2）对 RAM 进行间接寻址时,体编号由 STATUS 寄存器的最高位 IRP 和间址指针 FSR 的最高位决定,其构成稍微复杂些,其寻址方式如图 3.8 所示。

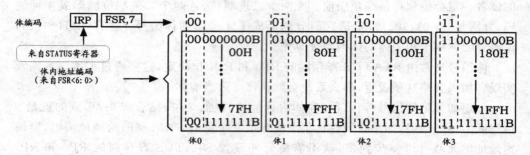

图 3.8　RAM 分区以及间接寻址示意图

结合前面讲述的地址位数和寻址范围的关系,观察上图,在间接寻址方式中,STATUS 寄存器中的 IRP 位和地址指针 FSR 的最高位充当了 9 位地址的最高 2 位,它们形成的编码是存储体外部编码。现在如果只把 IRP 这一位充当外部编码位,那么图 3.8 就演变成图 3.9 所示的样子。

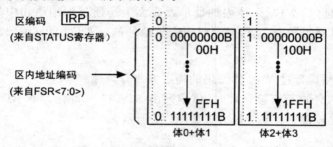

图 3.9　间接寻址演变示意图

比较以上两图(见图 3.8、图 3.9),存储区由 4 个变为 2 个,存储区编码位数由 2 位变为 1 位,这样方便了间接寻址中地址指针 FSR 在满地址(00H～FFH)范围内跳转,如果 FSR 要跳到另外的区域,只需要切换 IRP 位的状态就行了。

需要注意的是,对于很多型号的 MCU,IRP 位(默认值为 0)并不起作用。原因是,它们的区域 0 和区域 1 部分的 GPR 单元(20H～7FH 和 A0H～FFH)是互相影射的,那么实际可用的 GPR 单元只相当于在一个区里。

IRP 位有意义的 MCU 型号有 PIC16F876/877(A),它的 GPR 区域除了 70H～7FH 单元,其他的单元在 4 个体中互不影射,可见,这类 MCU 的 RAM 是"最大"的。

程序示例:将 RAM 空间从 40H 到 4FH 共 16 个单元装入常数 35H,使用间接寻址的方式实现,程序如下:

```
程序 6: include <p16f876.inc>
        BCF STATUS,IRP              ;选择区域 0
```

```
            MOVLW 0X40
            MOVWF FSR              ;给地址指针 FSR 赋初始值 40H,表示最开始指向 RAM 的 40H 单元
            MOVLW 0X35
WRITE:      MOVWF INDF            ;将索引寄存器 INDF 存入数据 0x35
            INCF FSR,F           ;增量 FSR
            BTFSS FSR,4
            GOTO WRITE           ;地址指针未到 4FH,继续装载数据
LOOP:       GOTO LOOP            ;地址指针已到 4FH,跳出循环
            END
```

如果将以上程序的 IRP 位变成 1,常数 35H 便会被载入 140H 到 14FH 这 16 个单元中。

程序编制过程中,通常将体 0 作为当前体,程序代码载入 MCU 后,MCU 也会默认体 0 为当前体。编制程序时,如果要访问其他的存储体,那么访问完成后,要注意恢复。例如以下程序片段,对端口进行初始化操作。

```
程序 7:     PORTB EQU 06H       ;定义相关 SFR 的 RAM 地址
            TRISB EQU 86H
            STATUS EQU 03H
            RP0 EQU 5
            ORG 0000H
            CLRF PORTB          ;清空 RB 端口所有的 D1(DATA Latch)锁存器
            BSF STATUS,RP0      ;选择体 1,当前地址由 7 位变成 8 位
            MOVLW 0X0F          ;定义 RB<3:0>为输入;RB<7:4>为输出
            MOVWF TRISB
            BCF STATUS,RP0      ;选择体 0,还原 7 位地址
            BSF PORTB,7         ;置位 RB7 引脚电平
LOOP:       GOTO LOOP
            END
```

在体 0 中,PORTB 的 RAM 地址为 06H;在体 1 中,TRISB 的 RAM 地址为 86H。前面讲过,指令本身只能携带 7 位地址码,无法在体之间(更大范围内)跳转,要从体 0 跳到体 1(相当于从 7 位地址空间跳到 8 位地址空间),只能变更体编码(增加最高位)。访问完成后,还需还原体编码。这就像教室里的一名学生,把手伸到周围某个同学的桌上拿了东西之后,最终手还是要缩回自己桌上来的。以上程序也可以直接使用寄存器地址书写:

```
程序 8:     ORG 0000H
            CLRF 06H            ;清空 RB 端口所有的 D1(DATA Latch)锁存器
            BSF 03H,5           ;选择体 1,当前地址由 7 位变成 8 位
            MOVLW 0X0F
            MOVWF 86H           ;定义 RB<3:0>为输入;RB<7:4>为输出
```

```
            BCF 03H,5           ;选择体 0,还原 7 位地址
            BSF 06H,7           ;置位 RB7 引脚电平
LOOP:   GOTO LOOP
            END
```

可见,程序中用 SFR 地址取代了具有文字意义的标示符,这也是可行的,这样就不需要 EQU 等伪指令了,更不需要库文件了。然而,像这样一群枯燥的数字,程序不具备任何可读性,也不方便修改,实际工作中很少这样做。

对于 C 语言,使用函数编制程序时,完全不用考虑函数所涉及的寄存器在哪个 bank 中,C 编译器会自动地对相关寄存器进行体选操作,这会使编程更轻松。

3.14 FLASH 程序存储器的分区及跨页跳转

类似于 RAM 数据存储器,FLASH 程序存储器也存在存储空间分区的问题,前面讲过,对于 PIC16F87X 系列 MCU,程序存储器的字长是 14 位,存储空间最大是 8K(2^{13}),那么可以推断,程序计数器 PC 的最大二进制位数可以达到 13 位,它的低 8 位在 PCL 寄存器中,高 5 位在 PCLATH 寄存器中。

在 PIC16F87X 的指令系统中,长跳转指令 GOTO 和 CALL 所携带的地址码仅仅有 11 位,那么它能跳转的最大地址范围就是 2^{11},即 2K。在这里,把 2K 的地址范围定为一个页面,那么对于具有 8K FLASH 的芯片而言,它会有 4 个页面,其分页原理如图 3.10 所示。

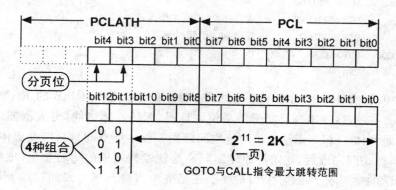

图 3.10   FLASH 程序存储器的分页原理 1

图 3.10 中,如果把 PCL 和 PCLATH 两字节合并,就是程序计数器 PC 的计数宽度,其最大有效位数是 13 位,bit10~bit0 这 11 个二进制位可以编码 2^{11}=2K 的地址空间,把这视作一页。最高两位 bit12~bit11 最多可有 4 种编码,也就是说,这两位可以编码 4 个页面,具体编码方式如图 3.11 所示。

图 3.11 中,左侧是二进制编码页面地址范围,右侧是十六进制编码页面地址范围。所以,对于 8K 的 FLASH 地址空间,若把它分为 4 页,每页的地址编码就是:

页面 0:　　0000H～07FFH

页面 1:　　0800H～0FFFH

页面 2:　　1000H～17FFH

页面 3:　　1800H～1FFFH

(1) 对于只有 2K 存储空间的 FLASH(如 PIC16F870/871/872),它只存在 1 个页面(PC 的宽度是 11 位),那么它的分页位是无效的。程序编制过程中,不必关心 GOTO 与 CALL 指令是否跨页的问题。

(2) 对于装备 4K 存储空间的 FLASH(如 PIC16F873/874),它存在 2 个页面(PC 的宽度是 12 位),那么它的分页位(2 个二进制位)只需要低位生效即可,高位是无效的。在图 3.11 中的组合是 bit12:bit11=x:0 或 bit12:bit11=x:1。

在程序执行过程中,如果将要发生跨页跳转,当碰到 GOTO 或 CALL 指令时,目标地址的低 11 位由指令码本身携带,最高位需要在程序中标明,即 PCLATH <3>位值要明确。

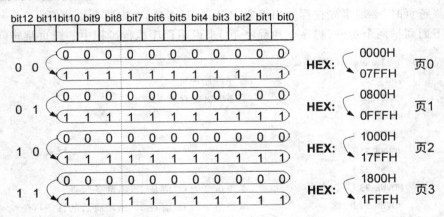

图 3.11　FLASH 程序存储器的分页原理 2

(3) 对于装备 8K 存储空间的 FLASH(如 PIC16F876/877),它存在 4 个页面(PC 的宽度是 13 位),那么它的分页位(2 个二进制位)必须全部有效。其所有组合在上图中已标明。

在程序执行过程中,如果将要发生跨页跳转,当碰到 GOTO 或 CALL 指令时,目标地址的低 11 位由指令码本身携带,最高两位需要在程序中标明,即 PCLATH <4:3>这两个位的值要明确。

以上主要讲解了 FLASH 存储器的分页原理以及程序的跨页跳转。如果读者之前熟悉了其他类型的 MCU,就会发现这样做比较"麻烦"。可以这样设想,如果在编制程序的过程中不考虑存储空间的分页那该多方便啊！的确是这样,程序员总是希望"简单",但是这里表现出的"复杂"完全是因为硬件的局限性导致的。

本书面向的是 8 位 MCU,即它在硬件上设计的数据宽度是 8 个二进制位。这样,把整个数据宽度用满,它可以编码从 0 到 255 共 256 个数据,这对于程序存储器的地址而言,如果只用 PCL 编码地址,最多只能编码 256 个地址,显然是不够用的。不要紧,通过增加地址字节来增加编码容量,于是,高位字节 PCLATH 就参与进来了,它只是低 5 位有效。单独的,它可以编码 2^5=32 个数据。把它和低位字节 PCL 联合起来,那么一共可以编码 32×256=8192 个数据,把这些数据对应地址单元,8K 的地址空间就形成了。设想如果是 16 位的 MCU,要寻址 8K 的地址空间,显然是不需要两个 8 位字节的,它只需要一个 16 位字节就够了。可见,面对同样的问题,硬件变复杂了,软件就会变简单。

另外,对于跳转指令 GOTO 或 CALL,它们的指令码最多只能携带 11 位地址,即 2K 的寻址空间。为什么不能携带更多? 这是因为指令码的硬件宽度只有 14 位,其他 3 位另有他用。于是,MCU 的硬件属性造成了跳转指令最多只能寻址 2K 的地址空间,如果要增加寻址空间,这个功能只能在软件中实现了。前面讲到的当程序执行面临跨页时,必须事先在程序中确定 PCLATH<4:3>这两个位的值。

下面列举两个示例(程序 9 和程序 10)来说明程序执行过程中的跨页跳转问题。

```
程序 9: include <p16f73.inc>
        ORG 07FAH              ;程序起始地址
        CLRF 20H               ;清零 RAM 寄存器 20H
        MOVLW 0X65
        MOVWF 30H
        MOVWF 31H
        MOVWF 32H
        MOVWF 33H              ;本条指令的 PC 值是 7FFH,准备跨页
        MOVWF 34H              ;本条指令的 PC 值是 800H,跨页后的首条指令
        MOVWF 35H
        MOVWF 36H
        MOVWF 37H
        BSF PCLATH,3           ;用软件干预 PC 的值
LOOP:
        INCF 20H,F             ;对 20H 的值作增量操作
        GOTO LOOP              ;跳转
        END
```

以上这个程序的功能读者很容易看懂,现在要展示的是与跨页有关的问题。程序从 PC 地址 07FA 开始执行,这是页 0 的尾部,另一部分在页 1 的开头。执行"MOVWF"指令不需要考虑跨页问题,但末位主循环中的 GOTO 指令需要考虑这个问题。

　　要让主循环程序正常运行,必须在上述位置插入语句"BSF PCLATH,3"。否则,主循环不会进行,20H 的值不会累加,程序最后会跑飞。为什么会这样,我们可以用 MPLAB SIM 仿真程序的运行,并分两种情况讨论此问题。

　　(1) 去掉"BSF PCLATH,3"后,单步运行程序,观察 File Register 和 Program Memory 窗口。

　　现象:对 30H 到 37H 寄存器的赋值完全正常,但 20H 的内容累加 1 次便停止。

　　原因:标号"LOOP"对应的 PC 值是 803H,它的二进制值是"1000 0000 0011",其值超过了 11 位(2^{11}),显然"GOTO LOOP"这条指令的指令码容不下 PC 值的最高位"1",由于 CPU 无法得到确定的地址信息,在执行"GOTO LOOP"指令后,程序跑飞。

　　(2) 加上"BSF PCLATH,3"后,单步运行程序,观察 File Register 和 Program Memory 窗口。

　　现象:对 30H 到 37H 寄存器的赋值完全正常,且 20H 的内容不断累加。

　　原因:用软件(上述语句)对程序计数器 PC 的运行进行干预,使"GOTO LOOP"对应的指令码所容不下的 PC 值的最高位"1"变得确定。于是程序运行正常,20H 的内容不断累加。

```
程序 10:include <p16f73.inc>
        RESULT EQU 20H
        ORG 0000H            ;主程序放在第一页,起始地址为 0000H
        MOVLW 0X04           ;给 W 装载常数
        BSF PCLATH,3         ;将 PC 的宽度扩展到第 12 位(最高位),使其指向页面 1
        CALL CONVERT         ;CALL 指令码中的 11 位地址结合第 12 位使其能指向页面
                              1 中的 CONVERT 表头地址
        MOVWF RESULT         ;查表返回后,装载结果,将其存入 RESULT 中
        BCF PCLATH,3         ;将 12 位 PC 的最高位清零,使地址值变成 11 位,方便后面操作
LOOP:   GOTO LOOP            ;进入主循环
        ORG 0800H            ;子程序放在第二页,起始地址为 0800H
        CONVERT:
        ADDWF PCL,F          ;查表程序
        RETLW D'0'           ;0H
        RETLW D'1'           ;1H
        RETLW D'4'           ;4H
        RETLW D'9'           ;9H
        RETLW D'16'          ;10H
        RETLW D'25'          ;19H
        RETLW D'36'          ;24H
        RETLW D'49'          ;31H
        RETLW D'64'          ;40H
        RETLW D'81'          ;51H
        END
```

以上这个程序在前面演示过,它是讲述查表功能的。现在为了能展示跨页调用的效果,我们将程序分为两部分,主程序放在页面 0 中,子程序放在页面 1 中。

要使程序能正常运行,在执行 CALL CONVERT 跨页调用子程序之前,必须用软件扩展 CALL 指令码中的 11 位地址宽度,使其能达到 12 位,超过 2K 的跳转空间。最终能进入页面 1 中 CONVERT 子程序的入口地址。方法是将 PCLATH＜3＞置位。

最后执行主循环的时候,需要用到 GOTO LOOP 指令,那么这之前必须使地址宽度返回到 11 位,即清零 PCLATH＜3＞,否则程序会跑飞。

对于 C 语言编程,完全不用考虑程序代码跨页的问题,C 编译器会自动地追加代码跨页指令。与汇编比较起来,这使程序的编制更加方便。

注:关于位数扩展的问题。比如,对于十进制数 99 来说,前面加上 0 变成 099,相当于没有扩展;但加上非零的数字如 2,变成 299,它的计数值就扩展了。

同样的,对于二进制数 111,前面加上 0 变成 0111,也相当于没有扩展;但加上非零的数字(只能是 1),变成 1111,它的数值就扩展了,并且是扩展了 1 倍。那么如果限定位数,由 3 位到 4 位,计数范围就会从 000～111 展宽到 0000～1111,可见计数范围扩大了 1 倍。

3.15　PIC16F193X 的 FLASH 程序存储器及跳转指令

Flash 程序存储器(PIC16F193X)的分区及跨页跳转的原理可用本章 3.14 节的内容解释。与 877A 比较,它们都是将 2K 个"字"作为一页,不同的是:

在 877A 中,可分为 4 页,由 PCLATH＜4:3＞定义;

在 193X 中,可分为 16 页(实际可用为 8 页),由 PCLATH＜6:3＞定义。为了提高页访问的效率,专门设计了"MOVLP"指令,这类似于访问 Bank 的"MOVLB"指令。

"CALL"与"GOTO"指令仍然有 2K 的跳转限制,关于它们的注意事项可见 3.14 节。

另外,在 193X 中,新增了"BRA"、"BRW"、"CALLW"这 3 个与跳转有关的指令。现分别解释一下这 3 条指令的工作原理。

(1) BRW

工作原理:将 W 的内容(无符号)与 PC 值相加,使 PC 重新定位地址。由于 PC 将增量 1 以取出下一条指令,所以新地址为 PC ＋ 1 ＋(W)。BRW 相当于"ADDWF PCL,F"程序语句的执行效果。

3.12 节的程序 5 中,将查表指令"ADDWF PCL,F"换成 BRW 指令,执行效果相同。

（2）BRA

工作原理:将 9 位立即数 k（最高位是符号位）与 PC 相加,使 PC 重新定位地址。由于 PC 将增量 1 以便取出下一条指令,所以新地址为 PC + 1 + k。

它的指令格式是:BRA 标 号 或 BRA $＋k

操作数:－256D ≤（标号－PC＋1）≤ 255D　或　－256D ≤ k ≤ 255D

举例:BRA NEXT

指令执行后,PC=NEXT 指向的地址。

该指令与"GOTO"指令虽然不同,但在使用方式上具有一定的相似性,在某些场合可以替换使用。如:

```
LOOP:GOTO LOOP(GOTO $)
LOOP:BRA LOOP(BRA $)
```

两者是等效的。

BRA 可以称作短跳转指令,该指令执行时,是以当前 PC 值为基准的,可向前偏移（跳转）最多 255D 个地址单元或向后偏移（跳转）最多 256D 个地址单元。

（3）CALLW

工作原理:调用由 W 的内容指定地址的子程序。首先,将返回地址（PC + 1）压入返回堆栈。然后,将 W 的内容装入 PC＜7:0＞,将 PCLATH 的内容装入 PC＜14:8＞。

也可以这样解释,该指令通过将 PCLATH 和 W 寄存器合并以形成目标地址来使能计算调用。计算 CALLW 可通过将所需地址装入 W 寄存器并执行 CALLW 指令来实现。将 W 的值装入 PCL 寄存器,将 PCLATH 的值装入 PCH 寄存器。

由于 W 的值只能覆盖 PC 的低 8 位,所以,与"CALL"指令比较起来,"CALLW"指令执行时只能进行短距离跳转。

举例:将 3.12 节的查表程序用 CALLW 指令实现,程序如下:

将表数据存放在 0100H 开头的存储区中,主程序以 0000H 开头,通过执行程序来索取表中的平方数据值。

```
include <p16f1934.inc>
    ORG 0000H
    MOVLW 0X01
    MOVWF PCLATH        ;锁定表地址的高位（必不可少）
    MOVLW 0X00          ;向 W 载入常数 0
    CALLW               ;查表
    MOVWF 20H           ;表数据（平方值）载入 RAM 的 20H 单元
    MOVLW 0X01          ;向 W 载入常数 1
    CALLW               ;查表
    MOVWF 21H           ;表数据（平方值）载入 RAM 的 21H 单元
    MOVLW 0X02          ;向 W 载入常数 2
```

```
        CALLW                    ;查表
        MOVWF 22H                ;表数据(平方值)载入 RAM 的 22H 单元
LOOP: GOTO LOOP                  ;主循环

        ORG 0100H                ;表的起始地址,以下是表数据
        RETLW D'0'               ;0H          ;0 的平方值
        RETLW D'1'               ;1H          ;1 的平方值
        RETLW D'4'               ;4H          ;2 的平方值
        RETLW D'9'               ;9H          ;3 的平方值
        RETLW D'16'              ;10H         ;4 的平方值
        RETLW D'25'              ;19H         ;5 的平方值
        RETLW D'36'              ;24H         ;6 的平方值
        RETLW D'49'              ;31H         ;7 的平方值
        RETLW D'64'              ;40H         ;8 的平方值
        RETLW D'81'              ;51H         ;9 的平方值
        END
```

3.16 C 语言中与内存操作有关的函数

CCS 公司的 C 编译器中包含着对内存数据进行读写或复制的函数,在进行连续地读写或批量数据处理时,使用它们非常方便。现介绍如下:

(1) read_bank( )

语法:value = read_bank (bank, offset);

函数功能:从 RAM 中指定的单元读取一个数据字节,存储在 value 中。

函数参数说明:bank 是 RAM 的分区序号(0~3),分区数量依据型号而定。Offset 是相对于单独分区的偏移量(0~7FH)。Value 是 8 位整型值。

(2) write_bank( )

语法:write_bank (bank, offset, value);

函数功能:往 RAM 中指定的单元写入一个数据字节 value。

函数参数说明:bank 是 RAM 的分区序号(0~3),分区数量依据型号而定。Offset 是相对于单独分区的偏移量(0~7FH)。Value 是待写数据(8 位整型值)。

(3) memset( )

语法:memset (pointer, value, n);

函数功能:往 RAM 中的 n 个单元中写入同一个数据字节 value。

函数参数说明:pointer 表示指向 RAM 地址某单元的指针,n(1~255)表示从该单元开始的字节数。Value(int8)表示写入 n 个单元的同一数据。

举例:int Buffer[10];

        memset(Buffer, 0xAB, 10);

它表示将 Buffer 数组中的 10 个存储单元全部赋值常数 0xAB。

（4）memcpy（ ）

语法：memcpy(destination，source，n)；

memmove(destination，source，n)；

函数功能：将 RAM 中相邻的 n 个 byte 从一个地方复制到另一个地方。

函数参数说明：destination 和 source 都是 RAM 的地址指针，source 是待复制数组地址指针，destination 是目的地址指针。n 表示数组中的字节数量。

举例：int array1[4]；

int array2[4] = {0x46，0x35，0xE2，0xFD}；

memcpy(array1，array2，4)；

它表示将数组 array2 中的 4 个元素复制到 array1 中。

（5）strcpy（ ）

语法：strcpy(destination，source)；

strcopy(destination，source)；

函数功能：将 RAM 中相邻的字符串从一个地方复制到另一个地方，字符串以'\0'终结。

函数参数说明：destination 和 source 都是 RAM 的地址指针。source 是待复制数组地址指针，也可以是字符串常量。destination 是目的地址指针。

举例：char string1[10]，string2[10]；

strcpy (string1，"Hi There")；

strcpy(string2，string1)；

它表示将字符串"Hi There"复制到 string1 中，再将 string1 中的元素复制到 string2 中。

第4章

中断系统

4.1 由查询方式到中断方式

如果学习了后面的章节,大家可以发现,在单片机系统中,CPU 和相关外设的工作速度有很大的差别,CPU 是高速设备,外设是低速设备,如何实现两者的数据交换呢? 对于 MCU 来说,有两种方法可以实现,它们分别是查询方式和中断方式。

最早采用的是查询方式。查询方式的特点是:数据在 CPU 和外设之间的传输完全依靠程序控制(需要消耗一定的软件)。它的优点是 CPU 的操作和外设的操作能够同步,且不需要额外的硬件支持(节省了硬件)。缺点是外设工作过程中,CPU 总是处在等待状态(不能执行其他任务),直到外设工作完毕方才终止等待,如图 4.1 所示。这种工作方式会浪费很多宝贵的 CPU 时间,造成系统整体工作效率低下,特别不利于多任务实时处理的情形。

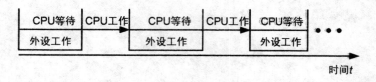

图 4.1 CPU 查询方式工作示意图(随时间 t)

为了克服查询方式的缺点,提高系统整体的工作效率,诞生了利用中断进行数据交换的工作方式。与查询方式相比,实现中断功能需要额外的硬件支持(消耗硬件资源),但是它使用的程序语句更少(节省软件)。

中断方式下,CPU 与外设可以并行工作,如图 4.2 所示(以时间为变量)。当外设需要 CPU 提供服务时,外设就以发送中断信号(Flag)的方式通知 CPU,当 CPU 接收到中断信号时,它会停止当前的工作来为外设服务,于是在软件上就形成了与中断服务有关的程序,这段程序称为中断服务程序 ISR(Interrupt Service Routine),如图 4.3 所示(以 PC 地址为变量)。当 ISR 执行完毕后,CPU 会继续之前中断的工作。

中断方式特别适合处理随机出现的事件。即外设向 CPU 提出中断请求的时刻是缺乏时间规律的,是很随意的。

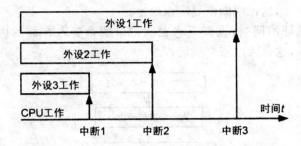

图 4.2　CPU 中断方式工作示意图(随时间 t)

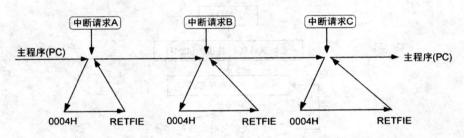

图 4.3　CPU 中断处理工作示意图(随 PC 地址)

4.2　中断的响应过程

图 4.4 展示了 PIC16F877A 中断响应的大致过程,现作如下解释:

对于某一个已经发生的中断,如果 PEIE 和 GIE 位都开启,该中断会被 CPU 检测到。

如果此时 CPU 正在执行某条指令,它会完成该指令(地址值为 PC)的执行,并把下一条要执行的指令地址(PC+1)保存到堆栈中,便于 ISR 执行完毕后能找到返回地址,这也叫做保护断点地址。

在保护断点地址的同时,也需要将重要寄存器的内容和 STATUS 中的标志记录下来,这也叫做保护现场。

为了避免再次发生的中断打断该中断,全局中断允许位 GIE 必须清零(硬件自动执行)。

地址值 0004H(中断向量入口)被载入 PC 中,于是,CPU 跳转到该地址开始执行中断服务程序(ISR)。在 ISR 中,要注意清除该中断标志。如果可能发生多个中断,可通过分支程序选择当前中断。

当 ISR 执行到最后一条指令 RETFIE 时,全局中断允许位生效,GIE 位被置 1。同时,堆栈顶部弹出(PC+1)地址值,CPU 返回到之前被中断的地址处,从该地址处开始继续执行主程序,这也叫做恢复断点地址。

在恢复断点地址的同时,也需要将之前记录的重要寄存器的内容和 STATUS 中的标志重新载入,这也叫做恢复现场。

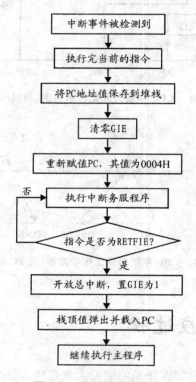

图 4.4　中断响应流程图

需要引起注意的是:CPU 响应中断并执行 ISR 和调用子程序有相似的地方,都需要在跳转时保护现场和返回时恢复现场,但两者也有区别。它们的区别是:

(1)调用子程序的指令是程序预先设定的,在时间及顺序上是有计划的。保护和恢复现场(程序完成的主要是页面导向工作,硬件自动完成的是断点地址处理)的工作既可以在调用之前完成,也可以在子程序中完成。

(2)中断的发生有很强的随机性,有的中断比如定时器中断很有规律,但是有的中断比如 INT 中断,电平变化中断等大多数中断是没有规律可循的,在这种情况下,保护和恢复现场的任务,只能在 ISR 中实现。

4.3 中断的基本硬件结构

图 4.5 展示了一个简单的中断结构,它说明了中断的主要硬件原理。图 4.5 左边存在中断源"中断 X",它是众多中断源中的一个。中断信号首先进入双稳态 RS 触发器,一旦发生中断,即使是瞬间的中断信号,也会被记录下来。RS 触发器的输出端 Q 会锁存中断信号,并产生中断标志(Flag)。随后,中断标志信号的传递受到与门 U1 另一输入端"允许 X 发生中断"信号的控制。只有当它为高电平时,Flag 信号才能往下一级传递。或门 U2 除了接收中断 X,也接收其他中断 U、V、W 等,它们的地位是平等的。或门 U2 的输出受到与门 U3"允许全局中断"的控制,只有当它为高电平时,中断信号才可以进入 CPU。

CPU 响应中断后,需要把中断标志清零,以便 CPU 能继续响应后续中断。对于 PIC16F877A 来说,这个任务由中断服务程序 ISR 来完成。

门控 U1、U3 的控制端若为低电平,相关联的中断信号就被屏蔽(Masking)了。也就是说,虽然中断信号由外设发出了,但是 CPU 接收不到。

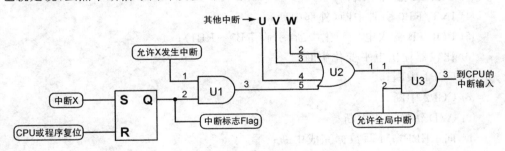

图 4.5　一个简单的基本中断结构

对 PIC16F877A 来说,中断矢量(0004H)只有一个,它不像 51 系列的 MCU,存在多个中断矢量且有优先级之分。如果同时发生多个中断进程等待 CPU 服务,对于 51 系列的 MCU 来说,哪个优先级别高就先服务哪个中断。而对于 PIC16F877A 来说,哪个在时间上先到就先服务哪个中断,类似于"先到先得"。

图 4.5 中,中断 X、U、V、W 没有优先级别之分,默认状态下,进入或门 U2 的 4 个输入端全部为低电平。如果 X 最先发生中断,U2 输出高电平,在 GIE(允许全局中断)为 1 的情形下,中断信号通过与门 U3 进入 CPU,当 CPU 开始服务 X 中断时,GIE 自动清零,与门 U3 关闭,CPU"一心一意"处理 X 中断。此时如果有中断 V 发生,它将只能等待(中断标志已置位但不能马上得到 CPU 服务),直到 X 中断服务完毕,GIE 自动置位后,CPU 才能开始服务 V 中断。

对于 PIC16 系列机型而言,由于硬件上堆栈深度有限,不容易实现中断嵌套功能。所以笔者认为,这也就是为什么 PIC 中低档系列 MCU 没有在硬件上区分中断优先级的缘故。对比 51 系列机型,它有一定的堆栈深度,故设置有中断优先级控制功能(通过 IP 寄存器实现)。由于中断处理的时间很短,即便两个中断同时发生,CPU 也可以进行先后处理,只是对后发生的中断的响应时间有所滞后,但对于要求不是很苛刻的场合,这样已经可以满足需求了。

4.4 PIC16F877A 的中断源

PIC16F877A 单片机具有丰富的中断源。虽然某些外设模块可能具备多个中断源(比如 USART 模块),但通常情况下一个外设模块只有一个中断源。目前的中断源包括:

(1) Timer0 溢出中断;

(2) Timer1 溢出中断;

(3) Timer2 溢出中断;

(4) INT/RB0 引脚中断(外部中断);

(5) PORTB 输入电平变化中断(引脚 RB7~RB4);

(6) 比较器输出电平变化中断;

(7) CCP1 中断;

(8) CCP2 中断;

(9) A/D 转换完成中断;

(10) 向 EEPROM 写数据完成中断;

(11) USART 发送中断;

(12) USART 接收中断;

(13) SSP 中断;

(14) PSP 端口中断;

(15) I^2C 总线冲突中断。

中断的控制和中断的状态表示至少需要一个寄存器。该寄存器是:INTCON。它负责记录请求内核中断的各个中断标志位、允许位以及全局中断允许位的状态。

此外,如果 MCU 有外设中断(Peripheral Interrupt),则会配置允许外设发生中断的寄存器(PIE)和保存中断标志位的寄存器(PIR)。根据器件的具体型号,这些寄存器分别为:PIE1、PIR1 、PIE2、PIR2。

全局中断允许位 GIE(INTCON<7>)置位时,会打开所有未屏蔽的中断;清零时,禁止所有中断。GIE 位在复位时被清零,即默认状态下不响应任何中断。

当一个中断被响应时,GIE 位被硬件自动清零以便禁止响应其他中断,返回地址压入堆栈,程序计数器 PC 中装入地址 0004H。执行中断返回指令 RETFIE 后,CPU 将退出执行 ISR,同时将 GIE 位置 1,从而可响应任何暂挂的中断。该中断的标志位应在 GIE 自动置 1 之前通过软件清零,以避免中断返回后再次响应该中断。

如果 CPU 在响应中断前,多个中断标志同时置位,那么哪个中断先得到服务,取决于 ISR 中检查中断源的顺序。各中断标志位的置位不受相应的中断屏蔽位和 GIE 位状态的影响。

在打开相应中断的前提下,如果用软件将该中断标志强行置位,CPU 也会响应该中断。

查表期间必须禁止 CPU 响应中断,否则中断返回时可能跳转到不希望的地址上去。

4.5　与 PIC16F877A 中断相关的寄存器

与 PIC16F877A 中断相关的寄存器,如下所列。

寄存器名称	bit7	bit6	bit5	bit4	bit3	bit2	bit1	bit0
OPTION_REG	RBPU	INTEDG	T0CS	T0SE	PSA	PS2	PS1	PS0
INTCON	GIE	PEIE	T0IE	INTE	RBIE	T0IF	INTF	RBIF
PIR1	PSPIF	ADIF	RCIF	TXIF	SSPIF	CCP1IF	TMR2IF	TMR1IF
PIE1	PSPIE	ADIE	RCIE	TXIE	SSPIE	CCP1IE	TMR2IE	TMR1IE
PIR2		CMIF		EEIF	BCLIF			CCP2IF
PIE2		CMIE		EEIE	BCLIE			CCP2IE

寄存器地址	寄存器名称	上电复位值,欠压复位值	其他复位值
81H/181H	OPTION_REG	11111111	11111111
0BH/8BH/10B/18B	INTCON	0000000x	0000000u
0CH	PIR1	00000000	00000000
8CH	PIE1	00000000	00000000
0DH	PIR2	- - - - - - -0	- - - - - - -0
8DH	PIE2	- - - - - - 0	- - - - - - 0

注:x 表示未知;u 表示不变;-表示未指明位置,读作 0。

对以上寄存器的解释如下:

(1) 选项寄存器 OPTION_REG(Option register)

它是一个可读写的寄存器,它只包含着 1 个与中断控制有关的位 INTEDE。

① INTEDG：外部中断 INT 触发信号边沿选择位

　　1 = 选择 RB0/INT 上升沿触发有效；

　　0 = 选择 RB0/INT 下降沿触发有效。

（2）中断控制寄存器 INTCON（Interrupt Control register）

它是一个可读写的寄存器，它包含着与中断控制有关的位，介绍如下：

① GIE：全局中断允许位

　　1 = 允许所有未屏蔽的中断；

　　0 = 禁止所有中断。

② PEIE：外设中断允许位

　　1 = 允许所有未屏蔽的外设中断；

　　0 = 禁止所有的外设中断。

③ T0IE：TMR0 溢出中断允许位

　　1 = 允许 TMR0 溢出中断；

　　0 = 禁止 TMR0 溢出中断。

④ INTE：INT 外部引脚中断允许位

　　1 = 允许 INT 外部引脚中断；

　　0 = 禁止 INT 外部引脚中断。

⑤ RBIE：RB 端口电平变化中断允许位

　　1 = 允许 RB 端口电平变化中断；

　　0 = 禁止 RB 端口电平变化中断。

⑥ T0IF：TMR0 溢出中断标志位

　　1 = TMR0 寄存器已经溢出（必须用软件清零）；

　　0 = TMR0 寄存器尚未发生溢出。

⑦ INTF：INT 外部引脚中断标志位

　　1 = 发生了 INT 外部中断（必须用软件清零）；

　　0 = 未发生 INT 外部中断；

⑧ RBIF：RB 端口电平变化中断标志位

　　1 = RB7：RB4 引脚中至少有一位的状态发生了变化（必须用软件清零）；

　　0 = RB7：RB4 引脚没有发生状态变化。

（3）外围设备中断标志寄存器 PIR1（Peripheral Interrupt Flag register 1）

它是一个可读写的寄存器，它包含着与外设中断有关的标志位，介绍如下：

① TMR1IF：TMR1 溢出中断标志位

　　1 = 发生了 TMR1 计数溢出；

　　0 = 未发生 TMR1 计数溢出。

② TMR2IF：TMR2 对 PR2 匹配中断标志位

1 = 发生了 TMR2 的计数值与 PR2 赋值匹配;

0 = 未发生 TMR2 的计数值与 PR2 赋值匹配。

③ CCP1IF:CCP1 中断标志位

1)输入捕捉模式下:

1 = 发生了捕捉中断请求;

0 = 未发生捕捉中断请求。

2)输出比较模式下:

1 = 发生了比较输出中断请求;

0 = 未发生比较输出中断请求。

④ SSPIF:同步串行口中断标志位

1 = 发送/接收完毕发生的中断请求;

0 = 等待发送/接收。

⑤ TXIF:USART 发送中断标志位

1 = 发送完成,即发送缓冲区空;

0 = 正在发送,即发送缓冲区未空。

⑥ RCIF:USART 接收中断标志位

1 = 接收完成,即接收缓冲区满;

0 = 正准备接收,即接收缓冲区空。

⑦ ADIF:A/D 转换器中断标志位

1 = 发生了 A/D 转换中断;

0 = 未发生 A/D 转换中断。

⑧ PSPIF:并行从动端口的读/写中断标志位

1 = PSP 端口发生了读/写中断请求;

0 = PSP 端口未发生读/写中断请求。

(4)外围设备中断允许寄存器 PIE1(Peripheral Interrupt enable 1)

它是一个可读写的寄存器,它包含着与外设中断控制有关的位,介绍如下:

① TMR1IE:TMR1 溢出中断允许位

1 = 允许 TMR1 溢出中断;

0 = 禁止 TMR1 溢出中断。

② TMR2IE:TMR2 对 PR2 匹配中断允许位

1 = 允许 TMR2 对 PR2 匹配中断;

0 = 禁止 TMR2 对 PR2 匹配中断。

③ CCP1IE:CCP2 中断允许位

1 = 允许 CCP1 中断;

0 = 禁止 CCP1 中断。

④ SSPIE:同步串行口中断允许位

1 = 允许 SSP 中断；

0 = 禁止 SSP 中断。

⑤ TXIE：USART 发送中断允许位

1 = 允许 USART 发送中断；

0 = 禁止 USART 发送中断。

⑥ RCIE：USART 接收中断允许位

1 = 允许 USART 接收中断；

0 = 禁止 USART 接收中断。

⑦ ADIE：A/D 转换器中断允许位

1 = 允许 A/D 中断；

0 = 禁止 A/D 中断

⑧ PSPIE：并行从动端口的读/写中断允许位

1 = 允许 PSP 的读/写中断；

0 = 禁止 PSP 的读/写中断

（5）外围设备中断标志寄存器 PIR2（Peripheral Interrupt Flag register 2）

它是一个可读写的寄存器，它包含着与外设中断有关的标志位，介绍如下：

① CCP2IF：CCP2 中断标志位（原理同 CCP1IF）

② BCLIF：I^2C 总线冲突中断标志位

1 = 发生了 I^2C 总线冲突；

0 = 未发生 I^2C 总线冲突。

③ EEIF：EEPROM 写操作完成中断标志位

1 = EEPROM 写操作已经完成；

0 = EEPROM 写操作尚未完成或未开始进行。

④ CMIF：比较器中断标志位

1 = 发生了比较器输出电平变化，产生中断；

0 = 未发生比较器输出电平变化，不产生中断

（6）外围设备中断允许寄存器 PIE2（Peripheral Interrupt enable 2）

它是一个可读写的寄存器，它包含着与外设中断控制有关的位，介绍如下：

① CCP2IE：CCP2 中断允许位

1 = 允许 CCP2 中断

0 = 禁止 CCP2 中断

② BCLIE：总线冲突中断允许位

1 = 开放总线冲突引发的中断请求；

0 = 屏蔽总线冲突引发的中断请求。

③ EEIE：EEPROM 写操作完成中断允许位

　　1 = 允许 EEPROM 写操作完成中断；

　　0 = 禁止 EEPROM 写操作完成中断。

④ CMIE：比较器中断允许位

　　1 = 允许比较器中断；

　　0 = 禁止比较器中断。

4.6　PIC16F877A 的中断逻辑

　　图 4.6 展示了 PIC16F877A 的中断逻辑，图中存在 15 个中断源。每一个中断源都要通过与门才能往下一级送出中断信号。最初的中断信号由中断标志 IF（Inter-

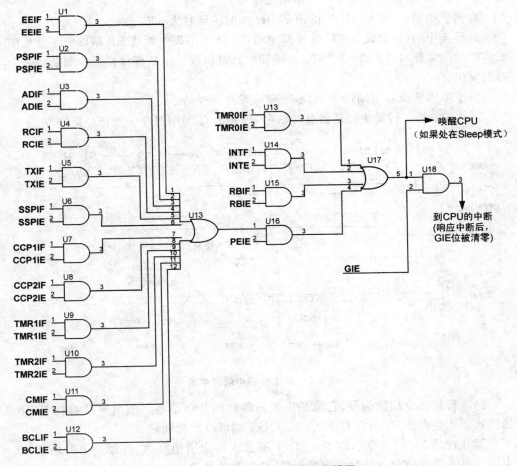

图 4.6　PIC16F877A 的中断逻辑图

rupt Flag)携带,信号能否送出由中断允许位 IE(Interrupt Enable)控制。

U13~U15 是内核中断,相关控制位在 INTCON 寄存器中。其他的是外设中断,它们需要通过外设中断允许位 PEIE(在 INTCON 中)才能生效。所有的中断都要通过总中断允许位 GIE(在 INTCON 中)才能生效。

4.7 中断的响应延时

尽管 CPU 对中断的响应很快,它也需要消耗时间。对于上兆的主频,这个时间在 us 级。

我们把从中断事件发生(IF 被置位)到地址 0004H 的指令开始执行(IE 允许的前提下)之间的这段时间定义为中断响应延时。

对同步中断(一般是 MCU 的内部中断),响应延时为 $3T_{cy}$。

对异步中断(一般是 MCU 的外部中断,如 INT 引脚中断或 RB 端口电平变化中断),中断响应延时将是 $3\sim3.75T_{cy}$。确切的延时取决于中断事件在指令周期的哪个时刻发生。

对于单周期或双周期指令,中断响应延时是一样的。

图 4.7 中第 1 行是主振荡器脉冲信号,每 4 个 Q 周期对应一个指令周期 T_{cy}。

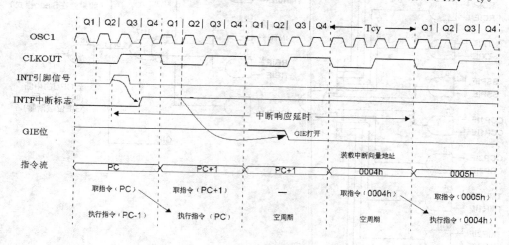

图 4.7　INT 外部中断时序图

第 2 行是指令周期信号,它也是主振荡器的四分频信号。该信号只有在 RC 振荡模式下才会存在,在引脚 OSC2/CLKOUT 端可以探测到它。

第 3 行是 MCU 外部引脚 RB0/INT 端送入的边沿信号,它可以是上升沿信号,也可以是下降沿信号。通过相应的设置,两种形式的信号都可触发 INT 中断。如果设定 INT 外部中断信号上升沿有效,那么该信号的上升沿会在一个 Q 周期之后引发中断标志 INTF 置位。

　　第 4 行是外部 INT 中断标志 INTF 信号,在每个 T_{cy} 内的第 2 个 Q 周期上升沿,该信号被抽检一次。一旦检测到 INTF 信号被置 1,则 CPU 会在接下来的一个 T_{cy} 内,将 GIE 清零。

　　第 5 行是全局中断屏蔽位 GIE。在 GIE 被清零的下一个 T_{cy} 内,程序计数器 PC 被载入中断向量地址 0004H。也就是说,在该指令周期内完成了到 ISR 的跳转,并且实现了提取 ISR 的首条指令,即 0004H 地址所对应的指令码。在其后一个指令周期内(0005H),CPU 正式执行 ISR 中的第一条指令。

　　从 INT 引脚端输入有效触发信号,到 ISR 的第一条指令得到执行,这段时间就是图中标注的"中断响应延时"时间。这段时间大约需要 3~4 个指令周期,更精确的延时时间取决于中断事件的发生时机。

　　以上讲述的是单个中断从中断信号生效到得到 CPU 服务的延时时间。

　　下面介绍如果在主程序中开放了多个中断,在 ISR 中这些中断是如何得到有效处理的。

　　前面介绍过,PIC16F877A 的中断向量只有一个,中断之间不存在优先级之分。这实际上简化了硬件部分,那么软件就要多一些开销。中断服务程序 ISR 只能有一个。下面我们举两个例子来比较一下单个中断和多个中断的 ISR 是如何编写的。

　　程序片段 1 展示了单个中断(TIMER0)的 ISR。由于开放的中断是唯一的,CPU 响应该中断后,能以最短的时间进入 ISR。

　　程序片段 2 展示了含有 4 个中断的 ISR。这 4 个中断分别是 TMR0 中断、TMR1 中断、Int 中断、RB 电平变化中断。CPU 进入 ISR 后,需要经过一系列判断,才能服务相关中断源。

　　由程序可见,进入 TMR0 的 ISR 所需时间最短,进入 RB 电平变化中断的 ISR 所需的时间最长。

程序片段 1:

```
ORG 0004
BCF INTCON,T0IF        ;清除 Timer0 中断标志
MOVLW 0X3C
MOVWF TMR0             ;给 TMR0 重新赋值
RETFIE
```

程序片段 2:

```
ORG 0004
BTFSC INTCON,T0IF      ;检测是否发生了 TMR0 中断,若没有发生,跳过下一条指令
GOTO TMR0_SRV          ;若 T0IF 置 1,跳转到 TMR0 中断服务程序
BTFSC PIR1,TMR1IF      ;检测是否发生了 TMR1 中断,若没有发生,跳过下一条指令
GOTO TMR1_SRV          ;若 TMR1IF 置 1,跳转到 TMR1 中断服务程序
```

```
        BTFSC INTCON,INTF            ;检测是否发生了 INT 中断,若没有发生,跳过下一条指令
        GOTO INT_SRV                 ;若 INT 置 1,跳转到 INT 中断服务程序
------------------------------------------------------------------------
        MOVF PORTB,F
        BCF INTCON,RBIF              ;PORTB 电平变化中断服务程序
        RETFIE                       ;中断返回
------------------------------------------------------------------------
TMR0_SRV:
        ...                          ;TMR0 中断服务程序
        RETFIE                       ;中断返回
------------------------------------------------------------------------
TMR1_SRV:
        ...                          ;TMR1 中断服务程序
        RETFIE                       ;中断返回
------------------------------------------------------------------------
INT_SRV:
        ...                          ;INT 中断服务程序
        RETFIE                       ;中断返回
```

4.8 中断的现场保护

在中断期间,硬件会自动进行"断点保护",即中断前将当前 PC 地址压入堆栈。中断后将(PC+1)地址弹出堆栈。然而,在特殊的情况下(后文将阐述),用户有必要保存中断发生前的一些重要寄存器的值,如 W 和 STATUS 寄存器的值。

保存信息的操作通常被称作"Pushing(压入)",而恢复信息的操作被称作"Poping(弹出)"。不同于 51 系列的 MCU,51 系列包含 PUSH 和 POP 两个指令,指令执行后,现场保护的操作由硬件执行。而在这里,需要由软件来实现现场保护。

下面列举了 PIC16F877A 中断现场保护的程序片段。需要保护的寄存器是 W、STATUS、PCLATH 这三种。中断发生前,把它们的数据暂存在 RAM 中的通用寄存器区中。相应的备份寄存器增加后缀名"BAK"。

```
: -----------------保护现场 --------------------------------------
        MOVWF W_BAK                  ;将 W 的内容复制到 W_BAK 中
        SWAPF STATUS,W
        MOVWF STATUS_BAK            ;将 STATUS 的高低半字节交换后存入 STATUS_BAK 中
        CLRF STATUS                  ;清空 STATUS(IRP,RP1,RP0),把 Bank0 作为当前体

        MOVF PCLATH, W
        MOVWF PCLATH_BAK            ;将 PCLATH 的内容通过 W 存入 PCLATH_BAK 中
```

```
CLRF PCLATH                    ;清空 PCLATH,把 Page0 作为当前(目标)页面
; --------------------------------------------------------------
;中断服务程序 ISR 部分
                               …
; ----------------- 恢复现场 -------------------------------------
MOVF PCLATH_BAK, W
MOVWF PCLATH                   ;恢复中断发生前 PCLATH 的内容,回到中断前的页面
SWAPF STATUS_BAK,W
MOVWF STATUS                   ;恢复中断发生前 STATUS 的内容,回到中断前的 Bank 区
SWAPF W_BAK,F                  ;将 W_BAK 的高低字节交换
SWAPF W_BAK,W                  ;再次将 W_BAK 的高低字节交换,并存入 W
```

参照图 4.8,对以上保护中断现场的程序片段作以下几点说明:

(1) 中断的发生是随机的;

(2) 对程序存储器 Flash 而言,当程序执行到图示的页面 2 时,发生了中断,这时需要备份 PC 地址的高 5 位,即 PCLATH 寄存器的值。因为 ISR 的起始地址在 0004H,ISR 在页面 0。程序由页面 2 跳转到页面 0,PCLATH 的值需要发生相应的变化。

(3) 对数据存储器 RAM 而言,在中断发生前,相关 RAM 存储单元的数据可能位于 4 个 Bank 中的任何一个(由 RP1、RP0 决定)。

①基于以上原因,为备份 W 而设置的 W_BAK 寄存器必须定义在 RAM 的 70H ~7FH 存储区,因为按照芯片说明,这个区的 16 个单元在 4 个 Bank 中是互相映射的,也可以说,它们具有公共的 RAM 区。对于某一个正在执行的程序来说,如果第 1 次中断发生时,RAM 工作区位于 Bank1(RP1:RP0=01),将 W 备份到 W_BAK 中之后,待到中断返回时,要还原 W 的内容,可将 W_BAK 的值移出到 W 中,过程中不需要繁琐的 Bank 选择操作;同样,如果第 2 次中断发生时,RAM 工作区位于 Bank0 (RP1:RP0=00),那么对 W 的保护操作与前面完全相同。不论中断何时发生,RAM 工作区位于哪个 Bank,每一次备份 W 的内容时,可以不必关注 W_BAK 的方位。

② 而对于 STATUS_BAK、PCLATH_BAK 这两个通用寄存器,它们可以定义在 Bank0 的非公共 RAM 区,也可以定义在公共 RAM 区。

为什么可以定义在非公共 RAM 区(20H~70H)呢? 因为 STATUS、PCLATH 这两个特殊功能寄存器在 4 个 Bank 中都是互相映射的。不论中断发生时,RAM 工作区位于哪个 Bank,每一次备份 STATUS、PCLATH 的内容时,都可以看做是在 Bank0 区域发生的操作。

③ 备份 W、STATUS 寄存器时,没有使用"MOVF"指令(会影响标志位),而是使用的"SWAPF"指令(不会影响标志位)。如果使用了"MOVF"指令,备份 STATUS 寄存器就失去了意义,尽管使用"SWAPF"指令比较麻烦。

④ 中断发生时如何处理 PCLATH 呢? 关于这个寄存器的功能在汇编语言章节

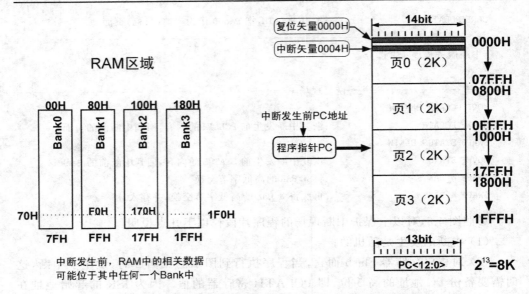

图 4.8　中断发生时断点数据在 Flash 和 RAM 中的可能位置

有过详细的介绍,读者可以回顾一下。对 PIC16F877A 来说,8K 的 Flash 空间平分为 4 个页面,假设程序足够大,遍布每个页面。那么中断发生时,断点可能位于任何一个页面。也就是说,PCLATH 的值是不确定的(需要备份)。

　　然而中断发生后,PC 需要指向地址 0004H(中断向量地址位于 page0)。这时在 ISR 中需要先备份 PCLATH 的值,再将其清零以便 PC 指向 page0,由程序片段可见。

　　以上对中断的现场保护作了具体讲解,但是回过头来看,是不是所有情况下都需要进行现场保护泥? 答案是不一定。

　　(1) 中断前是否需要对 PCLATH 进行备份要看具体情况。不同型号的 PIC 机型其 Flash 配置不尽相同。对于存储空间为 2K 的机型(只有页面 0),不必备份 PCLATH。只有对存储空间大于 2K 的机型,并且程序占用空间大于 2K,才有可能备份 PCLATH。

　　在程序占用空间小于 2K(只使用页面 0)的情形下,如果主程序和子程序中没有同时使用以 PCL 为目标的操作指令(如查表操作),也可以不必备份 PCLATH。

　　(2) 如果 ISR 中的操作对中断前 STATUS 的内容没有影响,可以不必备份它。

　　(3) 如果主程序中不涉及 W 寄存器的操作,那么在中断发生后也可以不备份它。

　　本书的示例程序都没有用到中断现场保护,但仍可正常工作。原因就在于它们都满足以上几点。然而,在编写 ISR 时,增加以上程序片段不会有什么坏处,只是要多消耗一点 CPU 时间,在对 ISR 执行时间要求苛刻的场合,是否一定需要某些备份语句是需要考虑的。

　　对中断的现场保护是一套机械又繁琐的工作,弄不好也容易出错。当使用 C 语言来编写程序时,在字面上可以完全不用考虑现场保护的问题,因为 C 编译器把这些工作都做了。具体原理可见第 20.7 章节的内容。

4.9 RB0/INT 外部中断

不同于大多数外设中断,INT 中断信号来自芯片的外部,它是异步边沿触发中断,RB0 引脚负责接收中断信号。有效的触发信号要么是上升沿信号,要么是下降沿信号。

INT 中断属于 CPU 内核中断,它是非常有用的一类中断。它通常用于外部突发事件处理。例如:在电池供电的系统中,当电池欠压时,可以发出此类中断触发报警。在电源系统中,过流过压信号也可以设计成 INT 中断信号,CPU 服务该中断后,可以快速触发保护装置动作。这个反应时间可以根据需要做得非常短(几微秒),通过适当的传感器连接,它甚至可以保护开关管(如 MOSFET、IGBT 等)。

4.10 与 INT 中断相关的寄存器

寄存器名称	bit7	bit6	bit5	bit4	bit3	bit2	bit1	bit0
OPTION_REG	RBPU	INTEDG	T0CS	T0SE	PSA	PS2	PS1	PS0
INTCON	GIE	PEIE	T0IE	INTE	RBIE	T0IF	INTF	RBIF
TRISB	TRIS7	TRIS6	TRIS5	TRIS4	TRIS3	TRIS2	TRIS1	TRIS0

寄存器地址	寄存器名称	上电复位,锁定复位值	其他复位值
81H/181H	OPTION_REG	11111111	11111111
0BH/8BH/10B/18B	INTCON	0000000x	0000000u
86H	TRISB	11111111	11111111

注:x 表示未知;u 表示不变;—表示未指明位置,读作 0。

对以上寄存器的解释如下:

(1) 选项寄存器 OPTION_REG(Option register)

这个寄存器的内容只有 1 位与 RB0/INT 中断相关,这一位便是 INTEDGE 位。

① INTEDG(Interrupt Edge Select bit):外部 INT 触发信号边沿选择位

  0= RB0 引脚上的下降沿信号触发中断;

  1= RB0 引脚上的上升沿信号触发中断。

(2) 中断控制寄存器 INTCON(Interrupt Control register)

这个寄存器的内容有 3 位与 RB0/INT 中断相关,它们分别是:

① INTE:RB0/INT 外部引脚中断允许位

1 = 允许 INT 外部引脚中断; 0 = 禁止 INT 外部引脚中断。

② INTF:RB0/INT 外部引脚中断标志位

1 = 发生了 INT 外部中断; 0 = 未发生 INT 外部中断。

③ GIE:全局中断允许位

1 = 允许所有未屏蔽的中断; 0 = 禁止所有中断。

(3) PORTB 口方向寄存器 TRISB

只有 TRISB0 这一位与 INT 中断有关联,当准备接收 INT 中断信号时,RB0 引脚必须设置成输入方式才有效,那么 TRISB<0> 必须置 1。

4.11 INT 外部中断块应用实践

实验 1:

实验目的:验证 INT 中断产生的效果。

实验过程:由 RB0/INT 引脚引入频率为 1 Hz 左右的方波信号,在程序中设置该信号的上升沿触发 INT 中断,每中断一次,RC7 引脚的输出电平翻转一次,致使连接其上的 LED 灯交替亮灭。实验的电路原理图如图 4.9 所示。

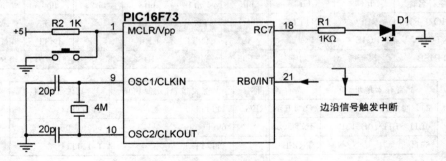

图 4.9 INT 中断实验原理图

实验的程序如下:

```
程序名:INT01.ASM
include <p16f73.inc>            ;@4M oscillator
    ORG      0000
    GOTO START
    ORG 0004
    BCF INTCON,INTF             ;清除 INT 中断标志
    MOVF PORTC,W
    XORLW B'10000000'
    MOVWF PORTC                 ;每中断一次,就将 RC7 引脚电平翻转一次
```

```
    RETFIE                              ;中断返回
START:
    CLRF PORTC                          ;清零 PORTC 端口
    BANKSEL TRISB
    CLRF TRISC                          ;设 RC 端口为输出方式
    BSF TRISB,0                         ;设 RB0 引脚为输入方式
    BSF OPTION_REG,INTEDG               ;设 RB0 引脚输入信号为上升沿触发
    BSF INTCON,GIE
    BSF INTCON,INTE                     ;打开相关中断
    BANKSEL PORTB
LOOP:
    NOP
    GOTO LOOP                           ;主程序
END
```

运行程序,观察到实验过程中触发信号与输出信号的波形如图 4.10 所示。

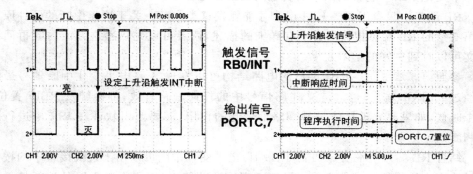

图 4.10　INT 中断触发信号与输出信号波形图

实验说明:

(1) 本实验的触发波形(频率约 1Hz)由波形发生器产生,如果不具备条件,也可以搭建按键电路产生,不过按键电路要作去抖处理,如图 6.11 所示。

(2) 由图 4.10 左图可看出,每个触发信号的上升沿程序进入 ISR,翻转 RC7 电平,致使 LED 间隔约 300 ms 亮灭一次。

(3) 图 4.10 右图是左图的细节放大图,放大的是两个信号的边沿部分。在硬件检测到 RB0 引脚上的上升沿后,经过 3 μs 的中断响应时间,程序进入 ISR 执行,对照程序的 ISR 部分观察,可以发现,执行 4 个指令后(4 μs),RC7 翻转置位,这段时间就是图中标示的"程序执行时间"。这之后执行 RETFIE(2 μs),ISR 返回。

(4) 这个实验衍生一下,配合定时器使用,可用于测量正脉冲宽度、负脉冲宽度或脉冲周期。读者在学习完后面定时器的原理后,就可以理解这一点,也可以回过头来动手试一试。

(5) INT 中断信号对电磁干扰 EMI 很敏感,如果处理不好会造成设备误动作。当 INT 中断应用于成品电路中时,应该注意做必要的抗干扰处理,如加强进入 RB0/

INT 信号的能量或采取物理屏蔽措施等。

4.12 RB 端口电平变化中断

RB 端口电平变化中断也属于 CPU 内核中断。它与 RB0/INT 中断有一定的相似性。触发这个中断的信号也来自芯片外部。

与 INT 中断不同的是,电平变化中断的触发信号是电平变化信号(电平由低变高或反之),而不是边沿信号。感应电平变化是通过软硬件结合实现的,先将当前电平状态存入锁存器,作为背景电平,随着时间的流逝,每个指令周期采样一次当前电平,存入另一锁存器,两个锁存器的输出不断进行比较(通过或门),如果相异,就会触发电平变化中断。这就是该中断实现的大致原理。

RB 端口中只有 RB7～RB4 引脚才能触发这类中断。关于这类中断的硬件原理在第 5 章的 RB 端口相关内容中有详细的描述,读者可以先熟悉这方面内容再回到本文可以收到更好的学习效果。

参照第 5 章 RB7～RB4 端口的电路结构可以发现,4 路电平变化中断信号最终会经过或门 G8 输出,也就是说,4 路信号中的任何一路有效,都会触发 RBIF 置位,这个时候,如果要分辨具体是哪一路信号起的作用,需要使用软件在 ISR 中进行甄别判断。

结合 RB 端口电平上拉功能,RB 端口电平变化中断可以用于人机接口中的按键信号输入。虽然使用其他方式也可以实现这项功能,但使用中断无疑是消耗软件和 CPU 时间最少的一种方式。

4.13 与 RB 端口电平变化中断相关的寄存器

寄存器名称	bit7	bit6	bit5	bit4	bit3	bit2	bit1	bit0
INTCON	GIE	PEIE	T0IE	INTE	RBIE	T0IF	INTF	RBIF
TRISB	TRIS7	TRIS6	TRIS5	TRIS4	TRIS3	TRIS2	TRIS1	TRIS0

寄存器地址	寄存器名称	上电复位,欠压复位值	其他复位值
0BH/8BH/10B/18B	INTCON	0000000x	0000000u
86H	TRISB	11111111	11111111

注:x 表示未知;u 表示不变;—表示未指明位置,读作 0。

对以上寄存器的解释如下：

（1）中断控制寄存器 INTCON（Interrupt Control register）

这个寄存器的内容有 3 位与 RB0/INT 中断相关，它们分别是：

① RBIE：RB 端口电平变化中断允许位

　　1 = 允许 RB 端口电平变化中断；　　　　0 = 禁止 RB 端口电平变化中断。

② RBIF：RB 端口电平变化中断标志位

　　1 = RB7：RB4 引脚中至少有一个的状态发生了变化（必须用软件清零）；

　　0 = RB7：RB4 引脚中没有任何一个发生状态变化。

③ GIE：全局中断允许位

　　1 = 允许所有未屏蔽的中断；　　　　　0 = 禁止所有中断。

（2）PORTB 口方向寄存器 TRISB

只有 TRISB7～TRISB5 这 4 个位与 RB 端口电平变化中断有关联，当某一个引脚准备接收外部电平变化中断信号时，这个引脚必须设置成输入方式才有效。

4.14　RB 端口电平变化中断应用实践

实验 2：

实验目的：验证 PORTB 电平变化中断产生的效果。

实验过程：由 RB7 引脚引入频率为 1Hz 左右的方波信号，在程序中设置 RB7 电平变化触发中断（电平由高到低或由低到高），每中断一次，RC7 引脚的输出电平翻转一次，致使连接其上的 LED 灯交替亮灭。实验的电路原理图与图 4.9 基本相同，只是触发信号输入引脚由 RB0 变为 RB7。

实验的程序如下：

```
程序名:INTO2.ASM
include <p16f77.inc>              ;@4M oscillator
     ORG 0000
     GOTO START
     ORG  0004
     MOVF PORTB,F                 ;锁定 RB 端口当前电平,中止失配(mismatch)条件
     BCF INTCON,RBIF              ;清除 RBIF 中断标志
     MOVF PORTC,W
     XORLW B'10000000'
     MOVWF PORTC                  ;实现 RC7 引脚电平的翻转
     RETFIE                       ;中断返回
START:
     CLRF PORTC
     BANKSEL TRISB
     CLRF TRISC                   ;设置 RC 端口为输出
```

```
        CLRF TRISB              ;设置 RB 端口为输出
        BSF TRISB,7             ;单独将 RB7 设为输入
        BANKSEL PORTB
        MOVF PORTB,F            ;锁定 RB 端口当前电平,中止失配(mismatch)条件
        BCF INTCON,RBIF         ;清除 RBIF 中断标志
        BSF INTCON,RBIE         ;打开 RB 电平变化中断
        BSF INTCON,GIE          ;打开总中断
LOOP:
        NOP
        GOTO LOOP
        END
```

运行程序,观察到实验过程中触发信号与输出信号的波形如图 4.11 所示。

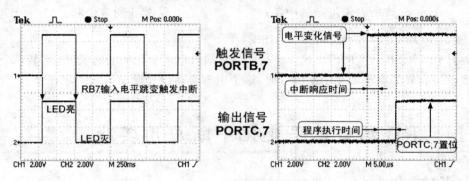

图 4.11   RB 端口电平变化中断触发信号与输出信号波形图

实验说明:

(1) 本实验的触发波形(频率约 1Hz)由波形发生器产生,如果不具备条件,也可以自行搭建电路产生方波信号。

(2) 由图 4.11 左图可看出,在触发信号的每个上升沿或下降沿程序进入 ISR,翻转 RC7 电平,致使 LED 间隔约 500ms 亮灭一次。

(3) 图 4.11 右图是左图的细节放大图,放大的是两个信号的边沿部分。在硬件检测到 RB7 引脚上的上升沿后,经过 3 μs 的中断响应时间,程序进入 ISR 执行,对照程序的 ISR 部分观察,可以发现,执行 5 个指令后(5 μs),RC7 翻转置位,这段时间就是图 4.11 中标示的“程序执行时间”。之后执行 RETFIE(2 μs),ISR 返回。

(4) 由于只用到 RB7 口,程序编制过程中,除了 RB7 设为输入外(TRISB7=1),其他口必须设为输出;或者在 RB 口引脚全部设为输入的前提下,将 RB7 以外的其他引脚接入固定的电平(高电平或低电平)。总之,不能让它们悬空(易串入干扰)。否则会造成输出信号杂乱无章(程序频繁、毫无规律进入 ISR),这与多个触发信号共用一个或门有关系。

(5) 同 INT 中断类似,这个实验若能配合定时器使用,也可以测量正负脉宽或脉冲周期。RB 端口电平变化中断同样要注意干扰造成的影响。

以上实验采用的是触发电平由低到高或由高到低都能触发中断的方式,而且每一次中断都翻转了 RC7 电平。能不能把它限定在唯有电平由低到高(或反之)才翻转 RC7 电平呢?实现这一点是可以的,方法是在 ISR 中增加电平判断指令,如果检测到是期望电平,不执行翻转操作,直接返回主程序。

在 INT02.ASM 的基础上,只需将 ISR 稍作修正即可,如下所示:

```
ORG 0004
MOVF PORTB,F            ;锁定 RB 端口当前电平,中止失配(mismatch)条件
BCF INTCON,RBIF         ;清除 RBIF 中断标志
BTFSS PORTB,7           ;判断 RB7 的当前电平是否为高电平
RETFIE                  ;如果不是高电平(低电平),直接返回
MOVF PORTC,W            ;如果是高电平,执行翻转操作
XORLW B'10000000'
MOVWF PORTC             ;实现 RC7 引脚电平的翻转
RETFIE                  ;中断返回
```

运行程序,观察到实验过程中触发电平与输出信号的波形如图 4.12 所示。

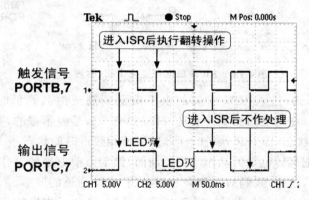

图 4.12　RB 端口电平变化中断
(并不是每次进入中断都需要执行翻转操作)

实验说明:结合程序,对照上图 4.12 可见,触发电平由低到高或由高到低都发生了电平变化中断,由于 ISR 的不同,电平由低到高触发中断时,ISR 执行了翻转操作;而电平由高到低触发中断时,ISR 没有执行翻转操作。这就是图 4.12 中 RC7 输出信号形成的原因。

一般情形下,ISR 的执行时间会小于脉冲的宽度。上面的两个实验就是这样,但也存在这样的特殊情形,即 ISR 的执行时间会大于脉冲的宽度,下面我们对这种情形进行分析说明。

同样采用程序 INT02.ASM,只是将 ISR 内部顺序稍作一下变更。

```
ORG 0004
MOVF PORTC,W                    ;如果是高电平,执行翻转操作
XORLW B'10000000'
MOVWF PORTC                     ;实现 RC7 引脚电平的翻转
MOVF PORTB,F                    ;锁定 RB 端口当前电平,中止失配(mismatch)条件
BCF INTCON,RBIF                 ;清除 RBIF 中断标志
RETFIE                          ;中断返回
```

采用信号发生器,把进入 RB7 引脚输入信号的频率提高,调节占空比,把正脉宽值调到约 8 μs,观察输出信号 RC7 引脚的变化。采集波形如图 4.13 所示。

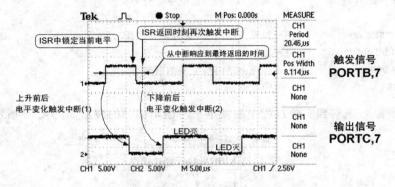

图 4.13   RB 端口电平变化中断(临界状态)

由图 4.13 可知,进入 RB7 引脚的电平由低到高或由高到低时都触发了中断(RC7 电平翻转),这与上面的实验不是一样的吗?对,是差不多的,不同的是这里展示的是一种临界状态,即 ISR 执行时间和脉宽值相接近时的状态。

在 ISR 中,把翻转电平的动作放到了前面,锁定当前电平的动作放到了最后面,即 ISR 返回之前,这样,我们对照 ISR 程序分析 CH1 通道的波形。

中断(1)发生在 RB7 信号上升到高电平的时刻,这之后中断响应消耗 3 μs,RC7 电平翻转消耗 3 μs,锁定电平并消除失配条件消耗 2 μs,执行 RETFIE 耗时 2 μs,这之后中断返回。由波形图可以推断,"ISR 锁定当前电平"的动作发生在触发信号为高电平时,不过,这是在高电平快结束的时候(很危险)。当 ISR 返回时刻,触发电平已经变为了低电平,这与背景电平相异,于是再次发生中断(2),程序进入 ISR 执行,经过 6 μs,RC7 电平再次翻转。

当图 4.13 中 CH1 通道触发信号的脉宽再变小一点,即"ISR 锁定当前电平"动作发生在触发信号降为低电平时,那么 RC7 输出信号会变得截然不同。如图 4.14 所示。

当触发信号由低到高触发第一次中断后,在 ISR 执行过程中,触发信号的电平由高变低,变低之后才发生"ISR 锁定当前电平"的动作(由 ISR 程序执行时间可以推断)。ISR 返回后,触发信号仍为低电平,这与背景电平相同。于是不可能再次触发中断。所以整个看起来,触发信号的"上升沿"触发了中断,而"下降沿"未能触发中断。

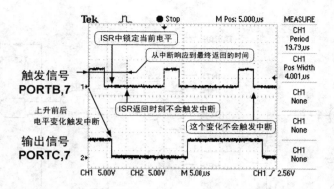

图 4.14 RB 端口电平变化中断(特殊情形)

由以上几个实验可以看出,RB 端口电平变化中断不同于 INT 中断(边沿触发),它看上去像是"边沿"触发的,实际上却是不一定的。

对于脉冲宽度远大于 ISR 执行时间的这种情况,我们可以把电平变化触发中断这种现象等效于"边沿"触发中断。此时,在 ISR 中,"锁定当前电平并消除失配条件"指令语句可以放在 ISR 最前面,也可以放在最后面,这不会影响程序执行的效果。

而对于脉冲宽度与 ISR 执行时间相当的这种情况,我们不能把电平变化触发中断这种现象等效于"边沿"触发中断。最后一个实验揭示了这个道理。此时,在 ISR 中,"锁定当前电平并消除失配条件"指令语句放在其中的位置对实验结果会产生很大的影响。

由最后一个实验也可以看出,受程序执行的影响,发生电平变化中断之前,系统对"边沿"前后电平进行的采样可能发生在"边沿"变化前某时刻和变化后某时刻,而不一定刚好在"边沿"时刻。

4.15 PIC16F193X 的中断逻辑

PIC16F193X 的中断系统与 PIC16F877A 非常类似。由于硬件功能的增强,中断源的数量有所增加,如图 4.15 所示。

对于 CPU 内核中断,RBIF(RBIE)变为了 IOCIF(IOCIE)。对于外围中断,中断源根据 PIR(PIE)寄存器的位序列一字排开。根据芯片型号的不同,外围中断的数量也有所不同,具体可查阅芯片手册。

4.16 PIC16F193X 的中断自动现场保护

PIC16F877A 中,程序执行进入中断时,需要利用软件保存断点信息,返回时也

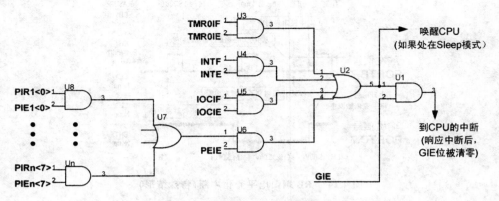

图 4.15   PIC16F193X 的中断逻辑图

需要利用软件还原这些断点信息。但在 PIC16F193X 中,这些都依赖于硬件并可自动进行。

程序进入中断时,将返回的 PC 地址保存在堆栈中。而且,以下寄存器的内容会自动保存在影子寄存器(Shadow Register)中。

(1) W 寄存器

(2) STATUS 寄存器(TO 和 PD 状态标志位除外)

(3) BSR 寄存器

(4) FSR 寄存器

(5) PCLATH 寄存器

当程序退出中断服务时,这些寄存器的内容会自动恢复。在 ISR 执行期间对这些寄存器所做的任何修改都将无效。如果需要修改这些寄存器,应修改相应的影子寄存器,并在退出 ISR 时进行恢复。影子寄存器在 Bank 31 中,可读写。根据用户应用程序的要求,可能还需要保存其他寄存器内容。

4.17   PIC16F193X 的 RB 端口电平变化中断

对于 PIC16F877A,只有 RB 端口的 RB7～RB4 这 4 个引脚设置了电平变化中断功能。前面一节已做过详细描述。它的大致过程是,当 4 个引脚中的任意一个发生了电平变化,都会触发中断标志 RBIF 置位,具体是哪个引脚触发的,在硬件上无法辨别,如果一定要辨别,可以通过软件判断来实现。另外,对于特定的引脚,如果触发了电平变化中断,这个变化的电平,可能是由高到低,也可能是由低到高这样的一个过程,这个过程如果一定要弄清楚,也只能通过软件判断来实现。

所以,对于比较细致的应用,要辨别触发中断的引脚,也要辨别电平变化的过程,想要达到这样的目的,需要消耗一定量的软件。有经验的读者可能会想,能不能把这些功能都做在硬件里面呢? 这个想法是完全可能实现的,后来推出的 PIC16F193X 系列机型就实现了这一点。

PIC16F193X 系列机型的电平变化中断功能具有以下特点:

(1) 设有允许电平变化中断的主开关;

(2) 每个电平变化中断都对应着"独立的"引脚配置;

(3) 对于既定引脚电平变化,可以设定"上升沿"或"下降沿"的检测功能;

(4) 每个引脚的电平变化都对应着"独立的"中断标志;

(5) RB 端口的 8 个引脚都具备电平变化中断功能。

如图 4.16 所示,电平变化信号在 RB4 上出现,这个信号既可能是上升沿,也可能是下降沿。对于信号触发中断的情况可以分为以下 3 种:

(1) 如果只想让上升沿信号触发中断,可以启用 D2 触发器而禁止 D1 触发器;

(2) 如果只想让下降沿信号触发中断,可以启用 D1 触发器而禁止 D2 触发器;

(3) 如果想让上升、下降沿信号都能触发中断,可以启用 D1、D2 触发器。

RB 端口的电平变化中断电路结构图(以 RB4 引脚为例)如图 4.16 所示。

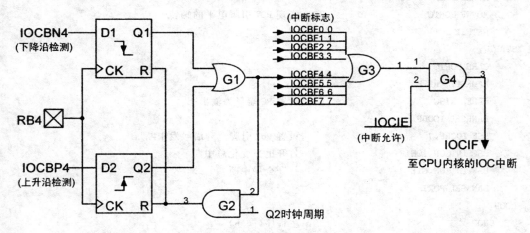

图 4.16　RB 端口的电平变化中断电路结构图(PIC16F193X)

D1 触发器是下降沿检测器,位控信号 IOCBN4(在 IOCBN 寄存器中)为 0 时,禁止 RB4 电平变化中断;IOCBN4 为 1 时,允许 RB4 电平变化(下降沿)中断,当检测到边沿时,会将中断标志 IOCBF4 置位,也会将总中断标志 IOCIF 置位(当 IOCIE=1 时)。

D2 触发器是上升沿检测器,位控信号 IOCBP4(在 IOCBP 寄存器中)为 0 时,禁止 RB4 电平变化中断;IOCBP4 为 1 时,允许 RB4 电平变化(上升沿)中断,当检测到边沿时,会将中断标志 IOCBF4 置位,也会将总中断标志 IOCIF 置位(当 IOCIE=1

时）。

需要特别注意的是，总中断标志 IOCIF 是个只读位，无法用软件直接清零，只有 IOCIF 标志寄存器中的所有引脚中断标志都归零后，它才会被自动清零。从图 4.16 中也可以看出这一点。

一旦或门 G1 产生中断信号，通过与门 G2，在 Q2 时钟脉冲的作用下，将触发器 D1、D2 快速复位，以迎接下一次引脚电平变化信号的发生。

前面 4.14 节的实验，把芯片由 PIC16F877A 换成 PIC16F1934，要实现同样的功能，需要将程序作一定的修改，修改后的程序如下：

```
include <p16f1934.inc>         @4M oscillator
ORG   0000
GOTO START
ORG 0004                       ;进入中断服务程序
BANKSEL IOCBP
CLRF IOCBF                      ;清除电平变化中断标志(所有)
BANKSEL PORTA
MOVF PORTC,W
XORLW B'10000000'
MOVWF PORTC                     ;实现 RC7 引脚电平的翻转
RETFIE
START:
CLRF PORTC
BANKSEL TRISB
CLRF TRISC                      ;设置 RC 端口为输出态
BANKSEL IOCBP
BSF IOCBP,7                     ;设置 RB7 引脚上升沿触发中断
BSF INTCON,IOCIE               ;打开电平变化总中断
BSF INTCON,GIE                 ;打开全局中断
BANKSEL PORTB
LOOP:
NOP                            ;主程序(循环)
GOTO LOOP
END
```

运行程序，观察到实验过程中触发电平与输出信号的波形如图 4.17 所示。

在以上主程序中，没有清除中断标志的指令，因为上电后，所有的中断标志都是归零的。

在 ISR 中将 IOCIF 寄存器清零，不仅清零了所有的分中断（各个引脚电平变化）标志，还可使总中断标志 IOCIF 自动归零。

如果 RB7～RB0 这 8 个引脚都可能发生电平变化中断，最终能使 CPU 响应中

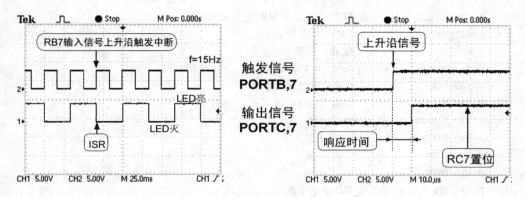

图 4.17　RB 端口电平变化中断触发信号与输出信号波形图(PIC16F1934)
(设定上升沿触发中断)

断的是总中断标志 IOCIF,进入中断服务 ISR 后,再逐个判断是哪个引脚的中断标志置位,随后作相应处理。与 PIC16F877A 比较起来,这种方式更加简洁,因为该模块增加了硬件上的支持。

如图 4.17 左图所示,信号发生器向 RB7 引脚输出频率为 15Hz 的波形,程序设定 RB7 引脚电平变化上升沿触发中断,RB7 上升沿时刻,RC7 电平翻转(在 ISR 中实现),LED 或亮或灭。

图 4.17 右图所示为软硬件结合对触发信号的响应时间,这个时间约 $10\ \mu s$,几乎就是 ISR 的执行时间,可见这个响应是很快的。所以说,将此功能和定时器结合起来,可以测量脉冲的周期(设置上升沿或下降沿触发),正负脉冲的宽度(同时使上升、下降沿触发)等,也可以用于人机接口的按键输入。

4.18　中断的 C 语言编程

CCS 公司的 C 编译器将中断变成了一套框架式的程序结构,这就是相关的中断预处理器。

回顾一下,对于汇编语言,编制中断服务程序时,需要执行保护现场,清除中断标志,恢复现场等比较琐碎而又机械的任务,这些任务在 C 语言中,都被"结构"化了,该"结构体"也就是中断预处理器。

有了中断预处理器,就不必在意关于中断发生时现场保护的处理,而只要处理好应用方面的事情就可以了,这样,与汇编比较起来,C 语言的中断程序编写会很简洁。

关于中断的 C 语言编程,在本书各章的实验中都有涉及,读者可以自行参考。这里只是汇总性地作一下说明。

以下是各种外设的中断预处理器(PIC16F877A)。

♯ INT_RB   RB7～RB4 外部引脚电平变化中断

♯ INT_EXT   RB0/INT 中断

♯ INT_AD   模数转换器 ADC 中断

♯ INT_TBE   USART 串口发送中断

♯ INT_RDA   USART 串口接收中断

♯ INT_TIMER0   TMR0 中断(也可写做 ♯ INT_RTCC)

♯ INT_TIMER1   TMR1 中断

♯ INT_TIMER2   TMR2 中断

♯ INT_CCP1   CCP1 中断

♯ INT_CCP2   CCP2 中断

♯ INT_SSP   SSP 串口中断

♯ INT_PSP   PSP 并行从动端口中断

♯ INT_BUSCOL   I2C 总线冲突中断

♯ INT_EEPROM   EEPROM 中断

♯ INT_COMP   比较器中断

与中断处理有关的函数如下：

(1) ENABLE_INTERRUPTS( )

例如：enable_interrupts(INT_TIMER1);

相当于汇编程序：BSF PIE1,TMR1IE

又例如：enable_interrupts(GLOBAL);

相当于汇编程序：BSF INTCON,GIE

　　　　　　　　BSF INTCON,PEIE

(2) DISABLE_INTERRUPTS( )

例如：disable_interrupts(INT_TIMER1);

相当于汇编程序：BCF PIE1,TMR1IE

(3) CLEAR_INTERRUPT( )

例如：clear_interrupts(INT_TIMER1);

相当于汇编程序：BCF PIR1,TMR1IF

(4) INTERRUPT_ACTIVE( )

语法：value=interrupt_active( )　　　　(value 是个布尔值)

例如：value=interrupt_active(INT_TIMER1);

核心部分相当于汇编程序：BTFSC PIR1,TMR1IF

功能：用于查询相应的中断标志状态。

(5) EXT_INT_EDGE( )

例如：ext_int_edge (H_to_L);

相当于汇编程序：BCF OPTION_REG, INTEDG

功能:专门用于 RB0/INT 中断。用于确定中断的触发方式(上升沿或下降沿)。

若将实验 1 的程序用 C 语言来实现,程序如下:

```
# include＜16f877a.h＞
# fuses HS,NOLVP,NOWDT,PUT

# INT_EXT                                //INT 中断预处理器
void ISR_B0( )                           //INT 中断服务程序
{  output_toggle(PIN_C7); }              //翻转引脚 RC7 上的电平


void main( )
{
        output_c(0x00);
        ext_int_edge ( L_to_H );          //上升沿触发中断
        enable_interrupts(INT_EXT);       //打开 INT 中断
        //也可将上面两语句合为一句"enable_interrupts(INT_EXT_L2H);"
        enable_interrupts(GLOBAL);        //打开总中断
        while(1)
        {       }                         //主循环
}
```

说明:与汇编程序比较起来,C 语言程序更加简洁,书写上更加人性化。比如对于汇编语句"BCF OPTION_REG，INTEDG",不容易看出它表达的含义;但是对于同样功能的 C 语句"ext_int_edge (L_to_H)",很容易知道它所表达的含义。

若将实验 2 的程序用 C 语言来实现,程序如下:

```
# include＜16f877a.h＞
# fuses HS,NOLVP,NOWDT,PUT
int last_b,port_b,changes;               //定义变量类型

# INT_RB                                 //电平变化中断预处理器
void ISR_RB( )                           //RB7：RB4 引脚电平变化中断服务程序
{
        port_b = input_b( );             //中断发生后,再次读取 RB 端口电平状态
        changes = last_b ^ port_b;       //"当前"与"上次"电平状态值相异或
        last_b = port_b;                 //"当前"值变为下一次触发的"上次"值
        if (bit_test(changes, 7) = = 1)  //判断 RB7 引脚的"当前"与"上次"值是否不同
        {output_toggle(PIN_C7); }        //如果不同,则翻转 RC7 引脚电平
}


void main( )
{
        changes = 0;                     //变量清零
        output_c(0x00);
        last_b = input_b ( );            //读取 RB 端口电平状态
        enable_interrupts(INT_RB);       //打开 RB 端口电平变化中断
        enable_interrupts(GLOBAL);       //打开总中断
```

```
        while(1)
        {     }                              //主循环
}
```

使用合适的函数,还可以使上述程序变得更加简洁,修改后的程序如下:

```
# include<16f877a.h>
# fuses HS,NOLVP,NOWDT,PUT
int changes;

# INT_RB
void ISR_RB( )
{
        changes = input_change_b( );
                    //中断发生后,读取 RB 端口电平值并与上次值做异或运算
        if(bit_test(changes, 7) = = 1)
          { output_toggle(PIN_C7); }
}


void main( )
{
        output_c(0x00);
        changes = input_change_b( );      //读取 RB 端口电平状态
        enable_interrupts(INT_RB);
        enable_interrupts(GLOBAL);
        while(1)
        {     }
}
```

说明:RB7～RB4 引脚电平变化中断使用 C 语言来实现也是很方便的。但是读者要明白,与同样功能的汇编语言比较起来,汇编语言程序能够侦测频率更高的跳变信号,原因是它的代码更简洁,执行时间更短。一般情况下,可以不必在乎这些,但是在对时间要求更高的应用中应该引起注意。

在 193X 中,由于硬件功能的改变及增强,电平变化中断的 ISR 会更加简洁,它不需要用软件来终止失配条件。它的中断预处理器仍然是"♯INT_RB",而不是"♯INT_RBx(x 表示引脚序号)"。另外,它也可以直接定义触发中断的边沿(上升或下降),如"enable_interrupts(INT_RB1_L2H)",表示 RB1 端口外部信号上升沿触发中断。

第 5 章

I/O 端口

5.1 典型的 I/O 端口

PIC16F877A 这款机型具备 5 组端口,它们分别是 RA、RB、RC、RD、RE。这些端口都有一个基本的构架,在基本构架之上,为了增强 MCU 的灵活性和功能,一些引脚被定义为多功能复用引脚。这样,不同组的端口之间便存在一定的差异。不仅如此,即便是同一组端口,它的不同引脚之间功能也不尽相同。对于这些差异,我们在后面再做介绍。这里,我们先介绍基本的 I/O 端口。基本 I/O 端口的电路结构图如图 5.1 所示。

图 5.1 中有 8 种电路元件,对每个电路元件的功能作以下说明:

(1) D 触发器 D1、D2、D3

D1 的作用是锁存待输出的数据;D2 的作用是封锁或开通 G1、G2;D3 的作用是锁存引脚上的数据(A 处),这个数据(二进制电平 0 或 1)可以来自芯片外部,也可来自芯片内部。

(2) 或门 G1

如果"2"输入端为高电平,不论"1"输入端为何状态,门的输出总为高,这相当于或门被封锁,于是 P 管截止;

如果"2"输入端为低电平,"1"输入端的状态就决定了门的输出状态。这相当于或门被打开。

(3) 与门 G2

如果"2"输入端为低电平,不论"1"输入端为何状态,门的输出总为低,这相当于与门被封锁,于是 N 管截止;

如果"2"输入端为高电平,"1"输入端的状态就决定了门的输出状态,这相当于与门被打开。

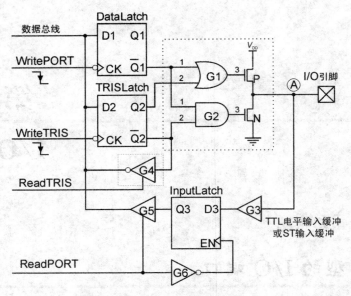

(注：图中触发器的 CK 输入端的"＞"表示时钟边沿触发有效，
旁边的小圆圈表示下降沿触发有效，无小圆圈表示上升沿触发有效。)

图 5.1　基本 I/O 端口内部电路结构

（4）TTL 或 ST 输入缓冲器 G3

ST 即施密特触发器，带 ST 功能的缓冲器可以对输入脉冲整形，以消除干扰；TTL 电平输入缓冲器用于兼容 TTL 电平外设（CMOS 电平兼容 TTL 电平较容易，反之却不容易）。具体使用哪一种，一部分由硬件系统自身决定，另一部分由人工确定。

（5）反相器 G6

对 Read Port 命令产生的脉冲进行反相，使 D3 在要求的边沿锁存数据（引脚电平）。

（6）三态门 G5。

利用 Read Port 命令产生的脉冲瞬间打开 G5，使 D3 的锁存数据 Q3 进入数据总线。

（7）三态非门 G4

利用 Read TRIS 命令产生的脉冲瞬间打开 G4，使 D2 的锁存数据"Q2 负端（表征 TRIS 状态）"反相后进入数据总线。

（8）PMOS 场效应管和 NMOS 场效应管

在或门 G1、与门 G2 的联合作用下，产生 3 种状态。分别是：两管都截止；P 饱和，N 截止；P 截止，N 饱和。

5.2　典型的 I/O 端口工作原理

对于 I/O 端口引脚的数据流,存在流入和流出之分。不同的流向,分别对应着不同的设置。数据流的方向由 TRIS 寄存器控制。TRIS 的意思是 TRIState(三态)。当 TRIS＝1 时,数据从引脚流入;当 TRIS＝0 时,数据从引脚流出。与英文联系起来,这个也很好记忆,因为 1 很像 I(Input),0 很像 O(Output)。

(1) Write TRIS

表示写 I/O 端口方向控制,它分为两种情况:

① 如果要将引脚设为输入,必须置 TRIS＝1。过程是这样的:数据总线上送来的"1"进入 D2,在 write tris 命令脉冲下降沿的作用下,"1"被锁存到 Q2 端,Q2 的高电平使或门 G1 的输出总为高;Q2 负端为低电平,它使与门 G2 的输出总为低。这样的结果会使得 PMOS 管与 NMOS 管都处于截止状态,数据输出与外部引脚"断开",此时只可通过 D3 从引脚上索取数据。

② 如果要将引脚设为输出,必须置 TRIS＝0。过程是这样的:数据总线上送来的"0"进入 D2,在 write tris 命令脉冲下降沿的作用下,"0"被锁存到 Q2 端,Q2 的低电平使或门 G1 被打开;Q2 负端为高电平,它使与门 G2 被打开,这样的结果会使得 Q1 负端的输出直接反映到 G1、G2 的输出端。当 Q1 负端为 0 时,G1、G2 的输出都为 0,这样 PMOS 管饱和,NMOS 管截止,I/O 引脚输出高电平;反之,I/O 引脚输出低电平。

(2) Read TRIS

表示读 TRIS 寄存器某一位的值,过程如下:

Read TRIS 命令会产生一个窄脉冲,它瞬间打开三态非门 G4,将 Q2 负端的值取反后送到数据总线上,这实际上是在还原 Q2 的值。

(3) Write Port

表示写端口,也就是 MCU 要通过引脚向外输出数据(电平状态),达到此目的有个前提,那就是必须先置 TRIS＝0。实现数据输出分两种情况:

① 如果要输出的数据为"0",那么 CPU 会在数据总线上生成"0"并进入 D1,在 write port 命令脉冲下降沿的作用下,"0"被锁存到 Q1 端,Q1 负端为 1,那么 G1、G2 的输出都为 1,它使 P 管截止,N 管饱和,引脚上呈现低电平,数据"0"被输出。

② 如果要输出的数据为"1",那么 CPU 会在数据总线上生成"1"并进入 D1,在 write port 命令脉冲下降沿的作用下,"1"被锁存到 Q1 端,Q1 负端为 0,那么 G1、G2 的输出都为 0,它使 P 管饱和,N 管截止,引脚上呈现高电平,数据"1"被输出。

(4) Read Port

表示读端口,也就是 MCU 要读取引脚上的数据(电平状态),不论 TRIS＝0 或 TRIS＝1,都可以实现"读"操作,只是读取的对象不同。分以下两种情况:

① 当 TRIS＝1 时,P 管和 N 管截止,触发器 D1 的输出对外呈现"断开"状态。

于是,CPU 读取的是某时刻 A 点的逻辑电平,而 A 点的信号来自外部引脚,引脚上的脉冲经过 TTL 或 ST 缓冲器 G3,进入触发器输入端 D3,read port 命令产生的脉冲经 G6 反向后,进入触发器 D3 的 EN 端,脉冲的边沿使得 D3 的状态被锁存到 Q3 上,同时,read port 命令产生的脉冲使三态门 G5 被打开,Q3 的信息通过 G5 被瞬间送到数据总线上。

② 当 TRIS＝0 时,P 管和 N 管饱和,触发器 D1 的输出对外呈现"导通"状态。当引脚对外部有较高阻抗时,CPU 读取的便是某时刻 A 点的逻辑电平,而 A 点的信号来自触发器 D1 的输出。这样 CPU 读取的便是触发器 D1 的输出数据,读取原理同上。

经过以上分析,可以将基本 I/O 端口内部电路结构作一定的简化,图 5.1 虚线框中的电路等效于三态门电路 G2,三态非门 G4 变为三态门。如图 5.2 所示。

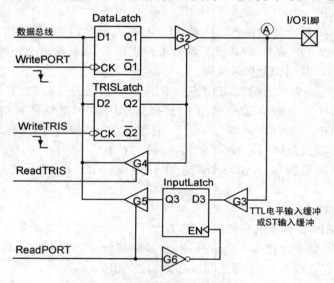

注:图中三态门 G2 的下端有个小圆圈表示当控制端 Q2 为低电平时,G2 才开通,反之截止。

图 5.2　基本 I/O 端口内部电路结构简化图

与图 5.1 相比,简化图的连线少了一些,但实质没有变化,相关部分的功能描绘显得更加简洁,脉络更加清晰,具体差异这里不再赘述,读者可以自行揣摩。

5.3　推挽电路的实验

为了理解端口的推挽输出原理,可以用一个实验来做对比。

图 5.3 是一个推挽输出的基本电路。电路中,可以用常见的三极管 9012(PNP)、9013(NPN)来代替 MOSFET 管,分 4 种情况对电路的工作进行讨论:

(1) 使 9012 和 9013 都处于饱和"导通"状态:

输出端 B 与 B'直接接电流表两端,A 接地使 9012 饱和,A'接＋5V 使 9013 饱

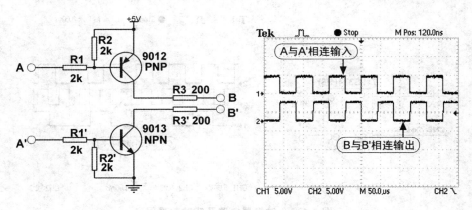

图 5.3　推挽输出电路及波形图

和,测得电流表的值为 12.3mA。

（2）使 9012 和 9013 都处于截止"断开"状态:

输出端 B 与 B'直接接电流表两端,A 接＋5V 使 9012 截止,A'接地使 9013 截止,测得电流表的值为 0.5uA。

（3）使 9012 饱和,9013 截止:

输出端 B 与 B'相连接电压表,输入端 A 与 A'相连接地,测得电压表的值为＋5V(高电平)。

（4）使 9012 截止,9013 饱和:

输出端 B 与 B'相连接电压表,输入端 A 与 A'相连接＋5V,测得电压表的值为零(低电平)。

把情形(3)和(4)综合一下,可以得到图 5.3 右侧的波形图。由波形图可知,A 点的输入和 B 点的输出是反相的。对于 PIC 单片机的每个端口,这种类似结构可以极大地增强负载能力,采用 PMOS 管和 NMOS 管组成的推挽输出级可使每个引脚的灌电流、拉电流值达到 20～25mA。这样,利用引脚直接驱动 LED、小型继电器等"大"功率外设成为可能。

5.4　D 触发器的实验

学习端口的知识,需要了解 D 触发器,它通常是起电平锁存作用的(记忆),也就是二进制数据(bit 位)的锁存。"数字电子技术"课程对它的原理有过详细的描述。在这里,我们拿它做个实验,通过对波形的观察来认识它在电路中所起的作用。

为了模拟端口中的锁存器,必须选用带边沿触发的 D 触发器,此处我们选用 74LS374,它的内部含有 8 个 D 触发器,本实验只需要其中的一个。实验电路图如

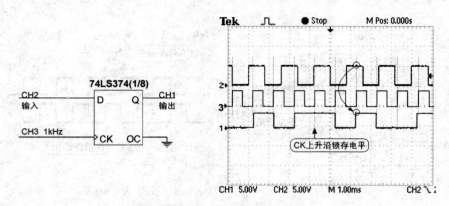

图 5.4　D 触发器电路及实验效果图

图 5.4 左图所示。CH2 是信号输入端，CH1 是信号输出端，OE 是输出控制端，接低电平有效；CK(CH3)是时钟输入端，接频率为 1kHz 的方波作为触发信号，硬件定义为上升沿触发。实验波形如图 5.4 右图所示。

　　由波形图可以看出，D 触发器对输入波形(CH2)状态的"记忆"时刻发生在触发信号 CK(CH3)的上升沿，"记忆"值被保存在 Q 端(CH1)，直到被后面的值覆盖。

5.5　关于端口的读取—修改—写入

　　所有的写 I/O 端口的操作，实际上都是一个"读取—修改—写入"的操作过程。因此，对一个端口进行写入操作意味着总是先读取该端口引脚上的电平值，然后修改该值，最后再将修改值写入到端口的数据锁存(D 触发器)。为了理解这一点，我们做个实验进行验证。

　　实验的电路原理图如图 5.5 左图所示，RB7～RB4 每个端口都可点亮对应的 LED，如何点亮，见后面的实验过程。

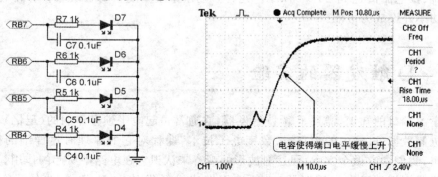

图 5.5　端口"读取—修改—写入"实验电路及效果图

实验过程:利用程序按位操作,使发光二极管 D7~D4 依次点亮。程序如下:

```
include <p16f74.inc>          ;@4M oscillator
    ORG 0600                  ;程序起始地址
    BANKSEL TRISB
    CLRF TRISB                ;RB端口全部设为输出态
    BANKSEL PORTB
    CLRF PORTB                ;RB端口锁存器清零
    BSF PORTB,7               ;置位 RB7,耗时 1 μs
    BSF PORTB,6               ;置位 RB6,耗时 1 μs
    BSF PORTB,5               ;置位 RB5,耗时 1 μs
    BSF PORTB,4               ;置位 RB4,耗时 1 μs
LOOP:GOTO LOOP
    END
```

实验结果:程序执行后,发现只有发光二极管 D4 是亮的。

实验结果与预想有很大的不同,预想是 D7~D4 都会亮。为什么会出现这种结果呢? 原因有如下两点:

(1) 每个引脚存在外接的对地电容。图 5.5 中每个引脚上接有 0.1uF 的对地电容,它会使引脚电压由 0V 上升到 5V 的过程变得异常缓慢。如图 5.5 右图所示,跨越 1V 的低电平门槛需时约 10 μs。

(2) 端口"读取－修改－写入"的操作过程,具体步骤如图 5.6 所示,结合程序,在清零 PORTB 的基础上进行逐位操作。对每一步的操作进行了分解。

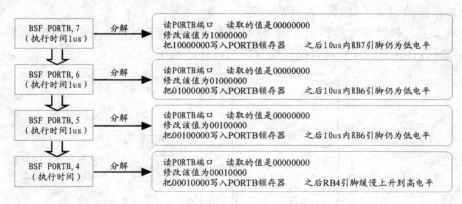

图 5.6　端口"读取－修改－写入"程序执行步骤解析

结合图 5.5 右图,由以上分析可知,尽管对 RB7~RB4 连续进行了置位操作,但由于电容的作用(电压缓慢上升),每次操作前读取的端口值都为零,除了最后一次置位操作有效(置位 RB4),前面几次的操作结果都被后一次所覆盖,结果最后只有发光二极管 D4 会被点亮。如果每个引脚上都不接电容,引脚电压会随着与横轴垂直的方向上升。这样图 5.6 的步骤中,除了第一次读取 RB 端口的值为零外,后面 3 次的读取值都不会为零,于是 4 只 LED 灯都会点亮。

但是若想在图 5.5 的情况下让 4 只 LED 灯都亮,那必须对程序做一定的修改,即在每一次位操作指令后,加入合适的延时时间。

在实际的电路设计中刻意让引脚跨接对地电容是不合理的,也是没有必要的。以上实验是为了阐明这个问题才这样做。但即使没有图 5.5 中的电容,在实际电路中,总是存在一个引脚对地等效电容,该等效电容包括印制电路板走线的分布电容。随着其电容量的变大,I/O 引脚的上升或下降时间也将延长。结合另外一个因素,随着芯片主频的增加,对端口连续执行"读—修改—写"指令出现问题的可能性也会随之增加。解决该问题的办法有两个:

(1) 把相关引脚通过一个电阻接地,该电阻可以使相关引脚的电平在下一条指令执行前很快达到预期值;

(2) 软件延时,在对端口连续执行的"读—修改—写"指令之间加入 NOP 指令,是解决该问题的一种低成本方法。由等效电容的大小和芯片的主频决定 NOP 指令的数量。

5.6 I/O 端口的保护

PIC 系列单片机采用 CMOS 工艺制作,而 CMOS 集成电路更容易受到静电及高压脉冲的侵入而损坏。为了有效保护这类电路,芯片上的每个引脚都在内部配置起保护作用的钳位二极管。如图 5.7 所示。

由 2 只二极管构成的钳位电路,将引脚上的输入电压限制在 $V_{ss}-0.7V$ 和 $V_{dd}+0.7V$ 之间,在这里,0.7V 是钳位二极管的正向导通电压。

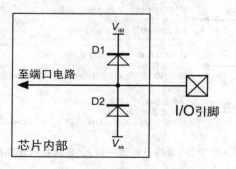

图 5.7 I/O 端口保护电路

下面分 3 种情况讨论二极管的工作状态:

(1) 当引脚上的电压在正常范围内波动时,二极管 D1、D2 均处于截止状态;

(2) 当引脚的上限电压超过 $V_{dd}+0.7V$ 时,二极管 D1 导通,D2 截止,电压被钳

位在 $V_{dd}+0.7$ V；

（3）当引脚的下限电压低于 $V_{ss}-0.7$V 时，二极管 D2 导通，D1 截止，电压被钳位在 $V_{ss}-0.7$ V。

想了解 I/O 端口保护电路的实验效果，可以参看比较器章节实验 1。

5.7　RA 端口

RA 端口有 6 条引脚，它在基本输入输出功能的基础上，复合了若干其他功能。如图 5.8 所示。

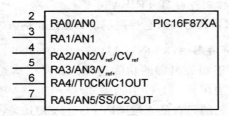

注：除 RA4 为 ST 输入外，其他都是 TTL 电平输入。

图 5.8　RA 端口外部图

关于 RA 端口的复合功能，由图 5.8 可见：

（1）除了 RA4，其他引脚都具备模拟输入功能（Anolog Input），用 AN 标识。模拟电压信号可用于 AD 转换，或进入比较器与基准电压进行比较；

（2）RA2 的 $V_{ref}-$ 和 RA3 的 $V_{ref}+$ 分别表示片内 AD 转换器所需外部基准电压的正端和负端；

（3）RA4 的 T0CKI 表示计数器 TIMER0 的外部计数信号输入端；

（4）RA5 的 SS 表示多机通信时（SPI 通信），本机选中信号端，低电平有效；

（5）RA2 的 CV_{ref} 表示片内基准电压源输出端；

（6）RA4 的 C1OUT 和 RA5 的 C2OUT 分别表示片内模拟比较器 C1 和 C2 的输出端。

5.7.1　与 RA 端口相关的寄存器

寄存器名称	bit7	bit6	bit5	bit4	bit3	bit2	bit1	bit0
PORTA			RA5	RA4	RA3	RA2	RA1	RA0
TRISA			TRISA5	TRISA4	TRISA3	TRISA2	TRISA1	TRISA0
ADCON1	ADFM	ADCS2			PCFG3	PCFG2	PCFG1	PCFG0

寄存器地址	寄存器名称	上电复位,欠压复位值	其他复位值
05H	PORTA	- -0x0000	- -0u0000
85H	TRISA	- -111111	- -111111
9FH	ADCON1	00- -0000	00- -0000

注:x 表示未知;u 表示不变;-表示未指明位置,读作 0。

对以上寄存器的解释如下:

(1) 端口数据寄存器 PORTA

它是个 8 位的寄存器,可读可写。它是用户软件与端口电路交换数据的界面。其工作原理前文有过讲述。

(2) 端口数据方向控制寄存器 TRISA

它是个 8 位寄存器,可读可写。它控制端口数据进出的方向。其原理前文有讲述。

(3) AD 转换控制寄存器 ADCON1(AD Control register 1)

这个寄存器主要用于相关引脚的功能选择。如某引脚可被设置成模拟电压输入,或基准电压输入,或通用数字 I/O 引脚等。

其中与 RA 端口相关的只有低 4 位<PCFG3:PCFG0>,当<PCFG3:PCFG0>=011x 时,RA 口的引脚都被定义为数字 I/O 口,否则其中一部分可以被定义为模拟输入口。具体设置可见 AD 转换器章节。

5.7.2 RA 端口模块的电路结构

RA 端口引脚的电路结构分为以下三种类型:

(1) RA0、RA1、RA2、RA3 四条引脚的内部结构

由图 5.9 可以看出,在基本 I/O 口电路结构的基础上,G3 由缓冲器变成了与门。这样做的目的是,当引脚的模拟功能被启用时,屏蔽通往 D3 的数字通道(消除对 ADC 的影响)。G3 的 2 端是模拟功能选择控制端。

当 G3 的 2 端为高电平时(数字功能开启),与门 G3 打开,数字信号可以从 1 端到 3 端。这种情况类似于基本 I/O 口电路结构。

当 G3 的 2 端为低电平时(模拟功能开启),与门 G3 关闭,数字信号无法从 1 端到 3 端,其通道被封锁。这种情况下只有模拟信号(通往 A/D 转换器或比较器)进入引脚才有意义。G3 的 2 端状态与 ADCON1<PCFG3:PCFG0>的取值有关。

(2) RA4 引脚的内部结构

RA4 引脚不存在模拟信号输入的功能,与基本 I/O 口电路有以下不同:

① G3 由 TTL 输入缓冲器变为施密特输入缓冲器,这样做是为了对进入计数器 TIMER0 的脉冲信号进行整形,使其变为标准的方波信号。其整形效果可见 TIMER1 章节中的图 7.4。

② 该引脚的输出级比基本结构少了一个或门和一只 PMOS 场效应管,这样无

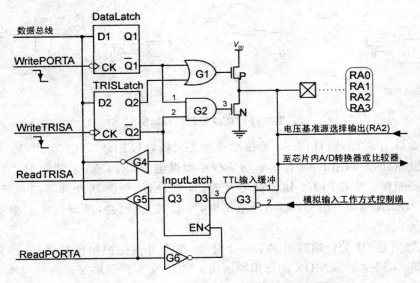

图 5.9　RA0～RA3 引脚内部结构图

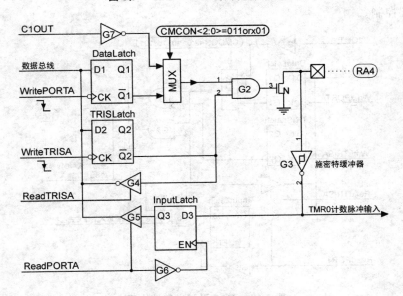

图 5.10　RA4 引脚内部结构图

法形成推挽输出,它实际上是漏极开路 OD(Open Drain)的门电路(与比较器输出相关)。若要输出逻辑 1,它需外接上拉电阻才能将引脚状态拉至高电平。虽然这样的 OD 门电路无法直接向外输出电流,但它可以吸纳很大的电流(25mA),可以作为电流型驱动引脚来使用,这是 RA4 与其他所有 I/O 引脚的不同之所在,需特别引起注意。

作为电流型驱动引脚的使用方法试举两例,如图 5.11 所示。

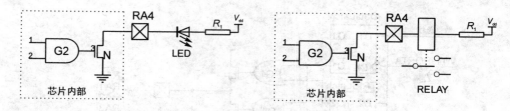

图 5.11　RA4 引脚应用举例

图 5.11 中左图是利用 RA4 直接驱动发光二极管（LED），图中 V_{dd} 和 R_1 可根据需要配置；右图是利用 RA4 直接驱动某些小型继电器（RELAY），图中 V_{dd} 和 R_1 可根据需要配置。当与门 G2 输出高电平时，N 管导通，引脚从外部吸纳电流，驱动 LED 或 RELAY；当与门 G2 输出低电平时，N 管截止，回路"断开"，无法驱动 LED 或 RELAY。

　③ 触发器 D1 的负端输出多了一个分支，这个分支是模拟比较器 C1 的输出信号，二选一多路选择器 MUX 的选项控制由 CMCON 寄存器决定。当前只能有一种数字信号进入 G2 的 1 端。G2 的 2 端起"开关"作用，它由触发器 D2（TRIS Latch）的输出负端控制。

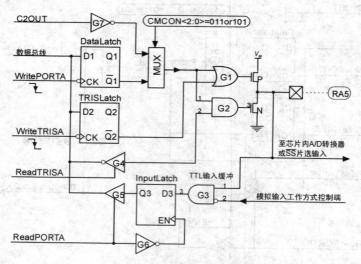

图 5.12　RA5 引脚内部结构图

（3）RA5 引脚的内部结构

对于 RA5 引脚，与基本 I/O 口电路有以下几点不同：

　① G3 由缓冲器变成了与门，原理同 RA0～RA3 引脚电路；

　② 触发器 D1 的负端输出多了一个分支，原理同 RA4 电路。

5.7.3　RA 端口的初始化

对 RA 端口初始化的程序片段如下：

```
START:BANKSEL PORTA        ;选择 BANK0
      CLRF PORTA           ;清空所有的 D1(DATA Latch)锁存器
      BANKSEL TRISA        ;选择 BANK1
      MOVLW 0X06
      MOVWF ADCON1         ;定义所有相关引脚全部为普通数字 I/O 口
      MOVLW 0XCF           ;定义 RA<3：0>为输入；RA<5：4>为输出；
      MOVWF TRISA          ;RA<7：6>未用，读出值为 0
```

注 1：在初始化端口时，建议首先初始化数据锁存器 D1(Data Latch)，然后是数据方向寄存器 D2(TRIS Latch)。这样做可以消除特殊情形下，芯片上电时由于 D1 状态的不确定所引起的误操作。

注 2：如果端口需要的复用功能是模拟输入（RA 或 RE 端口），则这些引脚在上电复位时会自动设置为模拟输入，ADCON1 寄存器的复位值为"00- -0000"。

注 3：如果端口需要的复用功能是比较器的模拟输入（RA 端口），则这些引脚在上电复位时会自动设置为数字 I/O 口，CMCON 寄存器的复位值为"00000111"。

5.8　RB 端口

RB 端口有 8 条引脚，它在基本输入输出功能的基础上，复合了若干其他功能，如图 5.13 所示。

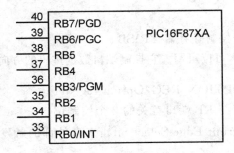

图 5.13　RB 端口外部图

注：除 RB0、RB6、RB7 为 ST/TTL 输入外，其他均为 TTL 电平输入。

关于 RB 端口的复合功能，由图 5.13 可见：

(1) RB7 的 PGD(In-circuit debugger and ICSP programming data)功能表示在线串行编程模式下的编程数据输入端；

（2）RB6 的 PGC(In-circuit debugger and ICSP programming clock)功能表示在线串行编程模式下的编程时钟输入端；

（3）RB3 的 PGM(Low-voltage ICSP programming enable pin)功能表示在线串行编程模式下外部编程信息输入的引脚使能控制；

（4）RB0 的 INT 功能表示来自外部的上升沿或下降沿信号触发的中断。

5.8.1 与 RB 端口相关的寄存器

寄存器名称	bit7	bit6	bit5	bit4	bit3	bit2	bit1	bit0
PORTB	RB7	RB6	RB5	RB4	RB3	RB2	RB1	RB0
TRISB	TRISB7	TRISB6	TRISB5	TRISB4	TRISB3	TRISB2	TRISB1	TRISB0
OPTION_REG	RBPU	INTEDG	T0CS	T0SE	PSA	PS2	PS1	PS0
INTCON	GIE	PEIE	T0IE	INTE	RBIE	T0IF	INTF	RBIF

寄存器地址	寄存器名称	上电复位,欠压复位值	其他复位值
06H/106H	PORTB	xxxxxxxx	uuuuuuuu
86H/186H	TRISB	11111111	11111111
81H/181H	OPTION_REG	11111111	11111111
0BH/8BH/10B/18B	INTCON	0000000x	0000000u

注:x 表示未知;u 表示不变;-表示未指明位置,读作 0。

对以上寄存器的解释如下:

（1）端口数据寄存器 PORTB

它是个 8 位的寄存器,可读可写。它是用户软件与端口电路交换数据的界面。其原理前文有讲述。

（2）端口数据方向控制寄存器 TRISB

它是个 8 位寄存器,可读可写。它控制端口数据进出的方向。其原理前文有讲述。

（3）选项寄存器 OPTION_REG(Option register)

这个寄存器包含着与 RB 端口有关的 2 个控制位。

① INTEDG(Interrupt Edge Select bit):来自外部的触发(中断)信号边沿选择位

　　0＝进入 RB0/INT 的信号下降沿触发有效;

　　1＝进入 RB0/INT 的信号上升沿触发有效。

② RBPU(PORTB Pull－up Enable bit):RB 端口弱上拉电路使能位

　　0＝RB 端口弱上拉电路使能;

　　1＝RB 端口弱上拉电路禁止。

（4）中断控制寄存器 INTCON(Interrupt Control register)

这个寄存器包含着与 RB 端口有关的 2 个控制位。

① RBIE(RB Port Change Interrupt Enable bit)：引脚 RB4～RB7 电平变化中断允许位

0＝允许引脚 RB4～RB7 产生电平变化中断；

1＝禁止引脚 RB4～RB7 产生电平变化中断。

② RBIF(RB Port Change Interrupt Flag bit)：引脚 RB4～RB7 电平变化中断标志位

0＝引脚 RB4～RB7 已经发生了电平变化(必须用软件清零)；

1＝引脚 RB4～RB7 尚未发生电平变化。

5.8.2 RB 端口模块的电路结构

RB 端口引脚的电路结构分为如下 4 种类型。

（1）RB0、RB3 引脚的电路结构

对于 RB0、RB3 端口，如图 5.14 所示，在基本 I/O 口电路简化结构的基础上，增加了两处设置。

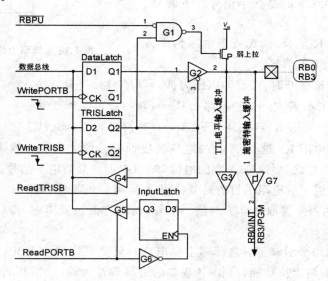

图 5.14 RB0、RB3 引脚内部结构

① 当引脚处于输入模式时，通往 G3 的路径上多了一个分支 G7。

对于 RB0 引脚，附加的功能是 INT，它表示信号的边沿触发中断。其中施密特触发器 G7 用于对来自外部的触发(中断)信号边沿进行整形，以便后续电路进行边沿检测。

对于 RB3 引脚，其附加功能是 PGM，它表示接收来自外部的编程(写芯片)允许信号。

由于门的输入阻抗很高,G3 与 G7 输入端相连同时接收数字信号,相互不会发生影响。这不同于图 5.9 的情形。

② 当引脚处于输入模式时,增加了由与门 G1 控制 PMOS 管的弱上拉电路。

当触发器 D2 的输出 Q2 为 1 时(输入模式),与门 G1 被打开,RBPU 为低电平时,G1 输出为高,P 管截止。在这里,P 管截止相当于引脚对电源跨接了一只阻值很大的电阻,这样做的目的是使得输入没有激励时,引脚对地电平不至于悬空。

另外,端口的 TTL 电平输入方式非常适合接收开关量信号的输入,如图 5.15 所示。当开关输入低电平时,TTL 缓冲能使开关轻易地吸收输入短路电流;当开关输入高电平时,上拉电阻能将 A 点电位拉高到 V_{cc},从而大幅提高抗噪性能。

为什么这里叫做弱上拉(Weak Pullup)那什么叫做强上拉(Strong Pullup)? 在此做一下简单的解释。

图 5.15 中,引脚(A 点)的电压信号要进入缓冲器 G3,R_1 是上拉电阻,R_2 模拟引脚输入电阻。进入 G3 的是数字信号。下面分两种情况讨论:

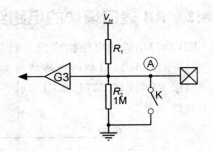

图 5.15　端口上拉电路

① 当开关 K 闭合时,A 点的电压为零,进入 G3 的是低电平信号;

② 当开关 K 断开时,A 点的电压为:$Va=[R_1/(R_1+R_2)]\times V_{cc}$

给定 $R_2=1M$,若 $R_1=100k$,那么 $Va=(10/11)\times V_{cc}\approx 0.9V_{cc}$

若 $R_1=400k$,那么 $Va=(10/14)\times V_{cc}\approx 0.7V_{cc}$

可见,上拉电阻 R1 越小,A 点的电位越接近 V_{cc},即上拉能力越强(强上拉),反之就是弱上拉。总之,要保证 A 点的电位对于 G3 而言是高电平信号。

在这里,设置上拉电阻的目的是要使得 A 点电位满足缓冲器 G3 的输入高电平极值要求,即 R_1/R_2 要取得合适的值。另外,功耗方面也要考虑,即(R_1+R_2)的值也应合适。

RB 端口的每个引脚都有内部弱上拉电路。只要对控制位 RBPU 清零,就可以开启所有引脚的弱上拉功能。当 RB 端口的引脚设置为输出时,其弱上拉电路会自动切断。在上电复位后,也会关闭弱上拉功能。

做一个实验来验证一下 P 管截止时的等效电阻:

电源 5V,当 RB 端口是输入状态时,启动其弱上拉功能,把 RB 端口的引脚都接地,测试通过这些弱上拉的"电阻"流到地的电流为典型值 250uA,大致算一下每个上拉电阻的阻值约为 30K 左右。但是,这个所谓阻值漂动较大,而且对于"输入口给定电平"这个功能来说,这个电阻值大一点小一点都是无所谓的。

（2）RB1、RB2 引脚的电路结构

由图 5.16 可见，RB1、RB2 引脚的电路结构在 RB0、RB3 的基础上少了与 G3 共输入的施密特缓冲器 G7 及后续部分，其他均雷同。

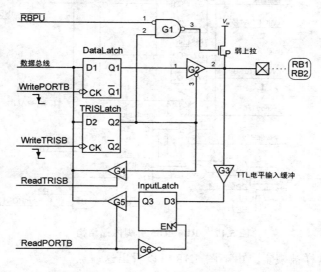

图 5.16　RB1、RB2 引脚内部结构

（3）RB4、RB5 引脚的电路结构

图 5.17 中，D3 和 D4 都是锁存器，也称 D 触发器，其触发方式是脉冲边沿触发，即在某个脉冲的上升或下降沿锁存进入 D 端的电平状态，并在 Q 端输出，这就像照相机的快门，边沿到来时，快门动作，"抓取"D 端的瞬态（D 端信号在快速变化），并把此状态留存在 Q 端。

图中 D 锁存器的 EN 端就是锁存时刻允许端。对于 D3，它在系统时钟节拍 Q1 的某边沿锁存输入。对于 D4，它的锁存时刻取决于 2 个因素，一是系统时钟节拍 Q3 的某边沿锁存输入，二是读 PORTB 指令产生的脉冲边沿。

中断发生的条件是：当缓冲器 G3（输入信号来自引脚）的当前输出值与上次输出值不同时，比较器中断标志 RBIF 会被置位。理解这一点，仅从字面上看，要使两者能做比较，必须认定，上次值是个比较基准值，当前值是个被比较值。

在具体电路中，如何形成这个功能，我们看看两个锁存器就知道了。事实上，D3 是记录当前值的锁存器，D4 是形成比较基准值的锁存器，以下来分析它们的工作原理。

如果与门 G9 的 1 端总是高电平，D3 和 D4 不会有什么区别，G9 的 1 端实际总是低电平，这使与门 G9 被封锁，致使锁存器 D4 不工作，当读 PORTB 指令产生的脉冲边沿到来时（类似快门），与门 G9 瞬间被打开，缓冲器 G3 的输出在 Q3 边沿被 D4 锁存，并且锁存值 Q4"永久"不变，除非再来一次"读 PORTB"指令。于是，比较基准

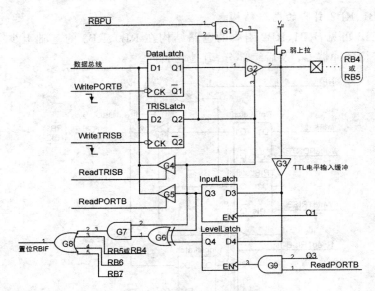

图 5.17   RB4、RB5 引脚内部结构

值(上次值)就这样被锁定。由下图 5.18 可以看出这一点。

当前值被锁存器 D3"抓拍",并且在系统时钟的 Q1 边沿被"抓拍",如果是 4M 的主频,那么就是 0.25 μs"抓拍"一次,这个动作相当于"实时跟踪"。

RB 端口电平变化中断发生的顺序是,先用 D4 锁定比较基准值(上次值),之后 D3 实时跟踪当前值,两个值 Q3、Q4 进入异或门比较,若相异则输出"1",触发中断标志 RBIF 置位。

图 5.17 中,与门 G7 的作用是只有当引脚设为输入态时(Q2=1),电平变化中断功能才能生效。

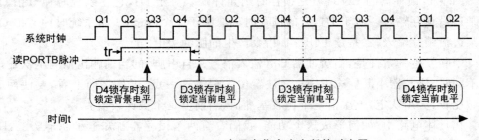

图 5.18   RB7～RB4 电平变化产生中断的时序图

(4) RB6、RB7 引脚的电路结构

对于 RB6、RB7 端口,如图 5.19 所示,在基本 I/O 口电路简化结构的基础上,增加的功能与前面引脚类似,这里不再做具体介绍。唯一不同的是施密特缓冲器 G10 的输出。

① 对于 RB6 引脚,附加的功能是 PGC,它表示在线串行编程模式下的编程时钟

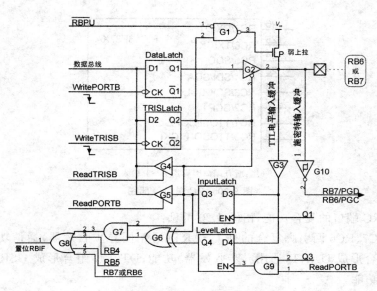

图 5.19　RB6、RB7 引脚内部结构

输入端；

②　对于 RB7 引脚,附加的功能是 PGD,它表示在线串行编程模式下的编程数据输入端；

其中 G10 用于对来自外部的编程信号(时钟、数据)边沿进行整形,消除传导干扰,以方便后续电路正常工作。

5.8.3　RB 端口的初始化

RB 端口初始化的程序片段如下：

```
START:
    BANKSEL PORTB        ;选择 BANK0
    CLRF PORTB           ;清空所有的 D1(DATA Latch)锁存器
    BANKSEL TRISB        ;选择 BANK1
    MOVLW 0X0F           ;定义 RB<3:0>为输入;RB<7:4>为输出
    MOVWF TRISB
    BCF OPTION_REG,7     ;启用内部电路的若上拉功能
```

5.9　RC 端口

RC 端口有 8 条引脚,它在基本输入输出功能的基础上,复合了若干其他功能,如图 5.20 所示。

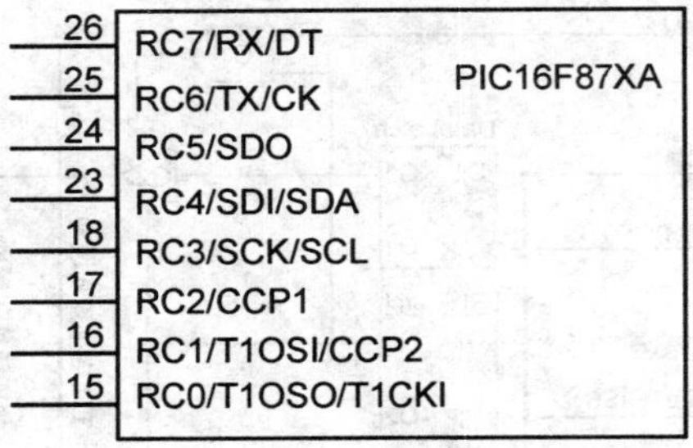

```
26    RC7/RX/DT
25    RC6/TX/CK         PIC16F87XA
24    RC5/SDO
23    RC4/SDI/SDA
18    RC3/SCK/SCL
17    RC2/CCP1
16    RC1/T1OSI/CCP2
15    RC0/T1OSO/T1CKI
```

(注:所有端口引脚均为 ST 输入)

图 5.20　RC 端口外部图

关于 RC 端口的复合功能,由图 5.20 可见:

(1) RC7、RC6 两引脚复合的是 USART(通用同异步收发器)通信功能。其中 RX、TX 组合形成 UART(通用异步收发器)功能;DT、CK 组合形成 USRT(通用同步收发器)功能。

(2) RC5、RC4、RC3 三条引脚复合的是 SPI(串行外围接口)通信功能。复合名称分别是 SDO、SDI、SCK。

(3) RC4、RC3 两条引脚复合的是 I^2C(芯片间总线)通信功能。复合名称分别是 SDA、SCL。

(4) RC2、RC1 引脚分别复合有 CCP1、CCP2 功能。CCP 表示捕捉、比较、PWM 功能模块。

(5) RC1、RC0 引脚分别复合有 T1OSI、T1OSO 功能。T1OSI 表示 TIMER1 自备振荡器信号输入端,T1OSO 表示 TIMER1 自备振荡器信号输出端。

(6) RC0 引脚复合有 T1CKI 功能,它表示 COUNT1 外部计数信号输入端。

由以上可见,RC 端口复合的功能很多,也很强大。每一种功能的内涵都特别丰富,需要进行专门的讲述,具体可见后面的相关章节。

5.9.1　与 RC 端口相关的寄存器

寄存器名称	bit7	bit6	bit5	bit4	bit3	bit2	bit1	bit0
PORTC	RC7	RC6	RC5	RC4	RC3	RC2	RC1	RC0
TRISC	TRISC7	TRISC6	TRISC5	TRISC4	TRISC3	TRISC2	TRISC1	TRISC0

寄存器地址	寄存器名称	上电复位,欠压复位值	其他复位值
06H/106H	PORTC	xxxxxxxx	uuuuuuuu
86H/186H	TRISC	11111111	11111111

注:x 表示未知;u 表示不变;-表示未指明位置,读作 0。

对以上寄存器的解释如下:

（1）端口数据寄存器 PORTC

它是个 8 位的寄存器，可读可写。它是用户软件与端口电路交换数据的界面。其原理前文有过讲述。

（2）端口数据方向控制寄存器 TRISC

它是 8 位的寄存器，可读可写，它控制端口数据进出的方向。其原理前文有过讲述。

5.9.2　RC 端口模块的电路结构

RC 端口引脚的电路结构分为以下 2 种类型。

（1）除 RC3、RC4 外其他 PORTC 端口引脚的电路结构

与基本 I/O 口电路结构比较，图 5.21 中，有一个多出的部分——或门 G7。G7在这里显得非常关键，它对整个端口功能的影响很大。

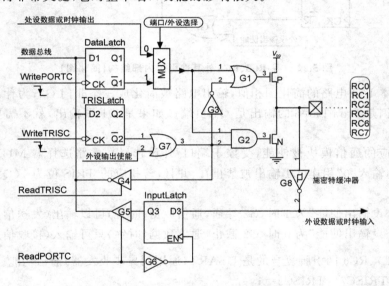

图 5.21　除 RC3、RC4 外其他引脚内部结构

在基本 I/O 口电路结构中已经分析过，触发器 D2（TRIS Latch）控制端口数据的进出方向。控制方式是，没有图 5.21 中的 G3、G7；图 5.1 中 Q2 连接 G1 的 2 端，Q2 负端连接 G2 的 2 端。而在图 5.21 中，多出了 G3、G7，且连接方式也有所变化。

假设或门 G7 的 2 端为 0，那么或门被开通，通过非门 G3 实现的端口控制功能与基本电路结构没有任何区别。

然而，多了 G7 就相当于多了一个"机关"。触发器 D2（TRIS Latch）之前是掌控端口数据进出方向的，在这里转而由"外设输出使能"来掌控通信模块的数据进出方向。于是，必须消除触发器 D2 对数据进出方向的掌控，方法是置相应的 TRIS 位为1（Q2＝1），那么，Q2 的负端，即 G7 的 1 端为 0，或门 G7 被打开，其输出状态完全由

"外设输出使能"的状态决定。"外设输出使能"的状态取决于通信中本机扮演的角色,如主机或从机,当前处于接收态还是发送态。这些都要通过相应的初始化配置实现。图 5.21 的简化图如图 5.22 所示。

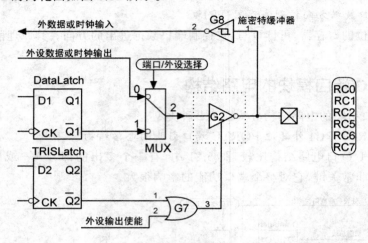

图 5.22　除 RC3、RC4 外其他引脚内部结构(简化图)

同基本 I/O 电路的简化图相似,输出电路被简化成三态非门 G2,为什么这里是非门? 原因是 Data Latch 的输出是 Q1 负端。如果是 Q1 端输出,就不需要非门反相。

当相应的通信模块被使能(受控于端口/外设选择),多路选择器 MUX 的输出"2"总是与输入"0"相连(D1 输出被禁止)。并且,若相应的 TRIS 位为 1(Q2=1),那么:

当"外设输出使能"为 1 时,G2 导通,通信数据(时钟)可以输出(发送信息)。

当"外设输出使能"为 0 时,G2 截止,通信数据(时钟)只可输入(接收信息)。

① RC7、RC6 两引脚复合的是 USART(通用同异步收发器)通信功能。

先置 TRISC7＝TRISC6＝1:

若是异步方式,当 RC7 端口的"外设输出使能"为 0 时,RC7/RX 接收数据;当 RC6 端口的"外设输出使能"为 1 时,RC6/TX 发送数据;

若是同步主机方式,当 RC6 端口的"外设输出使能"为 1 时,RC6/CK 发送时钟脉冲;

若是同步从机方式,当 RC6 端口的"外设输出使能"为 0 时,RC6/CK 接收时钟脉冲;

若是同步发送方式,当 RC7 端口的"外设输出使能"为 1 时,RC7/DT 发送数据;

若是同步接收方式,当 RC7 端口的"外设输出使能"为 0 时,RC7/DT 接收数据。

对于 USART 通信,RC7 或 RC6 引脚的"外设输出使能"及"端口/外设"状态与相关的工作方式控制位有关,工作方式包含主机发送、主机接收、从机发送、从机接收 4 种。

② RC5、RC4、RC3 三条引脚复合的是 SPI(串行外围接口)通信功能。根据芯片手册的相关说明做以下推断:

对于 RC5/SDO、RC4/SDI、RC3/SCK 引脚,"外设输出使能"的状态应为 0,通信端口的数据进出方向完全由触发器 D2(TRIS Latch)控制;

对于 RC5/SDO,其 TRIS 位应置 0;对于 RC5/SDI,其 TRIS 位应置 1;

对于 RC3/SCK,作为主机时(SCK 输出),此时应设 TRISC5 = 0;作为从机时(SCK 输入),此时应设 TRISC5 = 1。

对于 SPI 通信,"外设输出使能"的状态及"端口/外设"的状态两者都与 SSP-CON 寄存器的工作方式控制位有关。

③ RC4、RC3 两条引脚复合的是 I^2C(芯片间总线)通信功能。

先置 TRISC4 = TRISC3 = 1:

对于 RC4/SDA,"外设输出使能"状态不是恒定的,由于一帧通信中端口既可以发送又可以接收数据(半双工通信),它的状态随数据流向(程序设定)而自动变化;

对于 RC3/SCL,若为主机(发送时钟),则"外设输出使能"为 1;若为从机(接收时钟),则"外设输出使能"为 0;

对于 I^2C 通信,"外设输出使能"及"端口/外设"的状态由内部电路根据具体工作方式自动裁定。

④ RC2、RC1 引脚分别复合有 CCP1、CCP2 功能。CCP 表示捕捉/比较/PWM 功能模块。

对于 RC2/CCP1 端口,当"外设输出使能"为"0"时,或门 G7 被打开,信息流的方向由触发器 D2(TRIS Latch)控制。对于多路选择器 MUX,受控于"端口/外设"选项,此模式下断开数字输出,输入"0"到输出"2"导通,片内 CCP 模块的信号(PWM 或比较输出信号)由此路径到达引脚;另外,捕捉方式下,外部信号自引脚通过 G8 进入 CCP 模块。

对于比较模式或 PWM 模式,应将引脚设为输出,即 TRISC2 = 0;

对于捕捉模式,应将引脚设为输入,即 TRISC2 = 1。

同理,RC1/CCP2 也与以上类似。

对于 CCP 模块,"外设输出使能"的状态及"端口/外设"的状态两者都与 CCPx-CON 寄存器的工作方式控制位 CCPxM3～CCPxM0 有关。

⑤ RC1、RC0 引脚分别复合有 T1OSI、T1OSO 功能。T1OSI 表示 TIMER1 自备振荡器信号输入端、T1OSO 表示 TIMER1 自备振荡器信号输出端。

具体描述可见 TIMER1 章节,其电路结构与此图没有太大的关联。

⑥ RC0 引脚复合有 T1CKI 功能,它表示 COUNT1 外部计数信号输入端。

具体描述可见 TIMER1 章节,从引脚进入的外部计数信号通过施密特触发器

G8 整形后,进入计数器 COUNT1。

(2) RC3、RC4 引脚的电路结构

前面已经讲过,RC4/SDA、RC3/SCL 这两个引脚是与 I²C 通信有关的。它们的电路原理与前面相比,多了 SMBus 电平缓冲器、MUX2 多路选择器。为什么会是这样的呢?

与 I²C 通信相似的另一种通信方式叫做 SMBus 通信,它的电平规范与 I²C 通信有所不同,故单独为它设置了电平缓冲器。另外,两种电平规范并列的时候,当前只能选择一种,这样,就出现了二选一多路选择器 MUX2。通过设置 SSPSTAT 寄存器中的 CKE 位,可以决定最终选择那种电平规范。

这两个引脚的入口还设置了与 I²C 通信直接相关的"线与"逻辑关系电路,如 I²C 章节的图 13.8 所示。

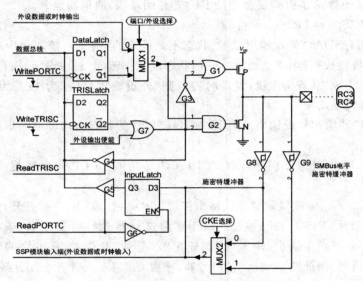

图 5.23　RC3、RC4 引脚内部电路结构

5.9.3　RC 端口的初始化

RC 端口初始化的程序片段如下:

```
START:   BANKSEL PORTC      ;选择 BANK0
         CLRF PORTC         ;清空所有的 D1(DATA Latch)锁存器
         BANKSEL TRISC      ;选择 BANK1
         MOVLW 0X0F         ;定义 RC<3:0>为输入;RC<7:4>为输出
         MOVWF TRISC
```

5.10　RD 端口

在 PIC16F87X(A)系列 MCU 中,只有 40 引脚封装的型号才配备 RD 端口。RD 端口有 8 个引脚,相比于其他端口,它复合的功能是最少的,如图 5.24 所示。

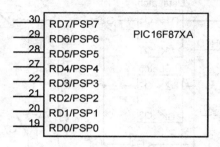

注:所有端口引脚均为 ST 或 TTL 输入。

当用作普通 I/O 时,为 ST 输入;当用作 PSP 通信时,为 TTL 输入。

图 5.24　RD 端口外部图

关于引脚的复合功能,由图 5.24 可见,RD 端口只复合了一项功能,即 PSP(并行从动端口)功能。

5.10.1　与 RD 端口相关的寄存器

寄存器名称	bit7	bit6	bit5	bit4	bit3	bit2	bit1	bit0
PORTD	RD7	RD6	RD5	RD4	RD3	RD2	RD1	RD0
TRISD	TRISD7	TRISD6	TRISD5	TRISD4	TRISD3	TRISD2	TRISD1	TRISD0
TRISE	IBF	OBF	IBOV	PSP MODE		TRISE2	TRISE1	TRISE0

寄存器地址	寄存器名称	上电复位,欠压复位值	其他复位值
08H/108H	PORTD	xxxxxxxx	uuuuuuuu
88H/188H	TRISD	11111111	11111111
89H/189H	TRISE	0000-111	0000-111

注:x 表示未知;u 表示不变;-表示未指明位置,读作 0。

对以上寄存器的解释如下:

(1) 端口数据寄存器 PORTD

它是个 8 位的寄存器,可读可写。它是用户软件与端口电路交换数据的界面。具体工作原理前文有描述。

(2) 端口数据方向控制寄存器 TRISD

它是个 8 位的寄存器,可读可写,它控制端口数据进出的方向。其原理前文有描述。

（3）端口数据方向控制寄存器 TRISE

它是个 8 位的寄存器，不是完全可读写。与 RD 端口有关联的只有 PSPMODE 控制位。当 PSPMODE＝0 时，RD 口工作于普通 I/O 方式；为 1 时，RD 口工作于 PSP 方式。

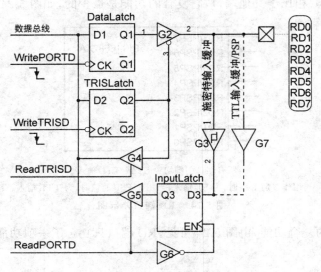

图 5.25　RD 端口引脚内部电路结构

5.10.2　RD 端口模块的电路结构

由图 5.25 可见，RD 端口的电路结构最接近基本电路模型。具体工作原理不再赘述。使用时需注意以下两点：

（1）当引脚用作普通 I/O 口时，会采用施密特输入缓冲（G3），数据进出引脚的方向由内部 TRIS 寄存器控制；

（2）当引脚用于 PSP 通信时，会采用 TTL 输入缓冲（G7），数据进出引脚的方向由外部处理器通过发出 WR、RD、CS 信号时序来控制。

5.10.3　RD 端口的初始化

RD 端口初始化的程序片段如下：

```
START:   BANKSEL PORTD        ;选择 BANK0
         CLRF PORTD           ;清空所有的 D1(DATA Latch)锁存器
         BANKSEL TRISD        ;选择 BANK1
         MOVLW 0X0F           ;定义 RD＜3:0＞为输入；RD＜7:4＞为输出
         MOVWF TRISD
```

5.11　RE 端口

在 PIC16F87X(A)系列 MCU 中,只有 40 引脚封装的型号才配备 RE 端口。RE 端口只有 3 条引脚。它复合的功能有两种,一种是作为 ADC 的模拟输入口,另一种是作为 PSP 模式的控制口,如图 5.26 所示。

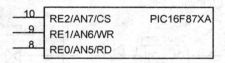

注:所有端口引脚均为 ST 或 TTL 输入。

当用作普通 I/O 时,为 ST 输入;当用作 PSP 通信时,为 TTL 输入。

图 5.26　RE 端口外部图

5.11.1　与 RE 端口相关的寄存器

寄存器名称	bit7	bit6	bit5	bit4	bit3	bit2	bit1	bit0
PORTE						RE2	RE1	RE0
TRISE	IBF	OBF	IBOV	PSP MODE		TRISE2	TRISE1	TRISE0
ADCON1	ADFM				PCFG3	PCFG2	PCFG1	PCFG0

寄存器地址	寄存器名称	上电复位,欠压复位值	其他复位值
09H/109H	PORTE	- - - - xxx	- - - - uuu
89H/189H	TRISE	0000 - 111	0000 - 111
9FH	ADCON1	00 - - 0000	00 - - 0000

注:x 表示未知;u 表示不变;-表示未指明位置,读作 0。

对以上寄存器的解释如下:

(1) 端口数据寄存器 PORTE

它是个只有低 3 位可用的寄存器,可读可写。它是用户软件与端口电路交换数据的界面。具体原理前面有描述。

(2) 端口数据方向控制寄存器 TRISE

它是个 8 位的寄存器,但不是完全可读写。其中 TRISE0～TRISE2 是数据流方向控制位,这 3 位都可读写。该寄存器的所有位都与 PSP 通信有关,具体可见 PSP 章节。

(3) AD 转换控制寄存器 ADCON1(AD Control register 1)

这个寄存器主要用于相关引脚的功能选择。如某引脚可被设置成模拟电压输入、基准电压输入或通用数字 I/O 引脚等。

其中与 RE 端口相关的只有低 4 位＜PCFG3：PCFG0＞。当＜PCFG3：PCFG0＞＝011x 时，RE 口的引脚都被定义为数字 I/O 口，否则其中一部分可以被定义为模拟输入口，具体设置可见 AD 转换器章节。

5.11.2　RE 端口模块的电路结构

由图 5.27 可见，RE 端口的电路结构与 RA0～RA3 的比较相似，只是引脚输入端多了一路信号（RD/WR/CS）用作 PSP 通信的受控端，具体工作原理可见 PSP 章节。另外使用时需注意以下两点：

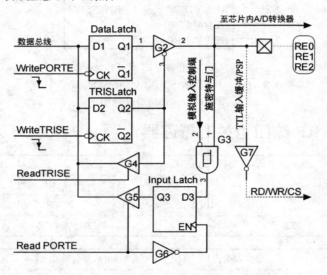

图 5.27　RE 端口引脚内部电路结构

（1）当引脚用作普通 I/O 口时，会采用施密特输入缓冲（G3），数据进出引脚的方向由内部 TRIS 寄存器控制；

（2）当引脚用于 PSP 通信时，会采用 TTL 输入缓冲（G7），此时 RE 端口的 3 个引脚只接收来自片外的控制信号。

5.11.3　RE 端口的初始化

RE 端口初始化的程序片段如下：

```
START:  BANKSEL PORTE     ;选择 BANK0
        CLRF PORTE        ;清空所有的 D1(DATA Latch)锁存器
        BANKSEL TRISE     ;选择 BANK1
        MOVLW 0X06
        MOVWF ADCON1      ;定义所有相关引脚全部为普通数字 I/O 口
        MOVLW 0X01        ;定义 RE0 为输入；RE＜2:1＞为输出；RE＜7:3＞未用，读出值为 0
        MOVWF TRISA
```

5.12　PIC16F193X 系列机型的 I/O 端口

　　PIC16F193X 的端口内部结构与 PIC16F877A 的基本相同。不同的是，PIC16F193X 的端口增加了 LAT 寄存器和模拟选择控制（ANSEL）功能。

　　PIC16F193X 的通用 I/O 端口电路结构图如图 5.28 所示。

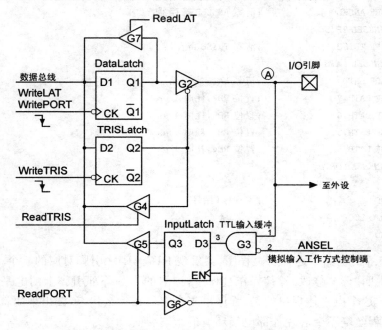

图 5.28　基本 I/O 端口内部电路结构（PIC16F193X）

　　与图 5.2 相比较，图 5.28 增设了 LAT（Latch）寄存器，对于 RB 端口，它有 8 个位（LATB7～LATB0）。LAT 并不是一个实际存在的寄存器，图 5.28 中，LAT 和 PORT 共同使用触发器 D1，通过软件向其中一个写入数据也等同于向另一个写入数据，在写操作上，两者是等价的。

　　两者的不同体现在读操作上，读 PORT 寄存器会读取实际的引脚电平值，而读 LAT 寄存器会读取 D1 触发器输出端 Q1 上保持的电平值。

　　图 5.28 中的 G7 就是 LAT 缓冲器，对 LAT（寄存器）进行读操作将激活该缓冲器，并将 D1 触发器输出端 Q1 上的电平值传送至数据总线。

　　为什么要增设 LAT 缓冲器呢？这是为了消除外部引脚电平对"读－修改－写"操作的影响。

　　前面 5.5 节的实验让我们明白了这种影响的存在。如何消除这类影响，使用 LAT 缓冲器即可轻松解决问题。

采用图 5.5 中的电路原理图，变换一下程序，即可达到 4 个 LED 都亮的目的。程序如下所示：

```
include <p16f1934.inc>
ORG   0600
BANKSEL PORTB
CLRF PORTB              ;清零 PORTB 寄存器
BANKSEL ANSELB
CLRF ANSELB             ;清零 ANSELB 寄存器
BANKSEL TRISB
CLRF TRISB              ;清零 TRISB 寄存器
BANKSEL LATB
CLRF LATB               ;清零 LATB 寄存器
BSF LATB,7             ;置位 RB7,耗时 1 μs
BSF LATB,6             ;置位 RB6,耗时 1 μs
BSF LATB,5             ;置位 RB5,耗时 1 μs
BSF LATB,4             ;置位 RB4,耗时 1 μs
BANKSEL PORTB
LOOP:
NOP                    ;主程序(循环)
GOTO LOOP
END
```

在图 5.5 的电路中运行以上程序，会发现 RB7～RB4 引脚对应的 4 个 LED 灯都亮了。这说明"读－修改－写"操作过程中，读取的不是外部引脚上的电平，而是 Q1 端的电平。这个电平体现出的是，程序事先令它处在什么状态，读出来的就是什么状态，整个过程丝毫不受芯片外部电气环境的影响。

与图 5.2 相比较，图 5.28 增设的另外一个功能是 ANSEL（Anolog Select），即模拟功能选择，它的使能由专门的寄存器控制。对于 RB 端口，它由 ANSELB 控制，该寄存器有 6 个位（ANSB5～ANSB0），每个位都起到一定的控制作用。如图 5.28 所示，当 ANSEL 为 0 时，与门 G3 被打开，来自 I/O 引脚的电平信号可以进入端口内部；当 ANSEL 为 1 时，与门 G3 被封闭，来自 I/O 引脚的电平信号无法进入端口内部，这时候，I/O 引脚可以接纳的只有模拟信号，模拟信号会由引脚进入外设（如 ADC、比较器）。

观察图 5.9，会发现 PIC16F877A 的部分引脚也有该功能，只是实现的方式不同，在 PIC16F877A 中，通过设置 ADCON1 控制寄存器可以决定哪些引脚是数字输入口，哪些是模拟输入口，这种设置方式无法对某引脚进行单独的设置。而 PIC16F193X 通过独立的寄存器 ANSEL 可以对每个引脚的模/数功能进行单独设置。这种设置方式显然会使应用更加灵活。

ANSEL 寄存器的上电复位值全部为 1，这使相关端口的默认输入方式为模拟方式。要改为数字方式,必须在程序中将 ANSEL 的相关位清零。

对于 PIC16F193X 系列机型,并不是所有的端口都配置有 ANSEL 寄存器,如 RC 端口就没有配置该寄存器。即使是配置了 ANSEL 寄存器的端口,ANSEL 寄存器的每一位都不见得有效,如果该引脚未复用模拟功能,该位也就无效,如 ANSB7 位、ANSB6 位。

相比于 PIC16F877A,PIC16F193X 的另一个亮点是,RB 端口的每一个引脚都配置了独立的弱上拉功能。实现这个功能的寄存器是 WPUB,其中的每一位(WPUB7~WPUB0)均可使能(WPUBx＝1)或禁止(WPUBx＝0)每个上拉。当将端口引脚配置为输出时,其弱上拉电路会自动切断;在上电复位时(WPUEN＝1),RB 端口的所有上拉均被禁止。将 WPUEN 位清零后,可根据各 WPUBx 的位状态使能相关引脚弱上拉。

PIC16F193X 的外部引脚配置与 PIC16F877A 是兼容的,由于前者比后者增加了更多的应用模块,而引脚数量又无法增加,导致 PIC16F193X 的引脚复用程度比 PIC16F877A 高很多,有的引脚甚至可以复用六到七个功能,复用的功能,当前只能用一种,且需摒弃其他功能的影响。面对如此高密度的应用,某些功能可能无法同时安排在相关引脚上,这时,硬件上设计了一个引脚功能切换寄存器 APFCON,利用它的位控,可使某功能此时位于这个引脚,彼时位于另一个引脚。

比如,对于 AFPCON 的 bit2,是 C2OUTSEL 位,即比较器 2 输出端选择位,当该位为 0 时,C2OUT 指向 RA5 引脚;当该位为 1 时,C2OUT 指向 RA0 引脚。至于 AFPCON 的其他位控信息,读者可根据需要参看芯片手册中的相关说明。

5.13　I/O 端口的 C 语言编程

I/O 端口的 C 语言内部函数有如下若干种,它们分别是:

(1) set_tris_x( )

语法:set_tris_x(value);

函数功能:对某端口的所有引脚进行输入输出设置。

例如:set_tris_b(0xF0);

相当于汇编语句:MOVLW 0xF0

　　　　　　　　MOVWF TRISB

(2) output_x( )

语法:output_x(value);

函数功能:对某端口的所有引脚进行高低电平状态设置。

例如:output_c(0xAA);

相当于汇编语句：MOVLW 0xAA

       MOVWF PORTC

（3）output_low（ ）

  语法：output_low（pin）；

  函数功能：将某个引脚的输出设置为低电平。

  例如：output_low（PIN_B5）；

  相当于汇编语句：BCF PORTB，5

（4）output_high（ ）

  语法：output_ high（pin）；

  函数功能：将某个引脚的输出设置为高电平。

  例如：output_ high（PIN_B5）；

  相当于汇编语句：BSF PORTB，5

（5）output_float（ ）

  语法：output_ float（pin）；

  函数功能：将某个引脚设为输入态。

  例如：output_ float（PIN_C3）；

  相当于汇编语句：BSF TRISC，3

（6）output_drive（ ）

  语法：output_drive（pin）；

  函数功能：将某个引脚变为输出态，使其具备驱动能力。

  例如：output_drive（PIN_C6）；

  相当于汇编语句：BCF TRISC，6

（7）output_toggle（ ）

  语法：output_toggle（pin）

  函数功能：翻转某个引脚的电平，执行一次翻转一次。

  例如：output_toggle(PIN_B4)；

  相当于汇编语句：MOVLW 0x10

       XORWF PORTB，4

（8）output_bit（ ）

  语法：output_ bit（pin，value）；

  函数功能：将某个引脚的电平设为高或低。

  例如：output_ bit（PIN_C3，0）； 相当于 BCF PORTC，3

    output_ bit（PIN_C3，1）； 相当于 BSF PORTC，3

（9）input（ ）

　　　　语法：value＝input（pin）；

　　　　函数功能：读取某个引脚的电平状态。如果输入为 H，则 value＝1；反之
　　　　　　　　　value＝0。

　　　　例如：value＝input（PIN_B1）；

　　　　函数的核心部分相当于汇编语句：BTFSC PORTB，1

（10）input_state( )

　　　　语法：value ＝ input_state(pin)；

　　　　函数功能：读取某个引脚的电平状态，与 input（ ）类似。唯一不同的是，
　　　　　　　　　使用 input（ ）之前，需要将相应的引脚设为输入态，而本函数的
　　　　　　　　　执行不需要这样的操作。

　　　　例如：value＝input_state（PIN_B7）；

（11）input_x( )

　　　　语法：value＝input_c（ ）；　　　　　（对于 RC 端口）

　　　　函数功能：同时读取某端口 8 个引脚的电平状态。

　　　　例如：value＝input_c（ ）；

　　　　函数的核心部分相当于汇编语句：　MOVF PORTC，W
　　　　　　　　　　　　　　　　　　　　　　MOVWF 20H

（12）port_b_pullups( )

　　　　语法：port_b_pullups（value）；

　　　　函数功能：决定是否连接 RB 端口的上拉电阻。若 value＝1，则连接；反之
　　　　　　　　　断开。

　　　　例如：port_b_pullups（0）；

　　　　相当于汇编语句：BSF OPTION_REG，RBPU

（13）input_change_x（ ）

　　　　语法：value＝ input_change_b（ ）；　（对于 RB 端口，也可以是其他端口）

　　　　函数功能：读取 RB 端口所有引脚上的电平值，并把当前值与上次值做异
　　　　　　　　　或运算，确定 8 个引脚的电平各自是否发生了变化。该函数要
　　　　　　　　　引用两次，才会得出比较值。它可以与 RB 端口电平变化中断
　　　　　　　　　配合使用，也可以单独用于其他端口的引脚。

　　另外，与端口使用有关的预处理器有如下 3 种，它们各有不同的用途。以上函
数，若配合使用下列预处理器，会产生不同的编译结果。

（1）♯ use standard_io( )

　　　　语法：♯ use standard_io(port)　　（port 为 A、B、C、D 中之一）

　　　　功能：使用该预处理器后，编译器每次对引脚进行操作，都要预先对引脚的

输入输出态进行设置,即先设置相应引脚的 TRIS 状态,再进行后续操作。用户使用端口的时候,可以不必关注端口的 TRIS 态。这样使用虽然省心,但容易增加代码容量。它是缺省的端口预处理器(若不作申明,编译器也会用到它)。

举例:# use standard _io (B)　　　　　//若省略,以下程序执行效果不受影响

　　　　output_b(0x03);　　　　　　　//将 RB0、RB1 引脚置 H,其他为 L

　　　　……

　　　　value = input_b ( );　　　　　//引脚输入输出方向改变,由编译器自动更改

(2) # use fast_io( )

语法:# use fast_io(port)　　　　(port 为 A、B、C、D 中之一)

功能:使用该预处理器后,用户必须事先设置相应端口的 TRIS 状态(如 set _tris_b(0xFE)),只要这样的状态维持不变,以后每次对引脚进行操作时,编译程序会略去 TRIS 设置语句。使用它会使编译后的程序代码变得精简。

举例:# use fast _io (B)

　　　　set_tris_b(0x00);

　　　　output_b(0x03);　　　　　//将 RB0、RB1 引脚置 H,其他为 L

　　　　set_tris_b(0xFF);

　　　　value = input_b ( );　　　//引脚输入输出方向改变,需要手动更改

(3) # use fixed_io( )

语法:#　use fixed_io (port_outputs ＝pin, pin…)

举例:# use fixed_io (B_outputs = PIN_B3, PIN_B0)

　　　　data = input_b ( );　　　　//对 RB 端口的引脚采样(除 RB3、RB0 外都设为输入态)

　　　　output_high(PIN_B3);　　　//将 RB3 引脚置 H

　　　　output_low(PIN_B0);　　　//将 RB0 引脚置 L

说明:可见该预处理器的执行效果就是要锁定 RB3、RB0 的 TRIS 状态。而 RB 端口其他引脚的 TRIS 状态不受约束。

第6章

TIMER0(WDT)模块

6.1 TIMER0 模块定时器/计数器的功能特点

（1）8 位定时器/计数器；

（2）定时/计数值既可以读出也可以写入；

（3）8 位软件可编程的预分频器（Prescaler）；

（4）内部或外部时钟源选择（选择内部时钟源，工作在 Timer 模式；选择外部时钟源，工作在 Counter 模式，此时为同步计数器）；

（5）从 FFH 到 00H 产生溢出中断（中断发生后，中断溢出标志位 T0IF 置 1）；

（6）外部触发信号的边沿选择（这是在计数器模式，在程序中可定义信号源的上升沿或下降沿触发有效）；

（7）TIMER0 作为定时器使用时，没有专门的"停止"指令，但可以通过切换计数源（令 T0CS＝1）使 TMR0 定时器停止计数。

6.2 与 TIMER0 模块相关的寄存器

寄存器名称	bit7	bit6	bit5	bit4	bit3	bit2	bit1	bit0
TMR0	8 位累加器 TMR0							
OPTION_REG	RBPU	INTEDG	T0CS	T0SE	PSA	PS2	PS1	PS0
INTCON	GIE	PEIE	T0IE	INTE	RBIE	T0IF	INTF	RBIF
TRISA			TRIS5	TRIS4	TRIS3	TRIS2	TRIS1	TRIS0

寄存器地址	寄存器名称	上电复位,欠压复位值	其他复位值
01H/101H	TMR0	xxxxxxxx	uuuuuuuu
81H/181H	OPTION_REG	11111111	11111111
0BH/8BH/10B/18B	INTCON	0000000x	0000000u
85H	TRISA	- -111111	- -111111

注:x 表示未知;u 表示不变;-表示未指明位置,读作 0。

对以上寄存器的解释如下:

(1) 8 位累加器 TMR0

TMR0 是一个 8 位的累加器,可读也可写,自由运行时从 00H 到 FFH 循环往复计数,每次加 1 所需的时间是一个指令周期 T_{cy}(无分频器),把它乘以计数值就形成了一个定时时间段。

(2) 选项寄存器 OPTION_REG(Option register)

这个寄存器相当于 TIMER0(WDT)的运行控制器,TIMER0(WDT)工作于何种状态都要通过设置它来实现。

① PS2~PS0:分频器分频比选择位

PS2~PS0	TMR0 分频比	WDT 分频比
000	1:2	1:1
001	1:4	1:2
010	1:8	1:4
011	1:16	1:8
100	1:32	1:16
101	1:64	1:32
110	1:128	1:64
111	1:256	1:128

② PSA(Prescaler Assignment bit):预分频器归属分配位

0=分频器分配给 TIMER0;

1=分频器分配给 WDT。

③ T0SE(TMR0 Source Edge Select bit):只有当 TIMER0 工作于 Counter 模式才有意义

0=片外脉冲信号(从 T0CKI 进入)上升沿触发 TMR0 递增;

1=片外脉冲信号(从 T0CKI 进入)下降沿触发 TMR0 递增。

④ T0CS(TMR0 Clock Source Select bit):TIMER0 时钟源选择位

0=由内部提供的指令周期信号作为 TIMER0 定时模式的时钟源;

1=由 RA4/T0CKI 外部引脚输入的脉冲信号作为 TIMER0 计数模式的时钟源

（3）中断控制寄存器 INTCON(Interrupt Control register)

为了提高单片机 MCU 的工作效率,当 TIMER0 与中断合用时,对这个寄存器进行设置是必不可少的。具体介绍可见中断章节。

（4）RA 端口方向寄存器 TRISA

只有 TRISA4 这一位与 TIMER0 有关联,当 TIMER0 工作于 Counter 模式时,需要一个外部输入信号 T0CKI,但它是通过引脚 RA4 进入芯片内部的,此时,RA4 必须要设置为输入方式,作为 T0CKI 信号的专用输入引脚。

6.3　TIMER0(WDT)模块的电路结构

TIMER0 的运行是通过 OPTION_REG 这个寄存器来控制的。OPTION_REG 中的 bit5 是 T0CS 位,它被定义为时钟源选择位。

当 T0CS 为 0 时,工作在定时器 Timer 模式,TIMER0 模块在无预分频器的情况下,每个指令周期累加 1。如果运行过程中 TMR0 寄存器被写入,其累加过程在后续的 2 个指令周期会被暂停。也就是说,当 TMR0 寄存器被写入新的数据后,TMR0 在第 3 个指令周期后才开始递增计数,原因是这个时间被用在内部逻辑电路的同步上。

比如,如果要对一个特定的时间段计数,计数宽度是十进制数 100。此时可将 156 写入累加器 TMR0 中（256−100＝156）。然而,由于向 TMR0 写入数据时会丢失两个指令周期,因此应向 TMR0 写入 158,158 可以被称作修正值。

当分频比为 1∶2 时,写数据到运行中的 TMR0 后,TMR0 将在 4 个 T_{cy} 后开始增量。

当 T0CS 为 1 时,工作在计数器 Counter 模式,在无预分频器的情况下,每个输入信号的上升沿（或下降沿）累加 1。本计数器是个同步计数器（相对于 TIMER1 的异步计数器而言）,关于它的原理,后文会有介绍。TIMER0(WDT)的电路结构图如图 6.1 所示。

结构图 6.1 分为 3 个部分,最上面是 TIMER0 的结构图,中间是分频器结构图,下面是 WDT 结构图。分频器在当前某一时刻只能供 TIMER0 或 WDT 中的一个使用。我们把上图中的 MUX 比作继电器单刀双掷的触点,把上图进行简化,并且分为 2 个图,一个是分频器为 WDT 所用,如图 6.2 所示；另一个是分频器为 TIMER0 所用,如图 6.3 所示。

图中 MUX(Multiplexer)的中文名称叫做多路模拟开关,它主要是用于信号的切换,在这里可以比作 CD4053 中"单刀双掷"的电子开关。

预分频器(Prescaler)实际上是一个 8 位异步串行计数器,而 TMR0 是一个 8 位同步串行计数器,注意体会两者的差别。关于分频器电路原理,可以参看电子技术基础（数字部分）,那里有比较详细的介绍。Prescaler 的运行与系统时钟（f_{osc}）没有任

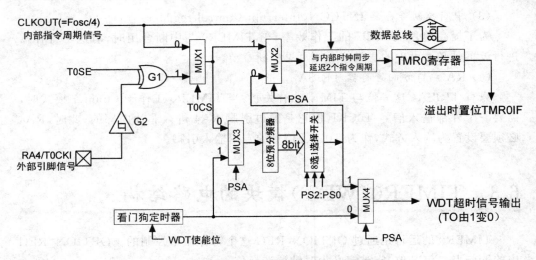

图 6.1　TIMER0＋预分频器＋看门狗结构图

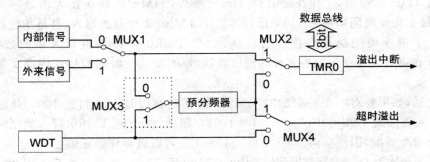

图 6.2　预分频器＋看门狗(WDT)结构图

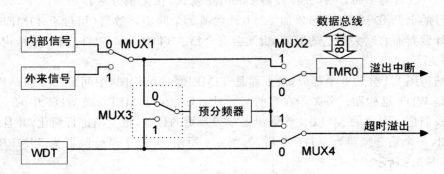

图 6.3　预分频器 ＋ TIMER0 结构图

何关联。当芯片进入 Sleep 态时,只要输入端 T0CKI 有边沿信号触发它,它就可以正常工作了。

当预分频器分配给 TMR0 时,任何以 TMR0 为目标的写操作指令(如 CLR

TMR0；MOVWF TMR0)都会同时将分频器的值清零。同样的道理,当预分频器分配给 WDT 时,一条"CLRWDT"指令将会同时清零分频器,虽然清零了分频器,但分频比(PS2:PS0)和分配对象(PSA)这些预先的设置并不会改变。

6.4　TIMER0 模块两种工作模式的说明

（1）定时器模式（Timer Mode）

当 OPTION_REG 的 bit5 位 T0CS 为 0 时,TIMER0 模块工作在定时器模式,信号源来自芯片内部,为指令周期(Instructions Cycle)信号。TIMER0 的缺省态为计数器模式(T0CS=1),

当程序令其为定时器模式时,TMR0 会启动并累加计数,计数初值是个不确定的值。在没有使用预分频器的情况下,TMR0 会在每个指令周期信号到来时自动加 1。若有预分频器,TMR0 会在每次收到由分频器将指令周期信号分频一个固定的倍数后产生的信号自动加 1。它的溢出循环周期可用公式(6.1)表示：

$$T_{\text{TMR0IF}} = (4/f_{\text{osc}}) \times N_{\text{pre}} \times (256 - M) \qquad 6.1$$

上述公式中,$4/f_{\text{osc}}$ 为指令周期,N_{pre} 为预分频器的分频比,有 8 种比值可选,M 为累加器 TMR0 的初始值。

当 M = 0 时,TIMER0 自由运行；当 M≠0 时,TIMER0 受控运行。

由公式也可看出：定时是以计数为基础的,时间步长 $(4/f_{\text{osc}}) \times N_{\text{pre}}$ 是一个精度很高的值,类似于直尺上的最小刻度毫米；$(256-M)$ 是每一轮计数完毕后的"数数"值,类似于有多少个毫米单位；乘积 T_{TMR0IF} 就是一个时间段,类似于一段长度。

图 6.4 展示了累加器 TMR0 的计数过程与时间的关系,以及溢出时刻(TMR0IF 置位)在时间轴上的分布。

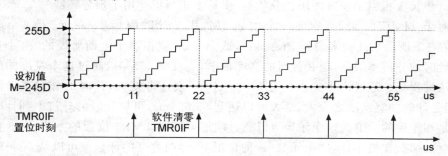

图 6.4　累加器 TMR0 的运行图示

上图中,我们假设计数初始值 $M = 245D$,预分频比为 $N_{\text{pre}} = 1$,指令周期 $4/f_{\text{osc}} = 1\,\mu s$,那么依照公式,计数溢出循环周期为：

$$T_{\text{TMR0IF}} = (4/f_{\text{osc}}) \times N_{\text{pre}} \times (256 - M)$$

$$=1×1×(256-245)=11\ \mu s$$

这个结果与图示时间刻度吻合。

在定时器模式下,经常会用到预分频器。原因是为了保证程序能够快速执行,往往采用较高的主频(假设主频为 16M),此时对于定时器 Timer0,计数一轮的时间是 64 μs。这个计时时长显然太短,比如要测量毫秒级的脉冲宽度,这个时长显然不够。为了拓展它的长度,加入了预分频器,使用 PSA 预分频器拓展了计时长度,最大时可以放大 256 倍。例如在 4M 的主频下,TIMER0 的定时时长最大可以达到 256×256 μs=65536 μs=65.536ms(如图 6.7 左上图所示)。

但是,使用预分频器不是没有代价的,它在一定程度上会牺牲定时的精度(分辨率),这就好比用脚步来丈量 100 米的距离一样,计量的最小单位是步,而不是几分之一步。假设每步是 0.6 米,那走完 100 米需要 166.7 步,也就是介于 166 到 167 步之间,误差在一步约 0.6 米;如果进行 1:4 的分频,把原来的 4 步合为现在的一大步,那一大步就是 2.4 米,走完 100 米需要 41.7 步,也就是介于 41 步到 42 步之间,那么误差也是一步,但这一步是 2.4 米,误差是原来的 4 倍,可见在分频的同时,放大了时基误差,分频比越高,时基的摆幅越大,误差也就相应地增大。以上表述的原理可用图 6.5 来解释。

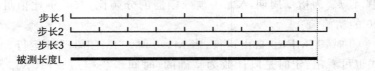

图 6.5　不同分辨率的测量效果图

对被测长度 L,如果采用图中的三种步长来测量,可以发现,采用步长 3 测量出的精度最高,因为它的分辨率最高;采用步长 1 测量出的精度最低,因为它的分辨率最低。步长 3 相当于没有使用预分频器,步长 1 相当于使用了预分频器。

对于 TIMER0 来说,给定一个主频 4M,用于计时的最小"单元"是 1 μs(如图 6.7 右下所示),此时未用到 Prescaler,这个 1 μs 就相当于上面所说的"一小步",此时计时的分辨率最高,但是计时的宽度最窄,宽度是 256 μs,超过这个宽度的时间段无法捕捉到。通过由小到大的分频,"一小步"会逐渐变大,计时的分辨率慢慢降低,但是计时的宽度随之变大,最大可以达到 65.536ms,可见计时的分辨率和计时的宽度是相矛盾的。解决这个矛盾可以通过增加累加器 TMR0 位数的办法,由 8 位变成 16 位,那么在最小计时"单元"1 μs 的情形下,计时宽度的计数值可以从 0000H 到 FFFFH,用十进制表示,可以从 0 μs 到 65536 μs,于是 TIMER0 在某种程度上就演变成了 TIMER1。TIMER1 的具体功能将在后一章讲述。

对累加器 TMR0 的读取,要注意的是:当分频比为 1:1 时,TMR0 变化得最快,它变化的速度和指令执行的速度是一致的,这样,读取的 TMR0 值不一定是一个当前值,这个值有一定的滞后,当分频比为 1:256 时,TMR0 变化得最慢,它变化的速度远小于指令执行的速度,这样就容易读出一个当前值。如果想把 TMR0 的 8 个二进制位的变化在 PORTB 上展现出来,用示波器或逻辑分析仪观察,分频比太低是观察不到的,分频比设定得越高,波形越显得有规律。这些可用实验来证实。

定时器模式,通俗地可以这样解释,假设现实中,最小的时间单元是秒,那么计时的分辨率也就是秒,我们可以用秒来测量大于秒的时间长度,如分钟,小时等甚至更长的随机时间段,但是不能用它来测量小于它,甚至它的几分之一的时间段。

定时器的常规用法有,形成时间基准,测量脉冲宽度,测量两个不同事件之间的时间间隔。为了提高单片机(MCU)的使用效率,它很多时候都是和中断在一起合用的。

读者如果学习了后面的有关 TIMER1、TIMER2 的章节,再回过头来看,会发现 TIMER0 作为定时器使用时,没有专门的"停止"指令(如 BCF T1CON,TMR1ON 之类),但也有办法将它停止,那就是切换计数源(令 T0CS＝1,且 T0CKI 引脚接地),使 TMR0 计数器失去计数信号从而停止计数。

(2) 计数器模式(Counter Mode)

当 OPTION_REG 的 bit5 位 T0CS 为 1 时,TIMER0 模块工作在计数器模式,信号源来自外部,为引脚 RA4/T0CKI 上的输入信号。信号进入芯片后,首先会通过施密特触发器 G2 整形(整形效果如图 7.4 所示)后再通往后级电路 G1。此时,OPTION_REG 的第 4 位 T0SE(Select Edge)的值决定外部时钟信号的触发边沿:为 1 时下降沿触发,为 0 时上升沿触发。由 TIMER0 的结构图可知,外部输入信号和 T0SE 两者进入异或门 G1,在不同的触发方式下,G1 的输出不尽相同。

在没有使用 Prescaler 的情况下,TMR0 会在每个 T0CKI 信号的上升沿或下降沿到来时自动加 1,此时,外部随机送入的触发脉冲和内部的工作时钟之间存在一个同步的问题。也就是说,并不是外部触发信号的跳变沿一送入,TMR0 就立即进行加 1 操作,而是要经过一个同步(Synchronization)控制电路,该触发信号与系统时钟进行同步之后,方能进入累加计数器 TMR0,引发一次加 1 操作。

在这里要阐明一下信号的同步问题,现用 D 触发器做个实验来看看如何将信号同步。实验中 D 触发器采用 74LS374,时钟信号为 1kHz,输入(CH2)输出(CH1)信号如图 6.6 所示。

第 5 章的图 5.4 为 D 触发器的实验,这里的实验是类似的,只是为了方便演示,将输入信号的频率降低了。由图 6.6 可以看出什么是同步,输入信号(CH2)与 CK (CH3)之间没有任何时序关系,即 CH2 与 CH3 的边沿并不是"对齐"的,CH2 相对于 CH3 就是异步关系。通过 D 触发器的作用,输出信号(CH1)与 CK(CH3)的边沿"对齐"了,于是,CH1 相对于 CH3 就形成了同步关系。整体来看,输入信号 CH2 通过 D 触发器变得与 CK(CH3)信号同步了。

芯片的产品手册上提到 TIMER0 在计数外部信号时,对计数信号的波形有一定

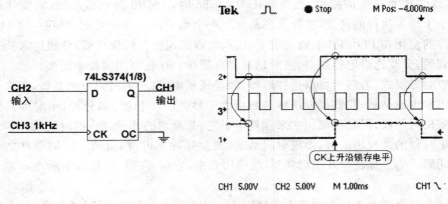

图 6.6　输入信号的同步

的要求。当然,这也是一个极限的问题。

当用到 Prescaler 且分频比为 1∶1 时(把它分配给 WDT 时),信号的最短高、低电平持续时间是 $(0.5T_{cy}+20)$ns,T_{cy} 是指令周期。即高、低电平至少应保持 $2T_{osc}$(外加 20ns 的小段 RC 延时)时间。

在用到 Prescaler 并且分频比为 1∶1 以外的情形时,最短高、低电平持续时间是 10 ns。可见 TIMER0 计数器模式对被计数信号有很高的灵敏度,高频脉冲信号可能会触发计数器增量,所以必要时,对引脚 RA4/T0CKI 要做好一定的抗干扰措施。

由最小高、低电平时间可以推导出最小计数信号周期是 $(T_{cy}+40)/N$,N 是预分频比值。

例如,在 4M 主频下,把定时器当做计数器看时,触发计数的信号来自芯片内部,是指令周期 (T_{cy}) 信号,不使用预分频器时,该信号的频率是 1M,周期是 1 μs。也可以通过这一点来理解最短高低电平的意思。

但也不完全是这样的。笔者通过实验发现,在 4M 的主频下,采用计数器方式,能有效地触发计数的信号,其最高频率可达 1M。但在 20M 的主频下,这个信号的频率只能达到 1.9M。可见它与内部计数方式是有差别的(内部计数信号的触发频率可达 5M),这种差别应该是由同步控制电路造成的。

在计数器模式下,较少用到预分频器,与定时器模式的信号来源相比,计数器模式下外部信号的频率相对较低,甚至很低。如果使用预分频器,会放大误差,特别是使用高分频比的时候,会导致测量结果的误差更大;为了保证测量的精度,当计数值超过 255D 时,往往通过软件来处理。

计数器模式,通俗地可以这样解释,假设你在单行道的边上数经过的汽车有多少,首先要确定数多长时间,是一小时还是一天,或是两个事件的间隔时间。这个时间基准很重要,没有这个,数数没有任何意义。每经过一辆汽车就类似于一个脉冲进入计数器,有的汽车开得快(脉冲窄),有的开的慢(脉冲宽);有时经过汽车一辆接一辆(频率高),有时一辆过了,还要等会才有一辆(频率低)。无论汽车穿行处于何工作状态(频率不定,脉宽不定),只要有车经过(稳定的上升沿或下降沿),都可以确定数量,前提是到某一个时间点截止。

计数器的使用范围相当广泛,例如,对电动机,发动机的转速进行测量,对传送带上的饮料瓶计数,对一扇门的进入人数进行计数等等。这些实例,通过在前端安设传感器电路,对输出信号整形,最后进入引脚的都是周期信号(方波、三角波、正弦波或类似),这些周期信号频率有高有低,占空比非常随机。但这些对计数功能都不会有任何的影响,只要这些方波信号有稳定的上升沿或下降沿,准确的计数便可以实现。

前面讲过如何使定时器模式下的 TMR0 停止计数,但计数器模式下的 TMR0 似乎无法用相关指令使它停止计数(如 BCF T1CON, TMR1ON 之类),除非进入 T0CKI 引脚的计数信号消失。读者在使用过程中一定要注意这一点。

以上我们介绍了 TIMER0 的两种工作模式:定时器与计数器模式。实际上,两种模式之间的主要差异就是进入累加计数器 TMR0 的触发信号来源不同而已。如果有较多的使用经验,你会发现,两者在某种程度上是一致的。

定时器模式工作时,输入信号(内部信号)的频率多半较高,并且周期恒定,这样做是为了保证定时有较高的分辨率(用很小的时间单元来测量一段时间,时间单元数量越多,计时越精确;这就像最小刻度分别为毫米和厘米的两把尺,用它们分别测量一支笔的长度,当然是毫米尺测出的长度精度更高),它关注的是如何形成一个时间段,虽然这个时间段也是通过计数方式得到的。

计数器模式工作时,输入信号(外部信号)的频率多半较低,周期可以不断地变化,即信号比较随机,它关注的是脉冲出现的次数(计数)。

定时器一定是计数器,但是计数器不一定是定时器,只有当计数的时间单元非常稳定,并且相对于定时时长很小的时候,计数器才能当定时器使用。这就是两者在概念上的区分。

6.5　TIMER0 模块应用实践

实验 1: 让 TIMER0 模块定时器自由运行,观察不同分频比时的溢出时间。

```
程序名:TIMER01.ASM
include <p16f73.inc>          ;@4M oscillator
    ORG  0X00
    GOTO  START               ;上电即往主程序跳转
    ORG 0X04
    BCF INTCON,T0IF           ;清除 Timer0 中断标志 T0IF
```

```
        MOVF PORTC,W
        XORLW B'10000000'
        MOVWF PORTC                 ;实现 RC7 引脚电平的翻转
        RETFIE                      ;中断返回
START:
        BANKSEL PORTA
        BCF INTCON,T0IF             ;清除 Timer0 中断标志
        BSF INTCON,T0IE             ;打开 Timer0 中断
        BSF INTCON,GIE              ;打开总中断
        BANKSEL TRISA
        CLRF TRISC                  ;设置 RC 端口为输出状态
        MOVLW B'00000111'           ;设为 Timer 模式
        MOVWF OPTION_REG            ;设定分频比为 1:256
        BANKSEL PORTA
LOOP:   GOTO LOOP                   ;主程序
        END
```

本程序验证了 TIMER0 模块定时器的基本功能,它让 TIMER0 自由运行,其中用到了中断,目的是通过引脚电平变化观察溢出循环周期。

由程序语句可知,当 OPTION_REG 被赋值后(主要是使 T0CS 归零),TIMER0便开始自由运行。从 00H 到 FFH,周而复始。溢出后,RC7 引脚的电平翻转,输出电平如示波器图 6.7 所示,图中的时间参数非常清晰。

当预分频比设为 1:256 时(B'00000111'→OPTION_REG),根据公式(6.1),TIMER0 从 00H 到 FFH 的累加时间为:

$$T_{\text{TMR0IF}} = (4/f_{\text{osc}}) \times N_{\text{pre}} \times (256 - M)$$
$$= 1 \times 256 \times (256 - 0) = 65536 \ \mu s \approx 65.5 \text{ms}$$

中断波形如图 6.7 左上图所示,图中示波器的测量值与理论计算有少许差别。

同理,当预分频比为 1:2 时,(B'00000000'→OPTION_REG),TIMER0 从 00H到 FFH 的累加时间为 $256 \ \mu s \times 2 = 512 \ \mu s$,波形如图 6.7 左下图所示。

这时需要说明的一点是,如何实现 1:1 的分频,也就是说不需要预分频器,只要把"单刀双掷的开关"投向 WDT 便可实现,可见图 6.2。信号通过 MUX1 直接进入累加器 TMR0。这样赋值:B'00001000'→OPTION_REG,位 PSA 为"1",低 3 位可以是任意值,结果如图 6.7 右下图的波形所示。

当 OPTION_REG 寄存器赋一个合适的值后,TIMER0 便开始自由运行,不会停止,除非芯片进入睡眠状态或断电。但是运行过程中,MCU 可以读出 TMR0 的计数值,也可以写入一个当前值。写入后,TMR0 以这个当前值为起点,重新开始计数。

特别要注意的是:不对 OPTION_REG 寄存器进行设置(主要是置 T0CS 为 0),TIMER0 是不会启动的,因为 OPTION_REG 寄存器的上电复位值全部为 1,即缺省

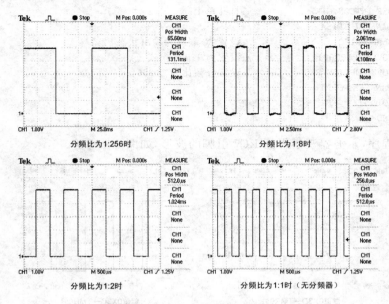

图 6.7　不同分频比时形成的不同溢出时间

状态下为 Counter 模式。信号来源(T0CS＝1)指向外部，外部无信号，TMR0 就不会累加运行。

实验 2：利用 TIMER0 模块定时器做一个 50ms 的时间基准。

本实验要取一个 50 ms 的时间基准，就不能让 TIMER0 自由运行，必须对它进行干预，也就是累加寄存器 TMR0 溢出后，计数值不能再从 00H 开始计数，必须强行赋予一个初始值，每次从这个初始值开始计数。根据实验目的编制程序如下：

```
程序名：TIMER02.ASM
include <p16f73.inc>          ;@4M oscillator
    ORG   0X00
    GOTO START                ;上电即往主程序跳转
    ORG 0X04
    BCF INTCON,T0IF           ;清除 Timer0 中断标志 T0IF
    MOVLW 0X3C
    MOVWF TMR0                ;给 TMR0 赋计数初值
    MOVF PORTC,W
    XORLW B'10000000'
    MOVWF PORTC              ;实现 RC7 引脚电平的翻转
    RETFIE                    ;中断返回
START:
    BANKSEL PORTA
    BCF INTCON,T0IF           ;清除 Timer0 中断标志 T0IF
    BSF INTCON,T0IE           ;打开 Timer0 中断
```

```
      BSF INTCON,GIE              ;打开总中断
      BANKSEL TRISA
      CLRF TRISC                  ;设置 RC 端口为输出状态
      MOVLW B'00000111'           ;设置为 Timer 模式
      MOVWF OPTION_REG            ;设定分频比为 1:256
      BANKSEL PORTA
LOOP;GOTO LOOP
      END
```

运行程序,示波器观察得到 RC7 引脚的波形,如图 6.8 所示。

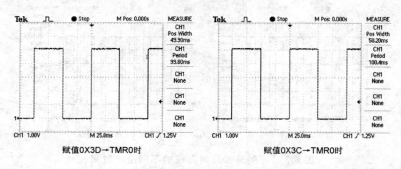

图 6.8　不同计数初值下的定时时长

本程序中,分频比为 256,设初始值为 X,那么根据式(6.1):

$$T_{\text{TMR0IF}} = (4/f_{\text{osc}}) \times N_{\text{pre}} \times (256 - M)$$

$$50000 \text{ us} = 1 \times 256 \times (256 - X) \text{ us} \qquad 导出 \quad X \approx 60.7$$

取 $X = 60D = 3CH$ 定时时长如图 6.8 右图所示;

取 $X = 61D = 3DH$,定时时长如图 6.8 左图所示。

可见,使用这种方式取得 50ms 的时间基准会有一定的计时误差,在计时精度要求高的场合,这种定时方法不可取,是什么原因造成这种误差的呢?

读者在熟悉了 TIMER1 的用法后会发现,TIMER0 的累加器是 8 位的,而 TIM-ER1 的累加器是 16 位的,位数越多,定时精度越高。显然,要获得同样的时间基准,TIMER0 的计时精度(分辨率)是比不上 TIMER1 的。

每间隔 50ms 要实现什么功能,可以在中断服务程序里实现,本程序实现的是 RC7 这个引脚的电平翻转功能。

正在运行中的 TIMER0,如果程序执行了 Sleep 指令,累加器 TMR0 会停止增量,那么就不可能发生溢出。即使打开了 T0IE,TIMER0 也不会醒来,永远不会。从这点上说,单独对 TIMER0 执行 Sleep 操作是没有太大意义的。

实验 3:利用 TIMER0 模块的计数器功能实现输入脉冲的计数。

对于计数器模式的计数脉冲,我们使用两种,一种是信号发生器输出的方波脉

冲,另一种是手动按键产生的脉冲,两种脉冲均对应如图 6.9 所示的电路图。

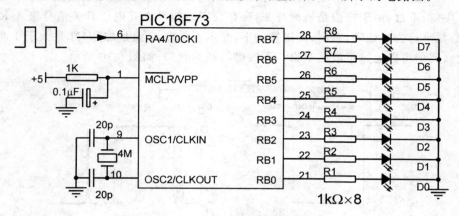

图 6.9　8 位计数器电路原理图

电路中,使用了外部信号输入引脚 RA4,即将被计数的脉冲就是从这里输入的,RB 端口作为显示 8 位二进制计数值用,它显示从某一时刻起进入 RA4 引脚脉冲的个数,计数值从 00H 到 FFH,通过 LED 灯的亮灭循环显示,实现这项功能的程序如下:

```
程序名:TIMER03.ASM
        include <p16f73.inc>            ;@4M oscillator
        ORG   0X00
        BANKSEL TRISA
        BSF TRISA,4                     ;将 RA4 引脚设为输入
        CLRF TRISB                      ;设置 RB 端口为输出,作二进制显示用
        MOVLW B'00101000'               ;设为 Counter 模式,上升沿触发
        MOVWF OPTION_REG                ;设定分频比为 1:1
        BANKSEL PORTA
        CLRF PORTB                      ;LED 全部熄灭
        CLRF TMR0                       ;清零累加器
LOOP:
        MOVF TMR0,W                     ;读取 TMR0 的值
        MOVWF PORTB                     ;将 TMR0 的值显示在 RB 端口上
        GOTO LOOP                       ;不断刷新显示值
        END
```

当计数的信号源来自信号发生器时,选择信号频率为 1Hz,观察发现 LED 灯阵列每过 1 秒进行一次加 1 操作,变化非常有规律。把信号频率调为几赫兹,发现加 1 操作变快了,逐渐加大信号频率,发现加 1 操作越来越快,也就是说,越是低位,灯的闪烁越快,甚至是常亮。当一轮操作(计数 256 个脉冲)完毕后,LED 灯由全亮变为全熄,这时,又开始了新一轮的计数。

当计数的信号源来自手动按键时,LED 灯阵列的加 1 操作完全由按键按下的次数来决定,不过,由于按键是机械开关,存在一定的抖动。其电压开关信号进入 RA4 前,必须进行去抖处理,否则,按键按一下,显示不是加 1,而是加 N(N 是大于 1 的某个数),我们可以通过示波器观察一下按键抖动的效果,如图 6.10 所示。

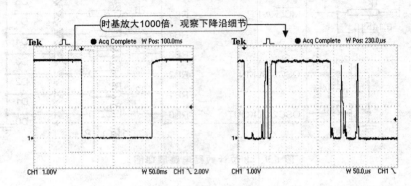

图 6.10 按键的抖动波形

图 6.10 是按键从按下到复位的电压波形图,由图可知,按键触发一次的时间约为 200 到 300 ms,甚至可能更长,但一般不会超过 1 秒。我们把图中左边下降沿的时基放大 1000 倍,从 50 ms 到 50 μs,如图 6.10 右图所示,这样可以把细节看得更清楚。图 6.10 右图表明按键的抖动非常厉害(按下的"瞬间"生成多个脉冲),如果把这样的信号直接接入 RA4,无疑计数器会累加多次。

对按键进行去抖,是仪器设计中必备的技能。实现这一点,可以采用软件方式,也可以采用硬件方式,并且根据不同的实际情况,采取不同的方法。在这里介绍一种典型的硬件去抖方法,其电路图如图 6.11 所示。

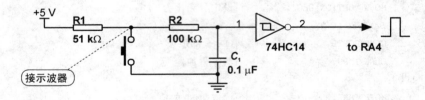

图 6.11 按键去抖电路原理图

图 6.11 中用 RC 缓冲电路来驱动 CMOS 施密特触发器,低通滤波器 R2C1 能够平滑波形,从而使施密特触发器只翻转一次,将 RC 电路的时间常数设定在 10～25ms 之间就可以了。

前面已经讲过,计数器这个功能的使用范围非常地广泛,但是不管怎样,那只是前端传感器电路的不同以及其对应的不同的信号的整形方式,最终进入计数器的都是非常"干净"的脉冲信号,有连续发生的,有断续发生的,甚至有随机发生的,只要进入了计数器,加 1 的操作就会发生。

实验 4：采用图 6.9 的电路原理，外接 200kHz～1MHz 的晶振，分别利用 TIM-ER0 模块的计数器和定时器功能，编出相应的最简化的程序。由于定时器也是一种计数器，将两种模式的计数结果分别显示在 RB 端口上。

（1）在计数器方式下实现计数功能的最简程序如下（计数脉冲来自芯片外部）：

```
程序名：TIMER04.ASM
    include <p16f74.inc>        ;@200kHz oscillator
        ORG 037F
        BANKSEL TRISA
        CLRF TRISB              ;将 RB 端口设为输出态，供显示用
        BANKSEL PORTA
    LOOP:
        MOVF TMR0,W             ;读取 TMR0 累加器的值
        MOVWF PORTB             ;将计数值送到 RB 端口显示
        GOTO LOOP              ;循环往复
        END
```

程序编制说明：芯片上电时，OPTION_REG 的值全为 1，即缺省模式为 Counter 模式（T0CS=1），预分频器分配给 WDT（TMR0 前端无分频器），分频比值在这里无意义。

（2）在定时器方式下实现计数功能的最简程序如下（计数脉冲来自芯片内部）：

```
程序名：TIMER05.ASM
    include <p16f74.inc>        ;@200kHz oscillator
        ORG 037F
        BANKSEL TRISA
        CLRF TRISB              ;将 RB 端口设为输出态，供显示用
        BCF OPTION_REG,T0CS     ;设为定时器模式
        BCF OPTION_REG,PSA      ;分频器配给 Timer0
        BANKSEL PORTA
    LOOP:
        MOVF TMR0,W             ;读取 TMR0 累加器的值
        MOVWF PORTB             ;将计数值送到 RB 端口显示
        GOTO LOOP              ;循环往复
        END
```

程序编制说明：芯片上电时，OPTION_REG 的值全为 1，即缺省模式为 Counter 模式（T0CS=1），预分频器分配给 WDT（PSA=1）。要达到实验的目的，必须修改这些缺省参数，将位 T0CS 置 0，使其工作在定时器模式；将位 PSA 置 0，使分频器配给 TMR0。这样，分频比（1:256）才会变得有意义。

计数信号来自芯片内部，是周期为（$256 \times T_{cy}$）的信号。要注意的是，芯片主频不能选得太高。否则，不利于对 RB 端口显示状态的观察。

6.6 软件与硬件定时的比较与分析

在单片机多年的发展历程中,定时器是一直都不可缺少的一个模块。为什么要设计这个硬件模块,原因是这个模块可以给 CPU 分担相当一部分的重任。有一定经验的电子工程师都知道定时时长的获取,不同事件的时间段的捕捉等等,这些与时间有关的控制在应用中是非常广泛的,甚至在同一个程序中也会多次出现,而且对时间的相关处理本身就是一项非常单调的事情。那么,如果仅仅依靠 CPU 来处理或生成这些时间段(利用软件延时程序),就会消耗相当一部分 CPU 精力,也就是"机时",那么 CPU 也就没有多少时间来做其他的事情了,于是处理器的性能会变得非常低下。

为了提升 CPU 的性能,单独的"时间段生成者"硬件定时器出现了。在系统运行的过程中,CPU 只需在定时器溢出的时刻介入一下相关事务的处理便可。这个过程可以通过中断或查询的方式实现,不管是哪种方式,都只需要很短的时间。于是,定时器便让 CPU 从时间段生成的任务中解放出来,可以做更多另外的事情,CPU 的效率会得到很大的提升。定时器越多,当然系统越能处理更为繁杂的任务,系统的性能会变得更高。

为了达到同样的目的,我们对软件定时与硬件定时分别编写了相应的程序,最后做一下分析与比较。硬件定时程序是 Timer01.asm,以下是软件定时程序:

```
程序名:TIMER06.ASM
        include <p16f73.inc>
COUNT1  EQU 20H          ;定义外循环变量的 RAM 地址
COUNT2  EQU 21H          ;定义内循环变量的 RAM 地址
    ORG  0X00
START:
    BANKSEL TRISA
    BCF TRISC,7          ;设置 RC7 口为输出态
    BANKSEL PORTA
LOOP:
    BSF PORTC,7          ;将 RC7 引脚电平置高
    CALL DELAY           ;调用延时子程序
    BCF PORTC,7          ;将 RC7 引脚电平置低
    CALL DELAY           ;调用延时子程序
    GOTO LOOP            ;循环往复
DELAY:
    MOVLW 0X41
```

```
        MOVWF COUNT1              ;给外循环变量赋值
L2： MOVLW 0XFF
        MOVWF COUNT2             ;给内循环变量赋值
L3： DECFSZ COUNT2             ;递减内循环变量
        GOTO L3                     ;未完,继续
        DECFSZ COUNT1             ;递减外循环变量,
        GOTO L2                     ;未完,继续
        RETLW 0                    ;子程序返回时清零 W 寄存器
        END
```

运行程序,用示波器观察得到 RC7 引脚的波形如图 6.12 所示。

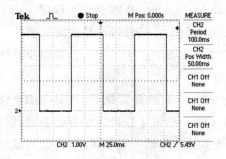

图 6.12　延时子程序决定高低电平时间

本程序为了生成要求的波形,是采用软件进行延时的,延时子程序是 Delay。要实现延时,必须让 CPU 来执行这段程序,每次执行完毕后,都会对 RC7 引脚的电平进行翻转。结合程序,由示波器的波形(图 6.12)可见,CPU 在不停地工作,它很"忙",并且大部分精力都消耗在 Delay 延时子程序的执行上,如果此时再做其他事情,RC7 引脚的高电平和低电平持续时间会出现长短不一的变化,这种情况,对于时间精度要求高的控制肯定是行不通的。

反观程序 Timer01.asm,为了达到同样的目的,使用硬件定时器 TIMER0 生成时间段,并且结合了中断功能,这会儿 CPU 就轻松了很多,它在对于时间的处理上不需花费一点儿精力,仅仅只是在定时器的溢出时间到了后,生成一个信号(中断标志位)送给 CPU,CPU 做一下简短的处理(把 RC7 的电平变高或变低)即可。在程序 Timer01.asm 中,这个过程只需要几微秒,非常地短暂。完毕后,CPU 返回主程序进行空操作:LOOP:GOTO LOOP。空操作程序实际上也就是主程序,在这里可以插入很多消耗 CPU 精力的复杂事情。即便这样,在执行复杂程序的同时,涉及精确时刻的定时操作也丝毫不受影响,CPU 的工作效率以及整机性能都得到了很大的提升。

笔者做过一个实验,如果设置 TMR0 的初始值为 EFH,那么溢出时间为 17 μs,

从溢出时刻算起,到进入中断服务程序的时刻,这一段时间是 2 μs。

由以上分析可知,定时器的配置,大大地提升了处理器的实时处理性能。并且定时器配置越多,CPU 在涉及精确时间控制方面的能力就越强。中档型号的单片机 PIC16F87X 一般配置有 3 个定时器,高档的配置更多。

6.7 看门狗定时器 WDT

看门狗定时器(Watchdog Timer)是用于监视程序运行状态的。它存在的意义就是为了提高系统工作的可靠性,提高设计产品的附加值。

对于本节内容,初学者可以不必过于关注。但要想使设计的产品更加完美,对这一节的了解是必不可少的。

包含 MCU 的电子产品很多时候都置身于 EMI(电磁干扰)和 RFI(射频干扰)较强的工业环境中,在硬件上做一些抗干扰措施是有必要的,但无论如何都不能保证万无一失。当软件受到干扰不能按照既定程序执行时,会造成设备无法控制,设备停止工作甚至生产线上出现次品等严重后果。

对程序的运行也可以采取一定的抗干扰措施,这就得使用 WDT 来监视程序的执行。

之所以要在这一章讲述 WDT 的工作原理,是因为 WDT 与 TIMER0 在结构上是紧密相连的,这一点在前面已经介绍过。

WDT 自身的工作原理与 TIMER0 的非常类似,TIMER0 定时器实际上可以理解为是一个等步长的计数器,WDT 也一样;可能不同的是,TIMER0 的计数宽度是 8 位的,WDT 却不得而知。从后面的内容可知,弄清楚 WDT 的计数宽度没有任何意义。不论 MCU 工作在什么主频下,在没有使用预分频器时,WDT 的溢出周期是 18ms。

看门狗定时器 WDT 具有如下功能特点:

(1) 拥有独立的片内信号源——RC 振荡器;

(2) 在 MCU 进入 Sleep 状态时,仍然可以工作;

(3) 8 位软件可编程的预分频器(Prescaler);

(4) 通过软件的设置(PSA=1),可与 TIMER0 分时使用预分频器;

(5) 可以产生计数溢出标志(溢出发生后,超时标志位 TO 被清零)。

6.8 与 WDT 工作相关的寄存器

寄存器名称	bit7	bit6	bit5	bit4	bit3	bit2	bit1	bit0
OPTION_REG	RBPU	INTEDGP	T0CS	T0SE	PSA	PS2	PS1	PS0
STATUS	IRP	RP1	RP0	TO	PD	Z	DC	C

bit13	bit12	bit11	bit10	bit9	bit8	bit7
CP		DEBUG	WRT1	WRT0	CPD	LVP
bit6	bit5	bit4	bit3	bit2	bit1	bit0
BOREN			PWRTEN	WDTEN	Fosc1	Fosc0

寄存器地址	寄存器名称	上电复位,欠压复位值	其他复位值
81H/181H	OPTION_REG	11111111	11111111
03H/83H/103/183	STATUS	00011xxx	视具体情况

注：x 表示未知。

另外还有系统配置字（Configuration Word）　地址 2007H

对以上寄存器的解释如下：

（1）选项寄存器 OPTION_REG（Option register）

这个寄存器在前面已经做过解释，在此略。

（2）状态寄存器 STATUS

在硬件章节讲过，这是一个很重要的寄存器，它可读可写。现将与 WDT 工作有关的 2 个位作一下介绍。

① TO(Time－out bit)：超时标志位

0＝WDT 发生了计数溢出；

1＝上电复位值，执行 CLRWDT 指令后或执行了 Sleep 指令（同时清零 WDT）后该值也为 1。

② PD(Power－Down bit)：低功耗标志位

0＝执行了 Sleep 指令后；

1＝上电复位值，执行了 CLRWDT 指令后该值也为 1。

（3）系统配置字中与 WDT 有关的一位

① WDTE(WDT Enable bit)：WDT 工作使能位

0＝禁止 WDT 工作；1＝允许 WDT 工作。

6.9　WDT 的工作原理

WDT 的英文全称是 Watchdog Timer,译作看门狗定时器,它的电路结构在前面讲过。图 6.1 和图 6.2 是与 WDT 相关的结构图及简化图。在此讲述一下 WDT 的工作原理。

在没有预分频器的情况下,WDT 计数一轮的周期为 18ms,由于信号源是 RC 振荡器,定时步长不够精确,所以 18ms 只是一个典型值。芯片说明中这个值的范围是 7～33ms。

对 WDT 的操控如同 TIMER0,一旦启动(WDTE＝1),便无法停止。如果使用预分频器,WDT 计数一轮的周期会被扩展,详情如下表所列。

PS2～PS0	WDT 分频比	对应计数周期
000	1:1	18ms
001	1:2	36ms
010	1:4	72ms
011	1:8	144ms
100	1:16	288ms
101	1:32	576ms
110	1:64	1152ms
111	1:128	2304ms

是否启用 WDT 要看系统运行的物理环境及社会环境。如果干扰经常发生或干扰较强,并且程序运行失控会连带造成一定的经济损失或坏的社会影响,这时就要考虑启用 WDT。使用 WDT 也不是没有代价的,它会增加系统功耗。对于电池供电的系统来说,在功耗与可靠性之间要综合权衡,慎重决定是否使用 WDT。

对 WDT 的使用最终还是要看它如何对运行程序产生影响,这个影响如何实现呢? 下面将会讲述这个问题。

如果通过程序启动 WDT,WDT 会循环往复地计数,无法停止,每计数一轮,会发生溢出。"溢出"动作会对程序的运行产生重大的影响,这个影响就是让程序"复位",即让程序从头开始执行。

这样,如果听任 WDT 频繁"溢出",那么程序就会频繁复位,程序的运行就失去了它的意义,所以,要让程序正常运行,必须设法禁止 WDT 发生计数溢出。实现这一点的方法很简单,就是在主程序的循环体中执行"CLRWDT"指令,可以想象,这样做的效果使得每次 WDT 从 0 开始计数,在计数值增加得不是很多的情况下就被清零了。

然而,WDT 按以上方法使用不是给系统增加麻烦吗? 软件上增加了开销,硬件上增加了功率消耗。实际不是这样的,WDT 是为增强程序运行的可靠性而设计的功能组件。当程序受到意外干扰变成"非程序"时,系统会死机甚至发生关联故障造成连环损失。既然是"非程序",那么主循环中的"CLRWDT"指令就不会得到执行,WDT 会不受干扰地自由运行,直到最终发生计数溢出,造成程序复位。这样可以将系统造成的损失降低到最小程度。

　　WDT 如果发生了计数溢出,STATUS 寄存器中的标志位 TO(Time out)就会被清零,作为对这次事件的记录,可供相关程序查询和判断使用。

　　WDT 运行示意图如图 6.13 所示(假设 WDT 是 8 位计数器),图中清晰地展示了 WDT 计数器随时间的增量过程、计数溢出时刻和清零 WDT 的时机。

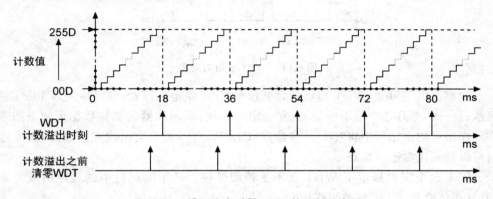

图 6.13　看门狗定时器 WDT 的运行示意图

下面我们做一个实验来验证 WDT 计数器的溢出时间(无预分频器)。

　　实验方法:在程序中要实现开机就在 RD0 引脚输出 2.3ms 的正脉冲。烧写程序时使能 WDT,用示波器观察脉冲输出间隔。程序如下:

```
程序名:WDT01.ASM
include <p16f877a.inc>        ;@4M Oscillator
    ORG 0470
    BANKSEL TRISD
    CLRF TRISD                ;RD 端口设为输出态
    MOVLW B'11110111'         ;预分频器分配给 TMR0,无分频器
    MOVWF OPTION_REG
    BANKSEL PORTA
    BSF PORTD,0               ;置位 RD0
    CALL DELAY                ;延时 2.3ms
    BCF PORTD,0               ;复位 RD0
LOOP:
    NOP                       ;主循环
    GOTO LOOP
    DELAY: …                  ;2.3ms 延时子程序
    END
```

　　将装载程序的 MCU 上电,用示波器观察 RD0 引脚的波形,所得波形如图 6.14 所示。

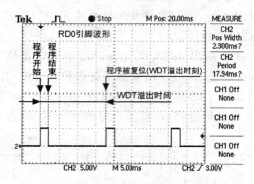

图 6.14　WDT 溢出时间图

　　观察波形图可知,WDT 启动后,"复位"动作不断地进行着,程序每隔约 18ms 重复执行一次,并且这个值不够稳定,有一定的摇摆,从示波器的测量数据可知。如果在程序最后的主循环中将"NOP"替换成"CLRWDT",就不会出现上述波形,程序这时可以进入正常运行状态。

　　以上这个实验揭示了 WDT 在不受控和受控方式下对运行中的程序造成的影响,从而体会到 WDT 的监视作用。

　　另外,由图 6.3 可以看出,当 TIMER0 在使用预分频器时,WDT 就无法使用它,但是 WDT 仍然可以正常工作,只是它的溢出周期无法扩展(分频比为 1∶1,周期约 18ms)。本程序的设置遵循的就是这套思路,该设置使 WDT 与预分频器无任何关联。另外一种等效设置是,将预分频器配给 WDT 使用,且分频比设为 1∶1,这种方式使预分频器(异步计数器)参与了工作,会增加系统功耗。

　　由于预分频器为 WDT 和 TIMER0 所共用,所以在编制程序时应该特别注意。

　　如果是用汇编语言编制程序,在对硬件进行设置的过程中,很容易发现预分频器的存在,并对其进行小心处理,使 WDT 和 TIMER0 在使用上不易发生冲突。

　　然而,如果用 C 语言编程,由于习惯的影响,往往会忽视某些硬件如预分频器的存在,使程序设置发生冲突。比如 WDT 和 TIMER0 在使用 C 语言初始化时,容易造成它们各自都有自己的预分频器,各自都可以任意设置预分频比的这种无意识错觉。这样编制的程序,编译会通过,编译器不会提示这方面的错误信息。然而,当芯片上电运行时,程序的表现会不正常。

　　后面的 C 语言部分,WDT 的讲解中,WDT 溢出参数除了"WDT_18MS"未使用预分频器外,其他的参数都使用了预分频器,这个往往会被不精于硬件的人所忽视。

　　值得庆幸的是,后来出现的新款机型如 PIC16F193X 系列(下一节会介绍),它使 WDT 和 TIMER0 各自单独拥有预分频器,这样做会使程序(不论是汇编还是 C 语言)更加容易编制,调试更加容易通过。

6.10　PIC16F193X 系列的 TIMER0 和 WDT 模块(EWDT)

PIC16F193X 系列的 TIMER0 和 WDT 模块与 PIC16F877A 的基本类似,其最大的不同是它们拥有"各自独立"的预分频器(Prescaler),这使得软件的编制更加简便,不需要考虑切换预分频器的问题。下面列出各自的电路结构图并作一定说明。TIMER0 的电路结构图如图 6.15 所示。

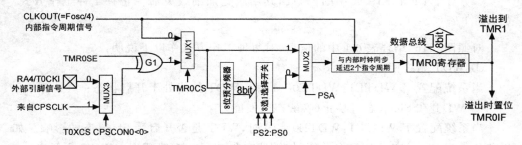

图 6.15　TIMER0 的电路结构图(PIC16F193X)

与图 6.1 相比较,该图显得更加"单纯",由于配置了独立的 Prescaler,它在结构上与 WDT 可以相互独立。增加的配置有两点,分别是:

(1) 计数信号源的种类增加了一项,这便是来自电容触摸传感器的振荡信号 CPSCLK,为适应这项配置,增设了多路开关 MUX3,由寄存器 Cpscon0 的 T0XCS 位负责 MUX3 的切换。

(2) TMR0 计数溢出信号的触发功能增加了一项,这便可以启动 TMR1 计数。

以上增加的功能很大程度上是为 CPS(电容触摸感应功能)而设计的。

PIC16F193X 系列的 WDT 电路结构图如图 6.16 所示。

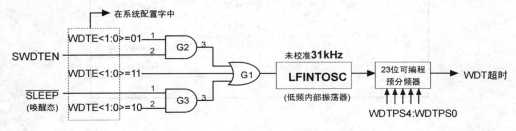

图 6.16　EWDT 的电路结构图(PIC16F193X)

根据图 6.16,我们分几点来讲解一下 WDT 电路的结构特点,同时也比较一下 WDT 在 PIC16F877A 与 PIC16F193X 中的不同。

(1) PIC16F877A 中的 WDT 使用的是自备 RC 振荡器(专用)作为时基,而 PIC16F193X 中的 WDT 使用的是低频内部振荡器 LFINTOSC(非专用,工作频率 31kHz)作为时基。

(2) PIC16F877A 中的 WDT 使用的预分频比有 8 种,分频比可从 1:1 到 1:128 (2^7),它是一个 7 位宽的预分频器。而 PIC16F193X 的 WDT 使用的预分频比有近 20 种,分频比可从 $1:2^5$ 到 $1:2^{23}$。形成的最小溢出周期是 1ms,最大溢出周期是 256s,可见这个范围相当宽。由于振荡基准源 LFINTOSC 的工作频率未经校准,故 WDT 的溢出周期只是个典型值。

(3) 对于 PIC16F193X 中的 WDT,其用法更加细致灵活。它有 4 种工作方式,如表 6.1 所列。

对照图 6.16,结合表 6.1 中的信息,对每种工作方式作以下说明:

① WDT 始终使能

当系统配置字 WDTE1:WDTE0 = 11 时,WDT 始终处于开启状态;

② WDT 在 Sleep 态时禁止(唤醒态时使能)

当系统配置字 WDTE1:WDTE0 = 10 时,WDT 是否开启受 Sleep 态的影响。如果芯片处于 Sleep 态,WDT 会关闭;如果处在非 Sleep 态(唤醒态),WDT 会开启。

③ WDT 由软件控制启动与否

当系统配置字 WDTE1:WDTE0 = 01 时,WDT 是否开启受控制位 SWDTEN 的影响,SWDTEN 位位于寄存器 WDTCON 中。如果软件设置 SWDTEN = 0,则 WDT 关闭;如果软件设置 SWDTEN = 1,则 WDT 开启。

④ WDT 始终禁止

当系统配置字 WDTE1:WDTE0 = 00 时,WDT 始终处于关闭状态。

表 6.1 PIC16F193X 的 WDT 工作方式

WDTE1:WDTE0	SWDTEN	芯片状态	WDT 是否允许
11	×		Enable
10	×	唤醒态	Enable
	1	睡眠态	Disable
01	0	×	Enable
	×		Disable
00	×	×	Disable

6.11　TIMER0 模块的 C 语言编程

Timer0 模块的 C 语言内部函数有如下 3 种,它们分别是:

(1) setup_timer_0(mode):mode 由 OR 逻辑("|")将若干工作方式组合起来。

本函数又可写作 setup_counters(mode)。以下标识符中的"T0"也可以用"RTCC"替代。

触发计数方式说明:

　　　　T0_INTERNAL　　设定计数源来自片内

　　　　T0_EXT_L_TO_H　设定计数源来自片外,且上升沿触发计数

　　　　T0_EXT_H_TO_L　设定计数源来自片外,且下降沿触发计数

预分频比说明:

T0_DIV_1　→ 预分频比 1:1　　　　T0_DIV_2　　→ 预分频比 1:2

T0_DIV_4　→ 预分频比 1:4　　　　T0_DIV_8　　→ 预分频比 1:8

T0_DIV_16　→ 预分频比 1:16　　　T0_DIV_32　→ 预分频比 1:32

T0_DIV_64　→ 预分频比 1:64　　　T0_DIV_128 → 预分频比 1:128

T0_DIV_256 → 预分频比 1:256

(2) get_timer0( )　　　//又可写作 get_rtcc( )

　　语法:value= get_timer0( );

　　函数功能:获取 TMR0 的当前计数值。

　　函数参数说明:value 是 8 位整型数据(int)。

(3) set_timer0( )　　　//又可写作 set_rtcc( )

　　语法:set_timer0(value);

　　函数功能:给 TMR0 寄存器赋计数初值。

　　函数参数说明:value 是 8 位整型数据(int)。

与中断有关的函数及预处理器如下:

#int_timer0	TMR0 中断用预处理器;
enable_interrupts(INT_TIMER0)	表示打开 TMR0 中断;
disable_interrupts(INT_TIMER0)	表示关闭 TMR0 中断;
clear_interrupt(INT_TIMER0)	表示清除 TMR0IF 中断标志;
enable_interrupts(GLOBAL)	表示打开总中断;
disable_interrupts(GLOBAL)	表示关闭总中断;
value = interrupt_active(INT_TIMER0)	侦测 TMR0IF 中断标志是否置位。

将实验 1 的程序用 C 语言实现,程序如下:

```
# include<16f877a.h>
# fuses HS,NOWDT,NOPROTECT,PUT,BROWNOUT,NOLVP
# use fast_io(C)
# org 0x1000 default                        //从页面 Page2 开始
short toggle;                               //定义位变量

# int_timer0
void ISR_T0 ( )                            //中断服务程序
{
        toggle = toggle^1;                 //位取反,也可写作 toggle^ = 1
        output_bit(PIN_C7,toggle);         //将位取反的结果输出到 RC7 引脚
}

void main( )                               //主程序
{
        set_tris_c(0x7F);                  //将 RC7 设置为输出态
        toggle = 0;                        //位变量清零
        set_timer0(0x00);                  //将 TMR0 清零
        setup_timer_0(T0_INTERNAL | T0_DIV_256);
                        //设定计数源来自片内,分频比 256,同时启动 TMR0 计数
        enable_interrupts(INT_TIMER0);     //打开 TMR0 中断
        enable_interrupts(GLOBAL);         //打开总中断
        while(1)
        {    }                             //进入循环
}
```

说明:将 setup_timer_0( )函数中的参数之一"T0_DIV_256"变换为其他值即可得到其他分频输出(不同的溢出时间)。

添加预处理器"# org 0x1000 default"并非必要,这里只起到一个演示作用。类似于汇编器的伪指令"ORG 1000H",它表示本指令后面的程序代码从 Flash 的 1000H 地址处开始排列。如果没有 default,它仅对后面相邻的第一个函数起作用。以上程序如果没有 default,# org 0x1000 仅作用于中断函数"void ISR_T0 ( )",而对后面的"void main( )"不起作用。这一点,可以从编译后的 Disassemble Listing 窗口中观察到。

预处理器"# org"的用法较多,具体可查阅 CCS C 编译器手册。

将实验 2 的程序用 C 语言实现,程序如下:

```
# include<16f877a.h>
# fuses HS,NOWDT,NOPROTECT,PUT,BROWNOUT,NOLVP
# use fast_io(C)
```

```
# org 0x1800 default                        //从页面 Page3 开始
short toggle；

# int_timer0
void ISR_T0 ( )
{
        set_timer0(0x3C);                   //进入中断服务后,重置 TMR0
        toggle = toggle^1;
        output_bit(PIN_C7,toggle);
}


void main( )
{
        set_tris_c(0x7F);
        toggle = 0；
        set_timer0(0x3C);                   //设定 TMR0 的计数初始值
        setup_timer_0(T0_INTERNAL | T0_DIV_256);
        enable_interrupts(INT_TIMER0);
        enable_interrupts(GLOBAL);
        while(1)
        {    }
}
```

说明:将 set_timer0( )函数中的参数"0x3C"改为其他值即可得到不同的溢出时间。

将实验 3 的程序用 C 语言实现,程序如下:

```
# include<16f877a.h>
# fuses HS,NOWDT,NOPROTECT,PUT,BROWNOUT,NOLVP
# use fast_io(B)
# org 0x1800                            //从页面 Page3 开始
int counter_value;                      //定义 8 位的存放计数值的变量

void main( )
{
        set_tris_a(0xFF);              //设定 RA 端口全部为输入态,即缺省态
        set_tris_b(0x00);             //设定 RB 端口全部为输出态
        output_b(0x00);               //上电则使 RB 端口全部输出 0
        set_timer0(0x00);             //将 TMR0 清零
        setup_timer_0(T0_EXT_L_T0_H | T0_DIV_1);
    //设定计数源来自片外,被计数信号上升沿触发,分频比为1,同时启动 TMR0 计数
while(1)
{
counter_value = get_timer0( );         //将 TMR0 的当前计数值存入 counter_value 变量中
output_b(counter_value);               //将 counter_value 变量的内容送到 RB 端口 LED 显示
```

```
        }                         //不断重复以上两行语句,以刷新显示
    }
```

6.12　WDT 模块的 C 语言编程

内部函数书写方式:

(1) setup_wdt(value):设置 WDT 的溢出时间。Value 值可以从以下参数中选择。

WDT_18MS	WDT_36MS	WDT_72MS	WDT_144MS
WDT_288MS	WDT_576MS	WDT_1152MS	WDT_2304MS

(2) restart_wdt( ):清零 WDT 计数器,防止溢出。指令的作用等同于"CLR-WDT"。

将 6.9 节的实验用 C 语言实现,类似程序如下:

```
# include<16f877a.h>
# fuses XT,WDT,PUT,NOLVP
# use fast_io(B)
# use delay(clock = 4M)
# org 0x1800                      //从页面 Page3 开始
    void main(  )
  {
        setup_wdt(WDT_18MS);      //设定 WDT 的溢出周期为 18ms
        set_tris_b(0);            //设定 RB 端口引脚全部为输出态
        output_b(0x00);           //设定 RB 端口引脚全部输出低电平
        output_bit(PIN_B7,1);     //RB7 引脚输出高电平
        delay_ms(5);              //高电平维持 5ms
        output_bit(PIN_B7,0);     //RB7 引脚输出低电平
        while(1)
        {
            restart_wdt( );
        }                         //进入循环,不断清零 WDT 计数器
  }
```

以上程序如果没有 restart_wdt( )语句,程序在运行中会不断地被复位,RB7 引脚的脉冲会不断地出现。如果添加该语句,RB7 引脚的脉冲只会出现一次,表明程序运行正常。

烧写程序的过程中应该注意:不论是用 ICD 还是 PICkit 工具,必须使 Build

configuration 处在 Release 模式；如果处在 debug 模式，WDT 会被强制关闭，致使程序运行不正常。

另外，使用 PICKit 时，还必须单击 Programmer 菜单的"Hold in reset"选项，使其熄灭，这样才能进行正常的烧写。

第 7 章

TIMER1 模块

7.1　TIMER1 模块定时器/计数器的功能特点

（1）16 位定时器/计数器（TMR1H：TMR1L）；

（2）"TMR1 寄存器对"既可以读出也可以写入；

（3）3 位软件可编程的预分频器（Prescaler）；

（4）内部或外部时钟触发信号选择（选择内部触发信号，工作在 Timer 模式；选择外部触发信号，工作在 Counter 模式）。

（5）从 FFFFH 到 0000H 产生溢出中断（中断发生后，中断溢出标志位 TMR1IF 置 1）

（6）在定时器模式时，累加器对每个到来的指令周期波加 1；在计数器模式时，加 1 操作仅发生在外部触发信号的上升沿。

（7）对来自芯片外部的脉冲计数时，计数器可以工作在异步模式，并独立于主振荡器。即便主振荡器停振，异步信号仍然可以触发累加器（TMR1H：TMR1L）增量。

7.2　与 TIMER1 模块相关的寄存器

寄存器名称	bit7	bit6	bit5	bit4	bit3	bit2	bit1	bit0
TMR1H	16 位 TMR1 累加器的高字节							
TMR1L	16 位 TMR1 累加器的低字节							
INTCON	GIE	PEIE	T0IE	INTE	RBIE	T0IF	INTF	RBIF
T1CON			T1CKPS1	T1CKPS0	T1OSCEN	T1SYNC	TMR1CS	TMR1ON
PIR1	PSPIF	ADIF	RCIF	TXIF	SSPIF	CCP1IF	TMR2IF	TMR1IF
PIE1	PSPIE	ADIE	RCIE	TXIE	SSPIE	CCP2IE	TMR2IE	TMR1IE

寄存器地址	寄存器名称	上电复位,欠压复位值	其他复位值
0FH	TMR1H	xxxxxxxx	uuuuuuuu
0EH	TMR1L	xxxxxxxx	uuuuuuuu
0BH/8BH/10B/18B	INTCON	0000000x	0000000u
10H	T1CON	- -000000	- - uuuuuu
0CH	PIR1	00000000	00000000
8CH	PIE1	00000000	00000000

注:x 表示未知;u 表示不变;-表示未指明位置,读作 0。

对以上寄存器的解释如下:

(1) 16 位累加器 TMR1H:TMR1L

寄存器对 TMR1H:TMR1L 组成一个 16 位的累加器,可读也可写。自由运行时从 0000H 到 FFFFH 循环往复计数,每次加 1 所需的时间是一个指令周期(无预分频器),指令周期乘以计数值就形成了一段计时时间。这个在 TIMER0 章节已经讲过,所不同的是,若其他条件相同,由 TIMER1 形成的最大计时时间应是 TIMER0 的 256 倍。

(2) 控制寄存器 T1CON(Timer1 Control register)

这个寄存器相当于 TIMER1 的运行控制器,TIMER1 工作于何种状态都要通过设置它来实现。

① T1CKPS1~T1CKPS0:预分频器分频比选择位

T1CKPS1~T1CKPS0	TMR1 分频比
00	1:1
01	1:2
10	1:4
11	1:8

② T1OSCEN(Timer1 Oscillator Enable bit):TIMER1 自带振荡器使能位

0=禁止 TIMER1 振荡器起振,非门及反馈电阻电路被关闭以降低功耗;

1=允许 TIMER1 振荡器起振。

③ T1SYNC(Timer1 External Clock input Synchronization Select bit):TIMER1 外部触发信号与主振荡器同步控制位。该位仅在计数器模式下有效,在定时器模式下,并不起作用。

0=片外输入脉冲信号与主振荡器保持同步;

1=片外输入脉冲信号与主振荡器不保持同步(异步)。

④ TMR1CS(Timer1 Clock Source Select bit):TIMER1 时钟源选择位

0=由内部提供的指令周期信号作为 TIMER1 定时模式的时钟源;

1=选择外部时钟源,时钟源信号来自外部引脚或自带振荡器。

⑤ TMR1ON（Timer1 On bit）：TIMER1 使能控制位，这一点优于没有启停位的 TIMER0

0＝关停 Timer1；

1＝启动 Timer1。

（3）中断控制寄存器 INTCON（Interrupt Control）

为了提高单片机 MCU 的工作效率，当 TIMER1 与中断合用时，对这个寄存器进行设置是必不可少的。具体介绍可见中断章节。

（4）RC 端口方向寄存器 TRISC

TRISC0、TRISC1 这两位与 TIMER1 有直接关联。当 TIMER1 工作于 Counter 模式时，需要一个外部触发信号 T1CKI，但它是通过引脚 RC0 进入芯片内部的。此时，引脚 RC0 必须要设置为输入方式，作为 T1CKI 信号的专用引脚。同理，在必要时，引脚 RC1 也可以做到这一点。

7.3　TIMER1 模块的电路结构和相关原理

TIMER1 的运行是通过 T1CON 这个寄存器来控制的，T1CON 的 bit1 位是 TMR1CS 位，它被定义为触发计数信号源选择位。

当 TMR1CS 为 0 时，工作在定时器 Timer 模式。计数信号来自内部恒定的指令周期波（或分频波）。TIMER1 模块在预分频器分频比为 1∶1 的情况下，其累加器每个指令周期累加 1；如分频比为 1∶2，那就是每 2 个指令周期累加 1；对于其他分频比，依此类推。

当 TMR1CS 为 1 时，工作在计数器 Counter 模式，计数信号来自芯片外部。在每个外部脉冲信号的上升沿触发累加器加 1。与其他 TIMER 相比，TIMER1 增加了一个亮点，那就是异步计数方式。TIMER1 的定时及计数方式工作原理将在后文说明。

图 7.1 为 TIMER1 的电路结构图，将图 7.1 的结构图分为若干部分，并对每个部分的特点进行说明。

（1）16 位的累加计数器由两个 8 位的寄存器组成，它们合在一起形成了一个寄存器对 TMR1H∶TMR1L，当低位 TMR1L 溢出时会向高位 TMR1H 进位，如果寄存器对是一个单独的寄存器（16 位），程序控制它会很简便，但在这里，程序需要对两者分别操作，这样做比较麻烦。然而，使用 C 语言可以将 16 位的 TMR1 当做一个整体进行操作。TIMER1 寄存器对的计数值从 0000H 到 FFFFH 循环往复计数，溢出时置位中断标志位 TMR1IF。

（2）两输入端的与门 G1。"2"是触发信号输入端，"1"是控制端 TMR1ON，由图 7.1 可见，对累加器的增量实现了受控，这是 TIMER0 所不具备的。当 TMR1ON 为 1 时，触发信号会源源不断地送入累加器，触发累加器的加"1"操作；

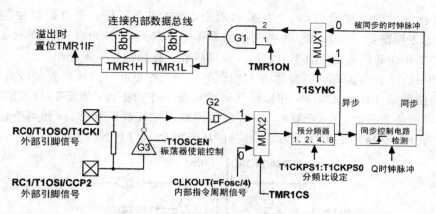

图 7.1　TIMER1 内部电路结构图

当 TMR1ON 为 0 时,与门的输出总为 0,触发信号被屏蔽,累加器锁定一个当前值,停止加"1"操作。

(3) 多路模拟开关 MUX1。在 TIMER0 章节已经介绍过,它相当于一个单刀双掷受控的电子开关。当 T1SYNC 为 0 时,接受同步信号往后级输送;为 1 时,接受异步信号往后级输送。

(4) 同步控制电路。经外部引脚送入的计数触发信号与 MCU 内部的主振荡器进行同步,它的工作原理在 TIMER0 章节(图 6.6)有过介绍。

(5) 预分频器(3 位)可以设置 4 种不同的分频比(1:1、1:2、1:4、1:8),通过定义位 T1CKPS1:T1CKPS0 来实现。

(6) 多路模拟开关 MUX2。选择时钟信号的两个不同来源,当 TMR1CS 为 0 时,为定时器模式,信号源是内部指令周期信号;当 TMR1CS 为 1 时,为计数器模式,信号源来自片外,或自带振荡器产生的时钟信号。

(7) 施密特触发器 G2,用于对来自外部引脚的触发信号或自带振荡器产生的振荡信号进行整形。注意,对 16F73 或 76 引脚数只有 28 的系列来说,没有设置这个触发器,但对 16F87X(A)系列中 40 引脚的机型都具备此设置。

(8) 一个由受控三态非门 G3 构成的独立的低频低功耗晶体振荡器,它的电路结构与主振荡器相类似,但它可以与主振荡器在非同步(异步)状态下工作。

7.4　TIMER1 模块自带振荡器的电路结构和工作原理

在硬件的构成上,与其他 TIMER 不同的是,TIMER1 自备了一个计数用振荡源,这个振荡源信号既可以与主振荡器同步,也可以与之异步。它的搭建非常方便,只需外接极少的分立器件(一个晶振和两个电容)即可工作。其电路结构类似于 MCU 的主振荡器,不同的是,主振荡器的工作频率范围很宽,而 TIMER1 自备振荡器只能工作在低频范围。以下对它的电路结构和工作原理作一下介绍。

  TIMER1 自带振荡器原理如图 7.2 所示,它是一个电容三点式自激多谐振荡器。只有当使能端 T1OSCEN 为 1 时,振荡器才具备工作的条件;而当 T1OSCEN 为 0 时,不仅振荡器不能工作,而且非门 G3 的输出端会呈现高阻状态,即相当于输出端断开。此时,要触发 TMR1 增量,信号只能从引脚 RC0/T1CKI 进入。

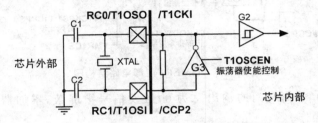

图 7.2 TIMER1 自带振荡器电路结构图

  为阐释 TIMER1 自带振荡器的工作原理,我们搭建如图 7.3 所示的实验电路进行模拟分析。

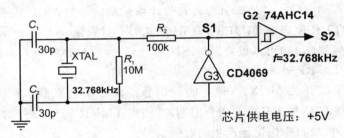

图 7.3 TIMER1 自带振荡器模拟电路

  上图是一个主要由 CD4069 反相器构成的电容三点式振荡电路,反馈电阻 R1 和非门 G3 组成反相放大器,利用 R1 可将 G3 偏置在线性放大区,R1 一般取 5~30 MΩ,典型值为 10 MΩ。R2 作驱动电位调整之用,有的也称消能电阻,它可以防止晶振被过分驱动而工作在高次谐波频率上。石英晶振 XTAL 在并联谐振时呈感性,其等效电感 L0 与电容 C1、C2 构成正反馈选频网络。电容 C1 与 C2 上的电压是反相的,S1 端电压经 C1、C2 分压后向 G3 的输入端提供正反馈电压,该电路通电后由于 L0、C1、C2 的选频作用,就把通电干扰杂波中与 f 相同的信号选出来,进行反馈与放大,直至形成振荡。电容 C1、C2 能提供足够高的正反馈电压,及时补充振荡器的能量损失,故振荡器能在极短的时间内起振,并在 f 频率下维持等幅振荡。电路输出的波形图如图 7.4 所示,CH1 是 S1 点的波形,CH2 是 S2 点的波形,可见,通过施密特电路整形后,输出波形变成了边沿很陡的方波。

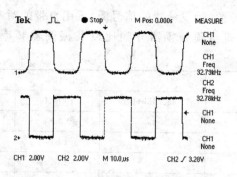

图 7.4　施密特电路整形前后

以上通过实验电路较详细的分析了 TIMER1 模块自带振荡器的工作原理,该振荡电路为低功耗(Low Power)振荡器,上限频率只能达到 200kHz。

为什么要这样设计,读者在后面会了解到,这种模式大多用于电池供电的情形。故低功耗这一点显得非常关键。另外,为了能用简易的方法得到"秒"时基信号,建议使用 32768(2^{15})Hz 的石英晶振,这是一类电子钟表常用的晶振。对该频率进行 15 级分频后便可以得到"秒"时基,整个过程与主振荡器不发生关联(Sleep 态,它仍会工作),另通过相应的程序,使得 MCU 应用产品具备实时时钟(RTC)功能,该功能在大中小型计算机系统中被广泛使用,它一般是指能够自动记录和计算年、月、日、时、分、秒、星期等日历信息的专用集成电路。这样的芯片很多公司都生产,常用的有 DALLAS 公司的 DS1302,如果使用 C 语言编程,C 编译器还可以提供它的驱动程序。

在这里,TIMER1 的 RTC 功能仅仅在硬件上能实现"秒"时基,这是最基本的,对于大多数的应用,像这样应该就够了。但是如果要生成日历信息,那就需要不少软件开支。然而,专用的 RTC 集成电路把这些日历信息全部做在了硬件里面,与 MCU 对接使用时,MCU 只需要控制和读出或写入相关的日历信息就可以了,从而使得相关软件开支达到最小。

回过头来看,利用外设生成"秒"时基的同时又要求外围电路最简化,即硬件开销最低,那么 TIMER1 的 RTC 功能就会显得特别有意义,会大大提升现有系统的性价比。

表 7.1　TIMER1 振荡器的工作频率与对应的电容

振荡类型	频率	C_1	C_2
LP	32kHz	33pF	33pF
	100kHz	15pF	15pF
	200kHz	15pF	15pF

说明:①增加电容容量可以提高振荡器的稳定性,但是同时会延长振荡器的起振时间;

②编制程序时,使用者必须提供相应的软件延时以保证振荡器正常启动。

当 TIMER1 的时钟源（触发计数的信号源）采用自带的时基振荡器时,在自由运行态下,其计数溢出时间与预分频器分频比以及振荡器频率之间的关系,如下表所列。

分频比	溢出时间		
	32.768kHz	100kHz	200kHz
1:1	2s	0.655s	0.327s
1:2	4s	1.31s	0.655s
1:4	8s	2.62s	1.31s
1:8	16s	5.24s	2.62s

另外,TMR1 装载初始值与溢出时间之间的关系,如下表所列。其中,假设的前提条件是振荡器工作频率为 32768（2^{15}）Hz,预分频比为 1:1,累加器 TMR1 的低字节 TMR1L 的初始值为 00H。

当 TIMER1 自带 2^{15} Hz 的振荡器自由运行时,运行一轮的时间是（1/32768）×65536＝$2^{16}/2^{15}$＝2s,由此不难理解下表所列装载值的意义。

TMR1H 装载初始值	溢出时间 @32.768kHz
80H	1s
C0H	0.5s
E0H	0.25s
F0H	0.125s

在程序编制的过程中,需要注意的是:如果 TIMER1 正在运行中,TMR1H：TMR1L 寄存器对被写入,可能发生写入冲突。另外,预分频器会被自动清零,即分频比变为 1:1,此时写入操作应该特别慎重。同样,如果进行读出操作,也可能发生读出错误。这是什么原因造成的呢？具体解释可见后文。

7.5　TIMER1 模块两种工作模式的说明

TIMER1 有两种工作模式:定时器模式和计数器模式。

前文有过讲述,两种工作模式由 TMR1CS 控制位来设定。为 0 时工作在定时器 Timer 模式下,TIMER1 内部的 16 位累加器在每个指令周期波到来时加 1。为 1 时工作在计数器 Counter 模式下,TIMER1 内部的 16 位累加器在每个外部触发信号的上升沿到来时加 1。

定时器模式

在定时器模式下,触发 TMR1 累加器加 1 的信号只有一种来源。

此信号由内部系统时钟 4 分频($f\text{osc}/4$)后获取,即指令周期(Instructions Cycle)信号,这是来源于芯片内部的信号,信号的特点是频率较高且稳定,不易受外界干扰,信号的周期(T_{cy})或分频后的周期(NT_{cy})常常用作对某一时间段定时的步长。其原理电路如图 7.1 所示,当多路转换开关 MUX2 倒向 0 时,TIMER1 工作在定时器模式。在此模式下,同步控制信号 T1SYNC 不起作用,因为触发 TMR1 增量的信号与系统时钟总是同步的。当 MCU 进入 Sleep 状态时,系统时钟停振,TMR1 失去了计数信号源,也就停止了递增操作。

前面讲过,定时是以计数为基础的。作为 16 位的定时器,其计数范围从 0000H 到 FFFFH,计数溢出(T_{TMR1IF}置位)的循环周期表达式为:

$$T_{\text{TMR1IF}} = (4/f_{\text{osc}}) \times N_{\text{pre}} \times (65536 - M) \qquad 7.1$$

式 7.1 中,$4/f_{\text{osc}}$ 为指令周期,N_{pre} 为预分频器的分频比,有 4 种分频比值可选,M 为 16 位累加器 TMR1 的初始值。

当 $M = 0$ 时,TIMER1 自由运行;当 $M \neq 0$ 时,TIMER1 受控运行。

图 7.5 展示了累加器 TMR1 的计数过程与时间的关系,以及溢出时刻(TMR1IF 置位)在时间轴上的分布。

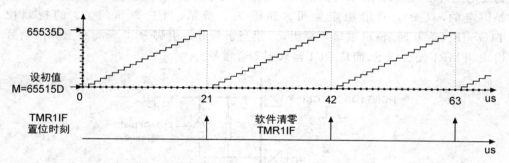

图 7.5　累加器 TMR1 的运行图示

图 7.5 中,假设计数初始值 $M = 65515D$,预分频比为 $N_{\text{pre}} = 1$,指令周期 $4/f_{\text{osc}} = 1\ \mu s$,那么依照公式 7.1,计数溢出循环周期为:

$$T_{\text{TMR1IF}} = (4/f_{\text{osc}}) \times N_{\text{pre}} \times (65536 - M)$$
$$= 1 \times 1 \times (65536 - 65515) = 21\ \mu s$$

这个结果与图示时间刻度吻合。

计数器模式

计数器工作方式分为同步(Synchronization)和异步(Asynchronization)方式。

在计数器模式下,TIMER1 的累加器在其开始增量前,前端信号必须有一个下降沿。在紧随下降沿之后的上升沿才能触发累加器 TMR1 加 1。

当被计数信号的缺省电平为高电平时,TMR1 的增量方式如图 7.6 上部分所示;当被计数信号的缺省电平为低电平时,TMR1 的增量方式如图 7.6 下部分所示。

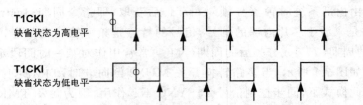

说明：箭头表示计数器递增的时刻，小圆圈表示计数器开始递增之前所需的一个下降沿。

图 7.6　Timer1 计数器工作方式增量示意图

在计数器模式下，存在输入触发信号与系统时钟的同步问题。如图 7.1 所示，对同步控制位 T1SYNC 设定后，通过 MUX1 多路开关，既可以选择同步工作方式，也可以选择异步工作方式，这也就是选择是否需要使用同步控制电路。

在计数器模式下，触发 TMR1 加 1 的信号有 3 种来源，以下将分别解释这三种来源。

① 从 RC0/T1OSO/T1CKI 引脚获取，这是来自芯片外部的信号。只要信号有稳定的上升沿，累加器加 1 的操作便会发生。信号的特点是其频率与占空比不一定是恒定的，只要上升沿稳定便可。如图 7.7 所示，当三态非门 G3 的控制位 T1OSCEN 为 0 时，输出端呈现高阻态，相当于断开。引脚 RC0 只要有上升沿信号出现，TMR1 便会增量，而从 RC1 输入则不会增量。

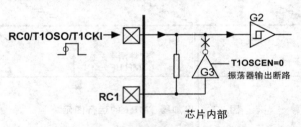

图 7.7　Timer1 计数器工作方式图示一

② 从 RC1/T1OSI/CCP2 引脚获取，这也是来自芯片外部的信号，信号的特点同上。如图 7.8 所示，所不同的是对于三态非门 G3，当控制位 T1OSCEN 为 1 时，输出端呈低阻态，相当于导通，这才使得引脚 RC1 只要有下降沿信号出现，TMR1 就会增量；与此同时，信号从引脚 RC0 输入，TMR1 也会增量，只是它是上升沿增量，两者是相反的，但不要让两引脚同时输入计数信号。然而，不管是从哪个引脚进入的信号，最终通过 G2 后，都是上升沿才能触发 TMR1 增量。

③ 自带振荡器产生。当三态非门 G3 的控制位 T1OSCEN 为 1，且引脚 RC0、RC1 两端跨接有石英或陶瓷晶振 XTAL 以及振荡电容 C1、C2 时，TMR1 是通过如图 7.9 所示的振荡器产生的触发信号上升沿（G2 输出）来实现增量的。

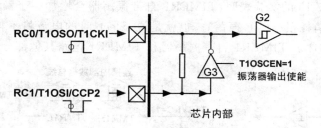

图 7.8　Timer1 计数器工作方式图示二

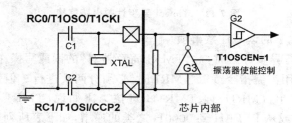

图 7.9　Timer1 计数器工作方式图示三

TIMER1 的计数器模式又分为同步计数和异步计数两种。

① 同步计数工作方式

当同步控制位 T1SYNC 置 0 时，TIMER1 工作在同步计数方式。如图 7.10 所示，此时，外部输入的触发信号要与主振荡器波形进行同步。该同步操作是在信号被分频之后完成的。

在同步计数方式下，当 MCU 进入 Sleep 状态时，即使有芯片外触发信号进入引脚 T1CKI，TMR1 也不会增量，因为同步控制电路已停止工作，它不再有输出信号，但是预分频器会不受影响而继续增量。

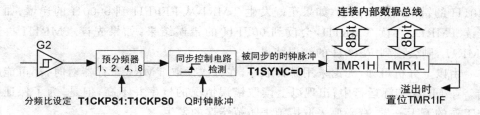

图 7.10　Timer1 同步计数电路结构

② 异步计数工作方式

当同步控制位 T1SYNC 置 1 时，TIMER1 工作在异步计数方式。如图 7.11 所示，此时，外部输入的触发信号不需要与主振荡器波形同步，两者各行其是。当 MCU 进入 Sleep 状态时，外部触发信号仍然可以使 TMR1 增量，计数溢出时同样能产生中断请求和唤醒 CPU。

如后文图 7.15 的实验表明, TIMER1 自带振荡器会增加一个额外的电流消耗, 尽管这个电流消耗很小(LP 振荡)。也就是说, Sleep 时的电流将不再仅是 MCU 的漏电流, 而是包含了 TIMER1 自带振荡器和 TIMER1 电路其他部分的工作电流。

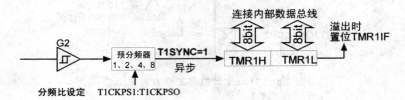

图 7.11　Timer1 异步计数电路结构

异步计数方式下的读写注意事项

当 TMR1 进行异步计数时, 对"TMR1 寄存器对"的读或写操作应注意:

①读操作: 当用汇编指令读取 TMR1 时, 必须分两次进行。但是 CPU 执行读指令的同时, 可能发生 TMR1L 向 TMR1H 进位。比如说, TMR1 可能正好发生从 04FFH 到 0500H 或从 FFFFH 到 0000H 之类的递增, 如下表所列, 两种顺序的读取方法会得到两种不同的结果。

TMR1 寄存器对	顺序 1		顺序 2	
中的数值	操作	TMPH:TMPL	操作	TMPH:TMPL
04FFH	读取 TMR1L	xxxxH	读取 TMR1H	xxxxH
0500H	存入 TMPL	xxFFH	存入 TMPH	04xxH
0501H	读取 TMR1H	xxFFH	读取 TMR1L	04xxH
0502H	存入 TMPH	05FFH	存入 TMPL	0401H

上表中, 正好发生了 TMR1 从 04FFH 到 0500H 的递增, 如果先读 TMR1L 再读 TMR1H, 会读到 05FFH 的错误结果; 如果先读 TMR1H 再读 TMR1L, 则会读到 0401H 的错误结果。同理, 如果正好发生 TMR1 从 FFFFH 到 0000H 的递增, 如果先读 TMR1L 再读 TMR1H, 会读到 00FFH 的错误结果; 如果先读 TMR1H 再读 TMR1L, 则会读到 FF00H 的错误结果。

由以上分析可知, 无论采用哪种顺序, 在分次读取 TMR1 寄存器对时, 都可能出错。在 MCU 实际运行中, 出现以上读取错误情况的概率并不高, 但是, 为了保证系统工作的万无一失, 有必要采取措施来防范错误的发生。

芯片手册上给出如下程序段来防止读取错误的发生, 它的逻辑为判断是否发生了溢出时读取; 若发生, 则再次读取。

```
BCF INTCON,GIE       ;关闭所有中断
MOVF TMR1H,W         ;先读取高字节,因为高字节不易发生变化
MOVWF TMPH
MOVF TMR1L,W         ;后读取低字节,因为低字节不断地在变化
```

```
MOVWF TMPL
MOVF TMR1H,W        ;再次读取高字节,随后进行比较
SUBWF TMPH,W        ;用第 2 次高字节读取值减去第 1 次高字节读取值
BTFSC STATUS,Z      ;如果两次读取的结果相等,执行下一步,否则跳转执行
GOTO CONTINUE
```
;如果两次读取的结果不相等,说明 TMR1L 向 TMR1H 发生了进位,TMR1H 刚刚发生了变化,那么
　还是在 TMR1H 变化之后再读吧！ 程序段如下:
```
MOVF TMR1H,W        ;先读取高字节
MOVWF TMPH
MOVF TMR1L,W        ;再读取低字节
MOVWF TMPL
BSF INTCON,GIE      ;打开所有中断
CONTINUE：   …      ;继续执行其他程序
```

② 写操作:当用汇编指令写 TMR1 时,也必须分两次进行。但若计数器正在增量,可能会发生写入冲突。因此,建议先关停计数器,再写入数据。

若一定要在 TIMER1 运行时写入数据,那么,应首先清零 TMR1L,以确保它在向 TMR1H 发生溢出进位之前,有足够长的“增量”距离(即确保 TMR1L 在 256 个 T_{cy} 时间内不会计数溢出)。随即装载 TMR1H,再装载 TMR1L。芯片手册推荐的程序段如下:

```
BCF INTCON,GIE      ;关闭所有中断
CLRF TMR1L          ;清除低字节,确保不会向高字节进位
MOVLW HI_BYTE
MOVWF TMR1H,F       ;装载高字节寄存器
MOVLW LO_BYTE
MOVWF TMR1L,F       ;装载低字节寄存器
BSF INTCON,GIE      ;打开所有中断
CONTINUE：   …      ;继续执行其他程序
```

16 位可编程周期寄存器

当 CCP1 和 CCP2 模块(后续章节将会讲到)被设置为 4 种比较(Compare)模式中的一种——输出匹配(Match)后触发特殊事件这种比较工作模式时,那么每当输出匹配,CCP 模块就会产生一个内部的硬件触发信号,它用于进行初始化,该触发信号会复位累加寄存器对 TMR1H：TMR1L。这将使得 16 位宽的 CCP 工作寄存器对 CCPR1H：CCPR1L 实际上成为了 TIMER1 的一个“16 位可编程周期寄存器”。

这里需解释什么是“16 位可编程周期寄存器”。以往,对于工作于定时器模式的 Timer 而言,定时时间段的形成是通过设定一个初始值(例 FF00H),从初始值开始累加到溢出(0000H),计数 FFH 次(256D 次),若主频为 4M,那么由此形成的定时时间段就是 256 μs。

然而,在 CCP 的这种比较(Compare)模式下,定时时间段是这样形成的,每一次

都让累加寄存器对 TMR1H：TMR1L 从 0000H（复位值）开始累加，后面通过 CCP 模块寄存器对 CCPR1H：CCPR1L 设定一个目标值（例 00FFH），累加值（变化）与目标值（不变）不断比较，当两者相等，TMR1 累加终止，随后复位重新开始，定时时间段（256 μs）由是形成，并且循环往复。以上目标值可以任意设定，也就是可编程（Programmable）的意思，这就是"16 位可编程周期寄存器"的由来，具体原理会在 CCP 章节讲述。

　　由以上比较可知，要获得一段精确的定时时间段，可以通过 TIMER1 的定时模式获取，也可以通过 CCP 模块的某一比较模式获取。问题的核心是当作定时器用的 TIMER1 都在两者中扮演着重要的角色。

TIMER1 的使用情况比较复杂，它不仅可以独立使用，还可以与 CCP 模块的 Compare、Capture 功能联合使用，故需要注意一些问题。

　　① 为了使用 Compare 模式下的 16 位可编程周期寄存器，TIMER1 必须设为定时或同步计数方式。若设为异步计数方式，会造成 CCP 特殊事件触发的复位操作对 TMR1 无效。另外，CCP 特殊事件触发信号会使 TMR1 清零，但不会使 TMR1IF 置位。

　　② 当 TIMER1 设为异步计数时，CCP 模块的输入捕捉（Capture）或输出比较（Compare）功能无法正常运行；

　　③ 当 CCP 特殊事件触发信号与"写 TMR1"同时发生时，后者会优先进行；

　　④ 当 TMR1 正在运行时，不建议对它进行写入操作。

7.6　TIMER1 模块应用实践

实验 1：让 TIMER1 模块定时器自由运行，观察不同分频比时的溢出时间。

程序名：TIMER11.ASM

```
        include <p16f73.inc>          ;@4M oscillator
        ORG 0X00                      ;复位向量地址
        GOTO START
        ORG 0X04                      ;中断向量地址
        BCF PIR1,TMR1IF               ;清除 TIMER1 中断标志
        MOVF PORTC,W
        XORLW B'10000000'
        MOVWF PORTC                   ;实现 RC7 引脚电平的翻转
        RETFIE                        ;中断返回
START:
        BANKSEL TRISA
        CLRF TRISC                    ;设置 RC 端口为输出态
        BSF PIE1,TMR1IE               ;打开 TIMER1 中断
```

```
          BANKSEL PORTA
          MOVLW 0X04                    ;设分频比为 1:1,计数信号来自内部时钟源
          MOVWF T1CON
          MOVLW 0XC0                    ;打开总中断,外设中断
          MOVWF INTCON
          BSF T1CON,TMR1ON              ;启动 TIMER1 计数
LOOP:     GOTO LOOP
          END
```

本程序验证了 TIMER1 模块定时器的基本功能,让 TIMER1 在定时模式下自由运行(free running),观察其运行一轮(0000H－FFFFH)所需时间以及此时间与分频比的关系。

程序中用到了中断,目的是要通过中断服务切换引脚 RC7 的电平。由程序可知,在对 TIMER1 的运行控制器 T1CON 进行相关设置后,打开有关中断,启动 TIMER1,于是 TIMER1 从 0000H 到 FFFFH 循环"数数",在这里是 4M 的主频,"数"一次的时间是 1 μs,即一个指令周期(Instructions Cycle)。

在预分频比为 1:1 时(B'00000100' →T1CON),"数数"一轮的时间应是 65536 μs,即 65.536ms,与图 7.12 左边示波器波形的脉宽值吻合。同理,在预分频比为 1:2 时(B'00010100' →T1CON),运行一轮的时间应是 131.072 μs,即 131.072ms,如图 7.12 右边波形图所示。图中示波器的测量值与实际值有一定的差别,因为对于脉冲宽度几十微秒的摆幅,示波器是不易感知的。

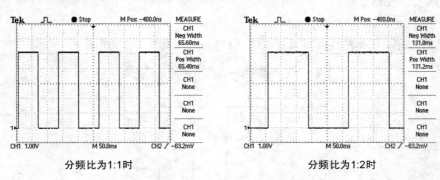

分频比为1:1时　　　　　　　　　　　　　分频比为1:2时

图 7.12　不同分频比形成的不同溢出时间(RC7 引脚电平)

实验 2:利用 TIMER1 模块定时器做一个 50ms 的时间基准。

本程序中,要取得一个 50ms 的时间基准,就不能让 TIMER1 自由运行,必须对它进行干预,也就是累加器 TMR1(TMR1H:TMR1L)溢出后,计数值不能再从 0000H 开始计数,必须强行赋予一个初始值,每次从这个初始值开始计数。根据实验目的编制程序如下:

程序名:TIMER12.ASM
```
    include <p16f73.inc>        ;@4M oscillator
```

```
        ORG 0X00              ;复位向量地址
        GOTO START
        ORG 0X04              ;中断向量地址
        MOVF PORTC,W
        XORLW B'10000000'
        MOVWF PORTC           ;实现 RC7 端口的翻转
        BCF  PIR1,TMR1IF      ;清除 TIMER1 中断标志
        BCF T1CON,TMR1ON      ;关停 TIMER1
        MOVLW 0XB0
        MOVWF TMR1L           ;重新赋值
        MOVLW 0X3C
        MOVWF TMR1H
        BSF T1CON,TMR1ON      ;再启动 TIMER1 计数
        RETFIE                ;中断返回
START:
        BANKSEL TRISA
        CLRF TRISC            ;设置 RC 端口为输出态
        BSF PIE1,TMR1IE       ;打开 TIMER1 中断
        BANKSEL PORTA
        MOVLW 0X04            ;设分频比为 1:1,计数信号采用内部时钟源
        MOVWF T1CON
        MOVLW 0XC0            ;打开总中断,外设中断
        MOVWF INTCON
        BSF T1CON,TMR1ON      ;启动 TIMER1 计数
LOOP:   GOTO LOOP
        END
```

运行程序,用示波器观察得到 RC7 引脚的波形如图 7.13 所示。

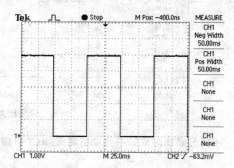

图 7.13   分频比为 1:1   3CB0H→TMR1 时

本程序中,分配比为 1:1,设初始值为 X,那么依据式 7.1:

$$T_{\text{TMR1IF}} = (4/f_{\text{osc}}) \times N_{\text{pre}} \times (65536 - M)$$

$$50000 \ \mu s = 1 \times 1 \times (65536 - X) \ \mu s$$

$$X = 15536D = 3CB0H$$

用这种方式很容易得到 50.0ms 的时间基准,也就是说,脉冲宽度不是在 50.1ms 或 49.9ms,而是在 50.0ms,从示波器图也可以看出。为什么能做到这样,在此不妨把前一章 TIMER0 图 6.8 的实验拿来比较一下,两者都是要达到同样的目的,即得到一个 50ms 的时间基准,TIMER0 必须要进行 1∶256 的分频,时间单元拓展了 256 倍,但是降低了定时精度,无法精准地定时在 50.0ms,而是只能定在逼近这个时间点的位置。实验的结果是,它只能将时间基准锁定在 49.9ms 或 50.2ms。

TIMER0 的累加器 TMR0 是 8 位的,而 TIMER1 的累加器 TMR1H∶TMR1L 是 16 位的,两者要达到 65536 μs 的定时宽度,TIMER1 可以用 1 μs 进行累加,而 TIMER0 只能用 256 μs 进行累加,所以在这里,TIMER1 可以精确定时(N)μs(N 为小于 65535 的整数)的时间段;而 TIMER0 只能精确定时($256N$)μs(N 为小于 255 的整数)的时间段,对于其他时间段,只能逼近而无法达到。

这里特别要提出的是,以上得到的 50.0ms 的时间基准,如果换成微秒单位那就是 50000 μs,仔细观察程序,会发现时间基准不可能刚好是 50000 μs,而是有不到 10 μs 的误差,这个时间误差是由中断服务程序造成的,观察指令数,可能是 50007 μs,可见,误差很小,完全可以忽略不计。当然,如果还要减小误差,可以修正 TMR1L 的装载值。但是,在大多数情况下,这样做是没有必要的。

还需说明的是,程序中对 TMR1H∶TMR1L 装载之前,关停了 TIMER1,这一点和 TIMER0 有很大的不同。TIMER0 的累加器是 8 位的,在运行中装载不易造成装载失误。而 TIMER1 是 16 位,由 2 个 8 位累加器构成,在运行中装载可能造成装载失误,其原因前面已有详述。

TIMER0 定时器一旦启动,便无法用指令停止,除非芯片断电或 Sleep;而 TIMER1 可以通过指令让它随时启动,随时停止。这一点增加了应用的灵活性和控制上的可靠性。

以上程序 TIMER1 的分频比是 1∶1,在 4M 主频下最大定时时长可达 65536 μs,如果还嫌不够,可以加大分频比,如果采用最大分频比 1∶8,那么最大定时时长可以达到 65536×4 μs=262144 μs=262.1ms。但这也是以牺牲定时分辨率为代价的,至于在不在意,这要看具体场合。

实验 3:利用 TIMER1 模块的计数器功能实现输入脉冲的计数。

对于计数器模式的计数脉冲,我们使用信号发生器输出的方波脉冲,当然没有信号发生器也可以自制信号源。实验电路原理图如图 7.14 所示。

电路中,使用了外部信号输入口 RC0/T1CKI,即将被计数的脉冲就是从这里输入的。RB 端口联合 RD 端口作为显示 16 位二进制计数值用,它显示从某一时刻起进入 RC0 引脚脉冲的个数,计数值从 0000H 到 FFFFH,通过 LED 灯的亮灭循环显示,实现该功能的程序如下:

程序名:TIMER13.ASM

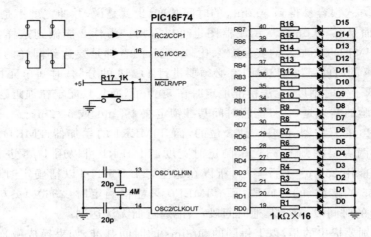

图 7.14　16 位计数器电路原理图

```
        include <p16f74.inc>        ;@4M oscillator
        ORG 0X00                    ;复位向量
        GOTO START
START:
        BANKSEL TRISA
        MOVLW 0X00
        MOVWF TRISD                 ;RD 端口设为输出态,供二进制显示用
        MOVWF TRISB                 ;RB 端口设为输出态,供二进制显示用
        BSF TRISC,0                 ;RC0 设为输入态,作为外部被计数信号输入引脚
        BANKSEL PORTA
        MOVLW B'00000110'           ;分频比为 1:1,计数信号来自外部时钟源,异步方式
        MOVWF T1CON
        CLRF TMR1H                  ;清零累加器高 8 位和低 8 位
        CLRF TMR1L
        CLRF PORTB                  ;清零显示端口高 8 位和低 8 位
        CLRF PORTD
        BSF T1CON,TMR1ON            ;启动 TIMER1 计数
LOOP:
        MOVF TMR1L,W                ;累加器低 8 位送 RD 端口显示
        MOVWF PORTD
        MOVF TMR1H,W                ;累加器高 8 位送 RB 端口显示
        MOVWF PORTB
        GOTO LOOP                   ;循环显示
        END
```

　　程序的运行效果:当计数的信号源来自信号发生器时,选择信号频率为 1 Hz,观察发现 LED 灯阵列每过 1 秒进行一次加 1 操作,变化非常有规律;把信号频率调为

几赫兹,发现加 1 操作变快了,逐渐加大信号频率,发现加 1 操作越来越快,也就是说,越是低位,灯的闪烁越快,甚至是常亮。当累加器低 8 位 TMR1L 对应的 RD 端口的一轮操作(计数 256 个脉冲)完毕后,LED 灯由全亮变为全熄。这时,低 8 位 TMR1L 向高 8 位 TMR1H 开始进位,TMR1L 又开始了新一轮的循环(1 轮是指每一端口 RB 或 RD 对应的 8 位 LED 从 00000000B 到 11111111B 累加完毕),完毕后,再次向 TMR1H 进位。依此类推,TMR1L 循环 256 轮,TMR1H 才会循环 1 轮,那么一个大循环下来(从 0000H 到 FFFFH),"数数"上升沿的个数就是 $256 \times 256 = 65536$ 个。

以上计数原理类似于把十进制数 10000 用乘法来表示,可以表示成 10×1000,1000×10,1×10000,10000×1,100×100。在这里要求两个因素位数相同(对应于以上两个累加器宽度相同),那就只能选择 100×100,也就是把 100 个 100 相加,可以得到 10000 这个数。对应于以上,把 256 个 256 相加,可以得到 65536 这个数。

程序中,为了清晰明了,没有对累加器的高低字节进行读取防错处理,主循环程序执行一轮耗时 6 μs,那么只要被计数波形的每个周期都大于 6 μs,就不存在读取出错的可能。计数的信号源也可取自手动按键的脉冲信号,在 TIMER0 章节已做说明,这里不再赘述。

通过观察信号源,可以发现另外一个现象。实验使用的是方波信号,但是当使用波形发生器的三角波或正弦波时,16 位累加器仍然能正常工作,原因如图 7.1 所示,存在施密特触发器 G2,它能把三角波或正弦波整形成方波,这就是计数器能正常工作的原因。同时,在相关的应用中,可以省去一些外围电路,节省硬件开支,提升系统性价比。需要强调的是,施密特触发器 G2 只在 40 脚型号的 MCU 中才会配置。

另外,由于显示值能被人眼觉察到,计数信号的输入频率是很低的。如果这个实验的计数信号采用同步方式工作,也可以达到同样的效果,然而在高频段,它们会有一定的差异。

采用本实验的电路,异步模式,将计数信号的频率提高,可以发现,在能有效触发计数的前提下,输入信号的最大频率可达 3MHz。这个值与 MCU 的主频没有太大关联。

如果采用同步模式,可以发现,在 4M 主频下,TMR1 能接收最高频率 1MHz 的计数信号;在 20M 主频下,TMR1 只能接收最高频率 1.9MHz 的计数信号,而在芯片内部,它能接收 5MHz 的计数信号。内部信号是自动同步的,而外部信号非自动同步。可见同步控制电路对计数信号的上限频率有很大的影响。

实验 4:利用 TIMER1 模块做一个秒时基发生器。

前面已经详细讲述了 TIMER1 自带振荡器的工作原理,此处做一个实验加深一下了解,实验电路的原理图如图 7.15 所示。

图中,MCU 的工作主频为 4M,TIMER1 自带振荡器跨接在 RC0/T1OSO 与

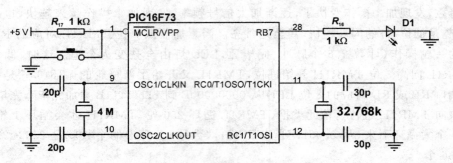

图 7.15　秒时基发生器电路原理图

RC1/T1OSI 两引脚之间,其晶振的振荡频率为 $32.768(2^{15})$ KHz。实验要达到的效果是:秒时基信号从引脚 RB7 发出,每隔 1 秒钟,RB7 的引脚电平变换一次,对应的 LED 灯交替亮灭一次,程序及相应的波形图如下:

```
程序名:TIMER14.ASM
    include <p16f73.inc>          ;@4M oscillator
        ORG 0X00                  ;复位向量地址
        GOTO START
        ORG 0X04                  ;中断向量地址
        MOVF PORTB,W
        XORLW B'10000000'
        MOVWF PORTB               ;每秒中断一次,RB7 引脚电平变化一次
        BCF PIR1,TMR1IF           ;清除 TIMER1 中断标志
        MOVLW 0X80
        MOVWF TMR1H               ;低位溢出,不必在意,只需把高位重新赋值
        RETFIE                    ;中断返回
START:
        BANKSEL TRISA
        CLRF TRISB                ;RB 端口设为输出态
        BSF PIE1,TMR1IE           ;打开 TIMER1 中断允许
        BANKSEL PORTA
        MOVLW 0X80                ;赋值累加器高 8 位,使溢出时间为 1 秒
        MOVWF TMR1H
        MOVLW 0X00                ;清零累加器低 8 位
        MOVWF TMR1L
        MOVLW B'00001110'         ;分频比为 1:1,计数信号来自自备时钟源,
        MOVWF T1CON               ;异步方式   @32.768kHz
        CLRF PORTB                ;清零 RB 端口
        BSF INTCON,PEIE           ;打开外围中断
        BSF INTCON,GIE            ;打开总中断
        BSF T1CON,TMR1ON          ;启动 TIMER1 计数
```

```
LOOP:       GOTO LOOP
            END
```

运行程序,用示波器观察得到 RB7 引脚的波形如图 7.16 所示,其周期刚好为 1 秒。

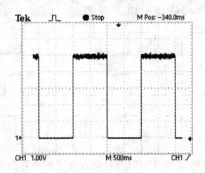

图 7.16　秒时间基准图示

TIMER1 自带的振荡器所生成的计数波形,其振荡频率为 32.768(2^{15})KHz,也就是 1 秒钟刚好可以产生 32768 个被计数的周期波,在这种情形下,如何确定累加器 TMR1 的初值呢?假设初值为 X,那么:

$$X + 32768 = 65536 \quad \rightarrow \quad X = 32768 = 8000H$$

如果用十六进制表示就是:

$$8000H + 8000H = 10000H$$

可见 32768D 刚好是满计数值 65536D 的一半。这样,当计数初始值 TMR1H＝80H,TMR1L＝00H 时,可以保证,TIMER1 的溢出时间恰好是 1 秒。

观察程序的中断部分,发现 TIMER1 溢出后,给累加器重新赋值时,没有关闭 TIMER1,也没有给 TMR1L 赋值。原因是关闭 TIMER1 会造成计时误差,在这里,也完全没有必要关闭 TIMER1,细心思考,溢出后,执行中断服务的同时,TMR1L 刚刚从 00H 开始累加,在累加到 FFH 之前,TMR1H 的值 00H 一直是不变的,这样,只需重新赋予 TMR1H 的初值 80H 即可。在 TIMER1 运行中赋值保证了计数的连贯性,也保证了秒时基的定时精度。

MCU 的主频在这里是 4M,其实用其他任何可能用到的主频对计数而形成的时间值都不会有什么影响,这也包括频率稳定度较低的 RC 振荡模式,原因是 TIMER1 自带的振荡器与系统时钟振荡器相互独立,其计数递增速度与系统时钟没有关联。

从这里可以看出任何 TIMER 的定时与计数实际是相统一的,在这里,1 秒定时值的形成实际上是通过计数间接得到的,累加器 TMR1 从 8000H(32768D)开始"数数"自带振荡器脉冲个数,每个脉冲的周期是 1/32768 秒,"数"到 32768 个脉冲的时候,TMR1 就溢出了,1 秒的精确定时于是形成。

对于 PIC16 系列的 MCU 而言,TIMER 定时模式的时间测量最小单元来自 MCU 的系统时钟 4 分频后形成的周期波,即指令周期(T_{cy})波。这个周期波的频率与系统时钟频率关联,非常稳定,通过"计数"周期波的个数来形成精确的定时值。

然而,单纯的"计数"就没有以上因为"定时"的原因而导致的苛刻要求,被要求计数的脉冲信号如果来自芯片外部,这种信号允许周期与占空比随机而变,但只要有稳定的上升沿或下降沿,计数操作便可以可靠实现。以下对相关波形作一定的说明。

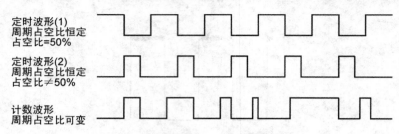

定时波形(1)
周期占空比恒定
占空比=50%

定时波形(2)
周期占空比恒定
占空比≠50%

计数波形
周期占空比可变

图 7.17　工作在定时与计数方式下的不同触发波形

图 7.17 中,上面两种波形可用于定时,只要周期与占空比是恒定的,就可以用作精确定时的时基。下面的计数波形在时间上不一定要有规律,即周期与占空比随时可变,但下降与上升沿要稳定,计数波形也可以是定时波形(1)及定时波形(2)。

实验 5:在 Sleep 状态下,利用 TIMER1 模块做一个秒时基发生器,比较 Sleep 与非 Sleep 状态时两者工作的不同。

实验的原理图如图 7.15 所示,只是把 16F73 改为 16F74,在 RD7 引脚增加一个测试口,用于测试 TIMER0 的溢出周期。为了对比 Sleep 的效果,程序先把 TIMER0 与 TIMER1 都启动,通过是否添加 Sleep 指令,来观察两种情形下的输出波形。

```
程序名:TIMER15.ASM
    include <p16f74.inc>              ;@4M oscillator
        ORG 0X00                     ;复位向量地址
        GOTO START
        ORG 0X04                     ;中断向量地址
        BTFSS PIR1,TMR1IF            ;判断是哪个中断源(TMR0 或 TMR1)
        GOTO T0_INT                  ;是 TMR0 中断则跳转
        MOVF PORTB,W
        XORLW B'10000000'
        MOVWF PORTB                  ;TIMER1 每秒溢出时,翻转 RB7 引脚电平
        BCF PIR1,TMR1IF              ;清零 TMR1 中断标志
        MOVLW 0X80
        MOVWF TMR1H                  ;给 TMR1 重新赋值
        RETFIE                       ;中断返回
    T0_INT:                          ;TIMER0 中断服务子程序
        MOVF PORTD,W
        XORLW B'10000000'
```

```
                MOVWF PORTD                    ;翻转 RD7 引脚电平
                BCF INTCON,T0IF                ;清零 TMR0 中断标志
                RETFIE                         ;中断返回
START:
                BANKSEL TRISA
                CLRF TRISB                     ;设 RB 端口为输出态
                CLRF TRISD                     ;设 RD 端口为输出态
                BSF PIE1,TMR1IE                ;打开 TIMER1 中断
                MOVLW B'10000111'
                MOVWF OPTION_REG               ;启动 TMR0,分频比值为 256
                BANKSEL PORTA
                MOVLW 0X80
                MOVWF TMR1H                     ;赋值累加器 TMR1 高 8 位,使溢出时间为 1 秒
                MOVLW 0X00
                MOVWF TMR1L                     ;清零累加器 TMR1 低 8 位
                MOVLW B'00001110'              ;分频比为 1:1,计数信号来自自备时钟源
                MOVWF T1CON                     ;异步方式  @32.768kHz
                CLRF PORTB
                CLRF PORTD
                BSF INTCON,T0IE                ;打开 TIMER0 中断
                BSF INTCON,PEIE                ;打开外围中断
                BSF INTCON,GIE                 ;打开总中断
                BSF T1CON,TMR1ON               ;启动 TIMER1 计数
LOOP:
                SLEEP                          ;主循环安插睡眠指令
                NOP                            ;安插这个空操作指令是必要的
                GOTO LOOP
                END
```

运行程序,用示波器观察得到 RB7(CH1)及 RD7(CH2)引脚的波形如图 7.18 所示。

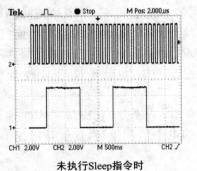
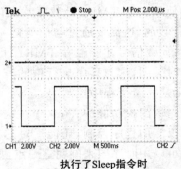

未执行Sleep指令时   执行了Sleep指令时

图 7.18   Sleep 指令执行效果图

以上波形图中,CH1 显示 RB7 引脚的波形,CH2 显示 RD7 引脚的波形。

图 7.18 左图中,程序没有执行 Sleep 指令时,CH1 的波形在振荡且周期为 1s,说明 TIMER1 正在工作;CH2 的波形在振荡且周期为 65.5ms×2＝131ms,说明 TIMER0 也在工作。

图 7.18 右图中,程序执行了 Sleep 指令后,CH1 的波形在振荡且周期为 1s,说明 TIMER1 仍在工作;CH2 的波形停止了,说明 TIMER0 已经停止了工作。

原来,TIMER0 的运作时基来源于芯片的主振荡器。当芯片 Sleep,主振荡器停止工作,累加器 TMR0 失去了计数信号源,也就停止了增量。然而 TIMER1 这时的运作完全依靠自带振荡器,它可以依靠 CPU 赋予一些控制参数,运行(即增量)本身不需要 CPU 参与,所以,即使芯片 Sleep,它仍然正常工作,只是每次溢出的时候,需要唤醒 CPU,进行赋值及显示操作,但这所占用的时间在 1s 的时间段内是非常短暂的。所以,从长期来看,主振荡器几乎没有运行,又由于自备振荡器是 LP 振荡,所以系统的耗电量会变得很低。

程序编制过程中需要注意的是,Sleep 指令需要安插在主循环内部,而不能在其之外,否则,Sleep 指令不会达到省电的效果。另外,Sleep 指令后最好安插"NOP"指令,以保证中断将 MCU 唤醒前,CPU 不会执行其他的操作。具体原因,可见第 18.8 章节的说明。

7.7 PIC16F193X 的 Timer1 模块 (ETimer1)

PIC16F193X 的 Timer1 在 PIC16F877A 的基础上增加了"闸门控制"功能,简称门控(Gate Control)。这个是它改进后最大的亮点,此时可以称它为增强型 Timer1 (Enhanced Timer1)。

如何来理解门控呢?我们先回顾一下 877A 中 Timer1 的工作原理,如图 7.1 所示,怎样使累加器 TMR1 计数呢?在计数信号存在的前提下,并不是随时都可触发 TMR1 计数的,这需要通过与门 G1。当控制端 TMR1ON 为 1 时,G1 才能打开(反之关闭),计数信号才能触发 TMR1 计数。TMR1ON 是个程序控制的信号,G1 何时打开,何时关闭,这与程序执行中的其他事件息息相关,也就是说,TMR1 计数的启动与停止是完全受程序控制的。

然而,带门控功能的 Timer1 在这一点上有很大的改进,在控制 TMR1 计数的启停上,不仅能用程序控制,还能通过芯片外部的电平信号控制,这就是门控的意思。另外,也可以用时序图来阐明这一点,如图 7.19 所示。

图 7.19 中,最上面是计数脉冲,中间是门控脉冲,当门控脉冲变为高电平时,才能触发 TMR1 计数;当门控脉冲变为低电平时,TMR1 计数停止。最下面就是获取的计数脉冲数量,这个"数量"被储存在 TMR1 累加器中,该数量与门控脉冲的宽度

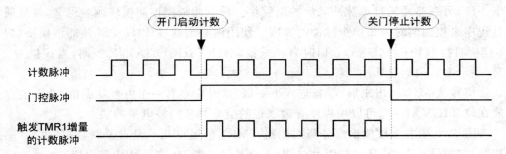

图 7.19　Timer1 门控计数示意图

是对应的。最下面的脉冲波可以看作是上面两类脉冲波相与的结果。另外,也可以将门控脉冲的状态等同于 TMR1ON 的状态,不同的是,一个通过"软件"实现,另一个通过"硬件"实现。

对照图 7.20,我们分计数信号和门控信号两个方面来阐述 Timer1 的工作原理。

(1) 计数信号

对于 Timer1 的计数信号比 877A 的多了 2 种,它们分别是,电容触摸传感器 CPS 发出的脉冲信号和主振荡器周期信号 T_{osc}。4 类计数信号通过多路开关 MUX2 进行切换,控制切换的是 T1CS1:T1CS0 这两个位(在 T1CON 中)。

对于 Timer1 自备振荡器,系统上电时,T1OSCEN 位的值为 0,该振荡器被关闭,MUX3 接通来自 RC0/T1CKI 外部引脚的计数信号。MUX3 的切换也由位 T1OSCEN 控制。

计数信号其他部分的原理与 877A 的 Timer1 类似,在此不再赘述。

(2) 门控信号

Timer1 的门控信号部分位于图 7.20 的上半部分,它包含着几个环节,这些环节都涉及到信号的不同处理方式。从最左边开始分析,能扮演门控的有 4 类信号,它们分别是:

① 比较器 C1 的输出信号;

② 比较器 C2 的输出信号;

③ 来自 TMR0 的计数溢出信号(用于 CPS);

④ 施加在外部引脚 T1G/RB5 上的信号。

这 4 类信号当前只能选择一路,通过多路开关 MUX1 进行切换,切换工作由 T1GSS<1:0>(位于 T1GCON 中)完成。

选中的门控信号进入异或门 G2,G2 能设定信号的极性,信号从 G2 出来后,面临着两路去向(当前只能选择一路),一路直接通往下一级,一路要通过单稳态触发器 D3。若门控信号是周期为 T 的信号,经过触发器 D3 后周期会变为 2T。与门 G3 控制 D3 工作,当 TMR1ON 和 T1GTM 同时为 1 时,D3 才被使能。另外,使能位 T1GTM 也控制 MUX4 的切换。

信号从 MUX4 出来后,也面临着两路去向(当前只能选择一路),一路直接通往下一级,另一路要通过单脉冲采集控制模块。单脉冲采集控制模块顾名思义,就是通过程序来控制何时采集单个脉冲的宽度。使用前必须通过 T1GSPM 使能该模块(为 1 使能且控制切换 MUX5)。何时启动采集,由位 T1GGO/DONE 控制,当该位为 1 时,表示准备采集单脉冲。

信号从 MUX5 出来后,准备进入下一级,这时它会有一个电平状态值,这个值存放在位 T1GVAL 中,可以用程序查询该位的值来判断门控电平的状态。

图 7.20 中右上虚线框部分与累加器 TMR1 的运行几乎没有关联,它是用于"感知"门控信号状态的,其中有两个功能,一个是触发器 D1 在每个指令周期 Q1 的边沿锁存"T1GVAL"处电平的状态,并送上数据总线,供 CPU 随时查询。另一个是门控信号的下降沿会产生中断信号 TMR1GIF,该中断标志需要通过软件清零,CPU 可以利用中断进行事件的后续处理。

从 MUX5 出来的信号进入与门 G4,G4 的通断由位 TMR1GE 把控,它控制门控信号能否进入下一级。如果 G4 是通的,信号会进入下一级的与门 G5,G5 的通断由位 TMR1ON 把控,G5 的输出控制触发器 D2 的工作,只有当输出为高电平时,累加器 TMR1 才被使能计数。

这里分 3 种情况讨论 TMR1ON 和 TMR1GE 两个位对 TMR1 计数的影响。

① 上电复位时,两个位的值都是 0,那么与门 G4 的输出为 0,G5 的输出完全由 TMR1ON 决定,这种情况就相当于 Timer1 模块没有门控部分一样,类似于 877A 的 Timer1 模块。

② 当 TMR1ON 为 0 时,与门 G5 的输出恒为 0,与前一级的状态无关,也与 TMR1GE 的状态无关。这时,累加器 TMR1 接收不到触发信号,它不会增量。

③ 当 TMR1ON 和 TMR1GE 两个位都为 1 时,与门 G4 和 G5 对门控信号形成通路,这时,累加器 TMR1 计数与否全由门控信号掌握,门控的上升沿启动计数,下降沿停止计数,如图 7.19 所示。

带门控的 Timer1 可以更加方便地实现正负脉冲宽度及周期的测量,尽管 CCP 模块的 Capture 功能也可以实现这一点,但实现的过程远远没有前者来得简洁。使用 Capture 时,需要联合 Timer1 一起使用,这样会消耗较多的程序语句。

门控功能中,交替计数模式和单脉冲采集模式的具体用法及时序图可见芯片说明。后面的实验,为了使读者对门控的原理有一个初步的认识,将只采纳未经任何处理的门控信号。

与 Timer1 运行有关的控制寄存器是 T1CON 和 T1GCON。现对各位的功能说明如下:

① 对于 T1CON 寄存器(RAM 地址为 18H,复位值为 B'000000-0')

bit 7:6 TMR1CS<1:0>:Timer1 计数信号源选择位(Timer1 Clock Source Select bits)

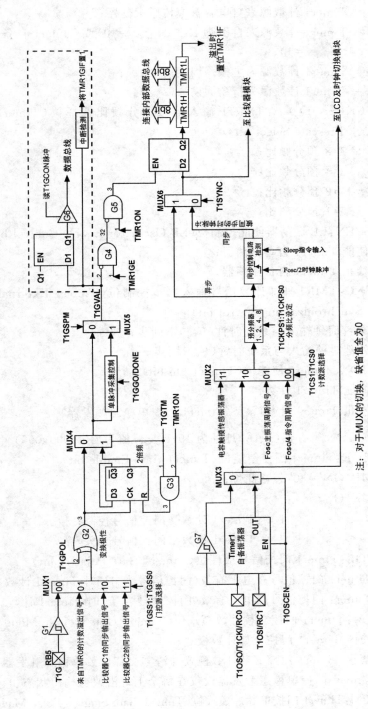

注：对于MUX的切换，缺省值全为0

图7.20　带门控的Timer1内部电路结构构图(ETimer1)

11 = Timer1 计数源来自电容触摸传感振荡器；

10 = Timer1 计数源来自引脚 RC0（$T_{1oscen}=0$）或 Timer1 自备振荡器（$T_{1oscen}=1$）；

01 = Timer1 计数源为主振荡周期波（F_{osc}）；

00 = Timer1 计数源为指令周期波（$F_{osc}/4$）。

bit 5：4 T1CKPS＜1：0＞：Timer1 输入信号预分频比选择位（Timer1 Input Clock Prescale Select bits）

11 = 1：8 预分频比；

10 = 1：4 预分频比；

01 = 1：2 预分频比；

00 = 1：1 预分频比。

bit 3 T1OSCEN：LP 振荡器使能控制位（LP Oscillator Enable Control bit）

1 = 使能 Timer1 自备振荡器；

0 = 禁止 Timer1 自备振荡器。

bit 2 T1SYNC：TMR1 外部计数信号输入同步控制位（Timer1 External Clock Input Synchronization Control bit）

1 = 外部时钟输入与系统时钟（F_{osc}）不同步；

0 = 外部时钟输入与系统时钟（F_{osc}）同步。

bit 0 TMR1ON：Timer1 使能位（Timer1 On bit）

1 = 使能 Timer1 计数；

0 = 停止 Timer1 计数（清零 Timer1 门控单稳态触发器）。

② 对于 T1GCON 寄存器（RAM 地址为 19H，复位值为 B'00000x00'）

bit 7 TMR1GE：Timer1 门控使能位（Timer1 Gate Enable bit）

若 TMR1ON = 0，忽略此位；

若 TMR1ON = 1：

1 = Timer1 计数受门控信号控制；

0 = Timer1 计数与门控信号无关。

bit 6 T1GPOL：Timer1 门控信号极性位（Timer1 Gate Polarity bit）

1 = Timer1 门控信号高电平有效（门控信号为"H"时 Timer1 计数）；

0 = Timer1 门控信号低电平有效（门控信号为"L"时 Timer1 计数）。

bit 5 T1GTM：Timer1 门控交替计数模式位（Timer1 Gate Toggle Mode bit）

1 = 使能 Timer1 门控交替计数模式；

0 = 禁止 Timer1 门控交替计数模式并清零交替计数单稳态触发器。

（注：Timer1 门控单稳态触发器仅仅在每个上升沿改变输出状态。）

bit 4 T1GSPM：Timer1 门控单脉冲模式位（Timer1 Gate Single－Pulse Mode bit）

1 = 使能 Timer1 门控单脉冲模式且正在控制 Timer1 门控信号；

　　　　0 = 禁止 Timer1 门控单脉冲模式。

bit 3 T1GGO/DONE：T1 门控单脉冲采集状态位（Timer1 Gate Single－Pulse Acquisition Status bit）

　　　　1 = Timer1 门控单脉冲采集已准备好，正在等待边沿；

　　　　0 = Timer1 门控单脉冲采集已完成或还未开始。

bit 2 T1GVAL：Timer1 门控当前状态位（Timer1 Gate Current State bit）

　　　　指示 MUX5 之后的门控信号的当前状态，不受门控使能位 TMR1GE 的影响。

bit 1:0 T1GSS＜1:0＞：Timer1 门控信号源选择位（Timer1 Gate Source Select bits）

　　　　00 = 选择 Timer1 门控引脚上的信号；

　　　　01 = 选择 TMR0 溢出信号；

　　　　10 = 选择比较器 1 同步输出信号；

　　　　11 = 选择比较器 2 同步输出信号。

　　实验 6：图 9.2 所示的实验，是用 Capture 方式来捕捉脉冲宽度，现在要达到同样的目的，这里准备采用带门控的 Timer1 实现。实验完成后，观察两种方法的不同。根据实验目的，编制以下程序：

```
程序名：TIMER16.ASM
    include ＜p16f1934.inc＞      ;@4M oscillator
    ORG   0000
    GOTO   START
    ORG 0004
    BCF PIR1,TMR1GIF            ;清除门控中断标志
    MOVF TMR1H,W
    MOVWF PORTD                 ;将 16 位脉宽值高 8 位送 RD 端口显示
    MOVF TMR1L,W
    MOVWF PORTC                 ;将 16 位脉宽值低 8 位送 RC 端口显示
    CLRF TMR1H
    CLRF TMR1L                  ;清零累加器 TMR1
    RETFIE
START:
    BANKSEL ANSELA
    CLRF ANSELB                 ;将 RB 端口设为数字端口
    BANKSEL PORTA
    BSF   T1GCON,T1GPOL         ;设门控信号为高电平时启动 TMR1 计数
    BSF   T1CON,TMR1ON          ;打开 TMR1,准备计数
    BSF   T1GCON,TMR1GE         ;使能门控信号输入
    CLRF TMR1H
    CLRF TMR1L                  ;清零累加器 TMR1
    BANKSEL PIE1
```

```
        BSF PIE1, TMR1GIE          ;打开 TMR1 门控中断
        BSF INTCON,PEIE            ;打开外设中断
        BSF INTCON,GIE             ;打开总中断
        CLRF TRISC
        CLRF TRISD                 ;显示端口设为输出态
        BANKSEL PORTA
LOOP:
        NOP                        ;主程序(循环)
        GOTO LOOP
        END
```

程序运行后,观察到的现象与第 9 章的实验 1 的结果是相似的。比较两个实验的程序,可见本实验的程序量更少,程序的逻辑关系更简单,使用这种方法捕捉脉宽不失为一种好方法。

实验所用的门控信号来自信号发生器,正向脉宽在 65ms 以内,信号施加在 RB5 引脚上,当信号为"L"时,TMR1 禁止,一旦出现上升沿,触发 TMR1 计数,下降沿停止计数并保持,此刻产生中断,利用中断将数据送显,之后清零 TMR1,重新开始下一轮计数过程,周而复始。当调节脉宽时,显示值也随着变化,整个过程是动态的。

本程序实现的是正脉宽的测量,若要测量负脉宽,只需将 T1GPOL 位清零(缺省态)即可。若要测量脉冲的周期,可以使用交替计数模式实现。若仅仅是在需要的时候(随机时刻)去测量脉宽,可以启动单脉冲采集控制功能。

程序编制过程中,省略了一些语句,比如门控源信号的选择、触发计数信号的选择等都采用缺省方式,即上电复位安排的方式,因为这样可以简化程序的编写。

7.8 TIMER1 模块的 C 语言编程

Timer1 模块的 C 语言内部函数有如下 3 种,它们分别是:

(1) setup_timer_1(mode)

mode 由 OR 逻辑("|")将如下若干工作方式组合起来。

Timer1 工作使能控制:

T1_DISABLED   关闭 Timer1

触发计数方式说明:

T1_INTERNAL   设定计数源来自片内

T1_EXTERNAL   设定计数源来自片外

T1_EXTERNAL_SYNC 设定计数源来自片外,且与主振荡器(T_{osc})同步

T1_CLK_OUT　　　　　　设定计数源来自 Timer1 自带振荡器(T1OSCEN＝1)

预分频比说明:

T1_DIV_BY_1	预分频比 1∶1
T1_DIV_BY_2	预分频比 1∶2
T1_DIV_BY_4	预分频比 1∶4
T1_DIV_BY_8	预分频比 1∶8

(2) get_timer1( )

语法:value＝ get_timer1( );

函数功能:获取 TMR1 的当前计数值;

函数参数说明:value 是 16 位整型数据(long)。

(3) set_timer1( )

语法:set_timer1(value);

函数功能:给 TMR1 寄存器对(TMR1H∶TMR1L)赋 16 位初始值;

函数参数说明:value 是 16 位整型数据(long)。

与中断有关的函数及预处理器如下:

# int_timer1	TMR1 中断用预处理器
enable_interrupts(INT_TIMER1)	表示打开 TMR1 中断
disable_interrupts(INT_TIMER1)	表示关闭 TMR1 中断
clear_interrupt(INT_TIMER1)	表示清除 TMR1 IF 中断标志
enable_interrupts(GLOBAL)	表示打开总中断
disable_interrupts(GLOBAL)	表示关闭总中断
value = interrupt_active(INT_TIMER1)	侦测 TMR1 IF 中断标志是否置位

将实验 1 的程序用 C 语言实现,程序如下:

```
# include<16f877a.h>
# fuses HS,NOWDT,NOPROTECT,PUT,BROWNOUT,NOLVP
# use fast_io(C)
short toggle;                      //定义位变量
# int_timer1
void ISR_T1 ( )                    //中断服务程序
{
    toggle = toggle^1;             //位取反,也可写作 toggle^ = 1
    output_bit(PIN_C7,toggle);     //将位取反的结果输出到 RB7 引脚
}


void main( )
```

```
{
    set_tris_c(0x7F);                    //将 RC7 设置为输出态
    toggle = 0;                          //位变量清零
    enable_interrupts(INT_TIMER1);       //打开 TMR1 中断
    enable_interrupts(GLOBAL);           //打开总中断
    set_timer1(0x00);                    //将 TMR1(16 位值)清零
    setup_timer_1(T1_INTERNAL | T1_DIV_BY_1);
                                         //设定计数源来自片内,分频比 1,同时启动 TMR1 计数
    while(1)
    {    }                               //进入循环
}
```

说明:将 setup_timer_1( ) 中的参数之一"T0_DIV_BY_1"变换为其他参数值即可得到其他分频输出(不同的溢出时间)。

将实验 2 的程序用 C 语言实现,程序如下:

```
# include<16f877a.h>
# fuses HS,NOWDT,NOPROTECT,PUT,BROWNOUT,NOLVP
# use fast_io(C)
short toggle;

# int_timer1
void ISR_T1 ( )
{
    set_timer1(0x3CB0);                  //进入中断服务后,重置 TMR1
    toggle = toggle^1;
    output_bit(PIN_C7,toggle);
}

void main( )
{
    set_tris_c(0x7F);
    toggle = 0;
    enable_interrupts(INT_TIMER1);
    enable_interrupts(GLOBAL);
    set_timer1(0x3CB0);                  //设定 TMR1 的计数初始值
    setup_timer_1(T1_INTERNAL | T1_DIV_BY_1);
    while(1)
    {    }
}
```

说明:在前一程序的基础上将 set_timer1( )函数中插入一循环初值"0x3CB0",

便可得到所需的溢出时间。将该值变换为其他值可得到不同的溢出时间。

将实验 3 的程序用 C 语言实现,程序如下:

```
# include<16f877a.h>
# fuses HS,NOWDT,NOPROTECT,PUT,BROWNOUT,NOLVP
# use fast_io(B)
# use fast_io(D)
long counter_value;                              //定义 16 位变量
int counter_value_l;                             //定义 8 位变量
int counter_value_h;                             //定义 8 位变量

void main( )
{
    set_tris_c(0xFF);                            //RC0 为计数信号输入引脚
    set_tris_b(0x00);                            //RB 作为显示端口,显示低 8 位
    set_tris_d(0x00);                            //RD 作为显示端口,显示高 8 位
    output_b(0x00);
    output_d(0x00);                              //RB、RD 端口输出分别清零
    setup_timer_1(T1_EXTERNAL);                  //设置 TMR1 的计数源来自片外
    set_timer1(0x0000);                          //清零 TMR1H:TMR1L 寄存器对

    while(1)                                     //进入 LED 显示循环程序
    {
    counter_value = get_timer1( );               //获取 16 位当前计数值
    counter_value_l = make8(counter_value,0);    //获取计数值的低 8 位
    counter_value_h = make8(counter_value,1);    //获取计数值的高 8 位
    output_b(counter_value_l);                   //计数值低 8 位送 RB 端口显示
    output_d(counter_value_h);                   //计数值高 8 位送 RD 端口显示
    }
}
```

说明:由 get_timer1( )函数捕获的是 TMR1 的当前计数值(16 位),这个值存放在 counter_value 中,现在要将这个值显示在 RB 和 RD 端口上,必须分离出它的高 8 位和低 8 位。CCS 编译器提供了这样的函数 make8( )来实现这样的功能。该函数的具体用法可见编译器手册。

将实验 4 的程序用 C 语言实现,程序如下:

```
# include<16f877a.h>
# fuses XT,NOWDT,NOPROTECT,PUT,BROWNOUT,NOLVP    //@4M
# use fast_io(B)
```

```
short toggle;
# int_timer1
void ISR_T1 ( )
{
        toggle = toggle^1;
        output_bit(PIN_B7,toggle);            //每中断一次,RB7 翻转一次
        set_timer1(0x8000||get_timer1( ));    //将 TMR1H 重载数据 80H
}

void main( )
{
        set_tris_b(0x7F);                     //将 RB7 设为输出态
        toggle = 0;                           //位变量清零
        enable_interrupts(INT_TIMER1);        //打开 TMR1 中断
        enable_interrupts(GLOBAL);            //打开总中断
        set_timer1(0x8000);                   //给 TMR1 寄存器对赋 16 位初值
        setup_timer_1(T1_EXTERNAL|T1_CLK_OUT|T1_DIV_BY_1);
                        //计数信号来自片外,TMR1 自带振荡器使能,分频比为 1
        while(1)
        {     }                               //进入循环
}
```

    说明:在中断服务程序中,为了保证秒时基的精度(在主频较低的情况下),不必
干预 TMR1L 的值,而只需干预 TMR1H 的值,在这种情况下,采用函数嵌套以及或
逻辑来实现,如:set_timer1(0x8000||get_timer1( ))。

第 8 章

TIMER2 模块

8.1 TIMER2 模块定时器的功能特点

（1）TIMER2 仅仅只是一个 8 位的定时器，不同于其他 TIMER，它不具备计数器的功能（对片外脉冲计数）；

（2）具有 4 位宽的预分频器（Prescaler）与 4 位宽的后分频器（Postscaler），两种分频器的分频比都可编程（Programmable）；

（3）可以用作 CCP 模块 PWM 工作模式的定时时基；

（4）累加器 TMR2 的内容既可读出，也可写入，MCU 复位时可被清零；

（5）从 FFH 到 00H 产生溢出中断（中断发生后，中断溢出标志位 TMR2IF 置 1）；

⑥ 具有 8 位宽的周期寄存器 PR2。

8.2 与 TIMER2 模块相关的寄存器

寄存器名称	bit7	bit6	bit5	bit4	bit3	bit2	bit1	bit0
TMR2	8 位累加器 TMR2							
T2CON		TOUTPS3	TOUTPS2	TOUTPS1	TOUTPS0	TMR2ON	T2CKPS1	T2CKPS0
INTCON	GIE	PEIE	T0IE	INTE	RBIE	T0IF	INTF	RBIF
PR2	Timer2 周期寄存器							
PIR1	PSPIF	ADIF	RCIF	TXIF	SSPIF	CCP1IF	TMR2IF	TMR1IF
PIE1	PSPIE	ADIE	RCIE	TXIE	SSPIE	CCP1IE	TMR2IE	TMR1IE

寄存器地址	寄存器名称	上电复位,欠压复位值	其他复位值
11H	TMR2	00000000	00000000
12H	T2CON	-0000000	-0000000
0BH/8BH/10B/18B	INTCON	0000000x	0000000u
92H	PR2	11111111	11111111
0CH	PIR1	00000000	00000000
8CH	PIE1	00000000	00000000

注:x 表示未知;u 表示不变;-表示未指明位置,读作 0。

对以上寄存器的解释如下:

(1) 8 位累加器 TMR2

TMR2 是一个 8 位的累加器,可读也可写。自由运行时对指令周期波计数,计数值从 00H 到 FFH 循环往复,每次加 1 所需的时间是一个指令周期 T_{cy}(无分频器),这个指令周期值乘以计数值就形成了一段时长。

(2) 控制寄存器 T2CON(Timer2 Control register)

这个寄存器相当于 TIMER2 的运行控制器,TIMER2 工作于何种状态都要通过设置它来实现。

① T2CKPS1~T2CKPS0(Timer2 Clock Prescaler Select bits):预分频器分频比选择位

T2CKPS1~T2CKPS0	预分频器分频比
00	1:1
01	1:4
10	1:16
11	1:16

② TOUTPS3~TOUTPS0(Timer2 Output Postscaler Select bits):后分频器分频比选择位

TOUTPS3~TOUTPS0	后分频器分频比
0000	1:1
0001	1:2
0010	1:3
0011	1:4
...	...
1111	1:16

③ TMR2ON(Timer2 On bit):TIMER2 使能控制位,这一点优于不能被关停的 TIMER0

0＝关停 Timer2；

1＝启动 Timer2。

（3）定时周期寄存器 PR2（Period register）

这个寄存器可随意赋值，范围从 00H 到 FFH，它存放累加器 TMR2 的累加目标值；当 TMR2 从 00H 开始累加到这个值时，重新归零，开始新一轮累加，周而复始。

（4）中断控制寄存器 INTCON（Interrupt Control register）

为了提高 MCU 的工作效率，当 TIMER2 与中断合用时，对这个寄存器进行设置是必不可少的。具体介绍可见中断章节。

（5）外围设备中断标志寄存器 PIR1（Peripheral Interrupt Flag register 1）

TMR2IF（Timer2 Interrupt Flag bit）：TMR2 对 PR2 匹配中断标志位

1 ＝ 发生了 TMR2 的计数值与 PR2 赋值匹配；

0 ＝ 未发生 TMR2 的计数值与 PR2 赋值匹配。

（6）外围设备中断允许寄存器 PIE1（Peripheral Interrupt enable 1）

TMR2IE（Timer2 Interrupt Enable bit）：TMR2 对 PR2 匹配中断允许位；

1 ＝ 允许 TMR2 对 PR2 匹配中断；

0 ＝ 禁止 TMR2 对 PR2 匹配中断。

8.3 TIMER2 模块的电路结构

TIMER2 的运行是通过 T2CON 这个寄存器来控制的。T2CON 寄存器包含着预分频器和后分频器的分频比信息，以及对 TIMER2 运行时启停的控制信息。该模块的电路结构如图 8.1 所示。

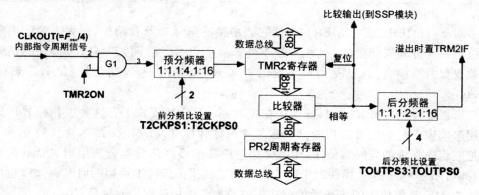

图 8.1 TIMER2 内部电路结构图

由以上电路结构图可以看出，TIMER2 的复杂程度类似于 TIMER0，但是比不上 TIMER1，看来 8 位的 TIMER 还是比 16 位的 TIMER 结构要简单。将以上结构图分为若干部分,并对每个部分的特点进行说明。

（1）TIMER2 最关键的部分是累加器 TMR2,它也可看做是 8 位计数器。当它自由运行时,会对内部指令周期波进行计数,计数值从 00H 到 FFH 循环往复,但也可以任意设定一个初始值,从初始值开始计数直到溢出,但是实际应用中较少这样操作。

（2）4 位宽的预分频器。它对进入 TMR2 累加器的时钟信号进行预先分频,它的分频比有三种,分别是 1:1、1:4、1:16。假设分频前的信号频率是 4M,通过 1:4 的分频,信号频率变为 1M,周期由原来的 0.25 μs 变为 1 μs,周期扩大了 4 倍。

（3）周期寄存器 PR2 是一个 8 位可读写的寄存器。它可用来设定一个目标计数值。假设这个计数值为 4DH,那么累加器 TMR2 从 00H 开始计数,计数到 4DH 后复位清零,又开始从 00H～4DH 进行新一轮的计数。PR2 的复位值为 FFH。

（4）比较器是一个 8 位宽的按位比较逻辑电路。只有当参加比较的两个字节完全相同时,输出端才会送出高电平,其他情况下输出端均保持低电平。在这里,高电平生成时刻相当于其他定时器的计数溢出时刻（从 FFH 到 00H）,此时自然会触发中断标志 TMR2IF 置位。

（5）4 位宽的后分频器,对比较器的输出信号进行后续分频,允许连续选择从 1:1、1:2、1:3 … 1:16 共 16 种分频比。

（6）同 TIMER1 的工作类似,TIMER2 的运行也是可控的,它通过与门 G1 控制启停。由上图可看出,只有当控制寄存器 T2CON 的 bit2 位 TMR2ON 置 1 时,时钟脉冲才能通过与门 G1,累加器 TMR2 才能增量。这就是说,通过程序的相关指令,我们可以随时启动或关停 TIMER2。

8.4　TIMER2 模块的工作原理

对于 TIMER0 或 TIMER1,促使它们增量的信号来源有两种,一种来源于内部系统时钟 4 分频周期信号,一种来源于外部周期信号。然而,TIMER2 模块的信号来源仅仅只有前者,这就是内部系统时钟 4 分频后的指令周期信号（Instructions Cycle）。

既然这样,TIMER2 就只能工作在定时器 TIMER 模式下。这种工作模式可以被用来实现常规的定时器功能,但是,芯片设计师设计 TIMER2 的主要目的并不是想把它当做常规的定时器使用,而是要让它跟其他硬件部分配合使用形成特有的功能,如可用它来为 CCP 模块的 PWM 工作模式提供形成波形周期的时基;另外,也可用于为 MSSP 模块中的 SPI 通信模式提供数据传输用的同步时钟信号。

当 MCU 进入 Sleep 状态时,系统时钟（T_{osc}）停振。失去了触发信号源,累加器 TMR2 也就停止了增量。当把 TIMER2 的前后分频器都设置成最大值时（最大值都为 1:16）,累加器的溢出时间可以等同于 16 位定时器 TIMER1（无分频器）的溢出时间。

TIMER2 有如下几种用法：

（1）无后分频器的时基发生器

当 TIMER2 被用作 8 位周期可编程的时基时，可以应用于 CCP 模块（PWM 模式）或 MSSP 模块（SPI 模式）。这时，需要把中断允许位 TMR2IE 清零，屏蔽其中断功能，同时也要忽略后分频器（Postscaler）的存在。此时，本周期与中断及标志位 TMR2IF 无任何关联。通过设定周期寄存器 PR2 的值，以及预分频器的分频比，来确定累加器 TMR2 输出端信号的循环周期 T_{TMR2}，该循环周期的计算公式为：

$$T_{TMR2} = (4/f_{osc}) \times N_{pre} \times (PR2 + 1) \qquad 8.1$$

公式 8.1 中，f_{osc} 为系统时钟频率，$4/f_{osc}$ 为指令周期，N_{pre} 为预分频器的分频比，PR2 为周期寄存器的计数目标值，它也可称作"8 位可编程周期寄存器"，这在 TIMER1 章节讲过。

公式有效性可通过图 8.2 所示验证，图中，累加器 TMR2 每 1 μs 累加一次，那么 $4/f_{osc}=1$ μs，$N_{pre}=1:1$，设 PR2 = 10D，则 $T_{TMR2}=1\times1\times(10+1) = 11$ μs，这就是累加循环周期。

前文 TIMER2 电路结构中讲过，只有当累加器 TMR2 的计数值与 PR2 中设定的计数目标值相等时，比较器才输出高电平，其他情况下都维持低电平，那么在这个运行的动态过程中，"匹配"是瞬间的，4M 主频下，累加 1 次用时 1 μs，那"瞬间"的匹配时间不会大于 1 μs，也就是说，比较器输出的高电平持续时间应是小于或等于 1 μs 的。这个 TMR2 的输出信号完全在芯片内部发生，我们无法从外部探测它。

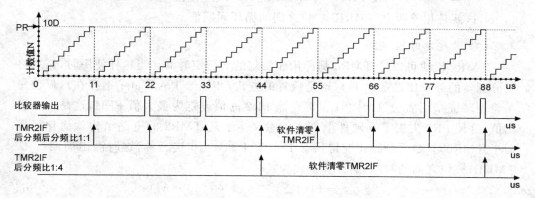

图 8.2　PR2 和比较器输出及 TMR2IF 的置位时刻

图 8.2 中，假设主频为 4M，TIMER2 的预分频器为 1:1，计数目标值为 PR2=0AH=10D，横轴的小刻度表示 1 μs，纵轴表示计数值。累加器 TMR2 复位后，从 00H 开始累加，累加到 0AH 后复位，开始新一轮累加，图中清晰地展示了 8 轮累加的过程，每一轮累加完成后，比较器都会输出一个窄脉冲，与窄脉冲对应的是中断标志位 TMR2IF 的置位。

预分频器在每一种 TIMER 中都配备，它实际上是把被计数信号的周期扩展 N

倍（N 是预分频比）后再进行计数。与其他 TIMER 不同的是，TIMER2 配置了后分频器（Postscaler），它的作用如图 8.2 所示，它实际上控制着标志位 TMR2IF 在单位时间内置位的次数，当后分频比为 1:1 时，TMR2IF 会在每一轮累加完毕后置位；当后分频比为 1:4 时，TMR2IF 会在每 4 轮累加完毕后置位，TMR2IF 置位后必须通过软件清零。

（2）全功能时基发生器

在这种工作方式下，TIMER2 的每一个功能模块都用到了。某种程度上，这样会比用作常规定时器方式更加节省软件开销。大家知道，常规定时器方式以 00H 到 FFH 中的任意一个数为初值开始计数，在每次计数溢出时（从 FFH 到 00H），都需要给累加器 TMR0 重新赋初值，然而，对于 TIMER2，计数起点都是从 00H 开始的。只要一次性设定计数目标值 PR2 及前后分频比，累加器 TMR2 就会朝着目标值跟进，达到并相等后，硬件自动清零 TMR2，这样周而复始地循环，显然，这样做会少一些软件开销。另外，中断标志 TMR2IF 的置位频率只与后分频比有关。我们此时定义的循环周期是 2 次 TMRIF 置位之间的时间，该循环周期的计算公式为：

$$T_{TMR2IF} = (4/f_{osc}) \times N_{pre} \times (PR2 + 1) \times N_{pst} \qquad 8.2$$

公式 8.2 中，$4/f_{osc}$ 为指令周期，N_{pre} 为预分频器的分频比，N_{pst} 为后分频器的分频比（连续可取 1～16），PR2 为周期寄存器计数目标值。

公式有效性可通过图 8.2 来验证，图中，累加器 TMR2 每 1 μs 累加一次，那么 $4/f_{osc} = 1$ μs，$N_{pre} = 1:1$，设 PR2 = 10D，$N_{pst} = 4$；则 $T_{TMR2IF} = 1 \times 1 \times (10 + 1) \times 4 = 44$ μs，这就是相邻两个 TMRIF 置位之间的循环周期值。

（3）常规定时器

TMR2 模块可以像 TMR0 那样用作常规的 8 位定时器。当这样使用时，需要将后分频器的分频比设定为 1:1（这是缺省的方式，相当于 Postscaler 不存在），仅使每一轮循环完毕后置位 TMR2IF。寄存器 PR2 的值设定为最大值 FFH，这是一个溢出值，这使 PR2 失去了在硬件上存在的意义。于是 TMR2 的电路结构就简化得类似于 TMR0，只是预分频比变得只有 1:1、1:4 和 1:16 这三种，这时溢出周期（2 次 TMRIF 置位之间的时间）的计算公式为：

$$T_{TMR2IF} = (4/f_{osc}) \times N_{pre} \times (256 - M) \qquad 8.3$$

式 8.3 中，$4/f_{osc}$ 为指令周期，N_{pre} 为预分频器的分频比，M 为 TMR2 的计数初值。

当这样使用时，需要在 TMR2 每次计数溢出时，都要给 TMR2 赋一次计数初值，累加器 TMR2 就会以这个初值为起点开始增量，直到发生计数溢出（从 FFH 到 00H），此时中断标志 TMR2IF 被置位。

对于 MCU 任何一种方式的复位操作，累加器 TMR2 都会被清零。另外，在 TMR2 的计数累加值与 PR2 的计数目标值匹配时，也会使 TMR2 被清零。TMR2 与 PR2 都是既可读也可写的寄存器。

不论 MCU 发生何种方式的复位,PR2 周期寄存器也会复位,但它的复位不同于一般寄存器的清零操作,而是置为全 1(FFH)。其实,这种默认状态相当于 PR2 周期寄存器不存在,比较器维持无效的低电平。

当发生下列几种情况中的任何一种时,将会使 Prescaler 和 Postscaler 同时复位清零:

① 向累加器 TMR2 执行写操作;

② 向控制寄存器 T2CON 执行写操作;

③ 任何方式的 MCU 复位,包括上电复位 POR、MCLR 人工复位、WDT 溢出复位和电源欠压复位 BOR 等。

但是,当向控制寄存器 T2CON 写入数据时,不会使 TMR2 的值发生变化。

8.5　TIMER2 模块应用实践

实验 1:当累加器 TMR2 的前后分频比都设定为 1∶1 时(缺省状态),通过赋值 PR2 计数目标值来确定一个中断溢出的循环周期,程序及波形图如下:

```
程序名:TIMER21.ASM
        include <p16f73.inc>          ;@4M oscillator
        ORG   0X00
        GOTO MAIN
        ORG   0X04                    ;中断服务程序入口
        MOVLW B'10000000'
        XORWF PORTC,F                 ;翻转 RC7 引脚电平
        BCF PIR1,TMR2IF               ;清除 TMR2IF 中断标志
        RETFIE                        ;中断返回
MAIN:   BANKSEL TRISC
        BCF TRISC,7                   ;设定 RC7 引脚为输出态
        MOVLW 0XFA                    ;设定 PR2 计数目标值为 250D
        MOVWF PR2
        BSF PIE1,TMR2IE               ;打开 TIMER2 中断
        BANKSEL PORTA
        BSF INTCON,PEIE               ;打开外设中断
        BSF INTCON,GIE                ;打开总中断
        CLRF T2CON                    ;前后分频比都设为 1:1(缺省状态)
        BSF T2CON,TMR2ON              ;启动 TIMER2
LOOP:   GOTO LOOP
        END
```

运行程序,用示波器观察得到 RC7 引脚的波形如图 8.3 所示。

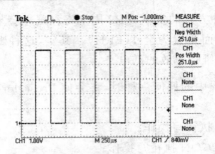

图 8.3　前后分频比均为 1:1 时

　　以上程序中,为了观测的需要,我们把相应的中断位(GIE、PEIE、TMR2IE)全部打开,在中断服务程序中翻转引脚 RC7 电平,并用示波器显示其波形。另外对周期寄存器设定计数目标值 PR2＝0XFA＝250D,累加 1 次耗时 1 μs,即指令周期 $4/f_{osc}$ ＝1 μs,$N_{pre}＝N_{pst}＝1$,依照公式 8.2,算出溢出循环周期为:

$$T_{TMR2IF} = (4/f_{osc}) \times N_{pre} \times (PR2+1) \times N_{pst}$$
$$= 1 \times 1 \times 251 \times 1 = 251\ \mu s$$

这个结果刚好与示波器显示值吻合。

　　实验 2:当累加器 TMR2 的预分频比设为 1:4,后分频比设为 1:1 时,通过赋值 PR2 计数目标值来确定一个中断溢出的循环周期,程序及波形图如下:

```
程序名:TIMER22.ASM
        include <p16f73.inc>        ;@4M oscillator
            ORG    0X00
            GOTO   MAIN
            ORG    0X04              ;中断服务程序入口
            MOVLW B'10000000'
            XORWF PORTC,F            ;翻转 RC7 引脚电平
            BCF PIR1,TMR2IF          ;清除 TMR2IF 中断标志
            RETFIE                   ;中断返回
        MAIN:
            BANKSEL TRISC
            BCF TRISC,7              ;设定 RC7 引脚为输出态
            MOVLW 0XFA               ;设定 PR2 计数目标值为 250D
            MOVWF PR2
            BSF PIE1,TMR2IE          ;打开 TIMER2 中断
            BANKSEL PORTA
            BSF INTCON,PEIE          ;打开外设中断
            BSF INTCON,GIE           ;打开总中断
            MOVLW B'00000001'        ;预分频比设为 1:4,后分频比为 1:1
            MOVWF T2CON
            BSF T2CON,TMR2ON         ;启动 TIMER2
        LOOP:   GOTO LOOP
            END
```

运行程序,用示波器观察得到 RC7 引脚的波形如图 8.4 所示。

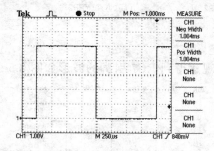

图 8.4　预分频比为 1:4 时,后分频比为 1:1 时

程序原理同上,另外对周期寄存器设定计数目标值为 PR2＝0XFA＝250D,累加
1 次耗时 4 μs,即指令周期 $4/f_{osc}＝1\ \mu s$,预分频比 $N_{pre}＝4$,后分频比 $N_{pst}＝1$,依照
公式 8.2,算出溢出循环周期为:

$$T_{TMR2IF} = (4/f_{osc}) \times N_{pre} \times (PR2 + 1) \times N_{pst}$$
$$= 1 \times 4 \times 251 \times 1 = 1004\ \mu s$$

这个结果刚好与示波器显示值吻合。

实验 3:当累加器 TMR2 的预分频比设为 1:4,后分频比设为 1:3 时,通过赋值
PR2 计数目标值来确定一个中断溢出的循环周期,程序及波形图如下:

```
程序名:TIMER23.ASM
    include <p16f73.inc>      ;@4M oscillator
        ORG   0X00
        GOTO  MAIN
        ORG   0X04            ;中断服务程序入口
        MOVLW B'10000000'
        XORWF PORTC,F         ;翻转 RC7 引脚电平
        BCF   PIR1,TMR2IF     ;清除 TMR2IF 中断标志
        RETFIE               ;中断返回
MAIN:
        BANKSEL TRISC
        BCF   TRISC,7         ;设定 RC7 引脚为输出态
        MOVLW 0XFA            ;设定 PR2 计数目标值为 250D
        MOVWF PR2
        BSF   PIE1,TMR2IE     ;打开 TIMER2 中断
        BANKSEL PORTA
        BSF   INTCON,PEIE     ;打开外设中断
        BSF   INTCON,GIE      ;打开总中断
        MOVLW B'00010001'     ;设定前分频比 1:4,后分频比为 1:3
```

```
            MOVWF T2CON
            BSF T2CON,TMR2ON              ;启动 TIMER2
LOOP:       GOTO LOOP
            END
```

运行程序,用示波器观察得到 RC7 引脚的波形如图 8.5 所示。

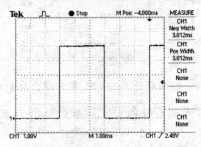

图 8.5   预分频比为 1:4 时,后分频比为 1:3 时

程序原理同上,另外对周期寄存器设定计数目标值为 PR2＝0XFA＝250D,累加 1 次耗时 4 μs,累加 3 轮中断 1 次,即指令周期 4/f_{osc}＝1 μs,预分频比 N_{pre}＝4,后分频比 N_{pst}＝3,依照公式 8.2,算出溢出循环周期为:

$$T_{TMR2IF} = (4/f_{osc}) \times N_{pre} \times (PR2+1) \times N_{pst}$$
$$= 1 \times 4 \times 251 \times 3 = 3012 \ \mu s$$

这个结果刚好与示波器显示值吻合。

实验 4: 把 TIMER2 变成一个常规的 8 位定时器,后分频比设为 1:1,周期寄存器 PR 的值可不作设定,那么中断溢出的循环周期,程序及波形图如下:

```
include <p16f73.inc>       ;@4M oscillator
    ORG    0000
    GOTO   MAIN
    ORG    0004             ;中断程序入口
    MOVLW B'10000000'
    XORWF PORTC,F           ;翻转 RC7 引脚电平
    BCF PIR1,TMR2IF         ;清除 TMR2IF 中断标志
    MOVLW 0X80
    MOVWF TMR2              ;重新给 TMR2 赋计数初值
    RETFIE                  ;中断返回
MAIN:
    BANKSEL TRISC
    BCF TRISC,7             ;设定 RC7 引脚为输出态
    MOVLW 0XFF              ;可以略去
    MOVWF PR2               ;可以略去
```

```
        BSF PIE1,TMR2IE              ;打开 TIMER2 中断
        BANKSEL PORTA
        BSF INTCON,PEIE              ;打开外设中断
        BSF INTCON,GIE               ;打开总中断
        MOVLW 0X80                   ;给累加器 TMR2 赋计数初值
        MOVWF TMR2
        MOVLW B'00000001'            ;后分频比设为 1:1,前分频比设为 1:4
        MOVWF T2CON
        BSF T2CON,TMR2ON             ;启动 TIMER2
LOOP:GOTO LOOP
        END
```

运行程序,用示波器观察得到 RC7 引脚的波形如图 8.6 所示。

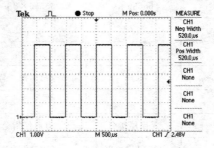

图 8.6　作为常规定时器使用时

程序中,把 TIMER2 当做 8 位的常规定时器使用,首先要忽视周期寄存器 PR2 在硬件上的存在,即给 PR2 赋予满载值 0XFF,但也可以不予理睬,因为 PR2 的复位值就是 0XFF。可见,系统一开始就默认它不存在,要让它有存在的意义,必须给它赋予一个非满载值。另外,仅仅在每一轮累加循环完毕后,置位中断标志 TMR2IF,必须把后分频比设为 1:1,但预分频器不受限制。

具备以上两个条件,TIMER2 就可以当作 8 位的常规定时器使用,类似于 TIMER0,如果不希望它自由运行,就要赋予累加器 TMR2 一个计数初值,另外,它的预分频器只有 3 个比值,远低于 TIMER0 的 8 个比值,这样在分频的灵活性上要打些折扣。

对以上程序,设定累加器计数初值 $M=0X80=128D$,预分频比 $N_{pre}=4,4/f_{osc}=1\,\mu s$,那么依照公式 8.3,溢出循环周期为:

$$T_{TMR2IF}=(4/f_{osc})\times N_{pre}\times(256-M)$$
$$=1\times4\times(256-128)=512\,\mu s$$

这个结果刚好与示波器显示值基本吻合,8 μs 的差值来自 ISR 的跳转及执行时间。

8.6 三类 TIMER 的比较

第 6 章、第 7 章、第 8 章对 PIC16 系列单片机的三个重要模块进行了详细地介绍，为了有更清晰的认识，在此把三者的功能特点作一下对比，如下表所列。

	TIMER0	TIMER1	TIMER2
累加器位数	8 位	16 位	8 位
累加器	TMR0	TMR1H:TMR1L	TMR2
运行控制器	OPTION_REG	T1CON	T2CON
计数范围	00H~FFH	0000H~FFFFH	00H~FFH
最大定时时间@4M	65536 μs	65536×8 μs	65536 μs
内部定时功能	√	√	√
对外部信号计数功能	√	√	
预分频器比值	8 种	4 种	3 种
后分频器比值			16 种
运行控制	无启停指令	有启停指令	有启停指令
计数-上升沿触发增量功能	√（RA4/T0CKI）	√（RC0/T1CKI）	
计数-下降沿触发增量功能	√（RA4/T0CKI）	√（RC1/T1OSI）	
RTC 功能		√	
同步计数功能	√	√	
异步计数功能		√	
对被计数信号整形功能		√	
溢出循环周期寄存器			√
与其他模块合用	WDT	COMPARE/CAPTURE	PWM/SPI

8.7 TIMER2 模块的 C 语言编程

Timer2 模块的 C 语言内部函数有如下 3 种，它们分别是：

（1）setup_timer_2(prescaler，period，postscaler)

各项参数中，由逗号将若干项组合起来，这在书写形式上与前面的 Timer0、Timer1 不同，需要引起注意。

Timer2 工作使能控制：T2_DISABLED　　　　　关闭 Timer2

预分频比说明：

　　　　　　　　　　　T2_DIV_BY_1　　　　　预分频比 1:1

　　　　　　　　　　　T2_DIV_ BY_4　　　　　预分频比 1:4

　　　　　　　　　　　T2_DIV_ BY_16　　　　预分频比 1:16

（2）get_timer2( )

语法：value＝ get_timer2( );

函数功能：获取 TMR2 的当前计数值；

函数参数说明：value 是 8 位整型数据(int)。

（3）set_timer2( )

语法：set_timer2(value);

函数功能：给 TMR2 寄存器赋初值(8 位);

函数参数说明：value 是 8 位整型数据(int)。

与中断有关的函数及预处理器如下：

```
# int_timer2                        TMR2 中断用预处理器
enable_interrupts(INT_TIMER2)       表示打开 TMR2 中断
disable_interrupts(INT_TIMER2)      表示关闭 TMR2 中断
clear_interrupt(INT_TIMER2)         表示清除 TMR2IF 中断标志
enable_interrupts(GLOBAL)           表示打开总中断
disable_interrupts(GLOBAL)          表示关闭总中断
value = interrupt_active(INT_TIMER2) 侦测 TMR2IF 中断标志是否置位
```

将实验 1 的程序用 C 语言实现,程序如下：

```
# include<16f877a.h>
# fuses XT,NOWDT,NOPROTECT,PUT,BROWNOUT,NOLVP
# use fast_io(C)
short toggle;                       //定义位变量

# int_timer2                        //TMER2 中断预处理器
void ISR_T0 ( )                     //中断服务
{
        toggle = toggle^1;          //位变量取反
        output_bit(PIN_C7,toggle);  //翻转 RC7 引脚电平
}


void main( )
{
        set_tris_c(0x7F);           //设置 RC7 为输出态
```

```
        toggle = 0;
        setup_timer_2(T2_DIV_BY_1, 0xFA, 1);
                                    //设置预分频器为 1, PR = 0xFA,后分频器为 1
        set_timer2(0x00);           //设 TMR2 的计数初值为 0
        enable_interrupts(INT_TIMER2);  //打开 TMR2 中断
        enable_interrupts(GLOBAL);      //打开总中断
        while(1)
        {   }                       //进入循环
}
```

说明:实验 2 及实验 3 的 C 语言程序不必列出,只需在以上程序中变更 setup_timer_2()函数中的前后分频比参数即可。

将实验 4 的程序用 C 语言实现,程序如下:

```
# include<16f877a.h>
# fuses XT,NOWDT,NOPROTECT,PUT,BROWNOUT,NOLVP
# use fast_io(C)
short toggle;

# int_timer2
void ISR_T2 ( )
{
        set_timer2(0x80);           //重载 TMR2 计数初值 0x80
        toggle = toggle^1;
        output_bit(PIN_C7,toggle);
}

void main( )
{
        set_tris_c(0x7F);
        toggle = 0;
        setup_timer_2(T2_DIV_BY_4, 0xFF, 1);
                                    //设置预分频器为 4, PR = 0xFF,后分频器为 1
        set_timer2(0x80);           //设定 TMR2 的计数初始值为 0x80
        enable_interrupts(INT_TIMER2);
        enable_interrupts(GLOBAL);
        while(1)
        {   }
}
```

说明:实验 4(汇编语言)中,TMR2 的溢出周期是 520 μs;这里,TMR2 的溢出周期约为 546 μs。为什么会有这么大的差别,原因就在于 ISR 部分,ISR 如果采用汇编语言,时间误差可以被精确分析,但如果采用 C 语言,则不一定能做到这一点。如果把 C 语言程序展开(Disassemble),可以发现一个 C 语句是由多个汇编语句组成的,从 ISR 开始执行到 RC7 翻转,中间有几十条汇编语句,对应几十微秒的差别,这应该就是溢出周期增大的原因。

　　不过要想得到所需的、较精确的溢出周期,可以将 TMR2 的计数初值重新设定。

8.8　虚拟定时器(♯use timer)

　　虚拟定时器通过使用预处理器"♯use timer"来实现,该预处理器可用来管理硬件定时器并通过中断自动扩展定时范围,在此将它称作虚拟定时器。

　　虚拟定时器使用片内硬件定时器生成一个节拍定时器(有软件参与运作)。在程序开始运行的时候,节拍定时器中的定时值为零。

　　节拍定时器的英文名称是"Tick timer",它用于一些对时间精度要求不高的场合,比如让一个 LED 以大约 100ms 的间隔闪烁,间隔值可以是 103ms,也可以是 98ms,即对间隔时间精度没有高要求。该预处理器也可以生成一个表征"ticks_per_second"对应数量的浮点数,该浮点数表示 1 秒时间内生成的节拍(tick)数量。

　　预处理器"♯ use timer"中包含着如下选项,现分别介绍如下:

① TIMER＝x　设置用于生成"节拍定时器"的硬件定时器。如 TMR0、TMR1、TMR2,x 表示定时器序号。缺省的定时器是 TMR1。

② TICK＝xx　设置节拍定时器工作时每一个节拍(1 tick)的持续时间,它的单位可以是 ns、μs、ms 或 s。如果不能达到预设的节拍时间,编译器将尽可能地做到将生成时间接近预设时间,并且会在编译后生成一个提示,该提示会注明实际生成的节拍时间。缺省的节拍时间是 1μs。

③ BITS＝x　设置"value＝get_ticks( )"返回值和"set_ticks(value)"设定值的位数。它们可以是 8 位、16 位、32 位。缺省值是 32 位。

④ ISR　使用硬件定时器的中断来增量节拍定时器的最高位。这种模式需要打开相关中断。

⑤ NOISR　使用函数"value ＝ get_ticks( )"来增量节拍定时器的最高位,这需要不断地调用该函数并刷新函数值。NOISR 是缺省值。

⑥ STREAM＝id　流控制标识,将节拍定时器与之关联。该标识可能用于"get_ticks( )"函数。

⑦ DEFINE＝id　生成一个定义过的 id 名称,该名称表征 1 s 时间内生成的节拍(tick)数量。缺省的 id 名称是"ticks_per_second"。定义 id 名称的字符串必须由字母或下划线开头。

⑧ COUNTER＝x　将指定的定时器当做计数器使用。x 表示计数器的分频比值,缺省值是 1(省略等号及以后部分)。函数

"get_ticks( )"会返回当前的计数值;函数"set_ticks( )"可用于将计数器清零或设置一个计数初始值。

下面两个函数只有在声明"♯ use timer"后方可使用:

① set_ticks( )

语法:set_ticks(value);

函数功能:对节拍定时器赋予一个计数初始值;

函数参数说明:value 可以是 8 位、16 位、32 位整型数。

② get_ticks( )

语法:value = get_ticks( );

函数功能:获取节拍定时器的当前计数值;

函数参数说明:返回值 value 可以是 8 位、16 位、32 位整型数。

关于节拍定时器"Tick timer",这里要特别阐明一下:

对于 8 位二进制增量计数器,它的计数范围是 00H 到 FFH,如果计数的步长是 0.5s,并且把计数器的每一位显示在 RB 端口的 LED 上,会发现 RB0 是间隔 0.5s 亮灭一次,RB1 是间隔 1s 亮灭一次,RB2 是间隔 2s 亮灭一次。依此类推,最高位 RB7 是间隔 64s 亮灭一次。

那么,根据以上现象,可以将计数的最小步长等同于"tick=0.5s",计数宽度等同于"bits=8",引号中的内容都是"♯ use timer"中的选项。

节拍定时器"Tick timer"是基于硬件(TMR0、TMR1 或 TMR2),配合软件(编译器)产生的一种定时器。它不同于纯硬件的定时器,与它们相比,在使用上有一定的不同。下面做两个实验来说明这一点。

实验 5:编写程序让"Tick timer"自由运行,计数宽度 8 位,计数步长为 20 ms,将计数值显示在 RB 端口上。根据实验目的编制以下程序:

```
♯ include<16f877a.h>
♯ fuses HS,NOWDT,PUT,NOLVP
♯ use delay(clock = 4M)
♯ use timer (timer = 0, tick = 20ms, bits = 8, NOISR)
                                    //Tick timer 按照设定参数自由运行
int  current_tick;                  //定义 8 位变量
void main( )
{
      while(1)
      {
            current_tick = get_ticks( );   //获取 Tick timer 的计数值
            output_b(current_tick);        //将计数值显示在 RB 端口上
                                           //不断重复以上动作
      }
}
```

说明：# use timer 的选项中，定时器也可以选用其他如 TMR1 或 TMR2。设定计数步长 tick＝20ms，计数宽度 bits＝8，该值也可以选用 16 或 32，当选用 16 时，计数值从 0 到 65535。实验现象是，RB 端口的 LED，越往高位，闪烁频率越低。

程序被编译后，编译器提示"Timer 0 tick time is 16.38 ms"，即程序能够达到的节拍时间为 16.38ms，通过示波器观察，这是实际的计数步长。在很多情况下，实际步长不会等于设定步长，而是接近设定步长。

while 循环中的两个函数的执行时间应该小于步长时间，否则，RB 端口的显示会变得缺乏规律，其原因读者可以自己思考。

实验 6：利用 Tick timer 做一个秒发生器，将秒信号显示在 RB7 引脚的 LED 上。根据实验目的编制以下程序：

```
# include<16f877a.h>
# fuses HS,NOWDT,PUT,NOLVP
# use delay(clock = 4M)
# use timer (timer = 1, tick = 20 s, bits = 16, define = ticks_per_second, NOISR)
                                    // Tick timer 按照设定参数自由运行
long   current_tick;                //定义 16 位变量
void main( )
{
      while(1)
      {
          current_tick = get_ticks( );    //获取当前计数值
          if (current_tick > ticks_per_second)
                  //判断当前计数值是否大于"ticks_per_second"表征的计数值
          {
              set_ticks(0x0000 );       //1s 时间到,复位 ticks_timer
              output_toggle(PIN_B7);    //翻转 RB7 引脚的电平
          }
      }
}
```

说明："define＝ticks_per_second"这个功能是非常有用的，在 # use timer 中定义它之后，编译器会根据其他选项参数计算出 1s 时间内会有多少个 tick（步长），它的值会随着其他配置参数的不同而不同。

采用本程序 # use timer 中设定的参数可以获得很高的秒时基精度。但是，如果将 tick 的值变大，bits 的值变小，会发现这个精度有所降低。这其中的原因，在前面定时器 0、定时器 1 的章节中有详细的说明。

第9章

CCP 模块

9.1　CCP 模块的功能特点

（1）CCP 模块有 3 种工作模式：捕捉输入、比较输出、脉冲宽度调制。不同于其他模块，这 3 种模式不是孤立运行的，它们都需要定时器的配合才可工作，其关系如下表所列。

CCP 工作模式	计时时钟源
Capture（捕捉输入）	TIMER1
Compare（比较输出）	TIMER1
PWM（脉宽调制）	TIMER2

（2）每个 CCP 模块都包含一个 16 位的可读写"寄存器对"（CCPR1H：CCPR1L），这个寄存器对既可以作为 16 位捕捉输入用寄存器，又可作为 16 位比较输出用寄存器，还可作为脉宽调制输出信号的占空比设置主从寄存器。

（3）CCP1 模块和 CCP2 模块两者的结构、功能以及操作方法基本相同，它们有各自独立的外接引脚 RC1 和 RC2，有独立的 16 位寄存器对 CCPR1（CCPR1H：CCPR1L）和 CCPR2（CCPR2H：CCPR2L），这 4 个寄存器的地址各不相同。

（4）对于拥有 2 个 CCP 模块的 PIC16F87X（A）系列 MCU 来说，只有 CCP2 模块的输出比较模式可以触发模数转换器 ADC 工作。

9.2　与 Capture、Compare、Timer1 工作相关的寄存器

寄存器名称	bit7	bit6	bit5	bit4	bit3	bit2	bit1	bit0
TMR1H	16 位 TMR1 累加器的高字节							
TMR1L	16 位 TMR1 累加器的低字节							
INTCON	GIE	PEIE	T0IE	INTE	RBIE	T0IF	INTF	RBIF
T1CON			T1CKPS1	T1CKPS0	T1OSCEN	T1SYNC	TMR1CS	TMR1ON
PIR1	PSPIF	ADIF	RCIF	TXIF	SSPIF	CCP1IF	TMR2IF	TMR1IF
PIR2		CMIF		EEIF	BCLIF			CCP2IF
PIE1	PSPIE	ADIE	RCIE	TXIE	SSPIE	CCP1IE	TMR2IE	TMR1IE
PIE2		CMIE		EEIE	BCLIE			CCP2IE
CCPR1H	16 位 CCP1 寄存器的高字节							
CCPR1L	16 位 CCP1 寄存器的低字节							
CCP1CON			CCP1X	CCP1Y	CCP1M3	CCP1M2	CCP1M1	CCP1M0
CCPR2H	16 位 CCP2 寄存器的高字节							
CCPR2L	16 位 CCP2 寄存器的低字节							
CCP2CON			CCP2X	CCP2Y	CCP2M3	CCP2M2	CCP2M1	CCP2M0
TRISC	TRISC7	TRISC6	TRISC5	TRISC4	TRISC3	TRISC2	TRISC1	TRISC0

寄存器地址	寄存器名称	上电复位,欠压复位值	其他复位值
0FH	TMR1H	xxxxxxxx	uuuuuuuu
0EH	TMR1L	xxxxxxxx	uuuuuuuu
0BH/8BH/10B/18B	INTCON	0000000x	0000000u
10H	T1CON	- -000000	- -uuuuuu
0CH	PIR1	00000000	00000000
0DH	PIR2	- 0 - 0 0 - - 0	- 0 - 0 0 - - 0
8CH	PIE1	00000000	00000000
8DH	PIE2	- 0 - 0 0 - - 0	- 0 - 0 0 - - 0
16H	CCPR1H	xxxxxxxx	uuuuuuuu
15H	CCPR1L	xxxxxxxx	uuuuuuuu
17H	CCP1CON	- - 000000	- - 000000
1CH	CCPR2H	xxxxxxxx	uuuuuuuu
1BH	CCPR2L	xxxxxxxx	uuuuuuuu
1DH	CCP2CON	- - 000000	- - 000000
87H	TRISC	11111111	11111111

注:x 表示未知;u 表示不变;-表示未指明位置,读作 0。

对以上寄存器的解释如下：

(1) TIMER1 的 16 位累加器 TMR1H：TMR1L；　　　　　　（在第 7 章已讲）

(2) TIMER1 的控制寄存器 T1CON；　　　　　　　　　　　（在第 7 章已讲）

(3) 中断控制寄存器 INTCON；　　　　　　　　　　　　　（在第 7 章已讲）

(4) RC 端口方向寄存器 TRISC；　　　　　　　　　　　　（在第 7 章已讲）

(5) 寄存器对"CCPR1H：CCPR1L"由 2 个 8 位的寄存器组成，它可以用作 16 位捕捉寄存器、16 位比较寄存器或 10 位 PWM 主/从占空比寄存器。

(6) CCP1CON 是 CCP1 模块的运行控制器。它可读可写，使用时只需用到低 6 位，最高 2 位未用，读出值为 0。它的复位值为 0，即默认状态下 CCP1 被关闭。

CCP1X～CCP1Y：是 PWM 模式下脉宽寄存器（10 位）的低 2 位，高 8 位在 CCPR1L 中。

CCP1M3～CCP1M0：CCP1 工作模式选择位，详情如下表所列。其中 CCP1M3 ～CCP1M2 为粗选位，CCP1M1～CCP1M0 为细选位。

CCP1 工作方式	M3	M2	M1	M0	每种工作方式下的说明
CCP1 关闭	0	0	0	0	芯片复位后的默认状态
Capture〔捕捉输入〕	0	1	0	0	捕捉 CCP1 脚送入的每 1 个 pulse 的下降沿
			0	1	捕捉 CCP1 脚送入的每 1 个 pulse 的上升沿
			1	0	捕捉 CCP1 脚送入的每 4 个 pulse 的上升沿
			1	1	捕捉 CCP1 脚送入的每 16 个 pulse 的上升沿
Compare〔比较输出〕	1	0	0	0	如果匹配，CCP1 脚输出"H"电平，CCP1IF 置位
			0	1	如果匹配，CCP1 脚输出"L"电平，CCP1IF 置位
			1	0	如果匹配，CCP1IF 置位（CCP1 不控制引脚）
			1	1	如果匹配，CCP1IF 置位，触发特殊事件（CCP1 不控制引脚）
PWM〔脉宽调制〕	1	1	X	X	低 2 位无意义

注：笔者觉得，将 Capture 翻译成"捕捉输入"效果更好，它强调的是"捕捉"这个动作，应该放在前面，"输入"是指输入的边沿信号；将 Compare 翻译成"比较输出"效果更好，它强调的是"比较"这个过程，并且只有通过比较才有输出。

9.3　Capture 模式的电路结构和工作原理

Capture 模式在测量波形的周期（周期恒定或变化）、频率、脉宽等时间参数上非常方便。CCP1 模块工作在 Capture 方式下的电路结构图（CCP2 与其类似）如图 9.1 所示。

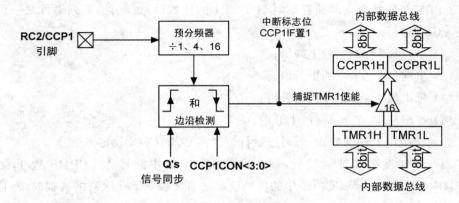

图 9.1　Capture 模式下的电路结构图（M3M2＝01）

将以上电路结构分为若干部分，分别讲解各部分的工作原理：

（1）最关键的是 16 位捕捉寄存器对（CCPR1H：CCPR1L），它可读可写。其工作类似"秒表"，当某特定事件在某一时刻发生时，可记录这一刻的时间值。在这里，是用它来抓取累加器 TMR1 的 16 位计数值的。何时抓取，与信号边沿出现的时刻有关。

（2）TIMER1 定时器的 16 位累加器 TMR1（TMR1H：TMR1L）。这个在第 7 章有详细的介绍，它为 CCP1 模块提供被抓取的计数（也即计时）值。

（3）16 位并行受控三态门。各个门的控制端相连，门的开关由边沿检测电路控制。缺省态下所有门都是截止的，TMR1 中的数据无法进入 CCPR1。

捕捉 TMR1 计数值使能信号，根据芯片产品手册的电气说明，笔者推断，这是一个纳秒级的单脉冲信号，信号送来时，16 只三态门同时被打开，将此时的 TMR1 累加值，快速抓取到 CCPR1 中，随后三态门被迅速关闭。这也类似于照相机的快门瞬间被打开过，并将图像捕捉到底片上。

（4）预分频器（4 位）。允许对输入信号选择 3 种不同的分频比（1：1、1：4、1：16）。其分频比由运行控制器 CCP1CON 的低 2 位 CCP1M1～CCP1M0 设定。当分频比设为 1：16，每次触发捕捉时刻预分频器的值为 0000B；当分频比为 1：4 时，每次触发捕捉时刻，其值为 xx00B。

（5）边沿检测电路。可以通过设定 CCP1CON 的低 2 位，来决定如何检测输入脉冲信号的边沿（正边沿或负边沿）。

（6）信号同步电路。将外部引脚 RC2 送入的脉冲边沿，与系统时钟 Q 的边沿对齐。关于同步的原理，在 TIMER0 章节图 6.6 有详细的讲解，图 9.1 中 Q's 表示同步后的信号。

当 CCP1 模块工作于 Capture 模式时，一旦有下列事件在引脚 RC2/CCP1 上发生,CCPR1 寄存器会立即捕捉该时刻 TMR1 的计数值,也就是,下列事件之一可以触发 CCP1 进行捕捉。

(1) 出现每个 pulse 的下降沿;

(2) 出现每个 pulse 的上升沿;

(3) 每出现 4 个 pulse 的上升沿;

(4) 每出现 16 个 pulse 的上升沿。

如何选择以上触发方式,可通过运行控制器 CCP1CON 设定。

当一个捕捉事件被触发后,硬件会将 CCP1 的中断标志 CCP1IF 置 1,之后 CCP1IF 必须清零。当 CCPR1 中的值被读取之前又触发了一次新的捕捉时,新值将覆盖旧值。

使用 Capture 方式时的注意事项:

(1) CCP1 引脚的设置

在 Capture 方式下,RC2/CCP1 引脚必须由相应的 TRIS 寄存器设为输入态。如果该引脚被设为输出态,那么对该端口的写操作会使端口电平发生跳变,从而触发一次捕捉行动,由图 5.20 可以看出这一点。CCP2 引脚的设置与此类似。

(2) 满足要求的 TIMER1 工作方式的设定

当 CCP 工作于 Capture 方式时,TIMER1 必须设置为定时器方式或同步计数器方式。若 TIMER1 工作于异步计数方式时,CCP 可能无法进行捕捉操作,这个原因跟触发信号边沿对齐有关,可见图 6.6 的说明。

(3) 运行中改变控制位 CCP1M3~CCP1M2 的操作(改变工作方式)

当运行中的 CCP 模块从 Capture 方式,切换到其他工作方式(如 Compare 或 PWM 方式)时,可能会触发一次错误的捕捉行为(CCPIF 置 1)。因此,用户在切换捕捉模式之前,必须通过清零 CCP1IE 关闭 CCP1 中断,并且在 Capture 模式被切换之后,将中断标志位 CCP1IF 清零,以免引起 CPU 的错误响应。所以,在运行中改变工作方式需要特别的谨慎!

(4) 运行中改变控制位 CCP1M1~CCP1M0 的操作(改变分频比)

通过 CCP1 控制寄存器的 CCP1M1~CCP1M0 的设置,可以选择几种不同的分频比以及设定不同的边沿触发方式。如果运行中的 CCP1 模块被关闭或者设为非捕捉模式,其预分频器的计数值都会被清零。任何方式对 MCU 的复位都会使预分频器被清零。

若 CCP1 在运行中(Capture 方式),用户程序修改了预分频器的分频比(触发方式),也可能会产生一次错误的中断,并且预分频器的计数值将不会被清零,因此修改后第一次捕捉可能是从一个非零的预分频器计数值开始的,这会使捕捉到的值无意义。

如果需要在运行中改变预分频器的分频比,建议使用以下程序片段。这个例子既可以使预分频器的计数值清零,又不会产生虚假中断。

```
CLRF    CCP1CON              ;关闭 CCP1 模块
MOVLW   NEW_CAPT_PS          ;选取新的预分频比
MOVWF   CCP1CON              ;赋予 CCP1CON 寄存器,并打开 CCP1 模块
```

由以上说明可知,在运行中改变分频比(触发方式)需要特别谨慎!

(5) Sleep 状态下的操作

芯片进入 Sleep 态时,TIMER1 不再递增计数(因为 TIMER1 处于同步模式),但预分频器仍然会对事件进行计数(非同步)。当指定捕捉事件发生时,CCP1IF 会被置 1,但 CCPR1 的值不会被刷新。如果 CCP 中断被打开,MCU 将从 Sleep 态被唤醒,16 位 TMR1 中的值不会被发送到 16 位 CCPR1 中,但由于 TIMER1 在睡眠中停止了增量,此时 TMR1 中的值没有意义。

9.4　Capture 模式的应用实践

以下是非常有用的两个实验,它利用 CCP 模块的 Capture 功能,对一串方波信号的正脉冲宽度进行连续的捕捉,并把捕捉到的时间值送到 16 位二进制 LED 显示器上(RB:RD)。

在主程序中,先进行初始化设置,并让 TIMER1 自由运行,当 RC2/CCP1 引脚检测到方波上升沿时,会触发 Capture 中断,如果之前打开了中断源 CCP1IE,CPU 就会进入 ISR,在 ISR 中清零累加器 TMR1,然后返回主程序循环,当方波的下降沿被检测到时,又会触发一次 Capture 中断,于是 CPU 进入 ISR 记录累加器 TMR1 的当前值(16 位),TMR1 的当前值被 Capture 后存入捕捉寄存器 CCPR1(16 位)中,CPU 获取的捕捉值来自 CCPR1,从中断返回后,16 位的脉宽捕捉值被立即送显。

实验的电路原理图如图 9.2 所示:

方波可以通过很多种方式生成,这里不再赘述,本实验的方波来源于信号发生器。读者可以想想在这种情形下,能测量的最大脉冲宽度是多少呢? 其实这取决于 TIMER1 的工作状况,在 4M 的主频下:

(1) 当分频比为 1:1 时,TIMER1 的最大定时值为 $65536\mu s = 65.536ms$。这时步长为 $1\mu s$,步数即计数值可达 65536,于是形成 $65536\ \mu s$ 的时间段。

(2) 当分频比为 1:8 时,可达到的最大定时时间为 $65536\ \mu s \times 8 = 524288\ \mu s = 524.288ms$。这时步长为 $8\ \mu s$,步数即计数值可达 65536,于是形成 $524288\ \mu s$ 的时间段。

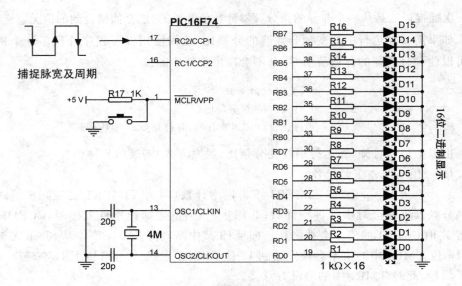

图 9.2　Capture 模式下的实验电路原理图

以上两者相比较,分频比为 1∶1 时可捕捉的时间段最短,但分辨率最高,测量精度也高。分频为 1∶8 时可捕捉的时间段最长,但分辨率最低,测量精度也低。

实验 1:本程序把 TIMER1 的分频比设为 1∶1,那么 CCP 能捕捉到的最大脉宽值就是 65.536ms,为了达到直观的效果,采用 16 位二进制数直接显示的方式,这样就要占用很多 I/O 口,本实验把 RB 端口的 8 位作为高位,RD 端口的 8 位作为低位,如原理图 9.2 所示。根据实验目的,编制如下程序:

程序名:CCP01.ASM

```
        include <p16f74.inc>          ;@4M oscillator
        CAPT_NEW_L  EQU  20
        CAPT_NEW_H  EQU  21           ;定义脉宽值临时寄存器在 RAM 中的地址
        ORG   0000
        GOTO START
        ORG   0004
        BTFSS CCP1CON,0               ;末位为 0 表示捕捉到的是下降沿
        GOTO FALL                     ;末位为 1 表示捕捉到的是上升沿
RISE:   CLRF TMR1H                    ;捕捉到上升沿后,清零 TMR1,从零开始计数
        CLRF TMR1L
        MOVLW 0X04                    ;上升沿中断发生后,马上改为捕捉下降沿方式
        MOVWF CCP1CON
        BCF PIR1,CCP1IF               ;清除中断标志
        RETFIE                        ;中断返回
```

```
FALL:      MOVF CCPR1L,W           ;下降沿中断发生后备份 CCPR1L(脉宽值低位)
           MOVWF CAPT_NEW_L
           MOVF CCPR1H,W           ;下降沿中断发生后备份 CCPR1H(脉宽值高位)
           MOVWF CAPT_NEW_H
           MOVLW 0X05              ;下降沿中断发生后,马上改为捕捉上升沿方式
           MOVWF CCP1CON
           BCF PIR1,CCP1IF         ;清除中断标志
           RETFIE                  ;中断返回


START:     BANKSEL TRISA
           CLRF TRISB              ;显示端口设为输出(高 8 位)
           CLRF TRISD              ;显示端口设为输出(低 8 位)
           BSF PIE1,CCP1IE         ;打开 CCP1 中断
           BANKSEL PORTA
           CLRF CAPT_NEW_L         ;清空脉宽值临时寄存器
           CLRF CAPT_NEW_H
           MOVLW 0X00              ;设定 TMR1 的预分频比为 1:1,其步长为 1 μs
           MOVWF T1CON
           BSF INTCON,PEIE         ;打开外设中断
           BSF INTCON,GIE          ;打开总中断
           MOVLW 0X05              ;设定为 Capture 模式,准备捕捉上升沿
           MOVWF CCP1CON
           BSF T1CON,TMR1ON        ;启动 TIMER1,让它自由运行
LOOP:                              ;主程序(循环)
           MOVF CAPT_NEW_L,F       ;判断 CAPT_NEW_L 中有没有捕捉值
           BTFSC STATUS,Z          ;有捕捉值,跳转
           GOTO LOOP               ;尚无捕捉值,等待
           MOVF CAPT_NEW_L,W       ;有捕捉值,送显
           MOVWF PORTD             ;将捕捉值送往 RD 端口(显示低 8 位)
           MOVF CAPT_NEW_H,W
           MOVWF PORTB             ;将捕捉值送往 RB 端口(显示高 8 位)
           GOTO LOOP               ;循环执行并刷新显示
           END
```

当捕捉到的脉宽为 20ms≈20000 μs 时,计数值约为 20000 步,16 位 LED 显示值 (RB:RD)为 B'100111000100000',末 4 位 LED 可能不断在闪烁,都为 0 或都为 1,差别 仅 16 μs,这个对约 20000 μs 的测量值,没有太大的影响,因为误差没有超过1/1000。

从这里可以看出,用 1 μs 的步长测量 ms 级的脉宽,虽然精度很高,但是意义却不 大,其实可用到 8 μs 的最大步长,这样二进制显示末位 LED 会更加稳定,也能捕捉到更 大的脉宽。所以用 1 μs 的步长测量几十到几百微秒的脉宽才是比较合理的选择。

实验 2：实验 1 测量的是正脉冲宽度，即从上升沿到邻近下降沿之间的时间间隔；本程序准备测量脉冲周期，即连续 2 个上升沿（或下降沿）之间的时间间隔。与实验 1 不同的主要是中断服务程序，根据实验目的，编制以下程序：

程序名：CCP02.ASM

```
        include <p16f74.inc>                ;@4M oscillator
            CAPT_NEW_L   EQU   20
            CAPT_NEW_H   EQU   21           ;定义周期值临时寄存器在 RAM 中的地址
            TOGGLE    EQU 22                 ;定义脉冲计数器在 RAM 中的地址
            ORG   0000
            GOTO START
            ORG   0004
            BTFSC TOGGLE,0                   ;判断是"偶数"次上升沿还是"奇数"次上升沿
            GOTO RISE_2ND
RISE_1ST:                                    ;捕捉到"偶数"次上升沿后,进入中断
            CLRF TMR1H                       ;清零 TMR1,从零开始计数
            CLRF TMR1L
            BCF PIR1,CCP1IF
            INCF TOGGLE                      ;增量 pulse 计数器
            RETFIE
RISE_2ND:                                    ;捕捉到"奇数"次上升沿后,进入中断
            MOVF CCPR1L,W                    ;备份周期值(低 8 位)
            MOVWF CAPT_NEW_L
            MOVF CCPR1H,W                    ;备份周期值(高 8 位)
            MOVWF CAPT_NEW_H
            BCF PIR1,CCP1IF                  ;清除中断标志
            INCF TOGGLE                      ;将脉冲计数器内容加 1
            RETFIE                           ;中断返回
START:
            BANKSEL TRISA
            CLRF TRISB                       ;显示端口设为输出(高 8 位)
            CLRF TRISD                       ;显示端口设为输出(低 8 位)
            BSF PIE1,CCP1IE                  ;打开 CCP1 中断
            BANKSEL PORTA
            CLRF CAPT_NEW_L                  ;清空周期值临时寄存器
            CLRF CAPT_NEW_H
            CLRF TOGGLE                      ;清空脉冲计数器
            MOVLW 0X00                       ;设定 TMR1 的预分频比为 1:1,其步长为 1 μs
            MOVWF T1CON
```

```
          BSF INTCON,PEIE          ;打开外设中断
          BSF INTCON,GIE           ;打开总中断
          MOVLW 0X05               ;设定为 Capture 模式,准备捕捉上升沿
          MOVWF CCP1CON
          BSF T1CON,TMR1ON         ;启动 TIMER1,让它自由运行
LOOP:     …                        ;以下部分同 CCP01.ASM
          END
```

在实验中,运行以上程序,可以发现:

当 pulse 的周期为 6.3ms 时,显示值为 B'1100010110111';

当 pulse 的周期为 15.9ms 时,显示值为 B'111110111100010'。(注:末 4 位的值对测量值不构成影响。)

比较实验 1 和实验 2,主要是中断服务的不同。

实验 1 的目的是测量脉冲宽度,在捕捉到上升沿后,紧接着捕捉下降沿,程序运行中捕捉方式在不断地更改;实验 2 的目的是测量脉冲周期,在捕捉到上升沿后,紧接着捕捉下一个相邻的上升沿,捕捉方式不变,只是要另外引入一个脉冲计数器 TOGGLE,赋予初始值 0。每捕捉到一个上升沿,便增量一次,末位不是 0 就是 1。实验 2 中,末位为 0 时准备捕捉第 1 个上升沿,末位为 1 时准备捕捉第 2 个上升沿。

其实,测量脉冲的宽度和周期可以只用一个程序实现,即把程序 1 和 2 的功能合为一体,有兴趣的读者可以试一试。

9.5　Compare 模式的电路结构和工作原理

Compare 模式可以看做是一种带定时触发的工作方式,它的功能也可以用 TIMER1 结合中断服务来实现,TIMER1 的运行起到定时的作用,ISR 实现"触发任务",但这样会消耗更多的软件。要达到同样的目的,Compare 模式会使软件的消耗更少,因为它的"触发任务"是由硬件实现的。Compare 模式的整个工作过程与 16 位定时器的运作息息相关,它与 Timer1 的常规用法有所不同,具体差异可见 9.7 节的说明。

CCP1 模块工作在 Compare 方式下的电路结构图(CCP2 与其类似)如图 9.3 所示。将其电路结构分为若干部分,分别讲解各部分的工作原理:

(1) 最关键的是 16 位比较寄存器对(CCPR1H∶CCPR1L),它可读可写。可以用它来设定 16 位定时目标值(常量)。

(2) TIMER1 的 16 位累加器 TMR1(TMR1H∶TMR1L),它可读可写。它为 CCP1 提供一个参与比较的 16 位动态增量值(变量)。

(3) 16 位比较器。它是按位比较的逻辑电路,只有当参加比较的两个 16bit 的

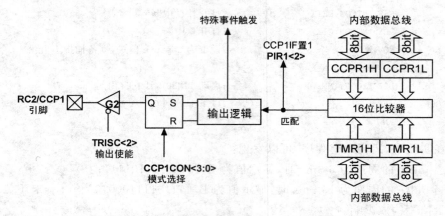

图 9.3　Compare 模式下的电路结构图（M3M2 = 10）

数据完全相同时，"匹配"端才会输出有效信号，该信号一方面送往输出逻辑电路，一方面使 CCPIF 置位。

（4）输出逻辑电路。用于选择比较器结果匹配（Match）时的动作（触发）类型，存在 4 种不同的类型，它由运行控制器 CCP1CON 的低 2 位决定。

（5）RS 触发器。它与输出逻辑电路相连，接收该电路的触发信号，当 S 端被触发，Q 端会呈现高电平（RC2 变高）；当 R 端被触发，Q 端会呈现低电平（RC2 变低）。

（6）三态门 G2。它就是图 5.21 中的 G2，它受控于端口 RC 方向控制位 TRISC<2>，即触发器 D2 的负端输出（也受"外设输出使能"影响）。当"外设输出"有效时，该位为 0 则输出导通，为 1 则输出断开（高阻态）。

当 CCP1 模块工作于 Compare 方式时，会不断地用 16 位二进制常量（目标值）CCPR1（CCPR1H：CCPR1L）去与 16 位变量累加器 TMR1 中的动态值作比较，如果两者相等（匹配），CCP1IF 会置位（若之前打开中断，可进行中断服务）。除此之外，还会出现以下 4 种不同的输出触发方式：

（1）引脚电平变高，可以驱动外接电路；（注：匹配发生前，引脚电平被强制为低。）

（2）引脚电平变低，可以驱动外接电路；（注：匹配发生前，引脚电平被强制为高。）

（3）仅仅产生中断标志 CCP1IF；（注：CCP1 不会控制对应引脚。）

（4）片内触发特殊事件（复位 TMR1 或启动 ADC）；（注：CCP1 不会控制对应引脚。）

究竟选择哪一种输出触发方式，由寄存器 CCP1CON 的低 2 位决定。

第 4 种方式只是在硬件方面作了增强，它的功能也可通过其他 3 种方式中的任意一种配合软件实现。

使用 **Compare** 方式时的注意事项：

（1）CCP1 引脚的设定

在 Compare 模式下，RC2/CCP1 引脚必须由相应的 TRIS 寄存器设为输出态。当 CCP 正在工作中，对运行控制器 CCP1CON 清零（或复位），会关闭 CCP1，且 RC2 引脚会输出一个低电平，该电平并不来自 RC2 端口 D 触发器，而是来自 RS 触发器。

（2）TIMER1 工作方式设定

当 CCP1 工作于 Compare 模式时，TIMER1 必须设置为定时器方式或同步计数器方式。若 TIMER1 工作于异步计数方式时，CCP1 可能无法进行比较操作。

（3）触发软件中断

任何一种工作方式都可触发软件中断，只是中断服务 ISR 会有所不同。较其他方式而言，由于"触发特殊事件"方式增添了一些硬件功能，故 ISR 会显得比较简洁。

（4）触发特殊事件方式

当控制位 CCP1M1～CCP1M0 ＝11 时，CCP1 模块被设置为"触发特殊事件"方式，特殊事件是指"复位 TMR1（硬件清零）"或"启动 ADC（硬件置位 GO）"。这个功能是其他 3 种方式所不具备的。

图 9.3 中的特殊事件触发信号来自输出逻辑电路。CCP1 的特殊事件只有"复位 TMR1"，而 CCP2 兼有两者。在这种方式下，CCPR1 可成为 16 位定时器 TMR1 的计数目标值，也可称作 16 位可编程周期寄存器，这一点在 TIMER1 章节有过详细描述。

CCP1 或 CCP2 模块的特殊事件触发，虽然都会清零 TMR1，但都不会置位 TMR1IF。

（5）Sleep 状态下的操作

当芯片 Sleep 时，TIMER1 不再递增计数（因为 TIMER1 处于同步模式），且 CCP 模块的状态不变。如果相应的 CCP 引脚有输出，在 Sleep 态下将继续保持该输出不变。当 MCU 被唤醒后，输出仍然保持原来的状态。

9.6　Compare 模式的应用实践

以下实验要达到的目的与 TIMER1 章节的实验 2 相同，都是要做一个 50ms 的时间基准。在那个实验里，时间基准的获取是通过设定 16 位累加器 TMR1 的初始值，让 TMR1 从初始值增量到溢出时刻来实现的。

在这里，用 CCP 模块的 Compare 方式，同样可以达到这个目的，但实现的过程有所不同，我们先来熟悉以下程序，再比较 TIMER12.ASM 程序。实验的电路原理图很简单，为了节省篇幅，暂且省略。

实验 3：利用 CCP 模块的 Compare 工作方式做一个 50ms 的时间基准，在 RB7 引脚上输出。根据实验目的，编制以下程序：

程序名:CCP03.ASM

```
    include <p16f74.inc>            ;@4M oscillator
        ORG 0X00
        GOTO START
        ORG 0X04
        MOVF PORTB,W
        XORLW B'10000000'
        MOVWF PORTB                 ;实现 RB7 引脚电平的翻转
        BCF  PIR1,CCP1IF            ;清除 CCP1 中断标志
        RETFIE
START:
        BANKSEL TRISA
        CLRF TRISB                  ;设置 RB 端口为输出态
        BSF PIE1,CCP1IE             ;打开 CCP1 中断
        BANKSEL PORTA
        MOVLW 0X50                  ;设定计数目标值 C350H = 50000D
        MOVWF CCPR1L
        MOVLW 0XC3
        MOVWF CCPR1H
        MOVLW 0X0B                  ;设为 Compare 方式,且触发特殊事件
        MOVWF CCP1CON
        MOVLW 0X04                  ;设 TMR1 的预分频比为 1:1,计数信号取内部时钟源
        MOVWF T1CON
        MOVLW 0XC0                  ;打开总中断及外设中断
        MOVWF INTCON
        CLRF PORTB
        BSF T1CON,TMR1ON            ;启动 TMR1 计数
LOOP:   NOP                        ;主循环
        GOTO LOOP
        END
```

本程序先设定一个计数目标值 C350H＝50000D,计数器 TMR1 从 00H 开始增量,到等于目标值为止,这个计数过程就形成了 $50000 \mu s = 50ms$ 的时间段。用示波器在 RB7 引脚可以测到正负脉宽为 50ms 的方波。与 TIMER12.ASM 程序比较起来,主要的不同在于中断服务,对于 TIMER12.ASM 程序,每次溢出时都要给 TMR1 赋初值,否则它会进入自由运行状态,变得不可控制。对于本程序,只需一次性设定增量的目标值。当 TMR1 增量到目标值时,硬件自动清零 TMR1,故在中断服务中不需赋初值。

相同点是中断服务中都需要清零关联的中断标志(TMR1IF 或 CCP1IF)。两个程序都达到了同样的目的,由以上比较可知,本程序的软件开销更小。对计数宽度的确定更加直观,对于本程序,计数宽度就是目标值,对于 TIMER12.ASM 程序,计数

宽度需要通过计算确定，就显得比较麻烦。

前面提到过，"触发特殊事件"功能也可以由其他几种方式实现，只是会多消耗些软件。为达到本实验同样的功能，采取其他方式编制程序如下：

```
程序名:CCP031.ASM
   include <p16f74.inc>          ;@4M oscillator
         ORG 0X00
         GOTO START
         ORG 0X04               ;中断服务程序
         BTFSS CCP1CON,0        ;检测输出 H 还是 L 电平
         GOTO H_LEVEL
L_LEVEL:CLRF TMR1H             ;如果输出 L 电平,则执行如下 ISR
         CLRF TMR1L             ;清零 TMR1
         MOVLW 0X08
         MOVWF CCP1CON          ;改为输出 H 电平模式
         BCF PIR1,CCP1IF
         RETFIE
H_LEVEL:CLRF TMR1H             ;如果输出 H 电平,则执行如下 ISR
         CLRF TMR1L             ;清零 TMR1
         MOVLW 0X09
         MOVWF CCP1CON          ;改为输出 L 电平模式
         BCF PIR1,CCP1IF
         RETFIE
START:
         BANKSEL TRISA
         CLRF TRISC             ;设置 RC 端口为输出态
         BSF PIE1,CCP1IE        ;打开 CCP1 中断
         BANKSEL PORTA
         MOVLW 0X50             ;设定计数目标值 C350H = 50000D
         MOVWF CCPR1L
         MOVLW 0XC3
         MOVWF CCPR1H
         MOVLW 0X08             ;设为 Compare 方式,且 CCP1/RC2 输出 H 电平
         MOVWF CCP1CON
         MOVLW 0X04             ;设 TMR1 的预分频比为 1:1,计数信号取内部时钟源
         MOVWF T1CON
         MOVLW 0XC0             ;打开总中断及外设中断
         MOVWF INTCON
         BSF T1CON,TMR1ON       ;启动 TMR1 计数
LOOP:    NOP                    ;主循环
         GOTO LOOP
         END
```

与原程序不同,本程序利用 CCP2/RC1 引脚作为信号输出用。在 ISR 部分,它比原程序多出不少语句。采用以上两种方式可生成频率很低的周期波,而 PWM 方式无法做到这一点。

9.7　两种定时(计数)方式的比较

8 位计数器(定时器)

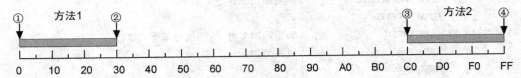

实现目的:达到 30H 的计数宽度。

① 方法 1:在上图②处设定目标值 30H,在①处从 00H 开始增量,当增至 30H 时,返回 0,继续新一轮增量操作,操作方式同之前;

② 方法 2:在上图③处设定初始值 C0H,从 C0H 开始增量,当增至④处 FFH 时,发生计数溢出,这时如果不强制重新赋初值,计数值会回 0,这是希望不发生的,所以溢出时刻必须强行赋计数初值,才能实现每一轮稳定的计数宽度。

实现手段:TIMER2 可以实现方法 1 和方法 2 的操作,但是,TIMER0 只能实现方法 2 的操作。具体可见 TIMER2,TIMER0 章节,这里只是作一下简要的说明。

① TIMER2 用于方法 1:

目标值 30H 一次性装入周期寄存器 PR2,启动 TIMER2,当计数值等于 30H 时,硬件自动清零累加器 TMR2,同时置位 TMR2IF,新一轮累加重新开始。PR2 在这里可称作"8 位可编程周期寄存器"。

② TIMER2 用于方法 2:

PR2 的上电复位值为 FFH,在程序中不需重新赋值,可以想象它不存在。把累加器 TMR2 赋初值 C0H,启动 TIMER2,溢出时再次赋初值,循环往复。

③ TIMER0 用于方法 2:与 TIMER2 用于方法 2 相同,只是 PR2 确实不存在。

TIMER0 与 TIMER2 都可以实现方法 2 的操作方式,但是也有区别,那就是 TIMER2 只能对芯片内的指令周期信号波进行计数,但无法对芯片外部的脉冲信号计数。而这两种计数方式,用 TIMER0 都能实现。

16 位计数器(定时器)

实现目的:达到 400H 的计数宽度。

① 方法 1：在上图②处设定目标值 400H，在①处从 0H 开始增量，当增至 400H 时，回 0，继续新一轮增量操作，操作方式同之前。

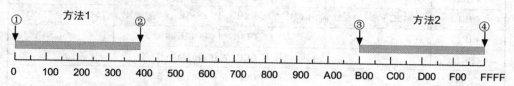

② 方法 2：在③处设定初始值 B00H，从 B00H 开始增量，当增至④处 FFFFH 时，发生计数溢出，这时如果不强制重新赋初值，计数值会回 0，这是不希望发生的。所以溢出时刻必须强行赋计数初值，才能实现每一轮稳定的计数宽度。

实现手段：单独依靠 TIMER1 仅仅可以实现方法 2 的操作，无法实现方法 1 的操作。但是，如果 TIMER1 结合 CCP 模块的 Compare 方式（触发特殊事件），就可以实现方法 1 的操作。与以上 TIMER2 不同的是，TIMER2 的目标值寄存器 PR2 包含在它的电路模块中，但 TIMER1 的目标值寄存器 CCPR 却包含在 CCP 模块中，所以两者要结合使用才能达到目的。

先给 16 位目标寄存器对（CCPR1H：CCPR1L）赋值 0400H，当累加器 TMR1 累加至目标值 400H 时，硬件自动清零 TMR1，同时置位 CCP1IF（而不是 TMR1IF）。只有给（CCPR1H：CCPR1L）赋值 FFFFH 时，才能使 CCP1IF 和 TMR1IF 都置位。这之后，新一轮累加重新开始。CCPR 在这里可称作"16 位可编程周期寄存器"。

在④处时刻只能依靠软件来控制外设，在②处时刻还可以通过硬件来控制某些外设（触发特殊事件）。

9.8　与 PWM、Timer2 工作相关的寄存器

寄存器名称	bit7	bit6	bit5	bit4	bit3	bit2	bit1	bit0
TMR2	8 位 TMR2 累加器							
PR2	TMR2 定时周期寄存器							
INTCON	GIE	PEIE	T0IE	INTE	RBIE	T0IF	INTF	RBIF
T2CON		ToutPS3	ToutPS2	ToutPS1	ToutPS0	TMR2ON	T2CKPS1	T2CKPS0
PIR1	PSPIF	ADIF	RCIF	TXIF	SSPIF	CCP1IF	TMR2IF	TMR1IF

寄存器名称	bit7	bit6	bit5	bit4	bit3	bit2	bit1	bit0
PIR2				EEIF	BCL1F			CCP2IF
PIE1	PSPIE	ADIE	RCIE	TXIE	SSPIE	CCP2IE	TMR2IE	TMR1IE
PIE2				EEIE	BCL1E			CCP2IE
CCPR1H	16 位 CCP1 寄存器的高字节							
CCPR1L	16 位 CCP1 寄存器的低字节							
CCP1CON			CCP1X	CCP1Y	CCP1M3	CCP1M2	CCP1M1	CCP1M0
CCPR2H	16 位 CCP2 寄存器的高字节							
CCPR2L	16 位 CCP2 寄存器的低字节							
CCP2CON			CCP2X	CCP2Y	CCP2M3	CCP2M2	CCP2M1	CCP2M0
TRISC	TRISC7	TRISC6	TRISC5	TRISC4	TRISC3	TRISC2	TRISC1	TRISC0

寄存器地址	寄存器名称	上电复位,欠压复位值	其他复位值
11H	TMR2	00000000	00000000
92H	PR2	11111111	11111111
12H	T2CON	- 0000000	- 0000000

注:x 表示未知;u 表示不变;一表示未指明位置,读作 0。

9.9 PWM 模式的电路结构和工作原理

脉宽调制(Pulse Width Modulation),PWM 输出工作模式,适合于从引脚上输出脉冲宽度随时可调的 PWM 信号,它是一个功能很强大的技术,它允许纯粹的数字输出控制模拟变量,且只需单个的数据线。例如,它可以实现直流电机调速、简易 D/A 转换器、步进电机的变频控制等,应用非常广泛。

CCP 模块工作在 PWM 方式下的电路结构图如图 9.4 所示。对照图 9.4 分析一下各个部分的功能和组成关系(为了方便理解,假设 PWM 波形的周期和脉宽恒定)。

(1) 脉宽值寄存器(CCPR1L +CCP1CON<5:4>)

共 10 位,它由 8 位寄存器 CCPR1L 和运行控制器 CCP1CON 中的 bit5 和 bit4 两位共同构成,都是可读写的。它们构成脉宽的计数目标值寄存器。

(2) 从属脉宽寄存器(CCPR1H +2 位锁存器)

共 10 位,由 8 位寄存器 CCPR1H 和内部的 2 位锁存器共同组成,其中只有 CCPR1H 是可被访问的。不过,在 PWM 模式下也只能读。它为 PWM 脉宽的形成提供双重缓冲,双重缓冲对 PWM 的无毛刺操作是极其重要的。

(3) 比较器 1(用于形成 PWM 脉宽)

它是 10 位的按位比较逻辑电路,负责比较[CCPR1H + 低 2 位(常量)]和

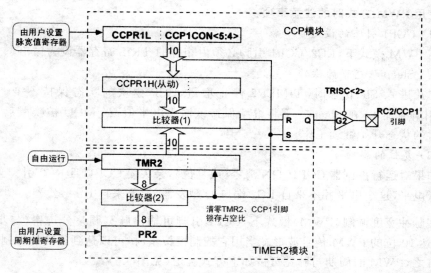

图 9.4　PWM 模式电路结构图(M3M2 = 11)

[TMR2＋低 2 位(变量)]的值,当参加比较的两个参数完全相同时,匹配输出端会输出一个很窄的高电平脉冲,该脉冲作用于 R 端,使 Q 端输出低电平。

(4) 累加器(TMR2＋低 2 位)

共 10 位,在形成 PWM 波形的过程中,唯有它是动态变化的量。它由高 8 位累加器 TMR2 和低 2 位累加器(增量信号来源于系统 Q 时钟,即 T_{osc})构成,其中后者是前者的小数部分。当需要倍频信号时,Prescaler 也可参与,它通过与周期常量(8 位)或脉宽常量(8 位或 10 位)不断地比较,产生上升或下降沿,形成完整的 PWM 波形。

(5) 比较器 2(用于形成 PWM 周期)

它是 8 位的按位比较逻辑电路,负责比较 PR2(常量)和 TMR2(变量)的值,其电路结构和工作原理在 TIMER2 章节已讲。当参加比较的两个参数完全相同时,匹配输出端会输出一个很窄的高电平脉冲,该脉冲作用于 S 端,使 Q 端输出高电平。

(6) PR2 周期寄存器

共 8 位,其电路结构和工作原理在 TIMER2 章节已讲。

(7) RS 触发器

高电平触发的 RS 触发器。R 端接 10 位比较器的输出,S 端接 8 位比较器的输出。正常情况下,R 端和 S 端分时接收高电平。

(8) 三态门 G2

即图 5.21 中的 G2,受控于端口 RC 方向控制位 TRISC<2>,即触发器 D2 的负端输出(也受"外设输出使能"影响)。当"外设输出"有效时,该位为 0 则输出导通,为 1 则输出断开(高阻态)。

使用 PWM 方式时的注意事项：

（1）CCP1 引脚的设定

在 PWM 模式下，RC2/CCP1 引脚必须由相应的 TRIS 寄存器设为输出态。

（2）Sleep 状态下的操作

芯片进入 Sleep 态时，TIMER2 停止增量，CCP 模块的状态保持不变。如果 CCP 引脚有输出，在 Sleep 态下将继续保持该输出电平值；当 MCU 被唤醒后，将从唤醒时的状态开始继续工作。

（3）复位的影响

如果对运行控制器 CCP1CON 清零（或复位），会关闭 CCP1，且 RC2 引脚会输出一个低电平，这个电平并不来自 RC2 端口 D 触发器，而是来自 RS 触发器。

在脉冲宽度调制（PWM）模式下，CCP1 引脚可输出脉宽调整分辨率（与步长相关）高达 10 位的 PWM 信号波形。当用它控制模拟量时，可以达到很高的控制精度。简而言之，PWM 的周期与脉宽可按如下方式确定（见图 9.5）：

① 定义周期值"PR2"；

② 定义脉宽值"CCPR1L ＋CCP1CON＜5：4＞"；

③ 设置好分频比后，启动 TIMER2 计数。当计数值达到定义脉宽值时，CCP1 引脚电平变低；此后 TIMER2 继续增量，当计数值达到定义周期值时，CCP1 引脚电平变高，TIMER2 复位清零，一个周期的 PWM 波由此形成，之后周而复始。

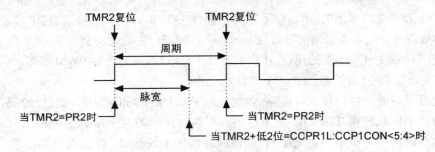

图 9.5　PWM 输出波形图

下面对 PWM 波形的周期与脉宽的形成分别作详细解释：

PWM 输出信号的周期

确定 PWM 的周期，首先是要确定目标值寄存器 PR2 的值，再确定 TIMER2 的预分频器值，其计算公式为：

$$PWM\ 周期 = (PR2＋1) \times (4/f_{osc}) \times N_{pre} \qquad 9.1$$

公式 9.1 中，f_{osc} 为系统时钟频率，$4/f_{osc}$ 为指令周期，N_{pre} 为 TIMER2 预分频器的分频比（1：1、1：4、1：16），PR2 为周期寄存器设定值。

在 8 位累加器 TMR2 不断增量的过程中，目标值 PR2 不断地与其进行比较，当

两者相等,且在下一轮累加周期即将到来时,将发生以下 3 种情况:

①　累加器 TMR2 被清零;

②　RS 触发器输出高电平,使 RC2/CCP1 引脚电平变高。(例外:当占空比 DU-TY＝0％时,该引脚电平不会变高。)

③　PWM 脉宽信号的脉宽值自 CCPR1L 装入 CCPR1H 中。

在确定 PWM 波形周期方面,TIMER2 的后分频器不起作用。但是在更新 PWM 波形周期方面,TIMER2 的后分频器可以起到一定作用,TIMER2 章节讲过,默认状态下,后分频器的分频比为 1:1。如果不改变这个值,可以无视后分频器的存在。

将 PWM 功能集成在 MCU 中并不是为了获得一个周期与脉宽都恒定的 PWM 波形(这样的功能很多 IC 芯片都可实现),而是为了得到周期或脉宽都可以调整的 PWM 波,这样设计的目的是为了方便智能控制。

所以,PWM 信号的波形并不总是不变的,有时需要定期调整周期,有时需要定期调整脉冲宽度,要实现这一点,必须追加一个额外的定时装置。一般情况下,我们会想到其他的定时器,如 TIMER0 或 TIMER1。实际上,为了最大限度的利用硬件资源,可以用到 TIMER2 自身。

PWM 工作方式本身不需要硬件中断,但是可以用到硬件中断,那就是 TMR2 中断,对 Postscaler 设置一定的分频比(从 1 到 16),然后打开 TIMR2IE,进入中断服务去修改周期值或脉宽值。如果后分频比为 1,那么可以每个 PWM 周期修改一次波形参数;如果后分频比为 16,那么可以每 16 个 PWM 周期修改一次波形参数;如果 16 个 PWM 周期修改一次波形参数,还嫌这个时间不够长,那就不得不选择其他的定时器。

PWM 输出信号的脉宽

确定 PWM 的脉宽,首先要确定 10 位的脉宽计数值,它由 CCPR1L 的 8 位和 CCP1CON 的 2 位组成,再确定 TIMER2 的预分频器值,其计算公式为:

$$PWM 脉宽 = (CCPR1L:CCP1CON<5:4>) \times (4/f_{osc}) \times N_{pre} \qquad 9.2$$

公式 9.2 中,f_{osc} 为系统时钟频率,$4/f_{osc}$ 为指令周期,N_{pre} 为 TIMER2 预分频器的分频比(1:1、1:4、1:16)。

虽然脉宽是 10 位的,但脉宽值的大小主要还是由 8 位的 CCPR1L 决定,剩下的 2 位是小数部分,所以它的取值范围仍在周期寄存器 PR2 的范围之内。

①　当 0 ＜【CCPR1L:CCP1CON＜5:4＞】＜ PR2 时,才会出现有占空比的波形;

②　当【CCPR1L:CCP1CON＜5:4＞】＝ 0 时,脉宽为 0,CCP1 输出低电平;

③　当【CCPR1L:CCP1CON＜5:4＞】＝ PR2 时,脉宽为 PR2,CCP1 输出高电平。

CCP1CON＜5:4＞是脉宽值的二进制小数部分,它所表示的十进制小数如下表所列。

CCP1CON,5	CCP1CON,4	十进制小数
0	0	0
0	1	0.25
1	0	0.5
1	1	0.75

10 位脉宽寄存器 CCPR1L：CCP1CON<5:4>始终是 8 位周期寄存器 PR2 的一个百分数，现举例来说明这一点。假设 PR2＝50，需要的占空比为 20％，那么【CCPR1L：CCP1CON<5:4>】＝ 50×20％ ＝ 10，此时小数部分为 0，即 CCP1CON<5:4> ＝ 00；假设 PR2＝50，需要的占空比为 25％，那么【CCPR1L：CCP1CON<5:4>】＝ 50×25％ ＝ 12.5，此时小数部分为 0.5，即 CCP1CON<5:4> ＝ 10。

以上脉宽的小数部分在电路上是如何实现的呢？看图 9.4，TMR2 的右侧还有低 2 位，这个低 2 位从 00B、01B、10B、11B 进行一轮累加后不断循环，每一轮结束后（溢出进位），TMR2 的最低位加 1B（增量 1 次），当 CCP 模块进入 PWM 工作方式时，这个低 2 位处于自由运行的状态，无法控制，既不可读出，也不可写入。实际上，在这种情况下完全没有必要去控制它。

10 位累加器终究还是一个计数器，那么被计数的脉冲信号来自哪里呢？在定时器章节里讲过，没有 Prescaler 时，计数器在每个 T_{cy}（指令周期）结束后增量 1 次，而一个 T_{cy} 是由 4 个 Q 时钟周期构成的。

PWM 的功能十分强大，应用也很广泛。以致于 2011 年推出的 PIC16F150X 系列机型将 PWM 功能做成了一个独立的模块，这样其性能指标可以进一步提升，如这之后推出的某些机型将 PWM 的分辨率（无论周期还是脉宽）提升到 16 位（如 PIC16F176X），以便实现更高精度的控制功能。

对于 8 位计数器，如果在每个 T_{cy} 结束后增量 1 次，那么计数一轮可增量 256 次，现在把它改成在每个 Q 时钟周期结束后增量 1 次，那么要达到原来的定时宽度 t，必须增量 256×4＝1024 次，显然计数器必须从 8 位变成 10 位，原理如图 9.6 所示。

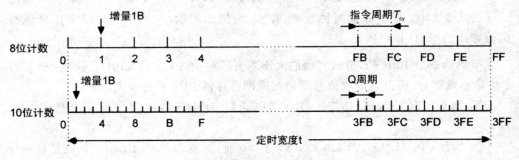

图 9.6　增加脉宽分辨率的方法

由图 9.6 所示，对于同样的定时宽度 t，定时器从 8 位到 10 位，定时的步长变得更小，那么脉宽的分辨率会变得更高。

如果脉宽只需要 8 位的分辨率,可以置 CCP1CON＜5：4＞＝00(缺省值);如果脉宽需要 10 位的分辨率,可以置 CCP1CON＜5：4＞≠00。显然,10 位的脉宽分辨率是为了实现更为精细的控制,但是它会消耗更多的调整时间,使用哪一种要视具体情况而定。

【TMR2＋低 2 位】形成的 10 位计数器(定时器)在接收被计数信号的前一级存在 Prescaler,它有 1、4、16 三种分频比,以上讲述的是预分频比为 1 的情况,当预分频比为 4 或 16 时,脉宽的递增步长会变为原来的 4 倍或 16 倍,如表 9.1 所列。

表 9.1　不同预分频比下的最小分辨率(时间步长)

预分频比	T2CKPS1：T2CKPS0	最小分辨率(时间步长)	步长换算
1：1	00	T_{osc}	T_{osc}
1：4	01	T_{cy}	$4T_{osc}$
1：16	1x	$4T_{cy}$	$16T_{osc}$

在 10 位计数器(TMR2＋低 2 位)不断增量的过程中,预先设定的目标值寄存器中的值(CCPR1L：CCP1CON＜5：4＞)不断地与其进行比较,当两者相等时,RS 触发器输出低电平,使 RC2/CCP1 引脚电平变低。

具体说来,在生成 PWM 波形时,TIMER2 要经历下面几个阶段:

(1) 将【CCPR1L：CCP1CON＜5：4＞】的值送到【CCPR1H ＋2 位锁存器】中,CCP1 输出变高电平,PWM 周期开始;

(2)【TMR2＋低 2 位】开始增量计数,将其值与【CCPR1H ＋2 位锁存器】和 PR2 两者的值同时作比较;

(3) 当【TMR2＋低 2 位】与【CCPR1H ＋2 位锁存器】的值相等时,CCP1 输出变为低电平,结束脉宽部分;

(4) TMR2 继续增量,一直到其值等于 PR2,此时 CCP1 输出变低,PWM 周期结束,同时开始下一个 PWM 周期。硬件复位 TIMER2,为下一个周期做准备。同时将【CCPR1L＋低 2 位】的值送到【CCPR1H＋低 2 位】中,继续下一轮进程。

可见,形成 PWM 波形时,TMR2 是动态的核心部分,脉宽值寄存器与周期值寄存器是静态部分,动态值向静态值逼近(通过比较器),直到相等,从而形成波形的上升或下降沿。图 9.7 标示了产生 PWM 时 TMR2 的匹配顺序。

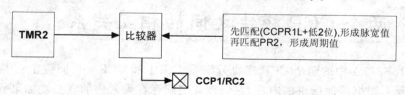

图 9.7　产生 PWM 时 TMR2 的匹配顺序

关于 PWM 输出信号的分辨率(Resolution)

PWM 输出的分辨率用 N 表示,它也代表二进制的位数,用 2^N 个单位来平分一段时间 t,前面讲过,$N=10$ 比 $N=8$ 能获得更高的分辨率,即更小的步长。

由图 9.6 中的标识,不难理解下面公式的意义:

$$2^N = T_{PWM}/T_{OSC} = f_{OSC}/f_{PWM}$$

那么 PWM 的分辨率:

$$N = \log_2(f_{OSC}/f_{PWM}) \qquad\qquad 9.3$$

如果 PWM 的频率为 78.125 kHz,芯片主频 $f_{osc} = 20$ MHz,TMR2 预分频比 $= 1$,求 PWM 周期。

解:根据式 9.1

$$1/78.125 \text{ kHz} = [(PR2)+1] \times 4 \times 1/20 \text{ MHz} \times 1$$

$$12.8 \ \mu s = [(PR2)+1] \times 4 \times 50 \text{ ns} \times 1$$

$$PR2 = 63$$

求可在 78.125kHz 频率和 20MHz 振荡器下使用的占空比的最大分辨率:

解:根据式 9.3

$$N = \log_2(20M/78.125k) = \log_2 256 = 8$$

频率为 78.125kHz 的 PWM 波形工作在 20MHz 的主频下可获得最大 8 位分辨率的脉宽,即 $0 \leqslant CCPR1L \leqslant 255$,任何大于 255 的值将使占空比为 100%。要得到更高的分辨率,必须降低 PWM 的频率(即增加 PWM 周期),或者提高芯片主频(减小 T_{osc})。

表 9.2 列出了 $f_{osc} = 20$ MHz 时的 PWM 频率和分辨率的值,同时也列出了 TMR2 预分频比和 PR2 的值。

表 9.2　PWM 各参数之间的关系

PWM 频率	1.22kHz	4.88kHz	19.53kHz	78.12kHz	156.3kHz	208.3kHz
TIMER2 预分频比	16	4	1	1	1	1
PR2 值	0xFF	0xFF	0xFF	0x3F	0x1F	0x17
最大分辨率(位)	10	10	10	8	7	5.5

9.10　两个 CCP 模块之间的相互关系

PIC16F877A 中的两个 CCP 模块分别是 CCP1 和 CCP2,它们看上去是相互独立的,实际上根据前面所讲的内容,它们彼此之间存在着紧密的联系。如果只单独使用某个模块,可以不用考虑这些关联,但如果同时使用两个模块,则必须考虑这些关联。其关联点是:TIMER1 和 TIMER2 是为两个 CCP 模块所共用的,如何在使用中使两者不发生冲突呢?见表 9.3 所列。

表 9.3　两个 CCP 模块之间的相互关系

序号	CCP1 模块	CCP2 模块	使用条件	相互关系
1	捕捉	捕捉	同时使用	使用相同的 TMR1 时基
2	捕捉	比较	同时使用	比较模式若设置成特殊事件触发器,这将清零 TMR1,影响对方
3	比较	比较	同时使用	比较模式若设置成特殊事件触发器,这将清零 TMR1,影响对方
4	PWM	PWM	同时使用	PWM 将具有相同的频率和更新率(以及相同的 TMR2 中断)
5	PWM	捕捉	同时使用	相互无影响
6	PWM	比较	同时使用	相互无影响

表 9.3 列出了两个 CCP 模块同时工作存在的 6 种可能,以下就每一种可能进行分析。

情形 1:都工作在捕捉模式,使用同一个 TMR1,那么要使两者互不影响,须工作如下:

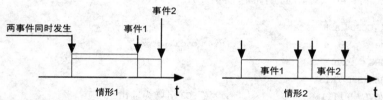

情形 2:一个捕捉,一个比较,使用同一个 TMR1,那么要使两者互不影响,须工作如下:

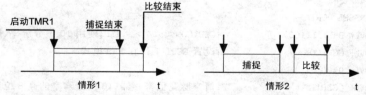

(1)中,比较模式若设成特殊事件触发器,将清零 TMR1,影响对方。所以比较结束应安排在捕捉结束之后。比较模式若是其他模式,哪一个先结束都无所谓。

情形 3:都工作在比较模式,使用同一个 TMR1,那么要使两者互不影响,须工作如下:

情形 1 中,事件 2 的比较模式若设置成特殊事件触发器,将清零 TMR1,影响对方。所以同为比较模式,事件 2 结束应安排在事件 1 结束之后。事件 2 的比较模式若是其他模式,哪一个先结束都无所谓。

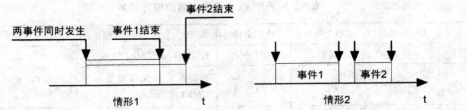

情况 4：都工作在 PWM 模式，使用同一个 TMR2 和 PR2，但 CCPR1L 和 CCPR2L 分别来自两个模块，故两路 PWM 周期一定相同，但脉宽不一定相同。

情况 5：一个捕捉，一个在 PWM 模式，它们分别使用各自的定时器，互不影响。

情况 6：一个比较，一个在 PWM 模式，它们分别使用各自的定时器，互不影响。

9.11 PWM 工作方式应用实践

实验 4：用 4M 的芯片主频，生成一个周期为 8 μs 的 PWM 波形，观察脉宽在 10 位分辨率和 8 位分辨率情况下的步长变化规律。

根据式 9.1 可以算出周期寄存器值 PR2＝7H。

```
程序名：CCP04.ASM
include ＜p16f74.inc＞            ;@4M oscillator
     ORG   0x00
     BANKSEL TRISA
     MOVLW B'11111011'           ;设置 RC2 引脚为输出态
     MOVWF TRISC
     MOVLW 0X07                  ;设置 PWM 周期为 8 μs，那么频率为 125kHz
     MOVWF PR2
     BANKSEL PORTA
     MOVLW B'00111100'           ;CCP1CON＜5：4＞ = 11B，使用 10 位分辨率（脉宽值）
     MOVWF CCP1CON               ;设置 CCP1 工作在 PWM 模式
     MOVLW 0x00
     MOVWF CCPR1L                ;清空脉宽值寄存器（10 位分辨率的高 8 位）
     BSF T2CON,TMR2ON            ;启动 TMR2 计数
LOOP:NOP
     GOTO LOOP                   ;主程序（循环）
     END
```

以上程序生成的脉宽是 0.75 μs，周期是 8 μs。对参数【CCPR1L：CCP1CON＜5：4＞】进行不同的设置，结合示波器观察，发现如下：

脉冲宽度	参数设置(二进制)	分辨率
0.25 μs	【CCPR1L∶CCP1CON<5∶4>】= 00000000∶01	10 位
0.5 μs	【CCPR1L∶CCP1CON<5∶4>】= 00000000∶10	10 位
0.75 μs	【CCPR1L∶CCP1CON<5∶4>】= 00000000∶11	10 位
1 μs	【CCPR1L∶CCP1CON<5∶4>】= 00000001∶00	8 位
2 μs	【CCPR1L∶CCP1CON<5∶4>】= 00000010∶00	8 位
3 μs	【CCPR1L∶CCP1CON<5∶4>】= 00000011∶00	8 位
4 μs	【CCPR1L∶CCP1CON<5∶4>】= 00000100∶00	8 位

　　实验 5：PWM 在各种工控装置中使用得非常广泛,控制系统中经常使用它来进行闭环控制,笔者曾经把它成功用于开关电源的 BUCK 电路的自动升压,直流电机的转速控制。但是这些电路搭建起来比较麻烦,为了力求简洁,又能达到学习的效果,笔者想到压频转换器 VFC32 芯片,它可以把输入电压和输出频率形成比例关系,反过来也是一样的。以下为了实验的需要,采用频压转换。在 MCU 中设定一个电压值,通过 PWM 定宽调频,输出电压由低到高,逐步逼近设定电压值。实验的原理图及流程图如图 9.8 所示。

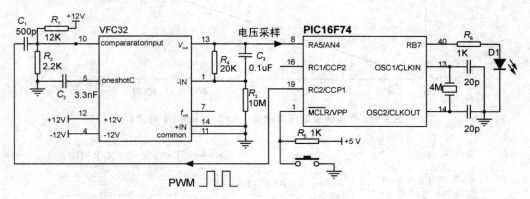

图 9.8　PWM 闭环反馈实验电路图

　　VFC32 压频转换芯片的具体特性可上网查阅,在这里只作一下简要的说明。原理图 9.8 中,16F74 的 CCP1 模块输出一个 PWM 方波,这个方波成为 VFC32 的频率输入,在以上参数的配置下,VFC32 的 13 脚输出一个相对应的模拟电压,并且随着 PWM 频率的增加,13 脚输出的模拟电压值也会成比例地增加。

　　为了使频率可变,PWM 采样定宽调频的方式,设定最初的 PWM 脉宽值为 50 μs,周期值为 256 μs,根据式 9.1 及 9.2,可算出 CCPR1L＝32H,PR2＝FFH。为了增大频率,需要减小 PR2 的值。VFC32 的频压比例变化关系如下:

PWM 周期	PWM 频率	VFC32 输出电压
256 μs	3.9kHz	1.74V
200 μs	5.0kHz	2.23V
150 μs	6.67kHz	2.98V
89 μs	11.2kHz	5.00V

本实验 PWM 的周期设定从 256 μs～90 μs，实际操作可超出这个范围，但会使程序及电路变得复杂。本实验没有使用 TIMER2 的预分频器，故最大周期是 256 μs。16F74 中 ADC 的采样电压上限是 5V，故设周期的下限是 89 μs。

如何调整 PR2 的值，这里一定要用到 ADC，ADC 采样 VFC32 的输出电压，把这个电压值与目标值进行比较，如果不等，就调整 PR2。如何调整，其逻辑如图 9.10 所示。调整过程不是很连续，而是间断的，这样做是为了便于观察。本程序设定每隔 400ms，ADC 采样电压并调整 PR2 一次，如图 9.9 所示。

400ms 的定时时间由 CCP2 的 Compare 方式产生，设定工作方式为触发特殊事件——复位 TMR1 并启动 ADC。每个定时时刻到来时，RD7 引脚的 LED 交替亮灭 1 次。

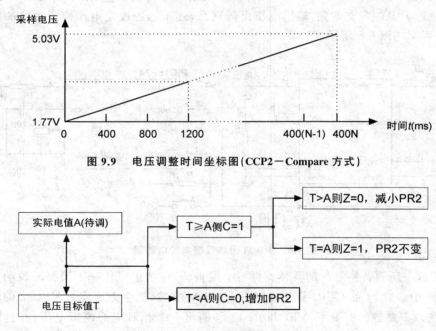

图 9.9　电压调整时间坐标图（CCP2－Compare 方式）

图 9.10　PR2 动态调整逻辑图（中断服务）

本程序定义了一个目标值寄存器 TARGET，并给它赋予一个初始值，这个初始值要与 8 位 ADC 的结果作比较，因采样电压值限定在 1.77V 到 5.03V，对应的 AD 采样值是从 58H～FFH，所以 TARGET 的取值范围要在这之间。本程序赋予它最大值 FFH。程序如下：

```
程序名:CCP05.ASM
include <p16f74.inc>              ;@4M oscillator
    TARGET EQU 20H               ;定义目标值寄存器的 RAM 地址
    ORG 0X00
    GOTO START
    ORG 0X04
    BCF   PIR2,CCP2IF            ;清除 CCP2 中断标志
    MOVF PORTD,W
    XORLW B'10000000'            ;每个定时时刻到来时 RD7 引脚的 LED 状态变换 1 次
    MOVWF PORTD
WAIT:BTFSS PIR1,ADIF            ;硬件启动 AD 转换
    GOTO WAIT                    ;等待 AD 转换结果出来
    MOVF ADRES,W                 ;采样值与目标值进行比较
    SUBWF TARGET,W
    BTFSC STATUS,C               ;调整 PR2 值,调整逻辑见图 9.10
    GOTO NEXT
    BANKSEL TRISA
    INCF PR2,F                   ;调低 PWM 周期后返回
    BANKSEL PORTA
    RETFIE
NEXT:BANKSEL TRISA
    BTFSS STATUS,Z
    DECF PR2,F                   ;调高 PWM 周期后返回
    BANKSEL PORTA
    RETFIE


START:
    BANKSEL TRISA
    CLRF TRISD                   ;将 RD 端口设为输出态
    MOVLW B'00000000'           ;全部 RA 端口引脚都设为模拟输入态
    MOVWF ADCON1
    MOVLW B'11111001'           ;设定 CCP1/RC2、CCP2/RC1 引脚为输出态
    MOVWF TRISC
    MOVLW 0XFF                   ;设定起始周期为 256 μs
    MOVWF PR2
    BSF PIE2,CCP2IE              ;打开 CCP2 中断
    BANKSEL PORTA
    MOVLW B'11100001'           ;设置 ADC 采用自带 RC 振荡器,RA5 通道,开启 ADC
    MOVWF ADCON0
    MOVLW B'00001100'
```

```
        MOVWF CCP1CON              ;设置 CCP1 为 PWM 工作方式
        MOVLW 0x32                 ;设定脉宽值为 50 μs
        MOVWF CCPR1L
        BSF T2CON,TMR2ON           ;启动 TIMER2
        MOVLW 0X50                 ;设定 CCP2 比较模式计数目标值 C350H = 50000D
        MOVWF CCPR2L
        MOVLW 0XC3
        MOVWF CCPR2H
        MOVLW 0X0B                 ;设置 CCP2 比较模式为触发特殊事件,硬件启动 ADC
        MOVWF CCP2CON
        MOVLW 0X34                 ;设 TMR1 分频比 1:8,形成 400ms 时长的内部时钟源
        MOVWF T1CON
        MOVLW 0XC0                 ;打开总中断,外设中断,供 CCP2 使用
        MOVWF INTCON
        MOVLW 0XFF                 ;设定跟踪电压目标值,对应 5V 电压
        MOVWF TARGET
        BSF T1CON,TMR1ON           ;启动 TIMER1,开始比较过程
LOOP:NOP                          ;主程序(循环)
        GOTO LOOP
        END
```

以上程序实现的是一个 PWM 闭环反馈控制。依靠单一模块是无法实现这些功能的,故程序量比较大。从大的方面讲,整个程序的逻辑是:用 ADC 感知"电压",然后通过调整 PR2 的值调整 VFC32 的输出电压,过程中不断地比较,直到当前电压到达目标值为止。现总结一下,程序使用的模块有:

(1) CCP1 模块——采用 PWM 工作方式;

(2) CCP2 模块——采用 Compare 工作方式(触发特殊事件,硬件启动 ADC);

(3) ADC 模块——采用自带 RC 振荡器工作;

(4) TIMER1 模块——配合 CCP2 产生定时时间;

(5) TIMER2 模块——配合 CCP1 产生 PWM 波形;

所以,这是一个综合性很强的程序,非常值得学习和体会。

实验 6:设计一个电路,生成 PWM 波形,在周期恒定的前提下,利用电位器调整 PWM 的脉冲宽度。要达到实验的目的,可以利用 PIC16F74 中的 CCP 模块和 ADC 模块,先用 ADC 采样电位器抽头电压,再将电压值转换成 PWM 的脉宽值即可,整个过程是开环控制。其电路原理图如图 9.11 所示。

A/D 转换器采样电位器 P2 的抽头电压,电压范围从 0~5V,采样时间间隔由 TIMER0 控制,采用最大分频比,每 65.536ms 启动一次采样,完毕后立即把采样结果装入 PWM 的脉宽寄存器 CCPR1L 中。实现该功能的程序如下:

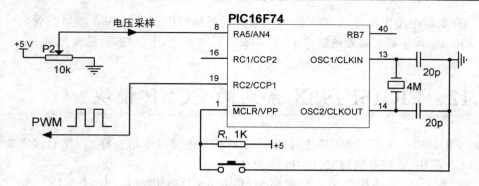

图 9.11　ADC－PWM 实验电路图

程序名:CCP06.ASM

```
include <p16f74.inc>        ;@4M oscillator
    ORG    0000
    BANKSEL TRISB
    MOVLW B'10000111'        ;启动 TIMER0,分频比 256,计数信号是内部 Tcy
    MOVWF OPTION_REG
    MOVLW B'00000000'        ;RA 端口全部引脚设为模拟输入态
    MOVWF ADCON1
    MOVLW B'11111011'        ;设置 CCP1/RC2 为输出
    MOVWF TRISC
    MOVLW 0XFF
    MOVWF PR2               ;设定 PWM 周期值,此时为 256 μs
    BANKSEL PORTC
    MOVLW B'11100001'        ;设置 ADC 采用自带 RC 振荡器,RA5 通道,开启 ADC
    MOVWF ADCON0
    MOVLW 0X0C             ;设置 CCP1 为 PWM 工作方式
    MOVWF CCP1CON
    CLRF CCPR1L            ;清空脉宽值寄存器
    BSF T2CON,TMR2ON       ;启动 TIMER2,开始输出 PWM 波形
MAIN:
    BTFSS INTCON,T0IF       ;判断 TMR0 是否溢出
    GOTO MAIN             ;若没有,继续等待
    BCF INTCON,T0IF        ;若溢出,清除中断标志 T0IF
    BSF ADCON0,GO          ;定时时间到,启动 A/D 转换
WAIT:
    BTFSS PIR1,ADIF        ;采用查询的方式等待 AD 转换结果
    GOTO WAIT             ;A/D 转换正在进行中,等待
    MOVF ADRES,W          ;A/D 转换完成,装载结果
    MOVWF  CCPR1L          ;A/D 转换结果装入脉宽寄存器
    GOTO MAIN             ;继续等待下一次 TMR0 计数溢出
END
```

在实验电路中运行以上程序,并用示波器观察可以发现:PWM 波形的周期恒定为 256 μs,其脉宽值随着电位器 P2 的调整而发生变化,电位越高,脉宽值越大。

9.12　PIC16F193X 系列的 ECCP 模块

PIC16F193X 系列 MCU 中有两个 CCP 模块与 877A 是一样的,我们称之为标准 CCP 模块,它们分别是 CCP4 和 CCP5。

除此之外,它还配备了三个增强型(Enhanced)CCP 模块,分别是 ECCP1、EC-CP2 和 ECCP3。ECCP 功能很大程度上是为了方便控制直流电机而设计,另外也可以用于开关电源。ECCP 与 CCP 的不同点仅仅在于 PWM 的能力,其他都是相同的。增强的 PWM 能力是 ECCP 的亮点,也是本节讲述的重点。

对于 3 个 ECCP 模块,各个模块的增强型 PWM 功能稍有不同。全桥 ECCP 模块有四个控制用 I/O 引脚(后缀名为 A、B、C、D),而半桥 ECCP 模块只有两个控制用 I/O 引脚(后缀名为 A、B)。

增强型 PWM 模式可在最多 4 个不同的输出引脚上产生分辨率高达 10 位的 PWM 信号。由下列寄存器控制周期、占空比和分辨率:

PRx 寄存器　　　　　　　　　TxCON 寄存器

CCPRxL 寄存器　　　　　　　CCPxCON 寄存器

ECCP 模块还具有以下额外的 PWM 寄存器,分别控制自动关闭、自动重启、死区延时和 PWM 脉冲转向模式:

CCPxAS 寄存器　　　　　PSTRxCON 寄存器　　　　　PWMxCON 寄存器

增强型 PWM 模块可以产生以下 5 种 PWM 输出模式:

(1) 单 PWM 输出

(2) 半桥 PWM 输出

(3) 全桥 PWM 输出,正向模式

(4) 全桥 PWM 输出,反向模式

(5) 具有 PWM 脉冲转向模式的单 PWM 输出

现在以 PIC16F1934 为对象,举例说明增强型 PWM 的工作原理。

PIC16F1934 有 3 个 ECCP 模块,其中 ECCP1 和 ECCP2 是全桥型,ECCP3 是半桥型。以下分别展示各个模块的电路结构图。

图 9.12 中,每个模块都有各自的定时器。如,ECCP1 使用 Timer2,ECCP2 使用 Timer4,ECCP3 使用 Timer6。其实,包括另外 2 个标准 CCP 模块,其中每个模块使用哪个定时器并不是固定不变的,而是可以随意指定的(通过软件),这需要通过定义寄存器 CCPTMRS0 或 CCPTMRS1 的值来实现。缺省状态下,定时器都选用 Timer2。

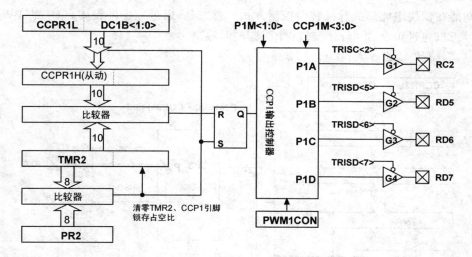

图 9.12　ECCP1 模块 PWM 模式电路结构(全桥型)

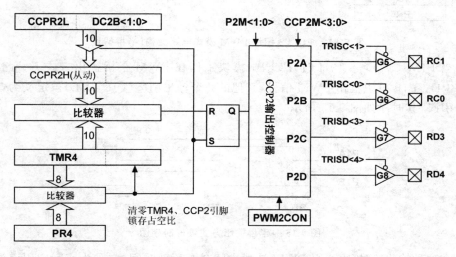

图 9.13　ECCP2 模块 PWM 模式电路结构(全桥型)

将上两图以及图 9.14 与前面的图 9.4 作比较,可以发现,模块中唯一的区别是 ECCP 增设了输出控制器,它将单个的 PWM 输入信号进行处理,形成有一定时间序列的 PWM 组合信号,分别从多个引脚输出。而如何输出,取决于控制方式。在芯片说明中存在 4 种输出组合,以 ECCP1 为例,列举如下:

(1) 单输出方式

当 P1M<1:0>=00H 时,ECCP1 模块工作在 PWM 单输出工作方式下,此时,只有 P1A 可以输出 PWM 信号,其他的 3 个输出引脚(P1B、P1C、P1D)被定义为普通端口引脚。这种用法看上去与标准 PWM 没有区别,实际上还是不同的,不同点在于此功能在模块中能形成脉冲转向控制方式。意思是,通过一定的设置,单一的 PWM 信号可以通过 1 个、2 个、3 个或 4 个引脚同时输出。

（2）半桥输出方式

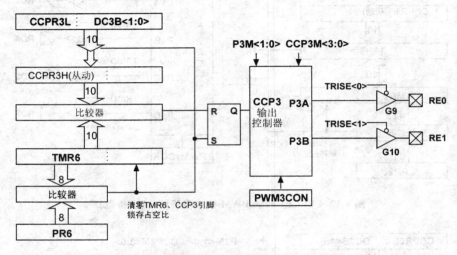

图 9.14　ECCP3 模块 PWM 模式电路结构(半桥型)

当 P1M<1:0>=10H 时,ECCP1 模块工作在 PWM 半桥输出方式下。此时,只有 P1A、P1B 可以输出 PWM 信号,其他的 2 个输出引脚(P1C、P1D)被定义为普通端口引脚,其时序如图 9.15 所示。

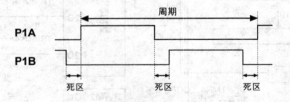

图 9.15　半桥输出方式波形时序图

在这种输出方式下,2 组 PWM 波形之间会有死区时间,它是为实际应用而设计的,后面的具体示例会讲到为什么要安排死区时间。并且,死区时间的大小可以通过相应的控制位进行调整。半桥模式存在以下两种典型的应用,如图 9.16 和图 9.17 所示。

图 9.16 中,在 P1A 和 P1B 控制脉冲的作用下,开关管 K1 和 K2 轮流导通,负载上会出现交变电压。但有一点要注意的是,K1 和 K2 不能同时导通,否则,它们会使电源短路,造成损失及事故,这就是为什么要安排死区时间的原因。

图 9.17 是利用半桥输出驱动全桥的电路。图中,P1A 控制脉冲同时控制 K1、K4 的开关,P1B 控制脉冲同时控制 K2、K3 的开关,两组开关轮流导通,负载上会出现交变电压。这个电压值是图 9.16 中的 2 倍,利用全桥电路能获得更高的转换效率。

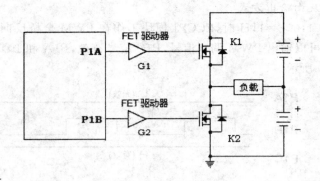

图 9.16　标准半桥电路

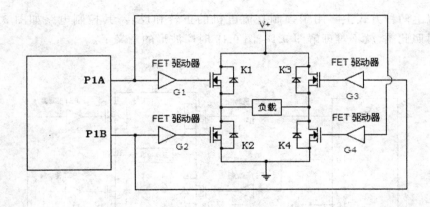

图 9.17　利用半桥输出驱动全桥电路

（3）全桥正向输出方式

当 P1M<1:0>＝01H 时，ECCP1 模块工作在 PWM 全桥正向输出方式下。此时，只有 P1D 可以输出 PWM 调制信号，P1A 信号有效，P1B 和 P1C 信号无效，其时序图如图 9.18 所示。

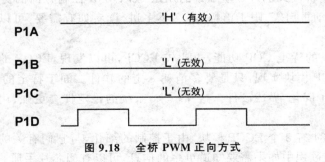

图 9.18　全桥 PWM 正向方式

（4）全桥反向输出方式

当 P1M＜1:0＞＝11H 时，ECCP1 模块工作在 PWM 全桥反向输出方式下。此时，只有 P1B 可以输出 PWM 调制信号，P1C 信号有效，P1A 和 P1D 信号无效，其时序图如图 9.19 所示

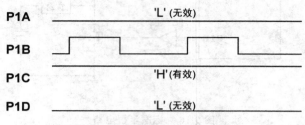

图 9.19 全桥 PWM 反向方式

以上两种方式主要用于控制直流电机的正转和反转，其控制电路如图 9.20 所示。对照此图，就不难理解图 9.18、图 9.19 时序波形的意义了。

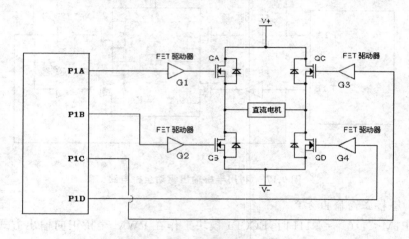

图 9.20 全桥模式的应用

ECCP 的全桥模式也有一些细致的用法，如 PWM 控制方向的更改、PWM 自动关闭、PWM 自动重启等，限于篇幅，本文不多讲，读者如有需要，可以参看芯片说明手册。

回顾 877A 的标准 CCP 功能，再比较 ECCP，可以发现，ECCP 的主要功能可以用 2 个标准 CCP 模块实现，只是要多消耗一定的软件。囿于特定的应用，ECCP 将某些功能进行了固化，做成硬件。这样一来，系统的稳定性会更强，用户也更方便使用。

PIC16F1934 有 3 个 ECCP 模块，由于控制的细化，与它们有关的控制寄存器较多，读者在使用过程中如果需要知道更多的信息，可以查阅芯片手册。

9.13　CCP 模块的 C 语言编程

CCP1 模块的 C 语言内部函数有以下 2 种,它们分别是:

(1) setup_ccp1(mode)

mode 需选择如下若干工作方式之一。这个函数相当于汇编程序中设置 CCP1CON 寄存器的值。

CCP_OFF　　　　　　　　　　　　　表示关闭相应的 CCPx

捕捉方式控制参数:

CCP_CAPTURE_FE(Fall Edge):表示捕捉 CCP1 脚送入的每 1 个 pulse 的下降沿;

CCP_CAPTURE_RE(Rise Edge):表示捕捉 CCP1 脚送入的每 1 个 pulse 的上升沿;

CCP_CAPTURE_DIV_4:表示捕捉 CCP1 脚送入的每 4 个 pulse 的上升沿;

CCP_CAPTURE_DIV_16:表示捕捉 CCP1 脚送入的每 16 个 pulse 的上升沿。

比较方式控制参数:

CCP_COMPARE_SET_ON_MATCH:如果匹配,CCP1 脚输出"H"电平,CCP1IF 置位;

CCP_COMPARE_CLR_ON_MATCH:如果匹配,CCP1 脚输出"L"电平,CCP1IF 置位;

CCP_COMPARE_INT:若匹配,CCP1 脚输出不变,CCP1IF 置位,仅发生软件中断;

CCP_COMPARE_RESET_TIMER:若匹配,CCP1 脚输出"L",CCP1IF 置位,触发特殊事件。

PWM 输出控制参数:

CCP_PWM:与脉宽的调整相关(相当于 CCP1CON$<5:4>$=00);

CCP_PWM_PLUS_1:与脉宽的调整相关(相当于 CCP1CON$<5:4>$=01);

CCP_PWM_PLUS_2:与脉宽的调整相关(相当于 CCP1CON$<5:4>$=10);

CCP_PWM_PLUS_3:与脉宽的调整相关(相当于 CCP1CON$<5:4>$=11)。

(2) set_pwm1_duty(value)

设置 PWM 高电平的持续时间,相当于汇编程序中设置 CCP1L 寄存器的值。若是 10 位分辨率,还需增设 CCP1CON$<5:4>$的值。这些操作都由编译器根据 value 的数据类型(int 型或 long 型)自动完成。

（3）get_capture( )

语法：value ＝ get_capture(x)；

注意：只有当硬件 CCP 存在时才可使用此函数；

函数功能：从指定的 CCP 模块中获取最近一次的捕捉时间，它返回一个 16 位定时器的计数值；

函数参数说明：x 表示待读取数据的 CCP 模块编号，如 CCP1 或 CCP2。

（4）set_compare_time( )

语法：set_compare_time（x，value）；

注意：只有当硬件 CCP 存在时才可使用此函数；

函数功能：当 CCP 模块工作在 compare 方式时，设定 TMR1 的计数目标值（16 位）。相当于汇编程序中对 CCPR1H：CCPR1L 寄存器进行装载。

函数参数说明：x 表示 CCP 模块编号。value 表示 TMR1 的计数目标值（16 位）。

对于 PWM 功能，除了上面两个函数（1）和（2），还有与决定 PWM 波形周期有关的参数 PR2，这些都与定时器 TIMER2 相关，具体可见 TIMER2 章节，在此不作介绍。对于 Capture 功能，会用到函数（1）和（3），还关联到定时器 TIMER1。对于 Compare 功能，会用到函数（1）和（4），也关联到定时器 TIMER1。TIMER1 的具体内容可见第 7 章，在此不作介绍。

以上对函数的表述是对 CCP1 进行列举，对于 CCP2，情形类似。

与中断有关的函数及预处理器如下：

```
# int_ccp1                           CCP1 中断用预处理器；
enable_interrupts(INT_CCP1)          表示打开 CCP1 中断；
disable_interrupts(INT_CCP1)         表示关闭 CCP1 中断；
clear_interrupt(INT_CCP1)            表示清除 CCP1 中断标志；
enable_interrupts(GLOBAL)            表示打开总中断；
disable_interrupts(GLOBAL)           表示关闭总中断；
value = interrupt_active(INT_CCP1)   侦测 CCP1IF 中断标志是否置位。
```

注：以上各项也可用于 CCP2，只需更改下标即可。

将实验 1 的程序用 C 语言实现，程序如下：

```
# include＜16f877a.h＞
# fuses XT,NOWDT,NOPROTECT,PUT,BROWNOUT,NOLVP
# use delay(clock = 4M)
long  rise, fall, pulse_width;          //定义 16 位脉宽值为 long 型
int pulse_width_l, pulse_width_h;
short toggle;                           //定义位变量
```

```
# int_ccp2                                    //CCP2 中断预处理器
void isr( )
{
                                              //进入 CCP2 中断(捕捉方式)
        toggle = toggle^1;                    //每中断一次,位变量翻转一次
         if (toggle = = 1)
           {                                  //如果位变量为 1
              rise = get_capture(2);          //则捕获上升沿时刻 TMR1 的计数值
              setup_ccp2(CCP_CAPTURE_FE);     //下一次捕捉改为下降沿捕捉
           }
        else
           {                                  //如果位变量为 0
              fall = get_capture(2);          //则捕获下降沿时刻 TMR1 的计数值
              setup_ccp2(CCP_CAPTURE_RE);     //下一次捕捉改为上升沿捕捉
              pulse_width = fall - rise;      //计算脉宽值
              set_timer1(0x0000);             //将 TMR1 寄存器对清零
           }
}


void main( )
{
        setup_ccp2(CCP_CAPTURE_RE);           //定义 CCP2 为上升沿捕捉
        setup_timer_1(T1_INTERNAL);           // TMR1 的计数源来自内部
        enable_interrupts(INT_CCP2);          //打开 CCP2 中断
        enable_interrupts(GLOBAL);            //打开总中断
        toggle = 0;                           //位变量清零
        while(1)
           {
              pulse_width_l = make8(pulse_width,0); //获取脉宽值的低 8 位
              pulse_width_h = make8(pulse_width,1); //获取脉宽值的高 8 位
              output_b(pulse_width_l);              //脉宽值低 8 位送 RB 端口显示
              output_d(pulse_width_h);              //脉宽值高 8 位送 RD 端口显示
           }
}
```

说明:该程序的编程思路与对应的汇编程序基本相同。CCS 公司的技术支持在这方面提供了另外一种方法,就是 CCP1 和 CCP2 联合工作来测量脉宽,例如:利用 CCP1 捕捉上升沿,CCP2 捕捉下降沿,两个捕捉值相减即可得到脉宽。更多硬件的参与使得软件开销比上个例子更少。具体程序如下(# int_ccp2 之前及 while 之后的程序与上例相同,故略去):

```
# int_ccp2
void isr( )                                   //进入 CCP2 中断(捕捉方式)
{
        rise = get_capture(1);                //用 CCP1 捕获上升沿时刻 TMR1 的计数值
        fall = get_capture(2);                //用 CCP2 捕获下降沿时刻 TMR1 的计数值
        pulse_width = fall - rise;            //两个捕捉值相减,得到脉宽值
```

```
        set_timer1(0x0000);              //将 TMR1 寄存器对清零
}

void main( )
{
        setup_ccp1(CCP_CAPTURE_RE);      //定义 CCP1 为上升沿捕捉
        setup_ccp2(CCP_CAPTURE_FE);      //定义 CCP2 为下降沿捕捉
        setup_timer_1(T1_INTERNAL);
        enable_interrupts(INT_CCP2);
        enable_interrupts(GLOBAL);
        while(1)
            {（内容同上）}
}
```

将实验 2 的程序用 C 语言实现,程序如下:

```
# include<16f877a.h>
# fuses XT,NOWDT,NOPROTECT,PUT,BROWNOUT,NOLVP
# use delay(clock = 4M)
long   rise1, rise2, period;           //定义 16 位周期值为 long 型
int    period_l, period_h;
short toggle;                          //定义位变量
# int_ccp2
void isr( )                            //进入 CCP2 中断(捕捉方式)
{
      toggle = toggle^1;               //位变量翻转
       if (toggle = = 1)               //若位变量为 1
          { rise1 = get_capture(2); }  //则捕捉脉冲的上升沿
       else
           {                           //若位变量为 0
               rise2 = get_capture(2); //再次捕捉脉冲的上升沿
               period = rise2 - rise1; //两个上升沿的捕捉值相减,即得脉冲周期
               set_timer1(0x0000);     //将 TMR1 寄存器对清零
           }
}

void main( )
{
        setup_ccp2(CCP_CAPTURE_RE);    //定义 CCP2 为上升沿捕捉
        setup_timer_1(T1_INTERNAL);    //TMR1 的计数源来自内部
        enable_interrupts(INT_CCP2);   //打开相关中断
        enable_interrupts(GLOBAL);
        toggle = 0;                    //清零位变量
```

```
    while(1)
     {
         period_l = make8(period,0);          //获取捕捉值的低 8 位
         period_h = make8(period,1);          //获取捕捉值的高 8 位
         output_b(period_l);                  //捕捉值低 8 位送 RB 端口显示
         output_d(period_h);                  //捕捉值高 8 位送 RD 端口显示
     }
 }
```

说明：该程序与实验 1 的 C 程序有一定的相似性，读者注意比较两者的异同。

将实验 3 的程序（CCP03.ASM）用 C 语言实现，程序如下：

```
# include<16f877a.h>
# fuses XT,NOWDT,NOPROTECT,PUT,BROWNOUT,NOLVP
# use delay(clock = 4M)
short toggle;                                //定义位变量

# int_ccp2
void isr( )                                  //进入 CCP2 中断（比较方式）
{
         toggle = toggle^1;                  //位变量翻转
         output_bit(PIN_B7,toggle);          //将翻转的位变量显示在 RB7 上
}


void main( )
{
         setup_ccp2(CCP_COMPARE_RESET_TIMER);
                                             //设定 CCP2 为 compare 且触发特殊事件方式
         set_compare_time( 2,0xC350 );       //设定 Compare2 的计数目标值为 C350H
         setup_timer_1(T1_INTERNAL);         //TMR1 的计数源来自内部
         set_timer1(0x0000);                 //将 TMR1 寄存器对清零
         enable_interrupts(INT_CCP2);        //打开 CCP2 中断
         enable_interrupts(GLOBAL);          //打开总中断
         toggle = 0;                         //位变量清零
         while(1)
            {    }                           //进入循环
}
```

将实验 3 的程序（CCP031.ASM）用 C 语言实现，程序如下：

```
# include<16f877a.h>
# fuses XT,NOWDT,NOPROTECT,PUT,BROWNOUT,NOLVP
# use delay(clock = 4M)
# bit mode0 = 0x1d.0                         //将 CCP2CON 的 bit0 位取名 mode 0
```

```
# int_ccp2                                    //CCP2 中断预处理器
void isr( )                                   //进入 CCP2 中断服务
{
        if (mode0 = = 1)                      //如果 CCP2CON<0>为 1,执行下面程序
         {
            set_timer1(0x0000);               //清零 TMR1
            setup_ccp2(CCP_COMPARE_SET_ON_MATCH);    //改为输出 H 电平模式
         }
        else                                  //如果 CCP2CON<0>为 0,执行下面程序
         {
            set_timer1(0x0000);               //清零 TMR1
            setup_ccp2(CCP_COMPARE_CLR_ON_MATCH);    //改为输出 L 电平模式
         }
}


void main( )
{
        setup_ccp2(CCP_COMPARE_SET_ON_MATCH);  //设为输出 H 电平模式
        set_compare_time( 2,0xC350 ) ;         //设定 Compare2 的计数目标值为 C350H
        setup_timer_1(T1_INTERNAL);            //TMR1 的计数源来自内部
        set_timer1(0x0000);                    //将 TMR1 寄存器对清零
        enable_interrupts(INT_CCP2);           //打开 CCP2 中断
        enable_interrupts(GLOBAL);             //打开总中断
        while(1)
        {   }                                  //主循环
}
```

将实验 4 的程序用 C 语言实现,程序如下:

```
# include<16f877a.h>
# fuses XT,NOWDT,NOPROTECT,PUT,BROWNOUT,NOLVP
# use fast_io(C)
# use delay(clock = 4M)
int   pulse_width;                            //定义脉宽变量 pulse_width 为 int 型
void main( )
{
        set_tris_c(0xFB);                     //设置 CCP1/RC2 引脚为输出态
        setup_ccp1(CCP_PWM );                 //设置 CCP 模块工作在 PWM 模式
        setup_timer_2(T2_DIV_BY_1, 0x07, 1);  //设置 TMR2 前后分频比为 1,PR2 = 7
        for ( pulse_width = 0; pulse_width< 4; pulse_width ++ )
                                              //脉宽值从 0 到 4 逐渐递增,间隔 2s
          {
            set_pwm1_duty ( pulse_width );
```

```
        delay_ms(2000);
        }
    while(1)                              //进入循环
    {  }
}
```

说明：本实验设定的 PWM 周期是 8 μs。程序原理跟实验 4 不完全相同，但都是为了比较 8 位和 10 位脉宽的不同，本实验采用了循环，使脉宽值渐进变化，方便观察。

对于脉宽变量 pulse_width，当定义它为 int 型数据时，脉宽值的变化规律分别是 1 μs、2 μs、3 μs、4 μs。当定义它为 long(int16) 型数据时，脉宽值的变化规律分别是 0.25 μs、0.5 μs、0.75 μs、1 μs。

回顾之前的汇编程序，若脉宽要达到 10 位的分辨率，编程会比较麻烦。而使用 C，只需变换一下数据类型即可，编译器会自动完成相应的操作。可见使用 C 会使编制这样的程序更轻松。

将实验 5 的程序用 C 语言实现，程序如下：

```
# include<16f877a.h>
# fuses XT,NOWDT,PUT,NOLVP
# device ADC = 8                         //设定 ADC 为 8 位分辨率
# use fast_io(C)
int   target, value, pr2;
short toggle;                            //定义位变量
# bit ADIF = 0xc.6                       //PIR1 的 bit6 位是 ADIF

# int_ccp2
void isr( )                              //进入 CCP2 中断(比较方式)/每 400ms
{
        toggle = toggle^1;              //位变量翻转
        output_bit(PIN_D7,toggle);      //将位变量值显示在 RD7 上
        if (ADIF)                        //CCP2 硬件触发 AD 转换,若转换完毕
        {
            value = READ_ADC( ADC_READ_ONLY);       //获取 AD 转换值
            if (value < target)                      //若该值小于目标值
              setup_timer_2(T2_DIV_BY_1, PR2 - - , 1);     //将周期值 PR2 减 1
            else    setup_timer_2(T2_DIV_BY_1, PR2 + + , 1); //反之,将周期值 PR2 加 1
        }
}


void main( )
{
```

```
        set_timer1(0x00);
        setup_timer_1(T1_INTERNAL | T1_DIV_BY_8);        //与 TMR1 相关的设置
        set_timer2(0x00);
        PR2 = 0xFF;
        setup_timer_2(T2_DIV_BY_1, PR2, 1);              //与 TMR2 相关的设置
        set_tris_c (0xF9);
        setup_ccp1( CCP_PWM );                           //与 CCP1—PWM 相关的设置
        set_pwm1_duty (0x32);
        setup_ccp2(CCP_COMPARE_RESET_TIMER);
        set_compare_time( 2,0xC350 );                    //与 CCP2—compare 相关的设置
        setup_adc (ADC_CLOCK_INTERNAL);
        setup_adc_ports (ALL_ANALOG);                    //与 ADC 相关的设置
        set_adc_channel (4);
        enable_interrupts(INT_CCP2);                     // 与中断相关的设置
        enable_interrupts(GLOBAL);
        target = 0xFF;                                   //ADC 采样电压满量程值
        while (1)
        {      }                                         //进入循环
    }
```

说明:该程序的思路与对应的汇编程序相近。主程序中对各类外设的设置未作具体说明,在对应的汇编程序中都找得到具体的诠释,读者可以对照理解。

使用预处理器 ♯use pwm

该预处理器告知编译器生成一个指定频率(周期)、占空比、脉宽分辨率的 PWM 波形。

♯use delay 预处理器必须出现在 ♯ use pwm 的前面,只有这样,♯ use pwm 预处理器才可以使用。以下函数只有在声明"♯ use pwm"后可使用:

(1) pwm_set_frequency( )

语法:pwm_set_frequency (value);

函数功能:设定 PWM 波形的频率;

函数参数说明:value 表示频率值(int32),它可以是一个常量,也可以是一个变量;

注意事项:改变 value 的值有可能更改 PWM 信号的分辨率。

(2) pwm_set_duty( )

语法:pwm_set_duty (value);

函数功能:设定 PWM 波形的高电平持续时间;

函数参数说明:value 表示高电平时间值(int16),它不是一个具体的时间值(如多少微秒),而只是时间的比例值。它可以是一个常量,也可以是一个变量。

（3）pwm_set_duty_percent( )

语法：pwm_set_duty_percent（value）；

函数功能：设定 PWM 波形的占空比；

函数参数说明：value 表示占空比值（int16），它可以是一个常量（从 0 到 1000），也可以是一个变量。当取值为 0 时，占空比为 0％；当取值为 1000 时，占空比为 100％。

（4）pwm_on( )

语法：pwm_on（ ）；

函数功能：开启 PWM 波形信号输出。相当于"CCP1M3～CCP1M0＝1100B"的效果，即使能 PWM 功能（假设针对 CCP1 而言）。

（5）pwm_off( )

语法：pwm_off（ ）；

函数功能：关闭 PWM 波形信号输出。相当于"CCP1M3～CCP1M0＝0000B"的效果，即关闭 CCP1 模块（假设针对 CCP1 而言）。

预处理器"♯ use pwm"中包含着如下选项，现分别介绍如下：

OUTPUT＝PIN_xx	选择 PWM 信号输出所用的引脚；
TIMER＝x	选择 PWM 功能所依赖的定时器，缺省的定时器是 TIMER2；
FREQUENCY＝x	设置 PWM 波的频率，它与周期值是对应的，如果选项中已指明周期值，那么频率值将不可使用；
PERIOD＝x	设置 PWM 波的周期，它与频率值是对应的，如果选项中已指明频率值，那么周期值将不可使用；
BITS＝x	设置脉宽的刷新分辨率
DUTY＝x	设定 PWM 波形的占空比，缺省值是 50％
PWM_ON	开启 PWM 波形信号输出。相当于"CCP1M3～CCP1M0＝1100B"的效果，即使能 PWM 功能（假设针对 CCP1 而言）。
PWM_OFF	关闭 PWM 波形信号输出。相当于"CCP1M3～CCP1M0＝0000B"的效果，即关闭 CCP1 模块（假设针对 CCP1 而言）。

例如：要利用 CCP1 生成频率为 10kHz，占空比为 25％的 PWM 波形，可采用以下程序：

```
♯ include＜16f877a.h＞
♯ fuses HS,NOLVP,NOWDT,PUT
♯ use delay(clock = 4M)
♯ use pwm (output = PIN_C2, frequency = 10kHz, duty = 25)
```

```
void main( )
{    }
```

以上程序生成的是固定不变的 PWM 波形。现在固定频率，调整占空比，从 0%
到 100%动态呈现，可采用以下程序：

```
# include<16f877a.h>
# fuses HS,NOLVP,NOWDT,PUT
# use delay(clock = 4M)
# use pwm (output = PIN_C2,  frequency = 10kHz)
long value;                              //占空比变量设为 int16 型

void main( )
{
        while(1)
        {
            for (value = 0; value< = 1000; value + +)//从 0% 到 100%动态调整占空比
            {
                pwm_set_duty_percent (value);
                delay_ms(100);                        //间隔 0.1s 时间再调整
            }
        }
}
```

使用预处理器 # use capture

预处理器"# use capture"中包含着如下选项，现分别介绍如下：

CCPx	确定使用哪一个 CCP 模块的 Capture 功能；
INPUT = PIN_xx	指定使用哪一个引脚输入信号；
TIMER=x	选择 Capture 功能所依赖的定时器，缺省的定时器是 TIMER1；
TICK=x	由指定定时器所决定的节拍时间值。如果没有指定，它将尽可能被设置到最快，即 TICK 值最小。
FASTEST	替代"TICK＝x"来设置可能最快的节拍时间。
SLOWEST	替代"TICK＝x"来设置可能最慢的节拍时间。
CAPTURE_RISING	指定被捕捉信号的触发边沿为上升沿，缺省为上升沿。
CAPTURE_FALLING	指定被捕捉信号的触发边沿为下降沿。
PRE=x	相当于"CCP1M3～CCP1M0＝01xx"的效果。x 只可选择 1、4 或 16，缺省值为 1.

该预处理器告知编译器生成一个指定频率（周期）、占空比、脉宽分辨率的 PWM
波形。

♯ use delay 预处理器必须出现在 ♯ use capture 的前面,只有这样,♯ use capture 预处理器才可以使用。以下函数只有在声明"♯ use capture"后方可使用:

(1) get_capture_event( )

语法:result = get_capture_event( );

函数功能:侦测捕捉发生的时刻,相当于查询 CCPxIF 的置位时刻;

函数参数说明:result 是个布尔值,当捕捉发生时,该值为 1;否则为 0。

(2) get_capture_time( )

语法:result = get_capture_time( );

函数功能:获取上一次捕捉时间值,相当于瞬间截取 TMR1 的 16 位计数值;

函数参数说明:result 是 long 型变量。

使用含预处理器"♯ use capture"的程序来测量脉冲周期,程序如下所示,与前面相同功能的程序比较起来,可见该程序的主体部分很简洁。

```
# include<16f877a.h>
# fuses XT,NOWDT,NOPROTECT,PUT,BROWNOUT,NOLVP
# use delay(clock = 4M)
# use capture (CCP1, input = PIN_C2, capture_rising, timer = 1)
long   period, result1,result2;          //定义 16 位变量
int    period_l, period_h;               //定义 8 位变量

void main( )
{
        while(1)
        {
            if (get_capture_event( ))         //查询捕捉事件发生与否
            {
                result1 = result2;            //将"当前值"变为"上次值"
                result2 = get_capture_time( ); //捕获"当前值"
            }
            period = result2 - result1;       //"当前值"减"上次值"即周期
            period_l = make8(period,0);       //获取捕捉值的低 8 位
            period_h = make8(period,1);       //获取捕捉值的高 8 位
            output_b(period_l);               //捕捉值低 8 位送 RB 端口显示
            output_d(period_h);               //捕捉值高 8 位送 RD 端口显示
        }
}
```

如果想测量脉宽,可在 if 中插入如下语句:

```
        if (edge)                         //edge 为 short 类型
```

```
        setup_ccp1(CCP_CAPTURE_FE);
        else
        setup_ccp1(CCP_CAPTURE_RE);
        edge + + ;
```

不过，像这样测量的脉冲波形占空比必须是 50％，即正负脉宽都一样，因为正负脉宽都被依次测量。如果用这种方法测量正脉宽或负脉宽，程序内容需更改，读者可以自己尝试。

以上测量脉冲周期或脉冲宽度的方法实际上都是查询方式，即类似于汇编中不断查询 CCPIF 是否置位。这种方式比较消耗 CPU 机时，在任务较少的情况下使用该方法可以使程序简洁，在任务较多的情况下建议采用中断方式处理。

第 10 章
模/数转换模块 ADC

10.1　单片机环境下的数据采集

　　单片机是最小的计算机系统,也是一个数字系统,随着电子产品功能密度的提高,性价比的提升,厂商希望将带模拟部分的 ADC 集成到 MCU 芯片内部,这是一项有难度的工作,原因是 ADC 与 MCU 的工作环境差别大,两者不易协同工作,正如有的芯片设计师所言,"把模拟器件集成到数字系统中并不是一件容易的事情。"

　　过去 ADC 功能都是以专用芯片的形式存在的,这样便于给它营造一个满意的工作环境。实际工作中,ADC 只有工作在无噪声的环境下才能达到较高的转换精度。前提是需要提供稳定而纯净的电源与地,并且要远离电磁干扰。但是 MCU 本身就是一种数字器件,它工作的时候会在每个高低电平的切换瞬间产生电压或电流毛刺(spike),负载越重毛刺越多越大,这样很容易降低电源与地的品质。当 ADC 与 MCU 集成的时候,前者会不可避免地受到后者的干扰,因此,与 MCU 集成的 ADC 不容易达到较高的转换精度。

　　即便如此,在一些要求转换速度而不要求转换精度的场合,与 MCU 集成的 ADC 仍然能够得到广泛的应用,很多品牌的 MCU 都提供了片上 ADC,它们通常是 8 位或 10 位分辨率的 ADC。后期又推出了 12 位分辨率的 ADC(如 PIC16F178X)。

10.2　ADC 模块的概述

　　ADC 模块的英文全称是 Anolog to Digit Converter Module,其功能是把模拟信号转换为数字信号,转换的目的是便于数字系统的计算机进行计算、处理、存储、控制和显示。用于实现这种转换的电路非常复杂,然而相关的设计已经非常成熟。

ADC 模块是单片计算机系统最重要的外围设备之一,最开始只是把它做成单独的 IC 芯片,用户在使用时只需外接少量的分立元件即可,后来为了进一步提高 MCU 系统的集成度,很多厂家想把它内嵌到 MCU 芯片上。Microchip 公司推出的 PIC 中高档系列 MCU 就具备这一特点。

PIC16F7X 系列单片机具有转换分辨率达 8 位的 AD 转换器,而 PIC16F87X 系列单片机具有转换分辨率达 10 位的 AD 转换器,两者的工作原理类似,只是分辨率不同,位数越多,分辨率越高,数码转换精度也越高,但是抗干扰能力也相应降低。本章在此主要讲解 10 位的 AD 转换器。对于分辨率达 10 位的 ADC 模块,包含它的 MCU 芯片有 8 个模拟输入口。

模拟输入信号首先对采样/保持电容充电,电容电压输出就是转换器的输入,在 ADC 内部,通过对输入模拟电压进行逐次逼近(Successive approximation)的比较,生成一个表征它大小的数字量结果,在此,生成的结果是 10 位(2^{10})的数字量,范围从 0D 到 1024D。

这种 ADC 模块具有独特的功能,它能利用自备的 RC 振荡器(可不依赖主振荡器而独立工作)在 MCU 处于 Sleep 状态时持续工作。这一点非常类似于 TIMER1 模块的自备振荡器,仅仅是振荡方式不同而已。

与 ADC 模块相关的寄存器如下表所列,其中,最重要的寄存器有 4 个,分别是 ADC 运行控制器 ADCON0,ADC 引脚功能选择寄存器 ADCON1,ADC 转换结果寄存器对 ADRESH:ADRESL。

10.3　与 ADC 模块相关的寄存器

寄存器名称	bit7	bit6	bit5	bit4	bit3	bit2	bit1	bit0
ADRESH	ADC 转换结果寄存器高位							
ADRESL	ADC 转换结果寄存器低位							
ADCON0	ADCS1	ADCS0	CHS2	CHS1	CHS0	GO/DONE		ADON
ADCON1	ADFM	ADCS2			PCFG3	PCFG2	PCFG1	PCFG0
INTCON	GIE	PEIE	T0IE	INTE	RBIE	T0IF	INTF	RBIF
PIR1	PSPIF	ADIF	RCIF	TXIF	SSPIF	CCP1IF	TMR2IF	TMR1IF
PIE1	PSPIE	ADIE	RCIE	TXIE	SSPIE	CCP1IE	TMR2IE	TMR1IE
TRISA			TRISA5	TRISA4	TRISA3	TRISA2	TRISA1	TRISA0
PORTA			RA5	RA4	RA3	RA2	RA1	RA0
TRISE	IBF	OBF	IBOV	PSPMODE		TRISE2	TRISE1	TRISE0
PORTE						RE2	RE1	RE0

寄存器地址	寄存器名称	上电复位,欠压复位值	其他复位值
1EH	ADRESH	xxxxxxxx	uuuuuuuu
9EH	ADRESL	xxxxxxxx	uuuuuuuu
1FH	ADCON0	000000- -0	000000- -0
9FH	ADCON1	00 - - 0000	00 - - 0000
0BH/8BH/10BH/18BH	INTCON	0000000x	0000000u
0CH	PIR1	00000000	00000000
8CH	PIE1	00000000	00000000
85H	TRISA	- -111111	- -111111
05H	PORTA	- - 0x0000	- - 0u0000
89H	TRISE	0000 - 111	0000-111
09H	PORTE	- - - - xxx	- - - - - uuu

注:x 表示未知;u 表示不变;-表示未指明位置,读作 0。

对以上寄存器的解释如下:

(1) ADC 运行控制器 ADCON0(AD Control register 0)

这个寄存器是 ADC 模块的运行控制器,ADC 工作于何种状态,如何工作等都要通过设置它来实现(关联位 ADCS2 在 ADCON1 中)。

① ADCS2~ADCS0(A/D Conversion Clock Select bits):AD 转换时钟频率选择位如下表所列:

ADCS2	ADCS1~ADCS0	A/D 转换时钟频率
0	00	$f_{osc}/2$
0	01	$f_{osc}/8$
0	10	$f_{osc}/32$
0	11	f_{RC}(ADC 自备)
1	00	$f_{osc}/4$
1	01	$f_{osc}/16$
1	10	$f_{osc}/64$
1	11	f_{RC}(ADC 自备)

② CHS2~CHS0(Anolog Channel select bits):AD 转换输入模拟通道选择位如下表所列(其中 AN5~AN7 通道只有 40 脚封装的型号才具备)。

CHS2~CHS0	A/D 转换通道选择
000	RA0/AN0
001	RA1/AN1
010	RA2/AN2

续表

011	RA3/AN3
100	RA5/AN4
101	RE0/AN5
110	RE1/AN6
111	RE2/AN7

③ GO/DONE：AD 转换启动控制位及状态位

0＝A/D 转换已经完成（自动清零）或表示未进行 A/D 转换；

1＝启动 A/D 转换过程或表示"A/D 转换正在进行"这种状态。

④ ADON：A/D 转换器开关位

0＝ ADC 被关闭，以减少芯片电流消耗；

1＝ ADC 模块被打开。

（2）ADC 引脚功能选择寄存器 ADCON1（AD Control register 1）

这个寄存器主要用于相关引脚的功能选择。如某引脚可被设置成模拟电压输入、参考电压输入或通用数字 I/O 引脚等。

① PCFG3～PCFG0（A/D Port Confirgation Control bit）：A/D 端口引脚功能配置位如表 10.1 所列。

表 10.1　A/D 转换器引脚功能配置表

PCFG3：PCFG0	AN7 RE2	AN6 RE1	AN5 RE0	AN4 RA5	AN3 RA3	AN2 RA2	AN1 RA1	AN0 RA0	V_{REF+}	V_{REF-}	N_{chan}	N_{vref}
0000	A	A	A	A	A	A	A	A	V_{dd}	V_{ss}	8	0
0001	A	A	A	A	V_{ref+}	A	A	A	RA3	V_{ss}	7	1
0010	D	D	D	A	A	A	A	A	V_{dd}	V_{ss}	5	0
0011	D	D	D	A	V_{ref+}	A	A	A	RA3	V_{ss}	4	1
0100	D	D	D	D	A	D	A	A	V_{dd}	V_{ss}	3	0
0101	D	D	D	D	V_{ref+}	D	A	A	RA3	V_{ss}	2	1
011x	D	D	D	D	D	D	D	D	V_{dd}	V_{ss}	0	0
1000	A	A	A	A	V_{ref+}	V_{ref-}	A	A	RA3	RA2	6	2
1001	D	D	A	A	A	A	A	A	V_{dd}	V_{ss}	6	0
1010	D	D	A	A	V_{ref+}	A	A	A	RA3	V_{ss}	5	1
1011	D	D	A	A	V_{ref+}	V_{ref-}	A	A	RA3	RA2	4	2
1100	D	D	D	A	V_{ref+}	V_{ref-}	A	A	RA3	RA2	3	2
1101	D	D	D	D	V_{ref+}	V_{ref-}	A	A	RA3	RA2	2	2
1110	D	D	D	D	D	D	D	A	V_{dd}	V_{ss}	1	0
1111	D	D	D	D	V_{ref+}	V_{ref-}	D	A	RA3	RA2	1	2

注：①以上表中，"A"表示模拟输入，"D"表示数字输入/输出；

②28 脚封装的 PIC16F87X 未配备 RE0～RE2 引脚；

③ N_{chan} 表示可作为模拟量输入口用的通道数量，N_{vref} 表示可作为外接参考电压输入的引脚数量。

② ADFM(A/D Result Format Select bit)：A/D 转换器结果格式选择位

 0 = 结果向左对齐，ADRESH 寄存器的低 6 位读作 0；

 1 = 结果向右对齐，ADRESH 寄存器的高 6 位读作 0。

(3) A/D 转换结果寄存器高位 ADRESH(A/D Conversion Result High byte)

当 ADFM＝0 时，用于存放 A/D 转换结果的高 8 位，如图 10.1 所示；

当 ADFM＝1 时，用于存放 A/D 转换结果的高 2 位，此时寄存器高 6 位读作 0。

(4) A/D 转换结果寄存器低位 ADRESL(A/D Conversion Result Low byte)

当 ADFM＝1 时，用于存放 A/D 转换结果的低 8 位，如图 10.1 所示；

当 ADFM＝0 时，用于存放 A/D 转换结果的低 2 位，此时寄存器低 6 位读作 0。

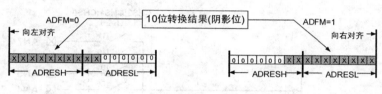

图 10.1　A/D 转换结果对齐示意图

10.4　ADC 模块的电路结构

ADC 模块的运行主要是通过 ADCON0 这个寄存器来控制的。ADCON0 寄存器包含着控制 ADC 工作状态的各种信息，比如当前选择哪个模拟通道进行 A/D 转换，A/D 转换的时钟频率，A/D 转换的启动及当前状态，以及对 ADC 的 on/off 控制。该模块的电路结构如图 10.2(10 位)和图 10.3(8 位)所示。

对于图 10.3，分若干部分讲解：

(1) 对于 40 脚型号的 MCU 芯片，存在一个 8 选 1 的多路选择器(Multiplexer)，它由运行控制器 ADCON0 中的 CHS2～CHS0 位控制。它的作用是，在与引脚对应的模拟输入通道 AN0～AN7 中选择 1 个当前通道，选中的通道将与芯片内部采样保持电路连通。

对于 28 脚型号的 MCU 芯片，存在一个 5 选 1 的多路选择器(Multiplexer)，它由运行控制器 ADCON0 中的 CHS2～CHS0 位控制，它的作用是，在与引脚对应的模拟输入通道 AN0～AN4 中选择 1 个当前通道，选中的通道将与芯片内部采样保持电路连通。

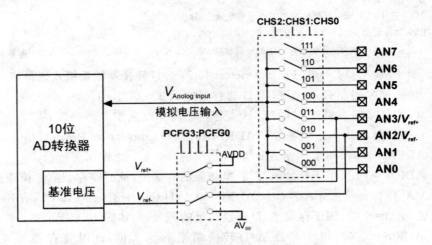

图 10.2　10 位 ADC 模块内部电路结构图

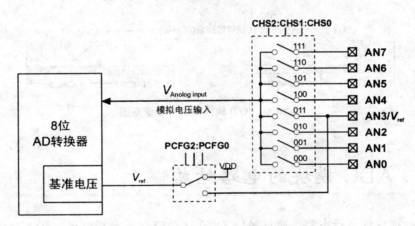

图 10.3　8 位 ADC 模块内部电路结构图

（2）对于 10 位的 A/D 转换器,存在 2 个单刀双掷的切换开关,它由引脚功能选择寄存器 ADCON1 的 PCFG3：PCFG0 来控制,控制位有 4 个,构成 16 种组合,如表 10.1 所列。

不论是单独的 AD 转换器芯片,还是像这样集成在 MCU 内的 ADC 模块,都需要一个基准电压（Reference Voltage）,与这个基准电压对应的是被模拟电压的输入范围。对于 10 位的 ADC 模块,具备提供基准电压的引脚有 RA3/V_{ref+} 和 RA2/V_{ref-},基准电压的来源选择有两种,一种是芯片的供电电压,另一种是通过外接专用基准源 IC 电路获取的电压。前一种用于 A/D 转换精度要求不高的场合,后一种则用于精度要求高的场合。

（3）A/D 转换电路,它是把模拟信号转变为数字量的电路。在这里采用的是逐次逼近型的转换方式,与其他 A/D 转换方式比较起来,其特点是可以做到很快,但会牺牲精度。整个电路的结构比较复杂,具体想要了解的可以参看相关资料。

（4）采样/保持电路,多数 ADC 模块电路不能精确地转换变化中的电压,因此通常会采用采样与保持(Sample and Hold)电路。电路结构如图 10.4 所示,用于对被模拟信号的电压进行采样(类似于照相机的快门),并且在本次 A/D 转换过程中使电压保持稳定。电路中的核心元件是一个半导体开关 SS 和一个 120pF 的电荷保持电容 C_{hold};两个反向偏置的二极管,起电压箝位保护作用,防止脉冲高压侵入芯片内部;其余元件属于分布参数形成的寄生元件,也就是说,它们在电路中造成的负面影响不是有意形成的,但又无法去除。在这类有害元件的参数值,对有用元件的参数值形成可比性的情况下,它们的存在和作用是不可忽略的,必须予以考虑。

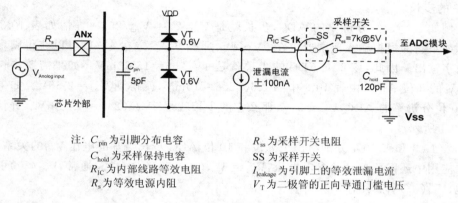

注:C_{pin} 为引脚分布电容　　　　　R_{ss} 为采样开关电阻
　　C_{hold} 为采样保持电容　　　　 SS 为采样开关
　　R_{IC} 为内部线路等效电阻　　　 $I_{leakage}$ 为引脚上的等效泄漏电流
　　R_s 为等效电源内阻　　　　　　V_T 为二极管的正向导通门槛电压

图 10.4　采样/保持电路等效原理图(10 位 ADC)

10.5　ADC 模块的静态特性

（1）分辨率(Resolution)

类似于对长度的测量,如果把 1 米均分成 10 段,那么它测量的分辨率就是 0.1 米,同理,把 1 米均分成 100 段,那么它测量的分辨率就是 0.01 米,这就相当于把 1 米均分为 $1/10^n$ 份,分辨率就是 $1/10^n$ 米。也就是说,对于十进制系统,1 米可以形成 $1/10^n$（$n=1$、2、3…）的分辨率。我们以此为例来引入 ADC 的分辨率。

对于二进制系统,ADC 可以形成 $1/2^n$ 的分辨率,其中 n 通常是 8、10、12、16,即可把满量程电压分成 $1/2^n$ 份,分辨率越高,ADC 的步长越小。步长是指 ADC 可感知并识别的最小模拟电压变化量,可见高分辨率的 ADC 可以感知更加微小的电压变化,表 10.2 列出了一些常见的 ADC 分辨率。尽管一块 ADC 芯片的分辨率在其设计的时候已经被固定,但是可以通过 V_{ref} 来调整步长,下面会加以讨论。

表 10.2　ADC 的分辨率与步长(参考电位 $V_{ref} = 5.12V$)

n 位	步数	步长
8	256	5.12/256＝20 (mV)
10	1024	5.12/1024＝5 (mV)
12	4096	5.12/4096＝1.25 (mV)
16	65536	5.12/65536＝0.078 (mV)

(2) 基准电压 V_{ref} (Reference Voltage)

V_{ref} 是基准电压,也可称作参考输入电压,它和 ADC 芯片的分辨率,共同决定了 ADC 的步长。

例如一片 8 位分辨率的 ADC,步长就是 $V_{ref}/2^8 = V_{ref}/256$。详情如表 10.3 所列。如果它的模拟输入范围要求在 0V～4V,那么 V_{ref} 设定在 4V 就可以获得满量程的数字输出。因此,该 8 位 ADC 的步长就是 4V/256＝15.62mV。如果需要步长为 10mV 的 8 位 ADC,由表 10.3 中的 2.56/256＝10mV,就得到 $V_{ref} = 2.56V$。如果一个 10 位分辨率的 ADC,$V_{ref} = 5V$,那么它的步长就是 5V/1024 ＝ 4.88mV。详情如表 10.4 所列。

表 10.3 和表 10.4 分别给出了 8 位和 10 位 ADC 步长与基准电压 V_{ref} 的关系,在有些应用中还需要差动的参考电压:$V_{ref} = V_{ref}(+) - V_{ref}(-)$。通常,$V_{ref}(-)$ 引脚接地,$V_{ref}(+)$ 引脚用作 V_{ref}。

表 10.3　8 位 ADC 的 V_{ref} 和 V_{in} 范围的关系

V_{ref}(V)	V_{in}(V)	步长
5.00	0～5	5/256＝19.53 (mV)
4.00	0～4	4/256＝15.62 (mV)
3.00	0～3	3/256＝11.71 (mV)
2.56	0～2.56	2.56/256＝10 (mV)
2.0	0～2	2/256＝7.81 (mV)
1.28	0～1.28	1.28/256＝5 (mV)
1	0～1	1/256＝3.9 (mV)

表 10.4　10 位 ADC 的 V_{ref} 和 V_{in} 范围的关系

V_{ref}(V)	V_{in}(V)	步长
5.00	0～5	5/1024＝4.88 (mV)
4.096	0～4.096	4.096/1024＝4 (mV)
3.00	0～3	3/1024＝2.93 (mV)

V_{ref}(V)	V_{in}(V)	步长
2.56	0~2.56	2.56/1024＝2.5（mV）
2.048	0~2.048	2.048/1024＝2（mV）
1.28	0~1.28	1.28/1024＝1.25（mV）
1.024	0~1.024	1.024/1024＝1（mV）

（3）数字信号输出（Digit Signal output）

在 8 位分辨率的 ADC 中,有 8 位二进制的数字信号输出（D0~D7）;同理,在 10 位分辨率的 ADC 中,就有 10 位二进制的数字信号输出（D0~D9）。为了度量进入模拟通道口的电压 V_{in},可以使用下面的公式:

$$D_{out} = V_{in} / 步长 \qquad\qquad 10.1$$

其中, D_{out} 是"数字"输出电压（十进制形式）, V_{in} 是模拟输入电压,步长（与分辨率相关）是相对不变的量。

（4）精度与误差

在主频较低（LP 模式）的 MCU 系统中,最好使用 ADC 模块自带的 RC 振荡器;在中高频（XT、HS 模式）时,A/D 转换的时钟源可以来自 MCU 的主振荡器。

A/D 转换器绝对精度的标定与所有误差作用的总效应相关。这些误差包括量化误差（Quantization error）、积分误差（Integral error）、微分误差（Differential error）、满量程误差（Full scale error）、偏移误差（Offset error）和单一性（Monotonicity）等。

A/D 转换器的绝对精度被定义为任意数码的实际转换值和理想转换值之间的最大偏差。当 $V_{dd} = V_{ref}$ 时,ADC 的转换结果在相关规定工作范围内的绝对误差为＜±1 LSb;然而,当 V_{dd} 偏离 V_{ref} 时,ADC 的转换精度将会下降。

在一个给定的模拟输入范围内,ADC 的输出数码（Digit code）是相同的,这是因为模拟输入被量化成数码了。典型量化误差为±1/2 LSb,并存在于整个 A/D 转换过程中。减小量化误差的唯一方法就是提高 A/D 转换器的分辨率。

偏移误差是实际 ADC 数码输出与理想 ADC 数码输出的差值。偏移误差使整个传递函数发生平移。通过模拟输入端的总漏电流和源阻抗的相互作用,偏移误差可在系统外校准或引入系统。

增益误差是指经过偏移误差调整后,末次实际 ADC 数码输出与末次理想 ADC 数码输出之间的最大差值。增益误差显示为传递函数的斜率变化。增益误差和满量程误差的区别在于满量程误差可以不考虑偏移误差,可以通过软件进行校正。

线性误差是指 ADC 输出数码一致性的变化,其不能通过系统进行校准。积分非线性误差是指经过增益误差调整后,ADC 实际输出数码和理想输出数码之间的差值。微分非线性误差是指最大实际 ADC 输出数码宽度和理想数码宽度之间的差值,该误差无法校正。

在 A/D 转换开始后 MCU 就进入 Sleep 状态的系统中,必须选择自带的 RC 时钟振荡源。这种工作方式可以有效地消除 MCU 的数字噪声,并提供较好的转换精度。

为了消除输入模拟通道上噪声带来的偏差,可以增加一个输入信号抗混叠外部 RC 滤波器。选择的 R 元件应确保总源阻抗小于建议值 10 kΩ,任何通过高阻抗连接到模拟输入引脚上的外部元件(如电容器、齐纳二极管等),应使其在引脚上的漏电流达到最小值。

PIC 中档 MCU 系列的产品手册中列出了 8 位及 10 位 ADC 的转换误差。两者的误差范围雷同,如下表所列。

绝对误差	＜±1LSb
积分线性误差	＜±1LSb
微分线性误差	＜±1LSb
全量程误差	＜±1LSb
偏移误差	＜±1LSb

测试条件:$V_{ref} = V_{dd} = 5.12$ V　　　　$V_{ss} \leqslant V_{AIN} \leqslant V_{ref}$

10.6　ADC 模块的动态特性

相对于 CPU 的工作节奏而言,ADC 模块的操作过程会占用较多的时间,并且其占用的时间主要分为两部分,它们分别是采样/保持电容 C_{hold} 的充电时间和 AD 转换电路的转换时间。一次模数转换全过程的时间分布如图 10.5 所示。

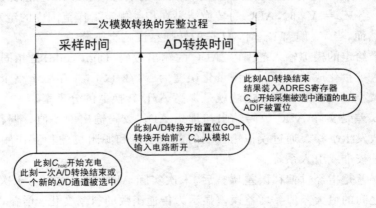

图 10.5　一次模数转换的完整过程

(1) 采样时间(Acquisition time)

为了阐明 C_{hold} 电容的充电情况,我们把图 10.4 的电路精减后,如图 10.6 所示。

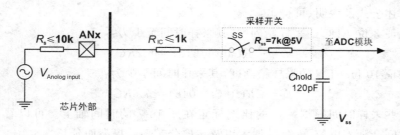

图 10.6　采样/保持电路简化原理图(10 位 ADC)

图中,如果采样开关 SS(Sample switch)闭合,模拟输入电压 $V_{\text{analog input}}$ 就会通过串联电阻 $R=(R_{\text{S}}+R_{\text{IC}}+R_{\text{SS}})$ 对 C_{hold} 进行充电,随着充电时间的延长,C_{hold} 的端电压 V_{C} 随之上升,它的上升趋势符合一条对数曲线,如图 10.7 所示,最终趋近于 $V_{\text{analog input}}$ 的开路电压。以下我们将确定一个合理的充电时间即采样时间。对 C_{hold} 的充电电压上升规律如下:

$$V_{\text{C}} = V_{\text{AIN}}(1-\text{e}^{-t/RC}) \qquad 10.2$$

从数据采样的观点来看,关键在于确保开关 SS 闭合之后使电压上升到足够接近于它的最终值,然后将开关断开(采样电压被"保持"),此时就可以开始模数转换。V_{C} 上升到它可接受的值所需的时间被称为采样时间(Acquisition time)。假设 V_{C} 必须上升至最终值 V_{AIN} 的 90%,那么,代入以上等式可得:

$$0.9\,V_{\text{AIN}} = V_{\text{AIN}}(1-\text{e}^{-t/RC})$$
$$t = -RC\,\ln0.1 = 2.3RC \qquad 10.3$$

上述分析结果如图 10.7 所示。然而,这样的要求并不严格。要确保数据转换中的较高精度(逼真度),上述过程所引入的误差应不高于半个 LSB 的对应值。因此,在 8 位模数转换中,必须使所采集的电压值 $V_{\text{C}} \geqslant (255.5/256)V_{\text{AIN}}$,即 $0.9980\,V_{\text{AIN}}$,对于 10 位模数转换,必须使所采集的电压值 $V_{\text{C}} \geqslant (1023.5/1024)V_{\text{AIN}}$,即 $0.9995\,V_{\text{AIN}}$。

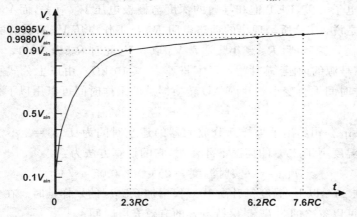

图 10.7　ADC 采样时间分析(比例刻度)

由上述公式及说明,可得出:

要保证 8 位 ADC 的采样精确度,其采样时间至少为:

$$t = -RC\ln(1/512) = 6.2RC \qquad\qquad 10.4$$

要保证 10 位 ADC 的采样精确度,其采样时间至少为:

$$t = -RC\ln(1/2048) = 7.6RC \qquad\qquad 10.5$$

把这些采样时间根据一定的比例标定在图 10.7 的时间轴上。可以看出,ADC 的采样时间会随着电容、电阻的增大以及转换分辨率的提高而延长。

影响采样时间的主要因素为电容 C_{hold} 的充电时间,以下将对此进行分析。把图 10.4 和图 10.6 联系起来考虑,忽略掉输入漏电流 $I_{leakage}$ 以及较小的输入电容 C_{pin} 的影响。充电回路中,$R = (R_S + R_{IC} + R_{SS})$,$C_{hold} = 120$ pF,电源电压为 5 V(此时 R_{SS} 为 7 kΩ),要想获得 10 位的分辨率,所需的采集时间应为 $t = 7.6RC$。

这里要说明一下充电回路电阻 R 的选取,图 10.4 中已指明 $(R_S + R_{IC})$ 是一个固定值,但采样开关的电阻 R_{SS} 却是一个变化值,它的阻值随着电源电压的升高而减小,变化规律如图 10.8 所示。

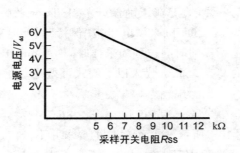

图 10.8 R_{SS} 与 V_{cc} 关系线

为什么会是这样的呢?原因是采样开关 SS 实际上是由于工作开关状态的 FET 构成的一个电子开关,FET 饱和导通的深度与栅极电压 V_{GS} 有关,而 V_{GS} 又与 V_{dd} 正相关。也就是说,FET 所呈现出的动态电阻 R_{SS} 与工作电压 V_{dd} 有关,两者成反比关系,即 V_{dd} 越高,动态电阻 R_{SS} 越小。通常 V_{dd} 取 5 V,此时 R_{SS} 为 7 kΩ。

R_S 是信号源的内阻,芯片生产厂家推荐 $R_S \leqslant 10$ kΩ。由以上公式可知,随着它的减小,采样时间也会变小。片内 AD 转换器总的采样时间可以用以下公式表示:

$$T_{ACQ} = T_{AMP} + T_C + T_{COFF} \qquad\qquad 10.6$$

Microchip 公司给出了采样部分放大器的建立时间为 $T_{AMP} = 2$ μs。另外,温度系数仅仅在温度高于 25℃ 的情况下才使用,它的计算方法为:

$$T_{COFF} = (实时温度 - 25℃) \times 0.05 \ μs/℃ \qquad\qquad 10.7$$

可见,在 25℃ 以上,温度每升高 10℃ 仅增加 0.5 μs 的采样延时。在多数情况下,这个影响是可以忽略的。T_C 是保持电容的有效充电时间。

假设信号源的内阻 $R_S = 10$ kΩ,电压 V_{dd} 为 5 V,芯片的工作温度为 50℃,ADC

的分辨率为 10 位,计算此时的采样时间 T_{ACQ}。由式 10.6 可知,我们要分别求出 3 个分项的值,然后相加,其中:

放大器建立时间: $T_{AMP} = 2\ \mu s$

温度系数: $T_{COFF} = (50℃ - 25℃) \times 0.05\ \mu s/℃ = 1.25\ \mu s$

由图 10.8 可知,当电源电压为 5 V 时,采样开关的电阻 $R_{SS} = 7\ k\Omega$,分辨率为 10 位时,$C_{hold} = 120\ pF$;那么对照式 10.5,可得保持电容 C_{hold} 的有效充电时间为:

$$T_C = 7.6RC = 7.6 \times (R_S + R_{IC} + R_{SS}) \times C_{hold}$$
$$= 7.6 \times (10\ k\Omega + 1\ k\Omega + 7\ k\Omega) \times 120\ pF$$
$$= 16.42\ \mu s$$

所以,此种情形下 ADC 的完整采样时间为:

$$T_{ACQ} = T_{AMP} + T_C + T_{COFF}$$
$$= 2\ \mu s + 16.42\ \mu s + 1.25\ \mu s$$
$$= 19.67\ \mu s$$

由上式可以看出,T_{ACQ} 主要由 T_C 构成,其他两个量 T_{AMP} 和 T_{COFF} 占比很小,多数情况下可以忽略不计。

(2) AD 转换时间(AD Sampling time)

本章所讲的是逐次逼近型 A/D 转换器,也就是说,在 ADC 内部,通过对输入模拟电压值进行逐次逼近(Successive approximation)的比较,生成一个表征它大小的数字量结果。显然,这个过程需要消耗一定的时间。

数字量的生成顺序是一位一位进行的,先生成高位,再生成低位,我们把每一位数据的转换时间定义为 T_{AD},完成一次 10 位数据的转换所需的时间是 $11.5 T_{AD}$,8 位数据所需的时间是 $9.5 T_{AD}$。A/D 转换需要有时钟源(Clock source)支持,这里时钟源的选择有 4 种方案,它由运行控制器 ADCON0 决定,具体如表 10.5 所列。

表 10.5　T_{AD} 与 MCU 主频的关系表(标准型号,C 系列)

A/D 转换时钟源 T_{AD}		MCU 工作主频				要求最大主频
时钟周期选择	ADCS2:ADCS1:ADCS0	20M	5M	1.25M	333.33kHz	
$2T_{osc}$	000	100 ns	400 ns	1.6 μs	6 μs	1.25MHz
$4T_{osc}$	100	200 ns	800 ns	3.2 μs	12 μs	2.5MHz
$8T_{osc}$	001	400 ns	1.6 μs	6.4 μs	24 μs	5MHz
$16T_{osc}$	101	800 ns	3.2 μs	12.8 μs	48 μs	10MHz
$32T_{osc}$	010	1.6 μs	6.4 μs	25.6 μs	96 μs	20MHz
$64T_{osc}$	110	3.2 μs	12.8 μs	51.2 μs	192 μs	20MHz
RC	x11	2~6 μs	2~6 μs	2~6 μs	2~6 μs	无关

注:① RC 时钟源模式下,T_{AD} 的典型值是 4 μs,可能的值是 2~6 μs;

② 图中左边阴影部分的数值未达到最小 T_{AD} 时间,是无效的;

③ 图中右边阴影部分的数值太大,这样会导致 C_{hold} 上的电压在转换结束前下降过大,应选择另外的时钟组合;

④ 在 MCU 工作主频大于 1M 的情形下,芯片必须在 Sleep 状态下完成整个转换,否则 A/D 转换的精度会超出有关说明。

为了保证 A/D 转换电路正确地工作,A/D 转换时钟周期的选择必须保证 $T_{AD} \geqslant$ 1.6 μs。例如,当 MCU 的主频为 5M 时,A/D 转换时钟周期至少应为 $8T_{osc}$;反过来推导,如果 A/D 转换的时钟周期一旦确定,那么也随之确定了 MCU 主频的上限值。

图 10.9 展示了当控制位 GO 被置 1 后,AD 转换开始。当 GO 位被置 0,一次转换结束,从开始到结束的时间占用情况。当 GO 位被置 1 后,第一时间段内将包含一个时间长度界于指令周期 T_{cy} 和转换周期 T_{AD} 之间的时间。

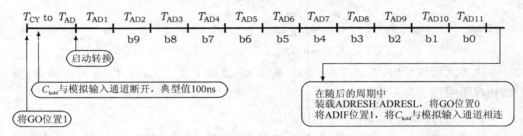

图 10.9　A/D 转换过程中的 T_{AD} 周期

在转换期间将 GO/DONE 位清零将终止当前 A/D 转换。A/D 结果寄存器对中的内容不会被部分完成的 A/D 转换结果所更新,即 ADRESH:ADRESL 中仍然保留着上一次转换完成后的结果。当前 A/D 转换被终止后,如果要进行下一次采样,则需等待至少 $2T_{AD}$ 的延迟时间。不应在打开 ADC 模块的同一指令中将 GO/DONE 位置 1。

10.7　ADC 模块模拟输入引脚的设置

寄存器 TRISA、TRISE 和 ADCON1 都与 ADC 模拟通道引脚的配置相关。当相关引脚为模拟输入方式时,其 TRIS 中相应的位必须被置 1(输入方式);反之,如果置 0,则相应引脚为数字输出方式,假如这时启动 AD 转换,则数字输出电平(V_{OH}、V_{OL})将被当做模拟电压转换,见图 5.9 的说明文字。

AD 转换过程与 CHS2:CHS1 位及 TRIS 位的状态无关。当 CPU 读取端口寄存器时,所有配置为模拟输入方式的引脚均读作 0(低电平);配置为数字输出方式的引脚将视其电平为模拟输入电压。并且,配置为数字输出引脚上的电平将不会影响 A/D 转换的精度,但是这样可能导致输入缓冲器消耗超出芯片规范的电流,从而导致芯片工作不正常或损坏。所以说,当某引脚配置为模拟方式时,其相应的 TRIS 位应该置 1 才能使其工作正常。

10.8 特殊情况下的 A/D 转换

（1）Sleep 状态下的 A/D 转换

ADC 模块可以在 Sleep 状态下运行，但前提是要把它的时钟源设置成自备 RC 振荡器方式，即相应的位 ADCS2：ADCS1：ADCS0 = x11。

当选定了 RC 时钟源后，ADC 模块需要等待一个指令周期（T_{cy}）后方可启动转换。显然，这样做可以给 Sleep 指令的执行留下一定的时间，Sleep 指令执行后，主振荡器停止工作，A/D 转换时钟源变为依靠其内部的 RC 振荡器，这种模式可以消除 A/D 转换时所有内部的数字开关噪声，这些噪声对 A/D 转换的精度影响较大，消除后可以使得 A/D 转换的精度更高。

若要在 Sleep 态下进行 A/D 转换，必须先将 GO/DONE 位置 1，然后再执行 Sleep 指令。A/D 转换完成后，GO/DONE 位被硬件自动清零，同时转换结果被载入 ADRES 寄存器（8 位）或 ADRESH：ADRESL 寄存器对（10 位）。

在这种工作方式下，如果 ADC 中断被打开（ADIE＝1），A/D 转换完成后，CPU 将从 Sleep 状态被唤醒。CPU 必须被唤醒，否则 ADC 在转换时间以外的工作离开 CPU 的控制就无法进行；如果 ADC 中断被关闭（ADIE＝0），执行 Sleep 指令会失去它的意义（无法唤醒）。这时，ADC 模块将失去作用，尽管此时 ADON 位保持置 1 的状态。

如果 ADC 的时钟源为另一时钟选项（非 RC 振荡），即这个时钟源与芯片的主振荡器直接相关，那么执行一条 Sleep 指令会使主振荡器停振，也就中止了当前的 A/D 转换并会关停 ADC 模块，尽管此时 ADON 位保持置 1 的状态；但是关停后的 ADC 会使模块的消耗电流达到最小。

（2）CCP 模块触发的 A/D 转换

ADC 模块的转换动作可以利用 CCP 模块的特殊事件触发方式来启动。实际上，这是以定时器 TIMER1 为时间基准的一种定时 A/D 转换方式。

为了达到这个目的，需要把 CCP 模块设置成特殊事件触发方式，也就是使 CCPxCON 的 CCPxM3～CCPxM0＝1011，并且置 ADON＝1。这样当来自 CCP 模块（工作于 Compare 方式）的匹配触发信号产生时，GO/DONE 位将被自动置 1，从而启动一次 A/D 转换操作，同时将累加器 TMR1（为 CCP 提供时基信号）清零，以便为下一次的触发准备条件。

在这种模式下，如果 ADON＝0，则 CCP 模块的触发信号不会对 ADC 产生任何影响，但是仍然会清零 TMR1，这一点在第 9.6 章节有过说明。

10.9 综合权衡转换速度与转换精度

并非所有应用都需要 10 位分辨率的转换结果。图 10.7 解释了 ADC 的分辨率越高,所需采样时间(Aquision time)会越长,转换时间这一节也通过公式解释了分辨率越高,转换时间(Conversion time)越长的原因,表 10.6 也列出了这方面的对比数据。从表中可以看出,ADC 模块允许用户降低转换分辨率以便换取转换速度。

另外,在分辨率既定的情况下,为了加快转换速度,可以切换 ADC 模块的时钟源,前提是要保证 $T_{AD} \geqslant 1.6\ \mu s$。否则,A/D 转换结果位将不再有效。时钟源周期只能在 $2T_{osc}$、$4T_{osc}$、$8T_{osc}$、$16T_{osc}$、$32T_{osc}$、$64T_{osc}$ 这 6 种之间切换,不能和 RC 振荡模式间相互切换。切换时钟源必须等到 A/D 转换过程结束方可进行。

从 GO 被置位开始,用以下公式可以确定需经多长时间可以切换时钟源:

$$转换时间 = T_{AD} + N \times T_{AD} + (11 - N) \times 2T_{OSC}$$

$$(N\ 是\ ADC\ 分辨率的位数)$$

由于 T_{AD} 与 MCU 的主振荡周期 T_{osc} 是倍数关系,所以用户可以使用定时器定时或软件循环等方法,来决定在一个合适的时机切换 ADC 时钟源。

表 10.6 展示了 4 位、8 位、10 位分辨率 ADC 转换时间的比较。该例中 MCU 的工作主频为 20 MHz,开始时 ADC 时钟源周期为 $32T_{osc}$,并假定转换过程中 ADC 时钟源周期在经过 $6T_{AD}$ 之后被切换为 $2T_{osc}$,显然此时 $T_{AD} = 2T_{osc} = 100\ ns < 1.6\ \mu s$,它不符合最小 T_{AD} 时间要求,所以后 4 位将无法正确转换。

表 10.6 不同分辨率条件下的 A/D 转换时间比较

参数名称	公式	主频	分辨率		
			4 位	8 位	10 位
每一位的转换时间	$T_{AD} = 32T_{OSC}$	20 MHz	1.6 μs	1.6 μs	1.6 μs
主振荡周期	$T_{OSC} = 1/f_{osc}$	20MHz	50ns	50ns	50ns
总的转换时间	$T_{AD} + N \times T_{AD} + (11 - N) \times 2T_{OSC}$	20MHz	8.35 μs	14.7 μs	17.7 μs

10.10 基准电压、电源电压和模拟输入电压的比较

对于基准电压 V_{REF} 的取值范围以及对它的理解,非常重要。前文 10.5 已经讲过,V_{REF} 与分辨率两者共同决定了度量输入模拟电压大小的步长,在芯片供电电压满足要求的情况下,模拟输入电压的取值仅仅只向 V_{REF} 看齐,也就是说,V_{AIN} 不要比

V_{REF} 高,反之则会造成 ADC 的数字输出无意义。通过实验可以发现,对于 8 位分辨率的 MCU,当 $V_{AIN} > V_{REF}$ 时,数码输出总是最大值 255,达到了饱和,输出不会随着输入的变化而变化。

芯片说明书中讲到了一致性(Monotonicity)的问题,它的测试条件是 $V_{ss} \leqslant V_{AIN} \leqslant V_{REF}$,只有在这个范围内,ADC 的数字输出才会随着模拟输入值的变化而变化。并且对于一个给定的分辨率(例如 8 位),不会出现任何丢失的代码(0~255 这些数码都可输出)。所以 V_{REF} 对于 V_{AIN} 很重要,它存在一个合理的取值范围,如表 10.7 所列。

表 10.7　V_{REF} 与 V_{AIN} 之间的比较

PIC16F87X/PIC16F87XA		
相关参数	最小值	最大值
基准电压〔$V_{REF+} - V_{REF-}$〕	2.0V	$V_{dd} + 0.3V$
V_{REF+}	$AV_{dd} - 2.5V$	$AV_{dd} + 0.3V$
V_{REF-}	$AV_{ss} - 0.3V$	$V_{REF+} - 2.0V$
模拟输入电压 V_{AIN}	$V_{ss} - 0.3V$	$V_{REF+} + 0.3V$

PIC16F7X		
相关参数	最小值	最大值
基准电压 V_{REF}〔$-40℃ \sim 125℃$〕	2.5V	5.5V
基准电压 V_{REF}〔$0℃ \sim 125℃$〕	2.2V	5.5V
模拟输入电压 V_{AIN}	$V_{ss} - 0.3V$	$V_{REF} + 0.3V$

对于电源电压,芯片说明书中规定 $2V \leqslant V_{dd} \leqslant 5.5V$,由上表可见,$V_{ref}$ 取值大致被囊括在这个区间内。

下面我们来做一个实验。给定 $V_{REF} = 2.56V$,芯片电源 V_{dd} 分别为 3V、4V、5V,模拟输入电压 $0 \leqslant V_{AIN} \leqslant 2.56V$,观察 ADC 的数字输出。实验完毕,分析数据,会发现,3 种供电电压下,ADC 的数码输出是一致的,线性度表现得都较好,其原因是数码输出只与步长(由 V_{REF} 与分辨率决定)有关,而与 V_{dd} 无直接关联。

另外一种情形是,模拟输入电压的当前值不变,当 $V_{ref} = V_{dd} = 5V$ 时,随着 V_{dd} 从 5V 降到 3V,数码输出会变大(式 10.1 可以解释)。在电池供电的系统中可能会出现这种情况,但也不是没有解决办法,那就是将 V_{ref} 由单独的基准源电路提供,且 V_{ref} 的值应该小于电池的最低电压。如独立的 2.5V 基准源电路 MC1403 等,如果想得到更高的系统集成度,可选用片内自带 FVR 的 MCU,如 PIC16F193X 系列等。

如何确定一个合适的 V_{REF} 值,这要看具体的应用情况,一般来讲,V_{REF} 最好是逼近或等于电源电压 V_{dd},这样获得的步长相对来说可以变得最大,抗干扰能力会更强,ADC 数码输出会更加稳定。硬件引脚设置中有 $V_{REF}=V_{dd}$ 这一项就说明了这个道理。压缩 V_{REF} 的值会使 ADC 数码输出的灵敏度更高,但抗干扰性也相应地变差,对噪声更加敏感,步长变为原来的 1/2,对噪声的敏感度会变为原来的 2 倍。而有些特殊的情形则需要综合权衡(Trade off)。

芯片的引脚图中标明了两对电源,它们分别是数字系统电源和模拟系统电源。两者在内部是相通的,但在外部应尽量做到分别供电,数字系统的负载会使电源变得很不安静,产生很多噪声,这会对模拟系统产生很大的负面影响,在要求较高的数、模混合电路应用系统中,常常采用两类电源分别供电的方式,以减小彼此之间的相互干扰。

10.11　工作流程和传递函数

图 10.10 是 10 位 A/D 转换器的理想输入/输出函数线(Transfer function),其中横轴表示模拟电压输入,上面的刻度单位是 0.5Lsb,纵轴表示数字量输出。当模拟输入电压 V_{AIN} 的值等于或超过 1Lsb 或〔$V_{REF+}-V_{REF-}$〕/ 1024 时,将发生第一次 AD 转换,输出数码为 1;当输入进一步增大时,输出数码依然保持该值不变,直至输入等于或超过 2Lsb,输出数码才变为 2,以此类推,随着输入模拟电压的增加,数码输出达到最大值 3FFH($2^{10}-1=1023$)。

那么,由以上分析可得出,对于 n 位 ADC,最大数码输出值为 2^n-1。

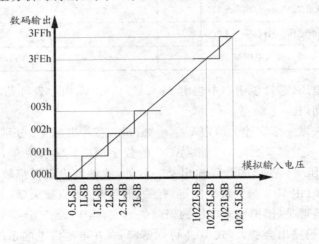

图 10.10　ADC 输入/输出函数(模拟量 vs 数字量)

图 10.11 描绘了 ADC 的内部工作流程,该流程图中的一系列动作主要由硬件自动完成,由软件实现的每一种 ADC 转换都可在该图中寻得轨迹。

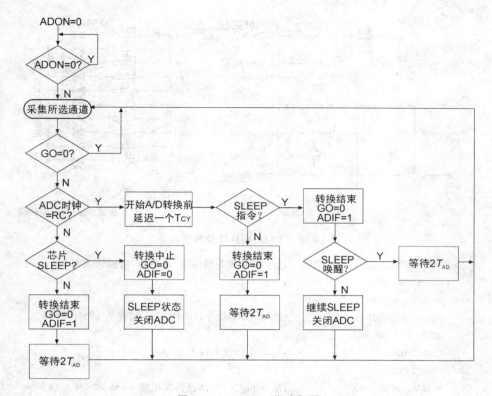

图 10.11　ADC 工作流程图

10.12　ADC 模块应用实践

以下用 10 位的 ADC 做几个实验。实验的电路原理图如图 10.12 所示,模拟输入电压 V_{AIN} 取自 10k 电位器的可调端,输入电压范围是 0~5V,模拟输入引脚选 RA4,基准电压 V_{ref+} 在芯片内部连接电源电压 V_{dd},V_{ref-} 在芯片内部与电源地相连,显示器由 10 个 LED 组成,显示二进制代码(从 00H~3FFH),它由 RB 端口的 8 位和 RD 端口的 2 位组成。

实验 1:用查询方式输出 10 位 A/D 转换结果,启动 TIMER0 定时器,每 65.6ms (溢出时)启动一次 A/D 转换,程序如下:

程序名:ADC01.ASM

```
include <p16f877A.inc>        ;@4M oscillator
    ORG    0000
    BANKSEL  PORTD
    CLRF   PORTB              ;清零显示端口
    CLRF   PORTD
```

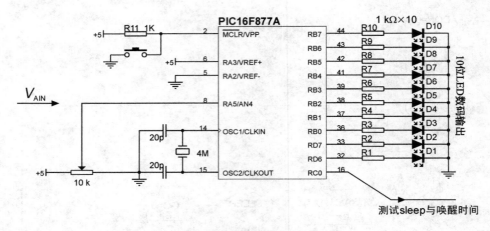

图 10.12   10 位 A/D 转换实验电路

```
        MOVLW B'11100001'        ;A/D 时钟源为自带 RC 振荡器,模拟通道选 RA5,
        MOVWF ADCON0             ;开启 ADC
        BANKSEL TRISA
        MOVLW B'10000111'        ;启动 TIMER0 内部计数,预分频比为 1:256
        MOVWF OPTION_REG
        CLRF TRISB               ;显示端口设为输出态
        CLRF TRISD
        MOVLW B'00000000'        ;所有相关引脚都设为模拟输入,转换结果左对齐
        MOVWF ADCON1             ;并且 Vref = Vdd = 5V
        BANKSEL PORTC
MAIN:
        BTFSS INTCON,T0IF        ;判断 TIMER0 有没有溢出
        GOTO MAIN                ;没有溢出,继续查询
        BCF INTCON,T0IF          ;溢出后,清零 T0IF 的标志
        BSF ADCON0,GO            ;每 65.6ms 启动一次 A/D 转换
WAIT:
        BTFSS PIR1,ADIF          ;查询 A/D 转换完毕否
        GOTO WAIT                ;没有完毕,继续查询
        BCF PIR1,ADIF            ;完毕,清零 ADIF 中断标志
        MOVF ADRESH,W            ;A/D 转换高位结果送 RB 端口显示
        MOVWF PORTB
        BANKSEL TRISA
        MOVF ADRESL,W            ;A/D 转换低位结果送 RD 端口显示
        BANKSEL PORTA
        MOVWF PORTD
        GOTO MAIN                ;继续等待下一次 TIMER0 计数溢出
        END
```

实验 2:用中断方式输出 10 位 A/D 转换结果,打开相关中断允许,每隔一定时间(DELAY 延时)启动一次 A/D 转换,程序如下:

```
程序名:ADC02.ASM
include <p16f877A.inc>         ;@4M oscillator
    TEMP0   EQU   20
    FLAG    QU    21           ;定义相关变量在 RAM 中的地址
    ORG 0000
    GOTO    START
    ORG   0004                 ;AD 转换完毕,进入中断服务程序
    BCF PIR1,ADIF              ;清零中断标志 ADIF
    MOVF ADRESH,W
    MOVWF PORTB                ;将高位结果送 RB 端口显示
    BANKSEL TRISA
    MOVF ADRESL,W             ;将低位结果送 RD 端口显示
    BANKSEL PORTA
    MOVWF PORTD
    BSF FLAG,0                 ;本次 A/D 转换完成后,将标志位 FLAG,0 置位
    RETFIE
START:
    BANKSEL  PORTD
    CLRF    PORTB             ;清零显示端口
    CLRF    PORTD
    CLRF FLAG
    MOVLW B'11100001'          ;A/D 时钟源为自带 RC 振荡器,模拟通道选 RA5
    MOVWF ADCON0               ;开启 ADC
    BANKSEL TRISA
    CLRF TRISB                ;将显示端口设为输出态
    CLRF TRISD
    MOVLW B'00000000'          ;所有相关引脚都为模拟输入,转换结果左对齐
    MOVWF ADCON1               ;并且 $V_{ref} = V_{dd} = 5V$
    BSF PIE1,ADIE
    BSF INTCON,PEIE
    BSF INTCON,GIE            ;打开相关中断允许
    BANKSEL PORTD
    BSF ADCON0,GO             ;启动 A/D 转换
LOOP:
    BTFSS FLAG,0              ;检测 A/D 转换及送显是否完毕
    GOTO LOOP                 ;未完毕,继续查询
    CLRF FLAG                 ;如果完毕,清零标志 FLAG
    CALL DELAY                ;延时 776 $\mu$s
    BSF ADCON0,GO            ;再次启动 A/D 转换
```

```
        GOTO LOOP                    ;查询 A/D 转换是否完毕
DELAY:MOVLW 0XFF                     ;延时 776 μs 子程序
        MOVWF TEMP0
L0:   DECFSZ TEMP0,F
        GOTO L0
        RETURN
        END
```

实验 3:在 Sleep 状态下进行,用查询方式输出 10 位 A/D 转换结果,启动 TIM-ER0 定时器,每 65.6ms(溢出时)启动一次 A/D 转换,用 RC0 引脚电平检测 Sleep 唤醒时间及 A/D 转换时间。程序如下:

```
程序名:ADC03.ASM
include <p16f877A.inc>               ;@4M oscillator
        TEMP0    EQU    20
        ORG    0000
        BANKSEL  PORTA
        CLRF   PORTB                 ;清零显示端口
        CLRF   PORTD
        CLRF   PORTC
        MOVLW B'11100001'            ;A/D 时钟源为自带 RC 振荡器,模拟通道选 RA5
        MOVWF ADCON0                 ;开启 ADC
        BANKSEL TRISA
        CLRF INTCON                  ;关闭所有中断
        BSF INTCON,PEIE              ;打开 PEIE,是为了 Sleep 后能唤醒
        BSF PIE1,ADIE                ;打开 ADIE,是为了 Sleep 后能唤醒
        CLRF TRISB
        CLRF TRISD                   ;相关端口设为输出态
        CLRF TRISC
        MOVLW B'00000000'            ;所以相关引脚都为模拟输入,转换结果左对齐
        MOVWF ADCON1                 ;$V_{ref} = V_{dd} = 5V$
        BANKSEL PORTA
MAIN:
        BCF PIR1,ADIF                ;清零中断标志 ADIF
        BSF PORTC,0                  ;为测试休眠,置位 RC0
        BSF ADCON0,GO                ;启动 AD 转换
        SLEEP                        ;进入休眠态,$T_{osc}$停振,等待 A/D 转换完毕后唤醒
        BCF PORTC,0                  ;为测试唤醒,复位 RC0
        MOVF ADRESH,W
        MOVWF PORTB                  ;将高位结果送 RB 端口显示
        BANKSEL TRISA
        MOVF ADRESL,W                ;将高位结果送 RD 端口显示
```

```
        BANKSEL PORTA
        MOVWF PORTD
        BSF PORTC,1              ;测试延时时间
        CALL DELAY               ;延时 776 μs
        BCF PORTC,1              ;测试延时时间
        GOTO MAIN
DELAY:···                        ;延时 776 μs 子程序,同实验 2
        END
```

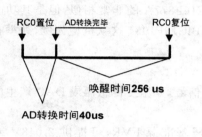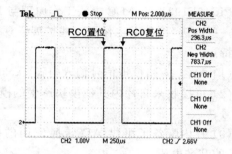

图 10.13　ADC 唤醒 MCU 时序图

程序说明:在 Sleep 状态下进行 AD 转换,需要先执行(BSF ADCON0,GO),再执行 Sleep 指令,因为执行了 Sleep 指令后,主振荡器停止了工作,程序无法向下执行,如果两个指令反过来,就无法启动 A/D 转换。只有从 Sleep 唤醒,程序才能继续执行,唤醒的前提是要打开相关中断允许 ADIE、PEIE,关闭 GIE。

另一种情况,如果同时打开 GIE、PEIE、ADIE。唤醒后,PC(Program Counter)会进入中断服务,如果在实验 2 中,在(BSF ADCON0,GO)后执行 Sleep,唤醒后程序就进入中断执行送显操作,对 FLAG 标志位的检测可以略去。

这个程序中,我们感兴趣的是 Sleep 的时间有多长。程序中,用引脚 RC0 的高电平持续时间进行测试,测试结果是 296 μs,这个结果比想象的长多了,ADC 采用自带的 RC 振荡,典型值 $T_{RC} = 4$ μs,整个转换时间应该是 40~50 μs,多出这么多时间是怎么回事呢?

通过查阅芯片说明才知道,大部分时间都是唤醒时间,唤醒时间为 $1024T_{OSC}$,也就是 256 μs,剩下的 40 μs 应该是转换时间,这与芯片说明中的参数是相吻合的。本程序利用 RC0 引脚电平来测试唤醒及 A/D 转换时间,如图 10.13 所示。程序中在 Sleep 唤醒后用到了 DELAY 延迟,是为了确保一次 A/D 转换完成后有 $2T_{AD}$ 的间隔时间。实际上,不要这个,ADC 也能正常工作,原因是唤醒时间远远大于 $2T_{AD}$。

10 位 LED 显示的末位是最灵敏的一位,5mV 的电压变化就可以决定它的亮灭。也就是说,它的抗干扰能力很差,对噪声很敏感。通常情况下,它都在闪烁,闪烁频率越高,说明 A/D 数码输出越不稳定。

通过以上的几个实验,发现 AD 数码输出的稳定度有这样的趋势:当 ADC 的时

钟源与芯片主频相关时,输出最不稳定;当时钟源用自带的 RC 振荡器时,比较稳定;当时钟源用自带的 RC 振荡器,且在 Sleep 下转换时,输出最稳定。这些现象也充分说明了 ADC 在不同的工作模式下,抵抗干扰的能力不尽相同。

10.13 PIC16F193X 系列的 ADC 模块

PIC16F193X 的 ADC 模块工作原理与 PIC16F877A 的非常相似,但是其功能也多了一些改进,硬件上也作了一些扩展。现以 PIC16F1934 这款机型为例,列举它的一些特点:

(1) 配备 14 路模拟信号输入引脚(AN0～AN13);

(2) 可接收来自片内其他模块产生的模拟信号,如温度传感器或 DAC 产生的模拟信号;

(3) 片内配备了可供 AD 转换使用的电压基准源 FVR,可提供 2.048V 或 4.096V 的基准电压。

不同于 PIC16F877A,在模拟通道的配置方面,本机型显得更加灵活细致,当配置某一通道为模拟通道时,对其他通道不会产生关联影响,配置 AD 转换基准源时有单独的配置位。ADC 模块的电路结构图如图 10.14 所示。

图 10.14 与图 10.2 的工作原理是类似的,配置与功能的不同前文已阐述,现列举与 AD 工作有关的寄存器 ADCON0、ADCON1,并说明各位的功能:

(1) ADCON0 寄存器(RAM 地址 9DH,复位值为 B'-0000000')

bit 6～2 CHS<4:0>:模拟通道选择位(Analog Channel Select bits)

00000 = AN0 00001 = AN1 00010 = AN2 00011 = AN3 00100 = AN4

00101 = AN5 00110 = AN6 00111 = AN7 01000 = AN8 01001 = AN9

01010 = AN10 01011 = AN11 01100 = AN12 01101 = AN13

(01110～11100) = 保留,未连接通道;   11101 = 温度指示器;

11110 = DAC 输出;   11111 = FVR 缓冲器 1 输出。

bit 1 GO/DONE:A/D 转换状态位(A/D Conversion Status bit)

        0 = A/D 转换已经完成(自动清零)或表示未进行 A/D 转换;

        1 = 启动 A/D 转换过程或表明 A/D 转换正在进行。

bit 0 ADON:ADC 使能位(ADC Enable bit)

        0 = ADC 被关闭,以减少芯片电流消耗;

        1 = ADC 模块被使能。

(2) ADCON1 寄存器(RAM 地址 9EH,复位值为 B'0000_000')

bit 7 ADFM:A/D 结果格式选择位(A/D Result Format Select bit)

1 = 右对齐,装入转换结果时,ADRESH 的高 6 位被置 0;

0 = 左对齐,装入转换结果时,ADRESL 的低 6 位被置 0。

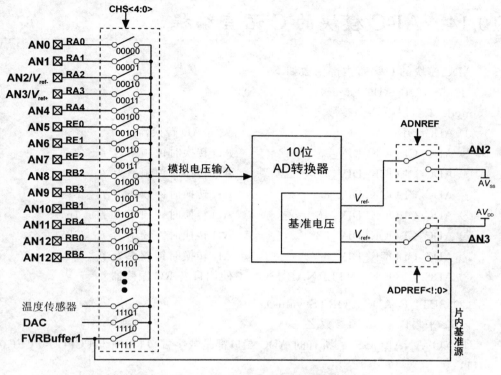

图 10.14   10 位 ADC 模块内部电路结构图(PIC16F1934)

bit 6~4 ADCS<2:0>:A/D 转换时钟选择位(A/D Conversion Clock Select

bits)

000 = $f_{osc}/2$ 100 = $f_{osc}/4$ 001 = $f_{osc}/8$

101 = $f_{osc}/16$ 010 = $f_{osc}/32$ 110 = $f_{osc}/64$

011 或 111 = f_{RC}(使用自备 RC 振荡器)

bit 2 ADNREF:A/D 转换基准电压(一)选择位(A/D Negative Voltage Refer-

ence Configuration bit)

0 = V_{ref-} 与 V_{ss} 连接;

1 = V_{ref-} 与片外 V_{ref-} 引脚连接。

bit 1-0 ADPREF<1:0>:A/D 转换基准电压(十)选择位(A/D Positive Volt-

age Reference Configuration bits)

00 = V_{ref+} 与 V_{dd} 连接;

01 = 保留;

10 = V_{ref+} 与片外 V_{ref+} 引脚连接;

$$11 = V_{\text{ref}+} \text{ 与片内 FVR 输出连接}。$$

10.14 ADC 模块的 C 语言编程

ADC 模块的 C 语言内部函数如下:

（1）SETUP_ADC(mode)

mode 来自以下 8 个参数之一。

① ADC_OFF   关闭 AD 转换器;

② ADC_CLOCK_DIV_2   AD 转换时钟频率为 $f_{\text{osc}}/2$;

③ ADC_CLOCK_DIV_4   AD 转换时钟频率为 $f_{\text{osc}}/4$;

④ ADC_CLOCK_DIV_8   AD 转换时钟频率为 $f_{\text{osc}}/8$;

⑤ ADC_CLOCK_DIV_16   AD 转换时钟频率为 $f_{\text{osc}}/16$;

⑥ ADC_CLOCK_DIV_32   AD 转换时钟频率为 $f_{\text{osc}}/32$;

⑦ ADC_CLOCK_DIV_64   AD 转换时钟频率为 $f_{\text{osc}}/64$;

⑧ ADC_CLOCK_INTERNAL   使用自备 RC 振荡器。

（2）SETUP_ADC_PORTS(value)

value 来自以下 15 项参数之一。

① NO_ANALOGS：所有的 ADC 端口都是数字端口,相当于 PCFG3：PCFG0 =0111;

② ALL_ANALOG：所有的 ADC 端口都是模拟端口,相当于 PCFG3：PCFG0=0000;

③ AN0_AN1_AN2_AN4_AN5_AN6_AN7_V_{ss}_V_{REF} 相当于 PCFG3：PCFG0 =0001,具体见表 10.1;

④ AN0_AN1_AN2_AN3_AN4 相当于 PCFG3：PCFG0=0010,具体见表 10.1;

⑤ AN0_AN1_AN2_AN4_V_{ss}_V_{REF} 相当于 PCFG3：PCFG0=0011,具体见表 10.1;

⑥ AN0_AN1_AN3 相当于 PCFG3：PCFG0=0100,具体见表 10.1;

⑦ AN0_AN1_V_{ss}_V_{REF} 相当于 PCFG3：PCFG0=0101,具体见表 10.1;

⑧ AN0_AN1_AN4_AN5_AN6_AN7_V_{REF}_V_{REF} 相当于 PCFG3：PCFG0= 1000,具体见表 10.1;

⑨ AN0_AN1_AN2_AN3_AN4_AN5 相当于 PCFG3：PCFG0=1001,具体见表 10.1;

⑩ AN0_AN1_AN2_AN4_AN5_V_{ss}_V_{REF} 相当于 PCFG3：PCFG0=1010,具体见表 10.1;

⑪ AN0_AN1_AN4_AN5_V_{REF}_V_{REF}　相当于 PCFG3∶PCFG0＝1011,具体见表 10.1;

⑫ AN0_AN1_AN4_V_{REF}_V_{REF}　相当于 PCFG3∶PCFG0＝1100,具体见表 10.1;

⑬ AN0_AN1_V_{REF}_V_{REF}　相当于 PCFG3∶PCFG0＝1101,具体见表 10.1;

⑭ AN0　相当于 PCFG3∶PCFG0＝1110,具体见表 10.1;

⑮ AN0_V_{REF}_V_{REF}　相当于 PCFG3∶PCFG0＝1111,具体见表 10.1。

(3) SET_ADC_CHANNEL(value)

表示选择当前进行 AD 转换的通道,value 取值范围从 0 到 7,分别对应 AN0 到 AN7。

(4) READ_ADC(mode)

语法:value＝READ_ADC(mode);

启动 AD 转换并读取转换值,它可以对 ADC 的动作行为进行控制,存在以下 3 种控制参数,它们分别是:

① ADC_START_AND_READ　缺省方式(函数值或为空);

② ADC_START_ONLY　　　指定方式,仅仅启动 AD 转换,同"BSF AD-CON0,GO";

③ ADC_READ_ONLY　　　指定方式,读取最后一次的 AD 转换值。

函数返回值(value)的数据类型依照具体机型而不同。对于 877A,分辨率是 10 位,需要用预处理器指定位数,如:♯DEVICE ADC＝10;对于 73 或 74,分辨率是 8 位,需要用预处理器指定位数,如:♯DEVICE ADC＝8。

(5) ADC_DONE( )

语法:value＝ADC_DONE( );

通过读取该函数的值来判断 AD 转换是否完成。它的数值类型是 short 型。当 AD 转换正在进行时,该值为 0;若 AD 转换完成,该值为 1。

与中断有关的函数及预处理器如下:

```
♯ int_ad                          ADC 中断用预处理器;
enable_interrupts(INT_AD)         表示打开 ADC 中断;
disable_interrupts(INT_AD)        表示关闭 ADC 中断;
enable_interrupts(GLOBAL)         表示打开总中断;
disable_interrupts(GLOBAL)        表示关闭总中断;
clear_interrupt(INT_AD)           表示清除 ADC 中断标志;
value = interrupt_active(INT_AD)  侦测 ADIF 中断标志是否置位。
```

将实验 1 的程序用 C 语言实现,程序如下:

```
♯ include<16f877a.h >
♯ fuses XT,NOWDT,PUT,NOLVP
```

```
# device ADC = 10                          //AD 转换的分辨率为 10 位
# use fast_io(B)
# use fast_io(D)
long   value;                              //定义 value 为 16 位 int 型
int value_l, value_h;                      //定义 value_l、value_h 为 8 位 int 型
# bit T0IF = 0xb.2

void main( )
{
        set_tris_b(0x00);                  //RB 端口设为输出态
        set_tris_d(0x00);                  //RD 端口设为输出态
        setup_timer_0(T0_INTERNAL | T0_DIV_256);
                           //设定计数源来自片内,分频比 256,同时启动 TMR0 计数
        set_timer0(0x00);                  //将 TMR0 清零
        setup_adc(ADC_CLOCK_INTERNAL);     //AD 转换采用内部 RC 振荡器
        setup_adc_ports(ALL_ANALOG);       //ADC 端口全部设为模拟输入口
        set_adc_channel(4);                //选择 AN4/RA5 为模拟输入引脚

        while (1)
        {
            if (T0IF)
            {
                T0IF = 0;                  //如果 T0IF 为 1,则清零该位
                value = READ_ADC( );       //启动 AD 转换并读取转换值
                value_l = make8(value,0);  //分离出 value 值的低 8 位
                value_h = make8(value,1);  //分离出 value 值的高 8 位
                output_b(value_h);         //高 2 位在 RB 端口显示
                output_d(value_l);         //低 8 位在 RD 端口显示
            }
        }
}
```

说明:本程序利用当 TIMER0 自由运行时,中断的溢出时刻来启动 AD 转换。在此,没有用到 TMR0 中断,而是通过不断查询 T0IF 中断标志进行。程序中,利用 # bit 预处理器定义 T0IF 在 INTCON 寄存器(0xb)的 bit2 位,之后在程序中可以直接引用 T0IF,也可使用函数"T0_flag＝interrupt_active(INT_TIMER0)"实现,其中 T0_flag 为 short 型数据。

另外,AD 转换值是 10 位,故 value 要定义为 long 型变量。为了将 10 位值显示在 LED 上,需要将它进行拆分(通过 make8 函数),低 8 位在 RD 端口显示,高 2 位在 RB 端口显示。

如果不预先定义 ADC＝10,则缺省为 8 位分辨率,只会显示 10 位的高 8 位而舍弃低 2 位,这实际上变成了 8 位分辨率的 ADC。

将实验 2 的程序用 C 语言实现,程序如下:

```
# include<16f877a.h >
```

```
# fuses XT,NOWDT,PUT,NOLVP
# device ADC = 10                           //AD 转换的分辨率为 10 位
# use delay(clock = 4M)
# use fast_io(B)
# use fast_io(D)
long   value;                               //定义 value 为 16 位 int 型
int value_l, value_h;                       //定义 value_l、value_h 为 8 位 int 型

# int_ad
void ISR_AD ( )                             //ADC 中断服务程序
{
       value = READ_ADC( ADC_READ_ONLY);    //读取 ADC 的转换值
       value_l = make8(value,0);            //分离出 value 值的低 8 位
       value_h = make8(value,1);            //分离出 value 值的高 8 位
       output_b(value_h);                   //高 2 位在 RB 端口显示
       output_d(value_l);                   //低 8 位在 RD 端口显示
}

void main( )
{
       set_tris_b(0x00);                    //RB 端口设为输出态
       set_tris_d(0x00);                    //RD 端口设为输出态
       setup_adc(ADC_CLOCK_INTERNAL);       //AD 转换采用内部 RC 振荡器
       setup_adc_ports(ALL_ANALOG);         //ADC 端口全部设为模拟输入口
       set_adc_channel(4);                  //选择 AN4/RA5 为模拟输入引脚
       enable_interrupts(INT_AD);           //打开 ADC 中断
       enable_interrupts(GLOBAL);           //打开总中断
       while (1)                            //进入循环
       {
           delay_us(776);                   //延时 776us
           read_adc( ADC_START_ONLY);       //启动 AD 转换
       }
}
```

说明：如果要使用 AD 转换中断执行读取 AD 转换结果的操作，那么 read_adc( )
函数就不能使用参数"ADC_START_AND_READ"，而是要分为两步进行。首先使
用启动参数"ADC_START_ONLY"，这相当于汇编程序中的语句"BSF ADCON0,
GO"，功能是启动 AD 转换。当转换完成后，才会触发中断，使 ADIF 置位。这之后
在 ISR 中，才能执行读 AD 转换结果的操作，这时会用到读参数"ADC_READ_ON-
LY"。

第 11 章

电压基准与比较器模块

11.1　基准电压模块的功能特点

　　基准电压模块通常和比较器模块一起工作,也可以独立工作。Microchip 公司中档系列单片机中,PIC16F87XA 增强型系列带有这两个模块,"A"表示增强型。

　　基准电压模块的输出常用作比较器的输入模拟电压的比较基准。它提高了芯片的集成度,方便了用户的设计工作。因为每个比较器都是高阻输入,所以基准电压模块的驱动能力不是很强。当然,这也有省电方面的考虑。

11.2　与基准电压模块相关的寄存器

寄存器名称	bit7	bit6	bit5	bit4	bit3	bit2	bit1	bit0
CVRCON	CVREN	CVROE	CVRR		CVR3	CVR2	CVR1	CVR0
CMCON	C2OUT	C1OUT	C2INV	C1INV	CIS	CM2	CM1	CM0
TRISA			TRIS5	TRIS4	TRIS3	TRIS2	TRIS1	TRIS0

寄存器地址	寄存器名称	上电复位,欠压复位值	其他复位值
9DH	CVRCON	000-0000	000-0000
9CH	CMCON	00000111	00000111
85H	TRISA	-111111	-111111

注:x 表示未知;u 表示不变;-表示未指明位置,读作 0。

　　对以上寄存器的解释如下:

（1）电压基准源的控制寄存器 CVRCON（Comparator Voltage Reference Control register）

这个寄存器相当于电压基准源的运行控制器，电压基准源输出哪种基准电压都要通过设置它来实现。

① CVREN（Comparator Voltage Reference Enable bit）：CVREF 工作使能控制

    0 ＝ 关闭 CVREF 电路；

    1 ＝ 开启 CVREF 电路。

② CVROE（Comparator Vref Output Enable bit）：CVREF 电压输出使能控制

    0 ＝ CVREF 与 RA2/CVREF 引脚不相连；

    1 ＝ CVREF 与 RA2/CVREF 引脚相连。

③ CVRR（Comparator Vref Range Selection bit）：CVREF 输出电压范围选择

    1 ＝ 0V～0.75 V_{dd}，间隔为 $V_{dd}/24$ 的步长；

    0 ＝ 0.25～0.75 V_{dd}，间隔为 $V_{dd}/32$ 的步长。

④ CVR3：CVR0（Comparator V_{ref} Value Selection bits）：CVREF 输出电压值选择其中 0≤【CVR＜3:0＞】≤15

    若 CVRR ＝ 1，那么 V_{REF} ＝ ［CVR＜3:0＞/24］×V_{dd}；

    若 CVRR ＝ 0，那么 V_{REF} ＝ $V_{dd}/4$ ＋ ［CVR＜3:0＞/32］×V_{dd}。

（2）比较器工作方式选择寄存器 CMCON（Comparator Mode bits）

比较器的使用有 8 种配置方式，其中电压基准源跟这些配置息息相关，具体内容在后面比较器章节会讲述。

（3）RA 端口方向寄存器 TRISA

引脚 RA0/AN0、RA1/AN1、RA2/AN2、RA3/AN3 是与比较器使用相关的引脚，相应的方向控制位应作设置。

11.3　电压基准源模块的电路结构

电压基准源的运行是通过 CVRCON 这个寄存器来控制的，结合图 11.1 来讲解 CVRCON 的控制位对电路的影响。

基准电压模块有一个 16 级阶梯形电阻网络，通过 16 选 1 模拟多路开关可以改变基准电压模块的输出电压。如果将它用作 D/A 转换器，它的分辨率就是 4 位（2^4＝16）。

（1）分割梯形电阻可提供两个不同量程范围的基准电压，这可以通过 CVRR 控制 FET2 的开关来实现。当 CVRR＝1 时，FET2 饱和导通，与其并联的电阻"8R"被短路，这会形成一个量程；反之，FET2 截止断开，电阻"8R"分压，会形成另一个量程。

（2）在不需使用基准电压时可以将模块关闭以降低功耗，这可以通过 CVREN 控制 FET1 的状态来实现。

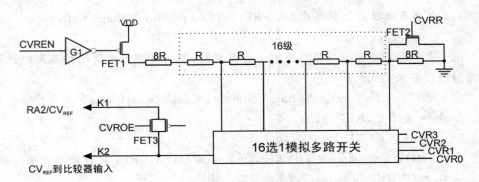

图 11.1　电压基准源电路结构图

（3）箭头所指 K2 是电压基准源的实际输出，它输往芯片内部。K1 是选择输出，是输往外部引脚 RA2 的。

（4）CVRCON 寄存器中的 CVRR 位对基准电压量程进行控制，在每个量程范围内，16 阶都是单调的。通过对 CVR3：CVR0 编码进行设置，每组渐增的编码都会得到渐增的输出，但渐增的步调不一样。如下表所列，表中列出的是 $V_{dd}=5V$ 时的典型基准电压。

CVR3：CVR0	输出基准电压（V）	
	CVRR＝1	CVRR＝0
0000	0	1.25
0001	0.21	1.41
0010	0.42	1.56
0011	0.63	1.72
0100	0.83	1.88
0101	1.04	2.03
0110	1.25	2.19
0111	1.46	2.34
1000	1.67	2.50
1001	1.88	2.66
1010	2.08	2.81
1011	2.29	2.97
1100	2.50	3.13
1101	2.71	3.28
1110	2.92	3.44
1111	3.13	3.59

（5）由于基准电压模块电路结构上的限制，不能实现从 GND 到 V_{dd} 的满量程输

出。梯形电阻网络顶部的晶体管 FET1 和底部的 FET2 两者的联合作用使得 V_{REF} 值无法达到 GND 或 V_{dd}。由于基准电压是由电源电压 V_{dd} 供电的,因此 V_{REF} 的输出会随着 V_{dd} 的变化而变化。

11.4　基准电压的配置

在每个量程范围内(CVRR $= 1$ 或 0 时),基准电压模块可输出 16 种不同的电压值。下面是计算基准电压输出值的公式:

$$当 CVRR = 1 时,V_{REF} = [CVR<3:0>/24] \times V_{dd} \qquad 11.1$$

$$当 CVRR = 0 时,V_{REF} = V_{dd}/4 + [CVR<3:0>/32] \times V_{DD} \qquad 11.2$$

当改变 V_{REF} 输出值时,需要考虑输出电压的稳定时间。例如,如何在 $V_{dd} = 5.0V$ 时输出一个 1.25V 的基准电压。可通过式 11.1 及 11.2 推导出下面的公式:

$$若 CVRR = 1,那么 VR3:VR0 = 【V_{REF}/V_{dd}】 \times 24 \qquad 11.3$$

$$VR3:VR0 = (1.25/5) \times 24　= 6D = 0110B$$

$$若 CVRR = 0,那么 VR3:VR0 = 【(V_{REF} - V_{dd}/4)/V_{DD}】 \times 32 \qquad 11.4$$

$$VR3:VR0 = 【(1.25 - 5/4)/5】 \times 32$$

$$= 0D = 0000B$$

通常系统的 V_{REF} 和 V_{dd} 是已知的,只需确定装入 CVR3:CVR0 的值。公式 11.3 和 11.4 说明了如何计算 CVR3:CVR0 的值。因为 CVR3:CVR0 的值只能是整数,所以可能会出现一些误差,同时为了使结果不大于 15,必须正确选择 V_{REF} 和 V_{dd} 的值。

11.5　基准电压连接注意事项

基准电压模块的运作是独立于比较器模块的。如果 RA2 的方向控制位 TRISA<2> 和基准电压输出控制位 CVROE(CVRCON<6>)被置"1",基准电压发生器的电压将从芯片的 RA2/CVREF 引脚输出。基准电压输出连接至 RA2 引脚时,如果有输入信号也加在该引脚上,将增大电流消耗。

芯片上电时,RA0~RA3 默认为数字 I/O。由图 5.9 可以看出,只有将 RA2 设为输入态,V_{REF} 的输出才能不受影响。否则不仅输出受影响,还会增大电流消耗。

V_{REF} 引脚可以用作简单的 D/A 输出,但是其驱动能力非常有限。要提高驱动能力,必须在基准电压输出端外接一个缓冲器。图 11.2 展示了实现这一点的电路原理图。图中 R 为基准电压输出阻抗,由 CVRCON<3:0> 和 CVRCON<5> 决定。

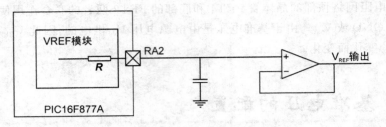

图 11.2　基准电压输出缓冲示例

11.6　基准电压使用注意事项

（1）基准电压的输出稳定时间

当基准电压在程序中进行设定的时候，例如当数码组合 CVR3：CVR0 由 0000（0V）到 0001（0.21V），中间需要延时，延时的目的是因为基准电压的生成需要一定时间，产品说明中的最大延时时间为 10 μs。这个时间包括：调整电压步长时间、允许电压输出时间、模拟多路开关响应时间等。总之，当电压基准源与比较器合用时，一定要考虑这个时间造成的影响。

（2）Sleep 状态下的操作

如果是因为中断或 WDT 超时将芯片从 Sleep 状态唤醒，CVRCON 寄存器将不受影响。为了降低 Sleep 状态下的电流消耗，应关闭基准电压模块。

（3）复位的影响

单片机复位使 CVREN 位（CVRCON＜7＞）清零，从而关闭基准电压模块。同时使 CVROE 位（CVRCON＜6＞）清零将基准电压输出与 RA2/CVREF 引脚断开，使 CVRR 位（CVRCON＜5＞）清零来选择高值量程。基准电压输出值选择位 CVR-CON＜3：0＞也被清零。

（4）当单独使用电压基准源进行输出时，输出引脚 RA2 一定要设为输入，即 TRISA＜2＞必须置 1，否则观测不到输出结果。

（5）使用编程器烧写程序时，LVP（低电压编程）功能一定要关闭，否则 RA2 引脚不会有输出。

11.7　比较器模块的功能特点

比较器用作模拟电路与数字电路的接口，通过比较两个模拟电压的大小并输出一个数字量以指示输入量的相对大小。比较器是非常有用的混合信号模块，因为它提供了独立于程序执行的模拟功能。

PIC16F87XA 系列 MCU 的比较器模块包含两个模拟比较器,它是带"A"增强型系列独有的外设。比较器的输入端与引脚 RA0、RA1、RA2、RA3 复用,输出端与引脚 RA4、RA5 复用。在片内,基准电压输出端也可作为比较器的某个输入。

CMCON 寄存器是比较器组合的运行控制器。通过对它的设置,比较器组合能形成灵活多变的工作方式,不同的工作方式分别应用于不同的工作现场。这使得比较器模块能够得到广泛的应用。模拟比较器模块包含如下特性:

(1) 独立的比较器控制;

(2) 可编程输入选择;

(3) 可从芯片内部或外部获取比较器输出信号;

(4) 可编程输出极性;

(5) 输出电平变化中断;

(6) 可从 Sleep 状态唤醒;

(7) 可编程基准电压。

11.8　与比较器模块相关的寄存器

寄存器名称	bit7	bit6	bit5	bit4	bit3	bit2	bit1	bit0
CMCON	C2OUT	C1OUT	C2INV	C1INV	CIS	CM2	CM1	CM0
CVRCON	CVREN	CVROE	CVRR		CVR3	CVR2	CVR1	CVR0
INTCON	GIE	PEIE	T0IE	INTE	RBIE	T0IF	INTF	RBIF
PIR2		CMIF		EEIF	BCLIF			CCP2IF
PIE2		CMIE		EEIE	BCLIE			CCP2IE
TRISA			TRISA5	TRISA4	TRISA3	TRISA2	TRISA1	TRISA0
PORTA			RA5	RA4	RA3	RA2	RA1	RA0

寄存器地址	寄存器名称	上电复位,欠压复位值	其他复位值
9CH	CMCON	00000111	00000111
9DH	CVRCON	000-0000	000-0000
0BH/8BH/10BH/18BH	INTCON	0000000x	0000000u
0DH	PIR2	-0-00- -0	-0-00- -0
8DH	PIE2	-0-00- -0	-0-00- -0
85H	TRISA	- -111111	- -111111
05H	PORTA	- -0x0000	-0x0000

注:x 表示未知;u 表示不变;-表示未指明位置,读作 0。

对以上寄存器的解释如下：

（1）比较器控制寄存器 CMCON(Comparator Control register)

这个寄存器相当于比较器模块的运行控制器，比较器模块工作在何种方式都要通过设置它来实现。

① C2OUT(Comparator2 Output bit)：比较器 2 输出结果指示位

1 = 表示比较器 C2 输入端 $V_{IN+} > V_{IN-}$；

0 = 表示比较器 C2 输入端 $V_{IN+} < V_{IN-}$。

② C1OUT(Comparator1 Output bit)：比较器 1 输出结果指示位

1 = 表示比较器 C1 输入端 $V_{IN+} > V_{IN-}$；

0 = 表示比较器 C1 输入端 $V_{IN+} < V_{IN-}$。

③ C2INV(Comparator2 Output Inversion bit)：比较器 C2 输出取反控制位

1 = 比较器 C2 输出电平取反；

0 = 比较器 C2 输出电平不取反。

④ C1INV(Comparator1 Output Inversion bit)：比较器 C1 输出取反控制位

1 = 比较器 C1 输出电平取反；

0 = 比较器 C1 输出电平不取反。

⑤ CIS(Comparator Input Switch bit)：比较器输入切换控制位（具体见图 11.3。）

当 CM2：CM0＝110 时：

1 = 表示 C1 的 V_{IN-} 和 AN3 相连，C2 的 V_{IN-} 和 AN2 相连；

0 = 表示 C1 的 V_{IN-} 和 AN0 相连，C2 的 V_{IN-} 和 AN1 相连。

⑥ CM2：CM0：比较器工作方式选择位，共有八种工作方式，具体描述见图 11.3。

11.9　比较器不同工作方式下的引脚配置

比较器模块内部配置有 2 个模拟比较器，这 2 个比较器的输入输出引脚通过不同的组合形成了 8 种不同的工作方式，如图 11.3 所示。

CMCON 寄存器用于设置比较器的工作方式。各种工作方式下比较器对外部引脚的输入输出方向由 TRISA 寄存器控制，对比较器的输入引脚应把相应的 TRIS 位置 1；对比较器的输出引脚应把相应的 TRIS 位置 0。通过观察图 11.3 可以发现：

（1）系统上电时(CM2：CM0＝111)，比较器模块与芯片其他部分是隔离的。如果不对它进行关联设置，它在芯片中就好像"不存在"一样；

（2）比较器的输出一般是通往芯片内部，输出状态的获取要通过程序读 C1OUT 和 C2OUT 两个位（在 CMCON 中）来实现。通过改变设置，比较器的输出也可以与外部引脚(RA4 或 RA5)相连；

（3）当一个比较器的两输入端相连并接地时，这个比较器就处于关闭状态。此时它对系统的影响（耗电）达到最小。根据需要，可以选择两比较器都关闭或一个比较器关闭（CM2∶CM0＝111 或 001）；

（4）通过适当的设置，比较器输入可以与内部基准源发生关联。如果不能满足要求，也可以使用外部基准源。

需要注意的是，如果在使用中改变比较器工作方式，比较器的输出电平可能会变得无效。并且，在这个过程中，应禁止比较器发生中断，否则会产生错误中断。

图 11.3 中，比较器输入引脚上的 A 表示模拟输入，D 表示数字输入。CIS（CM-CON＜3＞）表示比较器输入端切换开关。

11.10　比较器的工作原理及使用注意事项

在模拟电子教程中分析过比较器。比较器实际上也是一种运算放大器，它是工作在开环状态下的运放。普通运放也可以当做比较器使用，但是在响应时间上，它们存在数量级的差别。也就是说，比较器比普通运放的响应快得多。

另外，在输出的设计上，普通运放是互补推挽输出，输出电压接近电源的正负极供电电压；比较器一般是集电极（或漏极）开路输出，这种输出方式与外部分立器件搭配，可以形成电压型输出（输出为单极性）或电流型输出（输出可以驱动小型负载），从而方便各种不同的应用。图 5.11 展示了 RA4 引脚的某些应用。笔者认为，所有引脚中唯 RA4 设计为漏极开路，原因就是在某些型号中，它即将作为比较器的输出端。

图 11.4 展示了单个比较器的模拟输入电压与数字输出之间的关系。当模拟输入电压值 V_{IN+} 小于 V_{IN-} 时，比较器输出数字低电平；当模拟输入电压值 V_{IN+} 大于 V_{IN-} 时，比较器输出数字高电平。

图中比较器输出部分的重叠区是由于输入偏移和响应时间所引起的不确定区，也可以说是电平抖动区域。要消除抖动，可以通过添加合适的 RC 元件，或者使用施密特触发器，使输出具备迟滞效应，从而消除抖动。

比较器工作时，需要配置一个基准电压源，这相当于是参与比较电压的参照值，参与比较电压的值大于或小于参照值，输出会呈现高电平或低电平。

通过对控制器 CMCON 的灵活设置，比较器可以选择来自芯片外部的基准源，也可以选择芯片内部的基准源，图 11.4 的基准源电压加在输入引脚 V_{IN-} 上，来自 V_{IN+} 的电压是参与比较的电压。

当设置 CM2∶CM0 ＝ 011 时，如图 11.3 所示，两个独立的比较器形成了，它们的输入输出端都与外部引脚相连，这时虽然比较器集成在芯片内部，但此时我们仍可以把它们看成是"外置"的比较器，类似于专用比较器 IC。另外，也可以通过添加外部元件来改善比较器的输入输出特性。

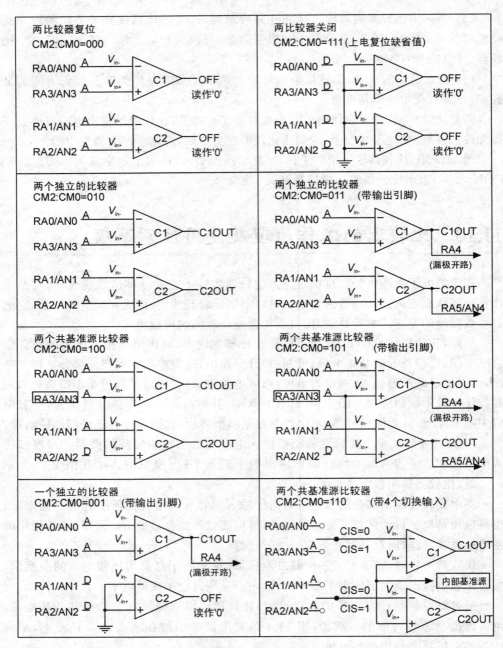

图 11.3　两比较器组合形成的八种工作方式

以下列出几种典型的比较器扩展用法：

① 可以进行波形整形，如过零检测器；

② 可以通过添加合适的 RC 元件形成周期波振荡器；

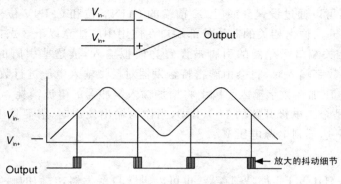

图 11.4　单个比较器输入输出波形

③ 可以通过添加合适的 RC 元件形成具有输出迟滞效应的比较器。

单个比较器模块的电路结构图如图 11.5 所示。

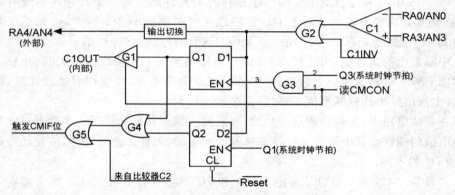

图 11.5　单个比较器模块的电路结构图

对照以上电路结构图,以下分若干部分进行讲解。

（1）比较器的输出

要得到比较器在模块内部的数字输出,可以通过读取 CMCON 寄存器来实现。如读取内部的 C1OUT 或 C2OUT 位,这些位都是只读位。

比较器的输出端也可以面向外部引脚 RA4 或 RA5,例如,当 CM2∶CM0 = 011 时,这个就可以实现。然而,外部引脚端口输出路径中的多路开关使能后,每个外部引脚端口的输出会与比较器的输出不同步。每个比较器输出的不确定性与规范中给出的输入偏移电压和响应时间有关。

C1OUT 的输出与 RA4 引脚的输出有这样的不同点:比较器 C1 的输出可以实时反映在 RA4 上,但不能反映在 C1OUT 位上,由下面的时序图 11.6 可以看出,只有读 CMCON 指令执行后,C1OUT 位才能从锁存器的输出端 Q1 得到一个更新值。

在该模式下,RA4 和 RA5 引脚的输出使能可以通过把 TRISA 寄存器的相应位置零来实现,如图中的输出切换。比较器输出的极性也可以调整,如想把电平由"H"

变"L"或反之,可以通过设置异或门 G2 前端的 C1INV 位和 C2INV 位来实现。

与比较器输入输出相关的芯片外部端口在使用中应注意以下 3 点:

① 如果相关端口寄存器的引脚被设置为模拟输入,读这些引脚的结果为"0"。而引脚定义为数字输入时,将会由施密特触发器对模拟输入电压进行数字转换。

② 模拟电压加在数字输入引脚上将增加输入缓冲器的电流消耗。

③ RA4 是个集电极开路的 I/O 引脚,当作为输出使用时,需要接上拉电阻。否则,输出高电平达不到电源电压 V_{dd}。

(2) 比较器中断

图 11.5 中,D1 和 D2 都是锁存器,也可以叫做 D 触发器,它们的触发方式是脉冲边沿触发,即在某个脉冲的上升或下降沿锁存进入 D 端的电平状态,并在 Q 端输出,这就像照相机的快门,边沿到来时,快门动作,"抓取"D 端的瞬态(D 端信号在快速变化),并把此状态留存在 Q 端。

图 11.5 中 D 锁存器的 EN 端就是锁存时刻允许端。对于 D2,它在系统时钟节拍 Q1 的某边沿锁存输入。对于 D1,它的锁存时刻取决于 2 个因素,一是系统时钟节拍 Q3 的某边沿锁存输入,二是读 CMCON 指令产生的脉冲边沿。

中断发生的条件是:当比较器 C1 的当前输出值与上次输出值不同时,比较器中断标志 CMIF 会被置位。如何理解这一点,仅从字面上看,要使两者能做比较,必须认定,上次值是个比较基准值,当前值是个被比较值。

在具体电路中,如何形成这个功能,看看两个锁存器就知道了。实际上,D2 是记录当前值的锁存器,D1 是形成比较基准值的锁存器,为什么会是这样,前面已经讲过 D1 和 D2 的不同。

如果与门 G3 的 1 端总是高电平,D1 和 D2 不会有什么区别,G3 的 1 端实际总是低电平,这使与门 G3 被封锁,致使锁存器 D1 不工作,当读 CMCON 指令产生的脉冲边沿到来时(类似快门),与门 G3 瞬间被打开,比较器 C1 的输出在 Q3 边沿被 D1 锁存,并且锁存值 Q1"永久"不变,除非再来一次"读 CMCON"指令。于是,比较基准值就这样被锁定。由时序图 11.6 可以看出这一点。

当前值被锁存器 D2"抓拍",并且在系统时钟的 Q1 边沿被"抓拍",如果是 4M 的主频,那么就是 0.25 μs"抓拍"一次,这个动作相当于"实时跟踪"。

比较器电平变化中断发生的顺序是,先用 D1 锁定比较基准值(上次值),之后 D2 实时跟踪当前值,两个值 Q1、Q2 进入异或门比较,相异则输出"1",触发中断标志 CMIF 置位。这个原理非常类似于端口 RB7~RB4 的电平变化中断。

从图 11.5 中可以看出,比较器 C1 和 C2 共用一个中断源,中断输出通过或门 G5,当 C1 发生了中断尚未清除,而 C2 又发生了中断,于是 CPU 无法感知 C2 的中断,所以说,C1 和 C2 应该分时使用这个中断源。

CMIF 位是比较器中断标志位,该位必须由软件直接清零,有时也可以将其置 1 来模拟中断的发生。

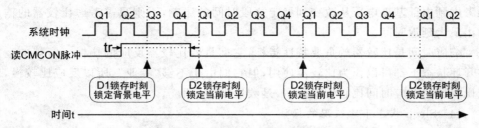

图 11.6 与门 G3 的两个输入信号(假设上升沿锁存)

在中断服务程序中,用户可以通过下面的步骤清除中断:

① 任何对 CMCON 寄存器进行的读写操作将会终结不匹配条件。

② 清零 CMIF 标志位。

```
例如:BANKSEL TRISA
     MOVF CMCON,F              ;读 CMCON,终止不匹配条件
     BANKSEL PORTA
     BCF PIR2,CMIF            ;清除 CMIF 中断标志
```

要使能比较器中断,CMIE 位和 PEIE 位必须置 1,同时 GIE 位也必须置 1。只要其中的任何一位被清零,即使有中断条件产生而将 CMIF 位置 1,CPU 还是不会响应中断。如果 CMIF 标志位仍保持着置位状态,说明不匹配条件还是存在的。读 CMCON 寄存器将会终结不匹配条件,CMIF 位也可以趁机被清零。

当读操作(Q2 周期的起始时刻)正在执行的时候,与比较器输出对应的 C1OUT 发生了变化,那么 CMIF 中断标志将不会置位。

使用片内比较器时,要注意以下几点:

(1) 关于外部基准电压源

当使用外部基准电压源时,比较器模块可以设置为两个比较器使用同一个基准电压源,也可以设置使用不同的基准电压源。配置相当灵活,视使用情况而定。

基准电压取值应在 0 到 V_{dd} 之间,且可施加到比较器的任一引脚上。

(2) 关于内部基准电压源

比较器模块也可以选择使用内部基准电压源。前面内容对片内基准电压源模块进行过详细地描述。在 CM2:CM0 = 110 工作方式下,比较器会使用内部基准电压源。并且,内部基准源的电压会同时加到两个比较器的 V_{IN+} 引脚上,见图 11.3。

比较器在任何一种工作方式下,都可使用内部基准电压源。比较器以这种方式工作时,基准源输出引脚 RA2/CVREF 就连在比较器 C2 的 V_{IN+} 引脚上(内部连接),当然,也可以通过外部连线接到比较器 C1 的某输入引脚上。

(3) 比较器的响应时间

响应时间是指比较器某输入端从"感知"一个比较电压开始,到输出端生成一个稳定有效电平的最短时间。如果内部基准电压发生了变化,在使用比较器输出时必

须考虑到内部基准电压从改变到稳定这段时间的影响,否则只需考虑比较器的输入输出最大延迟时间。

响应时间是比较器的重要特性指标,它衡量着比较器反应的快慢。常规的运放在开环状态下都可以作为比较器使用,但它们由于不够"专业",所以反应比较慢,专业比较器的响应时间比它们快得多,是数量级的差别。

(4) Sleep 状态下比较器的操作

当比较器正在工作而芯片进入 Sleep 态时,比较器仍将继续工作。此时如果中断已被打开,则中断将会生效。当中断发生请求服务时,中断会把 MCU 从 Sleep 状态唤醒。

当比较器处于通电状态时,每个比较器工作时都会消耗额外的电流,具体参见比较器的规格说明。如果要减小芯片在 Sleep 状态下的功耗,可在系统进入 Sleep 状态前将 CM2:CM0 = 111,以关闭比较器模块。当芯片从 Sleep 状态唤醒时,CMCON 寄存器的内容不会受影响。

(5) 模拟输入连接方式注意事项

图 11.7 是一个简化的模拟输入电路。由于模拟引脚和数字输出端相连,因而它们与 V_{dd} 及地之间加有反向偏置二极管,模拟输入电压被限制在 $V_{ss} - 0.6V$ 和 $V_{dd} + 0.6V$ 之间。一旦输入电压在任一方向上超出限制值,就会有一个二极管发生正向偏置,使得输入电压被钳位。这样的设计可以保护端口,使端口不易被高压脉冲损坏,这一点跟 5.6 节的内容相似。

模拟输入信号源的最大阻抗值为 10 kΩ(推荐值)。连接到模拟输入引脚的任何外部元件,如电容或齐纳二极管,要保证其泄漏电流极小,从而使引入的误差最小。

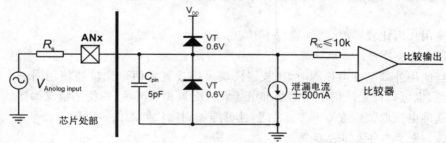

注:泄漏电流为各结点在引脚上产生的漏电流 C_{PIN}=输入电容,VT=二级管门坎电压,
R_{IC}=内部走线等有效电阻,R_S=信号源内阻,V_A=模拟电压

图 11.7　单个引脚模拟输入的电路模型

表 11.1　PIC16F877A 内置比较器特性

符　号	特性	最小值	典型值	最大值	单位
Vioff	输入偏置电压		±5.0	10	mV
Vicm	共模输入电压	0		$V_{dd} - 1.5$	V
CMRR	共模抑制比	55			dB
Tresp	响应时间		150	400	ns
Tmc2ov	比较器模式变化到输出有效			10	us

11.11 比较器模块应用实践

实验 1: 设定一种比较器工作模式,使它的输入输出端都有对应的外部引脚,输入端 RA2 连接基准电压(可由电位器提供),输入端 RA1 接上三角波信号,观察输出端 RA5 的波形。实现比较器工作的程序如下:

```
程序名:REF01.ASM
include <p16f877a.inc>              ;@4M oscillator
        ORG 0400
        CLRF PORTA                  ;清零 RA 端口
        BANKSEL TRISA
        MOVLW 0x03                  ;设定比较器工作模式,置 CM2:CM0 = 011
        MOVWF CMCON                 ;形成两个独立的比较器
        MOVLW B'00001111'
        MOVWF TRISA                 ;设置端口 RA3:RA0 为输入,RA5:RA4 为输出
        BANKSEL PORTA
LOOP:
        NOP
        GOTO LOOP                   ;主循环
        END
```

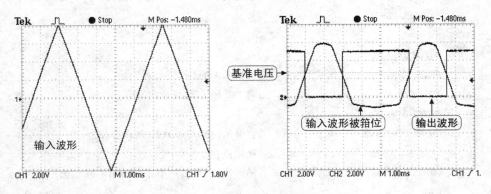

图 11.8 实验 1 比较器输入输出波形图

(如图 11.3 所示,基准电压端 RA2、模拟输入端 RA1、输出端 RA5。)

由图 11.8 可以看出,输入波形是个幅值达到 ±8V 的交变三角波,这样的波形进入模拟引脚 RA1 后,可能损坏引脚。然而图 11.7 中引脚输入端有两个起保护作用的二级管,它们可以把输入信号钳位在从 GND 到 V_{dd} 的电压范围内。从右图可以看出输入信号实际被限制在 −1V 到 +6V 的区间。通过这种方式,端口得到了保护。

芯片内这种对端口的保护措施只能抵御有限能量过电压的冲击,如果想抵御能量更大的过电压,可以在引脚外部连接瓦数更大的二级管或 TVS 管,连接方式同图 11.7。实验中,基准电压设定为 2.5V,当比较电压大于 2.5V,输出为"L",反之为"H"。图中输出波形是标准的方波。

实验 2:利用图 11.2 的电路做一个简单的 D/A 转换器(4 bit),设定 CVROE=1,基准电压源的输出与外部引脚 RA2 相连;设定 CVRR=1,使 RA2 的电压区间在 0V~3.13V;电压数码 CVR3:CVR0 从 00H 到 FFH 连续递增,循环往复,用示波器观察 RA2 引脚的模拟输出波形。实现模拟 D/A 转换的程序如下:

```
程序名:REF02.ASM
include <p16f877a.inc>            ;@4M oscillator
    CAP EQU 20
     ORG   0500
    CLRF CAP                      ;清零变量 CAP
    BANKSEL TRISA
    MOVLW 0X0F                    ;设置端口 RA3:RA0 为输入, RA5:RA4 为输出
    MOVWF TRISA
    MOVLW B'11100000'            ;开启 CVref 电路,输出与 RA2 相连
    MOVWF CVRCON                 ;量程为 0V 至 0.75 Vdd,间隔为 Vdd/24 的步长
    BANKSEL PORTA
LOOP:
    MOVLW 0X0F
    ANDWF CAP,F                  ;屏蔽 CAP 的高 4 位
    INCF CAP,W                   ;将 CAP 加 1,结果放在 W 中
    BANKSEL TRISA
    ADDWF CVRCON,F              ;将 W 的内容与 CVRCON 的内容相加
    BANKSEL PORTA                ;结果放在 CVRCON 中
    GOTO LOOP                    ;循环执行,使基准电压的输出不断变化
    END
```

程序编制说明:对于片内电压基准源 CV$_{ref}$,如果通过设置,使它输出一个固定的电压值,称其为静态电压。如果把这个固定电压值变为一个随时间不断变动的电压值,称其为动态电压(模拟 D/A 转换)。显然,利用程序实现动态电压需要使用循环语句。

以上程序中,初始化之后,CVRCON 的低四位为 0,那么 CV$_{ref}$ 的输出也为 0,这之后引入变量 CAP,在主循环中使它从 00H 到 FFH 连续递增,每次递增都把这个值叠加到 CVRCON 的低四位上,从而使 CVref 实现动态电压输出。

实验中,用示波器探测 RA2 引脚,可得如图 11.9 所示波形。左图是调整步长为

$10~\mu s$ 的波形(4M 主频),右图是调整步长为 $2~\mu s$ 的波形(20M 主频)。芯片说明中 CV_{ref} 的稳定时间最大值为 $10~\mu s$,可见它的反应还是很快的,右图的波形证实了这一点。

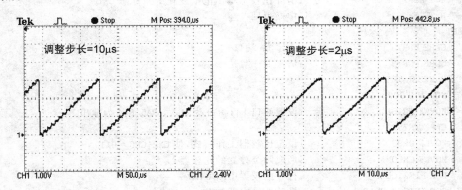

图 11.9　用片内基准源做出的 D/A 效果波形图

实验 3:设定两个独立的比较器工作模式(CM2:CM0=011),C1 和 C2 的输入输出端都有外接引脚,C2 的 RA1 端接 2.5 V 基准电压,RA2 端接信号发生器的方波输出,输出端 RA5 的电平变化一次,即发生一次中断,RB0 引脚电平翻转一次(中断服务),用示波器观察相关引脚的输出波形。实验的电路原理图如图 11.10 所示。

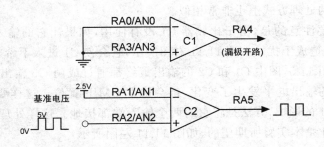

图 11.10　实验 3 电路原理图

根据实验目的,编制以下程序:

```
程序名:REF03.ASM
include <p16f877a.inc>
    ORG 0000              ;@4M oscillator
    GOTO START
    ORG 0004              ;比较器 C2 输出电平发生了变化,进入中断
    MOVF PORTB,W
    XORLW B'00000001'     ;用 RB0 测试中断的发生
    MOVWF PORTB           ;每中断一次,RB0 翻转一次
```

```
        BANKSEL TRISA
        MOVF CMCON,F              ;读 CMCON 寄存器终止比较器输出不匹配条件
        BANKSEL PORTA
        BCF PIR2,CMIF             ;清除比较器输出电平变化中断标志 CMIF
        RETFIE                    ;中断返回
START:
        CLRF PORTA                ;清零 RA 端口
        CLRF PORTB                ;清零 RB 端口
        BANKSEL TRISA
        MOVLW B'00001111'
        MOVWF TRISA               ;设置端口 RA3:RA0 为输入，RA5:RA4 为输出
        CLRF TRISB
        MOVLW 0x03                ;设定比较器工作模式,使 CM2:CM0 = 011
        MOVWF CMCON               ;形成两个独立的比较器
        BSF PIE2,CMIE             ;打开比较器中断 CMIE
        BSF INTCON,PEIE           ;打开外设中断 PEIE
        BSF INTCON,GIE            ;打开总中断 GIE
        MOVF CMCON,F              ;读 CMCON 寄存器终止比较器输出不匹配条件
        BANKSEL PORTA
        BCF PIR2,CMIF             ;清除比较器输出电平变化中断标志 CMIF
LOOP:GOTO LOOP
        END
```

程序编制说明:比较器输出电平变化中断的原理非常类似于 RB 端口电平变化中断。在中断的处理方式上也非常相似。

实验中需要注意的是,由于比较器 C1 没有使用,如果让它的输入引脚悬空,会对工作中的 C1 造成干扰。如图 11.11 右图所示,它会使 C1 进入不希望的中断服务。具体原因可见图 11.5,图中 C1 和 C2 的输出最终都通过或门 G5 输出,也就是说,任何一个比较器的输出电平发生了变化,都会触发 CMIF 置位。这样要使 C2 正常工作,必须消除 C1 的影响,方法是将它的两个输入端都接地。这样处理后,C2 的输出电平变化中断才是本实验所期望的,如图 11.11 左图所示。

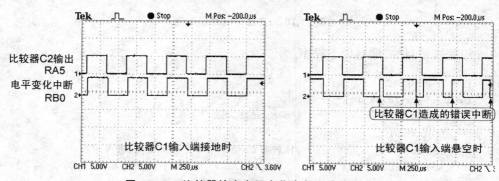

图 11.11　比较器输出电平变化中断实验波形图

11.12 PIC16F193X 系列的固定基准电压 (FVR)

不同于 PIC16F877A,PIC16F193X 增设了固定基准电压源模块(FVR),它等同于内置了一个电压断续可调的基准源,这个功能是非常有用的。使用 877A 的 AD 转换器时,如果对转换精度要求高,需要外置基准源,比如常见的 2.5V 基准源(MC1403,LM431 等)。现在这个功能内置了,会使得设计工作更加高效。

在电池供电的系统中,随着电量的衰减,FVR 的输出仍然会保持恒定,这对 ADC、DAC 转换精度的保持有着重要的意义。

FVR 也可以代替一部分电源管理芯片的功能。本书 17 章的实验 4(图 17.4)就描述了这一功能的应用,如果将 877A 换成 193X,就不必使用 IMP706 这类电源管理芯片了。由此可见,PIC16F193X 的功能更强大。

FVR 的电路结构图如图 11.12 所示。

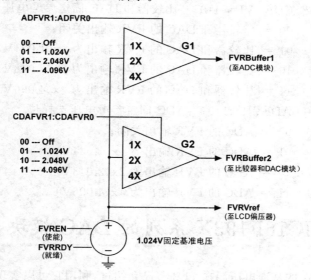

图 11.12 固定基准电压电路结构图

图 11.12 中,最下面是 1.024V 的固定基准电压源,可以通过将 FVREN 位(在 FVRCON 中)置 1 来使能它。它的输出有 3 个去向,分别是:

① 通往 LCD 偏置电压发生器;

② 通往可编程增益放大器 G2(存在 3 种增益),G2 的输出提供给比较器或数模转换器 DAC 模块;

③ 通往可编程增益放大器 G1(存在 3 种增益),G1 的输出提供给模数转换器 ADC 模块。

对于 G1、G2,存在的 3 种增益分别是 1X、2X、4X,对应的输出电压分别是 1.024V、2.048V、4.096V。对增益进行设置的寄存器是 FVRCON(RAM 地址为 117H)。对于 G1,设置增益需要用到 ADFVR<1:0>这 2 个位;对于 G2,设置增益需要用到 CDAFVR<1:0>这 2 个位。

FVR 稳定时间

当使能 FVR 时,基准源和放大器 G1、G2 的输出电压需要一定的时间才能稳定。一旦输出稳定,FVRCON 寄存器的就绪位 FVRRDY 便会置 1。程序在执行时可以通过查询这个位的状态来决定下一步的动作。

与 FVR 工作相关的寄存器只有 FVRCON,现在对它的相关位说明如下:

bit 7　　FVREN:固定参考电压使能位

　　　　0 = 禁止 FVR;　1 = 使能 FVR。

bit 6　　FVRRDY:固定参考电压就绪标志位

　　　　0 = FVR 输出未就绪或未使能;　1 = FVR 输出已就绪。

bit 3~2　CDAFVR<1:0>:比较器和 DAC 固定参考电压选择位

　　　　00 = 比较器和 DAC 的 FVR 输出关闭;

　　　　01 = 比较器和 DAC 的 FVR 输出为 1x(1.024V);

　　　　10 = 比较器和 DAC 的 FVR 输出为 2x(2.048V);

　　　　11 = 比较器和 DAC 的 FVR 输出为 4x(4.096V)。

bit 1~0　ADFVR<1:0>:ADC 固定参考电压选择位

　　　　00 = ADC 的 FVR 输出关闭;

　　　　01 = ADC 的 FVR 输出为 1x(1.024V);

　　　　10 = ADC 的 FVR 输出为 2x(2.048V);

　　　　11 = ADC 的 FVR 输出为 4x(4.096V)。

11.13　PIC16F193X 系列的 DAC 模块

PIC16F877A 的基准电压源在 11.3 节已介绍过,利用它可以实现简易 D/A 转换器(4 bit)的功能,11.11 节的实验 2 已作了演示。PIC16F193X 的 DAC 功能(5 bit)就是以这个为基础设计的,两者在原理上具有一定的相似性,如图 11.13 所示。

通过将 ADCON0 寄存器的 DACEN 位置 1 可以使能 DAC。

与图 11.1 的工作原理类似,图 11.13 的 DAC 可以输出 $32(2^5)$ 种电压,实现此功能的是 DACCON1 寄存器的 DACR4:DACR0 这 5 个位(5 bit 分辨率)。

对于 DAC 的 $V_{source+}$,存在 3 个输入源,它们分别是,芯片电压 V_{dd}、FVR Buffer2 的输出电压、外部引脚 V_{ref+} 的电压。当前只能选择一个输入源,通过给 DACPSS <1:0>赋值即可实现。对于 DAC 的 $V_{source-}$,存在 2 个输入源,它们分别是,芯片地

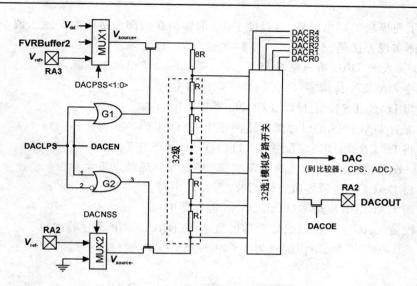

图 11.13 D/A 转换器电路结构图

电压 V_{ss}、外部引脚 V_{ref-} 的电压。当前只能选择一个输入源,通过给 DACNSS<1:0>赋值即可实现。

DAC 输出电压可通过以下公式确定:

① 如果 DACEN = 1,那么 DAC 的输出电压为:

$$V_{out} = [(V_{source+} - V_{source-}) \times DACR{<}4{:}0{>} \div 32] + V_{source-}$$

② 如果同时满足:DACEN = 0,DACLPS = 1,DACR<4:0> = 11111,那么 DAC 的输出电压为:

$$V_{out} = V_{source+}$$

③ 如果同时满足:DACEN = 0,DACLPS = 0,DACR<4:0> = 00000,那么 DAC 的输出电压为:

$$V_{out} = V_{source-}$$

使用梯形电阻网络并将它的两端与正负基准电压相连,可以生成 DAC 输出电压。如果任一输入源($V_{source+}$ 或 $V_{source-}$)的电压波动,则 DAC 输出电压也会相应地波动。

DAC 的输出可以直接面向外部引脚 DACOUT,通过将 DACOE 位(在 DACCON0 寄存器中)置 1 即可实现。将 DACOUT 引脚定义为 DAC 输出引脚后,会自动改写该引脚的数字 I/O 口功能。且对其执行读操作时,将始终返回 0。同图 11.2 所示,由于输出驱动能力有限,因此必须在 DAC 输出引脚上使用缓冲器以提高其负载能力。

在 PIC16F193X 之后,大部分机型都包含 DAC 模块,但是分辨率都得到了提升,8 位分辨率的机型比较常见(见附录 B、C),最高的分辨率达到了 10 位(如 PIC16F1768/9)。

为了使模块的耗电最低,可以使 DAC 的输出在内部直接面向 $V_{source+}$ 或 $V_{source-}$ 。具体实现方法是:

(1) 若要使 DAC 输出电压为 $V_{source+}$,那么可以遵循以下步骤

① 将 DACEN 位清零(DACCON0 寄存器中);

② 将 DACLPS 位置 1(DACCON0 寄存器中);

③ 配置 DACPSS 位以设置合适的正电源(DACCON0 寄存器中);

④ 将 DACR<4:0>位配置为 11111(DACCON1 寄存器中)。

(2) 若要使 DAC 输出电压为 $V_{source-}$,那么可以遵循以下步骤

① 将 DACEN 位清零(DACCON0 寄存器中);

② 将 DACLPS 位清零(DACCON0 寄存器中);

③ 配置 DACNSS 位以设置合适的负电源(DACCON0 寄存器中);

④ 将 DACR<4:0>位配置为 00000(DACCON1 寄存器中)。

与 DAC 工作有关的寄存器是 DACCON0 和 DACCON1,现对各位的功能说明如下:

(1) DACCON0 寄存器(RAM 地址 118H,复位值全为 0)

　　bit 7 DACEN:DAC 工作使能位(DAC Enable bit)

　　　　　　1 = 使能 DAC; 　　 0 = 禁止 DAC。

　　bit 6 DACLPS:DAC 低功耗状态选择位(DAC Low−Power Voltage State Select bit)

　　　　　　1 = 使 DAC 连接 $V_{source+}$;

　　　　　　0 = 使 DAC 连接 $V_{source-}$ 。

　　bit 5 DACOE:DAC 输出使能位(DAC Voltage Output Enable bit)

　　　　　　1 = DAC 从 DACOUT 引脚输出;

　　　　　　0 = DAC 断开与 DACOUT 引脚的连接。

　　bit 3−2 DACPSS<1:0>:DAC 的 $V_{source+}$ 选择位(DAC Positive Source Select bits)

　　　　　　00 = V_{dd} 　　　 01 = V_{ref+} 引脚

　　　　　　10 = FVR Buffer2 输出 　　 11 = 保留,未使用

　　bit 0 DACNSS:DAC 的 $V_{source-}$ 选择位(DAC Negative Source Select bits)

　　　　　　1 = V_{ref-} 　　　 0 = V_{ss}

(2) 对于 DACCON1 寄存器(RAM 地址 119H,复位值全为 0)

　　bit 4−0 DACR<4:0>:DAC 电压值输出选择位(DAC Voltage Output Range Selection bits)

11.14　PIC16F193X 系列的比较器模块(带 SR 锁存)

在 PIC16F877A 内置比较器的基础上,PIC16F193X 将内置比较器进行了一定的改进。这些改进,使得比较器能更好地跟多个外设配合使用,也使得自身的应用更加灵活。图 11.14 是单个比较器的电路结构图。

与 PIC16F877A 一样,PIC16F193X 也内置了 2 个比较器,分别称作 C1 和 C2。硬件上,对它们的运行控制做得更加细致,它们各自都有自己的运行控制器 CM1CON0、CM1CON1 和 CM2CON0、CM2CON1。

图 11.14 以 C1 为例,绘出其电路结构。由图中可以看出,单个比较器信号输入端(C1VN 或 C1VP)与 PIC16F877A 的配置方式完全不同,其中每一个通过多路开关 MUX 可以有更多的选择。

对于比较器 C1 的负输入端 C1VN,在对外部引脚的连接上,可以通过 MUX1 选择 4 个引脚中的任意一个,这 4 个引脚的名称如图 11.14 所示,负责 MUX1 切换工作的是 CM1CON1 寄存器的 C1NCH$<1{:}0>$两个位。

对于比较器 C1 的正输入端 C1VP,在对外部引脚及外设输出的连接上,可以通过 MUX2 选择 4 个输出中的任意一个,这 4 个输出的名称如图 11.14 所示,负责 MUX2 切换工作的是 CM1CON1 寄存器的 C1PCH$<1{:}0>$两个位。

要将 C1IN+ 和 C12INx- 引脚用作模拟输入引脚,则 ANSEL 寄存器中与该引脚相关的位必须置 1,且相应的 TRIS 位也必须置 1 以禁止输出驱动器。

C1ON 位(在 CM1CON0 中)控制比较器 C1 的开或关。当 C1ON=0 时,比较器 C1 输出为 0,MUX1 和 MUX2 的内部连接被断开。比较器 C1 在输出电平的极性上可以通过 C1POL 位(在 CM1CON0 中)进行选择,这一点同 PIC16F877A 类似。

为了考虑到节能,硬件上对 C1 设置了速度/功耗选择项。对于比较器而言,输出信号对输入的响应越快,功耗越大,反之则越小;两者是不可兼得的,只能择其一。选择哪方面要视具体情况而定。模块中专门安排了 C1SP 位(在 CM1CON0 中)进行管理,其值为 0 时,选择低功耗低速方式;反之则选择高速正常功耗方式。

为了增强抗干扰能力,硬件上对比较器模块设计了信号输入滞回功能,这一点是 PIC16F877A 所不具备的。前文图 11.4 展示了没有设置输入滞回时的输出波形,可见输出波形在跳变时会抖动,而输入滞回可以消除抖动。选择是否实现这个功能只需在程序中定义 C1HYS 位(在 CM1CON0 中)的值即可,当该位为 0 时,禁止滞回功能;反之,使能滞回功能。

比较器输出这一块(图 11.14 右上所示),PIC16F877A 实现的是电平变化中断功能,原理同 RB 端口电平变化中断功能类似,这里 PIC16F193X 实现的是输出边沿(上升

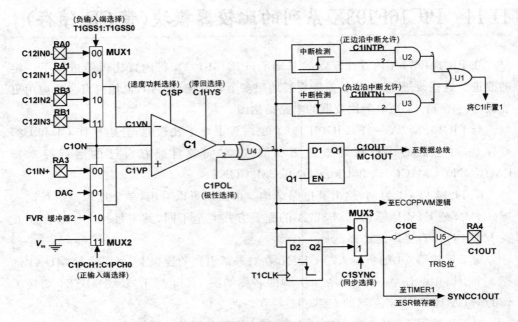

图 11.14   单个比较器模块的电路结构图（PIC16F193X）

或下降）触发中断，这一点也同本机型 RB 端口边沿触发中断类似，具体原理不再赘述。

比较器输出中有一点与 PIC16F877A 类似，那就是对输出值的处理上，图 11.5 中，要获取比较器输出值，必须执行读 CMCON 指令。而在这里，比较器输出值可以"实时"反映在数据总线上。上图中，触发器 D1 在每个振荡周期的 Q1 锁存 C1 的输出，结果被送上总线，这个更新速度是相当快的。要获得 C1 的输出值，只需判断 C1OUT 位（在 CM1CON0 中）或 MC1OUT 位（在 CMOUT 中）的状态即可。

同 PIC16F877A 一样，本机型的比较器输出也可以面向外部引脚，不过信号通往外部引脚之前，需要满足几项设置。首先，相应的 TRIS 位必须清零，输出控制位 C1OE 必须置 1；另外，输出信号存在与 Timer1 计数信号同步的问题，如果需要同步，可将 C1SYNC 位（在 CMOUT 中）置 1，否则清零。图中 MUX3 提供切换功能。

C1 的输出与 Timer1 计数信号同步的意思是，C1 的输出值在 Timer1 计数信号的下降沿更新（被锁存），这个任务由触发器 D2 完成。Timer1 计数信号的上升沿触发 TMR1 计数，这样做可以避免时序上的冲突。当 C1 与 Timer1 联合使用时（C1 的输出可用作 Timer1 的门控信号），建议 C1 的输出与 Timer1 同步，因为这样可以确保在 C1 的输出变化时，不会触发 TMR1 递增计数。

193X 系列还配备了 SR 锁存器（国内称作 RS 触发器），它主要是为搭配比较器而增设的配置。在之后的系列中，只要有比较器，多半都配置了 SR，它应该是比较器功能的增强配置。SR 的输入输出既可来自片内，也可来自片外，使用非常灵活。它的另外一个典型用途是可以仿真 NE555 定时器电路。

SR 是为了简化软件而增设的硬件配置。当捕捉比较器输出的瞬态电平信号时，通常会采用软件实现（查询或中断方式），但这样会占用一定的 CPU 机时。如果采用 SR 锁存信号，则释放了 CPU，这样可以提升 CPU 工作效率。

比较器的响应时间一般为几百个纳秒，但后期推出的比较器响应更快，响应时间可达几十纳秒（PIC16F178X）。

比较器的输出也可以与 ECCP 模块的 PWM 功能发生关联。当 ECCP 自动关闭有效时，它可使用这两个比较器信号中的一个或全部。如果还使能了自动重启，则比较器可配置为 ECCP 的闭环模拟反馈电路，从而产生模拟控制的 PWM 信号。

与比较器 C1 的运行有关的控制寄存器是 CM1CON0、CM1CON1。现对各位的功能说明如下：

(1) CM1CON0 寄存器（RAM 地址 111H，复位值为 B'0000-100'）

    bit 7 C1ON：C1 工作使能位（Comparator Enable bit）

        1 = 使能 C1 且不产生功耗；

        0 = 禁止 C1。

    bit 6 C1OUT：C1 输出位（Comparator Output bit）

        若 C1POL = 1（极性翻转）：1 = C1VP < C1VN；

                         0 = C1VP > C1VN；

        若 C1POL = 0（极性不翻转）：1 = C1VP > C1VN；

                         0 = C1VP < C1VN。

    bit 5 C1OE：C1 输出到引脚使能位（Comparator Output Enable bit）

        1 = C1OUT 通过 C1OUT 引脚输出（相关 TRIS 位要清零，不受 C1ON 位的影响）；

        0 = C1OUT 仅供内部使用。

    bit 4 C1POL：C1 输出极性选择位（Comparator Output Polarity Select bit）

        1 = C1 输出反相；

        0 = C1 输出同相。

    bit 2 C1SP：比较器速度/功耗选择位（Comparator Speed/Power Select bit）

        1 = C1 工作在正常功耗、高速模式下；

        0 = C1 工作在低功耗、低速模式下。

    bit 1 C1HYS：比较器滞回电压使能位（Comparator Hysteresis Enable bit）

        1 = 使能 C1 滞回电压；

        0 = 禁止 C1 滞回电压。

    bit 0 C1SYNC：比较器输出同步模式位（Comparator Output Synchronous Mode bit）

        1 = C1 的输出与 Timer1 计数信号源同步；

        0 = C1 的输出与 Timer1 计数信号源异步。

(2) CM1CON1 寄存器(RAM 地址 112H,复位值为 B'0000- -00')

  bit 7 C1INTP:C1 正边沿中断允许位(Comparator Interrupt on Positive Going Edge Enable bits)

    1 = 允许 C1 输出正边沿时中断;

    0 = 禁止正边沿中断。

  bit 6 C1INTN:C1 负边沿中断允许位(Comparator Interrupt on Negative Going Edge Enable bits)

    1 = 允许 C1 输出负边沿时中断;

    0 = 禁止负边沿中断。

  bit 5:4 C1PCH<1:0>:C1 正输入通道选择位(Comparator Positive Input Channel Select bits)

    00 = C1VP 与 C1IN+/RA3 引脚相连;

    01 = C1VP 与 DAC 基准电压相连;

    10 = C1VP 与 FVR 基准电压相连;

    11 = C1VP 与 V_{ss} 相连。

  bit 1:0 C1NCH<1:0>:C1 负输入通道选择位(Comparator Negative Input Channel Select bits)

    00 = C1VN 与 C12IN0−/RA0 引脚相连;

    01 = C1VN 与 C12IN1−/RA1 引脚相连;

    10 = C1VN 与 C12IN2−/RB3 引脚相连;

    11 = C1VN 与 C12IN3−/RB1 引脚相连。

  操控比较器 C2 运行的寄存器是 CM2CON0(RAM 地址 113H)和 CM2CON1(RAM 地址 114H),各个位的功能与以上相同。

11.15 电压基准源及比较器模块的 C 语言编程

  电压基准源模块的 C 语言内部函数如下:

  (1) setup_vref (mode|value)

  Mode 来自以下 3 个参数之一,Value 取值 0~15,它与 CVR3:CVR0 的二进制组合值相对应(0000B~1111B):

  ① FALSE (off):相当于 CVREN=0,关闭基准源电路;

  ② VREF_LOW:相当于 CVRR=1,此时 $V_{ref}=V_{dd}\times Value/24$;

  ③ VREF_HIGH:相当于 CVRR=0,此时 $V_{ref}=V_{dd}\times Value/32 + V_{dd}/4$。

  当需要将 V_{ref} 电压输出到外部引脚 RA2 上时,可以通过"或(|)"添加参数"VREF_A2"。

  比较器模块的 C 语言内部函数如下。

  (1) setup_comparator(mode)

Mode 对应 8 种参数,分别如下:

① A0_A3_A1_A3

　　相当于 CM2:CM0＝100,具体见图 11.3;

② A0_A3_A1_A2_OUT_ON_A4_A5

　　相当于 CM2:CM0＝011,具体见图 11.3;

③ A0_A3_A1_A3_OUT_ON_A4_A5

　　相当于 CM2:CM0＝101,具体见图 11.3;

④ NC_NC_NC_NC

　　相当于 CM2:CM0＝111,具体见图 11.3;

⑤ A0_A3_A1_A2

　　相当于 CM2:CM0＝010,具体见图 11.3;

⑥ A0_A3_NC_NC_OUT_ON_A4

　　相当于 CM2:CM0＝001,具体见图 11.3;

⑦ A0_VR_A1_VR

　　相当于 CM2:CM0＝110,且 CIS＝0 时,具体见图 11.3;

⑧ A3_VR_A2_VR

　　相当于 CM2:CM0＝110,且 CIS＝1 时,具体见图 11.3;

比较器 C1 输出电平取反控制参数:CP1_INVERT;

比较器 C2 输出电平取反控制参数:CP2_INVERT;

(注:以上两项也是 mode 中的参数,如果要求输出取反,则加入该参数,通过"|"。)

比较器 C1 输出变量:C1OUT(位变量);

比较器 C2 输出变量:C2OUT(位变量)。

与中断有关的函数及预处理器如下:

# int_comp	比较器中断用预处理器;
enable_interrupts(INT_COMP)	表示打开比较器中断;
disable_interrupts(INT_COMP)	表示关闭比较器中断;
clear_interrupt(INT_COMP)	表示清除 CMIF 中断标志;
enable_interrupts(GLOBAL)	表示打开总中断;
disable_interrupts(GLOBAL)	表示关闭总中断;
value = interrupt_active(INT_COMP)	侦测 CMIF 中断标志是否置位。

将实验 1 的程序用 C 语言实现,程序如下:

```
# include<16f877a.h>
# fuses XT,NOWDT,NOPROTECT,PUT,BROWNOUT,NOLVP
void main( )
{
    setup_comparator(A0_A3_A1_A2_OUT_ON_A4_A5);    //设置比较器工作模式
    while(1)
```

```
    {    }
}
```

说明：与相应的汇编程序比较起来，用 C 语言实现同样的功能是非常简便的。
当设置好比较器的工作模式后，比较器相关引脚的输入输出态都由编译器设置好了，
不必像在汇编语言中那么费心。

将实验 2 的程序用 C 语言实现，程序如下：

```
# include<16f877a.h>
# fuses XT,NOWDT,NOPROTECT,PUT,BROWNOUT,NOLVP
int value;

void main( )
{
    value = 0;
    while(1)                              //循环程序
    {
    value = value + 1;                    //变量递增
    setup_vref(VREF_LOW|value|VREF_A2);   //设置基准源工作模式
    }
}
```

说明：当需要将片内电压基准源的输出连接到外部引脚上时，需要在设置中添加
"VREF_A2"这一项。为了使基准源能实现动态输出，引入 int 变量 value，在循环程
序中，使 value 不断累加，虽然累加范围是 00H 到 FFH，但是 setup_vref( )函数只关
注低 4 位，低 4 位从 00H 到 0FH 也是在不断地循环，由此实现有规律的模拟输出。

将实验 3 的程序用 C 语言实现，程序如下：

```
# include<16f877a.h>
# fuses XT,NOWDT,NOPROTECT,PUT,BROWNOUT,NOLVP
# use fast_io(B)
short toggle, state;

# int_comp                                //中断预处理器
void   ISR_CMP( )
{                                         //中断服务程序
    toggle = toggle^1;
    output_bit(PIN_B0,toggle);
    state = c2out;                        //读取 C2OUT 的值
}

void main( )
```

```
{
    set_tris_b(0xFE);                           //设置 RB0 为输出态
    toggle = 0;
    setup_comparator(A0_A3_A1_A2_OUT_ON_A4_A5);    //设置比较器工作模式
    enable_interrupts(INT_COMP);                //打开比较器中断
    enable_interrupts(GLOBAL);                  //打开总中断
    while(1)
    {    }
}
```

说明：同实验 3 一样，利用比较器 C2 的输出电平变化中断时，需要将 C1 的输入端都接地（图 11.10），否则会造成频繁的错误中断。

在 ISR 中，需要将 C2OUT 的值读出来，以终止 C2 输出不匹配条件，这类似于汇编中的"MOVF CMCOM，F"语句。

第 12 章

SPI 通信

12.1　SPI 通信接口概述

SPI 通信采用的 SPI 接口电路,它的英文全称为 Serial Peripheral Interface,中文全称为串行外围接口,是美国 Motorola 公司在 1980 年前后开发出来的串行通信标准。它首先在其单片机 MC68HCXX 系列产品上进行了配置,其优点得到了市场的广泛认可,很多配置了此类接口的外设随之诞生。Microchip 公司为了占领市场、提高产品的兼容性,也在其中高档系列的 MCU 中配置了此类接口。

对于 PIC 中高档系列 MCU,SPI 接口电路包含于 SSP 模块或 MSSP 模块中。SSP 模块(Synchronous Serial Port)称为同步串行端口,MSSP 模块称为主控同步串行端口,在后一章的 I²C 通信中将会作详细介绍。

SPI 接口可以使 MCU 与各种外围设备以串行方式进行通信以便交换信息。外围设备可以是串行的 EEPROM、FLASH、LCD 显示驱动器、LED 显示驱动器、A/D 转换器、实时时钟 RTC、数字电位器、电能表芯片和相关 MCU 等诸多的外设器件,其用于电路板上不同设备之间的近距离通信。

在设计工作中,如果 MCU 片内的硬件资源不够用时,可以通过 SPI 接口扩展相关外设功能来满足需求。SPI 接口可以进行全双工通信,即主机和从机在单位时间内能同时发送和接收一组数据,通信的主动权在主机。主机也可进行单工通信,即只发送而不接收;对于从机,因为无法输出 Clock 信号,它的发送和接收都是被动的,这在后面将会详细讲述。

SPI 通信不需要寻址操作,它的数据传输速度总体来说要比 SSP 模块的另外一种功能—I²C 通信要快,速度可达到几 Mbps,代价是它比 I²C 通信要多用 2 根连接线,硬件上要稍微复杂一些。相比于其他串行通信,SPI 接口也有它的缺点:不能很好地适应多主控器的情况,通信线较多,无法软件寻址,没有应答机制确认对方是否正确地收到数据。

12.2　SPI 通信接口功能特点

SPI 通信接口可以通过全双工方式同时发送和接收 8 位 bit。在硬件上，它使用 4 条引脚，按照原创 Motorola 公司的标准，定义如下：

(1) 同步串行时钟线 SCK — Serial Clock（在 PIC 中，端口名称为 SCK）

仅仅只有主机才能产生 SCK 信号，从机只能被动接收。它用于同步主机与从机之间的数据传输，在 8 个相应的 Clock 时间内，主机与从机完成 1 个 byte 的信息交换。

(2) 主机输入/从机输出数据线 MISO—Master in Slave out（在 PIC 中，端口名称为 SDI）

由从机向主机方向传输的数据线，无论何时，都是单向传送，先送 byte 的高位 MSB，后送低位 LSB。

(3) 主机输出/从机输入数据线 MOSI—Master out Slave in（在 PIC 中，端口名称为 SDO）

由主机向从机方向传输的数据线，无论何时，都是单向传送，先送 byte 的高位 MSB，后送低位 LSB。

(4) 低电平有效的从机选择线 SS—Slave select（在 PIC 中，端口名称为 SS）

对于工作于从机模式的 MCU，SS 输入线用作选通信号输入端，该引脚必须在传输 byte 之前被置为"L"电平，并且在整个数据传输过程中（SCK 激活期间）都必须维持稳定的低电平。

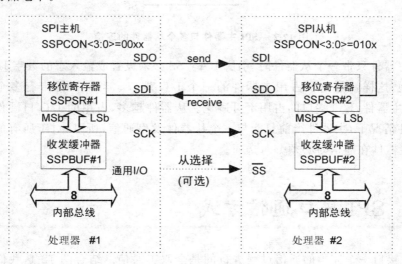

图 12.1　SPI 主从连接示意图

图 12.1 中主机与从机之间是异名端相连，即 SDI 与 SDO 连接，对于大多数配置

SPI 接口的器件,都是这样连接的。但是 Motorola 公司的 MC68HCXX 系列 MCU,可以将同名端直接相连,原因是,该系列 MCU 的同名端引脚之间,设置了一个随主机、从机模式切换的倒换开关电路,该电路的开关状态受 SS 端掌控。

12.3　SPI 系统拓扑

图 12.2 中,主器件与主机(Master),从器件与从机(Slave),意义都是相近的。特别要注意的是:主器件一定是内部带有 CPU 的智能器件,从器件即可以是内部带有 CPU 的智能器件,也可以是非智能器件。一个主器件可以带一个从器件或多个从器件。

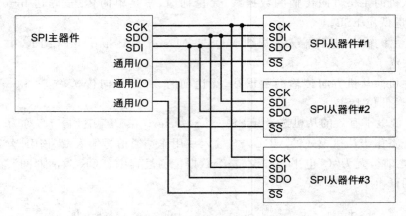

图 12.2　SPI 主器件与多个从器件的连接

当主器件只带一个从器件时,引脚 RA5/SS 必须设置成输入态的数字 I/O,通常直接接地,这样就避免了占用主器件的一个 I/O 端口。当主器件带有多个从器件时,对于主器件,I/O 端口的占用不可避免。从器件越多,占用的 I/O 口硬件资源越多。这种情况下,主器件当前只能与一个从器件发生通信,所以,对于所有的从器件 SS 端,主器件在通信时必须分时选通。

12.4　SPI 接口通信方式

SPI 接口一个完整的通信过程进行的是全双工通信。结合图 12.1,我们按照如下 4 个步骤来阐明一下通信是如何进行的。

(1) 主机把将发给从机的 byte1 写入收发缓冲器 SSPBUF ♯1 中,随即 byte1 被自动装入移位寄存器 SSPSR ♯1 中；同时，从机把将发给主机的 byte2 写入收发缓冲器 SSPBUF ♯2 中，随即 byte2 被自动装入移位寄存器 SSPSR ♯2 中。

（2）由于只有主机才能生成 clock 信号，任意时刻，当主机送出 clock 信号时，SSPSR ♯1 中的 byte1 经过 send 线一位一位（每个 clock 脉冲移动一个 bit）地移入 SSPSR ♯2 中；同时，SSPSR ♯2 中的 byte2 经过 receive 线一位一位地移入 SSPSR ♯1 中，8 个 clock 脉冲过后，clock 信号停止。

（3）对于处理器 ♯1，SSPSR ♯1 中的 byte2 自动装载到 SSPBUF ♯1 中，随即 BF(buffer full)标志位置"1"；同样，对于处理器 ♯2，SSPSR ♯2 中的 byte1 自动装载到 SSPBUF ♯2 中，随即 BF(buffer full)标志位置"1"。

（4）BF 标志位为"1"表示通信数据已全部载入各自的 SSPBUF 中，相关的处理器可以读取各自的通信数据了。

在以上的叙述中，我们没有讨论 byte1 和 byte2 对于通信的对方是否有意义，其实，在实际的工作中，要么 byte1 有意义，要么 byte2 有意义，要么两者都有意义。在这里，有意义就是有用的数据，反之就是没用的数据。

通常情况下，我们考虑得最多的是数据的单向发送，因为这是最基本的功能。对于主机和从机，对照图 12.1，我们分几种情况来作描述：

（1）主机单向发送 data 给从机

可以只要 send 线，而不要 receive 线；可以随时发送。

（2）主机单向接收来自从机的 data

必须有 send 线和 receive 线，主机必须先发送一个无用的 data 来获取从机有用的 data；可以随时接收。

（3）从机单向"发送"data 给主机

因为从机无法生成 clock 信号，它无法主动发送，所以发送两字要加上引号，从机只能在把待发 data 准备好的情形下，等待主机送来 clock 信号取走 data。何时取走，对于从机，只是被动地等待。

必须有 send 线和 receive 线，主机必须先发送一个无用的 data 来获取从机有用的 data。这样才能实现从机单向"发送"data 给主机。

（4）从机单向接收来自主机的 data

这个同 1。可以只要 send 线，而不要 receive 线。因从机无法生成 clock 信号，何时接收 data，对于从机，只是被动地等待。

（5）主机从机对发 data

必须有 send 线和 receive 线，从发送方式上讲，以上已经包含了这一点。在这里，假设 data 对于双方都是有意义的。所以，主机必须先发送一个有用的 data 来换取从机有用的 data。何时启动通信，在于主机。

特别要强调的是,在一个 SPI 通信系统中必须要有主机,因为数据传输只有主机才能启动,主机可以生成 clock 信号。按照 Motorola 公司的标准,data 通过移位寄存器 SSPSR 在各自选定的时钟边沿上传送,并在相反的 SCK 边沿被锁存。两个处理器必须以相同的 clock 极性(CKP)进行工作,同时发送和接收 data,发送的 data 是否有用可以通过软件来甄别,无用的数据可成为"哑数据"(Dummy data)。

通信数据特点有以下 3 种可能,这 3 种可能包含于以上讲述的 5 点中。

(1) 主机发送有用 data,从机发送无用 data;

(2) 主机发送有用 data,从机发送有用 data;

(3) 主机发送无用 data,从机发送有用 data。

12.5　SPI 通信方式举例

SPI 通信接口是一个环形总线结构,其数据的传输主要是在 SCK 的控制下,两个双向移位寄存器 SSPSR 进行数据交换。

假设主机和从机初始化完毕,并且主机的 SBUFF＝0xAA,从机的 SBUFF＝0x55,图 12.3 将分步对 SPI 的 8 个 SCK 周期的数据变化情况作一轮演示。假设主从机都在 SCK 的上升沿输出 bit 脉冲,在下降沿锁存输入 bit 电平。从机在 SCK 的作用下,步伐与主机保持高度一致。

对于主机,当第一个上升沿来临时,将使得 SDO＝1;寄存器中的'10101010'最高位开始向左移出,最低位进来未知数 x(表示 bit 电平尚未建立),变成 0101010x(暂态);下降沿来临时,来自从机的最高位的电平'0'被锁存,那么这时主机 SSPBUF＝01010100(稳态),依此循环,在 8 个 clock 以后,两个 SSPBUF 的内容互相交换一次,这样就完成了一个 SPI 时序。

由此也可以推断,如果一个从器件是在上升沿锁存 bit 电平,那么主机应该作相应的设置,使其在下降沿输出 bit 电平,只有这样,通信才可以顺利进行。例如,对于 8 位串入并出移位寄存器 CD4094,其芯片说明是在 SCK 的上升沿锁存输入 bit 电平,那么对于主机的 SPI 接口,应设置在 SCK 的下降沿输出 bit 电平。

为便于理解,以上介绍的是 Motorola 公司的 SPI 总线原理,PIC 在这方面与它有一定的不同,主要表现在主机与从机的数据输入输出时刻是错开的,其他动作机理都类似,这在后文会有说明。

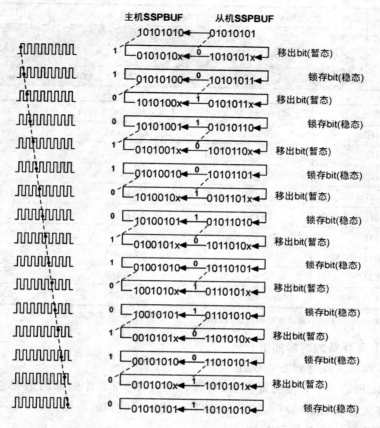

图 12.3　SPI 接口 SSPSR 数据交换示意图

12.6　与 SPI 通信相关的寄存器

寄存器名称	bit7	bit6	bit5	bit4	bit3	bit2	bit1	bit0
SSPBUF	8 位接收/发送数据缓冲器							
SSPSR	8 位接收/发送数据移位寄存器							
SSPCON	WCOL	SSPOV	SSPEN	CKP	SSPM3	SSPM2	SSPM1	SSPM0
SSPSTAT	SMP	CKE	D/A	P	S	R/W	UA	BF
TRISC	TRISC7	TRISC6	TRISC5	TRISC4	TRISC3	TRISC2	TRISC1	TRISC0
TRISA			TRISA5	TRISA4	TRISA3	TRISA2	TRISA1	TRISA0
ADCON1	ADFM				PCFG3	PCFG2	PCFG1	PCFG0

寄存器名称	bit7	bit6	bit5	bit4	bit3	bit2	bit1	bit0
INTCON	GIE	PEIE	T0IE	INTE	RBIE	T0IF	INTF	RBIF
PIR1	PSPIF	ADIF	RCIF	TXIF	SSPIF	CCP1IF	TMR2IF	TMR1IF
PIE1	PSPIE	ADIE	RCIE	TXIE	SSPIE	CCP1IE	TMR2IE	TMR1IE

寄存器地址	寄存器名称	上电复位,欠压复位值	其他复位值
13H	SSPBUF	xxxxxxxx	uuuuuuuu
14H	SSPCON	00000000	00000000
94H	SSPSTAT	00000000	00000000
87H	TRISC	11111111	11111111
85H	TRISA	- -111111	- -111111
9FH	ADCON1	00- -0000	00- -0000
0BH/8BH/10B/18B	INTCON	0000000x	0000000u
0CH	PIR1	00000000	00000000
8CH	PIE1	00000000	00000000

注:x 表示未知;u 表示不变;-表示未指明位置,读作 0。

对以上寄存器的解释如下:

(1) 8 位收发缓冲器 SSPBUF

SSPBUF 是一个 8 位的寄存器,可读也可写,它与芯片内部的数据总线直接相连,用户将欲发送的数据写入其中,也从其中读取接收到的数据。

(2) 8 位移位寄存器 SSPSR

SSPSR 是一个 8 位的寄存器,即不可读也不可写,它直接面向芯片引脚,是一个串行移位寄存器。它实际相当于数据的发送器或接收器。芯片间的通信说到底就是靠它来完成的。它与 SSPBUF 配合使用,当 SSPBUF 中有新数据来时,硬件立即将其载入 SSPSR;或者一次通信完毕,SSPSR 中的数据立即载入 SSPBUF。

(3) 控制寄存器 SSPCON(SSP Control register)

这个寄存器相当于 SSP 模块的运行控制器,从大的方面讲,它可以控制模块工作于 SPI 与 I^2C 两种方式。在这里,我们只讲与 SPI 模式有关的位和功能。

① WCOL(Write Collision Detect bit):写入操作冲突检测位

仅仅用在主控发送方式下;

WCOL 置位后,必须用软件清零。

0=未发生写入冲突;

1=当正在发送前一个 byte 时,又有一个新的 byte 写入 SSPBUF。

② SSPOV(Receive Overflow indicator bit):接收溢出标志位

0=未发生接收溢出;

1＝当 SSPBUF 中仍然保留着前一个 byte 时，SSPSR 中又收到新的 byte。
溢出时，SSPSR 中的 byte 将会丢失；

溢出仅仅发生在从动方式下，为了避免产生溢出，即使从机是在单纯地"发送"时，用户也必须读取从机 SSPBUF 中来自主机的无用 byte；

在主控方式下，溢出位不会被置"1"，因为每次操作都是通过对 SSPBUF 的写入操作进行初始化的；

SSPOV 置位后，必须用软件清零。

③ SSPEN(Synchronous Serial Port Enable bit)：同步串口 SSP 使能位

0＝关闭串行端口，并设定 SCK、SDO、SDI 和 SS 为普通数字 I/O 口；

1＝允许串行端口工作，并设定 SCK/RC3、SDO/RC5、SDI/RC4 和 SS/RA5 为 SPI 接口专用。

④ CKP(Clock Polarity Select bit)：时钟极性选择位，该设置仅对主机有效

0＝空闲时时钟停留在低电平；

1＝空闲时时钟停留在高电平。

⑤ SSPM3～SSPM0：同步串口 SSP 工作方式选择位、其中 SSPM3～SSPM2 为粗选位。

SSP 工作方式	M3	M2	M1	M0	每种工作方式下的说明
Master〔主控〕	0	0	0	0	SPI 时钟周期＝$4T_{osc}$
			0	1	SPI 时钟周期＝$16T_{osc}$
			1	0	SPI 时钟周期＝$64T_{osc}$
			1	1	SPI 时钟周期＝$2 \times T$ TMR2 输出
Slave〔从动〕	0	1	0	0	使能 RA5/SS 引脚片选功能
			0	1	关闭 RA5/SS 引脚功能作为普通 I/O 口

（4）SSP 接口状态寄存器 SSPSTAT(Sync Serial Port Status register)

SSPSTAT 用来对 SSP 模块的各种工作状态进行记录。最高 2 位可读写，低 6 位只能读出。在此只介绍与 SPI 通信有关的位和功能。

① SMP(Data Input Sample Phase bit)：SPI 接口输入比较输出采样控制位

在 SPI 主控方式下，对于同一芯片 SDO 与 SDI 每 1 个 bit 的发送与接收：

0＝ CPU 在输出每 1 位 bit 的中间时刻采样输入的 bit；

1＝ CPU 在输出每 1 位 bit 的末尾时刻采样输入的 bit。

在 SPI 从动方式下，SMP 位必须置"0"。

② CKE(Clock Edge Select bit)：SPI 接口时钟边沿选择位

在 CKP＝0，即空闲电平为低时：

0＝在串行时钟 SCK 的上升沿发送 bit；

1＝在串行时钟 SCK 的下降沿发送 bit。

在 CKP＝1,即空闲电平为高时:

    0＝在串行时钟 SCK 的下降沿发送 bit;

    1＝在串行时钟 SCK 的上升沿发送 bit。

③ BF(Buffer Full Status bit):SSPBUF 数据装满标志位

通常在 SPI 接收时使用,但也可表征发送是否完成:

    0＝SSPBUF 接收 byte 未完成;

    1＝ SSPBUF 接收 byte 已完成。

12.7　SPI 工作方式下的硬件电路结构与工作原理

    SPI 接口的工作状态是通过 SSPCON 这个寄存器来控制的。SSPCON 寄存器包含着进出接口的 clock 脉冲边沿选择信息,接口工作于主控方式还是从动方式的选择信息,以及数据位(bit)传输的频率选择信息等。此电路结构如图 12.4 所示。

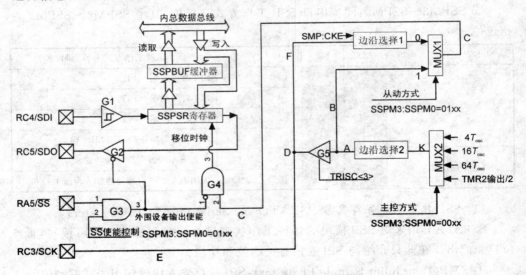

图 12.4　SPI 工作方式硬件电路结构图

    将以上电路结构图分为若干部分,并对各部分的工作原理进行说明。

    (1) 收发缓冲器 SSPBUF 与移位寄存器 SSPSR 总是成对使用的。当内部总线上的数据要发送给对方时,数据被同时写入 SSPBUF 和 SSPSR,随即数据在 SCK 作用下,通过 SSPSR 自动串行发送。SSPBUF 起到数据备份的作用。接收数据时,来自对方的数据先被 SSPSR 按位接收,接收完毕后,数据马上进入 SSPBUF,等待 CPU 读取。可见,SSPBUF 在发送时并不缓冲,它只在接收时起到缓冲作用。

    (2) 接收数据的线路前端安置了施密特触发器 G1。G1 所起的作用是对输入数据波形整形并且对抗 SDI 输入干扰。如果数据传过来的路径较长,信号波形会发生一定的畸变,也可能串入干扰。如果不整形,可能会导致传输位出错。具体效果可见第七章图 7.4。

（3）上图右边,是移位时钟 SCK 信号的往来区域。多路选择器 MUX1 与边沿选择 1 成对使用;同样,多路选择器 MUX2 与边沿选择 2 也成对使用。

当作为主机使用时,SCK 信号来自芯片内部,来源有 4 种,通过 MUX2 选择其一,选择完毕后,既定的 SCK 信号分为两路,一路走 KADE 到从机的 SSPSR,一路走 KABC 到本机的 SSPSR,从而实现主控串行同步传输。

当作为从机使用时,SCK 信号来自主机,从机只是被动地接收,从 SCK 引脚进入,经 EDFC 到从机的 SSPSR,从而实现从动串行同步传输。

（4）与门 G4 对移位 SCK 信号起到开关作用,1 端若为高电平,信号可通行;若为低电平,信号被封锁。1 端的信号来源于 G3 的输出。

（5）门 G3 的 2 端是 SS(从机选择)使能控制,它与多路选择器 MUX1 的状态控制都与 SSPM3：SSPM0＝01xx 相关,再加上引脚 RA5/SS 的电平状态,这些可以形成从动工作方式的条件。

（6）门 G3 的输出也可以称作外围设备使能输出端。它的意思是,这个输出可以控制本芯片外的其他设备能否占用总线,图 12.2 表明一个主机可以连接多个从机,但是当前只能有一个从机可以与主机通信,在这种情况下,其他从机必须放弃总线,也就是从机内 SPI 接口必须与总线断开,或即使连接也不能影响总线。

假设图 12.4 的电路工作在从机被选中的方式下,引脚 RA5/SS 置低电位导致门 G3 输出一个高电平,这个高电平使与门 G4 导通(SCK 信号能起作用),也使三态门 G2 导通,从机可以发送数据。主从通信因此可以顺利进行。

当主机要转向其他从机通信时,必须放弃与以上从机的联系,并且从机端口电平不能对总线造成影响,这样就要把从机引脚 RA5/SS 置高电位,于是门 G3 输出一个低电平,来自主机的 SCK 信号被与门 G4 封锁,三态门 G2 呈现高阻态。这些举动,相当于从机 SPI 端口与总线"断开"了,不会影响其他从机与主机的通信。

12.8　SPI 接口的初始化设置

要让 SPI 接口能够开始工作,必须对它进行初始化。首先要把 SSP 运行控制器 SSPCON 的位 SSPEN 清零,在设置好各项参数之后,再把 SSPEN 位置 1。同样,如果在程序中需要重新设置 SPI 工作模式,需先将 SSPEN 位清零,在设置好各项参数之后,再把 SSPEN 位置 1。

这些举措将设定 SDI、SDO、SCK 和 SS 引脚为 SSP 串行口引脚。如果想发挥这些引脚的串行口功能,还必须将相应的 TRIS 寄存器设为正确的方向。即：

① SDI 总是定义成输入,应设定 TRISC4＝1;

② SDO 总是定义成输出,应设定 TRISC5＝0;

③ 在主控方式时,SCK 定义成输出,此时应设定 TRISC3＝0;

④ 在从动方式时,SCK 定义成输入,此时应设定 TRISC3＝1;

⑤ SS 定义成输入,应设定 TRISA5＝1。之前应通过 ADCON1 设定该脚为普通数字 I/O 脚。

对于不需要的串行口功能,可通过把相应的 TRIS 位设为上述情况的相反值而另作它用。

在主控方式下,如果只发送数据而不需接收,则可将未用到的 2 条引脚 SDI 和 SS,通过把它们对应的 TRIS 位清零,就可以把这 2 条引脚当做普通 I/O 口使用。

主从机通信过程中,在新的数据被 SSPSR 接收完毕前,缓冲器 SSPBUF 保存上次写入 SSPSR 的数据。一旦 8 位新数据接收完毕,该字节立即被送入 SSPBUF 寄存器。同时缓冲区满标志位 BF(SSPSTAT＜0＞)和中断标志位 SSPIF 被置 1。这种双重缓冲接收方式,允许接收数据被读之前,开始接收下一个数据,提高了数据传输的效率。

在数据正在发送/接收期间,任何试图写 SSPBUF 寄存器的操作都将变得无效,如果这种操作发生了,则会将写冲突检测位 WCOL(sspcon,7)置 1。此时用户必须用软件将 WCOL 位清零,以便使其能标志下一次对 SSPBUF 的写操作是否会成功完成。

为确保应用软件能够有效地接收数据,应该在新的数据写入 SSPBUF 之前,将 SSPBUF 中的数据读取。缓冲器满标志位 BF(SSPSTAT＜0＞)用于标志 SSPBUF 是否已经载入了接收的数据(一次通信已完成)。

当 SSPBUF 中的数据被读取后,BF 位随即被硬件自动清零。如果 SPI 仅仅作为一个发送器,该位也可以标志数据发送是否完成。另外也可用中断标志 SSPIF 来判断发送或接收是否完成,接收的数可从 SSPBUF 中读取。SSPBUF 所存放的接收数据必须被及时读取,否则可能会被后来的数据覆盖。如果发生了这种情况,相应的标志位 SSPOV(SSPCON＜6＞)会被置 1。

如果不打算使用中断方法,用软件查询方法同样可确保,在对 SSPBUF 进行读或写的过程中,不会发生读写冲突。

在对主从机进行初始化时,应特别注意以下几点:

(1) 不论是主机还是从机,进行初始化的相关设置之前,都必须关闭 SSPEN,设置好之后,再打开 SSPEN;

(2) 从机应该先于主机进入通信态(即主机上电后应有适当延时),以确保从机能接收到主机发送的先头数据;

(3) 如果仅仅是双机通信,一主一从,可以不必使能 RA5/SS 引脚片选功能,这样可以设置 SSPM3～SSPM0＝0101,于是该引脚可以作为普通 I/O 使用;

（4）芯片手册上描述，进行全双工通信时，主从机分别在 SCK 的相反边沿锁存数据（bit 电平），可见它们接收每一个 bit 位电平并不在同一时刻，那么同样的，它们发送每一个 bit 位电平也不会在同一时刻，而是错开了半个 SCK 周期，所以主从机的 CKE 值应该是相反的。一般情况下，从机的相关参数保持缺省态，主机的 CKE 置位。

以下程序片段给出了在发送数据时，如何写 SSPBUF（SSPSR）：

```
      BANKSEL TRISA
LOOP:
      BTFSS     SSPSTAT, BF        ;检测数据接收完毕否
      GOTO      LOOP               ;未接收完，继续查询
      BANKSEL PORTA
      MOVF      SSPBUF, W          ;接收完毕，将数据读取
      MOVWF     RXDATA             ;如果数据有用，将数据存入 RXDATA 单元中
      MOVF      TXDATA, W          ;待发送数据转入 W 寄存器
      MOVWF     SSPBUF             ;启动发送数据
```

注：SSPSR 寄存器不能直接读写，只能通过 SSPBUF 寄存器进行间接读写。

12.9　SPI 接口在主控方式下的工作

对于任意一款配备 SPI 接口的 MCU，只有当赋予它主机角色时，它才能生成 SCK 移位脉冲信号。相对于从机，在时间上，它可以随时启动通信，也就是说，主机在任何时候都掌握着通信的主动权。

在主控工作方式下，待发送数据是被同时装入 SSPBUF 与 SSPSR 中的，一旦装入完毕，移位 SCK 立即启动，它同时作用于主从机的移位寄存器 SSPSR，本机数据通过 SCK 节拍，一个 bit 一个 bit 地从引脚 SDO 移出；同时，从机数据也通过 SCK 节拍，一个 bit 一个 bit 地从引脚 SDI 移入。对于主机和从机，移位操作是同步进行的，8 个 SCK 节拍后终止，各自 SSPSR 中的数据交换完毕。各自的缓冲器满标志 BF 和中断标志位 SSPIF 也都被置"1"。这样做的目的是方便 CPU 在合适的时机来读取 SSPBUF 中的交换数据。

以上讲的是双工通信时的情形。在很多时候，主机只需要发送而不需要接收，此时，可以把主机的 SDI 与从机的 SDO 连线去掉。

SPI 接口设计的亮点之一是，它对移位时钟 SCK 的相位，空闲电平进行了全面的考虑，把可能出现的 4 种情形全部罗列，每一种情形都能通过相关控制位设置。这样做的目的是为了增强 SPI 接口的兼容性，方便 SPI 接口与其他有一定时序差异的

外设或器件进行通信。要知道,不同的 SPI 设备实现通信的方式不尽相同,主要是数据改变和数据采样的时机不同。不同的设备在时钟信号的上升沿或下降沿锁存数据有着不同的定义,具体可参考这些设备的使用说明。

后面第 15 章将要介绍的同步串口 USRT 就不具备这种灵活性,为了适应一些外设,它需要在输出端增设反相器等逻辑器件。

既然主机可以生成 SCK 信号,那么信号的频率也可以由它决定。以上有过讲述,SSPCON 中的 SSPM3:SSPM0 可以确定 SCK 的频率,频率越高,数据的吞吐量越大,同时耗电也会越大。对 PIC16F87X 系列机型,最高主频可达 20MHz,对应的最高 SPI 传输频率可达 5MHz。

图 12.5 展示了 SPI 主控工作方式的时序,我们分几点来解释一下这些时序:

(1) 数据传输时钟 SCK 有 4 种方式(因 CKP 和 CKE 存在 4 种组合),CKP 表示时钟空闲时的极性。在此前提下,不同的 CKE 值决定了时钟的不同相位。

(2) 主机数据输出的阴影部分表示 bit 的电平是任意的,可高可低;非阴影部分表示 bit 的电平必须稳定,要么高,要么低。

(3) SDO 数据的生成是在 SCK 的边沿之后,稳定时间是一个 SCK 周期,其生成细节如图 12.6 所示。

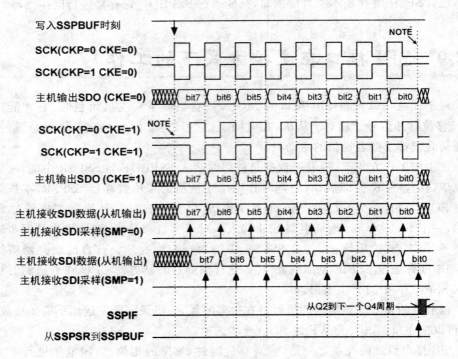

图 12.5 SPI 主控方式时序图

（4）数据一旦被写入 SSPBUF 中，主机立即发出 SCK 信号，启动通信。图 12.5 中 NOTE 处数据发送时没有 SCK 边沿启动，实际上这个边沿在 SCK 信号中不会表现出来，而是由片内其他电路生成的。

（5）主机 SDI 数据的生成看起来有两种方式（SMP＝0 或 1 时），实际上两种方式是一致的，仅仅只是锁存数据时刻的相位不同而已，如图 12.5 所示。锁存时刻必定是某个时钟的边沿。

当 SMP＝1 的时候，主机在输出每个 bit 的末尾时刻，锁存输入 bit 电平，此时，主机的发送数据和接收数据在时间上应该错开半个 SCK 周期。也就是说，采样时刻虽然发生在 SCK 的跳变沿，但绝不能发生在数据 bit 电平的跳变沿，因为此时 bit 电平处于非稳态（数据尚未建立）。

（6）从 SSPSR 到 SSPBUF 的数据转移时刻实际上是 BF 的置位时刻，中断标志 SSPIF 的置位时刻与前者几乎同步。

注：在数字电子学中，掌握时序逻辑电路的相关知识对理解以上内容非常重要。

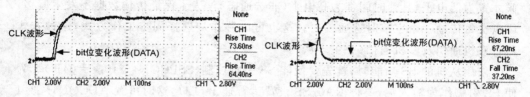

图 12.6　DATA 随 SCK 变化的细节图

SPI 总线规范是由 Motorola 公司创立的，在它的 MCU 产品如 MC68HCXX 系列中，其 SPI 通信功能做得比 PIC 系列的要全面细致。它有较多的硬件标志，中断标志，各种错误检测寄存器等，这些功能如果用好了，通信会更加可靠。相比较而言，PIC 系列的 SPI 功能做得就简单些，使用上跟原创有一定的不同，但主要的功能都可实现。Motorola 的产品要求主从机的相位一定要一致，而 PIC 的产品好像不容易做到这一点。PIC 有采样时刻 SMP 位的设置，而 Motorola 的却没有。

12.10　SPI 接口在从动方式下的工作

在从动模式下，从机要想通信，必须时刻等待着来自主机的 SCK 信号。信号到来后，从机才可以发送或接收数据。当最后一个数据位（bit）被锁存（采样）后，中断标志位 SSPIF 会被置 1，只要打开 SSP 中断，就可插入中断服务程序（ISR）来实现相关操作。在从动模式下，对于从机，外部时钟必须满足电气规范中规定的最短高、低电平时间。

在 Sleep 态下，从机仍可发送或接收数据，当收到一个字节时将唤醒 CPU。例如，当 1 个 byte 接收完毕时，CPU 将被唤醒来处理这个 byte。

从动方式的时序与主控方式相似，只是数据接收采样选择位 SMP ＝ 0 是唯一设置。对于主机，当它的 SMP＝0 时，是在输出 bit 的中间时刻采用输入 bit 的值；对于从机，芯片手册没有明确说明这一点，笔者推测应该是在输出 bit 的开始时刻采样输入 bit 的值。

由于 SPI 通信存在一定的不足，即没有应答机制确认对方是否正确地收到数据。在应用中最常见的就是数据传输偏移错误，即数据传输发生错位，也就是说，可能当前接收到的字节是由上一个字节的最低位和下一字节的高 7 位构成。对于这种情况，如果修正硬件配置位还不能解决问题，那就要考虑使用从机的 SS 片选功能了。

使用片选功能并不是 RA5/SS 引脚常接地（一直选通），而只是在需要通信的时候才置为低电平，其他时间都为高电平（非选通态）。为了保证传输数据不发生偏移，可以在每传输一个字节时选通一次。这也可以称作从选择同步工作方式，这种方式适合双机通信及多机通信（一主多从）。

使用从机的 SS 功能时，首先要使能 SS 引脚控制（SSPCON＜3：0＞＝04H）。为使 SS 引脚作为输入端，要将 RA5/SS 设置为普通 I/O 口，这时可置 ADCON1＜3：1＞＝1101；RA5/SS 必须设置为输入态，即 TRIS5＝1。此后，当 SS 引脚为低电平时，就可以进行数据的发送和接收，同时从机 SDO 引脚电平依据 bit 位的高低被上下驱动。

由图 12.4 可以见，当 SS 被置为高电平时，来自主机的 SCK 信号被 G4 屏蔽，三态门 G2 截止，SDO 引脚变为高阻悬浮态，相当于与总线断开，此时从机功能被禁止。

使用从机 SS 功能时需要注意以下两点：

（1）主机某引脚作为控制端时，该引脚尽量不要位于 SPI 模块所在的端口，这是考虑到使用"BSF"指令形成的"读－修改－写"操作可能对通信造成的影响。

（2）在连线上靠近 SS 端的地方需外接上拉或下拉电阻，电阻值不要太大（小于 1k），以使连线中有一定的电流。如果电阻远离 SS 端，主机发出的片选信号可能变得无效。

当 SPI 接口工作在从动方式下，且 SS 引脚控制使能 SSPCON＜3：0＞ ＝ 0100 时，如果把 SS 引脚置为高电平将使 SPI 接口复位。

图 12.7 为不同工作方式下，主机移位输出数据"55H"的实际波形，CH1 为主机 SCK，CH2 为主机 SDO。

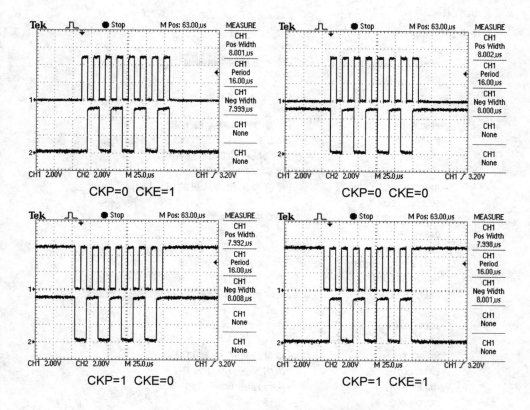

CKP=0　CKE=1

CKP=0　CKE=0

CKP=1　CKE=0

CKP=1　CKE=1

图 12.7　不同 CKP、CKE 情形下的数据传输时序

12.11　SPI 通信应用实践

实验 1： 在主机内部对寄存器 TEMP0 进行连续累加，并把二进制累加值显示在本机 8 位 LED 上，从机通过 SPI 接口接收主机的累加结果并显示在本机 8 位 LED 上。电路原理图如图 12.8 所示。

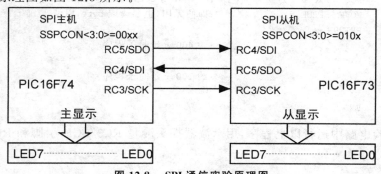

图 12.8　SPI 通信实验原理图

主机程序如下：

```
程序名:SPI_M1.ASM
      include <p16f74.inc>       ;@4M oscillator
            TEMP0    EQU    2B    ;定义变量的 RAM 地址
            ORG   0000
START:
            BANKSEL TRISC
            MOVLW B'11010110'     ;设置 RC5/SDO 为输出态
            MOVWF TRISC           ;RC4/SDI 为输入态,RC3/SCK 为输出态
            CLRF TRISB            ;主机显示端口设为输出态
            CLRF SSPSTAT          ;清零 SSP 状态寄存器
            BSF SSPSTAT,CKE       ;置位 CKE,使与从机的相位错开
            BANKSEL PORTC
            CLRF  PORTC           ;清空 RB、RC 端口
            CLRF  PORTB
            CLRF  TEMP0
            MOVLW B'00100010'     ;SSPEN 置位,启动端口
            MOVWF SSPCON          ;设为 SPI 主控方式,时钟周期 = 64Tosc
            CALL DELAY0           ;延时约 100ms,确保从机进入通信就绪态
LOOP:
            INCF TEMP0            ;TEMP0 的内容加 1
            MOVF TEMP0,W
            MOVWF PORTB           ;增量结果送 RB 端口显示
            CALL OUT              ;调用发送数据子程序
            CALL DELAY            ;执行延时子程序(约 400ms)
            GOTO LOOP             ;循环
OUT:
            MOVWF SSPBUF          ;启动发送,BF 可以标志发送是否完成
            BSF PORTC,0           ;测试位
            BANKSEL TRISA
WAIT:
            BTFSS  SSPSTAT,BF     ;检测来自从机的 byte 接收完毕否
            GOTO WAIT             ;这个等待时间刚好囊括了 8 个 SCK 周期
            BANKSEL PORTA         ;来自从机的 byte 接收完毕
            BCF PORTC,0           ;BF 动作与 SSPIF 几乎同步
            MOVF SSPBUF,W         ;即便无用,也要读取 byte,以清零 BF
            RETURN
DELAY:                           ;约 400ms 延时子程序
            ...
DELAY0:                          ;约 100ms 延时子程序
            ...
            END
```

在实验电路中运行以上程序,用示波器探头测量 RC3/SCK 引脚和 RC0 引脚的波形如下：

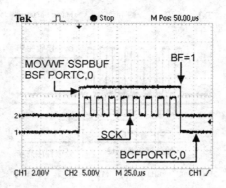

图 12.9　1 个 byte 输出时的波形(主机发送)

从机程序如下：

程序名:SPI_S1.ASM

```
    include<p16f73.inc>       ;@4M oscillator
    TEMP0    EQU    2B        ;定义变量的 RAM 地址
    ORG    0000
START:
    BANKSEL TRISC
    MOVLW B'11011110'         ;设置 RC5/SDO 为输出态
    MOVWF TRISC               ;RC4/SDI 为输入态,RC3/SCK 为输入态
    CLRF TRISB                ;从机显示端口设为输出态
    CLRF SSPSTAT              ;清零 SSP 状态寄存器
    BANKSEL PORTC
    CLRF   PORTC              ;清空 RB、RC 端口
    CLRF   PORTB
    MOVLW B'00100101'         ;SSPEN 置位,从动方式,禁止用片选信号 SS
    MOVWF SSPCON
LOOP:
    BSF PORTC,0               ;测试位
    BTFSS PIR1,SSPIF          ;除了 6 μs 的时间用于装载显示外,其他时间 SSPIF 都是 0
    GOTO LOOP                 ;当 SSPIF 为 0 时,不断循环
    BCF PORTC,0               ;测试位
    BCF PIR1,SSPIF            ;来自主机的 byte 接收完毕,SSPIF 被置位,随即被清零
    MOVF SSPBUF,W             ;读取来自主机的 byte
    MOVWF PORTB               ;接收数据送显
    GOTO LOOP                 ;循环执行,继续接收 byte
    END
```

在实验电路中运行以上程序,用示波器探头测量 RC3/SCK 引脚和 RC0 引脚的
波形如图 12.10 所示。

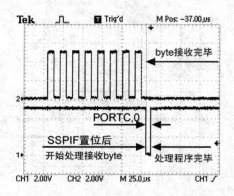

图 12.10   从机接收 byte 完毕时刻

以上列出了通信双方主机和从机的程序,主机向从机发送递增数码,从机接收来自主机的数码,看上去像是单工通信,实际上却是全双工通信。只不过对于主机,发送的是有用数码,接收的是无用数码;而对于从机,发送的无用数码,接收的是有用数码。

不管对于主机还是从机,发送 byte 完毕或接收 byte 完毕都会发生中断,那么不断查询 SSPIF 可判断发送或接收是否完毕。另外,通过查询 BF 位的状态也可以达到同样的目的。在接收完毕后,通过分别观察主从机 RC0 测试位的波形,可以发现主机的 BF 和从机的 SSPIF 几乎会同时置位。

实验中,主从机的 LED 看上去是在同时递增,但实际上有微小的差别,用示波器分别测量主从机 LED—Lsb 上的信号,会发现从机 LED—Lsb 要比主机 LED—Lsb 要滞后约 150 μs,也就是主从机的并口显示在时序上整体相差 150 μs,通过波形图观察,这 150 μs 几乎就是一个 byte 的传输时间。

SSPBUF 接收一个 byte 后,即使这个 byte 无用也要读取,这样做的目的是清空 SSPBUF,并使 BF 自动复位。

这个实验的目的是单向发送 byte,其实可以去掉"主 SDI—从 SDO"线,这样做对实验结果没有任何影响。但是可以发现,在这种情形下,对于主机,可以通过查询 BF 的状态来判断发送数据是否完成,因为此时主机的 SSPBUF 没有接收的数据。

上电后,主机进行了延时而从机没有,这是为了确保主机发送第一个数据时从机已处在接收等待状态。要知道,没有从机,主机同样会一直发送数据,如果从机接收时刻滞后于主机发送时刻,从机可能会丢失主机发来的先头数据。

另外,根据实验得知,当主从机的各个状态位均为缺省值时,数据接收有时会发生偏移错位,即通信不可靠。当主机的 CKE 置 1 后(主从机的 SDO 错开半个 SCK 周期),通信才会变得可靠;另外,从机的各个状态位最好保持在缺省态。当从机的 CKE=1 时,不论主机是什么配置,通信均无法正常进行。

当以上实验电路正在运行时,测量主机 SDO 和 SDI 口的数据波形,测得的结果如图 12.11 所示。

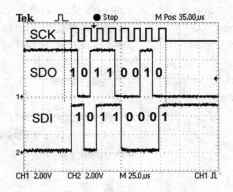

图 12.11　主机 SDO 与 SDI 的波形

SDO＝10110010

SDI ＝10110001

可见，对于主机 SDO ＝ SDI ＋ 1。主机的输出数码是在递增，返回的数码是之前输出的，故有以上结论。

实验 2：做一个主从机全双工通信的实验（实验电路原理图同实验 1）。

主机：自身产生一串递减数码从 FFH 到 00H，每递减一次，向从机发送一次 byte，同时接收来自从机的递增数码，并显示在本机 RB 端口上。

从机：接收来自主机的递减数码，每接收一次，寄存器 TEMP0 累加一次，完毕后向主机发送一次累加值。同时把来自主机的递减数码显示在本机 RB 端口上。

根据实验目的，分别编制主从机程序。

主机程序如下：

程序名：SPI_M2.ASM

```
    include <p16f74.inc>            ;@4M oscillator
        TEMP0     EQU 2A
        ORG   0000
START:
        BANKSEL TRISC
        MOVLW B'11010110'           ;设 RC5/SDO 为输出态
        MOVWF TRISC                 ;设 RC4/SDI 为输入态,RC3/SCK 为输出态
        CLRF TRISB                  ;显示端口 RB 设为输出态
        CLRF SSPSTAT                ;位 SMP,CKE,BF 清零
        BSF SSPSTAT,CKE             ;置位 CKE,使与从机的相位错开
        BSF SSPSTAT,SMP             ;置位 SMP,在输出 bit 的末尾锁存输入 bit
        BANKSEL PORTC
        CLRF PORTB                  ;清零 RB 端口
        CLRF TEMP0
```

```
          MOVLW B'00100010'          ;SSPEN 置位,启动端口
          MOVWF SSPCON               ;设为 SPI 主控方式,时钟周期 = 64Tosc
          CALL DELAY0                ;约 100ms 延时,确保从机进入接收就绪态
  LOOP:

          DECF TEMP0                 ;产生递减数码
          MOVF TEMP0,W
          CALL OUT                   ;发送 data 到从机,执行发送子程序
          MOVWF PORTB                ;同时显示从机送来的递增 data
          CALL DELAY                 ;执行延时子程序
          GOTO LOOP                  ;循环执行
  OUT:                               ;发送子程序
          MOVWF SSPBUF               ;待发 data 载入 SSPBUF
          BANKSEL TRISA

  WAIT:
          BTFSS   SSPSTAT,BF         ;这个等待时间刚好囊括了 8 个 CLK 时间
          GOTO WAIT                  ;没有接收到对方的 data,则等待
          BANKSEL PORTA
          MOVF SSPBUF,W              ;接收到了对方的 data,装载后返回
          RETURN
  DELAY:                            ;约 400ms 延时子程序
          ...
  DELAY0:                           ;约 100ms 延时子程序
          ...
          END
```

从机程序如下:

程序名:SPI_S2.ASM

```
     include <p16f73.inc>         ;@4M oscillator
          TEMP0    EQU    20
          ORG   0000
  START:

          BANKSEL TRISC
          MOVLW B'11011110'          ;设 RC5/SDO 为输出态
          MOVWF TRISC                ;设 RC4/SDI 为输入态,设 RC3/SCK 为输入态
          CLRF TRISB                 ;设显示端口 RB 为输出态
          CLRF SSPSTAT               ;位 SMP,CKE,BF 清零
          BANKSEL PORTC
          CLRF  PORTB                ;清零显示端口
          CLRF TEMP0
```

```
          MOVLW B'00100101'      ;SSPEN 置位,从动方式,禁止用片选信号 SS
          MOVWF SSPCON           ;设为 SPI 从动接收方式
  LOOP:
          BTFSS PIR1,SSPIF       ;除了 6 μs 的时间用于装载显示外,其他时间 SSPIF 都是 0
          GOTO LOOP              ;尚未收到主机发送的 data,则循环等待
          BCF PIR1,SSPIF         ;这个千万不能少!
          MOVF SSPBUF,W          ;收到主机发送的 data 后,装载
          MOVWF PORTB            ;显示主机送来的递减 data
          INCF TEMP0             ;与主机交换数据一次则累加一次
          MOVF TEMP0,W
          MOVWF SSPBUF           ;累加值送往主机
          GOTO LOOP             ;循环执行
          END
```

以上实验中,主从机传送的都是有用的 byte,一边的 LED 从 00H 到 FFH 递增显示,另一边的 LED 从 FFH 到 00H 递减显示,两边显示的步伐是一致的。对于主机,在实验 1 的基础上,不仅使 CKE＝1,还使 SMP＝1。设置 SMP 的值是为数据接收考虑的,若该值为 0,主机接收易发生错位,由图 12.5 可以看出这一点。

两个实验的程序都没有用到中断服务,都是用的查询方式。查询方式会消耗机时,增加软件开销,而使用中断服务可避免这些。有兴趣的读者也可把以上程序改用中断的方式实现。

实验 3:利用 SPI 接口连接串行 EEPROM—CAT25080,并对它进行读写操作。如图 12.12 所示。这种存储器是美国 ONSEMI 公司的产品,它的存储容量是 8k—bit,若以 byte 为存储单位,那么容量就是 1k—byte。

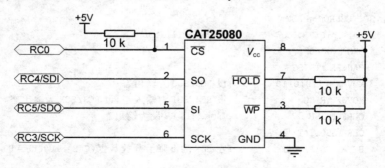

图 12.12　利用 SPI 接口与 EEPROM 通信

在做以下实验之前,可以查阅 CAT25080 或 25AA080 的产品手册,由产品手册的时序图及文字描述可得知以下信息:

该存储器在被 MCU 写入数据时,数据是在 SCK 的上升沿被锁存的,这样,

MCU 必须在 SCK 的下降沿释放数据。由图 12.5 可以看出,对于 MCU,只有两种情况的时序符合要求,那就是 CKP=0,CKE=1 或者 CKP=1,CKE=0。我们选定前一种情况来编写写入程序。

该存储器在被 MCU 读出数据时,数据是在 SCK 的下降沿后才变得有效,也就是说,在 SCK 的上升沿,输出数据必须稳定,于是 MCU 可以在 SCK 的上升沿锁存数据。由图 12.5 可以看出,对于 MCU,只有两种情况的时序符合要求,那就是 CKP=0,CKE=1 或者 CKP=1,CKE=0。我们选定前一种情况来编写读出程序。

现介绍一下该存储器的指令集(Instruction set)。主机对 EEPROM 进行读写等操作需要指令的配合,这些指令是 EEPROM 专用的指令,没有助记符,只以固定数码表示。主机要对它进行操作,只需按时序给它发送某个数码就行了。

表 12-1　CAT25080 的指令码

指令名称	指令数码	解释
READ	03H	从选定起始地址的存储阵列中读出 byte
WRITE	02H	从选定起始地址的存储阵列中写入 byte
WRDI	04H	禁止写操作
WREN	06H	允许写操作
RDSR	05H	读状态寄存器
WRSR	01H	写状态寄存器

以下举两例分别演示 MCU 利用 SPI 接口读写 EEPROM 的过程。

(1) 把数据写入 EEPROM

向 CAT25080 中以 0010H 为起始的地址单元连续写入 2 个 byte,分别是 EEH 和 77H。

显示端口 RB 全部连接 LED。写入完毕后,LED 全亮。

```
程序名:SPI_EEPROM_W.ASM
    include <p16f73.inc>        ;@4M oscillator
        ORG   0000
        BANKSEL TRISC
        MOVLW B'11010110'       ;设 RC5/SDO 为输出态
        MOVWF TRISC             ;设 RC4/SDI 为输入态,设 RC3/SCK 为输出态
        CLRF TRISB              ;显示端口 RB 设为输出态
        CLRF SSPSTAT
        BSF SSPSTAT,CKE         ;在 SCK 的下降沿释放数据(CKE = 1@CKP = 0)

        BANKSEL PORTC
        BSF PORTC,0             ;置 CS 高电位(放弃选中 EEPROM)
        CLRF  PORTB
        MOVLW B'00100010'       ;置 SSPEN = 1,CKP = 0
        MOVWF SSPCON            ;设为 SPI 主控方式,时钟周期 = 64$T_{osc}$
```

```
            BCF PORTC,0              ;置 CS 低电位(选中 EEPROM)
            MOVLW 0X06               ;打开写使能
            CALL SEND_CODE
            BSF PORTC,0              ;置 CS 高电位(放弃选中 EEPROM)
            BCF PORTC,0              ;置 CS 低电位(选中 EEPROM)
            MOVLW 0X02               ;发送 write 指令码
            CALL SEND_CODE
            MOVLW 0X00               ;发送 EEPROM 地址-高位
            CALL SEND_CODE
            MOVLW 0X10               ;发送 EEPROM 地址-低位
            CALL SEND_CODE
            MOVLW 0XEE               ;发送 byte1(待写数据)
            CALL SEND_CODE
            MOVLW 0X77               ;发送 byte2(待写数据)
            CALL SEND_CODE
            BSF PORTC,0              ;置 CS 高电位(放弃选中 EEPROM)
LOOP:
            NOP
            MOVLW 0XFF               ;写入完毕,进入主循环,RB 端口的 LED 全亮
            MOVWF PORTB
            GOTO LOOP
SEND_CODE:                          ;向 EEPROM 发送指令 code 的子程序
            MOVWF SSPBUF
            BTFSS PIR1,SSPIF         ;利用 SSPIF 查询 code 是否发送完毕
            GOTO $-1
            BCF PIR1,SSPIF           ;指令 code 发送完毕,清零 SSPIF 后返回
            RETURN
            END
```

(2) 从 EEPROM 中读出数据

向 CAT25080 中以 0010H 为起始的地址单元连续读出 2 个 byte,它们分别是之前写入的 EEH 和 77H。之后分别存入内存单元 TEMP0 和 TEMP1。并将结果交替显示在 RB 端口的 LED 上。

```
程序名:SPI_EEPROM_R.ASM
    include <p16f73.inc>            ;@4M oscillator
        TEMP1    EQU    2A
        TEMP0    EQU    2B          ;定义变量的 RAM 地址

        ORG    0000
        BANKSEL TRISC
        MOVLW B'01010110'           ;设 RC5/SDO 为输出态
        MOVWF TRISC                 ;设 RC4/SDI 为输入态,设 RC3/SCK 为输出态
        CLRF TRISB                  ;显示端口 RB 设为输出态
```

```
        CLRF SSPSTAT
        BSF SSPSTAT,CKE          ;在 SCK 的上升沿锁存数据(CKE = 1@CKP = 0)
        BANKSEL PORTC
        BSF PORTC,0              ;加这个很重要,配合以下 CKP = 1,才可使工作正常
        CLRF  PORTB
        MOVLW B'00100010'        ;置 SSPEN = 1,CKP = 0
        MOVWF SSPCON             ;设为 SPI 主控方式,时钟周期 = 64Tosc
        BCF PORTC,0              ;置 CS 低电位(选中 EEPROM)
        MOVLW 0X03               ;发送 read 指令码
        CALL SEND_CODE
        MOVLW 0X00               ;发送 EEPROM 地址 - 高位
        CALL SEND_CODE
        MOVLW 0X10               ;发送 EEPROM 地址 - 低位
        CALL SEND_CODE
        CLRW
        CALL SEND_CODE           ;发送为 0 的 W 值以换取待读取数据
        MOVF SSPBUF,W            ;接收第 1 个有效数据后保存
        MOVWF TEMP0
        CLRW
        CALL SEND_CODE           ;发送为 0 的 W 值以换取待读取数据
        MOVF SSPBUF,W            ;接收第 2 个有效数据后保存
        MOVWF TEMP1
        BSF PORTC,0              ;置 CS 高电位(放弃选中 EEPROM)
        CALL DELAY
LOOP:
        MOVF TEMP0,W
        MOVWF PORTB
        CALL DELAY               ;主程序(循环)
        MOVF TEMP1,W
        MOVWF PORTB              ;交替显示读取到的两个 byte,伴延时
        CALL DELAY
        GOTO LOOP
SEND_CODE:                       ;向 EEPROM 发送指令 code 的子程序
        MOVWF SSPBUF
        BTFSS PIR1,SSPIF
        GOTO $ - 1
        BCF PIR1,SSPIF
        RETURN
DELAY:                           ;约 400ms 的延时子程序
        ...
        END
```

实验 4: 利用 SPI 接口连接串入并出移位寄存器 CD4094,实现一位数码管的静态显示。其电路原理图如下图 12.13 所示。

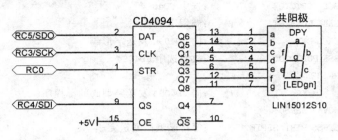

图 12.13　利用 SPI 接口驱动 LED 显示

CD4094 的产品手册中有详细的时序图。图中有重要的一点要明晰,它通过 CLK 锁存外来 DATA(每一位 bit)的时刻是在 CLK 的上升沿,那么对于主机,肯定是要在 CLK 的下降沿时刻输出 DATA(bit 电平)。

由图 12.5 可以看出,只有两种情况的时序符合要求,那就是 CKP＝0,CKE＝1 或者 CKP＝1,CKE＝0。我们选定前一种情况来编写程序。

```
程序名:SPI_CD4094.ASM
      include <p16f73.inc>        ;@4M oscillator
         ORG   0000
START:
         BANKSEL TRISC
         MOVLW B'11010110'        ;设 RC5/SDO 为输出态
         MOVWF TRISC              ;设 RC4/SDI 为输入态,设 RC3/SCK 为输出态
         CLRF SSPSTAT
         BSF SSPSTAT,CKE          ;这个时序很重要,不可置低
         BANKSEL PORTC
         CLRF   PORTC             ;清零 RC 端口
         MOVLW B'00100010'        ;置 SSPEN = 1,CKP = 0
         MOVWF SSPCON             ;设为 SPI 主控方式,SCK 周期 = 64Tosc
LOOP:                            ;在 LED 上交替显示从 0 到 9 这 10 个字形
         MOVLW 0X00
         CALL DISPLAY             ;显示"0"
         CALL DELAY
         MOVLW 0X01
         CALL DISPLAY             ;显示"1"
         CALL DELAY
         ...                     ;显示其他数字
         MOVLW 0X09
         CALL DISPLAY             ;显示"9"
         CALL DELAY
```

```
                GOTO LOOP                   ;循环显示
    DISPLAY:                                ;显示子程序
                BCF PORTC,0                 ;选中 CD4094
                CALL CONVERT                ;调用字形码
                CALL OUT                    ;向 CD4094 发送字形码
                BSF PORTC,0                 ;放弃选中 CD4094
                RETURN
    OUT:                                    ;向 CD4094 发送字型码的子程序
                MOVWF SSPBUF
                BTFSS PIR1,SSPIF            ;等待字型码发送完毕
                GOTO $ - 1
                BCF PIR1,SSPIF              ;字型码发送完毕清零标志位 SSPIF
                MOVF SSPBUF,W               ;接收无效数据,清空 SSPBUF
                RETURN
    CONVERT:                                ;字型码查表转换子程序
                ADDWF PCL,F
                RETLW 0X88      ;0          ;LED 的字形码,从 0 到 9
                RETLW 0XEE      ;1
                RETLW 0X49      ;2          ;SPI 方式,先送高位 MSB
                RETLW 0X4C      ;3
                RETLW 0X2E      ;4
                RETLW 0X1C      ;5
                RETLW 0X18      ;6
                RETLW 0XCE      ;7
                RETLW 0X08      ;8
                RETLW 0X0C      ;9

    DELAY:                                  ;约 500ms 延时子程序
                ...
                END
```

  因为主机向 CD4094 的数据传输只需发送,而不需接收,所以 SDI 到 Qs 的连接线可以去掉。本实验演示的是 1 位 LED 显示,如果把前一个 CD4094 的 Qs 和后一个的 DAT 端连接起来,就形成了级联,根据需要,可以级联 N 位 LED 显示,每一个 CD4094 对应一位 LED 数码管。这样,通过 3 根串行线就可以实现大容量的数字显示功能。

  程序编制过程中要注意的是,查表转换程序中字符的字形码应依据从高位到低位的顺序编写,这一点尤其不同于后面要讲到的 USRT 通信。

12.12　SPI 模块的 C 语言编程

SPI 模块的 C 语言内部函数有如下 5 种，它们分别是：

(1) SETUP_SPI(mode)

mode 由 OR 逻辑（"|"）将如下若干工作方式组合起来

SPI 工作使能控制：

SPI_DISABLED　　　　　　禁止 SPI 通信端口；

SPI 工作方式说明：

SPI_MASTER　　　　　SPI 主控方式；

SPI_SLAVE　　　　　　SPI 被控方式；

SPI_SCK_IDLE_HIGH　　SCK 在闲置状态为高电平（CKP＝1）；

SPI_SCK_IDLE_LOW　　SCK 在闲置状态为低电平（CKP＝0）；

SPI_CLK_DIV_4　　　　SPI 时钟周期为 $4T_{osc}$（主控）；

SPI_CLK_DIV_16　　　SPI 时钟周期为 $16T_{osc}$（主控）；

SPI_CLK_DIV_64　　　SPI 时钟周期为 $64T_{osc}$（主控）；

SPI_CLK_T2　　　　　SPI 时钟周期为 $2T_{TMR2输出}$（主控）；

SPI_SS_DISABLED　　　关闭 RA5/SS 引脚片选功能，仅作为普通 I/O（被控）；

SPI_XMIT_L_TO_H　　　在 SCK 的上升沿之前发送 bit（CKE＝1@CKP＝0）；

SPI_XMIT_H_TO_L　　　在 SCK 的下降沿之前发送 bit（CKE＝0@CKP＝0）；

SPI_SAMPLE_AT_MIDDLE

　　　　　　在主机输出每 1 位 bit 的中间时刻采样输入的 bit（SMP＝0）；

SPI_SAMPLE_AT_END

　　　　　　在主机输出每 1 位 bit 的末尾时刻采样输入的 bit（SMP＝1）。

(2) spi_write(value)

向 SPI 端口写入数值，这个值既可以是 8 位的常量，也可以是 8 位的变量（int 型）。这个函数传送数据是单向的，它仅向外部发送数据。

(3) spi_read( )

读出 SPI 端口中的数值。这个函数传送数据是单向的，它仅接收来自外部的 8 位数据。

语法：value＝ spi_read( )；

(4) spi_read(value)

读出 SPI 端口中数值的同时，又向端口中写入数值 value。这个函数传送数据是双向的，它在接收外部数据的同时，又向外部发送数据。

语法：value＝ spi_read(value)；

（5）spi_data_is_in( )

如果数据已被接收，该函数将返回一个布尔值"1"。

语法：short value；   value= spi_data_is_in( )；

与中断有关的函数及预处理器如下：

```
# int_ssp                              SSP 中断用预处理器；
enable_interrupts(INT_SSP)             表示打开 SSP 中断；
disable_interrupts(INT_ SSP)           表示关闭 SSP 中断；
clear_interrupt(INT_SSP)               表示清除 SSPIF 中断标志；
enable_interrupts(GLOBAL)              表示打开总中断；
disable_interrupts(GLOBAL)             表示关闭总中断；
value = interrupt_active(INT_SSP)      侦测 SSPIF 中断标志是否置位。
```

将实验 1 的程序用 C 语言实现，程序如下：

主机程序（对应 SPI_M1.ASM）：

```
# include<16f877a.h>
# fuses XT,NOWDT,PUT,NOLVP
# use delay(clock = 4M)
# use fast_io(C)
# use fast_io(B)
int tx_value, rx_value;

void main( )
{
        set_tris_b(0x00);      //设置 RB 端口为输出态,显示用
        set_tris_c(0x56);      //设 RC5/SDO 为输出态,RC4/SDI 为输入态,RC3/SCK 为输出态
        tx_value = 0xFF;       //设发送数据的初始值
        setup_spi(spi_master|spi_clk_div_64|spi_xmit_l_to_h);
                               //初始化 SPI 主机通信端口
        delay_ms(200);         //确保从机进入通信就绪态
        while(1)
        {
            tx_value = tx_value + 1;        //发送数据累加
            output_b(tx_value);             //发送数据在本机 RB 端口显示
            rx_value = spi_read(tx_value);  //向从机发送数据
            delay_ms(300);                  //延时 0.3s 后循环
        }
}
```

说明：以上程序在循环体中好像没有用到数据接收完毕 SSPIF 或 BF 标志，实际上用到了此标志，对它的侦测包含在"rx_value＝spi_read(tx_value)"语句中，程序编译成功后，打开 Disassemble Listing 窗口，可以发现，该语句的功能与 SPI_M1.ASM 中的 OUT 子程序的功能类似。

从机程序(对应 SPI_S1.ASM):

```
# include<16f877a.h>
# fuses XT,NOWDT,PUT,NOLVP
# use delay(clock = 4M)
int value;
void main( )
{
        setup_spi(SPI_SLAVE|SPI_SS_DISABLED);       //初始化 SPI 从机通信端口
        while (1)
        {
                value = spi_read( );                //读取主机送来的数据
                output_b(value);                    //将该数据送 RB 端口显示
        }
}
```

说明:从机程序初始化比较简单,SMP=0 无法更改,对 CKP 无管理权。但要注意的是,从机必须先于主机进入通信就绪态,以确保能接收到来自主机的先头数据;另外,CKE 的值必须与主机相反,否则,通信很可能出现异常。对主机 SMP 的值进行调整也可以使通信变得正常(如数据传输发生偏移时)。

将实验 2 的程序用 C 语言实现,程序如下:

主机程序(对应 SPI_M2.ASM):

```
# include<16f877a.h>
# fuses XT,NOWDT,PUT,NOLVP
# use delay(clock = 4M)
# use fast_io(C)
# use fast_io(B)

int tx_value, rx_value;                     //定义发送变量和接收变量
void main( )
{
    set_tris_b(0x00);                       //设置 RB 端口为输出态
    output_b(0x00);                         //上电后 RB 端口输出全为零
    set_tris_c(0x56);         //设 RC5/SDO 为输出态,RC4/SDI 为输入态,RC3/SCK 为输出态
    tx_value = 0xFF;                        //设置发送数据初始值
    setup_spi(SPI_MASTER|spi_clk_div_64|spi_xmit_l_to_h|spi_sample_at_end);
                                            //初始化 SPI 主机通信端口
    delay_ms(200);                          //确保从机进入通信就绪态
    while(1)
        {
                tx_value = tx_value − 1;    //发送数据递减
                rx_value = spi_read(tx_value); //与从机进行全双工通信
                output_b(rx_value);         //在 RB 端口显示接收数据值
                delay_ms(100);
```

```
            }
        }
```

从机程序(对应 SPI_S2.ASM):

```
# include<16f877a.h>
# fuses XT,NOWDT,PUT,NOLVP
# use delay(clock = 4M)
int tx_value, rx_value;                      //定义发送变量和接收变量
void main( )
{
        tx_value = 0xFF;                     //设置发送数据初始值
        setup_spi(SPI_SLAVE │SPI_SS_DISABLED);  //初始化 SPI 从机通信端口
        while (1)
        {
          tx_value = tx_value + 1;           //发送数据递增
          rx_value = spi_read( tx_value);    //与主机进行全双工通信
          output_b(rx_value);                //在 RB 端口显示接收数据值
        }
}
```

将实验 3 的程序用 C 语言实现,程序如下:
把字节写入 EEPROM 的程序(对应 SPI_EEPROM_W.ASM):

```
# include<16f73.h>
# fuses XT,NOWDT,PUT,NOPROTECT,NOBROWNOUT
void main( )
{
        setup_spi(SPI_MASTER│SPI_CLK_DIV_64 │ SPI_XMIT_L_TO_H);
                                             //初始化 SPI 主机通信端口
        output_bit(PIN_C0,0);                //将 CS 端置低,选中 EEPROM
        spi_write(0x06);                     //打开写使能
        output_bit(PIN_C0,1);                //将 CS 端置高
        output_bit(PIN_C0,0);                //将 CS 端置低,选中 EEPROM
        spi_write(0x02);                     //发送"write"指令码
        spi_write(0x00);                     //发送 EEPROM 地址的高 8 位
        spi_write(0x10);                     //发送 EEPROM 地址的低 8 位
        spi_write(0xA3);                     //发送 byte1
        spi_write(0x5C);                     //发送 byte2
        output_bit(PIN_C0,1);                //将 CS 端置高
        while(1)
        {   output_b(0xFF);    }             //将 RB 端口的 LED 全部点亮
}
```

从 EEPROM 中读出字节的程序(对应 SPI_EEPROM_R.ASM):

```
# include<16f73.h>
# fuses XT,NOWDT,PUT,NOPROTECT,NOBROWNOUT
# use delay(clock = 4M)
int value_0,value_1;
void main( )
{
        setup_spi(SPI_MASTER|spi_clk_div_64|spi_xmit_l_to_h);
                                        //初始化 SPI 主机通信端口
        output_bit(PIN_C0,0);           //选中 EEPROM
        spi_write(0x03);                //发送"read"指令码
        spi_write(0x00);                //发送 EEPROM 地址的高 8 位
        spi_write(0x10);                //发送 EEPROM 地址的低 8 位
        value_0 = spi_read(0x00);       //发送 00H 以换取待读取数据
        value_1 = spi_read(0x00);       //发送 00H 以换取待读取数据

        output_bit(PIN_C0,1);           //放弃选中 EEPROM
        delay_ms(500);
        while(1)                        //交替显示读取数据
        {
            output_b(value_0);          //显示读取数据"value_0"
            delay_ms(500);
            output_b(value_1);          //显示读取数据"value_1"
            delay_ms(500);
        }
}
```

将实验 4 的程序用 C 语言实现,程序如下:

```
# include<16f74.h>
# fuses XT,NOWDT,PUT,NOPROTECT,NOBROWNOUT
# use delay(clock = 4M)
# use fast_io(C)
int tx_value, rx_value, number;
int LED_SEG[10] = { 0X88, 0XEE, 0X49,0X4C,0X2E,0X1C, 0X18,    0XCE, 0X08, 0X0C };
                            //数组中的元素分别是从 0 到 9 的 LED 字形码
void main( )
{
        set_tris_c(0x56);
        number = 0;
        setup_spi(SPI_MASTER|SPI_CLK_DIV_64|SPI_XMIT_L_TO_H );
                                        //初始化 SPI 主机通信端口
```

```
    while(1)
    {                                                    //循环显示 0～9
        for (number = 0;number＜10;number + + )         //单次显示 0～9
        {
            output_bit(PIN_C0,0);                        //将 CD4094 的 STB 引脚置 0,选中
            tx_value = LED_SEG[number];                  //将当前 LED 字形码赋给发送变量
            rx_value = spi_read(tx_value);               //通过 SPI 总线发送 LED 字形码
            output_bit(PIN_C0,1);                        //将 CD4094 的 STB 引脚置 1
            delay_ms(500);
        }
    }
}
```

说明:本实验如果采用前面的汇编程序,起始地址需在 Page0 页面,若在其他页面,程序则不能正常运行,原因是程序中没有对 PC 的高位地址(PCLATH)进行专门处理,程序在查表跳转时会出问题。但是在 C 程序中,起始地址可以在任意页面,而不用担心前述问题,原因是 C 编译器已经把这些进行了处理。

CCS 编译器不仅支持 SPI 硬件工作方式,还支持 SPI 软件工作方式,即利用任意几个 I/O 引脚模拟 SPI 工作时序的运行方式。这对于没有配置硬件 SPI 的 MCU 而言,是非常有用的功能。即硬件上的缺失由软件弥补了。由于软件 SPI 是基于硬件的,它工作起来会比硬件 SPI 慢很多,但软件 SPI 在接口上具有很大的灵活性,它不像硬件 SPI 那样使用固定的引脚工作,相反,它可以使用任意定义好的 I/O 引脚发送和接收数据。

然而,要使用软件 SPI,必须用到预处理器 # use spi。它是用于产生 SPI 时序的固定程式。该预处理器包含着如下众多选项,现分别介绍如下:

MASTER   使器件工作在主控方式(缺省态);

SLAVE   使器件工作在被控方式;

BAUD = n   每秒传输的 bit 数,缺省状态下尽可能地快;

CLOCK_HIGH = n

  模拟 SCK 的高电平时间(us),如果"BAUD = "已使用,可不必设置该参数,它的缺省值为零;

CLOCK_LOW = n

  模拟 SCK 的低电平时间(us),如果"BAUD = "已使用,可不必设置该参数,它的缺省值为零;

DI = pin   用于输入数据的引脚(可选);

DO = pin   用于输出数据的引脚(可选);

CLK = pin   用于数据传输的 SCK 引脚;

MODE = n   模拟 SPI 总线工作模式设置;

ENABLE = pin   在数据传输过程中即将被激活的可选引脚;

LOAD = pin   数据被发送后,可选引脚"pin"将被脉冲激活;

DIAGNOSTIC = pin 当数据被锁存后,可选的引脚"pin"被置为高电平;

SAMPLE_RISE   在上升沿锁存 bit 电平(相当于 CKE = 1);

SAMPLE_FALL	在下降沿锁存 bit 电平(缺省态,相当于 CKE = 0);
BITS = n	在一次传输过程中可传输的最大 bit 数.(缺省值为 32);
SAMPLE_COUNT = n	采样(锁存)的次数(缺省值为 1);
LOAD_ACTIVE = n	LOAD 引脚的激活状态(布尔值,缺省值为 0);
ENABLE_ACTIVE = n	ENABLE 引脚的激活状态(布尔值,缺省值为 0);
IDLE = n	CLK 引脚电平的闲置状态(布尔值,缺省值为 0,相当于 CKP 的值);
ENABLE_DELAY = n	当使能被激活后,延迟的时间(us 单位且缺省值为 0);
DATA_HOLD = n	数据变化和时钟变化之间的时间;
LSB_FIRST	数据的低位先发送,仅软件 SPI 可用;
MSB_FIRST	数据的高位先发送(缺省态);
STREAM = id	为该传输协议指定一个数据流名称;
SPI1	使用 SPI1 端口的硬件引脚(若有多个 SPI 模块);
SPI2	使用 SPI2 端口的硬件引脚(若有多个 SPI 模块);
FORCE_HW	使用 PIC 单片机的硬件 SPI 功能;
NOINIT	对硬件 SPI 端口不作初始化设置。

SPI 协议库中包含着能实现 SPI 传输功能的函数,在"♯use spi"中设置好所有正确的参数后,函数"spi_xfer( )"能在 SPI 总线上实现数据的接收和发送。

如果某 MCU 配备有多个 SPI 模块,那么选择 SPI1 和 SPI2 选项将会用到 PIC 芯片上的 SPI 硬件部分。SPI 硬件最常用的引脚功能分别是 SDI、SDO、SCK。这些功能不需要通过选项部分(Option)来决定与哪个具体引脚对应,编译器会自动地给这些功能分配硬件已指定好的引脚。通过查询 PIC 芯片说明,可以知道硬件 SPI 的相关引脚是哪几个,如果硬件 SPI 没有被使用,那么可以使用软件 SPI。

软件 SPI 不能用同一个引脚同时实现 SDI 和 SDO 功能。如果需要,可以指定两个数据流(两个引脚),一个用于发送数据,另一个用于接收数据。

"Mode"选项或多或少是用于指定数据流何时采样数据的快捷途径。仅存在以下 4 种采样方式:

(1) 当 mode 为 0 时,设置 idle＝0 会使数据流在 SCK 的上升沿采样 bit 电平(CKE＝0@CKP＝0)。

(2) 当 mode 为 1 时,设置 idle＝0 会使数据流在 SCK 的下降沿采样 bit 电平(CKE＝1@CKP＝0)。

(3) 当 mode 为 2 时,设置 idle＝1 会使数据流在 SCK 的下降沿采样 bit 电平(CKE＝0@CKP＝1)。

(4) 当 mode 为 3 时,设置 idle＝1 会使数据流在 SCK 的上升沿采样 bit 电平(CKE＝1@CKP＝1)。

在使用预处理器"♯USE SPI"的前提下,可以使用如下函数,现分别对这些函数予以说明。

(1) spi_xfer ( )

语法：spi_xfer (data)；

spi_xfer (stream，data)；

spi_xfer (stream，data，bits)；

result = spi_xfer (data)；

result = spi_xfer (stream，data)；

result = spi_xfer (stream，data，bits)。

注意：只有当使用预处理器 ♯use spi 时才能使用该函数。

函数功能：发送数据或从 SPI 模块中读取数据。

函数参数说明：

Data：表示通过 SPI 传送的常量或变量，它的数据类型可以是 8 位、16 位、32 位整型，其值可以为空值(void)。用于传输数据的引脚已经在 ♯use spi 的选项"DO=pin"中被定义。

Stream：表示在 ♯use spi 的选项"stream=name"中定义的将被使用的 SPI 数据流。当一个 PIC 芯片中存在多个 SPI 数据流时，需要对它们进行区分，参数 stream 就是起这个作用的。如果只有一个 SPI 模块，可以省去该参数。后面函数中的 stream 表达意义与此相同。

Bits：表示即将被传输数据的二进制位数。

返回参数说明：数据将从 SPI 模块中被读取出来，用于传输返回值"result"的引脚已经在 ♯use spi 的选项"DI=pin"中被定义。

(2) spi_init ( )

语法：spi_init (baud)；

spi_init (stream，baud)。

注意：只有当使用预处理器 ♯use spi 且存在硬件 SPI 时才能使用该函数。

函数功能：初始化已在 ♯use spi 中指明配置的 SPI 模块，该函数没有返回值。

函数参数说明：

Baud：初始化 SPI 模块的波特率，此时它的数据类型是 32 位整型。它也可以是一个布尔量，若为 0，表示禁止 SPI 模块；若为 1，表示使能 SPI 模块，且波特率遵循 ♯use spi 中的配置。

(3) spi_prewrite (data)

语法：spi_prewrite (data)；

spi_prewrite (stream，data)。

注意：只有当使用预处理器 ♯use spi，且选项"slave"已被配置。另外，只有硬件 SPI 存在时才能使用该函数。

函数功能：不需要等待数据传输完毕就可以向 SPI 缓冲器写入数据。可以与函数

"spi_xfer( )"联合使用。当使用 SSP 中断时,这个函数很有用。该函数没有返回值。

函数参数说明:

Data:表示通过 SPI 传送的常量或变量,它的数据类型可以是 8 位、16 位、32 位整型。

（4）spi_speed

语法:spi_speed（baud）;

　　　spi_speed（stream,baud）;

　　　spi_speed（stream,baud,clock）。

注意:只有当使用预处理器♯use spi,且存在硬件 SPI 时才能使用该函数。

函数功能:根据指定值设置 SPI 模块的波特率。该函数没有返回值。

函数参数说明:

Baud:表示 SPI 模块的运行波特率(int32),即每秒传输的 bit 数。

Clock:表示芯片的主频(int32),对于软件 SPI,若没有指定,它会采用♯use delay( )中的值。

（5）spi_xfer_in( )

语法:value ＝ spi_xfer_in( );

　　　value ＝ spi_xfer_in（bits）;

　　　value ＝ spi_xfer_in（stream,bits）。

注意:只有当使用预处理器♯use spi,且选项"slave"已被配置。另外,只有硬件 SPI 存在时才能使用该函数。

函数功能:从 SPI 模块中读取数据,且不需要事先向发送缓冲器中写入数据。

函数参数说明:

bits:数据中有多少个 bit 位被接收,该值必须是 8 的倍数。

将实验 1 的程序用包含♯use spi 预处理器的 C 语言实现,程序如下:

主机程序(对应 SPI_M1.ASM):

```
# include<16f877a.h>
# fuses XT,NOWDT,PUT,NOLVP
# use delay(clock = 4M)
# use spi (FORCE_HW, MASTER, SAMPLE_RISE, BAUD = 48000, BITS = 8 )
# use fast_io(B)
Int tx_value;
void main( )
{
        delay_ms(100);                    //延时,确保从机通信准备就绪
        set_tris_b(0x00);
        tx_value = 0x00;                   //给累加变量赋初值
```

```
    while(1)
    {
        tx_value = tx_value + 1;          //变量累加
        spi_xfer(tx_value);               //向从机发送累加变量值
        output_b(tx_value);               //累加值在本机 RB 端口显示
        delay_ms(200);                    //间隔 200ms 后循环
    }
}
```

说明:在 # use spi 的选项中,添加"SAMPLE_RISE"会使 CKE=1,若没有,缺省态下该值为 0。若没有"BAUD="选项,编译器会使用默认时钟(最快),此时对应的时钟模式是 SSPM3~SSPM0=0000B,当主频为 4M 且波特率值在 48000 以上时,编译器都会使用该配置;当波特率在 48000 以下,13000 以上时,配置为 SSPM3~SSPM0=0001B;当波特率在 13000 以下时,配置为 SSPM3~SSPM0=0010B。

从机程序(对应 SPI_S1.ASM):

```
# include<16f877a.h>
# fuses XT,NOWDT,PUT,NOLVP
# use delay(clock = 4M)
# use spi (FORCE_HW, SLAVE, BITS = 8)
int value;
void main( )
{
        while (1)
        {
            value = spi_xfer( );          //接收来自主机的数据
            output_b(value);              //在 RB 端口显示接收数据
        }
}
```

说明:当使用预处理器定义本机为从机时,编译器会将 RA5/SS 引脚的片选功能被关闭。并且,从机应该先于主机进入通信态(主机在通信开始之前应有延时而从机没有),反之,从机将不会收到主机最先发送的若干数据字节,即某些数据会丢失。这缘于 SPI 通信本身缺乏应答机制。

使用 # use spi 预处理器编写程序的另一个亮点是:它可以实现 16 位,32 位数据的传输。这使程序的编制非常方便,虽然硬件是基于 8 位的,但是作为编译器的软件却弥补了这方面的不足,使程序看上去像是基于 16 位或 32 位硬件而编写的。下面就 16 位数据的传输做一个实验,该实验是基于相邻的上一组程序,不同的是,上一组程序实现的是 8 位数据通信,而本实验实现的是 16 位数据通信。

主机程序:

```
# include<16f877a.h>
# fuses XT,NOWDT,PUT,NOLVP
# use delay(clock = 4M)
# use spi (FORCE_HW, MASTER, SAMPLE_RISE, BAUD = 9000, BITS = 16 )
long   tx_value;                    //定义 16 位变量

void main( )
{
        tx_value = 0x0000;          //给 16 位变量赋初值
        delay_ms(100);              //适当延时,等待从机通信准备就绪
        while(1)
        {
            tx_value = tx_value + 1; //16 位变量值累加
            spi_xfer(tx_value);      //向从机发送 16 位累加值
            delay_ms(80);            //延时 80ms 后循环
        }
}
```

从机程序:

```
# include<16f877a.h>
# fuses XT,NOWDT,PUT,NOLVP
# use delay(clock = 4M)
# use spi (FORCE_HW, SLAVE, BITS = 16)     //注意,此时 RA5/SS 引脚功能被关闭
long   value;                              //定义 16 位变量
int value_l, value_h;                      //定义 8 位变量

void main( )
{
    while (1)
    {
            value = spi_xfer_in(   );      //接收来自主机的 16 位变量值
            value_h = make8(value,1);      //获取接收值的高 8 位
            value_l = make8(value,0);      //获取接收值的低 8 位
            output_b(value_l);             //接收值低 8 位送 RB 端口显示
            output_d(value_h);             //接收值高 8 位送 RD 端口显示
    }
}
```

说明：如果读者想了解 16 位的数据是如何基于 8 位 MCU 硬件实现通信的，不妨打开"Disassemble Listing"窗口，对照汇编程序进行观察。可以发现，对于主机，16 位数据在发送前已被拆分为两个 8 位数据分别进行发送，高 8 位在前，低 8 位在后；对于从机，先接收高 8 位数据，再接收低 8 位数据，然后合成 16 位数据。

如果使用汇编语言，也可以实现这个功能，但程序的编制很繁琐，费工费时，弄不好容易出差错。而使用专业的"编译器"软件可以很轻松地实现这个功能，从而达到事半功倍的效果。

预处理器"♯use spi"既可以用于硬件 SPI，也可以用于软件 SPI，以上讲解的内容都是基于硬件 SPI 的。如何用该预处理器实现软件 SPI 的功能，读者若有兴趣，可以自己尝试去实现。

第 13 章
I²C 通信

13.1 I²C 通信接口概述

I²C 通信采用的是 I²C 接口电路,它的英文全称为 Inter-Integrated Circuit,中文全称为集成电路间总线。它是荷兰 Philips 公司在 1980 年开发出来的串行通信标准。由于其自身后来的优越性,有了越来越广泛的应用。

在经过授权的情况下,多家知名的半导体公司纷纷研发出大量的种类繁多的带有 I²C 总线硬件接口的 MCU 及外围器件,如 EEPROM、LCD 显示驱动器、LED 显示驱动器、A/D 转换器、实时时钟 RTC、数字电位器、电能表芯片等等。该标准从此成为了一种串行总线事实上的工业标准,被大量用作系统内部的电路板级总线,

Microchip 公司为了占领市场,提高产品的兼容性,也在其中高档系列的 MCU 中配置了此类接口。对于 PIC 中高档系列的 MCU,I²C 接口电路包含于 SSP 模块或 MSSP 模块中。

SSP 模块(Synchronous Serial port)称为同步串行端口。MSSP 模块称为主控同步串行端口。SSP 模块中的 I²C 接口只能工作于从动方式(Slave),而 MSSP 模块中的 I²C 接口在前者的基础上进行了硬件扩展和功能改进,在硬件上能更好地支持 I²C 总线的主控方式。

在设计工作中,如果 MCU 片内的硬件资源不够用时,可以通过 I²C 接口扩展相关外设器件来满足要求。

I²C 总线是一种高性能芯片间串行同步传输总线。不同于 SPI 接口,它的通信线仅需 2 根,分别是数据线 SDA 和时钟线 SCL。通过它们,可以实现单工或半双工同步数据传输。

I²C 通信是通过软件进行寻址的。I²C 器件都设置有硬件 ID 号(Identity Code),即硬件识别码,或称作硬件地址。这种寻址方式避免了器件片选线寻址的弊

端,从而使得硬件系统的扩展变得更加简单灵活。

I²C 总线无法实现全双工通信。在相同的传输时钟频率下,I²C 总线的数据吞吐率要低于 SPI 总线,其具体原因,本章会做解释。因为只有 2 根通信线,可以想象,要达到同样的数据传输效果,通信的时序相对于其他串行线,要复杂不少。

13.2 I²C 通信接口功能特点

I²C 总线从发明至今,经历了从 V1.0 到 V6 等几个版本,最新的 V6 版本是 2014 年 4 月发布的。从通信速率方面,它分为如下 5 种工作模式:

(1) 标准模式(Standard−mode),最大通信速率可达 100kbit/s;

(2) 快速模式(Fast−mode),最大通信速率可达 400kbit/s;

(3) 快速模式加(Fast−mode Plus),最大通信速率可达 1Mbit/s;

(4) 高速模式(High−speed mode),最大通信速率可达 3.4Mb/s;

(5) 超高速模式(Ultra fast−mode),最大通信速率可达 5Mb/s。

显然,大的数据传输率有利于提高单位时间的数据吞吐率,对大容量数据处理意义很大。

相比于 SPI、USART 这两种通信方式,I²C 通信在硬件结构、组网方式、软件编制方法上都有很大的不同,对照图 13.1,我们对其主要特点进行讲解。

(1) 仅仅需要两根连接线(数据线 SDA、时钟线 SCL)就可以进行通信,总线上的所有器件,其同名端分别挂接在这两条线上。

(2) I²C 总线上所有器件的 SDA 与 SCL 引脚都包含输出驱动电路,它由开集的 BJT 或开漏的 FET 组成,该电路方便使用上拉电阻连接到 SDA 和 SCL 线,继而形成"线与"逻辑关系。

(3) I²C 总线进行一次通信,传递的数据信息只是其中的一部分,其他的还有控制信息、状态信息、地址信息等等种类繁多的信息,其中控制信息包括启动信号、重启动信号、停止信号、应答信号等。可见,通信线的减少是以增加复杂的时序为代价的。

(4) I²C 总线上的所有器件,都具备身份识别 ID 号(7 位从器件地址码),可供主器件识别。

(5) I²C 总线上主器件对从器件的识别是通过软件的方法进行的,主器件在总线上广播(Broadcast)一个 ID 号,所有的从器件都会收到这个信息,并把它与自身的 ID 号核对,如果相同,这个从器件就会发送一个应答(ACK)信息。

(6) 为了方便编写程序,所有 I²C 总线上的器件,如存储器,其片内会存在多个连续的地址单元,当对相邻地址单元的数据进行读写操作时,硬件具备存储单元地址值自动加 1 功能。

（7）I²C 总线不同于其他串行通信系统，它可以方便地构成多主机系统，各个主机之间没有优先次序之分，通过设置，当前任何一个主机都可以掌控总线。

（8）I²C 总线上的器件可以使用各自独立、电压不同的电源供电，但是必须共地。I²C 总线上的器件可以热拔插。

（9）通常采用 7 位寻址方式，必要时也可进行 10 位寻址。

（10）I²C 总线上允许同时挂接不同工作速率的具备 I²C 接口的器件。

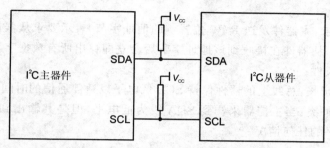

图 13.1　I²C 器件主从连接示意图

13.3　I²C 系统拓扑

针对图 13.2，将 I²C 总线的相关术语进行罗列：

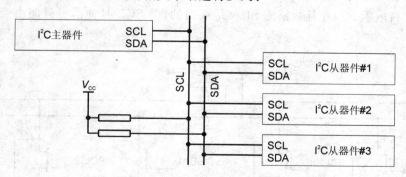

图 13.2　I²C 主器件与多个从器件的连接

（1）发送器：将数据移出到总线的器件；

（2）接收器：从总线移入数据的器件；

（3）主器件：发起传送、生成时钟信号和终止传送的器件，也称作主控器；

（4）从器件：被主器件寻址的器件，也称作被控器；

（5）多主器件：总线上不止一个器件可以发起数据传送；

（6）仲裁：确保一个时刻只有一个主器件控制总线的过程。赢得仲裁可确保报文不被破坏；

（7）同步：同步总线上两个或两个以上器件的时钟的过程；

（8）空闲：没有主器件控制总线，且 SDA 和 SCL 线都为高电平；

（9）工作：任何时间都有一个或一个以上的主器件正在控制总线；

（10）寻址到的从器件：接收到匹配地址并使用由主器件提供时钟的从器件；

（11）匹配地址：从器件接收到的地址字节与存储在 SSPADD 中的值相匹配；

（12）写请求：从器件接收到 R/W 位清零的匹配地址，且准备随着时钟移入数据；

（13）读请求：主器件发送 R/W 位置 1 的地址字节，表示要求从器件在时钟控制下将数据移出。从器件在接收到该地址字节后会立即移出所有数据字节直到发生重复启动或停止条件；

（14）时钟延长：总线上的器件保持 SCL 低电平以暂停通信的时间；

（15）总线冲突：当主控器采样到 SDA 线为低电平，但是其输出到 SDA 线上的电平应为高电平的任何情况。

13.4　I^2C 接口的电路结构

如图 13.3 所示，总线上的器件都使用开漏（Open drain）或开集（Open collector）输出端与总线相连，而器件输入则通过高阻抗的缓冲器与总线相连。这两根"干线"各配一上拉电阻 R_p，并且数据流 SDA 是双向的，但 SCL 时钟信号只能由当前主控器产生。

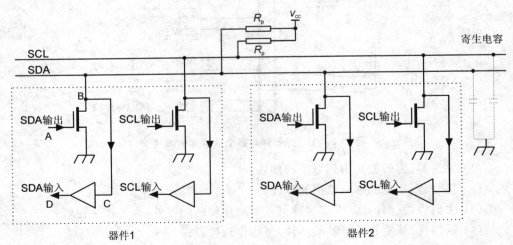

图 13.3　I^2C 器件互连基础

通过公共的外接上拉电阻 R_p，各个器件之间连接成"线与"逻辑关系，以便实现时钟同步和总线仲裁机制。

　　"线与"逻辑关系的意思是两个输出端（包括两个以上）直接互连就可以实现"AND"逻辑功能。在总线传输等实际应用中需要多个门的输出端并联使用，而一般TTL 门输出端不能直接并接，否则这些门的输出管之间由于低阻抗会形成很大的短路电流（灌电流），从而烧坏器件。在硬件上，可用开漏或开集来实现，此时需要上拉电阻的配合。对于 SDA 线，当线上器件都输出高时，SDA 才为高；只要一个为低，SDA 便输出低。

　　总线中可以连接的器件个数仅受限于可用地址个数以及器件数量增加所带来的负载电容。电容过大最终将导致 SDA 或 SCL 的上升时间超出最大额定值。

　　上拉电阻和线路电容的值可以决定上升时间。总线规范要求最大线路电容不超过 400pF，标准模式下的最大上升时间为 $1\mu s$，可依据线路电容值并配备合适的电阻值以达到上述时间要求。电阻值越低，上升时间越小，但电流消耗越大。一般选择 R_p 的值为 4.7kΩ。如果线路电容较大，可适当减小电阻值，反之则增大电阻值。

13.5　I²C 总线的基本工作原理

　　对于 I²C 总线上主控器与被控器，数据的传输有以下特点：

　　（1）主控发送——被控接收；

　　（2）主控接收——被控发送。

　　图 13.4 给出的是一次完整的通信时序，在总线上进行的每一次通信，都具有以下特点：

　　（1）每一次通信都是由主控器主动发起，它可以发送启动信号（S）掌控总线或停止信号（P）释放总线；

　　（2）每一次通信都是以启动信号 S 开始，以停止信号 P 结束；

　　（3）传送的 byte 数量没有限制；

　　（4）主控器在发送启动信号 S 后，随即发送地址信息（包括 7 位被控器地址和R/W 位）；

　　（5）读写控制位 R/W 位用于告知被控器数据传输的方向，"0"表示数据由主控流向被控；"1"表示数据由被控流向主控。

　　（6）每传输一个地址字节或数据字节，共需要 9 个时钟脉冲，其中前 8 个脉冲对应的是有效信息，第 9 个脉冲对应的是"接收方"向"发送方"反馈的应答位信息ACK。

　　（7）所有总线上的被控器都会接收启动信号后的地址字节，并把接收到的 7 位地址与自身固有地址进行比较，若相符，则反馈 ACK 信息。

（8）每个 byte 的传输都是高位（MSB）在前,低位（LSB）在后。

MSSP 模块作为 I²C 总线接口使用时,在选择任何一种 I²C 工作方式之前（主控或被控方式）,都必须设置相应的端口方向控制寄存器,通过置 TRISC4、TRISC3 为 1（虽然这是缺省态）,把 SDA 和 SCL 引脚设为输入态,以避免 RC 端口模块对于 I²C 总线构成的影响。

通过将运行控制器 SSPCON 中的使能位 SSPEN 置 1,就可以启动 I²C 工作方式。这时,SCL 和 SDA 引脚就会自动地分配给 I²C 总线,分别作为串行时钟线和串行数据线。

图 13.4 是"主控器发送 byte—被控器接收 byte"实验的波形图,由此图我们可以看出:I²C 通信传输一个 byte 至少需要 9 个时钟周期的时间。而前一章 SPI 通信,传输一个 byte 需要 8 个时钟周期,如果两者的时钟周期相同,仅这一个原因,I²C 通信的数据吞吐率就落后于 SPI 通信。

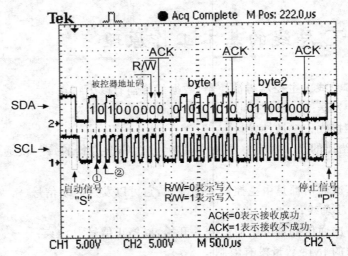

注:图中第 1 个时钟阵列的脉宽要大于后者,原因是烧写程序时没有用到 POR（Power up Timer）定时器。这样,主振荡器刚刚起振,振荡周期还不够稳定,所以会出现这种现象。

图 13.4　一次完整通信过程的 I²C 信号时序

根据图 13.4,大致说明下 I²C 总线的工作时序（从左到右）:

① 主控器在检测到总线空闲的情形下,首先发送一个启动信号"S";

② 随后发送一个地址字节,这个字节包含 7 位地址码（1010000）和读写位 R/W（0）;

③ 被控器收到地址字节后反馈一个应答位 ACK;

④ 主控器收到 ACK 后开始发送字节 byte1＝01010101;

⑤ 被控器接收 byte1 成功后反馈 ACK＝0；

⑥ 主控器收到 ACK 后开始发送字节 byte2.＝01100100；

⑦ 被控器接收 byte2 成功后反馈 ACK＝0；

⑧ 至此,主控器连发 2 个 byte 后,发送一个停止信号"P",结束通信,释放总线。

13.6　I²C 通信的波特率发生器

在 I²C 通信中,时序、时钟是非常重要的,在产生各类信号及传输数据的过程中,肯定离不开定时时基,MSSP 模块为此专门配备了波特率发生器 BRG,它的电路结构图如图 13.5 所示。

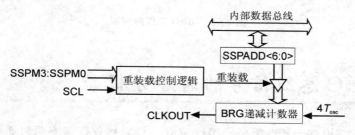

图 13.5　波特率发生器电路结构图

确定时钟 SCL 振荡周期的方法是:通过程序向 SSPADD 寄存器的低 7 位写入一个定时参数。该定时参数在重装控制逻辑的控制下,一旦装载到 BRG 减法计数器中,就自动进行减计数,减到 0 后触发相关信号,导致再次被装载。由此可见,BRG 相当于一个由硬件控制的减法计数器,只要赋予初始值(SSPADD),它就可以形成定时时基。

BRG 中的计数值在一个指令周期内进行两次减 1 操作,即在第 2 个机器周期(Q2)和第 4 个机器(Q4)周期各减 1 次。在 SCL 引脚上输出的时钟周期计算公式为:

$$T_{SCL} = 4 \times (SSPADD + 1) \times T_{osc} \tag{13.1}$$

式中,SSPADD 的取值范围为 00H～7FH。BRG 在每个计数周期结束后都会在 SCL 引脚上产生电平的跳变。值得注意的是,BRG 是产生 SCL 波形的原因,从图 13.4 中可以看出,SCL 波形只在传输数据时出现,传输数据之前或之后,它会保持在原有的高电平(空闲)上。图 13.6 描绘了某种情形下 BRG 工作的时序。

图 13.6 中,假设芯片主频为 4M,BRG 的计数初值 SSPADD＝09H。那么依照式 13.1,时钟周期为:

$$T_{\mathrm{SCL}} = 4 \times (\mathrm{SSPADD} + 1) \times T_{\mathrm{osc}} = 4 \times (9 + 1) \times (1/4) = 10 \ \mu s$$

那么,BRG 的计数周期就是 SCL 的 5 μs 半波。形象化的描述如图 13.6 所示。

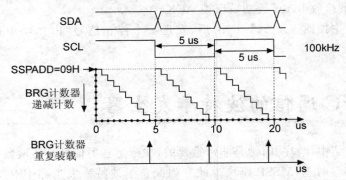

注:1 个指令周期分为 4 个 Q 周期,BRG 计数器在 Q2 和 Q4 上递减
若主频为 4M,那么 BRG 计数器会每隔 0.5us 递减 1 次

图 13.6   BRG 工作时序图

13.7   I²C 总线信号的时序分析

前面讲过,相对于其他类型的串行通信,I²C 总线仅仅需要两根通信线,这个在硬件上的需求是非常低的,那么可想而知,通信时序应该是比较复杂的。

下表列出了在一次完整的通信过程中,从主控器到被控器;从被控器到主控器往来信号的种类以及两者的不同。显然,主控器掌控总线,它要发出比被控器多很多的信号。

主机→从机	启动信号	停止信号	7 位地址码	读写控制位	数据字节	重启动信号	应答信号	时钟脉冲
从机→主机					数据字节		应答信号	时钟低电平

以下我们对通信中出现的信号时序进行分析讲解。

(1) 总线空闲状态(Idle State)

当 I²C 总线的两条干线 SDA 和 SCL 同时被电阻 Rp 上拉为高电平时,总线就处于空闲态。此时各个器件输出级的 FET 均处于截止状态(与总线断开),即总线被释放。

(2) 启动信号(Start Condition)

如图 13.4 左侧波形图所示,在时钟线 SCL 保持高电平期间,数据线 SDA 上的电平被拉低(负跳变),于是定义这个时序为 I²C 总线的启动信号,它标志一次数据传输的开始。启动信号只能由主控器产生,在产生该信号之前,I²C 总线必须处于空闲状态。图 13.7 给出了启动信号产生的细节。

　　要建立启动信号时序,用户程序首先要将启动使能位 SEN 置位。若此时总线空闲,则波特率发生器(BRG)开始工作,当 BRG 计数发生溢出,经历了时间 T 后,两干线都被检测到为"H"时,则 SDA 被置"L",随后表示状态的 S 位<SSPSTAT,3>被自动置 1。此刻 BRG 再重装计数,当溢出时,SCL 被置"L"。启动信号时序于是结束。如图 13.7 所示,对每一个电平跳变时刻发生的事件,图中都有详细的解释。

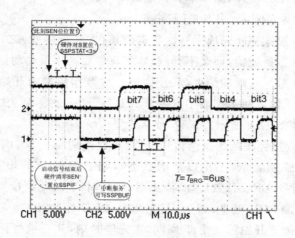

图 13.7　启动信号时序图

（3）停止信号(Stop Condition)

　　如图 13.4 右侧波形图所示,在时钟线 SCL 保持高电平期间,数据线 SDA 上的电平被还原到高电平的空闲状态(正跳变),于是定义这个时序为 I²C 总线的停止信号,它标志一次数据传输的结束。停止信号也只能由主控器产生,在产生该信号之后,I²C 总线返回到空闲状态。详情如图 13.8 所示。

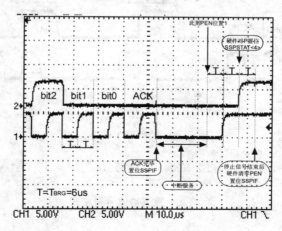

图 13.8　停止信号时序图

在 byte 发送或接收完毕后,需要产生一个停止信号时序,当两干线都被检测到为"L"时,软件把停止信号使能位 PEN 置 1,随后 BRG 启动,溢出时刻,经历了时间 T,此刻,两干线仍被检测到为"L"时,SCL 被释放拉高;再经历 T,SDA 被释放拉高;再经历 T,两干线都被检测到为"H"时,停止信号时序结束。如图 13.8 所示,对每一个电平跳变时刻发生的事件,图中都有详细的解释。

(4) 重启动信号(Repeated Start Condition)

在主控器控制总线期间完成了一次数据通信(发送或接收)之后,如果想继续占用总线再进行一次数据通信,而又不释放总线,就需要利用重启动信号时序。重启动信号即作为前一次数据传输的结束,又作为后一次数据传输的开始。它的重要意义在于,在前后两次通信之间主控器不需要释放总线,于是它不会失去总线的控制权。重启动信号详情如图 13.9 所示。

当一个 byte 发送完毕后想继续占用总线,可以生成一个 RS 时序。当 RSEN 被置 1 后,SCL 会被强制置低(不论以前的状态),随后检测 SCL 电平。当 SCL 为低时,SDA 被释放变高,BRG 计数启动,溢出时,经历时间 T,此刻检测到 SDA 为高时,释放 SCL,随后检测 SCL 电平;若为高,则启动 BRG 计数,时间 T 后,SCL 还为高时,把 SDA 置低,随即开始第 3 个 T 周期,在完毕时刻,SCL 被置低。重启动信号时序到此结束。如图 13.9 所示,对每一个电平跳变时刻发生的事件,图中都有详细的解释。

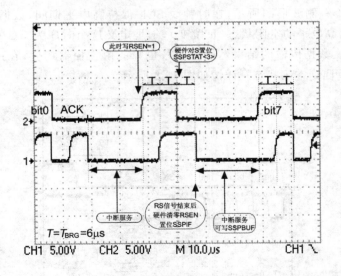

图 13.9　重启动信号时序图

(5) 应答信号(Acknowledge Data bit)

在 I^2C 总线上,数据都是以 byte 为单位传送的,主控器每发送一个 byte(第 1 到第 8 个脉冲),就会释放 SDA 线,在第 9 个脉冲期间,被控器会反馈一个应答信号 ACK,当 ACK＝0 时,表示被控器已成功接收到 byte;当 ACK＝0,即 NACK＝1 时, 表示被控器未能成功接收到 byte,如图 13.4 所示。

如果主控器正在接收,当它收到最后一个 byte 后,会发送一个 NACK 信号,以 通知被控器结束数据的发送,被控器随后释放 SDA 线,以便主控器发送停止信号。 应答信号的详情如图 13.10 所示。

当程序将应答使能位 ACKEN 置 1 时,就会产生一个应答信号时序。当 ACK-EN 被置 1 后,SCL 会被强制置低(不论以前的状态),随后 ACKDT(图中 ACKDT＝ 1)的内容被送到 SDA 上,在 SCL 被检测到为低后,BRG 计数启动,时间 T 后,SCL 被释放;当检测到 SCL 为高后,BRG 再次重装启动,时间 T 后,SCL 变低,应答信号 时序结束。如图 13.10 所示,对每一个电平跳变时刻发生的事件,图中都有详细的解 释。

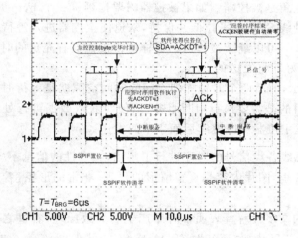

图 13.10　应答信号时序图(主控接收)

(6) Bit 位的传送

在 I²C 总线上,各种信息如地址码、数据码、应答位 ACK 等都是以 bit 为单位传 送的,bit 位的传送离不开时钟脉冲 SCL,两者的关系如下所述。

把图 13.4 中①②时刻的时基放大到 1 μs 进行观察,会发现,bit 位的变化即 SDA 的跳变(上升或下降)都发生在时钟脉冲 SCL 变低之后。如图 13.11 或 13.12 所示。

再看图 13.4,可以发现,每一个 SCL 高电平时间里,bit 位的状态(即 SDA 的电 平)都是稳定的。

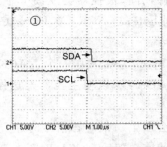
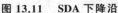
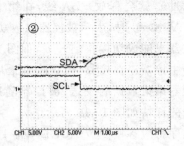

图 13.11　SDA 下降沿　　　　　　　图 13.12　SDA 上升沿

　　以上结果印证了 I^2C 总线传输规范：在 SCL 高电平期间，SDA 上的电平必须稳定；只有在 SCL 线为低电平期间，才允许 SDA 线上的电平改变状态。

　　（7）插入等待时间

　　这个动作的主角是被控器。如果被控器需要拖延下一个 byte 开始传送的时间，则可以通过把时钟线 SCL 电平拉低并保持，来迫使主控器进入等待状态。一旦被控器释放 SCL 线，byte 可以继续被传送。这样使得被控器有充足的时间处理已经收到的 byte，或者准备好即将发送的 byte。

　　如图 13.4 所示，前后两个时钟阵列之间的时间空隙就是等待时间。被控器要求获得等待时间的目的是需要执行中断服务，以便对获取数据进行处理，处理完毕后，释放 SCL 线，于是主控器可以继续后面字节的发送。

　　以上对 I^2C 总线各类信号的时序进行了阐述，文字性的信息不多，大量的信息都包含在示波器图片里，图片内容是真实情形的再现，非常的形象，看过后能让读者留下较深的印象。

　　对各类时序的文字性解释表明了时序产生的大致原理，看过之后，我们会发觉，要生成一个时序，CPU 先要"感知"A（SDA 或 SCL）线的电平，一段时间后，再"动作"B（SDA 或 SCL）线的电平，这实际上是一个反馈过程，这类过程在产生时序时不断地发生着。

　　有一个现象要注意。比如，每次把 SCL 电平置高后，马上就行侦测，这样做看上去好像没有必要，确实，对于单主机系统是这样的，但是对于多主机系统就不同了。在多主机系统中必须要这样做，原因是为了防止出现时钟仲裁。假如：总线上某主机把 SCL 置高后，马上侦测到其为低电平，证明是其他的主机所为，这就要进行仲裁，仲裁的结果是确定谁来掌控总线。

　　严格地讲，每一类时序的发生都有一套逻辑缜密的操作流程。I^2C 总线协议的复杂性也就体现在这里。要实现这些流程，对于 MSSP 模块来说，可以用硬件实现，对于 SSP 模块来说，只可用软件实现，用软件（汇编语言）来实现这些流程并让它们可靠地工作，并不是一件轻松的事情。尽管如此，C 语言还是可以帮助我们轻松地完成这些工作,此时,相关时序生成的细节都由 C 编译器做成了函数,程序员只需列出时序关联的函数即可,不必关注细节。由本章汇编程序与 C 程序的对比可以看出这点。

在串行通信中,I²C 通信只需要 2 根线,硬件需求是很小的,但要实现一定的通信功能,需要复杂繁琐的软件协议作为支撑(此时会消耗掉大量的代码),这同时也降低了它的数据传输效率。

13.8　I²C 通信的信号传输格式

(1) 主控器向被控器写数据

主控器向被寻址的被控器写入 n 个 byte(本例 n＝2),其信号传输格式如下图所示。

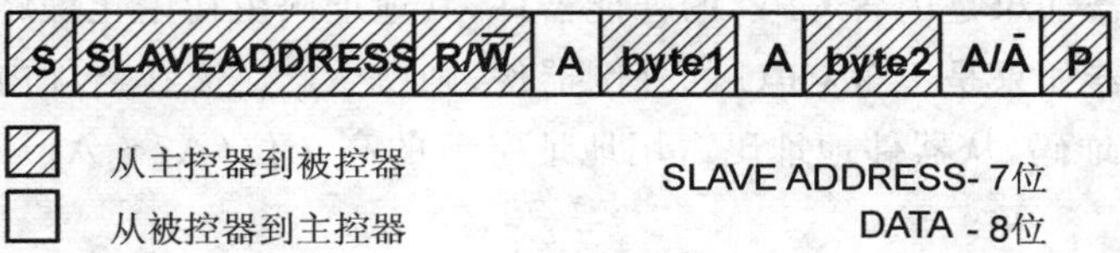

(2) 主控器从被控器读数据

主控器从被寻址的被控器读出 n 个 byte(本例 n＝2),其信号传输格式如下图所示。

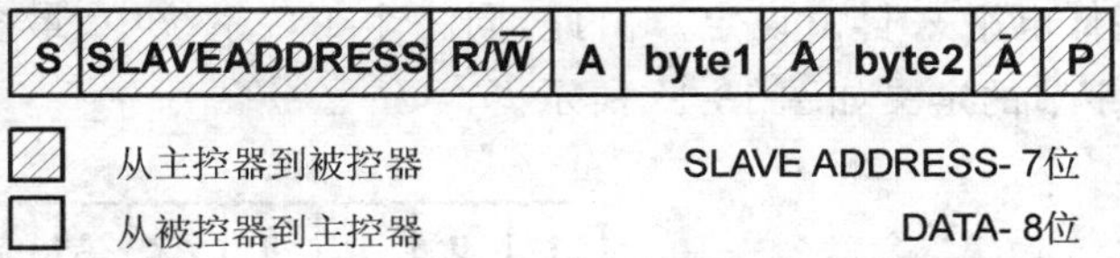

(3) 主控器连续发动两次数据传输

主控器在一次占用总线期间进行连续的数据传输过程中,如果要改变数据的传输方向,此时,不仅要发送重启动信号,寻址字节也要重发一次,并且 byte1 和 byte2 的传输方向相反。其信号传输格式如下图所示。

上图中,假设主机是带 CPU 的器件,从机是 EEPROM,主机先发送(从机地址+写)信息,再发送从机存储单元地址(byte1)信息;重启动 Sr 后,数据传输方向会改变,这时,发送(从机地址+读)信息,然后等待来自从机的数据 byte2;接收成功后,发出 ACK 及 P 信号终止通信。

13.9　I^2C 通信寻址方式

对于所有能够进行 I^2C 通信的器件来说,具备身份识别 ID 号(即硬件地址)是非常必要的。否则,主机无法选定被控器进行通信。

具备 I^2C 接口的器件种类很多,如何对这些器件的地址进行编码,在国际上,有"I^2C 总线委员会"这个机构来解决这个问题,采取的编码方式有以下特点:

(1) 被控器如果是内含 CPU 的智能器件,其地址码由初始化程序软件定义;

(2) 被控器如果是不含 CPU 的外围器件,则由生产厂家在器件内部固化一个专用的从器件地址码,从器件地址码占用地址字节的高 7 位(A7～A1),这 7 位地址又分为两部分:

① 器件类型地址,占用高 4 位,为固定地址,不可更改;

② 引脚设定地址,占用低 3 位,可以通过引脚所接电平状态来设定。

例如,对于具备 I^2C 接口的 EEPROM,其型号为 24C02,芯片说明书中的地址码为"1010A2A1A0",其中器件类型地址"1010"是固定值,引脚设定地址 A2A1A0 可通过引脚连接高低电平来自由设定。由此,同一个 I^2C 系统中,最多可以接入 8 只 24C02。其地址字节的定义如图 13.13 所示。

图 13.13　被控器地址字节的定义

13.10　与 I²C 通信相关的寄存器

寄存器名称	bit7	bit6	bit5	bit4	bit3	bit2	bit1	bit0
SSPBUF	8 位接收/发送数据缓冲器							
SSPSR	8 位接收/发送数据移位寄存器							
SSPADD	I²C 被控方式存放从器件地址/I²C 主控方式存放波特率值							
SSPCON	WCOL	SSPOV	SSPEN	CKP	SSPM3	SSPM2	SSPM1	SSPM0
SSPCON2	GCEN	ACKSTAT	ACKDT	ACKEN	RCEN	PEN	RSEN	SEN
SSPSTAT	SMP	CKE	D/A	P	S	R/W	UA	BF
TRISC	TRISC7	TRISC6	TRISC5	TRISC4	TRISC3	TRISC2	TRISC1	TRISC0
INTCON	GIE	PEIE	T0IE	INTE	RBIE	T0IF	INTF	RBIF
PIR1	PI2CF	ADIF	RCIF	TXIF	SSPIF	CCP1IF	TMR2IF	TMR1IF
PIR2		CMIF		EEIF	BCLIF			CCP2IF
PIE1	PI2CE	ADIE	RCIE	TXIE	SSPIE	CCP1IE	TMR2IE	TMR1IE
PIE2		CMIE		EEIE	BCLIE			CCP2IE

寄存器地址	寄存器名称	上电复位,欠压复位值	其他复位值
13H	SSPBUF	xxxxxxxx	uuuuuuuu
93H	SSPADD	00000000	00000000
14H	SSPCON	00000000	00000000
91H	SSPCON2	00000000	00000000
94H	SSPSTAT	00000000	00000000
87H	TRISC	11111111	11111111
0BH/8BH/10B/18B	INTCON	0000000x	0000000u
0CH	PIR1	00000000	00000000
0DH	PIR2	- 0 - 0 0 - - 0	- 0 - 0 0 - - 0
8CH	PIE1	00000000	00000000
8DH	PIE2	- 0 - 0 0 - - 0	- 0 - 0 0 - - 0

注:x 表示未知;u 表示不变,-表示未指明位置,读作 0。

　　对以上寄存器的解释如下:

（1）8 位收发缓冲器 SSPBUF

SSPBUF 是一个 8 位的寄存器，可读也可写。它与芯片内部的数据总线直接相连，用户将欲发送的数据写入其中，也从其中读取接收到的数据。

（2）8 位移位寄存器 SSPSR

SSPSR 是一个 8 位的寄存器，即不可读也不可写。它直接面向芯片引脚，是一个串行移位寄存器。它实际相当于数据的发送器或接收器。芯片间的通信说到底就是靠它来完成的。它与 SSPBUF 配合使用，当 SSPBUF 中有新数据来时，硬件立即将其载入 SSPSR；或者一次通信完毕，SSPSR 中的数据立即载入 SSPBUF。

（3）被控器地址/波特率寄存器 SSPADD

在 I²C 主控方式下，它的低 7 位用作波特率发生器 BRG 的计数初值（定时参数），取值范围是 00H～7FH。在 I²C 被控方式下，它用作地址寄存器，高 7 位用来存放被控器地址（ID 识别号），取值范围是 B'0000000x'～B'1111111x'。

（4）控制寄存器 SSPCON（MSSP Control register）

这个寄存器相当于 MSSP 模块的运行控制器。从大的方面讲，它可以控制模块工作于 SPI 方式或 I²C 方式。在这里，我们只讲与 I²C 工作方式有关的位和功能。

① WCOL（Write Collision Detect bit）：写入操作冲突检测位

0＝未发生写入冲突；

1＝在 I²C 总线的状态还没有准备好时，试图向 SSPBUF 写入 byte。

仅仅用在主控发送方式下。

WCOL 置位后，必须用软件清零。

② SSPOV（Receive Overflow indicator bit）：接收溢出标志位

0＝未发生接收溢出；

1＝当 SSPBUF 中仍然保留着前一个 byte 时，SSPSR 中又收到新的 byte。

仅仅用在接收方式下。

SSPOV 置位后，必须用软件清零。

③ SSPEN（Synchronous Serial Port Enable bit）：同步串口 MSSP 使能位

0＝关闭串行端口，并设定 SCL/RC3、SDA/RC4 为普通数字 I/O 口；

1＝允许串行端口工作，并设定 SCL/RC3、SDA/RC4 为 I²C 接口专用引脚。

④ CKP（SCL Release Control bit）：时钟信号释放控制位（）仅仅用在被控方式下（）。

0＝将时钟线拉低并保持（时钟延长），用于确保数据建立；

1＝时钟正常工作（释放时钟线）。

⑤ SSPM3~SSPM0:同步串口 MSSP 工作方式选择位

MSSP 工作方式	M3	M2	M1	M0	每种工作方式下的说明
I²C 被控	0	1	1	0	I²C 被控方式,7 位寻址
	0	1	1	1	I²C 被控方式,10 位寻址
	1	1	1	0	I²C 被控方式,7 位寻址,启动位停止位允许中断
	1	1	1	1	I²C 被控方式,10 位寻址,启动位停止位允许中断
I²C 主控	1	0	0	0	I²C 时钟周期$=4\times(SSPADD+1)\times T_{osc}$
	1	0	1	1	由软件控制的主控方式(被控方式空闲)

(5) MSSP 接口状态寄存器 SSPSTAT(Sync Serial Port Status register)

SSPSTAT 用来对 MSSP 模块的各种工作状态进行记录。最高 2 位可读写,低 6 位只能读出。在此只介绍与 I²C 通信有关的位和功能。

① SMP(Slew Rate Control bit):I²C 总线传输时钟 SCL 频率控制位

在 I²C 主控及被控方式下:

0=速度控制被打开,以适应快速模式(400kHz/s);

1=速度控制被关闭,以适应标准模式(100kHz/s)。

② CKE(SMBus Select bit):I²C 接口输入电平规范选择位

在 I²C 主控及被控方式下:

0=输入电平遵循 I²C 总线规范;

1=输入电平遵循 SMBus 总线规范。

③ D/A(Data/Address bit):数据/地址标志位(仅用于 I²C 被控器方式)

0=最近一次接收或发送的 byte 是地址;

1=最近一次接收或发送的 byte 是数据。

④ P(Stop bit):停止标志位(仅用于 I²C 总线方式,复位值为 0)

0=最近没有检测到停止位;

1=最近检测到了停止位。

⑤ S(Start bit):启动标志位(仅用于 I²C 总线方式,复位值为 0)

0=最近没有检测到启动位;

1=最近检测到了启动位。

⑥ R/W(Read/Write bit information):读写信息标志位(仅用于 I²C 总线方式)

在 I²C 主控方式下:

0=没有进行发送;

1=正在进行发送(bit 位逐位移出)。

(注:该位与 SEN、RSEN、PEN、RCEN 或 ACKEN 相或的结果表示 MSSP 是否处于空闲状态。)

在 I²C 被控方式下:

0＝写操作；

1＝读操作。

(注:该位记录被控器最近一次地址匹配后,从地址字节中获取的读/写状态信息,该位仅仅从地址匹配到下一个 S 位、P 位或 NACK 位被检测到的期间内有效。)

⑦ UA(Update Address):地址更新标志位(仅用于 10 位地址被控方式)

0＝不需要用户更新 SSPADD 中的地址；

1＝需要用户更新 SSPADD 中的地址。

⑧ BF(Buffer Full Status bit):SSPBUF 数据装满标志位

在 I²C 总线方式下接收时：

0＝SSPBUF 接收 byte 未完成,SSPBUF 为空；

1＝ SSPBUF 接收 byte 已完成,SSPBUF 已装满；

在 I²C 总线方式下发送时；

0＝ byte 发送完毕(不包括 ACK 位和 P 位),SSPBUF 为空；

1＝ byte 发送正在进行中(不包括 ACK 位和 P 位),SSPBUF 满。

(6) 控制寄存器 SSPCON2(MSSP Control register2)

这个寄存器相当于 MSSP 模块的第 2 个运行控制器。就是因为这个寄存器,MSSP 模块才体现出“M(主控)”的特点。SSP 模块的 I²C 接口只能工作在被控方式,而 MSSP 模块的 I²C 接口可以工作在主控方式,也就是说,该寄存器主要是为增强 MSSP 模块 I²C 总线模式的主控器功能而新增加的,它可以被读写。除了其中一位 GCEN 仅用于 I²C 被控方式,其余位都用于 I²C 主控方式。

① GCEN(General Call Enable bit):全局呼叫使能位(仅用在 I²C 被控方式)

1＝SSPSR 接收到全局呼叫地址(0000H)时允许中断；

0＝禁止全局呼叫地址。

② ACKSTAT(Acknowledge Status bit):应答状态位(仅用在 I²C 主控发送方式)

在主控发送模式下：

1＝未收到来自从器件的应答；

0＝收到来自从器件的应答。

③ ACKDT(Acknowledge Data bit):应答数据位(仅用在 I²C 主控接收方式)

1＝不应答；

0＝应答。

(注:用户在接收完毕时刻启动一个应答信号时,该值随应答信号被发送。)

④ ACKEN(Acknowledge Sequence Enable bit):应答使能位(仅用在 I²C 主控接收方式)

1＝在 SDA 和 SCL 引脚产生应答，并发送 ACKDT 数据位，硬件自动清零；

0＝应答时序空闲。

（注：如果 I²C 模块不处在空闲模式，该位不能被置位，不能对 SSPBUF 进行写操作。）

⑤ RCEN(Receive Enable bit)：接收使能位（仅用在 I²C 主控方式）

1＝使能 I²C 接收，生成 SCL 脉冲；

0＝接收空闲。

（注：如果 I²C 模块不处在空闲模式，该位不能被置位，不能对 SSPBUF 进行写操作。）

⑥ PEN(Stop Condition Enable bit)：使能停止位（仅用在 I²C 主控方式）

1＝在 SDA 和 SCL 引脚产生停止时序，由硬件自动清零；

0＝停止时序空闲。

（注：如果 I²C 模块不处在空闲模式，该位不能被置位，不能对 SSPBUF 进行写操作。）

⑦ RSEN(Repeated Start Condition Enabled bit)：使能重复启动位（仅用在 I²C 主控方式）

1＝在 SDA 和 SCL 引脚产生重复启动时序，由硬件自动清零；

0＝重复启动时序空闲。

（注：如果 I²C 模块不处在空闲模式，该位不能被置位，不能对 SSPBUF 进行写操作。）

⑧ SEN(Start Condition Enabled/Stretch Enabled bit)：使能启动位（仅用在 I²C 主控方式）

1＝在 SDA 和 SCL 引脚产生启动时序，由硬件自动清零；

0＝启动时序空闲。

（注：如果 I²C 模块不处在空闲模式，该位不能被置位，不能对 SSPBUF 进行写操作。）

13.11　I²C 接口在主控方式下的工作

具备 MSSP 模块的机型具备在硬件上支持 I²C 主控方式的功能。

主控模式是通过检测 START 和 STOP 信号并触发中断来工作的。S 位或 P 位是只读的状态位，复位值为零；禁止 SSP 模块时也会被清零。当 P 位被置 1，或总线空闲时（P 位、S 位同时为零），可以获得对 I²C 总线的控制权。

主控方式的工作，就是通过检测各类信号，自动产生相应的中断标志位和一些状态标志位，来为程序控制总线提供一定的机会。主控方式的电路结构图如图 13.14 所示。

依照图 13.14，作如下解释：

(1) 图的右上部是波特率发生器 BRG，它产生同步时钟脉冲，把信号送往门 G6、

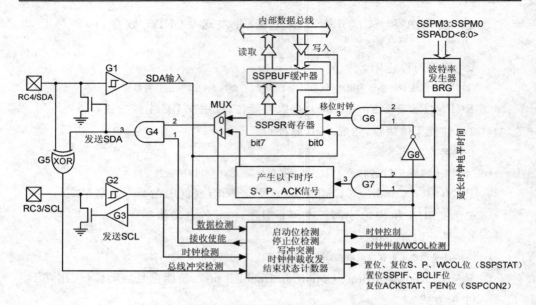

图 13.14 I²C 主控方式下的电路结构(MSSP 模块)

G7、G3;在门 G6 处产生数据通信的移位时钟信号,直接作用于移位寄存器 SSPSR。"1"端是控制端,可以封锁信号。在 G7 处产生 S、P、ACK 等控制及反馈信号,同样,"1"端也可以封锁信号。门 G3 控制 FET 的开关,产生 SCL 输出信号。以上是 BRG 的控制特性,BRG 也具备受控特性,如图 13.14 所示。

(2) 移位寄存器 SSPSR,对待发数据实现串并转换,高位在前;接收数据也是一样的。

(3) 收发缓冲器 SSPBUF 与移位寄存器 SSPSR 总是成对使用的。当内部总线上的数据要发送给对方时,数据被同时写入 SSPBUF 和 SSPSR,随即数据在 SCL 作用下,通过 SSPSR 自动串行发送,SSPBUF 起到数据备份的作用。接收数据时,来自对方的数据先被 SSPSR 按位接收,接收完毕后,数据马上进入 SSPBUF,此刻触发 SSPIF 置位,触发中断,等待 CPU 读取。可见,SSPBUF 在发送时并不缓冲,它只在接收时起到双缓冲作用。

(4) 数据的发送通过门 G4,数据的接收通过施密特触发器 G1。

(5) 时钟的输出通过门 G3,时钟的输入通过施密特触发器 G2。

(6) 图 13.14 的最下方是硬件信号检测及控制逻辑。它相当于一个"感知后作出反应"的反馈电路。I²C 通信中复杂的时序主要就是通过这部分电路实现的。如图所示,它检测各类信号电平以及它们的交集电平,然后按照复杂的逻辑设定,输出各类控制信号。

以下对主控方式进行概述。

主机产生所有串行时钟脉冲 SCL 和启动(S)及停止(P)信号。当 P 信号或 RS 信号到来时中止传输。因为 RS 信号也是下一个串行传输的开始,因此不会释放总线。

在主控发送方式下,通过 SDA 线输出串行数据,而 SCL 线输出串行时钟。发送的第 1 个 byte 包括接收器件的地址(7 位)和 R/W 位,在这种情况下 R/W 位为 0,每次发送 8 个 bit。在发送完每个 byte 后,会接收到一个应答位(ACK)。启动和停止条件分别表示串行传输的开始和结束。

在主控接收方式下,发送的第一个 byte 包括被控器件的地址和 R/W 位,这时 R/W 位为 1,因此发送的第 1 个 byte 是 7 位的被控器地址,和一个表示接收的位 1。通过 SDA 接收串行数据,SCL 输出串行时钟,每次接收 8 个 bit。接收完每个 byte 后,都发送一个应答位(ACK)。启动和停止条件分别表明传输的开始和结束。

用于 SPI 模式操作的波特率发生器(BRG)也用于 I²C 工作模式,BRG 的重新装载值保存在 SSPADD 寄存器的低 7 位中。当对 SSPBUF 进行写操作时,波特率发生器自动开始计数(类似于 SPI 通信)。一旦指定的操作完成(即最后一个 bit 发送后紧跟一个 ACK),BRG 将自动停止计数,SCL 引脚保持在最后的状态。

在主控模式下 SCL 和 SDA 线的状态由 MSSP 硬件控制。通过给控制寄存器 SSPCON 的 SSPM3~SSPM0 设置一个适当的值,再将 SSPEN 置位,就可以使能 MSSP 模块的 I²C 总线主控方式。在主控方式下,用户软件可以进行以下操作:

(1) 把 SEN 置 1,可以在总线上产生一个启动信号时序;

(2) 把 RSEN 置 1,可以在总线上产生一个重启动信号时序;

(3) 对 SSPBUF 进行写操作,开启一次数据或地址字节的发送过程;

(4) 把 PEN 置 1,可以在总线上产生一个停止信号时序;

(5) 把 RCEN 置 1,可以开启一次数据字节的接收过程;

(6) 把 ACKEN 置 1,可以在接收数据字节的末尾发送一个应答信号。

注:不允许在产生启动时序后,在启动时序完成前立即写 SSPBUF 寄存器以启动数据传输。在这种情况下,将不能写 SSPBUF,如果写操作发生了,WCOL 将被置 1,表明这次写操作无效。

下列事件会引起中断标志位 SSPIF 置 1,如果中断被打开,会使得 CPU 响应中断,用户程序可以趁此机会操控总线。

(1) 检测到一个启动信号时序;

(2) 检测到一个停止信号时序;

(3) 一个传输字节被接收或发送完毕;

(4) 一个应答信号被接收或发送完毕;

(5) 检测到一个重启动信号时序。

I²C 主控发送

8 位数据字节,7 位地址的发送都是通过把相关数值写入到 SSPBUF 寄存器来完成的。这种操作会将缓冲器满标志位 BF 置 1,允许 BRG 启动计数并开始每一个 bit 的发送。地址/数据的每一位 bit 都会在 SCL 信号的下降沿之后移出到 SDA 引脚。

数据中的每一个 bit 应在 SCL 释放为高电平之前有效。当 SCL 引脚被释放为高电平时,它将在一个 T_{BRG} 时间内保持不变。在此期间,SDA 引脚上的数据必须保持稳定。在第 8 位被移出(第 8 个时钟的下降沿)后,BF 标志清零,主控器会释放 SDA 线。

如果发生地址匹配或数据被正确接收,则被寻址的被控器在第 9 个时钟周期内以一个 ACK 位作为响应,ACK 的状态将在第 9 个时钟的上升沿写入 ACKSTAT 位。如果主控器接收到应答信息,则应答状态位 ACKSTAT 将被清零;否则,该位会被置 1。在第 9 个时钟周期后,中断标志 SSPIF 被置 1,且 BRG 暂停,趁此机会,用户程序可将下一个 byte 装入 SSPBUF,过程中保持 SCL 为低电平且 SDA 不变。

在写入 SSPBUF 之后,地址字节的每个 bit 将在 SCL 的下降沿移出,直到 7 位地址和 R/W 位都被移出为止。在第 8 个时钟的下降沿,BF 清零,主控器将释放 SDA 线,允许被控器发出 ACK 信号作为应答。在第 9 个时钟的下降沿,SSPIF 置 1,主控器将采样 SDA 引脚的 ACK 信号,以确认发出的地址(ID 身份号)信息是否为被控器识别。

以下是相关标志位的使用说明:

【BF 状态标志】

在发送模式下,SSPSTAT 寄存器的 BF 位在 CPU 开始把 byte 中的 bit 写入 SSPBUF 后置 1,在移出所有 bit 后清零。

【WCOL 状态标志】

如果用户在发送过程中(即 SSPSR 仍在移出数据字节)写 SSPBUF,会发生写入冲突,WCOL 会被置 1,且 SSPBUF 的内容不会被更新,即写入无效。在下一次发送之前,WCOL 必须由软件清零。

【ACKSTAT 状态标志】

在发送方式下,当被控器已发送应答(ACK＝0)时,会清零 SSPCON2 寄存器的 ACKSTAT 位,当被控器未应答(ACK＝1)时该位会被置 1。被控器在已确认其地址或正确接收到数据时发送应答。

主控发送典型序列:

(1) 用户通过将 SSPCON2 寄存器的 SEN 位置 1 来产生启动时序;

(2) 启动时序完成时,SSPIF 由硬件置 1;

(3) SSPIF 由软件清零;

(4) 在发生任何其他操作之前,MSSP 模块将等待所需的启动时间;

(5) 用户将要发送的被控器地址装入 SSPBUF;

（6）地址将移出 SDA 引脚，直到所有 8 个 bit 移出完毕。写入 SSPBUF 时刻开始移出；

（7）MSSP 模块移入来自被控器的 ACK 位，并将其值写入 SSPCON2 的 ACK-STAT 位；

（8）在第 9 个时钟周期结束时刻，MSSP 模块通过将 SSPIF 置 1 产生中断；

（9）利用中断，用户将 8 位数据装入 SSPBUF；

（10）数据将被移出 SDA 引脚，直到所有 8 个 bit 移出完毕；

（11）MSSP 模块移入来自被控器的 ACK 位，并将其值写入 SSPCON2 的 ACK-STAT 位；

（12）对于所有待发送的 byte，重复第 8~11 步；

（13）用户通过将 SSPCON2 寄存器的 PEN 或 RSEN 置 1 来产生停止或重启动时序。这类时序完成时会产生中断。

I²C 主控接收

通过对 SSPCON2 寄存器的接收使能位 RCEN 编程可以使能主控接收。

BRG 开始计数，并且在每次计满返回时，SCL 引脚的电平将发生改变，并将数据移入 SSPSR 中。在第 8 个时钟的下降沿之后，接收使能标志位 RCEN 自动清零，SSPSR 的内容被装入 SSPBUF，随即 BF 标志位置 1，SSPIF 标志位置 1，且 BRG 暂停计数，保持 SCL 为低电平。MSSP 现在处于空闲状态，等待下一条命令。CPU 读取缓冲器时，BF 标志位自动清零。然后，通过将 SSPCON2 寄存器的应答序列使能位 ACKEN 置 1，允许用户在接收完毕后发送应答位。

以下是相关标志位的使用说明：

【BF 状态标志】

在接收操作中，当地址或数据字节从 SSPSR 装载到 SSPBUF 中时，BF 置 1。读取 SSPBUF 寄存器时，该位清零。

【SSPOV 状态标志】

在接收操作中，当 SSPSR 新近接收到 8 位数据并且 BF 标志位在上一次接收时已被置 1（byte 未读出），溢出发生了，这时会造成 SSPOV 位置 1。SSPSR 中的数据会丢失。

【WCOL 状态标志】

如果用户在接收过程中（即 SSPSR 仍在移入数据字节）写 SSPBUF，则 WCOL 将置 1，且缓冲器的内容不变（未发生写操作）。

主控接收典型序列：

（1）用户通过将 SSPCON2 寄存器的 SEN 置 1 来产生启动时序；

（2）启动时序完成时，SSPIF 由硬件置 1；

（3）SSPIF 由软件清零；

（4）用户程序将要发送的被控器地址写入 SSPBUF，且 R/W 置 1；

（5）地址将移出 SDA 引脚，直到所有 8 个 bit 移出完毕；写入 SSPBUF 时刻开始移出；

（6）MSSP 模块移入来自被控器的 ACK 位，并将其值写入 SSPCON2 的 ACK-STAT 位；

（7）在第 9 个时钟周期结束的时刻，MSSP 模块通过将 SSPIF 位置 1 产生中断；

（8）利用中断，用户程序将 SSPCON2 寄存器的 RCEN 位置 1，随后主控器随着时钟脉冲移入来自被控器的 byte；

（9）在 SCL 的第 8 个下降沿后，主控器接收数据满，BF 自动置 1；

（10）主控器清零 SSPIF，并从 SSPBUF 中读取接收到的 byte，BF 自动归零；

（11）主控器在 SSPCON2 寄存器的 ACKDT 位中设置将发送给被控器的 ACK 值，并通过将 ACKEN 位置 1 发送 ACK；

（12）主控器随着时钟将 ACK 移出到被控器，SSPIF 置 1；

（13）用户软件清零 SSPIF；

（14）对于每个从被控器接收的 byte，重复第 8～13 步；

（15）主控器发送 NACK 或停止时序以结束通信。

13.12　I^2C 接口在被控方式下的工作

图 13.15 是 I^2C 总线上的被控器硬件电路结构图。由图可见，被控器跟主控器比较起来，电路结构要简单不少。对于 SSPSR 和 SSPBUF 的描述，类似于主控器。整张图看起来，缺乏"动力源"，这"动力源"就是 BRG 以及相派生的时序发生电路。

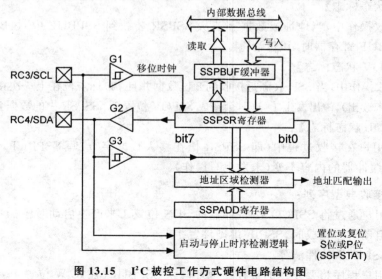

图 13.15　I^2C 被控工作方式硬件电路结构图

这些给主控器配置的"动力源"同样也会通过 I²C 总线给被控器提供"动力"。图 13.15 中主要是探测、比较电路,它们起到"感知"的作用。

在从机方式下,SSPADD 保存着从机的地址;在主机方式下,SSPADD 的低 7 位作为 BRG 的重载值。

一旦 MSSP 模块被使能,它就等待启动(S)信号的出现。在 S 信号出现后,8 个 bit 被移入 SSPSR 寄存器,所有移入的 bit 位都在时钟线 SCL 的上升沿被采样。SSPSR 高 7 位的值与 SSPADD 高 7 位的值相比较,地址比较的时刻发生在第 9 个 SCL 时钟的下降沿,如果比较匹配,并且 BF 和 SSPOV 之前都为 0,那么就会发生以下事件:

(1) SSPSR 的值装载进入 SSPBUF 中;

(2) 缓冲器满标志置位;

(3) 生成 ACK 信号;

(4) 在第 9 个 SCL 脉冲的下降沿 SSPIF 标志置位。

另外特别要注意的是,主机向从机发送的地址字节中的最低位是 R/W 位,这一位与地址比较没有任何关系。参与比较的主机 SSPSR 的高 7 位与从机 SSPADD 的高 7 位值是任意编码的,只要一致就行。

当 BF 和 SSPOV 形成事实状态时,数据传输字节被接收之后的几种不同处理情况和结果如下表所列。

前提条件		造成结果		
数据接收时的状态值		SSPSR→SSPBUF	ACK	SSPIF 置位
		能否装载	能否产生	能否产生
BF	SSPOV			
0	0	能	能	能
1	0	不能	不能	能
1	1	不能	不能	能
0	1	能	不能	能

注:BF 标志位是通过读取 SSPBUF 来清 0 的;SSPOV 标志位必须通过软件清 0;表中最后一行表示,用户没有及时对 SSPOV 清 0 的情况。

从表中可以看出:

(1) 只要 BF 为 1,SSPSR 中的数据就不会装载到 SSPBUF 中;

(2) 只要 BF 和 SSPOV 不同时为 0,就不会产生有效应答位 ACK;

(3) 数据接收时,无论 BF 和 SSPOV 为何值,SSPIF 都会置位。

I²C 被控接收

当被控器接收到来自主控器的匹配地址字节,并且字节中的 R/W 位为 0 时,SSPSTAT 寄存器的 R/W 位也会被清零。接收到的地址被装入 SSPBUF 寄存器并产生 ACK 信号。产生 ACK 信号的时段是第 9 个 SCL 时钟周期,这个时钟周期开始时刻,SSPSR 中的值会装入 SSPBUF 中。

当接收到的地址存在溢出条件时,不会产生 ACK 信号。溢出条件定义为 SSP-STAT 寄存器的 BF 位置 1 或 SSPCON1 寄存器的 SSPOV 位置 1。但即使这样,SSPIF 中断还是会产生。传送的每个 byte 都会产生 MSSP 中断,必须用软件将标志位 SSPIF 清零。

以下是被控器被寻址后接收数据(7 位地址)的过程。

被控接收典型序列:

(1) 启动位检测;

(2) SSPSTAT 的 S 位置 1,如果允许在检测到启动时序时产生中断,则 SSPIF 位也会被置 1;

(3) 接收 R/W 位为 0 的匹配地址字节。在第 8 个 SCL 脉冲的下降沿,SSPSR <7:1> 的值与地址寄存器 SSPADD 的值作比较,如果地址匹配,BF 和 SSPOV 位就被自动清零;

(4) 被控器将 SDA 线拉为低电平,在第 9 个 SCL 脉冲期间,向主控器发送 ACK 信号,在第 9 个 SCL 脉冲的下降沿,SSPIF 位被置 1;

(5) 用软件清零 SSPIF 位;

(6) 中断程序从 SSPBUF 读取接收到的地址值,BF 自动归零;

(7) 主控器随着时钟逐位移出数据字节,8 个 SCL 周期后,移出完毕,被控器的 SSPBUF 被装满,BF 位被置 1;

(8) 被控器将 SDA 线驱动为低电平,在第 9 个 SCL 周期,向主控器反馈 ACK 信号,并将 SSPIF 位置 1;

(9) 被控器拉低 SCL 线,赢得对接收数据的处理时间;

(10) 软件清零 SSPIF 位;

(11) 软件从 SSPBUF 读取接收到的 byte,BF 自动归零;

(12) 对于所有从主控器接收的 byte,重复第 7~12 步;

(13) 主控器发送停止时序,使得 SSPSTAT 的 P 位置 1,总线进入空闲状态。

I²C 被控发送

当传入地址字节的 R/W 位置 1 并且发生地址匹配时,SSPSTAT 寄存器的 R/W 位置 1。接收的地址装入 SSPBUF 寄存器,且在第 9 位由被控器发送一个 ACK 应答信号。在 ACK 信号之后,从硬件清零 CKP 位且 SCL 引脚保持低电平,这称作时钟延长。通过这种方式,主控器在被控器准备发送数据之前不能发送其他时钟信号。

待发数据必须装入 SSPBUF 寄存器,同时也被自动装入 SSPSR 寄存器。然后,通过将 SSPCON1 寄存器的 CKP 位置 1 来释放 SCL 时钟线。8 个 bit 在 SCL 输入信号的下降沿被移出。这可以确保在 SCL 为高电平期间 SDA 信号是有效的。

主控器的 ACK 脉冲将在第 9 个 SCL 输入脉冲的上升沿被锁存。这个 ACK 值将复制到 SSPCON2 寄存器的 ACKSTAT 位。如果 ACKSTAT 位置 1(NACK),则数据传送完成。这种情况下,当被控器锁存了来自主控器的 NACK 值时,被控器会进入空闲模式,等待出现下一个启动位。如果来自主控器的应答为 ACK,则被控器会将下一个待发数据装入 SSPBUF。完成后,必须再将 CKP 位置 1 以释放 SCL 线。

传送的每个数据字节都会产生 MSSP 中断。SSPIF 位必须用软件清零,SSP-STAT 寄存器用于记录与通信有关的状态。SSPIF 位会在第 9 个时钟脉冲的下降沿被置 1。

主控器可以向被控器发送读请求,然后使数据随着时钟移出被控器,详见如下。

被控发送典型序列:

(1) 启动位检测;

(2) SSPSTAT 的 S 位置 1,如果允许在检测到启动条件时产生中断,则 SSPIF 位也会被置 1;

(3) 被控器接收 R/W 位为 1 的匹配地址;

(4) 被控器产生 ACK 应答信号并将 SSPIF 位置 1;

(5) SSPIF 位由用户清零;

(6) 软件从 SSPBUF 读取接收到的地址,BF 自动归零;

(7) 被控器拉低 SCL 线,CKP 位置 0,赢得对待发数据的处理时间;

(8) 被控器软件将待发数据装入 SSPBUF;

(9) CKP 位置 1,释放 SCL 线,这就允许主控器将数据随着时钟移出被控器;

(10) 主控器发出 ACK 应答信号,其值复制到 ACKSTAT 位中,之后 SSPIF 置位;

(11) 软件把 SSPIF 位清零;

(12) 被控器软件查询 ACKSTAT 位以判断主器件是否还有待发数据;

(13) 对于每个待发的 byte,重复第 7～13 步;

(14) 如果主控器发送了 NACK 信号,则时钟不会被延长,但是 SSPIF 位仍然置 1;

(15) 主控器发出重复启动时序或停止时序;

(16) 被控器不再被寻址。

以上对于主控器或被控器的 4 种工作序列,只是一种大致的描述,实际工作中不一定每一步都不可少。不通过做实验进行验证,对于以上描述是不会有太多印象的,甚至也不能理解。我们先做几个实验,来加强对上面步骤的认识和体会,并以示波器图像作标示,予以更形象清晰地说明。

实验的电路接口如图 13.3,主机采用 PIC16F877A,从机采用 PIC16F73 进行 I²C 通信。因为硬件连接很简单,这里暂不作图示。以下程序目的单一,其逻辑关系比较简单,故未作流程图。每个程序初始化的时候都必须使 TRISC4＝1,TRISC3＝1。因为这是上电复位值,故在所有程序中省去。

I²C 总线的时序复杂,中断频繁,要理解以下程序并达到融会贯通的效果,需反复实验并仔细体会。

实验 1:主控器发送——被控器接收(中断方式)

本程序实现 I²C 主控方式初始化并向被控器发送 55H、64H 这 2 个数据。被控器的 RB 端口采用 8 位 LED 显示,接收到 2 个数据后交替显示。

主控器程序名:I2C_M01.ASM

```
        include <p16f877A.inc>        ;@4M oscillator
            TOGGLE    EQU  20H
            SLAVE_ID  EQU  21H         ;定义变量的 RAM 地址
            ORG 0000
            GOTO    START             ;进入主程序
            ORG   0004
            GOTO INT_SRV              ;进入中断服务程序
START:
            BANKSEL TRISA
            MOVLW   80H               ;初始化 SSPSTAT 寄存器
            MOVWF   SSPSTAT           ;SCL 速率适应标准模式 100kHz
            MOVLW   0BH               ;低 7 位存放本机波特率参数
            MOVWF   SSPADD            ;设定 I²C 移位时钟周期 T_BRG = 6 μs
            CLRF    SSPCON2           ;初始化 SSPCON2
            BSF PIE1,SSPIE            ;打开 SSP 中断
            BSF INTCON,PEIE           ;打开外设中断
            BSF INTCON,GIE            ;打开总中断
            BANKSEL PORTA
            MOVLW 0X38                ;初始化 SSPCON
            MOVWF SSPCON              ;设为 I²C 主控模式,使能 SSP 端口
            MOVLW B'10101010'         ;设从机地址高 7 位为 1010101B,低 1 位为 R/W = 0 表示写入
            MOVWF SLAVE_ID
            CLRF TOGGLE               ;TOGGLE 记录 SSP 中断的"次数"
            CALL DELAY                ;与从机配合,等待从机就绪(这个延时很重要!)
            BANKSEL TRISA
            BSF SSPCON2,SEN           ;产生 I²C 启动信号 S
            BANKSEL PORTA
LOOP:
            NOP                       ;主程序(循环)
            GOTO LOOP
INT_SRV:                             ;中断服务程序
            BCF PIR1,SSPIF
            BSF   STATUS,C
            RLF   TOGGLE,F
            BTFSS TOGGLE,1
            GOTO   INT_1             ;S 信号完毕,第 1 次进入中断
```

```
           BTFSS   TOGGLE,2
           GOTO    INT_2              ;SLAVE_ID送完之后,第2次进入中断
           BTFSS   TOGGLE,3
           GOTO    INT_3              ;第3次进入中断发送"55H"
           BTFSS   TOGGLE,4
           GOTO    INT_4              ;第4次进入中断发送"64H"
           GOTO    INT_5              ;P信号完毕,第5次进入中断
INT_1:     MOVF SLAVE_ID,W
           ANDLW 0XFE                 ;R/W = 0,主控器发送 write
           MOVWF SSPBUF               ;发送 SLAVE 的 ID 信息
           RETFIE
INT_2:     MOVLW 0X55
           MOVWF SSPBUF               ;发送第1个数据字节"55H"
           RETFIE
INT_3:     MOVLW 0X64
           MOVWF SSPBUF               ;发送第2个数据字节"64H"
           RETFIE
INT_4:     BANKSEL TRISA
           BSF SSPCON2,PEN            ;发送停止位
           BANKSEL PORTA
           RETFIE
INT_5:     BCF SSPCON,SSPEN          ;关闭 SSP 端口,释放 I²C 总线
           BANKSEL TRISA
           BCF PIE1,SSPIE             ;SSP 中断禁止
           BANKSEL PORTA
           RETFIE
  DELAY:                             ;约 500ms 延时子程序
        ...
        END
```

被控器程序名:I2C_S01.ASM

```
include <p16f73.inc>                 ;@4M oscillator
    TOGGLE EQU   20H
    CUP0    EQU   21H
    CUP1    EQU   22H                ;定义变量在 RAM 中的地址
    ORG 0000                         ;进入主程序
    GOTO  START
    ORG   0004                       ;进入中断服务程序
    GOTO INT_SRV
START:
    BANKSEL TRISA
    CLRF TRISB                       ;显示端口设为输出态
    MOVLW 80H                        ;初始化 SSPSTAT 寄存器,
```

```
        MOVWF SSPSTAT              ;SCL 速率适应标准模式 100kHz
        MOVLW 0xAA
        MOVWF SSPADD              ;设定从机(本机)的线上地址(ID 号)
        BSF PIE1,SSPIE            ;打开 SSP 中断
        BSF INTCON,PEIE          ;打开外设中断
        BSF INTCON,GIE           ;打开总中断
        BANKSEL PORTA
        MOVLW 0X36               ;初始化 SSPCON,设为被控方式,7 位寻址
        MOVWF SSPCON             ;设为 I²C 从机工作方式
        CLRF PORTB
        CLRF CUP0                ;清零相关存器
        CLRF CUP1
        CLRF TOGGLE              ;TOGGLE 记录 SSP 中断的"次数"
LOOP:                            ;主程序(循环)
        MOVF CUP0,W
        MOVWF PORTB              ;对来自主控器的 2 个数据在 RB 端口交替显示
        CALL DELAY
        MOVF CUP1,W
        MOVWF PORTB
        CALL DELAY              ;调用延时
        GOTO LOOP

INT_SRV:                        ;中断服务程序
        BCF  PIR1,SSPIF         ;此刻 SCL 电平自动拉低
        BSF  STATUS,C
        RLF  TOGGLE,F
        BTFSS TOGGLE,1
        GOTO  INT_1             ;第 1 次进入中断
        BTFSS  TOGGLE,2
        GOTO  INT_2             ;第 2 次进入中断
        GOTO  INT_3
INT_1: MOVF SSPBUF,W           ;接收地址后读出,使 BF 位清零
        BSF SSPCON,CKP          ;释放 SCL 线
        RETFIE
INT_2: MOVF SSPBUF,W           ;接收第 1 个 data－55H
        MOVWF CUP0              ;本次若不接收会造成后面 byte 接收失败并发出 NACK 信号
        BSF SSPCON,CKP          ;释放 SCL 线
        RETFIE
INT_3: MOVF SSPBUF,W           ;接收第 2 个 data－64H
        MOVWF CUP1
        BSF SSPCON,CKP          ;释放 SCL 线
        RETFIE
```

```
DELAY：…                          ;约 500ms 延时子程序
        END
```

以上主从机程序对应的实验波形如图 13.16 所示。以往的资料中，主机、从机的波形都是分别列出的，笔者在这里想到，主从机发生一次通信，它们在总线上的波形只有一种表现，只是在各自芯片内部的有关信号表现不同而已。在这里，把主从机的信号集中在一张图上刻画出来，结合前面所讲的主控发送序列，被控接收序列，让大家能作对比认识，使得思路更加清晰。

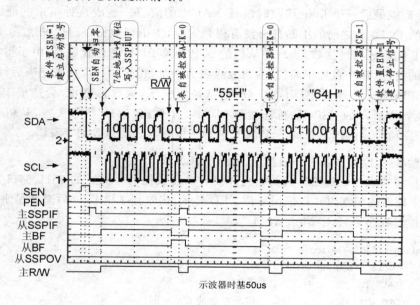

图 13.16　主控发送——被控接收时序图

图 13.16 中包含着比文字表述更丰富的信息。对照前面的文字，这里做一些补充说明：

（1）启动时序、停止时序都由主控器发出，具体细节可见 13.7 章。

（2）主控器发生 SSPIF 置位的次数多些，这与它扮演的角色有关系，每次 SSPIF 置位后，主软件可以趁机操控总线，一般都有这个动作，即把待发数据写入 SSPBUF 中。被控器发生 SSPIF 置位的机会少些，一般是数据接收完毕后置位，从软件可以趁机装载数据。

对于主从机，它们发生 SSPIF 置位后都必须通过软件清零。

（3）主机的缓冲器满标志位 BF，都是通过硬件置位、复位的。如图所示，在整个发送的过程中都是高位（8 个周期），其他时间都是低位。

对于从机，接收数据完毕后，BF 由硬件置位，但是必须通过读取 SSPBUF 才能使 BF 清零。由图可见，主机 BF 复位时刻（数据被清空）就是从机 BF 的置位时刻

（数据被装载）。

（4）图中 SSPIF 和 BF 的高位持续时间是随机的，与各自软件的执行相关。

（5）主机的 R/W 位对发送过程进行监测。如图，9 个脉冲期间都为高电平，表示正在发送；其他时间为低电平，表示没有发送。它的置位复位都是由硬件控制的。

（6）这个通信的实验，在发送第一个地址字节后，随后连续发送 2 个 byte，第 1 个 byte 被从机正常接收，从机反馈 ACK＝0，第 2 个 byte 主机发送了，从机未收到，从机反馈 ACK＝1。以上的主从机程序是正常的程序，即主机发送，从机都成功接收，不会造成最后一个 byte 接收时出现 NACK 的应答。造成这种结果的原因是从机程序的 INT2 及之前的中断部分没有得到响应，主机把数据"55H"发送了，从机的 SSPBUF 随后成功地接收，表现为从机的 SSPIF 及 BF 标志位置位，但由于得不到从机程序的处理，它一直处于高位；主机发送最后一个数据"64H"，发送完毕后，同样会造成 SSPIF 与 BF 置位，然而，前一次都已经置位了，这次再置位，会造成 BF 的冲突，形成如图所示的 SSPOV 标志置位，即第 3 个数据"64H"接收失败，从机于是送出 NACK 信号，这时，从机的 SSPBUF 中仍然保存着之前接收的"55H"。

实验 2：主控器接收——被控器发送（中断方式）

本程序实现 I²C 主控方式初始化并接收来自被控器"发送"的 55H、64H 这 2 个 byte。主控器的 PORTB 口采用 8 位 LED 显示，接收到 2 个 byte 后交替显示。

主控器程序名：I2C_M02.ASM

```
include <p16f877A.inc>        ;@4M oscillator
    TOGGLE    EQU 20H
    SLAVE_ID  EQU 21H
    CUP0 EQU 22H                ;定义变量的 RAM 地址
    CUP1 EQU 23H
    ORG   0000
    GOTO  START                ;进入主程序
    ORG   0004
    GOTO  INT_SRV              ;进入中断服务程序
START:
    BANKSEL TRISA
    CLRF  TRISB                ;显示端口设为输出态
    MOVLW  80H                 ;初始化 SSPSTAT 寄存器
    MOVWF  SSPSTAT             ;传送速率为标准模式 100KHZ
    MOVLW  0BH
    MOVWF  SSPADD              ;设定 I²C 移位时钟周期 T_BRG = 6 μs
    CLRF  SSPCON2              ;初始化 SSPCON2
    BSF  PIE1,SSPIE            ;打开 SSP 中断
    BSF  INTCON,PEIE           ;打开外设中断
    BSF  INTCON,GIE            ;打开总中断
```

```
        BANKSEL   PORTA
        MOVLW    0X38              ;初始化 SSPCON,使能 SSP 端口
        MOVWF    SSPCON            ;设为 I²C 主控模式
        CLRF PORTB
        MOVLW B'10101010'          ;设从机地址高 7 位为 1010101B,低 1 位为 R/W＝0 表示写入
        MOVWF SLAVE_ID
        CLRF    TOGGLE             ;TOGGLE 记录 SSP 中断的"次数"
        CALL DELAY                 ;延时,等待从机就绪
        BANKSEL TRISA
        BSF SSPCON2,SEN            ;产生 I²C 启动信号 S
        BANKSEL PORTA
LOOP:
        MOVF CUP0,W
        MOVWF PORTB               ;接收到来自从机的数据后交替显示
        CALL DELAY               ;延时
        MOVF CUP1,W
        MOVWF P ORTB             ;送往 RB 端口显示
        CALL DELAY
        GOTO LOOP


INT_SRV:                         ;中断服务程序
        BCF   PIR1,SSPIF
        BSF   STATUS,C
        RLF   TOGGLE,F
        BTFSS TOGGLE,1
        GOTO   INT_1             ;第 1 次进入中断
        BTFSS   TOGGLE,2
        GOTO   INT_2             ;第 2 次进入中断
        BTFSS   TOGGLE,3
        GOTO   INT_3             ;第 3 次进入中断
        GOTO   INT_4             ;第 4 次进入中断
INT_1: MOVF   SLAVE_ID,W
        IORLW   01H              ;置 R/W＝1,设为读状态
        MOVWF   SSPBUF           ;启动发送,发送被控器的识别 ID
        RETFIE
INT_2: BANKSEL TRISA
        NOP                      ;本次中断与从机中断同时发生,等待从机准备好数据
        NOP
        BSF   SSPCON2,RCEN       ;使能接收,发送 SCL 脉冲,索取从机数据
        BANKSEL PORTA
        RETFIE
INT_3: MOVF   SSPBUF,W           ;装载从机数据
```

```
        MOVWF   CUP0
        BANKSEL TRISA
        BCF  PIE1,SSPIE          ;屏蔽以下应答中断,采用查询方式
        BCF  SSPCON2,ACKDT       ;设置应答信息
        BSF  SSPCON2,ACKEN       ;应答位使能
        BTFSC SSPCON2,ACKEN      ;应答完成与否,完成后会自动清零
        GOTO   $ - 1
        NOP                      ;ACK 中断此刻发生,不响应
        BSF  SSPCON2,RCEN        ;使能接收,发送 SCL 脉冲,索取从机数据
        BANKSEL PORTA
        BCF PIR1,SSPIF           ;清零应答中断标志
        BANKSEL TRISA
        BSF PIE1,SSPIE           ;打开 SSP 中断
        BANKSEL PORTA
        RETFIE
INT_4: MOVF  SSPBUF,W            ;装载从机数据
        MOVWF   CUP1
        BANKSEL TRISA
        BCF  PIE1,SSPIE          ;屏蔽以下应答中断,采用查询方式
        BSF  SSPCON2,ACKDT       ;不应答,Master 已经接收满
        BSF  SSPCON2,ACKEN       ;应答位使能
        BTFSC SSPCON2,ACKEN      ;应答完成与否,完成后 ACKEN 会自动清零
        GOTO   $ - 1
        NOP                      ;ACK 中断此刻发生,不响应
        BSF  SSPCON2,PEN         ;产生停止位
        BANKSEL PORTA
        BCF PIR1,SSPIF           ;清零应答中断标志
        BANKSEL TRISA
        BCF  PIE1,SSPIE          ;关闭 SSP 中断
        BANKSEL PORTA
        CLRF  TOGGLE             ;清零中断"次数"
        RETFIE
        DELAY:                   ;约 500ms 延时
        ...
        END
```

被控器程序名:I2C_S02.ASM

```
include <p16f73.inc>           ;@4M oscillator
    TOGGLE EQU  20H
    ORG  0000
    GOTO  START
```

```
        ORG    0004
        GOTO   INT_SRV
START:
        MOVLW   0X36        ;初始化 SSPCON,被控方式,7 位寻址
        MOVWF   SSPCON      ;I²C 从机模式
        CLRF TOGGLE         ;TOGGLE 记录 SSP 中断的次数
        BANKSEL TRISA
        MOVLW   80H         ;初始化 SSPSTAT 寄存器
        MOVWF   SSPSTAT     ;SCL 速率适应标准模式 100kHz
        MOVLW   B'10101010' ;若把高 7 位更改,从机不能被主机识别
        MOVWF   SSPADD      ;设定从机(本机)线上地址 - ID 号
        BSF  PIE1,SSPIE     ;打开 SSP 中断
        BSF INTCON,PEIE     ;打开外设中断
        BSF INTCON,GIE      ;打开总中断
        BANKSEL PORTA
LOOP:                       ;主程序(循环)
    NOP
    GOTO LOOP


INT_SRV:                    ;中断服务程序
    BCF   PIR1,SSPIF        ;此刻 SCL 电平自动拉低
    BSF    STATUS,C
    RLF    TOGGLE,F
    BTFSS TOGGLE,1
    GOTO   INT_1            ;第 1 次进入中断
    GOTO   INT_2            ;第 2 次进入中断
INT_1: MOVF SSPBUF,W        ;接收主机地址后读出,使 BF 位清零
    MOVLW 0X55
    MOVWF SSPBUF            ;被控发送 data-55H
    BSF SSPCON,CKP          ;释放 SCL 线
    RETFIE
INT_2: MOVLW 0X64
    MOVWF SSPBUF            ;被控发送 data-64H
    BSF SSPCON,CKP          ;释放 SCL 线
    BANKSEL TRISA
    BCF   PIE1,SSPIE        ;关闭 SSP 中断后返回
    BANKSEL PORTA
    RETFIE
    END
```

以上主从机程序对应的实验波形如图 13.17 所示。

图 13.17 中包含着比文字表述更丰富的信息。对照前面的文字,这里做一些补

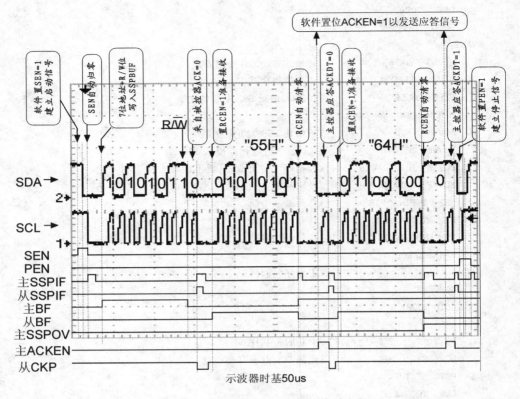

图 13.17　被控发送——主控接收时序图

充说明：

（1）启动时序、停止时序都由主控器发出，具体细节可见 13.7 章。

（2）主控器发生 SSPIF 置位的次数多些，这与它扮演的角色有关系。虽然是主控接收，什么时候接收，都由它说了算，每次 SSPIF 置位后，主软件可以趁机操控总线，一般都有这个动作，置位 RCEN 并启动时钟以等待数据移入。被控器发生SSPIF 置位的机会少些，一般是数据"发送"完毕并得到应答后置位，从软件可以趁机装载待发数据。

对于主从机，它们发生 SSPIF 置位后都必须通过软件清零。

（3）主机的缓冲器满标志位 BF，都是通过硬件置位。对于复位，如果是主发送，则自动复位；如果是接收，则需通过软件复位，如图 13.17 所示。

对于从机，开始发送数据时刻，BF 由硬件置位，并且整个过程（8 个周期）维持高位，其他时段均为低位。由上图可见，从机 BF 复位时刻（数据被腾空）就是主机 BF的置位时刻（数据被装载）。

（4）图中 SSPIF 和 BF 的高位持续时间是随机的，与各自软件的执行相关。

（5）对于应答位，前面的实验，主发从收，应答信号是从机自动发出的。这里，主收从发,应答信号一般来自主机,主机发出应答信号要通过软件操控。在主机接收数据的过程中,可以通过相关的标志位判断这一次的接收是否成功。如果成功,就发出 ACKDT＝0 的应答信号;反之,发出 ACKDT＝1 的应答信号。图中,应答信号的持续时间是 1 个 SCL 周期,开始时刻,要用软件置位 ACKEN,结束时刻,ACKEN 会自动归零。

(6) 这个通信的实验(包含程序)实际上是成功的。从机正常发送,主机成功接收。为了加深对问题的认识,图中向我们展示了主机接收的 2 个 byte 中,一个被正常接收,另一个接收失败的情况。

在主机发送第一个地址字节后,随后连续接收 2 个 byte,第 1 个 byte"55H"被主机正常接收,主机反馈 ACKDT＝0。然而,这之后,主机没有读取 SSPBUF,致使 BF 长期高位;随之,第 2 个 byte"64H"被从机发送了,主机准备接收,致使 BF 再被置位(8 个周期结束时刻),这与 BF 之前的状态发生了冲突,造成主机的 SSPOV 置位,即 SSPBUF 接收溢出,接收失败,主机反馈 ACKDT＝1。SSPBUF 仍然保存着之前的"55H"。

(7) 以上的主从机程序都是正常的程序,即从机发送,主机都成功接收,主机在接收完最后一个 byte 发出 NACK 信号表示主机所需的 byte 已全部接收完毕。当主机发出的 NACK 被从机锁定时,从机的控制逻辑将被复位,并开始监视下一个启动时序的出现。

当主机反馈 ACKDT＝0 时,可以继续接收来自从机的 byte,从机在把 byte 写入 SSPBUF 后,用软件置位 CKP,释放 SCL 线,启动 BRG,使 SCL 时钟开始运行。

(8) 图中的 CKP 信号来自从机,当主机发送的第 9 个时钟周期结束时刻,CKP 被硬件自动清零,这样做会使 SCL 的电平一直处于低位。在这期间,从机可以做发送准备工作,主要是把待发数据写入 SSPBUF 中,这时,数据不会被立即发送,因为 BRG 被关停,一旦 CKP 被软件置位,SCL 被释放,BRG 立即启动,从机数据开始发送。

(9) 对于主机的接收使能位 RCEN,每次接收 1 个 byte,之前都必须用软件使 RCEN 置位,接收完毕后由硬件自动复位。实际上,如果不考虑从机对总线的影响,RCEN 一旦被软件置位,SCL"取数脉冲"便开始了,从机的数据会随着脉冲逐位移入主机。

如果 RCEN 在置位时刻,CKP 为零,SCL 被拉低,那么 SCL"取数脉冲"就不会产生,一直要等到 CKP 置位,SCL 被释放,"取数脉冲"才会产生。

实验 3：主控器向 EEPROM－24C01 写入数据。实验电路如图 13.13 所示,24C01 的 A0、A1、A2、WP 引脚接地;SCL、SDA 引脚与 PIC16F877A 的相应引脚相连。

实验目的：向存储空间 55H 单元中写入 DATA＝64H 并读出。

实现方法：①程序 I2C_W01.ASM 实现写入功能。

②程序 I2C_R01.ASM 实现读出功能,并以二进制形式显示在 RB 端口上。

程序名:I2C_W01.ASM(写数据)

```
include <p16f877A.inc>        ;@4M oscillator
    TOGGLE  EQU   20H
    EE_ID   EQU   21H
    ORG   0000
    GOTO   START
    ORG   0004
    GOTO   INT_SRV
START:
    BANKSEL TRISA
    MOVLW   80H               ;初始化 SSPSTAT 寄存器
    MOVWF   SSPSTAT           ;设传送速率为标准模式 100kHz
    MOVLW   0BH
    MOVWF   SSPADD            ;设定 I²C 时钟频率 T_BRG = 6 μs
    CLRF   SSPCON2            ;初始化 SSPCON2
    BSF   PIE1,SSPIE          ;打开 SSP 中断
    BSF   INTCON,PEIE         ;打开外设中断
    BSF   INTCON,GIE
    BANKSEL PORTA
    MOVLW   0X38              ;初始化 SSPCON
    MOVWF   SSPCON            ;设为 I²C 主控方式
    MOVLW B'10100000'         ;设定 EEPROM 的 ID 号
    MOVWF EE_ID
    CLRF   TOGGLE             ;TOGGLE 记录 SSP 中断的"次数"
    BANKSEL TRISA
    BSF   SSPCON2,SEN         ;产生 I²C 启动信号 S
    BANKSEL PORTA
LOOP:
    NOP
    GOTO LOOP

INT_SRV:                      ;中断服务程序
    BCF PIR1,SSPIF
    BSF   STATUS,C
    RLF   TOGGLE,F
    BTFSS   TOGGLE,1
    GOTO   INT_1              ;S 完毕之后,第 1 次进入中断
    BTFSS   TOGGLE,2
    GOTO   INT_2              ;EE_ID 送完之后,第 2 次进入中断
    BTFSS   TOGGLE,3
```

```
        GOTO    INT_3           ;存储地址送完之后,第 3 次进入中断
        BTFSS   TOGGLE,4
        GOTO    INT_4           ;存储数据送完之后,第 4 次进入中断
        GOTO    INT_5           ;P 完毕之后,第 5 次进入中断
INT_1:  MOVF    EE_ID,W
        ANDLW   0XFE            ;令 R/W = 0,使主控器发送(write)信息
        MOVWF   SSPBUF          ;发送 EEPROM  的 ID信息
        RETFIE
INT_2:  MOVLW   0X55
        MOVWF   SSPBUF          ;发送第 1 个 byte －－表示 word address
        RETFIE
INT_3:  MOVLW 0X64
        MOVWF SSPBUF            ;发送第 2 个 byte －－表示 data
        RETFIE
INT_4:  BANKSEL TRISA
        BSF   SSPCON2,PEN       ;发送停止位 P
        BANKSEL PORTA
        RETFIE
INT_5: BCF   SSPCON,SSPEN      ;关闭 SSP 端口,释放 I²C 总线
        BANKSEL TRISA
        BCF   PIE1,SSPIE        ;关闭 SSP 中断
        BANKSEL PORTA
        RETFIE
        END
```

　　图 13.4 就是一次完整通信过程的 I²C 信号时序,表示的就是本程序的写入波形,读者可以参照并体会。

程序名:I2C_R01.ASM(读数据)

```
include ＜p16f877A.inc＞       ;@4M oscillator
    TOGGLE EQU  20H
    EE_ID   EQU   21H          ;定义变量的 RAM 地址
    ORG  0000
    GOTO  START                ;进入主程序
    ORG  0004
    GOTO   INT_SRV             ;进入中断服务程序
START:
    BANKSEL TRISA
    CLRF TRISB                 ;显示端口 RB 设为输出态
    MOVLW   80H                ;初始化 SSPSTAT 寄存器
    MOVWF   SSPSTAT            ;设传送速率为标准模式 100kHz
```

```
        MOVLW   OBH
        MOVWF   SSPADD          ;设定 I²C 时钟频率 T_BRG = 6 μs
        CLRF    SSPCON2         ;初始化 SSPCON2
        BSF     PIE1,SSPIE      ;打开 SSP 中断
        BSF  INTCON,PEIE        ;打开外设中断
        BSF  INTCON,GIE         ;打开总中断
        BANKSEL PORTA
        MOVLW   0X38            ;初始化 SSPCON
        MOVWF   SSPCON          ;设为 I²C 主控方式
        CLRF  PORTB
        MOVLW B'10100000'       ;设定 EEPROM 的 ID 号
        MOVWF EE_ID
        CLRF  TOGGLE            ;TOGGLE 记录 SSP 中断的"次数"
        BANKSEL TRISA
        BSF SSPCON2,SEN         ;产生 I²C 启动信号 S
        BANKSEL PORTA
LOOP:                           ;主程序(循环)
        NOP
        GOTO LOOP


INT_SRV:                        ;中断服务程序
        BCF   PIR1,SSPIF
        BSF   STATUS,C
        RLF   TOGGLE,F
        BTFSS TOGGLE,1
        GOTO   INT_1            ;第 1 次进入中断
        BTFSS  TOGGLE,2
        GOTO   INT_2            ;第 2 次进入中断
        BTFSS  TOGGLE,3
        GOTO   INT_3            ;第 3 次进入中断
        BTFSS  TOGGLE,4
        GOTO   INT_4            ;第 4 次进入中断
        BTFSS  TOGGLE,5
        GOTO   INT_5            ;第 5 次进入中断
        GOTO   INT_6
INT_1: MOVF    EE_ID,W
        ANDLW  OFEH             ;置 R/W = 0,设为写状态
        MOVWF  SSPBUF           ;发送 EEPROM 的识别 ID
        RETFIE
INT_2: MOVLW   0X55            ;发送待读 byte 的 EEPROM 地址
        MOVWF   SSPBUF
        RETFIE
```

```
INT_3：BANKSEL TRISA
       BSF  SSPCON2,RSEN          ;产生重启动信号
       BANKSEL PORTA
       RETFIE
INT_4：MOVF EE_ID,W
       IORLW  01H                 ;再次发送 EEPROM 的识别 ID,置 R/W = 1,读状态
       MOVWF SSPBUF
       RETFIE
INT_5：BANKSEL TRISA
       BSF  SSPCON2,RCEN          ;使能接收
       BANKSEL PORTA
       RETFIE
INT_6：MOVF  SSPBUF,W
       MOVWF  PORTB               ;读出的 byte 送到 RB 端口显示
       BANKSEL TRISA
       BSF  SSPCON2,ACKDT         ;不应答,Master 已经接收满
       BSF  SSPCON2,ACKEN         ;应答位使能
       BTFSC  SSPCON2,ACKEN       ;应答完成与否,完成后 ACKEN 会自动清零
       GOTO  $ - 1
       BSF  SSPCON2,PEN           ;产生停止位
       BCF  PIE1,SSPIE            ;关闭 SSP 中断
       BANKSEL PORTA
       CLRF  TOGGLE               ;清零中断"次数"
       RETFIE
       END
```

图 13.18 是本程序表现出的时序波形图,本图由两幅波形图拼接而成,左图是 RS 信号左边的波形,右图是 RS 信号右边的波形。对于此图,前面示例已有类似解释,读者可以对照程序细细体会。

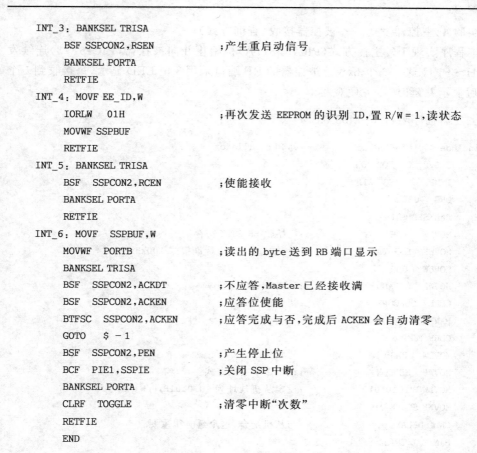

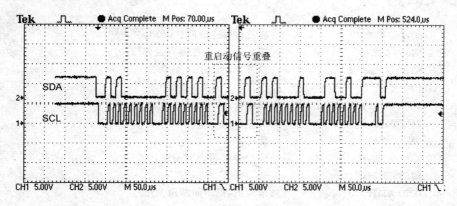

图 13.18   PIC16F877A 通过 I²C 读取 EEPROM—24C01A 时序图

实验 4:主控器发送——被控器接收(查询方式)

本程序实现 I²C 主控方式(PIC16F877A)初始化并向被控器(PIC16F73)连续发送 00H～FFH 这 256 个 byte。被控器的 RB 端口采用 8 位 LED 显示,每接收到 1 个 byte 后显示并延时,以方便观察。

主控器程序名:I2C_M03.ASM

```
include <p16f877A.inc>        ;@4M oscillator
    SLAVE_ID  EQU 20H
    TEMP      EQU 21H
    ORG   0300
    BANKSEL TRISA
    MOVLW   80H               ;初始化 SSPSTAT 寄存器
    MOVWF   SSPSTAT           ;设 SCL 速率适应标准模式 100kHz
    MOVLW   0BH
    MOVWF   SSPADD            ;设定 I²C 时钟频率 T_BRG = 6 μs
    CLRF    SSPCON2           ;初始化 SSPCON2
    BANKSEL PORTA
    CLRF TEMP
    MOVLW   0X38              ;初始化 SSPCON
    MOVWF   SSPCON            ;设为 I²C 主控方式
    MOVLW B'10101010'         ;设定从机地址为 1010101B,R/W = 0 写入
    MOVWF SLAVE_ID
    CALL DELAY                ;与从机配合,这个延时很重要
    BANKSEL TRISA
    BSF  SSPCON2,SEN          ;产生 I²C 启动信号 S
    BANKSEL PORTA
    BTFSS PIR1,SSPIF          ;等待中断的发生
    GOTO $ - 1
    BCF PIR1,SSPIF
    MOVF SLAVE_ID,W           ;装载从机地址信息(ID 号)
    ANDLW 0XFE                ;置 R/W = 0,主控器发送(Write)
    MOVWF   SSPBUF            ;发送 SLAVE 的 ID 信息
AGAIN:
    INCF TEMP,F               ;递增数据
    CALL SEND                 ;发送数据
    CALL DELAY                ;延时
    MOVF TEMP,F               ;FFH→00H 溢出时刻终止发送
    BTFSS STATUS,Z
    GOTO AGAIN                ;未溢出,则不间断地发送
    BANKSEL TRISA
    BSF  SSPCON2,PEN          ;发送停止位
```

```
        BCF PIE1,SSPIE              ;关闭 SSP 中断
        BANKSEL PORTA
LOOP:                               ;主程序(循环)
        NOP
        GOTO LOOP
SEND:                               ;发送 byte 的子程序
        BTFSS PIR1,SSPIF            ;查询 byte 是否发送完毕
        GOTO $ - 1
        BCF PIR1,SSPIF
        MOVF TEMP,W
        MOVWF   SSPBUF              ;发送 byte
        RETURN
DELAY:                              ;约 500ms 延时子程序
        ...
        END
```

被控器程序名:I2C_S03.ASM

```
include <p16f73.inc>              ;@4M oscillator
        CUPO EQU 20H
        ORG   0200
        BANKSEL TRISA
        CLRF  TRISB                 ;显示端口设为输出态
        MOVLW  80H                  ;初始化 SSPSTAT 寄存器
        MOVWF  SSPSTAT              ;设 SCL 速率适应标准模式 100kHz
        MOVLW  0xAA
        MOVWF  SSPADD               ;设定从机(本机)线上地址 - ID 号
        BANKSEL PORTA
        MOVLW  0X36                 ;初始化 SSPCON,被控方式,7 位寻址
        MOVWF  SSPCON               ;设为 I²C 从机方式
        CLRF PORTB
        CLRF CUPO
        BTFSS PIR1,SSPIF            ;等待中断的发生(接收信息)
        GOTO $ - 1
        BCF PIR1,SSPIF
        MOVF SSPBUF,W               ;接收地址后读出,使 BF 位清零
        BSF SSPCON,CKP              ;释放 SCL 线
LOOP:
        CALL RECEIVE                ;调用接收子程序
        MOVF CUPO,W
        MOVWF PORTB                 ;接收来自主机的 byte 并实时显示在 RB 端口上
```

```
        GOTO LOOP
RECEIVE:                         ;接收 byte - 子程序
    BTFSS PIR1,SSPIF
    GOTO $ - 1                   ;查询是否接收完毕
    BCF PIR1,SSPIF
    MOVF SSPBUF,W                ;接收完毕后,装载接收到的 byte
    MOVWF CUP0
    BSF SSPCON,CKP               ;释放 SCL 线
    RETURN
    END
```

　　本章与硬件及汇编语言有关的内容就讲到这里,其实关于 I²C 通信的内容很多,作为一种优秀的串行总线标准,它的内涵特别丰富。要了解详情,可上网(www.nxp.com)查看 I²C—bus specification and user manual(Rev. 6— 4 April 2014)的内容。

　　限于篇幅,作为 PIC 单片机的一个通信模块,本章只讲解了它的主要功能及使用方法。实际应用中的系统大都是以单主机配置为主的,即使系统中有多片 MCU,其中也只有一个作为主控器。由于这个原因,本章所描述的 I²C 总线系统都是基于单主机的,在单主机系统中,不存在时钟同步、总线冲突、总线仲裁等问题,这些问题的逻辑关系非常复杂,非三言两语能说清楚。读者若想深究,可网上查阅。

　　I²C 总线的时序并不是只有硬件才能产生的,使用软件也可以模拟,对于不带 I²C 硬件模块的 MCU,如 PIC16C5X 等,也可以挂接在 I²C 总线上,通过软件编程实现与其他器件之间的通信。这方面内容,也可网上查阅。

　　不论是通过硬件还是软件生成 I²C 时序,如果采用汇编语句,这个过程都比其他串行通信显得繁琐,甚至非常繁琐。面对这种情形,使用 C 语言编程不失为一种好的选择。它使我们只需关注某个动作(C 语言函数),而不必关注该动作产生的细节(汇编语句),因为 C 编译器帮助我们把这些细节工作都做了。使用 C 语言编制 I²C 通信程序可以大大提高编程效率,这个过程如何实现,请关注下一节内容。

13.13　I²C 通信的 C 语言编程

　　使用 C 语言对 I²C 模块进行编程,需要用到预处理器 ♯ USE I²C。

　　类似于 SPI 模块的 C 编译器,I²C 模块的 C 编译器不仅可用于硬件 I²C,也可以用于软件 I²C。使用上的特点雷同于 SPI,在此不赘述。

　　内部函数有如下几种,它们分别是:

(1) i2c_start( )

语法:i2c_start( );

i2c_start(stream);

i2c_start(stream，restart);

函数功能：当为 I²C 主控模式时，发送一个启动信号且在启动信号之后，SCL 线会拉低直到 i2c_write( )指令被执行。如果在 i2c_stop 指令执行前，i2c_start 指令再次被调用，那么重启动信号将会产生。

注：由于 I²C 通信与从器件的状态相关，编译器为 i2c_start 函数提供了如下可选参数：

若该参数为 1：表示产生重启动信号；

若该参数为 2：必须携带 stream 参数，编译器会将 i2c_start 指令作为 restart 指令执行；

若该参数为 0 或未指定：表示产生正常的启动信号。

（2）i2c_stop( )

语法：i2c_stop( );

　　　i2c_stop(stream);

函数功能：当为 I²C 主控模式时，发出一个停止信号。

函数参数说明：

Stream：表示在 ♯ use i2c 的选项"stream＝name"中定义的将被使用的 I²C 数据流。当一个 PIC 芯片中存在多个 I²C 数据流时，需要对它们进行区分，参数 stream 就是起这个作用的。如果只有一个 I²C 模块，可以省去该参数。其他函数中的 stream 表达意义与此相同。

（3）i2c_write(data)

语法：i2c_write (data);

　　　i2c_write (stream，data);

函数功能：通过 I²C 总线发送单个字节。用在主机上时，该函数会产生随数据输出的时钟信号；用在从机上时，它会等待来自主机的时钟信号。该函数不具备自动超时功能。它返回 ACK 值，用以表征从机是否接收到数据。对于主机，在启动信号之后发送的第一个字节的最低位是 R/W 位，他决定着数据在主从机直接传输的方向。为 0 表示主机向从机写数据，反之是读数据。

函数参数说明：

Data：表示通过 I²C 传送的常量或变量，它的数据类型是 8 位整型。

返回参数说明：

用于主机时，该函数返回应答信号 ACK 值；用于从机时，不返回该值。

当 ACK＝0 时，表示从机已应答；

当 ACK＝1 时，表示从机没有应答；

当 ACK＝2 时，表示在多主机系统中发生了总线冲突。

（4）i2c_read（ ）

　　语法：data = i2c_read（ ）；

　　　　　data = i2c_read（ack）；

　　　　　data = i2c_read（stream，ack）；

　　函数功能：通过 I²C 总线读入一个字节数据，在主机模式下，执行该函数会产生时钟信号；在从机模式下，执行该函数后，会等待时钟信号的出现。从模式下，不存在超时。使用函数 i2c_poll（ ）可防止锁死。当从模式下等待时，使用 #USE I2C 中的函数 restart_wdt（ ）可以启动 WDT。

　　函数参数说明：

　　ACK：为可选参数，缺省值为 1。

　　当 ACK=0 时，表示本机发出不应答信号（主控接收时）；

　　当 ACK=1 时，表示本机发出应答信号（主控接收时）；

　　当 ACK=2 时，仅用于从模式，表示在读数据的末尾时刻，不释放时钟线。当 i2c_isr_state（ ）返回 0x80 值时，也可以使用该参数。

　　返回参数说明：返回值 data 是 8 位 int 型数据。

（5）i2c_poll（ ）

　　语法：i2c_poll（ ）；

　　　　　i2c_poll（stream）；

　　注：只有当硬件 I²C 存在时才可用到该函数。

　　函数功能：如果硬件 I²C 模块在缓冲器中接收到一个字节，该函数会返回布尔值 1，随后，调用函数 i2c_read（ ）即可读取接收到的字节。

　　其功能相当于汇编语句：BTFSC SSPSTAT，BF

（6）i2c_slaveaddr（ ）

　　语法：i2c_slaveaddr（addr）；

　　　　　i2c_slaveaddr（stream，addr）；

　　函数功能：该函数用于设置 I²C 总线上从机的地址，它没有返回值。

　　其功能相当于汇编语句：MOVLW 0XA0　MOVWF SSPADD

　　函数参数说明：地址值 addr 是 8 位设备地址，数据类型 int8。

　　注：只有当硬件 I²C 存在时才可用到该函数，且只用于从机模式。

（7）i2c_init （ ）

　　语法：i2c_init（[stream]，baud）；

　　函数功能：对 I²C 模块进行初始化，使它在设定的波特率下工作。它没有返回值。

　　函数参数说明：

当 baud＝0 时，I²C 设备会被禁止；

当 baud＝1 时，I²C 设备会被初始化并使能，同时依照♯USE I2C 中设定的波特率工作。

当 baud＞1 时，I²C 设备会被初始化并使能，同时依照设定的波特率工作，此时 baud 值是一个具体的波特率值，其数据类型为 int32。

(8) i2c_isr_state ( )

语法：state ＝ i2c_isr_state ( );

　　　　 state ＝ i2c_isr_state (stream);

注：只有当硬件 I²C 存在时才可用到该函数，且仅用于从机模式下。

函数功能：在从模式下的 SSP 中断发生后，该函数返回 I²C 通信的各种状态值，这个值会随着每一个字节的接收或发送而递增。如果函数返回值是 0x00 或 0x80，那么需要执行 i2c_read ( )以读取主机发送的 I2C 地址。（如果该地址与♯USE I2C 中配置的地址相同，那么这个返回值可以忽略。）

返回参数说明：返回值 state 是一个 8 位的 int 型数据。

当 state＝0 时：表示来自主机的 byte，其高 7 位是与从机匹配的地址，且最低位 R/W＝0（主机向从机写数据）。判断完毕后，执行 i2c_read ( )以读取地址。

当 1≤state≤0x7F 时：主机已向从机写入 byte，每写入一个 byte，state 递增一次。判断完毕后，执行 i2c_read ( )以读取数据。

当 state＝0x80 时：表示来自主机的 byte，其高 7 位是与从机匹配的地址，且最低位 R/W＝1（主机向从机读数据）。判断完毕后，执行 i2c_read ( )以读取地址。并且可使用 i2c_write ( )向发送缓冲器预装载数据为下一次传输作准备（下一次由主机执行的 I²C 读操作将读取这个 byte）。

当 0x81≤state≤0xFF 时：主机向从机读数据，每读取一个 byte，state 递增一次。判断完毕后，执行 i2c_write ( )以向发送缓冲器预装载数据为下一次传输作准备（下一次由主机执行的 I²C 读操作将读取这个 byte）。

(9) i2c_speed ( )

语法：i2c_speed (baud);

　　　　 i2c_speed (stream, baud);

注：只有当硬件 I²C 存在时才可用到该函数。

函数功能：该函数可以改变运行状态下 I²C 的通信波特率，它没有返回值。

函数参数说明：baud 表示在总线上每秒传输的 bit 数。

以上函数对应的汇编语句是需要了解的，仅仅凭函数本身，不容易弄清楚程序具体如何执行，也就是不容易掌控细节。特别是对于函数"i2c_isr_state ( )"，其内涵特别丰富,要真正了解它的工作原理,可以在程序编译成功后,打开"Disassemble list-ing"窗口查看。

注:与中断有关的函数及预处理器与 SPI 通信是相同的。

类似于软件 SPI,要使用软件 I²C,必须用到预处理器♯use i2c。它是用于产生 I²C 时序的固定程序。该预处理器包含着如下众多选项,现分别介绍如下:

MASTER	使系统工作在单主机方式;
MULTI_MASTER	使系统工作在多主机方式;
SLAVE	使器件工作在从机方式;
SCL = pin	用于时钟信号 SCL 的引脚;
SDA = pin	用于数据信号 SDA 的引脚;
ADDRESS = nn	设定某从机的地址;
FAST	使用快速 I²C 规范(400kbps);
FAST = nnnnnn	设置通信速率,单位是 Hz;
SLOW	使用低速 I²C 规范(100kbps);
RESTART_WDT	当等待 I2C_READ 执行时,重启动 WDT;
FORCE_HW	使用 PIC 单片机的硬件 I²C 功能;
FORCE_SW	使用 PIC 单片机的软件 I²C 功能;
NOFLOAT_HIGH	不允许信号浮置为高电平,信号从低到高被驱动;
SMBUS	所使用的总线不是 I²C 总线,但是非常相似;
STREAM = id	为某个 I²C 端口指定一个数据流名称;
NO_STRETCH	不允许时钟时间延伸;
MASK = nn	为支持该功能的器件设定一个地址掩码;
I2C1	设置第 1 个 I²C 模块;
I2C2	设置第 2 个 I²C 模块;
NOINIT	对硬件 I²C 端口不作初始化设置。在运行时使用函数 I2C_INIT( )行初始化。

将实验 1 的程序用 C 语言实现,程序如下:
主机程序(对应 I2C_M01.ASM):

```
# include<16f877a.h>
# fuses XT,NOWDT,PUT,NOLVP
# use delay(clock = 4M)
# use i2c (MASTER, SDA = PIN_C4,SCL = PIN_C3,SLOW, FORCE_HW)


void main( )
{
        output_float(PIN_C3);      //将 RC3、RC4 设为输入态
        output_float(PIN_C4);
        i2c_speed ( 100000);       //设定通信速率 100kHz
        delay_ms(100);             //这个是必要的,等待从机就绪
        i2c_start( );              //发出启动信号
        i2c_write(0xAA);           //发送 slave 的 ID 信息(设其高 7 位为 1010101B,低位为 0)
```

```
    i2c_write(0x55);          //发送数据 55H
    i2c_write(0x64);          //发送数据 64H
    i2c_stop( );              //发出停止信号
    while (1)
    {     }
}
```

从机程序(对应 I2C_S01.ASM)：

```
# include<16f877a.h>
# fuses XT,NOWDT,PUT,NOLVP
# use delay(clock = 4M)
# use i2c (SLAVE, SDA = PIN_C4,SCL = PIN_C3,SLOW, ADDRESS = 0xAA,FORCE_HW)
int data1,data2,address,state;

# INT_SSP
void ssp_interrupt ( )
{
    state = i2c_isr_state( );
    switch(state)
    {
    case 0 : address = i2c_read( ); break;     //首先接收的是地址,存入 address
    case 1 : data1 = i2c_read( ); break;        //第 2 次接收的是数据 1,存入 data1
    case 2 : data2 = i2c_read( ); break;        //第 3 次接收的是数据 2,存入 data2
    }
}

void main ( )
{
    output_float(PIN_C3);                       //将 RC3、RC4 设为输入态
    output_float(PIN_C4);
    enable_interrupts(GLOBAL);                   //打开总中断
    enable_interrupts(INT_SSP);                  //打开 SSP 中断
    output_b(0x00);                              //RB 端口输出低电平

    while (1)
    {
        output_b(data1);                         //在 RB 端口显示 data1
        delay_ms(500);                           //延时
        output_b(data2);                         //在 RB 端口显示 data2
        delay_ms(500);                           //延时
    }
}
```

　　说明：与相应的汇编程序比较起来，使用 C 语言使程序更加容易编制（不用在乎细节）、易读、易修改。使用 C 语言编程（串行通信类程序）的高效性在此得到了充分的体现。另外，对于汇编程序，实现数据收发功能，都用到了中断；而使用 C 程序，只是在接收时会用到中断，发送时不会用到中断。

　　将实验 2 的程序用 C 语言实现，程序如下：
主机程序（对应 I2C_M02.ASM）：

```
# include<16f877a.h>
# fuses XT,NOWDT,PUT,NOLVP
# use delay(clock = 4M)
# use i2c (MASTER, SDA = PIN_C4,SCL = PIN_C3,SLOW, FORCE_HW)
int data1,data2;

void main( )
{
        output_float(PIN_C3);              //将 RC3、RC4 设为输入态
        output_float(PIN_C4);
        i2c_speed ( 100000);               //设定通信速率 100kHz
        delay_ms(100);                     //这个是必要的,等待从机就绪
        i2c_start( );
        i2c_write(0xAB);        //发送 slave 的 ID 信息(设其高 7 位为 1010101B,低位为 1)
        data1 = i2c_read(1);
                        //接收数据使 ACKDT = 0   应答从机,表示本机可继续接收
        data2 = i2c_read(0);
                        //接收数据使 ACKDT = 1   不应答从机,表示本机已经收满
        i2c_stop( );
        while (1)
        {
          output_b(data1);                 //在 RB 端口显示 data1
          delay_ms(500);
          output_b(data2);                 //在 RB 端口显示 data2
          delay_ms(500);
        }
}
```

从机程序（对应 I2C_S02.ASM）：

```
# include<16f877a.h>
# fuses XT,NOWDT,PUT,NOLVP
# use delay(clock = 4M)
# use i2c (SLAVE, SDA = PIN_C4,SCL = PIN_C3,SLOW, ADDRESS = 0xAA,FORCE_HW)
int state;
```

```
# INT_SSP
void ssp_interrupt ( )
    {
    state = state + 1;                        //state 随中断发生的次数而递增
    switch(state)
        {
            case 1 : i2c_write(0x55); break; //第 1 次中断,从机发送数据 55H
            case 2 : i2c_write(0x64); break; //第 2 次中断,从机发送数据 64H
        }
    }


void main ( )
{
        output_float(PIN_C3);             //将 RC3、RC4 设为输入态
        output_float(PIN_C4);
        enable_interrupts(GLOBAL);        //打开总中断
        enable_interrupts(INT_SSP);       //打开 SSP 中断
        state = 0;
        output_b(0x00);                   //RB 端口输出低电平
        while (1)
        {          }
}
```

说明:主控接收时,对函数 data1 = i2c_read( )的相关参数要有细致的了解。要做到这一点,需要清楚 I²C 的工作时序及相应的汇编指令。对于从机,不论是数据的发送还是接收,一般都通过中断触发。

将实验 3 的程序用 C 语言实现,程序如下:
把字节写入 EEPROM(24C01)的程序(对应 I2C_W01.ASM):

```
# include<16f873a.h>
# fuses XT,NOWDT,PUT,NOLVP
# use delay(clock = 4M)
# use i2c (MASTER, SDA = PIN_C4,SCL = PIN_C3,SLOW, FORCE_HW)


void main( )
{
        output_float(PIN_C3);        //将 RC3、RC4 设为输入态
```

```
        output_float(PIN_C4);
        i2c_speed ( 100000);          //设定通信速率 100kHz
        i2c_start( );
        i2c_write(0xA0);              //发送 24c01 的 ID 信息(其地址 10100000B,低位为 0)
        i2c_write(0x45);              //发送字节 55H,表示 24C01 的地址单元
        i2c_write(0x35);              //发送字节 64H,表示写入 55H 单元中的数据
        i2c_stop( );
        while (1)
    {     }
}
```

从 EEPROM(24C01)中读出字节的程序(对应 I2C_R01.ASM):

```
# include<16f873a.h>
# fuses XT,NOWDT,PUT,NOLVP
# use delay(clock = 4M)
# use i2c (MASTER, SDA = PIN_C4,SCL = PIN_C3,SLOW, FORCE_HW)
int data1,data2;
void main( )
{
        output_float(PIN_C3);        //将 RC3、RC4 设为输入态
        output_float(PIN_C4);
        i2c_speed ( 100000);          //设定通信速率 100kHz
        i2c_start( );
        i2c_write(0xA0);              //发送 24C01 的 ID 信息(其地址 10100000B,低位为 0)
        i2c_write(0x45);              //发送待读取数据的 24C01 的单元地址 45H
        i2c_start(1);
        i2c_write(0xA1);              //再次发送 24C01 的 ID 信息(低位为 1,携带'读'信息)
        data1 = i2c_read(0);
                                      //接收数据后不应答从机(ACKDT = 1),表示本机已经收满
        i2c_stop( );
        while (1)
        {
                output_b(data1);     //在 RB 端口"闪烁"显示读取数据 data1
                delay_ms(500);
                output_b(0x00);
                delay_ms(500);
        }
}
```

说明:以上实现的是单个字节的写入与读出,如果要实现多个字节的读出与写入呢?实际应用中更多的是碰到这类问题。在这种情况下,需要用到数组进行批处理,有兴趣的读者可以自行尝试。

将实验 4 的程序用 C 语言实现,程序如下:

主机程序(对应 I2C_M03.ASM):

```
# include＜16f877a.h＞
# fuses XT,NOWDT,PUT,NOLVP
# use delay(clock = 4M)
# use i2c (MASTER, SDA = PIN_C4,SCL = PIN_C3,SLOW, FORCE_HW)
int16  i;                        //或者表达为 long i

void main( )
{
        output_float(PIN_C3);     //将 RC3、RC4 设为输入态
        output_float(PIN_C4);
        i2c_speed ( 100000);      //设定通信速率 100kHz
        delay_ms(100);            //这个是必要的,等待从机就绪
        i2c_start( );
        i2c_write(0xAA);     //发送从机的 ID 信息(其地址 1010101B,低位为 0,表示写入)
        for (i = 0; i＜= 255; i + +)
        {
                i2c_write( i );     //从数据 0 到数据 255,连续向从机发送
                delay_ms(80);
        }
        i2c_stop( );
}
```

说明:为什么把变量 i 的数据类型定义为 int16(long)型,而不定义为 int 呢? 如果是后者,发送的数据最大只能到 254(0xFE);但若前者,发送数据最大可到 255 (0xFF)。

从机程序(对应 I2C_S03.ASM):

```
# include＜16f877a.h＞
# fuses XT,NOWDT,PUT,NOLVP
# use delay(clock = 4M)
# use i2c (SLAVE, SDA = PIN_C4,SCL = PIN_C3,SLOW, ADDRESS = 0xAA,FORCE_HW)
int data1;
void main ( )
{
        output_float(PIN_C3);                //将 RC3、RC4 设为输入态
        output_float(PIN_C4);
        while (1)
        {
```

```
        if (i2c_poll ( ) = = 1)              //判断从机是否接收到数据
                data1 = i2c_read( );         //若接收到,读取数据,装载到 data1
                output_b(data1);             //在 RB 端口显示数据 data1
        }                                    //若没有接收到数据,则循环等待
    }
```

说明:这个从机的接收程序没有用到中断功能,由于它是单字节接收,使用查询方式更容易编写程序。此时需要用到函数 i2c_poll ( ),它相当于汇编程序中对 BF 位的查询,BF 位的状态反映了 SSPBUF 是否接收到数据。

第 14 章
USART 异步通信

14.1　USART 通信接口概述

　　USART 通信模块,实现的是一种历史悠久的计算机串行接口技术,它的全称为通用同步/异步收发器,英文名是 Universal Synchronous Asynchronous Receiver Transmitter。在有的文献中也被称作串行通信接口 SCI(Serial Communications Interface)。

　　USART 通信接口可以使 MCU 与各种外围设备以串行方式进行通信以交换信息。它的通信方式非常灵活,可以实现单工、半双工、全双工通信。一般而言,全双工方式用于和其他 MCU 或 PC 机之间的通信,半双工方式用于和 ADC 或 DAC 转换器、串口 EEPROM 之间进行通信;单工方式根据需要可以和多种外设进行通信。

　　USART 通信采用的是一种在标准规范基础上简化了的、无握手信号的、两线式的串行通信方式,它使得占用 MCU 引脚资源的数量降低到最小程度。相比于后面所讲到的 MSSP 模块,USART 模块可以实现远距离通信,而前者只能用于系统内部芯片之间的近距离通信。

　　USART 有两种工作方式,即通用同步收发器(USRT)方式,通用异步收发器(UART)方式。具体如表 14.1 所列。

表 14.1　USART 模块的不同工作方式

异步方式(UART)	不可寻址	8 位数据
		8 位数据,另加校验位
	可寻址	8 位数据(另加数据特征位)
		8 位地址(另加地址特征位)
同步方式(USRT)	主控器	发送
		接收
	被控器	发送
		接收

PIC16F87X 系列 MCU 内部集成的 USART 模块,所需的两条外接引脚是 RC7 和 RC6。在使用 USART 模块之前,必须使 TRISC$<$7:6$>$=11(这也是上电复位值),为什么要这样,其原因可见第五章图 5.20、图 5.21 的文字说明。这种端口的设置方式类似于 I^{2}C 通信端口。

当 MCU 进入 Sleep 状态时,USART 将无法工作,因为它的工作时基是波特率发生器,而波特率发生器工作所依赖的是主振荡器(f_{osc}),它在此时会停止振荡。

14.2　USART 通信模块的组成

USART 通信模块一般可分为三大部分,它们分别是:

(1) 移位时钟发生器

它由同步逻辑电路(在同步从模式时由外部时钟输入驱动)和波特率发生器组成。时钟引脚 RC6/CK 仅用于同步模式下。

(2) 数据发送器

它由一个单独的写入缓冲器(TXREG),一个串行移位寄存器(TSR),校验位发生器和用于处理不同帧结构的控制逻辑电路构成。使用写入缓冲器,实现了连续发送多帧数据无延时的通信。

(3) 数据接收器

它是 USART 模块最复杂的部分,最主要的是时钟和数据接收单元。数据接收单元用作异步数据的接收。除了接收单元,接收器还包括校验位校验器、控制逻辑、移位寄存器(RSR)和两级接收缓冲器(RCREG)。接收器支持与发送器相同的帧结构,同时支持帧错误、数据溢出和校验错误的检测。

14.3　USART 通信接口功能特点

PIC16F87X(A)系列 MCU 的 USART 通信接口具有以下功能特点:

(1) 支持全双工操作(异步方式时可进行相互独立的数据接收和数据发送);

(2) 支持同步和异步操作;

(3) 同步操作时,可在主从机之间进行高速通行;

(4) 独立的高精度波特率发生器,不占用定时/计数器;

(5) 支持 8bit 或 9bit 数据位、1bit 起始位、1bit 停止位的串行数据帧结构;

(6) 由软件支持的奇偶校验功能;

(7) 数据溢出检测(OERR);

(8) 帧错误检测(FERR);

（9）三个完全独立的中断，TX 发送完成（TXIF）、TX 发送数据寄存器空（TRMT）、RX 接收完成（RCIF）；

（10）支持多机通信模式；

（11）支持倍速异步通信模式；

14.4　与 USART 异步通信相关的寄存器

寄存器名称	bit7	bit6	bit5	bit4	bit3	bit2	bit1	bit0
TXREG	USART 发送数据缓冲器							
RCREG	USART 接收数据缓冲器							
TXSTA	CSRC	TX9	TXEN	SYNC		BRGH	TRMT	TX9D
RCSTA	SPEN	RX9	SREN	CREN	ADDEN	FERR	OERR	RX9D
SPBRG	定义波特率的参数值							
TRISC	TRISC7	TRISC6	TRISC5	TRISC4	TRISC3	TRISC2	TRISC1	TRISC0
INTCON	GIE	PEIE	T0IE	INTE	RBIE	T0IF	INTF	RBIF
PIR1	PSPIF	ADIF	RCIF	TXIF	SSPIF	CCP1IF	TMR2IF	TMR1IF
PIE1	PSPIE	ADIE	RCIE	TXIE	SSPIE	CCP1IE	TMR2IE	TMR1IE

寄存器地址	寄存器名称	上电复位，欠压复位值	其他复位值
19H	TXREG	00000000	00000000
1AH	RCREG	00000000	00000000
98H	TXSTA	0000 - 010	0000 - 010
18H	RCSTA	0000 - 00x	0000 - 00x
99H	SPBRG	00000000	00000000
87H	TRISC	11111111	11111111
0BH/8BH/10B/18B	INTCON	0000000x	0000000u
0CH	PIR1	00000000	00000000
8CH	PIE1	00000000	00000000

注：x 表示未知；u 表示不变；-表示未指明位置，读作 0。

对以上寄存器的解释如下：

（1）8 位发送缓冲器 TXREG（Transmit Register）

TXREG 是一个 8 位的寄存器，可读也可写，它与芯片内部的数据总线直接相连，用户的待发数据一旦写入该缓冲器，就会等到下一个 BRG 时钟周期开始时刻启动发送，它与发送移位寄存器 TSR 成对使用。不同于后面章节的 SPI 和 I²C 通信，数据进入 TSR 后的发送顺序是:先发送低位 LSB,再发送高位 MSB。

(2) 8 位接收缓冲器 RCREG(Receive Register)

RCREG 是一个 8 位的寄存器,可读也可写,它与芯片内部的数据总线直接相连,每次从对方传送过来的数据,用户都是从该缓冲器最后读取出来的,它与接收移位寄存器 RSR 成对使用。不同于后面章节的 SPI 和 I²C 通信,数据进入 RSR 的接收顺序是:先接收低位 LSB,再接收高位 MSB。

(3) 波特率参数寄存器 SPBRG(Baud Rate Generator Register)

SPBRG 寄存器用于控制一个 8 位定时器的溢出周期。该寄存器的设定值(0～255)与波特率成反比关系。

在同步方式下,波特率仅由 SPBRG 寄存器决定;在异步方式下,波特率由 BRGH 位和 SPBRG 寄存器共同决定。

(4) 发送状态兼控制寄存器 TXSTA(Transmit Status and Control Register)

这个寄存器相当于发送器(Transmitter)的运行控制器。它定义数据发送的格式、发送方式、发送时机等,并反馈数据发送状态。

① CSRC(Clock Source Select bit):时钟源选择位

异步方式,此位不用;

同步方式:1=主控模式(由内部波特率发生器产生时钟);

0= 从动模式(由外部时钟源提供时钟信号)。

② TX9(9－bit Transmit Enable bit):9bit 发送格式使能位

1=选择 9bit 数据发送;

0=选择 8bit 数据发送。

③ TXEN(Transmit Enable bit): 发送使能位

1=允许发送;

0=禁止发送。

(注: 在同步工作方式下,SREN/CREN 位比 TXEN 位优先级别高。)

④ SYNC:USART 工作方式选择位

1=同步方式;

0=异步方式。

⑤ BRGH(High Baud Rate Select bit):高速波特率使能位。

同步方式,此位不用;

异步方式:1=高速;

0=低速。

⑥ TRMT(Transmit Shift Register Status bit):发送移位寄存器 TSR 状态位

1 = TSR 空;

0 = TSR 满。

⑦ TX9D(9th bit of Transmit Data):待发数据的第 9 位,也可作为奇偶校验位

（5）接收状态兼控制寄存器 RCSTA（Receive Status and Control Register）

这个寄存器相当于接收器（Receiver）的运行控制器，它定义数据接收的格式、方式等，并反馈数据接收状态。

① SPEN（Serial Port enable）：串口使能位

　　1 ＝ 允许串口工作（把 RX/DT/RC7 和 TX/CK/RC6 引脚配置为串口引脚）；

　　0 ＝ 禁止串口工作。

② RX9（9－bit Receive Enable bit）：9bit 数据接收格式使能位

　　1＝选择 9 位接收；

　　0＝选择 8 位接收

③ SREN（Single Receive enable bit）：单字节接收使能位（接收完成后该位被清零。）

　　异步模式，此位不用；

　　同步从动模式，此位不用；

　　同步主控模式：1＝允许接收单字节；

　　　　　　　　　0＝禁止接收单字节。

④ CREN（Continuous Receive enable bit）：连续接收使能位

　　异步方式：1＝允许连续接收；

　　　　　　　0＝禁止连续接收。

　　同步方式：1＝允许连续接收直到 CREN 位被清零（CREN 位比 SREN 位优先级高）；

　　　　　　　0＝禁止连续接收。

⑤ ADDEN（Address Detect Enable bit）：地址检测使能位

　　9 位异步方式（RX9＝1）时，此位生效；

　　1＝允许地址检测，当 RSR＜8＞置位时，允许中断及装载接收缓冲器；

　　0＝禁止地址检测，接收所有字节，第 9 位可用作奇偶校验位。

⑥ FERR（Framing Error bit）：帧格式出错标志位，仅用于异步接收方式

　　1＝帧格式出错（读 RCREG 寄存器可更新该位，并接收下一个有效字节）；

　　0＝无帧格式错误。

⑦ OERR（Overrun Error bit）：溢出错误位，用于同异步接收方式

　　1＝有溢出错误（清零 CREN 位可将此位清零）；

　　0＝无溢出错误。

⑧ RX9D（9th bit of Received Data）：被接收数据的第 9 位，也可作奇偶校验位

14.5 USART 波特率发生器 BRG

USART 模块有一个专用的波特率发生器(BRG),它的工作原理与 I^{2}C 的 BRG 类似。具体可见图 13.6 的解释。不同的是,对于 USART,其 BRG 的计数宽度是 8 位的;而 I^{2}C 的计数宽度是 7 位的。

该 BRG 支持 USART 的同步模式和异步模式。SPBRG 寄存器的参数值决定了独立的 8 位定时器的周期,它类似于 I^{2}C 通信中的 SSPADD 寄存器。在同步方式下,波特率仅由 SPBRG 寄存器决定;在异步方式下,波特率由 BRGH 位和 SPBRG 寄存器共同决定。

在主控方式(内部时钟)下,不同 USART 工作模式时的波特率计算公式如表 14.2 所列。

给定目标波特率值和时钟频率 f_{osc},就可用下表中的公式计算出 SPBRG 寄存器的最接近的整数值,表中 X 表示 SPBRG 寄存器中的参数值(0~255D)。由此也可计算出波特率的误差。

表 14.2　波特率的算法

SYNC	BRGH=0　低速	BRGH=1　高速
0(异步)	波特率$=f_{osc}/[64(X+1)]$	波特率$=f_{osc}/[16(X+1)]$
1(同步)	波特率$=f_{osc}/[4(X+1)]$	无

注:X 的取值范围为 0~255D

以下通过两个例子来说明波特率及其误差的计算。

例 1: 假设 $f_{osc}=16$ MHz,目标波特率$=9600$,BRGH$=0$(低速),SYNC$=0$(异步),求波特率装载值 X。

根据公式:目标波特率 $=f_{osc}/[64(X+1)]$

$$9600 = 16000000/[64(X+1)]$$

那么 $X=25.042\approx25$D

根据取整后的近似值再次计算波特率:

计算波特率$= 16000000/[64(25+1)]=9615$

误差$=$[计算波特率$-$目标波特率]$/$目标波特率

$= (9615-9600)/9600=0.16\%$

即使对于低波特率时钟脉冲,使用高波特率公式(BRGH $= 1$)也是有利的,因为公式 $f_{osc}/[16(X+1)]$ 在某些情况下可以减小波特率误差,这一点读者可以通过计算自行验证。

以上阐明了产生波特率误差的原因,那么要减小误差,我们可以使用定制的系统时钟,类似于 TIMER1 章节中秒发生器对应的 32.768kHz 振荡器一样,为了得到"标准"的波特率值如 300、1200、2400、9600、19200 等,可选择频率为 3.6864MHz 的晶振。

由以上公式可以看出,波特率跟频率的单位是一致的(这是一种很特殊的情形,即波特率等于比特率,不具备普遍性),波特率为 9600 也表示移位时钟的频率为 9600Hz,即 1 秒的时间可以产生 9600 个移位时钟脉冲,也就是 9600 个二进制位,在后面的同步通信中会讲到,每一个移位时钟周期对应一个二进制位。所以,在这种情况下,波特率值可以看做单位为 Hz 的频率值。

在 I^2C 章节的图 13.6 中,BRG 计数器在 1 个指令周期的 Q2 和 Q4 上递减,即逢 $(T_{cy}/2)$ 时间段递减 1 次,那么移位时钟周期(2 个半波)就是:

$$T_{SCL} = 4 \times (SSPADD + 1) \times T_{osc}(0 \leqslant SSPADD \leqslant 7F)$$

对于 USART 同步通信,与上类似,移位时钟周期是:

$$T_{CK} = 4 \times (X + 1) \times T_{osc}(0 \leqslant X \leqslant FF)$$

对于 USART 异步通信(高速),BRG 计数器每 2 个 T_{cy} 递减 1 次,移位时钟周期是:

$$T_{CK} = 16 \times (X + 1) \times T_{osc}(0 \leqslant X \leqslant FF)$$

对于 USART 异步通信(低速),BRG 计数器每 8 个 T_{cy} 递减 1 次,移位时钟周期是:

$$T_{CK} = 64 \times (X + 1) \times T_{osc}(0 \leqslant X \leqslant FF)$$

向波特率寄存器 SPBRG 写入一个新的参数值会使 BRG 计数器复位(或清零),这可确保波特率发生器 BRG 不需要等到计数器溢出就可以输出新的波特率值。

14.6　USART 模块的异步工作方式

当 SYNC 位(TXSTA<4>)为 0 时,USART 模块便工作在异步方式(UART)。异步方式由波特率发生器、采样电路、异步发送器、异步接收器这四个重要部分组成。异步方式下的电路结构如图 14.1 所示。

在异步工作模式下,USART 采用的是标准非归零编码格式,简称 NRZ(Non-return zero)码。它是串行通信中最基本、最简单的码型。有关它的详情,可查阅相

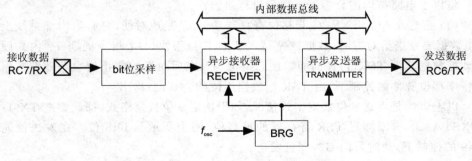

图 14.1　UART 工作方式方块图

关资料。这里的 NRZ 编码由 1 个起始位、8 个或 9 个数据位、1 个停止位组成。

实际工作中,经常采用的数据格式是 8 位。芯片内配有一个专用的 8 位 BRG,它可以利用来自主振荡器(f_osc)的信号,产生标准的波特率时钟(移位脉冲)。

UART 工作方式首先发送和接收是字节的最低位(LSB)。UART 工作方式下,发送器和接收器在功能上是相互独立的,但是它们采用的数据格式和波特率是相同的。BRG 可以根据 BRGH 位(TXSTA<2>)的状态产生两种不同的移位速率,如表 14.2 所列。UART 工作方式下,硬件不支持奇偶校验(Parity)功能,但用软件可以实现(奇偶校验位是第 9 个数据位)该功能。在 Sleep 状态下,主振荡器(f_osc)停振,USART 无法工作。

14.7　USART 异步发送器

USART 异步发送器的工作状态是通过 TXSTA 这个寄存器来控制的。TXS-TA 寄存器包含着如图 14.2 所示的很多位控信息,USART 异步发送器的硬件电路结构如图 14.2 所示。

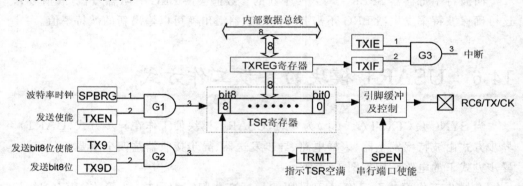

图 14.2　USART 异步发送器硬件电路结构图

将以上电路结构图分为若干部分进行讲解。

(1) 发送缓冲器 TXREG 与移位寄存器 TSR 总是成对使用的,当内部总线上的 8 位数据要发送给对方时,数据被先写入 TXREG,很快(1 个指令周期 T_cy 内),硬件自动把数据装入 TSR,再在前面添加起始位"0",在后面添加停止位"1",随即数据在波特率移位脉冲的控制下,由 TSR 把数据逐位(共 10 位)移出。

以上讲的是发送 8 位数据格式情况,如果选定 9 位数据格式,那就要把 TX9D 位(TXSTA<0>)添加到 TSR 寄存器的最高位,图中所示是 bit8 位。在发送使能位 TX9 的控制下,通过与门 G2,伺机发送。

(2) 必须要等到 TSR 把数据发送完毕,即直到最后的停止位被送出,TSR 才能载入新的数据。当数据从 TXREG 进入 TSR 后，TXREG 变空，致使中断标志 TXIF 被置 1，如果此时中断允许 TXIE 被打开，通过与门 G3，CPU 便可以响应该中断。

TXIF 类似于 MSSP 模块的缓冲器满标志 BF 位，它们置位复位都由硬件操作，置位后都无法用软件直接清零。在这里，只有新的数据写入 TXREG 后，TXIF 才会自动清零。TXIF 可以标志 TXREG 的空满状态。TXREG 大部分时间都是空的，所以 TXIF 大都处于"1"状态，如图 14.5 所示。

（3）除了第 9 位，移位寄存器 TSR 无法通过程序直接操作，这一点类似于 MSSP 模块的移位寄存器 SSPSR。TSR 有指示空满的标志位 TRMT，它是个只读位，与任何中断无关联，通过它可以查询 TSR 的状态。

（4）TSR 中待发数据串行输出的"动力"来自于 BRG。图中通过与门 G1，对 BRG 的输出设置了一个控制端 TXEN。TXEN＝1 是启动数据发送的必要条件。

（5）TSR 中的数据串行输出的另一个必要条件是 SPEN＝1。即串口使能要打开，否则，输出通路被阻断，数据无法向外部发送。

由以上分析可知，实现数据的异步发送有三个必要条件：

① 使能串行端口 SPEN；

② BRG 的移位脉冲要能直接作用于 TSR 寄存器（TXEN＝1）；

③ 待发数据要被装入 TXREG 寄存器。

若按照①②③的顺序执行发送，那么，待发数据一旦被写入 TXREG，就会等到下一个 BRG 时钟周期开始时刻启动发送。

按照这种顺序，当 TXEN 置 1 后，TXREG 中无数据，TSR 也是空的，一旦数据进入 TXREG，就会被立即载入 TSR，从而出现刚刚对 TXREG 进行过写操作，TXREG 又立刻变空的情况。像这样，可以对 TXREG 载入第 2 个数据，那么，连续发送 2 个数据就变为可能。

也可按照①③②的顺序执行发送。那么，待发数据先被写入 TXREG，这时发送还不能启动，必须置 TXEN＝1，BRG 的"动力"才能作用于 TSR，启动发送。

在异步发送过程中有以下几点注意事项：

（1）在发送过程中将 TXEN 位清零会导致发送终止，并复位发送器，同时 RC6/TX 引脚会恢复到高阻状态；

（2）在选择 9 位数据格式发送时，应将发送使能 TX9 位（TXSTA＜6＞）置 1，并且第 9 位的二进制值应写入 TX9D 位（TXSTA＜0＞）；

（3）写入顺序是：应先将第 9 位 bit 的值写入 TX9D，再把低 8 位 bit 写入 TXREG。这是因为当 TSR 为空，TXEN＝1 时，向 TXREG 寄存器写数据会导致数据立即送入 TSR 寄存器而进入发送状态。若先写 TXREG（TX9D 是先前值），会启动发送，但这样会使发出的数据出错。而先写 TX9D（当前值），不会启动发送，再写

TXREG(当前值),启动发送,这样才能使发出的数据正确。

结合以上描述,现归纳一下异步发送方式应遵循的步骤:

(1) 确保 RC7/RX、RC6/TX 引脚为输出态(TRIS7＝TRIS6＝1);

(2) 选择合适的波特率,并把波特率值写入 SPBRG 寄存器。如果需要高速波特率,需将 BRGH 位置 1;

(3) 将 SYNC 位清零、SPEN 位置 1,使能异步串行端口;

(4) 若需要中断,将 TXIE、GIE 和 PEIE 位置 1;

(5) 若需要发送 9 位数据,将发送使能位 TX9 位置 1;

(6) 将 TXEN 位置 1,使能发送,这样做也会使 TXIF 位被置 1;

(7) 若选择发送 9 位数据,第 9 位数据应该先写入 TX9D 位;

(8) 把数据送入 TXREG 寄存器(启动发送)。

14.8 USART 异步接收器

USART 异步接收器的工作状态是通过 RCSTA 这个寄存器来控制的,RCSTA 寄存器包含着如图 14.3 所示的很多位控信息。USART 异步接收器的硬件电路结构如图 14.3 所示。将该电路结构图分为若干部分进行讲解。

(1) 如图 14.3 所示,在异步模式下,将 CREN 位(RCSTA＜4＞)置 1 后,与门 G1 被打开。这样,异步接收被使能。

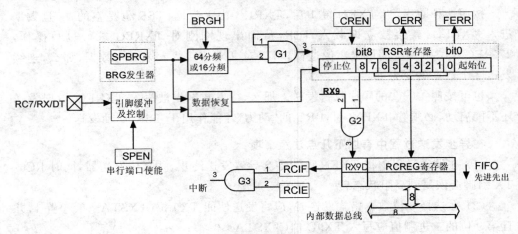

图 14.3 USART 异步接收器硬件电路结构图

(2) 接收缓冲器 RCREG 与移位寄存器 RSR 总是成对使用的,它们是异步接收器的重要组成部分。图中 RCREG 是一个双缓冲寄存器,可以看做数据是从上面进入下面送出的,具有两级深度的先进先出队列(First in First out),第 9 位 RX9D 也是两级结构的,因此,这种结构允许 RSR 连续接收 2 个数据成为可能。接收到的数据依次装入队列中进行缓冲,这之后的第 3 个数据还可以被 RSR 接收。

(3) 来自外部的串行数据从 RC7/RX 引脚输入模块,在 BRG 的定时信号控制下,由数据恢复电路对输入信号的每一位 bit(包含起始位和停止位)进行采样(锁存),之后逐位移入 RSR 寄存器,这样来自外部的串行数据就变成了芯片内的并行数据。

数据恢复电路一旦采样到停止位,RSR 就满了,如果这时 RCREG 为空,RSR 中的数据会立即载入 RCREG 中。如果有第 9 位 RX9D,只要允许位 RX9 置位使得与门 G2 被打开,它也会被执行同样的操作。

当 RCREG 被装载,中断标志 RCIF 立即置位,这样 CPU 可以趁机对 RCREG 中的数据进行读取操作。

(4) 当 RCIF 置位后,如果打开中断允许位 RCIE,图中与门 G3 便被打开,CPU 可以响应该中断请求;RCIF 位如同前面的 TXIF 位,是只读位,其状态完全由硬件决定,软件无法直接操作。当 CPU 读取 RCREG 中的数据或使 RCREG 为空,RCIF 才会自动清零。这一点非常类似于 MSSP 模块的缓冲器满标志 BF 位。

(5) 异步接收过程中,在检测到第 3 个字节的停止位后,如果 RCREG FIFO 仍然是满的(两级缓冲器还装载着前两次接收到的数据),则溢出错误标志位 OERR(RCSTA<1>)会被置 1,RSR 寄存器中的数据会丢失。

采用 2 级 FIFO 设计,可以提高 MCU 的工作效率,它可以实现 CPU 在执行一次中断时,能连续 2 次读取 RCREG 寄存器,把 FIFO 中的两个数据取出。

在异步接收过程中有以下几点注意事项:

(1) OERR 位是个只读位,不能通过软件直接清零。要使它归零,可通过将 CREN 位或者 SPEN 位清零后再置 1 实现;

(2) 如果 OERR 位已被置 1,那么 RSR 中的数据将不会载入到 RCREG 寄存器,因此如果 OERR 位被置 1,必须使它归零,只有这样才能继续接收数据;

(3) RSR 在接收数据的过程中,会对每一帧数据的停止位进行检测,如果检测到一帧数据的停止位为低电平,那么帧格式出错标志位 FERR(RCSTA<2>)将被置 1;

(4) FERR 位和接收到的第 9 位数据 RX9D、以及接收到的 8 位数据以相同的方式被缓冲。读取 RCREG 寄存器会导致 RX9D 和 FERR 位装入新值。因此为了不丢失 FERR 和 RX9D 位原来的信息,用户必须在读取 RCREG 之前,先读取包含有这两位信息的 RCSTA 寄存器。

(5) FERR 位是只读位,只用于接收 FIFO 顶部的未读字符。帧格式错误(FERR = 1)不会阻止接收后面的帧,此时不必将 FERR 位清零,读取 RCREG 并不会使它归零;

(6) 将 RCSTA 寄存器的 SPEN 位清零可以复位 USART 模块,从而将 FERR 位强制清零。将 CREN 位清零不会影响 FERR 位,帧错误本身不会产生中断。

结合以上描述,现归纳一下异步接收方式应遵循的步骤:

(1) 确保 RC7/RX、RC6/TX 引脚为输出态(TRIS7=TRIS6=1);

(2) 选择合适的波特率,并把波特率值写入 SPBRG 寄存器;高速波特率可将 BRGH 置 1;

(3) 将 SYNC 清零,SPEN 置 1,使能异步串口;

(4) 若需要中断,将 RCIE、GIE 和 PEIE 位置 1;

(5) 如果需要接收 9 位数据,将 RX9 位置 1;

(6) 将 CREN 位置 1,使 USART 工作在接收方式;

(7) 当接收完成后,中断标志位 RCIF 被置 1,如果此时 RCIE 已被置 1,便产生中断;

(8) 读 RCSTA 寄存器获取第 9 位 bit(如果已使能),并判断在接收操作中是否发生错误;

(9) 读 RCREG 寄存器来读取 8 位接收到的数据;

(10) 如果发生错误(OERR 置位),通过将 CREN 位清零来清除错误标志位(OERR)。

14.9 USART 异步通信应用分析

以下我们做几个实验来加深一下对 USRT 异步通信的理解。以下每个程序都省去了 TRIS7=TRIS6=1 这样的设置语句,因为该值是芯片的上电复位值。在每个实验的最后都有详细的时序分析。

实验 1:USART 异步通信,发送单个数据帧(动态定时发送,从 00H 到 FFH)的电路原理图如图 14.4 所示,数据从发送端到接收端,在接收端把接收到的二进制数码显示在 RB 端口的 8 位 LED 上。实验电路原理图及程序如下:

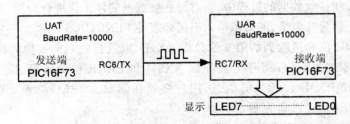

图 14.4 单工(Simplex)异步通信原理图

异步单帧发送程序如下(发送端):

程序名:UAT_01.ASM

```
include <p16f73.inc>        ;@4M oscillator
    CAP EQU 20
    ORG   0300
    GOTO START
START:
    BANKSEL TRISA
    MOVLW 0X18              ;设置 BRG 时钟为 10000 波特,BRG 时钟周期为 100 μs
    MOVWF SPBRG
    BSF TXSTA,BRGH         ;设为高速波特率方式
    BCF TXSTA,SYNC         ;设为异步方式
    BCF TXSTA,TX9          ;发送 8bit 数据格式
    BSF TXSTA,TXEN         ;使能发送
    BANKSEL PORTA
    BSF RCSTA,SPEN         ;使能串口
    CLRF CAP
LOOP:
    INCF CAP,F             ;寄存器递增
    MOVF CAP,W
    MOVWF TXREG            ;装载 TXREG 后开始发送
    CALL DELAY             ;DELAY 延时要大于 1 帧的传输时间
    GOTO LOOP             ;循环(主程序)
DELAY: …                 ;延时子程序,约 0.5 秒
    END
```

异步单帧接收程序如下(接收端):

程序名:UAR_01.ASM

```
include <p16f73.inc>               ;@4M oscillator
    ORG   0000
    GOTO START
    ORG   0004                     ;中断服务程序(处理接收到的数据)
    MOVF RCREG,W                   ;此后 RCIF 自动复位
    MOVWF PORTB                    ;读取 RCREG 并送显 PORTB
    RETFIE
START:
    BANKSEL TRISA
    CLRF TRISB                     ;显示端口设为输出态
    MOVLW 0X18                     ;设置 BRG 时钟为 10000 波特,BRG 时钟周期为 100 μs
    MOVWF SPBRG                    ;注意:BRG 参数的设置一定要与发送端一致
    BSF TXSTA,BRGH                ;高速波特率
```

```
        BCF TXSTA,SYNC              ;异步工作方式
        BSF PIE1,RCIE              ;打开串口接收中断
        BSF INTCON,PEIE            ;打开外设中断
        BSF INTCON,GIE             ;打开总中断
        BANKSEL PORTA
        CLRF PORTB                 ;上电 LED 全部熄灭
        BCF RCSTA,RX9              ;接收 8bit 数据格式
        BSF RCSTA,SPEN             ;使能串口
        BSF RCSTA,CREN             ;使能连续接收
        CLRF RCREG                 ;清除接收中断标志 RCIF(只读位)
LOOP:NOP
        GOTO LOOP                  ;主程序(循环)
        END
```

根据硬件原理图,运行以上程序,得到的波形图如图 14.5 所示。

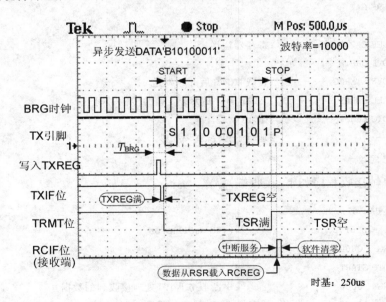

图 14.5   异步通信时序图(发送单个数据帧)

图 14.5 中所示为单根传输线上的波形(TX 引脚)。对照上图,作以下几点说明;

(1) 从 TX(发送方)到 RX(接收方)的传输线静态电平为高电平。图中捕获的是某个正在传输中的数码 B'10100011'的波形图。注意 USART 先传输的是低位 LSB。每一帧数据以低电平位 Start 开始,以高电平位 Stop 结束。

(2) 图中写入 TXREG 脉冲和 TXIF 位的脉冲在 4M 的主频下不会大于 $1\,\mu s$,按照图中的时间刻度无法显示。为便于说明,做了放大处理。

（3）写入 TXREG 时刻可以发生在图示 T_{BRG} 时间段内任一时刻。也就是说，从写入 TXREG 时刻到 S 位开始时刻，这个时间段不是固定的，而是在不断地变化，但再怎么变化，也不会大于 T_{BRG} 时间。这是笔者观察到的实验现象，即使每次写入相同的数据帧，变化也是存在的。

这一点不同于 MSSP 通信。在 MSSP 通信中，一旦待发数据写入缓冲器，BRG马上启动，传输即刻开始。这有点像搭车，上车随到随走，类似于 MSSP 通信发送方式；搭车前要等待，因为发车时间是 1 小时 1 班，这类似于 UART 通信发送方式。

（4）TXIF 位表征发送缓冲器 TXREG 的空满状态。实际上，TXREG 处于满状态（低电平）的时间是非常短暂的，当待发数据被写入 TXREG 后，它马上被硬件载入TSR，从而使得 TXREG 为空，这个时间不会超过 1 个指令周期，故 TXIF 位基本上是高电位，所以写入 TXREG 后立即查询 TXIF 位将返回无效结果。写入 TXREG后硬件并不立即清零 TXIF。TXIF 位的状态在执行写操作后的第 2 个指令周期才会有效。图中 TXIF 上升沿时刻就是 TRMT 的下降沿时刻。

（5）TRMT 位表征发送移位寄存器 TSR 的空满状态，图中当数据正在发送过程中，从 S 位开始时刻到 P 位开始时刻，该位是低电平，当数据发送完毕，进入停止位，该位是高电平。以上程序实现的是约 0.5 秒发送一次数据，如果要实现无间隔连续发送，可以通过检测 TRMT 位的状态来开始下一位的发送。

（6）启动数据的发送可以先置位 TXEN，再写入 TXREG；也可以先将待发数据写入 TXREG，再置位 TXEN。图 14.2 中，TXEN 可以控制 BRG 时钟脉冲是否作用于 TSR。

（7）BRG 时钟的运行状态在芯片外部无法观测。但是笔者通过实验间接地观察到 BRG 时钟一旦赋值，便会启动，即便没有数据传输，它也会运行。为什么会这样？上图中传输的是一个数据帧，且 $T_{BRG}=100\ \mu s$，设想在 P 位结束时刻 260 μs 处写入 TXREG，传输不会立即启动，而是会在 P 位结束时刻 300 μs 处启动。这个意思是，任何两个相邻数据帧，前一帧的 P 位结束时刻和后一帧的 S 位开始时刻的时间间隔总是 T_{BRG} 的整数倍。这说明传输线即使处于空闲态，BRG 定时器仍然在后台运行。

实验 1 的单工通信很容易扩展为全双工通信，原理图如图 14.6 所示，处理器 #1和处理器 #2 都有各自的收发模块，在给对方发送数据的同时，也接收来自对方的数据，它们的收发模块在功能上彼此相互独立，这一点不同于 MSSP，在 MSSP 通信中，数据的收发都由同一机构完成。

图 14.6 中,要实现全双工通信,两个处理器的波特率与数据格式的设置必须相同。实现通信的程序在实验 1 的基础上进行一下扩展即可。

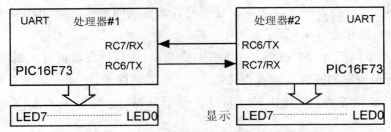

图 14.6   全双工(Full Duplex)异步通信原理图

实验 2:USART 异步通信,连续发送 2 个数据帧,电路原理如图 14.4,数据从发送端到接收端,在接收端把接收到的 2 个二进制数码交替显示在 RB 端口的 8 位 LED 上。

异步多帧发送程序如下(发送端连续发送 3 帧数据):

```
程序名:UAT_02.ASM
include <p16f74.inc>        ;@4M oscillator
    ORG   0300
    BANKSEL TRISA
    MOVLW 0X18             ;设置 BRG 时钟为 10000 波特,BRG 时钟周期为 100 μs
    MOVWF SPBRG
    BSF TXSTA,BRGH         ;高速波特率
    BCF TXSTA,SYNC         ;异步工作方式
    BCF TXSTA,TX9          ;发送 8bit 数据格式
    BSF TXSTA,TXEN         ;使能发送
    BANKSEL PORTA
    BSF RCSTA,SPEN         ;使能串口
    MOVLW 0X55             ;利用发送缓冲 FIFO 连发 2 帧数据
    MOVWF TXREG
    MOVLW 0X64
    MOVWF TXREG
    BANKSEL TRISA
    BTFSS TXSTA,TRMT       ;应该采用这种方式,检测前一帧是否发送完毕
    GOTO $ - 1
    BANKSEL PORTA         ;前一帧发送完毕
    MOVLW 0XAA            ;发送第 3 帧,把它当做一个无效帧
    MOVWF TXREG
LOOP:NOP                 ;主程序(循环)
    GOTO LOOP
    END
```

程序编写中的注意事项:利用 TXREG 连发 2 帧数据 55H 和 64H,执行这几个指令只需 4 μs,但是发送是依次进行的,发送 1 帧需时 1000 μs,那么 2 帧就是 2000 μs,显然这个时间很长。要发送第 3 帧数据 AAH,必须要等到前 2 帧发送完毕,这个等待过程可以使用查询 TRMT 位来实现。如果不等待,直接写入第 3 帧数据

AAH,那么,在第 1 帧数据 55H 的发送过程中,位于 TXREG 中的第 2 帧数据 64H 会被第 3 帧数据 AAH 所覆盖。于是,在通信线上观察到的最终发出的数据是 55H 和 AAH。

异步多帧接收程序如下(接收端利用中断分次接收):

```
程序名:UAR_02.ASM
include <p16f73.inc>         ;@4M oscillator
    TEMP1 EQU 20
    TEMP2 EQU 21            ;定义变量的 RAM 地址
    TOGGLE EQU 22
    ORG   0000
    GOTO START
    ORG   0004             ;中断服务
    BCF PORTC,1           ;测试用
    INCF TOGGLE           ;对进入中断的次数进行计数
    BTFSS TOGGLE,0
    GOTO NEXT
    MOVF RCREG,W          ;此后 RCIF 自动复位
    MOVWF TEMP1           ;装载接收到的数据
    BSF PORTC,1           ;测试用
    RETFIE
NEXT:
    MOVF RCREG,W          ;此后 RCIF 自动复位
    MOVWF TEMP2           ;装载接收到的数据
    BSF PORTC,1           ;测试用
    RETFIE
START:                   ;主程序
    BANKSEL PORTA
    CLRF TOGGLE           ;清零相关寄存器
    CLRF TEMP1
    CLRF TEMP2
    CLRF PORTB           ;上电 LED 全部熄灭
    CLRF PORTC
    BSF PORTC,1          ;测试用
    BCF RCSTA,RX9        ;接收 8bit 数据格式
    BSF RCSTA,SPEN       ;使能串口
    BSF RCSTA,CREN       ;使能连续接收
    CLRF RCREG           ;清除接收中断标志 RCIF(只读位)
    BANKSEL TRISA
    BCF TRISC,1
```

```
        CLRF TRISB                 ;显示端口设为输出态
        MOVLW 0X18                 ;设置 BRG 时钟为 10000 波特,BRG 时钟周期为 100 μs
        MOVWF SPBRG
        BSF TXSTA,BRGH             ;高速波特率
        BCF TXSTA,SYNC             ;异步工作方式
        BSF PIE1,RCIE              ;打开串口接收中断
        BSF INTCON,PEIE            ;打开外设中断
        BSF INTCON,GIE             ;打开总中断
        BANKSEL PORTA
LOOP:
        MOVF TEMP1,W
        MOVWF PORTB                ;将 TEMP1 中的数据送显
        CALL DELAY
        MOVF TEMP2,W
        MOVWF PORTB                ;将 TEMP2 中的数据送显
        CALL DELAY
        GOTO LOOP                  ;循环显示
DELAY:                            ;延时子程序,约 0.5 秒
        ...
        END
```

程序编写中的注意事项：利用中断分次接收来自对方的数据，程序执行后，接收器不断采样传输线上的电平状态，如图 14.7 所示，当接收方程序初始化完毕后，开始采样线上电平，这时，发送方的程序尚未开始执行，线上呈现低电平，接收器误认为采样到起始位，之后不断采样后面 8 个 bit 的电平，全为 0，最后采样停止位，还是 0。显然，这是一个错误的帧（FERR 会被置 1），尽管如此，接收中断 INT1（RCIF）还是发生了，错误帧中的数据 00H 还是被装载了。这之后产生的中断 INT2、INT3、INT4都是合理的中断，从这些合理的中断中，我们可以把正确的数据读取出来。

对于以上接收程序，对应发送程序 UAT_02.ASM。如果发送程序只发送前 2 帧数据，两程序执行后，图 14.7 左图便是通信波形图。在接收程序中，设置累加器TOGGLE，当它的末位为 0 或 1 时，分别接收不同的帧，实际上，这个程序对发生在INT1 的错误帧没有做任何处理就接收了，尽管如此，它还是被发生在 INT3 的正确帧给覆盖了（在 RCREG 中），所以程序最后显示的还是我们想要的结果：55H 和64H 交替显示。

对于以上接收程序，对应发送程序 UAT_02.ASM，两程序执行后，便得到图 14.7 右边的波形图。同上，INT3 的帧覆盖 INT1 的帧，INT4 的帧覆盖 INT2 的帧。所以最后得到的结果是：64H 和 AAH 交替显示。

异步多帧接收程序如下（接收端利用查询方式一次性接收）：

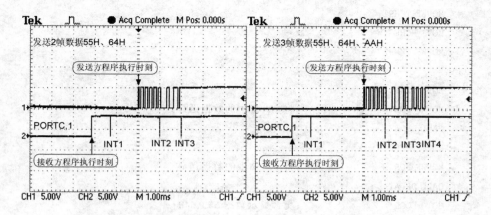

图 14.7　异步通信时序图(多帧通信伴中断方式接收)

程序名:UAR_03.ASM

```
include <p16f73.inc>        ;@4M oscillator
     TEMP1 EQU 20
     TEMP2 EQU 21           ;定义变量的 RAM 地址
     ORG   0300
     CLRF TEMP1
     CLRF TEMP2
     CLRF PORTB             ;上电 LED 全部熄灭
     BCF RCSTA,RX9          ;接收 8bit 数据格式
     BSF RCSTA,SPEN         ;使能串口
     BSF RCSTA,CREN         ;使能连续接收
     CLRF RCREG             ;清除接收中断标志 RCIF(只读位)
     BANKSEL TRISA
     CLRF TRISB             ;显示端口设为输出态
     MOVLW 0X18             ;设置 BRG 时钟为 10000 波特,BRG 时钟周期为 100 μs
     MOVWF SPBRG
     BSF TXSTA,BRGH         ;高速波特率
     BCF TXSTA,SYNC         ;异步工作方式
     BANKSEL PORTA
     BTFSS RCSTA,FERR       ;检测最开始是否会接收到一个错误帧
     GOTO $ - 1
     MOVF RCREG,W      ;接收到的第 1 帧格式出错(检测不到停止位),接收后清空 RCREG
     BTFSS RCSTA,OERR       ;连续接收后面 3 帧数据(等待),完毕,FIFO 溢出,OERR 置位
     GOTO $ - 1
     MOVF RCREG,W           ;连续读取 2 帧数据
```

· 445 ·

```
        MOVWF TEMP1
        MOVF RCREG,W
        MOVWF TEMP2
LOOP:
        MOVF TEMP1,W
        MOVWF PORTB                ;将 TEMP1 中的数据送显
        CALL DELAY
        MOVF TEMP2,W
        MOVWF PORTB                ;将 TEMP2 中的数据送显
        CALL DELAY
        GOTO LOOP                  ;交替显示数据 55H、64H
DELAY:                            ;延时子程序,约 0.5 秒
        ...
        END
```

根据硬件原理图 14.4,运行以上程序,得到以下波形时序。

图 14.8 中所示为传输线上的波形(TX 引脚),波形反映的是多帧发送。对照该图,作以下几点说明:

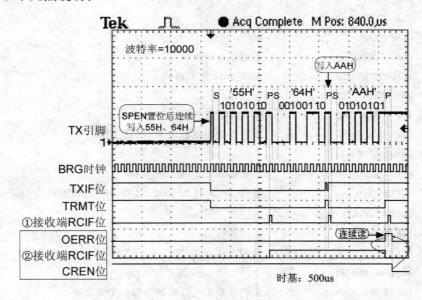

图 14.8　异步通信时序图(多帧通信伴查询方式接收)

(1) 发送方的 TXIF 位这时呈现出长时间的低电平,这是由发送缓冲造成的,向 TXREG 先后写入数据 55H、64H 后,55H 进入 TSR 开始发送过程,64H 马上进入 TXREG 等待发送,这种情况会造成 TXREG 呈现长时间的"满"状态。

（2）发送方的 TRMT 位在 2 帧数据连续发送的过程中一直处于低电位，这是由发送缓冲造成的，如果是单帧发送，一帧发完后，TRMT 会回到空闲的高电平。

（3）标志为 1 的接收端 RCIF 位，波形中有 3 个窄脉冲，它们分别是接收完每一帧后产生的 RCIF 中断，程序利用中断趁机装载数据，数据被装载后，RCIF 会自动归零，以便标志下一帧的接收时机。可见读取数据后使 RCIF 归零在硬件设计上是一件一举两得的事情，倘若不使两者关联，在软件编制上是不是会更麻烦呢？

（4）与连续接收相关的波形是方框中的三项。当发送方连续发送 3 帧数据 55H、64H、AAH 的过程中，如图，接收方的 RCIF 在接收 55H 变高后，就一直处于高位，原因是数据只被接收而没有被读出，能够连续接收是因为有 FIFO，当接收方采样到第 3 个帧（AAH）的停止位时，溢出错误标志位 OERR 会被置位，RSR 中的数据 AAH 会自动丢失。AAH 在这里是一个无效帧，相当于"垫背"的角色。

（5）数据被连续发送后，接收方程序可以不断查询 OERR 的状态，一旦它被置位，立即连续读出 2 帧数据 55H 和 64H。读出后，RCIF 自动复位，如图 14.8 中箭头所指。

（6）OERR 位长期置位会影响后续数据的接收，需要及时清零。方法是：将 CREN 位复位后再置位，如图 14.8 中箭头所指。

（7）实际上，在图 14.8 的波形之前，通信线上还有事件发生，如图 14.9 所示，发送方和接收方程序开始执行的时刻不相同，接收方最开始会采样到一个数据格式错误的帧 00H，它的停止位是低电平，这会造成 FERR 置位，虽然如此，00H 还是被载入 RCREG，为了消除错误帧对后续接收的影响，程序读取 RCREG 便可清空它。于是，对于后面的连续接收，这个错误帧的影响被消除了。

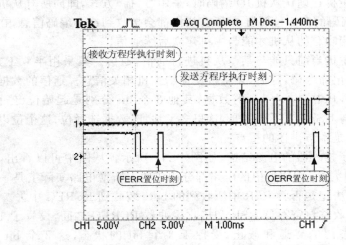

图 14.9　异步通信时序图（多帧通信伴查询方式接收）

14.10 带地址检测功能的 9 位 USART 异步接收器

带地址检测功能的 USART 英文全称为 AUSART，即 Addressable USART。PIC16F7X 机型没有配置这一功能，但 PIC16F87X（A）系列却增加了这项配置。这项配置可以方便用户利用多片 MCU 组成"一点到多点"的通信系统。系统拓扑如图 14.10 所列。

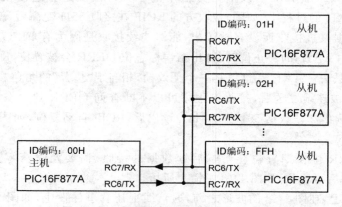

图 14.10　多机异步通信示意图（AUSART）

图 14.10 中的系统，主机与从机都有身份识别号，即 ID 编码，这个编码是用户通过软件定义的。主机只有一个，从机可以有很多个，所有从机都是同名端相连，主机与从机是异名端相连。

通信开始后，主机在确认从机 ID 编码时，采用"广播"方式，即向所有从机发送某 ID 编码，这个 ID 编码的第 9 位要置 1，所有从机都会接收到这个编码信息，在与自身编码核对后，只有相吻合的从机才能与主机建立后续通信。

通信建立后，主机当前只能与某一从机进行通信，通信一般采用半双工方式，即主机先向某从机发出命令码，随后，某从机反馈给主机相关信息。通信的数据结构是 11 个 bit 的帧结构，其中有 8 个 bit 的数据，其他 3 个 bit 分别是起始位、停止位、地址/数据选择位。与 USART 不同的是，这里多了地址/数据选择位，这个位以及与这个位相关的功能便是本节讲述的重点。

AUSART 异步接收器的电路结构，如图 14.11 所示。从图中可以看出，它是在图 14.3 的基础上，增加了虚线框中的电路部分构成的。新增电路实际上是一个数据甄别机构。它可以决定是否将 RSR 中所收到的 byte 装载到 RCREG 中去。

新增电路在接收移位寄存器 RSR 和接收缓冲器 RCREG 之间，设置了 $1+8=9$ 个受控三态门，三态门的导通和截止，受控于 3 个 bit 的状态，这 3 个 bit 分别是 RX9、ADDEN、RSR<8>。将装载许可信号记作 LE(Latch Enable)，根据新增电路逻辑图，可以列出如下表达式：

$$LE = RX9 \cdot ADDEN \cdot RSR<8> + \overline{RX9} + \overline{ADDEN}$$

对该逻辑表达式进行分析：

（1）当 ADDEN 位为 0，即地址检测功能被关闭后，LE 的逻辑值总会是 1，也就是说接收缓冲许可电路是畅通的，这时新增电路就好像不存在一样，于是，图 14.11 的电路就变成图 14.3 的电路。

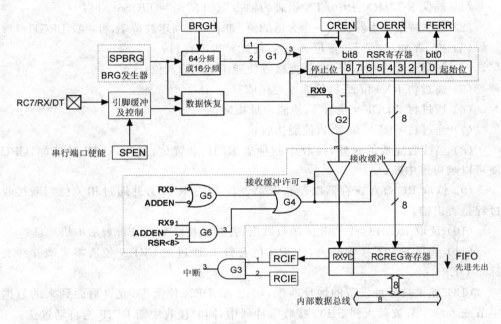

图 14.11　AUSART 异步接收器硬件电路结构图

（2）由逻辑表达式可以看出，式中 RX9 和 ADDEN 的角色是一样的，所以 RX9 为 0 的效果等同于 ADDEN 为 0 的效果。RX9 为 0 时，表示选择接收的 byte 是 8－bit 格式。它使 LE＝1，新增电路变得没有意义。

（3）当 ADDEN 位为 1，即地址检测功能被启动后，接收的 byte 必须设定为 9－bit 格式，即设 RX9＝1。这时，只有当接收数据的第 9 位 RSR<8>＝1 时（表明该数据是地址帧），才会使 LE＝1。LE 置 1 后，接收的数据才能从 RSR 载入 RCREG 中，同时接收中断 RCIF 置 1，程序如果响应该中断，可以趁此机会读取地址编码并与本机标定的地址编码进行比较。

（4）当 ADDEN 位为 1，即地址检测功能被启动后，接收的 byte 必须设定为 9－bit 格式，即设 RX9＝1。这时如果接收数据的第 9 位 RSR<8>＝0（表明是个数据帧），那么会使得 LE＝0，这样，接收的数据不会从 RSR 载入到 RCREG 中，该数据最终会丢失。

只有处于图 14.10 中的从机才有必要设置 ADDEN 的状态。从后面的实验可以认识到，ADDEN 起到的是"地址过滤"的作用。缺省状态下，ADDEN 为 0，新增电路就好像不存在一样。一对多通信时，从机接收来自主机的信息包括"地址"和"数据"两类。如何分辨这两类信息，在此，必须用到"地址过滤"功能，即置 ADDEN＝1，在这个前提下，只接收"地址"信息（RSR，8＝1）而摒弃"数据"信息（RSR，8＝0）。

当地址检测被使能（ADDEN＝1）后，异步接收器的程序设置应遵循以下步骤：

（1）确保 RC7/RX、RC6/TX 引脚为输出态（TRIS7＝TRIS6＝1）；

（2）给波特率发生器载入一个合适的值，如果希望高速波特率，可以置 BRGH＝1；

（3）把 SYNC 位清零，置位 SPEN，使能异步串行口；

（4）如果希望中断服务，需要把接收使能位 RCIE 置位；

（5）通过将 RX9 位置 1，使能 9 位接收；

（6）通过将 ADDEN 位置 1，使能地址检测；

（7）通过将 CREN 位置 1，使能接收；

（8）当接收完成的时候，接收中断标志 RCIF 会置位，如果 RCIE 被使能，CPU 便可以响应该中断；

（9）读取 RCSTA 寄存器以便获取第 9 位 bit－RX9D，并通过相关位判断接收过程是否出错；

（10）读取 RCREG 中的 8 位接收数据，并判断接收数据是否表示本机地址；

（11）如果发生了接收冲突，OERR 位会置 1，通过把 CREN 位清零来清除冲突标志 OERR；

（12）如果被寻址设备的地址匹配，就把 ADDEN 位清零，允许后面到来的数据字节或地址字节被载入到 FIFO 接收缓冲器中，同时接收中断 RCIF 会自动置位。

14.11　AUSART 异步通信应用分析

以下我们做个实验来加深一下对带地址检测功能异步通信 AUSART 的理解。以下每个程序都省去了 TRIS7＝TRIS6＝1 这样的设置语句，因为该值是芯片的上电复位值。在每个实验的最后都有详细的时序分析。

实验 3：AUSART 异步通信，主机连续发送 2 个数据帧（先发送地址帧，再发送数据帧）的电路结构如图 14.12 所示。
实验目的：主机寻找地址为 55H 的从机，并与它建立后续通信。
实验过程：① 主机先向所有从机一次性发送地址编码 55H 和数据编码 64H 这 2 个帧；

② 只有地址编码为 55H 的从机才能接收到数据编码 64H，接收后并显示在 RB 端口的 8 位 LED 上。

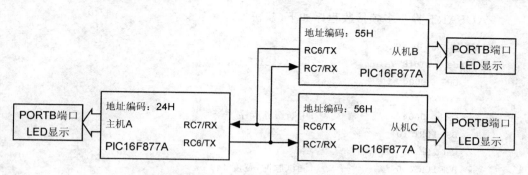

图 14.12　AUSART 异步通信实验电路示意图

　　根据实验目的,分别编制主机 A 和从机 B 的程序,其中从机 C 和从机 B 的程序类似,只是内部设定的地址编码不同,故略去。

　　AUSART 异步多帧发送程序如下(主机 A):

```
程序名:UAT_03.ASM
include <p16f877a.inc>        ;@4M oscillator
      ORG    0400
      BANKSEL TRISA
      MOVLW 0X18              ;设置 BRG 时钟为 10000 波特,BRG 时钟周期为 100 μs
      MOVWF SPBRG
      BSF TXSTA,BRGH          ;高速波特率
      BCF TXSTA,SYNC          ;异步模式
      BSF TXSTA,TX9           ;发送 9 位数据,TX9D 指示数据帧或地址帧
      BSF TXSTA,TXEN          ;使能发送
      BSF TXSTA,TX9D          ;第 9 位(bit8)为 1,标志这一帧是地址帧,即从机的 ID 编码
      BANKSEL PORTA
      BSF RCSTA,SPEN          ;使能串口
      CALL DELAY             ;注意:发送动作要在从机接收准备就绪之后发生,故增加延时
      MOVLW 0X55             ;这个数据表示从机的地址编码"55H"
      MOVWF TXREG            ;进入缓冲先发送
      BANKSEL TRISA
      BCF TXSTA,TX9D         ;第 9 位(bit8)为 0,标志下一帧是数据帧
      BANKSEL PORTA
      MOVLW 0X64            ;这个数据表示将发给从机的数据码"64H"
      MOVWF TXREG           ;进入缓冲后发送
LOOP:NOP
      GOTO LOOP            ;主程序(循环)
DELAY:                    ;延时子程序(35ms)
      …
      END
```

AUSART 异步多帧接收程序如下（从机 B）：

程序名：UAR_04.ASM

```
include <p16f877a.inc>        ;@4M oscillator
        ORG   0000
        GOTO START
        ORG   0004              ;中断服务程序
        BSF PORTC,0
        CALL DELAY
        BCF PORTC,0             ;测试脉冲,宽度 140 μs
        BTFSS RCSTA,ADDEN       ;判断 ADDEN 的状态
        GOTO GET_DATA           ;如果 ADDEN 为 0,进入取数据子程序
        MOVF RCREG,W            ;如果 ADDEN 为 1,进入取地址子程序,该指令执行后 RCIF 自动复位
        SUBLW 0X55              ;本机地址值设为 55H,把它与收到的地址值进行比较
        BTFSS STATUS,Z
        RETFIE                  ;若主机发来的地址值与本机不匹配,中断返回
        BCF RCSTA,ADDEN         ;若地址匹配,清零 ADDEN 后返回,以便接收后面的数据
        RETFIE
GET_DATA:                       ;取数据子程序
        MOVF RCREG,W
        MOVWF PORTB             ;读取来自主机的数据,送到 RB 端口显示
        RETFIE
START:
        BANKSEL TRISA
        BCF TRISC,0            ;测试引脚
        CLRF TRISB            ;显示端口设为输出态
        MOVLW 0X18            ;设置 BRG 时钟为 10000 波特,BRG 时钟周期为 100 μs
        MOVWF SPBRG
        BSF TXSTA,BRGH        ;高速波特率
        BCF TXSTA,SYNC       ;异步模式
        BSF PIE1,RCIE        ;打开串口接收中断
        BSF INTCON,PEIE      ;打开外设中断
        BSF INTCON,GIE       ;打开总中断
        BANKSEL PORTA
        CLRF PORTB           ;上电 LED 全部熄灭
        BCF PORTC,0          ;测试位
        BSF RCSTA,RX9        ;接收 9 位数据,RX9D 指示数据或地址位
        BSF RCSTA,SPEN       ;使能串口
        BSF RCSTA,CREN       ;使能连续接收
        BSF RCSTA,ADDEN      ;启用地址检测功能
        CLRF RCREG           ;清除接收中断标志 RCIF(只读位)
        BSF PORTC,0
```

```
        CALL DELAY
        BCF PORTC,0               ;测试脉冲,宽度 140 μs
LOOP:NOP                          ;主程序(循环)
        GOTO LOOP
DELAY:                            ;延时子程序(140 μs)
        ...
        END
```

图 14.13 所示为实验中捕捉到的 2 种信号波形。它们分别是 TX 引脚上的数据波形(地址帧、数据帧),测试位 RC0 的波形(测试中断发生及结束时刻),ADDEN 的波形是根据时序手工描绘的。

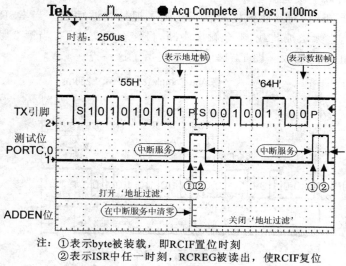

注:①表示 byte 被装载,即 RCIF 置位时刻
　　②表示 ISR 中任一时刻,RCREG 被读出,使 RCIF 复位

图 14.13　AUSART 通信时序图(多帧通信)

本实验波形反映的是多帧发送,即 1 次连续发送 2 帧(地址帧和数据帧)。对照上图,作以下几点说明:

(1) 不同于前面的实验,其每一帧都是 10 个 bit,包括 8 个数据 bit、1 个 S 位、1 个 P 位。这次的 AUSART 实验传输的每一帧是 11 个 bit,它在 8 位数据 bit 的后面增加了 1 个地址/数据标识 bit。当这个 bit 为 1 时,表示这一帧是地址编码;当这个 bit 为 0 时,表示这一帧是数据编码。本例中,55H 表示地址编码,64H 表示数据编码。

(2) 从机在程序中设置了地址检测功能(ADDEN＝1),在对第一个表示地址编码的 55H 进行接收并装载后,产生接收中断 RCIF,CPU 如果响应该中断,可以趁机将读取的 55H 与本机已设定好的地址编码进行核对,如果一致,就复位 ADDEN,只有这样,才能继续后面数据码的接收。

（3）出现以下情况会使得图中测试位的第 2 个 ISR 脉冲（中断服务）消失，即地址帧的后续帧被 RSR 接收后无法载入 RCREG，它会造成接收失败，使通信变得不正常。

当接收到的地址码与本机地址码不一致时，会造成后续帧的接收失败。例如：从机 C（地址码 56H）接收的第一帧是地址帧，与主机发来的地址帧 55H 比较后发现不一致，即便这样，它的 RSR 还是会接收第 2 个数据帧 64H，然而 ADDEN＝1，使得 64H 无法被装载，RCIF 不会置位，自然不会产生图中的第 2 个 ISR 脉冲。而实现此功能，主要依靠软件。

（4）在主机程序中，把地址帧 55H 和数据帧 64H 的发送顺序颠倒一下，从机程序不变，就会出现以下实验波形。

当 ADDEN＝1 时，对接收数据的载入实施了地址过滤功能。当 RSR 接收的第 1 帧为数据帧时，它无法被装载，不会触发中断，最终会丢失；只有当第 2 帧地址帧到来时，才会进行正常地接收。图 14.14 清晰地展示了这一点。

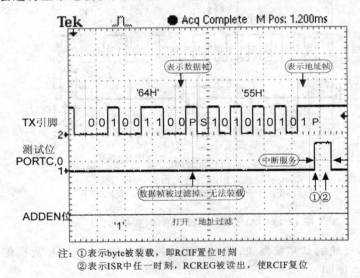

注：① 表示 byte 被装载，即 RCIF 置位时刻
② 表示 ISR 中任一时刻，RCREG 被读出，使 RCIF 复位

图 14.14　AUSART 通信时序图（多帧通信）

当地址过滤被关闭，即 ADDEN＝0 时，地址信息会被当做数据信息接收，造成接收失误。

以上实验实现的是主机 A 在从机（B 和 C）中找到 B，并和 B 通信（传递数据）的过程。如果扩展一下，可以使以上功能实现后，再使 A 找到 C，并与 C 通信（传递数据）。要想实现这一功能并不难。下面设定一个实验过程，读者可以自己去实现。实验电路依照原理图 14.12。实验过程如下：

① 主机 A 寻址从机 B 后，发送数据 64H，从机 B 获取数据后取反回送给主机 A；

② 间隔合适的时间后，主机 A 寻址从机 C，发送数据 38H，从机 C 获取数据后取

反回送给主机 A;

③ 主机 A 把获取的 2 个数据交替显示在 RB 端口的 8 位 LED 上。

编程注意事项:

① 从机 B 和从机 C 的程序雷同;

② 通信接收程序在编制过程中要特别注意地址过滤器 ADDEN 的设置。ADDEN 地址过滤被打开过后要及时关闭,否则,后续接收的地址会被当做数据处理。

14.12　USART 模块的 C 语言编程

USART 模块的 C 语言内部函数有如下若干种(常用),现说明如下。需要注意的是,这些函数都需要在声明预处理器"♯use rs232"后才可以使用。

(1) setup_uart( )

语法:setup_uart （baud）;

　　　setup_uart （baud,stream）;

　　　setup_uart （baud,stream,clock）;

注意:只有当硬件 USART 存在时才可用到该函数。

函数功能:如果 baud 值为 1,表示 UART 被开启;若为 0,表示 UART 被关闭。

　　　　　如果 baud 是个波特率值,UART 同样会被开启。

函数参数说明:

Stream:表示在 ♯use rs232 的选项"stream ＝ name"中定义的将被使用的 USART 数据流。当一个 PIC 芯片中存在多个 USART 数据流时,需要对它们进行区分,参数 stream 就是起这个作用的。如果只有一个 USART 模块,可以省去该参数。其他函数中的 stream 表达意义与此相同。

Baud:表示通信中每秒传送的 bit 数目,它是个常数。若为 0 或 1,可以控制 USART 模块的开启或关闭。

Clock:如果指定这个值,这将是该函数所依据的系统主频。缺省值来自"♯use delay"。

高级一些的 UART 模块还有以下参数格式(与地址检测功能相关):

setup_uart(uart_address)　表示 UART 仅接收带地址过滤功能的字节(9 位,且 bit8 为 1);setup_uart(uart_data)　表示 UART 模块仅接收数据字节。

(2) getc( )

语法:value ＝ getc( );

函数功能:当本机通过 USART 与另外的 MCU 或 PC 机的 RS232 通信时,该函数用于获取来自通信对方的一个 byte。它的功能相当于在汇编程序中,先查询 RCIF 的状态,若为 1,则将接收数据载入 RCREG 寄存器。

函数参数说明:value 是 int 型或 char 型数据。

(3) gets( )

语法:gets(string);

函数功能:当本机通过 USART 与另外的 MCU 或 PC 机的 RS232 通信时,该函数利用"getc( )"将来自通信对方的多个 byte(有的 byte 表示字符)依次存入指针 string 指定的 RAM 存储单元中。

如果通信对方为 RS232,那么该操作会一直到 PC 机上输入回车键信息(CR)才终止;如果没有 CR 操作,当遇到字符'0'时,也会结束操作。

函数参数说明:string 是字符数组的指针值。

(4) putc( )

语法:value = putc(cdata);

函数功能:当本机通过 USART 与另外的 MCU 或 PC 机的 RS232 通信时,该函数用于向通信对方发送一个 byte。它的功能相当于在汇编程序中,先查询 TXIF 的状态,若为 1(表示前一个 byte 已发送),则将待发数据载入 TXREG 寄存器。

函数参数说明:cdata 是 int 型或 char 型数据。

(5) puts( )

语法:puts(string);

函数功能:当本机通过 USART 与另外的 MCU 或 PC 机的 RS232 通信时,该函数使用"puts( )"向通信对方发送一连串 byte(有的 byte 表示字符),完毕后,CR 和 LF 被发送。通常,printf( )比 puts( )更加有用。

函数参数说明:string 是一个常数或字符串。

(6) kbhit( )

语法:value = kbhit( );

函数功能:这个函数是为了分割"getc( )"函数的功能而设计的,对于"getc( )"的执行,它会先查询 RCIF 的状态,若为 1,则装载数据;若为 0,则不断查询。若数据长时间不到达,则程序会陷入死循环,进入永久等待状态。为了规避这一点,才使用该函数。

该函数的功能仅仅是查询 RCIF 的状态。若 RCIF 为 1,则 value 值返回 1,表示可装载数据;若 RCIF 为 0,则 value 值返回 0,表示数据尚未到达,并可执行下一步操作。

顾名思义,Keyboard—hit,该函数的主要用途是检测有没有"按键"按下,对按下和未按下这两种情况可用后续语句分别进行处理。

函数参数说明:当 value 为 0 时,表示 getc( )尚未收到任何 byte;

当 value 为 1 时,表示 getc( )已经接收了一个 byte(或字符)。

(7) printf( )

语法:printf (string);

printf (cstring, values);

函数功能:该函数是 C 语言中常用的格式输出函数,它的作用是按照指定格式输出若干个任意类型的数据,数据输出格式在控制字符串中指定。前面的 putc( )一次只能输出一个字符,而 printf( )一次可以输出多个字符。

这个函数的使用规范很多,这里只列出一部分规范。详细内容可参考标准 C 语言的书籍,CCS 的 C 和标准 C 有少量的不同,在这里请注意区分。

函数参数说明:string 是字符串常量或未终止的字符列;values 是由逗号分隔的变量列表。

输出格式说明:输出格式采用通用的形式"％ wt"表示,w 是可选的。

当 w 指定为 1~9,表示输出的字符个数在 1~9 之间;

当 w 指定为 01~09,表示字符数量不足以填满位数时,最前面添加 0;

当 w 指定为 1.1~9.9,表示带小数点的字符串,格式为"整数位数·小数位数";

t 是输出格式类型,它们是以下其中之一(关于格式类型,还有一些没有列出,具体可以参考 PCM 编译器手册)。

c	Character	字符
s	String or character	字符串或字符
u	Unsigned int	无符号整型
d	Signed int	有符号整型
Lu	Long unsigned int	无符号长整型
Ld	Long signed int	有符号长整型
x	Hex int (lower case)	16 进制整型(小写)
X	Hex int (upper case)	16 进制整型(大写)
Lx	Hex long int (lower case)	16 进制长整型(小写)
LX	Hex long int (upper case)	16 进制长整型(大写)
f	Float with truncated decimal	实数的小数点形式(十进制)
g	Float with rounded decimal	实数的限定小数位形式(十进制)
e	Float in exponential format	实数的指数形式
w		对输出实数的宽度及小数部分的位数作限定

输出格式举例：

指定格式	格式说明	Value＝0x12	Value＝0xFE
％03u	3 位无符号整型，前置 0	018	254
％u	1 位无符号整型	18	254
％2u	2 位无符号整型	18	＊
％5u	5 位无符号整型	18	254
％d	1 位有符号十进制整型	18	－2
％x	16 进制小写	12	fe
％X	16 进制大写	12	FE
％4X	16 进制大写（4 位）	0012	00FE
％3.1w	3 位字符（含 1 位小数）	1.8	25.4

注：＊处的数据类型未作定义，假设是无用的数据。

与中断有关的函数及预处理器如下：

＃int_rda(Receive Data Available)	USART 接收数据中断用预处理器；
＃int_tbe(Transmit Buffer Empty)	USART 发送数据中断用预处理器；
enable_interrupts(INT_RDA)	表示打开 RDA 中断；
disable_interrupts(INT_ RDA)	表示关闭 RDA 中断；
value = interrupt_active(INT_ RDA)	侦测 RCIF 中断标志是否置位；
enable_interrupts(INT_ TBE)	表示打开 TBE 中断；
disable_interrupts(INT_ TBE)	表示关闭 TBE 中断；
value = interrupt_active(INT_ TBE)	侦测 TXIF 中断标志是否置位；
enable_interrupts(GLOBAL)	表示打开总中断；
disable_interrupts(GLOBAL)	表示关闭总中断。

"＃USE RS232"预处理器包含着如下众多选项，现分别介绍如下：

BAUD＝x	设置波特率 x。
XMIT＝pin	设置发送数据的引脚。
RCV＝pin	设置接收数据的引脚。
FORCE_SW	当 UART 功能的引脚被指定后，将会生成软件串行 I/O 子程序。
BRGH1OK	忽视波特率设定错误。
ENABLE＝pin	在数据发送的过程中，指定的引脚 pin 将是高电平，这将用于使能 RS485 传送。
DEBUGGER	实时调试模式，此时数据是通过 CCS ICD 设备收发的，使用的缺省引脚是 RB3。
RESTART_WDT	当"getc( )"等待下一个字符的时候，该选项会使"getc( )"清零 WDT。

INVERT	对串口引脚上的电平极性进行翻转（当电平转换器 MAX232 存在时通常不需要该选项），当存在内置 UART 模块时，不可使用该选项。
PARITY＝x	奇偶设置，x 为 N(null)，E(even)或 O(odd)。
BITS ＝x	数据位长度，x 为 5 到 9（数据位长度为 5～7 时，不可用于 SCI 方式）。
FLOAT_HIGH	数据线不会被驱动为高电平，该选项用于集电极开路输出。如果在生成 bit 位的末尾时刻，该引脚不为高电平，那么"RS232_ERRORS"的 bit6 会置位。
ERRORS	保存发生的错误，保存于状态字"RS232_ERRORS"中。
SAMPLE_EARLY	"getc( )"通常在 bit 位生成的中间时刻采样数据电平，而该选项使采样发生在 bit 位生成的开始时刻。该选项在 UART 方式下不可使用。
RETURN＝pin	当采用"FLOAT_HIGH"和"MULTI_MASTER"选项时，pin 用于读取返回的信号值。 使用"FLOAT_HIGH"时，缺省的 pin 是 XMIT 引脚； 使用"MULTI_MASTER"时，缺省的 pin 是 RCV 引脚。
MULTI_MASTER	使用 RETURN 引脚信号来探测同一时段，总线上是否有另一主机在发送数据。如果冲突被检测到，那么控制字节"RS232_ERRORS"的 bit6 会一直置位。直到该位被清零，PUTC's 才可被忽略。该信号在 bit 位生成的开始和末尾时刻都可被检测到。该选项在 UART 方式下不可使用。
LONG_DATA	用于 9 位数据传输格式，它使"getc( )"接收一个 int16 格式数据；使"putc( )"发送一个 int16 格式数据。
DISABLE_INTS	当子程序 get(接收)或 put(发送)一个字符时，该选项会使中断失效。这样可以避免在软件模拟通信的情形下发生字符操作失真。同样可以避免在使用 UART 功能时，主程序和 I/O 口中断源之间的冲突。
STOP＝x	设置停止位的个数（缺省态为 1），该选项对于 UART 和非 UART 端口都起作用。
TIMEOUT＝x	设置"getc( )"获取一个字节的毫秒时间数。如果在设定的时间内没有字符输入，在"getc( )"出现返回值的同时，状态字"RS232_ERRORS"会被清零。该选项对于 UART 和非 UART 端口都适用。
SYNC_SLAVE	该选项配置 USART 为同步通信方式，且本机充当"从

机"。此时串行接收引脚 RX 变为数据收发引脚 DT,串行发送引脚 TX 变为时钟接收引脚 CK。

SYNC_MASTER 该选项配置 USART 为同步通信方式,且本机充当"主机"。此时串行接收引脚 RX 变为数据收发引脚 DT,串行发送引脚 TX 变为时钟发送引脚 CK。

UARTn 对芯片的第 n 个硬件 UART 模块设置"XMIT ="和"RCV ="。

NOINIT 不执行 UART 外设的初始化。这对于 UART 波特率的动态控制很有用;或者在程序运行的过程中,稍晚些进行手动方式初始化外设。如果选择该选项,那么需要使用 setup_uart( )来初始化外设,在 UART 初始化前使用串口语句(例如 getc( ) or putc( ))会导致不可预知的行为。

ICD 表明这个数据是通过 CCS ICD 设备进行收发的。缺省的发送引脚是 PIC 单片机的 PGD 引脚(通常是 RB7),缺省的接收引脚是 PIC 单片机的 PGC 引脚(通常是 RB6),可使用"XMIT ="和"RCV ="来改变引脚配置。

将实验 1 的程序用 C 语言实现,程序如下:
主机程序(对应 UAT01.ASM):

```
# include <16f877a.h>
# fuses HS,NOLVP,NOWDT,PUT
# use delay(clock = 4M)
# use rs232(baud = 4800, bits = 8, UART, XMIT = PIN_C6, RCV = PIN_C7)
int inc_data;                        //定义变量类型

void main( )
{
    inc_data = 0;                    //变量赋初值
        while(1)
        {
        inc_data = inc_data + 1;     //变量累加
        putc(inc_data);              //向从机发送变量值
        delay_ms(300);               //延时 300ms
        }
}
```

说明:当确定 MCU 工作的主频(4M),设定所需的波特率后(4800),寄存器 SPBRG 中的装载值由编译器自动生成,这使得程序的编制很方便。它这一点不像汇编语言编程,需要手动计算出 SPBRG 寄存器的装载值。

对于"putc(inc_data);"的运作,可以查看"Disassemble Listing"窗口的汇编语

句。它相当于先查询 TXIF 的状态,如果为 1,表示前一个字节已经移出 TXREG 寄存器,TXREG 为空,可以装载当前字节。

从机程序(对应 UAR01.ASM):

```
# include <16f877a.h>
# fuses HS,NOLVP,NOWDT,PUT
# use delay(clock = 4M)
# use rs232(baud = 4800, bits = 8, UART, XMIT = PIN_C6, RCV = PIN_C7)
int rc_data;                    //定义变量类型

void main( )
{
        while(1)
            {
                rc_data = getc( );   //接收主机发送的字节
                output_b(rc_data);   //将接收到的字节送本机 RB 端口显示
            }                        //不断循环
    }
```

说明:对于"getc( );"的运作,可以查看"Disassemble Listing"窗口的汇编语句。它相当于先查询 RCIF 的状态,如果为 0,则不断地查询;如果为 1,表示当前字节已经载入 RCREG 寄存器,可以读取。

利用图 14.6 的电路连接实现 UART 全双工通信。

实验目的:处理器♯1 向处理器♯2 发送一个递增的 8 位数(00H～FFH),处理器♯2 向处理器♯1 发送一个递减的 8 位数(FFH～00H),两者同时进行。

主机程序:

```
# include <16f877a.h>
# fuses HS,NOLVP,NOWDT,PUT
# use delay(clock = 4M)
# use rs232(baud = 4800, bits = 8, UART, XMIT = PIN_C6, RCV = PIN_C7)
int inc_data,rc_data;

# int_RDA
void ISR_RC ( )
{
    rc_data = getc( );
    output_b(rc_data);
}
```

```
void main( )
{
    inc_data = 0x00;
    enable_interrupts(int_rda);
    enable_interrupts(global);
        while(1)
        {
        inc_data = inc_data + 1;
        putc(inc_data);
        delay_ms(300);
        }
}
```

说明:从机程序和主机程序基本相同,只是将"inc_data＝0x00"改为"inc_data＝0xFF";

将"inc_data＝inc_data＋1"改为"inc_data＝inc_data－1"即可。

类似于对应的汇编程序,利用 UART 同时实现数据的收发一般会用到中断,本实验的程序用到的是接收中断"♯int_RDA"。

汇编的中断服务(UAR_01.ASM)是直接对 RCREG 进行读出操作,而 C 语言的中断服务是在查询 RCIF 的状态后才进行 RCREG 的读出操作,这可以通过对应的"Disassemble Listing"汇编语句看出来。显然进入中断后查询 RCIF 的状态是不必要的,因为 RCIF 此时肯定是置位的,虽然如此,但对程序的运行没有任何影响。但同时也揭示出这样的道理:C 语言虽然用起来很方便,但是它不容易实现像汇编那样的精准操作。

对于实验 2,利用硬件缓冲器,一次性连续收发 2 个字节,CCS C 中没有对应功能的函数。要达到类似的效果,可以分两次单发,即连续使用两次"putc(value)"函数。

将实验 2 衍生一下,如果发送方连续发送 5 个字节,接收方依次接收,并把它们存放在 RAM 中,接收方的程序如何编制。请参考以下程序:

```
♯ include ＜16f877a.h＞
♯ fuses HS,NOLVP,NOWDT,PUT
♯ use delay(clock = 4M)
♯ use rs232(baud = 4800, bits = 8, UART, XMIT = PIN_C6, RCV = PIN_C7)
int rc_data[5], i ;                    //定义包含 5 个元素的数组及下标变量 i
short tag;                             //定义位变量

♯ int_RDA                             //UART 接收数据中断预处理器
```

```
void ISR_RC ( )
{
    if ( i = = 0x05)                    //如果下标变量累加至 5
        {tag = 1; disable_interrupts(global);}   //置位 tag,关闭总中断,禁止再接收
    else
        {
        rc_data[i] = getc( );           //接收对方(MCU)送来的字节
        output_b( rc_data[i] );         //将当前数组元素送 RB 端口显示
        i ++ ;                          //下标变量累加
        }
}


void main( )
{
    enable_interrupts(int_rda);         //打开 RDA 中断
    enable_interrupts(global);          //打开总中断
    tag = 0;   i = 0;                   //位变量及数组下标清零
  while(1)
    {
    if (tag)                            //如果数据接收完毕,则显示 RAM 数据
        {
        for ( i = 0; i<0x05; i ++ )
            {                           //依次显示数组中的 5 个字节
            output_b( rc_data[i] );     //送 RB 端口显示
            delay_ms(800);              //延时 800ms
            }
        }
    }
}
```

　　说明：本程序利用 RDA 中断接收 5 个数据字节，每接收一次，就把数据存入数组下标 i 所对应的存储单元中，直到 5 个单元存储完毕为止。然后，为了观察存储结果，在主程序中将 5 个存储单元的数据依次显示在 RB 端口 LED 上。

　　程序利用了数组及 for 循环语句，对于相关联的应用，具有一定的参考价值。

　　将实验 3 的程序用 C 语言实现，程序如下：

　　主机 A 的程序(对应 UAT03.ASM)：

```
# include <16f877a.h>
# fuses HS,NOLVP,NOWDT,PUT
# use delay(clock = 4M)
# use rs232(baud = 4800, bits = 9, LONG_DATA,UART, XMIT = PIN_C6, RCV = PIN_C7)
```

```
void main( )
{
    delay_ms(50);                       //适当延时,使从机就绪
    putc(0x0155);                       //发送地址字节,特征是 bit8 = 1
    putc(0x0064);                       //发送数据字节,特征是 bit8 = 0
    while(1)
    {    }                              //主循环
}
```

从机 B 的程序(对应 UAR04.ASM):

```
# include <16f877a.h>
# fuses HS,NOLVP,NOWDT,PUT
# use delay(clock = 4M)
# use rs232(baud = 4800, bits = 9, LONG_DATA,UART, XMIT = PIN_C6, RCV = PIN_C7)
long   rc_data, rc_addr;                //定义 16 位变量
int    rc_data_l, rc_addr_l;            //定义 8 位变量

# int_RDA
void ISR_RC ( )
{
    setup_uart(uart_address);           //接收限制—仅接收地址(bit8 = 1)
    rc_addr = getc( );                  //接收 9 位(带地址标志)数据
    rc_addr_l = make8(rc_addr,0);       //获取 9 位数据的低 8 位(来自主机的地址 ID)
    if ( rc_addr_l = = 0x55 )           //判断来自主机的地址 ID 与本机 ID(55H)是否匹配
        {                               //如果匹配,执行以下操作
        setup_uart(uart_data);          //接收限制—仅接收数据(bit8 = 0)
        rc_data = getc( );              //接收 9 位(带数据标志)数据
        rc_data_l = make8(rc_data,0);   //获取 9 位数据的低 8 位(来自主机的数据)
        output_b(rc_data_l);            //将获取数据送 RB 端口显示
        }
}

void main( )
{
    enable_interrupts(int_rda);    //打开 RDA 中断
    enable_interrupts(global);     //打开总中断
    while(1)
    {   }                          //主循环
}
```

说明:当使用 AUSART 发送 9 位数据时,需要预先在"# use RS232"中增加声明"bits=9"和"long_data"两项。9 位数据应设为 long 型。数据接收后,使用"make

( )"函数对 9 位数据进行拆分,先取得 8 位地址值,将该地址与本机地址 55H 进行比较,如果相符,则进行后续取数据的操作;如果不相符,则返回主循环。

USART 更多的用途是与计算机的 RS232 接口通信,RS232 的接口标准可以参考有关资料,它也是通过 TX、RX 引脚进行数据的收发,只是电平标准不同于 US-ART,这中间需要用 MAX232 芯片进行桥接,这方面的资料很多,在此不赘述。计算机这边,可以建立一个超级终端(Hyperterminal)来观察通信效果。

下面的程序载入 MCU 后,通过建立的硬件连接,可以观察到超级终端窗口在不同的行或列显示出相应的英文单词或语句。

```
# include<16f877a.h>
# fuses HS,NOWDT,NOPROTECT,PUT,BROWNOUT,NOLVP
# use delay(clock = 4M)
# use rs232(BAUD = 4800,XMIT = PIN_C6,RCV = PIN_C7)

void main( )
{
    printf("\r\n Congratulations! \r\n ");
    printf(" \r Welcome here! \n ");
}
```

说明:建立超级终端时的通信设置应该与本程序中"# use rs232"中的设置一致。\r 和\n 都是控制字符。\r 表示光标返回某行的第一列(return);\n 表示光标移至下一行的第一列(next)。这是两种常用的控制字符,还有其他一些控制字符,具体可见 CCS C 编译器手册。

观察以下这个程序,该程序实现的是 USART 与 RS232 之间的双向通信。当PC 机的键盘输入字母"k"时,"k"会被编译器变为二进制码发送到 MCU,随后 MCU将该二进制码反送回来,显示在超级终端的窗口中。

```
# include<16f877a.h>
# fuses HS,NOWDT,NOPROTECT,PUT,BROWNOUT,NOLVP
# use delay(clock = 4M)
# use rs232(BAUD = 4800,XMIT = PIN_C6,RCV = PIN_C7)

void main( )
{
    char cmd;
    while(1)
    {
        cmd = getc( );
```

```
        putc(cmd);
    }
}
```

说明：该程序不同于上一个程序，上一个程序是 MCU 到 RS232 的单向通信。而这个是双向通信，先定义 cmd 为字符型变量，再利用函数"cmd＝getc( )"从 PC 机获得键值，之后利用"putc(cmd)"将键值反送给 PC 机。

当从键盘输入其他字母时，超级终端窗口会顺序显示这些字母。

第 15 章
USART 同步通信

15.1　USART 同步工作方式

在同步工作方式下,外部引脚仍然使用 RC7 和 RC6。与异步通信不同的是,异步方式下,RC7 用作数据接收(RX),RC6 用作数据发送(TX);而同步方式下,RC7用作数据双向传输通道(DT),RC6 用作波特率时钟的发送或接收端(CK)。

USART 同步通信非常类似于 SPI 通信,对于通信系统中的每个设备,都有来自主设备的时钟信号,时钟信号对数据的收发起到同步的作用。

在同步方式下,由于 bit 位的传输节奏被时钟 CK 同步,因此,不必像异步通信那样设置起始位和停止位。

15.2　USART 同步通信拓扑

图 15.1　USART 同步通信中主机与从机的连接

由图 15.1 可知,由于只有一条数据线 DT,数据的传输只能以半双工的方式进行,即发送和接收不能同时进行。在发送数据时禁止接收数据,反之亦然。在此与

SPI 通信作一下比较,SPI 通信模块比这种情况多了一条数据线,可以同时收发数据,进行全双工通信。把 SYNC 位(TXSTA<4>)置 1 就可以进入同步工作方式。在这种工作方式下:

① 把 CSRC 位(TXSTA<7>)置 1 可进入主控方式,这意味着本机可以发送 CK 信号;

② 把 CSRC 位(TXSTA<7>)置 0 可进入被控方式,这意味着本机只能接收 CK 信号。

15.3 与 USART 同步通信相关的寄存器

寄存器名称	bit7	bit6	bit5	bit4	bit3	bit2	bit1	bit0
TXREG	USART 发送数据缓冲器							
RCREG	USART 接收数据缓冲器							
TXSTA	CSRC	TX9	TXEN	SYNC		BRGH	TRMT	TX9D
RCSTA	SPEN	RX9	SREN	CREN	ADDEN	FERR	OERR	RX9D
SPBRG	定义波特率的参数值							
TRISC	TRISC7	TRISC6	TRISC5	TRISC4	TRISC3	TRISC2	TRISC1	TRISC0
INTCON	GIE	PEIE	T0IE	INTE	RBIE	T0IF	INTF	RBIF
PIR1	PSPIF	ADIF	RCIF	TXIF	SSPIF	CCP1IF	TMR2IF	TMR1IF
PIE1	PSPIE	ADIE	RCIE	TXIE	SSPIE	CCP1IE	TMR2IE	TMR1IE

寄存器地址	寄存器名称	上电复位,欠压复位值	其他复位值
19H	TXREG	00000000	00000000
1AH	RCREG	00000000	00000000
98H	TXSTA	0000 - 010	0000 - 010
18H	RCSTA	0000 - 00x	0000 - 00x
99H	SPBRG	00000000	00000000
87H	TRISC	11111111	11111111
0BH/8BH/10B/18B	INTCON	0000000x	0000000u
0CH	PIR1	00000000	00000000
8CH	PIE1	00000000	00000000

注:x 表示未知;u 表示不变;-表示未指明位置,读作 0。

对以上寄存器的解释如下:

(1) 8 位发送缓冲器 TXREG(Transmit Register)

TXREG 是一个 8 位的寄存器,可读也可写。它与芯片内部的数据总线直接相连,用户的待发数据一旦写入该缓冲器,就会等到下一个 BRG 时钟周期开始时刻启动发送。它与发送移位寄存器 TSR 成对使用。不同于后面章节的 SPI 和 I²C 通信,数据进入 TSR 后的发送顺序是:先发送低位 LSB,再发送高位 MSB。

(2) 8 位接收缓冲器 RCREG(Receive Register)

RCREG 是一个 8 位的寄存器,可读也可写。它与芯片内部的数据总线直接相连,每次从对方传送过来的数据,用户都是从该缓冲器最后读取出来的,它与接收移位寄存器 RSR 成对使用。不同于后面章节的 SPI 和 I²C 通信,数据进入 RSR 的接收顺序是:先接收低位 LSB,再接收高位 MSB。

(3) 波特率参数寄存器 SPBRG(Baud Rate Generator Register)

SPBRG 寄存器用于控制一个 8 位定时器的溢出周期。该寄存器的设定值(0～255D)与波特率成反比关系。在同步方式下,波特率仅由 SPBRG 寄存器决定。

(4) 发送状态兼控制寄存器 TXSTA(Transmit Status and Control Register)

这个寄存器相当于发送器(Transmitter)的运行控制器。它定义数据发送的格式、发送方式、发送时机等,并反馈数据发送状态。

① CSRC(Clock Source Select bit):同步方式时钟源选择位

1=主控模式(由本机波特率发生器产生时钟);

0=从动模式(时钟信号来自外部设备)。

② TX9(9-bit Transmit Enable bit):9 位发送格式使能位

1=选择 9 位数据格式发送;

0=选择 8 位数据格式发送。

③ TXEN(Transmit Enable bit):发送使能位

1=允许发送;

0=禁止发送。

(注:在同步工作方式下,SREN/CREN 位比 TXEN 位优先级别高。)

④ SYNC:USART 工作方式选择位

1=同步方式;

0=异步方式。

⑤ BRGH(High Baud Rate Select bit):高速波特率使能位,同步方式下,此位不用。

⑥ TRMT(Transmit Shift Register Status bit):发送用移位寄存器状态位

1=TSR 空;

0=TSR 满。

⑦ TX9D(9th bit of Transmit Data):待发数据的第 9 位,也可作为奇偶校验位。

(5) 接收状态兼控制寄存器 RCSTA(Receive Status and Control Register)

这个寄存器相当于接收器(Receiver)的运行控制器。它定义数据接收的格式、接收方式等,并反馈数据接收状态。

① SPEN(Serial Port enable)：串口使能位

1＝允许串口工作(把 RX/DT/RC7 和 TX/CK/RC6 引脚配置为串口引脚)；

0＝禁止串口工作。

② RX9(9－bit Receive Enable bit)：9 位接收格式使能位

1＝选择 9 位格式接收；

0＝选择 8 位格式接收。

③ SREN(Single Receive enable bit)：单字节接收使能位

接收完成后该位被清零。该位仅用于同步主控模式：

1＝允许接收单字节；

0＝禁止接收单字节。

④ CREN(Continuous Receive enable bit)：连续接收使能位

1＝允许连续接收直到 CREN 位被清零(CREN 位比 SREN 位优先级高)；

0＝禁止连续接收。

⑤ ADDEN(Address Detect Enable bit)：地址检测使能位,同步方式下,此位不用。

⑥ FERR(Framing Error bit)：帧出错标志位,同步方式下,此位不用。

⑦ OERR(Overrun Error bit)：溢出错误位,用于同异步接收方式。

1＝有溢出错误(清零 CREN 位可将此位清零)；

0＝无溢出错误。

⑧ RX9D (9th bit of Received Data)：接收数据的第 9 位,也可作为奇偶校验位。

15.4 USART 波特率发生器 BRG

USART 模块有一个专用的 8 位波特率发生器,它支持 USART 的同步模式和异步模式。SPBRG 寄存器的参数值决定了独立的 8 位定时器的计时周期。同步方式下,波特率仅由 SPBRG 寄存器决定。

表 15.1 是在主控方式(使用本机时钟)下,不同 USART 工作模式的波特率计算公式。

给定目标波特率值和时钟频率 f_{osc},就可用下表中的公式计算出 SPBRG 寄存器中最接近的整数值,表中 X 表示 SPBRG 寄存器中的值(0～255D)。由此也可计算出波特率的误差,这在前一章已有详细描述。

表 15.1 波特率的算法

SYNC	BRGH＝0 低速	BRGH＝1 高速
0（异步）	波特率＝$f_{osc}/[64(X+1)]$	波特率＝$f_{osc}/[16(X+1)]$
1（同步）	波特率＝$f_{osc}/[4(X+1)]$	无

波特率在这里是单位为 Hz 的频率值（特殊情形）。并且，同步方式下，波特率时钟的工作原理及时钟周期计算公式与 I²C 通信的 BRG 是相似的，只是"X"的取值范围不同，具体可参看图 13.6 的描述。

由上表可知，在主频相同的情形下，同步通信的速率要远高于异步通信，分别是异步高速模式的 4 倍；异步低速模式的 16 倍。

结合前面章节所学的 SPI 和 I²C 通信，我们可知，同步模式更容易实现高速通信。

15.5 USART 同步工作方式下的硬件电路结构与工作原理

前一章的异步通信，我们单独讲解了异步发送器和异步接收器的工作原理，器件在异步方式下可以进行全双工通信。即对于同一器件，发送器和接收器可以同时工作，互不影响。而本章的同步通信，只能工作在半双工方式下。那么对于同一器件，数据线 DT 只有一根，故发送和接收不可同时进行。根据同步通信原理，把发送器和接收器集中在一起，绘制了同步模式硬件电路结构图，如图 15.2 所示。

将图 15.2 分为端口流控制、发送器和接收器三部分进行讲解。

端口流控制

对于 DT 端口，当 CREN＝0 时，三态门 G8 导通，G7 截止，端口工作在向外发送数据状态。当 CREN＝1 时，三态门 G8 截止，G7 导通，端口工作在接收外部数据状态。

对于 CK 端口，当 CSRC＝1 时（同步主动），三态门 G10、G11 导通，G9 截止，端口工作在向外发送时钟信号状态；当 CSRC＝0 时（同步从动），三态门 G10、G11 截止，G9 导通，端口工作在接收外部时钟状态。

可见，CREN 控制数据流的方向，CSRC 控制时钟流的方向。虽然芯片数据手册中没有相关描述，但笔者根据同步通信的工作原理在图中添加了某些功能模块，以便读者理解。

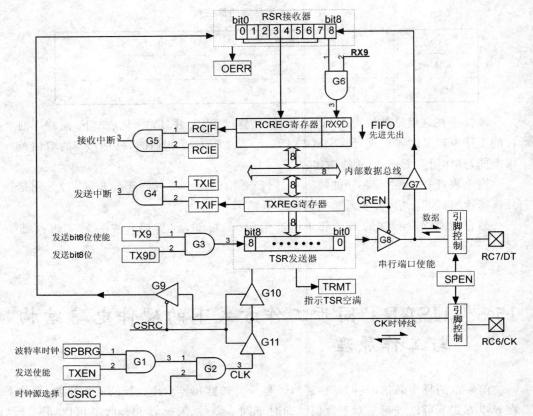

图 15.2　USART 同步通信硬件电路结构图

发送器

（1）发送缓冲器 TXREG 与移位寄存器 TSR 总是成对使用的，当内部总线上的 8 位数据要发送给对方时，数据被先写入 TXREG，很快（1 个指令周期 T_{cy} 内），硬件自动把数据装入 TSR，随即数据在波特率移位脉冲的控制下，由 TSR 把数据通过 DT 引脚逐位移出。

以上讲的是发送 8 位数据格式情况，如果选定 9 位数据格式，那就要把 TX9D 位（TXSTA<0>）添加到 TSR 寄存器的最高位，图中所示是 bit8 位。在发送使能位 TX9 的控制下，通过与门 G2，伺机发送。

（2）必须要等到 TSR 把数据发送完毕，即直到最后一位被送出，TSR 才能载入新的数据。当数据从 TXREG 进入 TSR 后，TXREG 变空，致使中断标志 TXIF 被置 1，如果此时中断允许 TXIE 被打开，通过与门 G4，CPU 便可以响应该中断。

TXIF 类似于 MSSP 模块的缓冲器满标志 BF 位，它们置位复位都由硬件操作，置位后都无法用软件直接清零。在这里，只有当新的数据写入 TXREG 后，TXIF 才会自动清零。TXIF 可以标志 TXREG 的空满状态。TXREG 大部分时间都是空的，所以 TXIF 大都处于"1"状态。

（3）除了第 9 位，移位寄存器 TSR 无法通过程序直接操作，这一点类似于 MSSP 模块的移位寄存器 SSPSR。TSR 有指示空满的标志位 TRMT，它是个只读位，与任何中断无关联，通过它可以查询 TSR 的状态。

（4）TSR 中待发数据串行输出的"动力"来自于 BRG 同步时钟信号，图中通过与门 G1，对 BRG 的输出设置了一个控制端 TXEN。TXEN＝1 是启动数据发送的必要条件。

（5）TSR 中的数据串行输出的另一个必要条件是 SPEN＝1，即串口使能要打开（缺省状态下这个是关闭的）。否则，输出通路 DT 和 CK 被阻断，数据及时钟无法向外部引脚发送。如端口章节图 5.21 的说明。

类似于异步发送，实现数据的同步发送也有三个必要条件：

① 使能串行端口 SPEN；

② 同步时钟 CK 的移位脉冲要能直接作用于 TSR 寄存器（TXEN＝1）；

③待发数据要被装入 TXREG 寄存器。

若按照①②③的顺序执行发送，那么，待发数据一旦被写入 TXREG，就会等到下一个 CK 时钟周期开始时刻启动发送。

按照这种顺序，当 TXEN 置 1 后，TXREG 中无数据，TSR 也是空的，一旦数据进入 TXREG，就会被立即载入 TSR，从而出现刚刚对 TXREG 进行过写操作，TXREG 又立刻变空的情况。像这样，可以对 TXREG 载入第 2 个数据，那么，连续发送 2 个数据就变为可能。

也可按照①③②的顺序执行发送，那么，待发数据先被写入 TXREG，这时发送还不能启动，必须置 TXEN＝1，同步时钟 CK 的"动力"才能作用于 TSR，启动发送。

在同步发送过程中有以下几点注意事项：

（1）在发送过程中，若将 TXEN 清零，会终止发送，复位发送器，同时 DT 和 CK 引脚变成高阻态（输入态）。

（2）在发送过程中，若将 CREN 置位 1 或将 SREN 置位 1（接收态设置），也会终止发送，同时数据输出引脚 DT 会变为高阻态（输入态），而时钟引脚 CK 仍然保持为输出态（如果 CSRC＝1 选本机时钟）。

（3）如果用户希望终止正在进行的数据发送进程，转而接收一个外来数据，可将 SREN 置位 1 来实现。在接收数据完毕后，SREN 位被自动清零。由于此时 TXEN 位仍然为 1，串口将恢复到之前的发送状态，DT 引脚将立即从高阻抗接收状态切换到发送状态并开始启动发送。若用户不愿意回到先前的发送状态，必须择机将 TXEN 位清零。

（4）若选择 9 位发送模式，使能位 TX9（TXSTA＜6＞）必须置 1，并且第 9 位 bit 的值应当写入 TX9D（TXSTA＜0＞）。值得注意的是，应先将第 9 位 bit 的值写入

TX9D,再把低 8 位 bit 写入 TXREG。

这是因为当 TSR 为空,TXEN＝1 时,向 TXREG 寄存器写数据会导致数据立即送入 TSR 寄存器而进入发送状态。若先写 TXREG(TX9D 是先前值),会启动发送,但这样会使发出的数据出错。而先写 TX9D(当前值),不会启动发送,再写 TXREG(当前值),启动发送,这样才能使发出的数据正确。

结合以上描述,现归纳一下同步主控发送方式应遵循的步骤:

(1) 确保 RC7/DT、RC6/CK 引脚为输出态(TRIS7＝TRIS6＝1);

(2) 选择合适的波特率对 SPBRG 进行初始化;

(3) 将 SYNC、SPEN 和 CSRC 置位 1,使端口工作在同步主控方式下;

(4) 若需要中断,将 TXIE 位置 1 后,PEIE 位和 GIE 位也要置 1;

(5) 若需要传送 9 位数据,将 TX9 位置 1;

(6) 将 TXEN 位置 1,使 USART 模块工作在发送方式;

(7) 若选择发送 9 位数据,第 9 位 bit 的值应当写入 TX9D 中;

(8) 将待发数据(8 位)写入 TXREG 寄存器来启动发送。

同步发送可分为"主控"发送和"被控"发送,它们的工作方式基本相同,程序编制遵循步骤基本一致。唯一不同的是时钟 CK 信号的来源不同,若 CSRC＝1,选择本机时钟发送,若 CSRC＝0,选择通信对方时钟发送。

接收器

(1) 接收缓冲器 RCREG 与移位寄存器 RSR 总是成对使用的,它们是异步接收器的重要组成部分。图中 RCREG 是一个双缓冲寄存器,可以看做是数据从上面进入,下面送出的、具有两级深度的先进先出队列(First in First out),第 9 位 RX9D 也是两级结构的。因此,这种结构允许 RSR 连续接收 2 个数据成为可能。接收到的数据依次装入队列中进行缓冲,这之后的第 3 个数据还可以被 RSR 接收。

(2) 来自通信对方的串行数据从 RC7/DT 引脚进入模块,在 BRG 的同步时钟 CK 控制下,CPU 在 CK 的下降沿采样数据 DT 线上的 bit 位电平,在一个数据的所有位被采样(锁存)后,即 CK 的最后一个脉冲下降沿到来后,硬件自动把接收器 RSR 中的数据载入 RCREG 中。

如果有第 9 位 RX9D,只要允许位 RX9 置位使得与门 G2 被打开,它也会被执行同上面一样的操作。

(3) 当 RCREG 被装载数据后,中断标志 RCIF 立即置位,这样 CPU 可以趁机对 RCREG 中的数据进行读取操作。当 RCIF 置位后,如果打开中断允许位 RCIE,图中与门 G5 便被打开,CPU 可以响应该中断请求。RCIF 位如同前面的 TXIF 位,是只读位。其状态完全由硬件决定,软件无法直接操作。当 CPU 读取 RCREG 中的数据或使 RCREG 为空,RCIF 才会自动清零。

(4) 在 DT 端接收数据的过程中,如果连续接收了 3 个数据,在检测到第 3 个数据的最后一位后,如果 RCREG 的 FIFO 仍然是满的(两级缓冲器还装载着前两次接收到的数据),则溢出错误标志 OERR(RCSTA<1>)会被置 1,RSR 寄存器中的数据会丢失。

采用 2 级 FIFO 设计,可以提高 MCU 的工作效率,它可以实现 CPU 在执行一次中断时,能连续 2 次读取 RCREG 寄存器,把 FIFO 中的两个数据取出。

在同步接收过程中有以下几点注意事项:

(1) OERR 位是个只读位,不能通过软件直接清零。要使它归零,可通过将 CREN 位或者 SPEN 位清零后再置 1 实现。

(2) 如果 OERR 位已被置 1,那么 RSR 中的数据将不会载入到 RCREG 寄存器,因此如果 OERR 位被置 1,必须使它归零,只有这样才能继续接收数据。

(3) 如果接收的数据是 9 个 bit,那么第 9 个 bit 的值存放在 RX9D 中,用户必须通过读取 RCSTA 寄存器来取得这个值,之后再读 RCREG 寄存器以取得低 8 位的值。

(4) 如果先读取 RCREG,会给 RX9D 装入新的数据,而覆盖掉原来的数据。所以,为了不丢失 RX9D 的值,用户必须在读取 RCREG 之前,先读取 RCSTA 寄存器中的 RX9D 位。

结合以上描述,现归纳一下同步主控接收方式应遵循的步骤:

(1) 确保 RC7/DT、RC6/CK 引脚为输出态(TRIS7=TRIS6=1);

(2) 选择合适的波特率对 SPBRG 进行初始化;

(3) 将 SYNC、SPEN 和 CSRC 位置 1,使端口工作在同步主控方式下;

(4) 确保 CREN 位和 SREN 位最开始保持清零状态;

(5) 若需要中断,将 RCIE 位置 1 后,PEIE 位和 GIE 位也要置 1;

(6) 若要接收 9 位数据,将 RX9 位置 1;

(7) 若需要单字节接收,将 SREN 位置 1;若需要连续接收,将 CREN 位置 1;

(8) 接收完成后,中断标志 RCIF 被置 1,如果相关中断被打开,CPU 可响应该中断;

(9) 如果设定接收 9 位数据,读 RCSTA 寄存器获取第 9 位 bit(RX9D)的值,并判断在接收操作中是否发生错误(OERR 置位);

(10) 读 RCREG 寄存器来获取 8 位接收数据;

(11) 如果发生接收错误,OERR 会置位,可以通过将 CREN 位清零使 OERR 复位。

同步接收可分为"主控"接收和"被控"接收,它们的工作方式基本相同,程序编制遵循步骤基本一致。唯一不同的是时钟 CK 信号的来源不同,若 CSRC=1,选择本机时钟接收(主控接收),若 CSRC=0,选择通信对方时钟接收(被控接收)。

另外,在被控接收方式下,应该置 CREN 位为 1,而不应置位 SREN。否则,会造成从动接收失败。

15.6 USART 同步通信应用分析

以下通过做几个实验来加深一下对 USRT 同步通信的理解。下面每个程序都省去了 TRIS7＝TRIS6＝1 这样的设置语句,因为该值是芯片的上电复位值。在每个实验的最后都有详细的时序分析。

实验 1:USRT 同步通信,发送单个数据帧(动态定时发送,从 00H 到 FFH)的电路原理图如图 15.1 左图所示,主机发送数据,从机接收数据,在从机端把接收到的二进制数码显示在 RB 端口的八位 LED 上。

同步单字节发送程序如下:

```
程序名:UST_01.ASM
include <p16f74.inc>       ;@4M oscillator
     TEMP0 EQU 24
     ORG   0400
     BANKSEL TRISA
     MOVLW 0X18            ;设置 BRG 时钟为 40000 波特,BRG 时钟周期为 25 μs
     MOVWF SPBRG
     BSF TXSTA,SYNC        ;选择 USART 同步工作方式
     BCF TXSTA,TX9         ;发送 8 位数据
     BSF TXSTA,TXEN        ;使能发送
     BSF TXSTA,CSRC        ;选择 Master 模式,时钟源来自本机
     BANKSEL PORTA
     BSF RCSTA,SPEN        ;使能同步串口
     CLRF TEMP0            ;清零累加器
LOOP:
     INCF TEMP0,F          ;累加器递增
     MOVF TEMP0,W
     MOVWF TXREG           ;发送递增值给从机
     CALL DELAY            ;发送延时
     GOTO LOOP             ;循环执行
DELAY:                    ;延时子程序
     ...
     END
```

同步单字节接收程序如下(利用中断方式接收):

程序名:USR_01.ASM

```
include <p16f73.inc>        ;@4M oscillator
    CAP EQU 22
    FLAG EQU 25             ;定义变量的 RAM 地址
    ORG   0000
    GOTO START
    ORG   0004             ;数据接收完毕,发生接收中断
    MOVF RCREG,W           ;此后 RCIF 自动复位
    MOVWF PORTB            ;读取后送显
    RETFIE                ;中断返回
START:
    BANKSEL TRISA
    CLRF TRISB             ;显示端口设为输出
    BSF TXSTA,SYNC         ;选择同步工作方式
    BCF TXSTA,CSRC         ;选择 Slave 模式,时钟源来自通信对方
    BSF PIE1,RCIE          ;打开串口接收中断
    BSF INTCON,PEIE        ;打开外设中断
    BSF INTCON,GIE         ;打开总中断
    BANKSEL PORTA
    CLRF PORTB             ;上电后 LED 全部熄灭
    BCF RCSTA,RX9          ;接收 8 位数据格式
    BSF RCSTA,SPEN         ;使能同步串口
    BSF RCSTA,CREN         ;使能连续接收(这里不能设为单个接收,否则会使接收失败)
    CLRF RCREG            ;清除接收中断标志 RCIF
LOOP:NOP
    GOTO LOOP             ;主程序(循环)
    END
```

图 15.3 所示为实验中捕捉到的传输线上某个发送数据波形,它们分别是时钟波形 CK、数据波形 DT。对照此图,作几点说明:

(1) DT 数据线的静态电平为高电平。CK 时钟线的静态电平为低电平。图中捕获的是某个正在传输中的数码 B'00111001'的波形图。注意 USRT 先传输的是低位 LSB。第一个数据位将在时钟 CK 的下一个有效的时钟上升沿被移出,并确保在下降沿前后能稳定下来。

(2) 图中写入 TXREG 脉冲和 TXIF 位的脉冲在 4M 的主频下不会大于 $1\,\mu s$,按照图中的时间刻度无法显示,为便于说明,做了放大处理。

(3) 写入 TXREG 时刻可以发生在图示 T_{BRG} 时间段内任一时刻。也就是说,从写入 TXREG 时刻到 bit0 位开始时刻,这个时间段不是固定的,而是在不断地变化,但再怎么变化,也不会大于 T_{BRG} 时间。这时笔者观察到的实验现象,即使每次写入相同的数据,变化也存在。

这一点不同于 MSSP 通信,在 MSSP 通信中,一旦待发数据写入缓冲器,BRG 马上启动,传输即刻开始。这有点像搭车,上车随到随走,类似于 MSSP 通信发送方

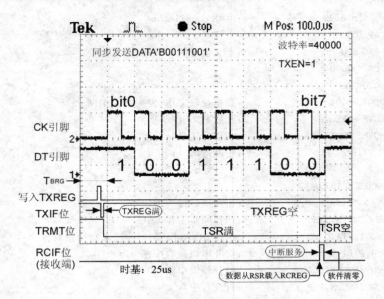

图 15.3　同步通信时序图(发送单个数据)

式;搭车前要等待,因为发车时间是 1 小时 1 班,这类似于 USRT 通信发送方式。

（4）TXIF 位表征发送缓冲器 TXREG 的空满状态。实际上,TXREG 处于满状态(低电平)的时间是非常短暂的,当待发数据被写入 TXREG 后,它马上被硬件载入 TSR,从而使得 TXREG 为空,这个时间不超过 1 个指令周期,故 TXIF 位基本上是高电位。所以写入 TXREG 后立即查询 TXIF 位将返回无效结果。写入 TXREG 后硬件并不立即清零 TXIF,TXIF 在执行写操作后的第 2 个指令周期才会有效。图中 TXIF 上升沿时刻就是 TRMT 的下降沿时刻。

（5）TRMT 位表征发送移位寄存器 TSR 的空满状态,图中,当数据正在发送过程中,从 S 位开始时刻到 P 位开始时刻,该位是低电平,当数据发送完毕,进入停止位,该位是高电平。以上程序实现的是约 0.5 秒发送一次数据,如果要实现无间隔连续发送,可以通过检测 TRMT 位的状态来开始下一位的发送。

（6）启动数据的发送可以先置位 TXEN,再写入 TXREG;也可以先将待发数据写入 TXREG,再置位 TXEN。图 15.2 中,TXEN 可以控制 BRG 时钟脉冲能否作用于 TSR。

（7）BRG 时钟的运行状态可以通过 CK 引脚在芯片外部进行观测。但是笔者通过实验间接地观察到:即便 CK 处于空闲态,BRG 定时器仍然会运行。为什么会这样? 上图中传输的是一个字节数据,且 $T_{BRG}=25~\mu s$,设想在 bit7 位结束时刻 104 μs 处写入 TXREG,传输不会立即启动,而是会在 bit7 位结束时刻 125 μs 处启动。这个意思是,任何两个相邻数据字节,前一字节的 bit7 位结束时刻和后一字节的 bit0 位开始时刻的时间间隔总是 T_{BRG} 的整数倍。这说明 CK 线即使处于空闲态,BRG 定时器仍然在后台运行。能够观察到的 CK 脉冲只是 BRG 在前台的表现而已。

实验 2:USRT 同步通信,连续发送 2 个数据字节,电路原理图同上,主机发送数据,从机接收数据,在从机端把接收到的 2 个二进制数码交替显示在 RB 端口的八位 LED 上。

同步多字节发送程序如下(连续发送 3 个数据字节):

```
程序名:UST_02.ASM
include <p16f74.inc>      ;@4M oscillator
     ORG   0500
     BANKSEL TRISA
     MOVLW 0X18            ;设置 BRG 时钟为 40000 波特,BRG 时钟周期为 25 μs
     MOVWF SPBRG
     BSF TXSTA,SYNC        ;设为同步工作方式
     BCF TXSTA,TX9         ;发送 8 位数据格式
     BSF TXSTA,TXEN        ;使能发送
     BSF TXSTA,CSRC        ;选择 Master 模式,时钟源来本机
     BANKSEL PORTA
     BSF RCSTA,SPEN        ;使能串行口
     CALL DELAY            ;延迟约 100 s,等待从机就绪
     MOVLW 0X55            ;连发 2 个 byte
     MOVWF TXREG
     NOP                  ;至少 2 μs 的时间间隔,否则 64H 会覆盖 55H
     NOP
     MOVLW 0X64
     MOVWF TXREG
     BANKSEL TRISA
     BTFSS TXSTA,TRMT      ;应该采用这种方式,检测前 2 个 byte 是否发送完毕
     GOTO $ - 1
     BANKSEL PORTA        ;如果发送完毕,发送第 3 个 byte
     MOVLW 0XAA           ;第 3 个 byte 是无效数据
     MOVWF TXREG
LOOP:GOTO LOOP            ;主程序(循环)
     DELAY:               ;延时子程序
        ...
     END
```

同步多字节接收程序如下(利用查询方式一次性接收):

```
程序名:USR_02.ASM
include <p16f73.inc>          ;@4M oscillator
     TEMP1 EQU 20
     TEMP2 EQU 21
```

```
            ORG   0300
            BANKSEL TRISA
            CLRF TRISB              ;显示端口设为输出态
            BSF TXSTA,SYNC          ;设为同步工作方式
            BCF TXSTA,CSRC          ;选择 Slave 模式,时钟源来自主机
            BANKSEL PORTA
            CLRF PORTB              ;上电后 LED 全部熄灭
            BCF RCSTA,RX9           ;接收 8 位数据格式
            BSF RCSTA,SPEN          ;使能串行口
            BSF RCSTA,CREN          ;使能连续接收(这里不能设为单个接收,否则会使接收失败)
            CLRF RCREG              ;清除接收中断标志 RCIF
            BTFSS RCSTA,OERR        ;连续接收 3 个数据字节,致使 FIFO 溢出,OERR 置位
            GOTO $ - 1
            MOVF RCREG,W            ;连续读取 2 个数据字节并保存
            MOVWF TEMP1
            MOVF RCREG,W            ;第 1 个 byte 保存在 TEMP1 中
            MOVWF TEMP2             ;第 2 个 byte 保存在 TEMP2 中
LOOP:
            MOVF TEMP1,W            ;接收来自主机的数据并交替显示在 RB 端口上
            MOVWF PORTB             ;显示 TEMP1 中的 byte
            CALL DELAY
            MOVF TEMP2,W
            MOVWF PORTB             ;显示 TEMP2 中的 byte
            CALL DELAY
            GOTO LOOP
DELAY:…                            ;延时子程序
            END
```

图 15.4 所示为 DT 引脚和 CK 引脚上的波形,波形反映的是多字节发送时序。对照下图,作几点说明。

(1) 主机的 TXIF 位这时呈现出长时间的低电平,这是由发送缓冲造成的,向 TXREG 先后写入数据 55H、64H 后,55H 进入 TSR 开始发送过程,64H 马上进入 TXREG 等待发送,这种情况会造成 TXREG 呈现长时间"满"状态。

(2) 主机的 TRMT 位在 2 帧数据连续发送的过程中一直处于低电位,这是由发送缓冲造成的,如果是单字节发送,发送完毕后,TRMT 会回到空闲的高电平。

(3) 与连续接收相关的波形是方框中的三项。在主机连续发送 3 个数据 55H、64H、AAH 的过程中,如图,从机的 RCIF 在接收 55H 变高后,就一直处于高位,原因是数据只被接收而没有被读出,能够连续接收是因为有 FIFO,当从机采样到第 3 个数据(AAH)的最后一位时,溢出错误标志位 OERR 会被置位,RSR 中的数据 AAH 会自动丢失。AAH 在这里是一个无效字节。

(4) 数据被主机连续发送后,从机程序可以不断查询 OERR 的状态,一旦它被

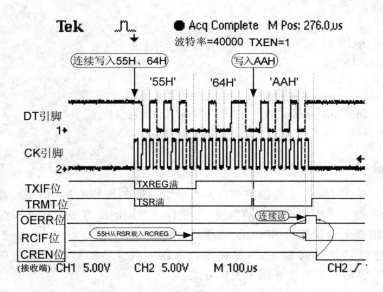

图 15.4　同步通信时序图(多字节通信)

置位,立即连续读出 2 帧数据 55H 和 64H。读出后,RCIF 自动复位,如图中箭头所指。

(5) OERR 位长期置位会影响后续数据的接收,需要及时清零,方法是:将 CREN 位复位后再置位,如图中箭头所指。

(6) 本实验也可采用单字节接收的方式接收数据,只是要稍微多一些软件开销,另外也不需要发送无效字节 AAH,有兴趣的读者可以自行试试。

15.7　USART 模块的 C 语言编程(同步方式)

USART 模块主要用于异步通信,针对 C 语言的编程也主要面向这一块。在 CCS C 编译器说明文档中只有术语"UART",而没有"USART",可能就是这个原因。然而,利用 C 语言,在"UART"这块,只要变更一下设置,也可以实现同步通信,比如实验 1。将实验 1 的程序改用 C 语言实现,程序如下:

主机程序(对应 UST01.ASM):

```
# include <16f877a.h>
# fuses HS,NOLVP,NOWDT,PUT
# use delay(clock = 4M)
# use rs232(baud = 4800, bits = 8, UART, SYNC_MASTER)
int inc_data;                      //定义变量类型
```

```
void main( )
{
    inc_data = 0;                    //变量赋初值
    while(1)
    {
        inc_data = inc_data + 1;     //变量累加
        putc(inc_data);              //向从机发送变量值
        delay_ms(300);               //延时 300ms
    }
}
```

说明：当确定 MCU 工作的主频（4M），设定所需的波特率后（4800），寄存器 SP-BRG 中的值（207D）由编译器自动生成，这使程序的编制很方便。它这一点不像汇编语言编程，需要手动计算出 SPBRG 寄存器的装载值。

要使用 UART 的同步方式，需在预处理器"♯use rs232"中添加选项"SYNC_MASTER"，表示本机工作在同步主机方式。

对于"putc(inc_data)"的运作，可以查看"Disassemble Listing"窗口的汇编语句。它相当于先查询 TXIF 的状态，如果为 1，表示前一个字节已经移出 TXREG 寄存器，TXREG 为空，可以装载当前字节。

从机程序（对应 USR01.ASM）：

```
♯ include ＜16f877a.h＞
♯ fuses HS,NOLVP,NOWDT,PUT
♯ use delay(clock = 4M)
♯ use rs232(bits = 8, UART, SYNC_SLAVE)

int rc_data;                         //定义变量类型

void main( )
{
        while(1)
        {
            rc_data = getc( );       //接收主机发送的字节
            output_b(rc_data);       //将接收到的字节送本机 RB 端口显示
        }                            //不断循环
}
```

说明：要使用 UART 的同步方式，需要在预处理器"♯use rs232"中添加选项"SYNC_SLAVE"，表示本机工作在同步从机方式。

对于"getc( )"的运作，可以查看"Disassemble Listing"窗口的汇编语句。它相当于先查询 RCIF 的状态，如果为 0，则不断查询；如果为 1，表示当前字节已经载入

RCREG 寄存器,可以读取。

对于实验 2,利用硬件缓冲器,一次性连续收发 2 个字节,CCS C 中没有对应功能的函数。要达到类似的效果,可以分两次单发,即连续使用两次"putc(value)"函数。

第 16 章

PSP 通信

16.1 串行通信与并行通信的比较

前面几个章节讲述的通信方式都是串行通信,包括 SPI、I^2C、UART、USRT。现在我们介绍一下它们的共同点,并把它与并行通信作一大致比较。

串行通信是指把一个 byte 按照 bit 位顺序逐位(分时)进行发送的通信方式,它的缺点是通信速度慢(消耗时间多、软件开销大),优点是只需要数量很少的连接线(占用空间少、硬件开销少)。它适合芯片间的远距离通信。

并行通信是指一次就可以传输一个 byte 的通信方式(byte 可以是 8 位、16 位或更多位)。它的缺点是需要与 bit 位数量对应的很多连接线(占用空间多、硬件开销大),优点是通信速度快(消耗时间少、软件开销少)。它适合芯片间的近距离传输。

如果并行传送 n 个 bit 所需要的时间是 T,那么串行传送同样数据的时间至少为 nT,实际应用中的时间总是大于 nT,原因是串行通信中的控制信号也需要消耗一定的时间。

并行通信用在对执行时间要求非常苛刻的场合,并且到现在,它的应用范围越来越比不上串行通信,因为大部分 MCU 都用在消费类电子产品中,而这类产品对空间的要求很苛刻,对成本非常敏感,故串行通信是最好的选择。

即便如此,并行通信在某些场合也是很有意义的。Microchip 公司在 40 脚的 PIC16F87X 系列 MCU 中专门设置了并行从动端口 PSP(Parallel Slave Port)。

本章我们对 PSP 端口的工作原理以及它在并行通信中的应用做一下介绍。

16.2 PSP 通信介绍

由于并行通信需要消耗更多的硬件资源,故 Microchip 公司只在 40 引脚的 PIC16F87X 系列 MCU 中配置了并口通信模块 PSP。而引脚数量少的 28 脚机型并未作此项配置。

PSP 的中文名称是并行从动端口,顾名思义,它的工作方式是并行通信,并且始终扮演从机角色。当 PIC16F87X(A)在利用 PSP 与其他公司的 MCU、MPU 或 DSP 进行通信时,控制信号(读、写、片选)都是由对方处理器提供的,对方处理器扮演主机角色。只有一个从机的 PSP 通信连线图如图 16.1 所示。

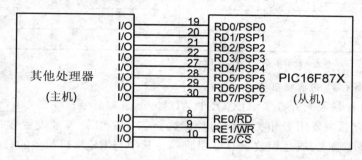

图 16.1 PSP 通信中主机与从机的连接

当 PSP 模块进入工作状态时,必须占用 RD 和 RE 的全部端口引脚。此时,这些引脚不会工作在普通 I/O 模式。在普通 I/O 模式下,这些引脚全部是施密特输入缓冲;而在 PSP 模式下,这些引脚全部是 TTL 输入缓冲。

PSP 是并行高速通信,通信的对方是其他计算机的并口,这些并口都采用 TTL 电平信号,为了与它们保持兼容,PSP 通信端口也使用 TTL 电平。

16.3 与 PSP 通信相关的寄存器

寄存器名称	bit7	bit6	bit5	bit4	bit3	bit2	bit1	bit0
ADCON1	ADFM				PCFG3	PCFG2	PCFG1	PCFG0
PORTD	RD7	RD6	RD5	RD4	RD3	RD2	RD1	RD0
PORTE						RE2	RE1	RE0
TRISE	IBF	OBF	IBOV	Pspmode		TRISE2	TRISE1	TRISE0
INTCON	GIE	PEIE	T0IE	INTE	RBIE	T0IF	INTF	RBIF
PIR1	PSPIF	ADIF	RCIF	TXIF	SSPIF	CCP1IF	TMR2IF	TMR1IF

（续表）

寄存器名称	bit7	bit6	bit5	bit4	bit3	bit2	bit1	bit0
PIE1	PSPIE	ADIE	RCIE	TXIE	SSPIE	CCP1IE	TMR2IE	TMR1IE

寄存器地址	寄存器名称	上电复位,欠压复位值	其他复位值
9FH	ADCON1	00- -0000	00- -0000
08H/108H	PORTD	xxxxxxxx	uuuuuuuu
09H/109H	PORTE	- - - - xxx	- - - - uuu
89H/189H	TRISE	0000-111	0000-111
0BH/8BH/10B/18B	INTCON	0000000x	0000000u
0CH	PIR1	0000000	00000000
8CH	PIE1	00000000	00000000

注:x 表示未知;u 表示不变;-表示未指明位置,读作 0。

对以上寄存器的解释如下：

（1）AD 转换控制寄存器 ADCON1（AD Control register 1）

这个寄存器主要用于相关引脚的功能选择。如某引脚可被设置成模拟电压输入，或基准电压输入，或通用数字 I/O 引脚等。其中与 RE 端口相关的只有低 4 位＜PCFG3：PCFG0＞。当＜PCFG3：PCFG0＞＝011x 时，RE 口的引脚都被定义为数字 I/O 口，否则其中一部分可以被定义为模拟输入口，具体设置可见 AD 转换器章节。

在 PSP 模式下，RE 端口需要被定义成数字输入方式。

（2）端口数据寄存器 PORTD 及 PORTE 在端口章节有过讲述

（3）端口数据方向控制寄存器 TRISE

它是个 8 位的寄存器，但不是完全可读写，高 3 位（IBF、OBF、IBOV）是 PSP 通信状态位；低 3 位 TRISE0～TRISE2 是数据流方向控制位。该寄存器的所有位都与 PSP 通信有关，现解释如下：

① PSPMODE（Parallel Slave Port Mode Select bit）：PSP 模式或 I/O 模式选择位

　0＝RD 端口工作在通用 I/O 模式；

　1＝RD 端口工作在 PSP 通信方式。

② IBF（Input Buffer Full Status bit）：输入缓冲器满状态位（PSP 通信）

　0＝输入缓冲器未收到数据或数据已经被取走；

　1＝输入缓冲器已收到外来数据并且等待被本机 CPU 读取。

③ OBF（Onput Buffer Full Status bit）：输出缓冲器满状态位（PSP 通信）

　0＝输出缓冲器先前由程序写入的数据已经被外部 CPU 取走；

　1＝输出缓冲器先前由程序写入的数据尚未被外部 CPU 取走。

④ IBOV（Input Buffer Overflow Detect bit）：输入缓冲器溢出标志位（PSP 通信）

0＝正常，未发生溢出现象；

1＝前一次送来的数据还未被程序读取，对方 CPU 又一次发来数据（必须用软件清 0）。

（4）中断控制寄存器 INTCON（Interrupt Control）

为了提高单片机 MCU 的工作效率，当 PSP 与中断合用时，对这个寄存器进行设置是必不可少的。具体介绍可见中断章节。

16.4　PSP 通信的硬件电路结构与工作原理

当 TRISE 寄存器中的 PSPMODE 置 1 时，PSP 工作模式被激活。RD 和 RE 端口就共同配合，一起工作在这种模式下。此时，电路被自动组织成如图 16.2 所示的样式。图中的输入缓冲器 G2、G4、G5、G6 都是 TTL 型。RDx 只是 8 个 PSP 引脚中的其中之一。

在 PSP 工作模式下，RD 端口的 8 只引脚成为 8 位并行数据的进出通道，而 RE 端口的 3 只引脚就充当了来自外部处理器的读、写和片选控制信号输入端，以实现异步读写。并行从动端口可直接与 8 位微处理器的数据总线相连。外部处理器能够读写 8 位端口锁存器，此时端口锁存器处于受控状态。电路结构如图 16.2 所示。

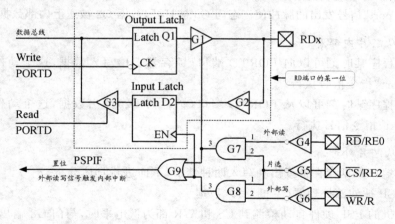

图 16.2　PSP 硬件电路结构图

对于 40 引脚的 PIC16F87X（A）系列 MCU，只有 RD 和 RE 才能复用为并行从动端口 PSP。当 PSPMODE 位置 1 时，RD 端口会丧失原有的 I/O 功能，虽然 PORTD 寄存器仍然可以作为并口数据输入输出锁存器来使用，但此时数据流的方向不会由 TRISD 掌控（设置 TRISD 寄存器毫无意义），而是完全由外部处理器控制（WR、RD、CS 信号），原因如下：

在 CS 为低（外部片选信号生效）的情形下，RD 和 WR 不可能同时为低；

当 RD 为低时,外部读信号生效。与门 G7 输出高电平使三态门 G1 被打开,这非常类似于典型端口模型中当 TRIS=0 时的状态。内部数据准备由 D1 锁存器送出。

当 WR 为低时,外部写信号生效。与门 G8 输出高电平使锁存器 D2 被激活,这非常类似于典型端口模型中当 TRIS=1 时的状态。外部数据准备由 D2 锁存器接收。

另外,三态门 G1 与 PORTD 端口模型中的 G2 类似,它具有端口输出的共性,即推拉输出。虽然在这里只需驱动并行总线,但有时为了增强抗干扰能力,通过适当的电路设计,可以使总线驱动电流最大达到 25mA。

在 PSP 模式下,RE 端口的 I/O 功能会受到一定限制。首先,用户必须确保 RE 为数字 I/O 口(芯片复位后,RE 为 ADC 的模拟输入口);其次,TRISE2～TRISE0 必须置 1,使引脚工作在输入方式。

图 16.2 所示 PSP 端口电路结构中有两个 8 位锁存器,它们分别是 D1 和 D2。

锁存器 D1 用作数据输出,它的锁存时刻是在内部"Write port"信号的脉冲下降沿,锁存信号来自芯片内部。D1 锁存的数据 Q1 是供外部 CPU 读出的,外部 CPU(RD、CS 信号联合)使得与门 G7 输出正脉冲,打开三态门 G1,数据便被送上并行总线。

锁存器 D2 用作数据输入。它的锁存时刻是在与门 G8 输出高电平之后(电平触发),锁存信号来自外部 CPU(WR、CS 信号联合)。锁存的数据 Q2 是供内部 CPU 读出的,"Read port"信号发出的脉冲使三态门 G3 被打开,数据 Q2 被送上内部数据总线。

(1) 从芯片内部看

用户程序某时刻可以向 PORTD 端口(锁存器 D1)写入数据,这个动作由内部"Write port"指令信号执行。

用户程序某时刻可以从 PORTD 端口(锁存器 D2)读出数据,这个动作由内部"Read port"指令信号执行。

(2) 从芯片外部看

PSP 端口数据存在被读出和写入两种情形,下面进行具体分析。

① PSP 被外部处理器(主机)写入数据

当本机的 PSP 硬件自动检测到 CS 和 WR 都为低电平时,与门 G8 输出高电平,数据输入锁存器 D2 被激活,将外部并行数据总线上的数据通过 TTL 缓冲 G2 锁存到 D2 中。

这之后,如果 CS 或 WR 的其中之一变为高电平(边沿触发),则 IBF(输入缓冲器满标志位)会在下一个 Q2 时钟节拍之后的 Q4 时钟节拍置 1,表明输入缓冲器已收到外来数据且等待被本机 CPU 读取,同时 PSPIF(中断标志)也会在同一个 Q4 时钟节拍被置 1,本机 CPU 可以利用这个机会从端口锁存器(D2)取走数据。

IBF 标志位被硬件置 1 后,不能马上用软件清零,要延迟若干个指令周期(可见芯片说明中的 PSP 时序参数)。通过读取 RD 口输入锁存器(D2)可以使 IBF 自动归零,执行这个操作时,只能用只读指令(如 MOVF PORTD,W)。

　　如果主机上次写入 PSP 的数据还未被本机(从机)从锁存器(D2)中读出,就向 PSP 执行第二次写操作,那么输入缓冲溢出标志位 IBOV 就会被置 1。外部处理器(主机)对 PSP 执行写入操作的时序图如图 16.3 所示。

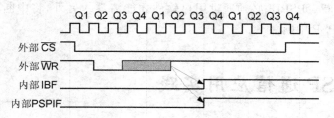

图 16.3　PSP 被写入时序图(RD 为高电平、OBF 为低电平)

　　图中,CS 与 WR 均为来自外部的信号,它们的边沿不可能与本机的机器周期 Q 的边沿对齐,这就是所谓的异步写入。但是由它们激发的内部信号(IBF、PSPIF)的跳变却是与 Q 的边沿有关的。

　　② PSP 被外部处理器(主机)读出数据

　　当本机的 PSP 硬件自动检测到 CS 和 RD 都为低电平时,与门 G7 输出高电平,三态门 G1 被打开,将数据输出锁存器 D1 中的数据送到外部并行总线上,同时内部信号 OBF(输出缓冲器满标志位)被立即清零,表明输出缓冲器先前由本机程序写入的数据已经被送上并行总线。随后,OBF 会一直保持逻辑 0,直到用户程序向 PORTD 口写入新的数据为止。

　　这之后,如果 CS 或 RD 的其中之一变为高电平(边沿触发),PSPIF(中断标志位)会在下一个 Q2 时钟节拍之后的 Q4 时钟节拍到来时置 1,本机(从机)可以利用这个机会向端口输出锁存器(D1)再次装入数据(刷新),以便外部处理器(主机)下次还能读出。外部处理器对 PSP 执行读出操作的时序图如图 16.4 所示。

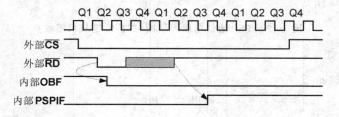

图 16.4　PSP 被读出时序图(WR 为高电平、IBF 为低电平)

　　图中,CS 与 RD 均为来自外部的信号,它们的边沿不可能与本机的机器周期 Q 的边沿对齐,这就是所谓的异步读出。但是由它们激发的内部信号(OBF、PSPIF)的跳变却是与 Q 的边沿有关的。图中 OBF 的下降沿肯定发生在 RD 下降沿之后,故两者应有一定的错位,其时序关系在芯片手册中尚未提及。

上电复位后,RD 端口工作于非 PSP 模式,且 IBF、OBF、IBOV 的值都为 0。如果由 PSP 模式转向非 PSP 模式,这些位都要被清零以消除对端口工作的影响。

完成一个读或写操作后,中断标志位 PSPIF 会置位,如果 PSPIE 被打开,CPU 会响应这个中断。PSPIF 必须通过用户软件才能清零。另外,将中断使能位 PSPIE 清零,会屏蔽 PSP 中断。

16.5 PSP 通信应用实践

以下用 PSP 做两个通信实验,含有 PSP 模块的 MCU(PIC16F74)作为从机,不包含 PSP 模块的 MCU(PIC16F73)作为主机。

实验 1:主机内部设定一个累加器 CAP,让它定时累加,并把累加值通过 8 位并行总线传送至从机的 PSP,主机发送 WR 信号触发从机 PSP 中断,从机利用中断接收累加值,并把累加值显示在 PORTB 端口。

由于主机对从机是单纯地写入,故从机的 CS 接地,RD 接高电平。实验电路原理图如图 16.5 所示。

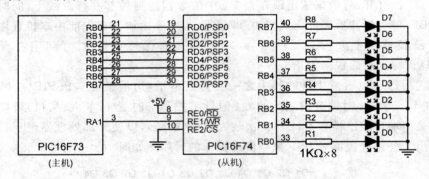

图 16.5　PSP 通信电路原理图(主机发送从机接收)

主机程序如下:

```
程序名:PSP_M01.ASM
include <p16f73.inc>          ;@4M oscillator
    CAP EQU 20
    WR EQU 1

    ORG  0300
BANKSEL TRISA
    MOVLW 0X07                ;设置 RA、RE 端口为数字 I/O
```

```
        MOVWF ADCON1
        BCF TRISA,1             ;作为主机,RA1 对从机进行写控制,设为输出
        CLRF TRISB              ;连接从机 PSP,输出 8 位并行数据
        BANKSEL PORTA
        CLRF PORTB             ;并行通信端口清零
        CLRF CAP               ;变量清零
        BSF PORTA,WR          ;置位 WR
LOOP:
        CALL DELAY
        INCF CAP,F             ;变量递增
        MOVF CAP,W
        MOVWF PORTB           ;主机 RB 端口发送数据到从机的 PSP
        BCF PORTA,WR          ;对从机执行写动作
        NOP
        NOP
        BSF PORTA,WR          ;这个动作使主机 RB 端口的数据进入从机 RD 端口
        GOTO LOOP             ;触发 IBF 置位,触发 PSP 中断
DELAY:                         ;延时约 1 秒子程序
        ...
        END
```

从机程序如下:

程序名:PSP_S01.ASM

```
include <p16f74.inc>     ;@4M oscillator
        ORG   0000
        GOTO  START
        ORG   0004
        BCF PIR1,PSPIF         ;从机利用中断信号来接收数据
        MOVF PORTD,W          ;从机读取 PORTD 端口的数据(来自主机 PORTB)触发 IBF 归零
        MOVWF PORTB           ;接收的数据送 PORTB 显示
        RETFIE
START:
        BANKSEL PORTA
        CLRF PORTB             ;开机 RB 端口显示全零
        BANKSEL TRISA
        MOVLW 0X07            ;设置 RA、RE 端口为数字 I/O
        MOVWF ADCON1
        CLRF TRISB             ;显示用端口设为输出
        MOVLW B'00010111'     ;设置为 PSP 工作模式,作为从机,RE 要设为输入
        MOVWF TRISE
        BSF PIE1,PSPIE         ;打开 PSP 通信中断
```

```
    BSF INTCON,PEIE        ;打开外设中断
    BSF INTCON,GIE         ;打开总中断
    BANKSEL PORTA
LOOP:
    NOP                    ;主循环
    GOTO LOOP
    END
```

实验 2：从机内部设定一个累加器 CAP，让它定时（1s 间隔）累加，同时打开 PSP 中断。

主机通过 PORTB 口连接从机的 PSP，主机发送 RD 信号（1s 间隔或小于）触发从机 PSP 中断，从机利用中断刷新送上并行总线的累加值，主机会及时读取这个累加值并显示在 PORTC 端口。由于主机对从机是单纯地读出，故从机的 CS 接地，WR 接高电平。实验电路原理图如图 16.6 所示。

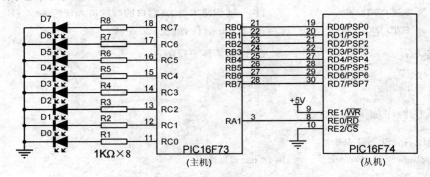

图 16.6　PSP 通信电路原理图（主机接收从机发送）

主机程序如下：

程序名:PSP_M02.ASM

```
include <p16f73.inc>     ;@4M oscillator
    COUNT2  EQU  20
    READ  EQU  1

    ORG  0300
    CLRF PORTB            ;通信端口清零
    CLRF PORTC            ;显示端口清零
    BSF PORTA,READ        ;置位 READ 信号
    BANKSEL TRISA
    MOVLW 0X07            ;设置 RA、RE 为数字 I/O
    MOVWF ADCON1
    BCF TRISA,1          ;作为主机,RA1 对从机进行读控制,设为输出
    MOVLW 0XFF
```

```
        MOVWF TRISB            ;接收来自从机的数据,RB 端口设为输入
        CLRF TRISC             ;本机显示用端口设为输出
        BANKSEL PORTA
LOOP:
        CALL DELAY             ;调用延时子程序
        BCF PORTA,READ         ;对从机执行读操作,三态门 G1 被打开,这之后从机 PORTD 口
        NOP                    ;的数据被送上并行总线,随即触发从机 OBF 归零
        MOVF PORTB,W           ;本机(主机)通过 PORTB 端口读取并行总线上的数据
        BSF PORTA,READ         ;这个动作会使从机发生 PSP 中断,方便从机程序刷新数据;即
                                使没有这条指令,从机数据仍可被读出,只是无法刷新
        MOVWF PORTC            ;接收的数据送本机(主机)PORTC 显示
        GOTO LOOP
DELAY:                         ;1 秒或小于 1 秒延时子程序
        ...
        END
```

从机程序如下:

```
程序名:PSP_S02.ASM
include <p16f74.inc>           ;@4M oscillator
        CAP   EQU 20

        ORG   0000
        GOTO  START

        ORG   0004
        BCF PIR1,PSPIF         ;从机利用中断信号发送数据
        MOVF CAP,W
        MOVWF PORTD            ;将从机的递增数据送上 RD 端口供主机读取,触发 OBF 置位
        RETFIE
START:
        BANKSEL PORTA
        CLRF PORTD             ;清零 RD 端口
        CLRF CAP               ;清零变量
        BANKSEL TRISA
        MOVLW 0X07             ;设置 RA、RE 为数字 I/O
        MOVWF ADCON1
        MOVLW B'00010111'      ;设置为 PSP 工作模式,作为从机,RE 端口要设为输入
        MOVWF TRISE
        BSF PIE1,PSPIE         ;打开 PSP 通讯中断
        BSF INTCON,PEIE        ;打开外设中断
        BSF INTCON,GIE         ;打开总中断
        BANKSEL PORTA
LOOP:
```

```
        CALL DELAY              ;每隔 1 秒递增 CAP 一次
        INCF CAP,F              ;递增变量
        GOTO LOOP
DELAY:                          ;1 秒延时子程序
        …
        END
```

以上两个实验让我们对 PSP 模块的工作原理有了一定的认识。它可以进行双向高速通信(通过 WR、RD 控制),但它永远处于受控状态,控制它工作的可以是其他任何具备 I/O 功能的微处理器端口。

16.6　PSP 通信的 C 语言编程

PSP 通信模块的 C 语言内部函数有如下 6 种,它们分别是:

(1) setup_psp(option)

option 来自 2 个参数,分别是:PSP_ENABLED、PSP_DISABLED。

(2) psp_input_full( )

该函数返回的是一个位变量值(short 型),相当于输入缓冲器满"IBF"位的作用。

当该函数返回值为 0 时,表示输入缓冲器未收到数据或数据已经被取走;

当该函数返回值为 1 时,表示输入缓冲器已收到外来数据并且等待被本机 CPU 读取。

语法:result = psp_input_full( );

(3) psp_output_full( )

该函数返回的是一个位变量值(short 型),相当于输入缓冲器满"OBF"位的作用。

当该函数返回值为 0 时,表示输出缓冲器先前由程序写入的数据已经被外部 CPU 取走;

当该函数返回值为 1 时,表示输出缓冲器先前由程序写入的数据尚未被外部 CPU 取走。

语法:result = psp_output_full ( );

(4) psp_overflow( )

该函数返回的是一个位变量值(short 型),它相当于输入缓冲器满"IBOV"位的作用。

当该函数返回值为 0 时,表示输入缓冲器接收正常,未发生溢出现象。

当该函数返回值为 1 时,表示输入缓冲器中前一次送来的数据还未被程序读取,对方 CPU 又一次发来数据。

语法:result= psp_overflow ( )

(5) input_d( )

表示接收由外部输入 PSP 端口的 8 位 int 型数据。

语法:value= input_d ( );

(6) output_d(value)

表示 PSP 端口向外部发送 8 位 int 型数据 value。

与中断有关的函数及预处理器如下:

♯ int_PSP	PSP 中断用预处理器;
enable_interrupts(INT_PSP)	表示打开 PSP 中断;
disable_interrupts(INT_ PSP)	表示关闭 PSP 中断;
clear_interrupt(INT_PSP)	表示清除 PSPIF 中断标志;
enable_interrupts(GLOBAL)	表示打开总中断;
disable_interrupts(GLOBAL)	表示关闭总中断;
value = interrupt_active(INT_ PSP)	侦测 PSPIF 中断标志是否置位。

将实验 1 的程序用 C 语言实现,程序如下:

主机程序(对应 PSP_M01.ASM):

```
♯ include<16f877a.h>
♯ fuses XT,NOWDT,PUT,NOLVP
♯ use delay(clock = 4M)
♯ use fast_io(A)

int value;
void main( )
{
        value = 0;
        set_tris_a(0xFD);          //将 RA1 设为输出态,用作 WR 控制
        output_bit(PIN_A1,1);      //将 RA1 置高电平

        while(1)                   //循环程序
        {
        delay_ms(1000);            //延时 1 秒
        value = value + 1;         //value 增量
        output_b(value);           //将 value 值送 RB 端口显示

        output_bit(PIN_A1,0);      //WR 置低
        delay_cycles(2);           //延时 2 个 T_cy
        output_bit(PIN_A1,1);      //WR 置高
        }
    }
```

从机程序(对应 PSP_S01.ASM):

```
# include<16f877a.h>
# fuses XT,NOWDT,PUT,NOLVP
# use delay(clock = 4M)
int value;

# int_psp                        //PSP 中断预处理器
void PSP_IN( )                   //PSP 中断服务程序
{
        value = input_d( );
        output_b(value);              //将 RD 端口接收到的数据送 RB 端口显示
                                      //也可采用语句 output_b(input_d( ))
}

void main( )
{
        setup_psp(PSP_ENABLED);       //使能 PSP 端口
        enable_interrupts(INT_PSP);   //打开 PSP 中断
        enable_interrupts(GLOBAL);    //打开总中断
        while(1)
        {    }                        //循环程序
}
```

将实验 2 的程序用 C 语言实现,程序如下:
主机程序(对应 PSP_M02.ASM):

```
# include<16f877a.h>
# fuses XT,NOWDT,PUT,NOLVP
# use delay(clock = 4M)

void main( )
{
        set_tris_a(0xFD);             //将 RA1 设为输出态,用作 RD 控制
        output_bit(PIN_A1,1);         //将 RA1 置高电平
        while(1)
        {
            delay_ms(200);            //延时 200ms
            output_bit(PIN_A1,0);     //将 RD 置低电平
            delay_cycles(2);          //延时 2 个 $T_{cy}$
            output_c(input_b( ));     //将 RB 端口接收到的数据送 RC 端口显示
            output_bit(PIN_A1,1);     //将 RD 置高电平
        }
}
```

从机程序(对应 PSP_S02.ASM):

```
# include<16f877a.h>
# fuses XT,NOWDT,PUT,NOLVP
# use delay(clock = 4M)
int value;

# int_psp                                //PSP 中断预处理器
void PSP_IN( )                           //PSP 中断服务程序
{
        output_d(value);                 //向 RD 端口输出 value 的当前值
}

void main( )
{
        value = 0;
        setup_psp(PSP_ENABLED);          //使能 PSP 端口
        enable_interrupts(INT_PSP);      //打开 PSP 中断
        enable_interrupts(GLOBAL);       //打开总中断
        while(1)
        {
            delay_ms(200);               //延时 200ms
            value = value + 1;           //value 增量
        }
}
```

第 17 章

EEPROM

17.1　关于 EEPROM

EEPROM，或写作 E² PROM（Electrically－Erasable Programmable Read－Only Memory），中文名是电可擦除式可编程只读存储器，是一种可以通过电子方式多次写入信息的半导体存储设备，可以在电脑上或专用设备上擦除已有信息，重新编程写入信息。相比于其他类型的存储器，EEPROM 使用起来更加方便。

EEPROM 在电子系统中的应用是非常广泛的，关于它的作用，以下举几例说明。

① 使用电视机时，关机前锁定的频道在下一次开机后会再现，而不需要重新调节；

② 汽车电子里程表上的里程数，每次行驶完毕关闭电门时，其数值都不会消失，而是在下一次开机时继续累加；

③ 某工业控制设备上有多个参数需要设置，而这些设置是最常用的，今天下班停机了，明天上班后再开机，这些参数信息被保留，而不需要逐一设置，最多可能只需作一下微调。

如今，在工业、生产生活中，这样的例子不胜枚举。要知道，实现这种"记忆"功能的部件就是 EEPROM 存储器。根据以上事例可看出，EEPROM 特别适合于存储小信息量的数据，即若干个字节数据。并且，其中的数据可以一个字节一个字节地擦除或写入。

最开始，作为一种专用的外设，EEPROM 是以独立的芯片形式存在的，在前面关于串行通信的章节里，都讲到了 EEPROM 存储芯片如何通过 MCU 来读写数据。如 I²C 接口的 EEPROM－24C01，SPI 接口的 EEPROM－25C080 等，这些 EEP-ROM 都是 8 脚封装，串行接口。由于它的应用非常广泛，技术又成熟，致使其价格十分低廉。EEPROM 以独立的芯片形式存在，使得电子系统的配置变得非常灵活，但它会占用 MCU 的引脚资源,增加 PCB 面积,增大产品空间,降低系统性价比。Microchip 公司在 PIC16F87X(A)系列 MCU 中专门配置了 EEPROM。在比它低端的系列中未见到有此配置,这也算是它的一大特色。

　　类似于其他的外设模块如 ADC 或比较器,如果把它们从片内移出到片外,可以想象,若要实现同样的功能,则系统设计变得复杂,产品成本一定会增加更多。在这里 EEPROM 被安置在了 MCU 芯片内部,使得设计会更加便利,成品更具竞争力。

　　另外,内嵌式的 EEPROM 较之独立的 EEPROM 芯片具有更高的安全性,一般的 EEPROM 芯片没有读取加密设置,如果使用中有保密要求,则无法满足。而 MCU 片内的 EEPROM 则可满足这种要求,若想读取其内部代码,则变得更加"麻烦"。内嵌式的 EEPROM 的应用极大地提高了某些有特殊要求的产品的安全性。

　　EEPROM 使用起来很方便,可多次擦写,其擦写次数高达 1 万次或百万次,寿命的长短与它复杂的制造技术相关。与其他类型存储器相比较,它的每个 bit 的制造成本更高。

　　本章我们对 EEPROM 的存储器结构以及它在 MCU 片内的使用做一下讲解。

17.2　片内 EEPROM 存储器结构

　　在 MCU 片内配置的 EEPROM,其存储单元数量一般是以字节(byte)为单位表示的,它不同于某些大的存储器,它们是以 Kb 或 Mb 为计量单位的。也就是说,它的存储单元数量是较少的,即便如此,按照前面介绍的它的某些用途,就已经足够了。

　　在 PIC16F87X 片内,用于表示 EEPROM 存储单元地址的寄存器是 EEADR,它是个 8 位的寄存器,那么它可以编码的地址数量就是 $2^8 = 256$ 个,即最大它可以编码从 00H 到 FFH 这 256 个地址。如图 17.1 所示,PIC16F876、877 及增强型(A)都具有最大编码地址空间,而其他机型则具有部分地址编码空间。

　　图中,对于 PIC16F873、874 及增强型(A),它们的地址寄存器 EEADR 的最高位必须被清零,那么其最大编码空间就是 $2^7 = 128$。即它可以编码的最大地址个数为从 00H 到 7FH 这 128 个地址。

　　对于 PIC16F870、871,它们的地址寄存器 EEADR 的最高两位必须被清零,那么其最大编码空间就是 $2^6 = 64$。即它可以编码的最大地址个数为从 00H 到 3FH 这 64 个地址。

　　图 17.1 中,对于有效的存储单元,从横向看,每个小格表示一个 bit,bit7～bit0 就形成了一个 byte;从纵向看,箭头标识的就是 byte 地址的范围。

　　当 CPU 访问 EEPROM 时,EEADR 存放地址编码,相当于地址指针;寄存器 EEDATA 存放数据码。CPU 按照 EEADR 指向的地址单元将 EEDATA 中的数据存入或读出。

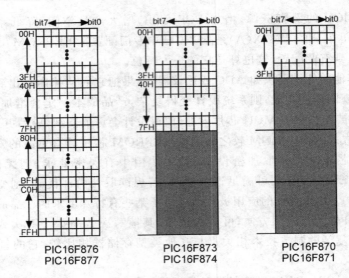

图 17.1　PIC 不同机型的 EEPROM 配置图

17.3　与 EEPROM 相关的寄存器

寄存器名称	bit7	bit6	bit5	bit4	bit3	bit2	bit1	bit0
EEADR	A7	A6	A5	A4	A3	A2	A1	A0
EEDATA	D7	D6	D5	D4	D3	D2	D1	D0
EECON1	EEPGD				WRERR	WREN	WR	RD
EECON2	不是物理上实际存在的寄存器							
INTCON	GIE	PEIE	T0IE	INTE	RBIE	T0IF	INTF	RBIF
PIR2		CMIF		EEIF	BCLIF			CCP2IF
PIE2		CMIE		EEIE	BCLIE			CCP2IE

寄存器地址	寄存器名称	上电复位,欠压复位值	其他复位值
10DH	EEADR	xxxxxxxx	uuuuuuuu
10CH	EEDATA	xxxxxxxx	uuuuuuuu
18CH	EECON1	x- - -x000	x- - -x000
18DH	EECON2	不存在	不存在
0BH/8BH/10B/18B	INTCON	0000000x	0000000u
0DH	PIR2	- 0-00 - - 0	-0-00- -0
8DH	PIE2	- -0-00- -0	-0-00- -0

注:x 表示未知;u 表示不变;-表示未指明位置,读作 0。

在 MCU 的供电电压 V_{dd} 处在正常区间时,EEPROM 中的数据是可以读写的。并且其存储单元并不直接映射到包含四个体的寄存器空间(Register File),而是通过特殊功能寄存器 SFR 来间接寻址。用四个 SFR 来控制 EEPROM 的读写,它们分别是上表中的前四个寄存器。

下面对上表中的寄存器作一下解释:

(1) EEPROM 内部地址指针寄存器 EEADR(EEPROM Address register)

这个寄存器是一个可读写的寄存器,若要访问 EEPROM 内部某一指定单元,需要对这个单元作地址标识,这个标识值就存放在 EEADR 中。它可视为 EEPROM 的间接寻址寄存器,也可称为 EEPROM 的地址指针。

(2) EEPROM 内部地址单元数据寄存器 EEDATA(EEPROM Data register)

这个寄存器是一个可读写的寄存器,它暂存即将写入到 EEPROM 某一指定单元的数据,或者暂存已经从 EEPROM 某一指定单元读出的数据。

(3) EEPROM 读写控制第一寄存器 EECON1

这个寄存器相当于是对 EEPROM 进行读写操作的控制器。现介绍如下:

① EEPGD(Program/Data EEPROM Select bit):访问对象选择位

    0=访问 EEPROM(数据存储器);

    1=访问 FLASH(程序存储器)。

② WRERR(EEPROM Write Error Flag bit):写 EEPROM 出错标志位

    0=一次写操作完成且未发生错误;

    1=一次写操作突然中断(期间发生了 MCLR 复位或 WDT 复位)。

③ WREN(EEPROM Write Enable bit):EEPROM 写操作使能控制位

    0=禁止写入 EEPROM;

    1=允许写入 EEPROM。

④ WR(EEPROM Write Control bit):EEPROM 写操作控制位兼状态位,只可用软件置 1,不可清零。

    0=一次写操作已经完成或者写操作尚未启动;

    1=启动一次写操作,在一次写操作完成之后由硬件自动清零。

⑤ RD(EEPROM Read Control bit):EEPROM 读操作控制位兼状态位,只可用软件置 1,不可清零。

    0=一次读操作已经完成或者读操作尚未启动;

    1=启动一次读操作,在一次读操作完成之后由硬件自动清零。

(4) EEPROM 读写控制第二寄存器 EECON2

这个寄存器不是一个物理上存在的寄存器,对 EECON2 读出的结果为"0"。EECON2 寄存器专门用在对 EEPROM 写操作的时序上,这是为了避免意外写入而进行的安全控制。

（5）第二外围中断标志寄存器 PIR2

这是一个可读写的寄存器,包含少量的外设中断标志,我们现在只需关注与 EEPROM 有关的中断标志位。

① EEIF（EEPROM Write Interrupt Flag bit）：EEPROM 写操作中断标志位

0=写入操作未完成或尚未开始进行;

1=写入操作已完成（必须用软件清零）。

（6）第二外围中断允许寄存器 PIE2

这是一个可读写的寄存器,包含少量的外设中断允许控制位,我们现在只需关注与 EEPROM 有关的中断允许位。

① EEIE（EEPROM Write Interrupt Enable bit）：EEPROM 写操作中断允许位

0=屏蔽写入操作产生的中断请求;

1=开放写入操作产生的中断请求。

（7）系统配置字（Configuration Word）地址 2007H

bit13	bit12	bit11	bit10	bit9	bit8	bit7
CP		DEBUG	WRT1	WRT0	CPD	LVP
bit6	bit5	bit4	bit3	bit2	bit1	bit0
BOREN			PWRTEN	WDTEN	Fosc1	Fosc0

如上表所列,系统配置字共有 14 位。这不是一个用户程序可读写的寄存器,它只能用在给 MCU 烧写程序时进行定义。在此,只介绍与 EEPROM 有关的 1 个位。

① CPD（Data EEPROM Memory Code Protection bit）：EEPROM 内部代码保护

0= EEPROM 内部代码保护生效,不能从片外被读写;

1= EEPROM 内部代码保护解除,可从片外被读写。

类比分析:以上对 RD 及 WR 两个位的说明可知,它们既可以执行读或写的动作,又可以表征读或写的状态,即读写操作是正在进行中或已完成。这一点让人想起模数转换器章节关于启动 AD 转换的指令:

BSF ADCON0,GO

当 GO=1 时,启动 AD 转换或表明 AD 转换正在进行;

当 GO=0 时,AD 转换已经完成（自动清零）或表明未进行 AD 转换。

由以上分析可知,RD 及 WR 的工作特点非常类似于 AD 转换的控制位 GO。学习本章内容时,读者可以把启动 AD 转换的原理和本章启动读写 EEPROM 的原理联系起来,可以起到触类旁通的效果。

17.4　片内 EEPROM 的结构与操作原理

在 PIC16F877A 内部,EEPROM 模块的结构图如图 17.2 所示。

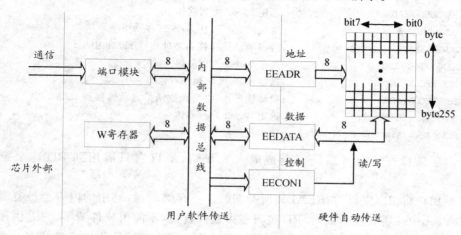

图 17.2　EEPROM 模块的结构图(PIC16F877A)

由图 17.2 可见,EEPROM 模块与 MCU 的内部总线之间,是通过 EEADR(地址寄存器)和 EEDATA(数据寄存器)作为联系纽带的。EECON1 对它们的工作起控制作用。

图中,以右边寄存器为分界,左边的数据是通过用户软件进行传送的,软件通过 W 寄存器传送两次代码,一次是地址代码,一次是数据代码,另外还需传递控制代码。右边的相关数据及控制信息是通过片内硬件自动传送的,地址代码和数据代码通过控制信息可以对 EEPROM 中的某一单元进行写入或读出。

MCU 把 byte 写入 EEPROM,byte 信息一般来自芯片内部,但也可以来自芯片外部,来自外部的信息可以通过各种通信的方式从外部获取。

对 EEPROM 的操作不外乎两种,一种是向其中写入数据,另一种是从其中读出数据。下面分别列出程序进行这两种操作时的步骤。

(1) 从 EEPROM 中读取数据

读取 EEPROM 的操作步骤如下:

① 将地址值写入到地址指针 EEADR 中。对于 PIC16F87X 系列而言,地址值不能超过相关机型硬件标定的范围;

② 将 EEPGD 位清零,以选定操作对象为 EEPROM;

③ 将 RD 位置 1,启动本次读操作(在下一个 T_{cy} 内,EEDATA 里的数据才会变得有效);

④ 读取已经转移到 EEDATA 寄存器中的数据（用 MOVF EEDATA，W 指令，EEDATA 中的数据直到下一次读操作开始或由软件送入其他数据来刷新）。

读数据程序片段如下：

```
BANKSEL EEADR              ;选定 BANK2 为当前体
MOVF ADDR,W                ;地址值先存放在 ADDR 寄存器中
MOVWF EEADR                ;再将地址值转移到地址指针 EEADR 中
BANKSEL EECON1             ;选定 BANK3 为当前体
BCF EECON1,EEPGD           ;选定 EEPROM 为操作对象
BSF EECON1,RD              ;启动读操作,之后读取结果自动转移到 EEDATA 中
BANKSEL EEDATA             ;选定 BANK2 为当前体
MOVF EEDATA,W              ;读取最终结果
```

由于读操作不会对系统安全造成太大影响，所以它只需用到 RD 这个控制位。

当用户将 RD 置位后，EEADR 所指向的某一存储单元，其中的内容会被复制到 EEDATA 中。需要注意的是，RD 位只能由软件置位，不能由软件清零，它是由硬件在一次读操作完成之后自动清零的，所以 RD 位又可表征读操作完成的状态。由于软件无法对 RD 位清零，因此读操作不会意外地过早终止。

(2) 向 EEPROM 中写入数据

相对于读操作来说，向 EEPROM 中写入数据需要的时间会多一些。出于对可靠及安全性的考虑，向 EEPROM 写入数据远比读取数据麻烦。一次性向 EEPROM 写入数据的操作过程需要多个步骤才能完成。把数据写入 EEPROM 的操作步骤如下：

① 首先要保证 WR＝0（或 EEIF＝1），若 WR＝1，表明一次写操作正在进行，需要查询等待；

② 将地址值载入到地址指针 EEADR 中。对于 PIC16F87X 系列而言，地址值不能超过相关机型硬件标定的范围；

③ 将待写入的 byte 送到 EEDATA 中；

④ 将 EEPGD 位清零，以选定操作对象为 EEPROM；

⑤ 将写使能位 WREN 置 1，允许后面进行写操作；

⑥ 将 GIE 位清零，关闭所有中断；

⑦ 执行专用的 5 指令序列，这 5 条指令是固定模式，不可更改；它是为确保写操作的安全性（保证不会有意外的写操作发生）而设置的。执行 5 指令序列之前，总中断已被关闭，所以执行中不会发生任何中断。

```
MOVLW 0X55
MOVWF EECON2
MOVLW 0XAA
```

```
MOVWF EECON2
BSF EECON1,WR
```

⑧ 将 GIE 位置 1,打开总中断(如果要使用 EEIF 中断功能);

⑨ 将写操作允许位 WREN 清零。若本轮写操作未完成,则禁止新一轮的写操作;

⑩ 当写操作完成时,控制位 WR 被硬件自动清零,中断标志位 EEIF 被硬件自动置 1。如果本次写操作尚未完成,那么可用软件查询 EEIF 位是否为 1,或者查询 WR 位是否为 0,来判断写操作是否结束。

写数据程序片段如下:

```
BANKSEL EECON1              ;选定 BANK3 为当前体
BTFSC EECON1,WR             ;查询 WR 状态,若为 1,则等待
GOTO $ - 1                  ;若为 0,跳过执行
BANKSEL EEADR              ;选定 BANK2 为当前体
MOVF ADDR,W                ;地址值先存放在 ADDR 寄存器中
MOVWF EEADR                ;再将地址值转移到地址指针 EEADR 中
MOVF VALUE,W               ;数据值先存放在 VALUE 寄存器中
MOVWF EEDATA               ;再将数据值存入 EEDATA 寄存器中
BANKSEL EECON1             ;选定 BANK3 为当前体
BCF EECON1,EEPGD          ;选定 EEPROM 为读取对象
BSF EECON1,WREN           ;打开写操作允许位
BCF INTCON,GIE            ;关闭所有中断
MOVLW 0X55
MOVWF EECON2              ;执行 5 指令序列
MOVLW 0XAA
MOVWF EECON2
BSF EECON1,WR            ;执行写操作
BSF INTCON,GIE          ;打开所有中断
BCF EECON1,WREN         ;关闭写操作允许位
```

对于片内 RRPROM 的写操作,系统用到了两个控制位 WR 和 WREN,另外还有两个状态位 WRERR 和 EEIF。

WREN 用于控制写操作是否被允许。这相当于磁盘上的写保护,起到"保险"的作用。在写操作之前,必须先将 WREN 位置 1,表示此时可以修改存储器数据。这种方法可防止由于意外原因,程序执行错误代码(例如程序跑飞),造成对 EEPROM 的写入错误。可见,写操作过程如果不严谨会破坏存储器原有信息,严重的情况,会对系统安全运行造成很大的影响。

由前面表中可见,WREN 的上电复位值为 0,这表明开机时是禁止写操作的。除了更新 EEPROM 某存储单元的内容需要将它置位外,其他时间 WREN 位应始终保持为 0。打开写保护 WREN 后,再启动写操作(WR 位置 1),那么 EEDATA 中的数据就会被自动复制到 EEADR 所指定的某一单元中。

WR 位只能由软件置位,不能由软件清零。它是由硬件在一次写操作完成之后自动清零的,所以 WR 位又可以表征写操作完成的状态。由于软件无法对 WR 位清零,使得写操作不会意外地过早终止。

对于 EEPROM 进行写操作时,可以一个字节一个字节地写入,先将 WREN 位置 1,再将 WR 位置 1,这时,EEADR 所指向的地址单元内容先被擦除,然后 EEDATA 中的数据才会被写入到该单元。

片内 EEPROM 具有较高的擦写周期(Endurance),从 MCU 芯片说明中查找这个参数,至少可达到 10 万次。

写操作注意事项:

依据 MCU 芯片手册,片内 EEPROM 的一次写操作最长时间不超过 8ms,这个时间还是很长的。如果采用查询方式,会浪费很多 CPU 机时;如果采用中断方式,CPU 可以与写操作过程并行工作,当写操作完成之后,状态位 EEIF 会被置位(EEIF 可以判断写操作是否完成,它须在 WR 置 1 前由软件清零)并触发中断,CPU 可在中断服务中安排后续工作。

WRERR 状态位是写 EEPROM 出错标志位,它用于侦测写操作期间,MCU 是否发生过复位,它的上电复位值为 0。

在进行正常写操作期间(时间很长,毫秒级以上),如果发生 MCLR 复位或 WDT 超时溢出复位,WRERR 位将被置位。所以在这些复位发生后,用户程序必须侦测该位,以判断"写操作过程"是否被打断过,如果是,则需重新写入代码。即便在正常的写操作期间发生了上述复位动作,EEADR、EEDATA 和控制位 EEPGD 的值都会保持不变,这对于恢复之前的操作非常有利。

当 MCU 处于代码保护的情况下,CPU 通过运行片内程序仍然可以对 EEPROM 存储器进行读写操作,而相应的编程器(Programmer)将不再能读取这些存储器(EEPROM 或 FLASH)。

MCU 片内有两个代码保护位,一个用于 FLASH 程序存储器(CP 位),另一个用于数据 EEPROM 存储器(CPD 位)。若想了解代码保护位的信息,可查阅芯片手册。

17.5 片内 EEPROM(HEF)与独立式 EEPROM 的比较

表 17.1 列出了两类 EEPROM 存储方式的差异。从表中可以看出,片外 EEPROM 与片内 EEPROM 相比较,有一个最重要的指标,即擦写寿命(Endurance),存在一个数量级的差别。其实两者的存储介质是不同的,片内 EEPROM 是采用 Flash

程序存储器通过 IAP 技术"模拟",附录中又称作 HEF(High Endurance Flash)。尽管有这样的差别,但作为一般应用,它不会造成不便。

由表 17.1 可看出,两者的擦写时间是差不多的。不同之处是片外串行 EEP-ROM 在进行写操作时会受到串行总线速度的影响。相比较而言,读操作时间则是片内器件占有优势,因为片内 EEPROM 是直接以访问片内地址的方式读出数据,效率上比串行总线(I^2C、SPI、USART 等)方式访问会快很多。

表 17.1　两类 EEPROM 的大致比较

	片内 EEPROM(HEF)	片外串行 EEPROM
访问方式	直接访问	I^2C、SPI 等串口
写 1 个 byte 耗时	4~8ms	5~10ms
写方法	MCU 的复位会造成写操作的中断	开始写操作后与 MCU 无关
读 1 个 byte 耗时	1 μs	100 μs
擦写次数	>10 万	>100 万

在 SPI 通信章节我们讲到了 SPI 接口的 EEPROM 芯片 CAT25080 的使用,这里可以再回顾一下,并且查阅 CAT25080 的芯片说明。我们会发现,它在使用上的某些特点与 PIC 片内的 EEPROM 非常相近,比如操作指令这一块,表 17.2 列出了 CAT25080 的操作指令,并附有相应的解释。

表 17.2　独立式 EEPROM(CAT25080)的指令解释

指令名称	指令数码	解释
READ	03H	从选定起始地址的存储阵列中读出 byte
WRITE	02H	从选定起始地址的存储阵列中写入 byte
WRDI	04H	禁止写操作
WREN	06H	允许写操作
RDSR	05H	读状态寄存器
WRSR	01H	写状态寄存器

对于 CAT25080,MCU 在与它通信的过程中,需要发送"指令数码",不同的指令数码表示不同的"命令"。

对于片内 EEPROM,MCU 在与它通信的过程中,只需要执行程序语句就行了,虽然最终还是执行的"指令数码",但 MCU 本身可以对它进行"翻译",而无需直接面向原始代码,这样使得操作更加简便。

对于 CAT25080,要获取它读写时的状态,需要单独发送控制代码,然后才能获取相关状态位的信息;而对于片内 EEPROM,只需查询 RD 或 WR 的位状态就行了。

独立式 EEPROM 可以对存储区进行分页,并能做到有选择性地进行如"页"写入或"页"数据保护等功能;对存储单元可以逐个顺序读出。操作指令相对较多,并且使用方式也更加灵活,这些都是片内 EEPROM 所不具备的。

写入操作的安全性方面,CAT25080 的写保护采用软硬件相结合的方式(如写保护引脚、上电与断电数据保护电路、软件设置写允许),而片内 EEPROM 仅仅采用软件的方式,具体如本章所述。

对照 CAT25080 的芯片说明,比较以上两者,可以发现,虽然片内 EEPROM 满足的只是一些基本的功能,但是,作为集成型的外设,由于使用的便利性,它在常规应用方面定会有更大的优势。

17.6   防止片内 EEPROM 数据丢失的安全措施

我们在使用 EEPROM 的过程中,写入的都是期望数据,但是 MCU 运行的环境不一定都是很安静的,比如在工业现场,如强电系统的上电、断电、各类负荷的投切等,就伴随着各种干扰,如 EMI 或 RFI,这些干扰不可避免地会传导到弱电系统。当干扰达到一定强度,会造成弱电系统的软硬件工作异常,碰到这种情况,片内 EEP-ROM 的内容很容易被更改(误写入)。为了防止这一点,增加写操作的可靠性,可采取以下措施:

(1) 使写保护开关 WREN 的上电复位值为零,即缺省状态下无法修改存储器的数据。程序运行中,除非要修改数据使它置 1 外,其他时间必须用软件强制 WREN 为 0,以防止 MCU 上电及运行期间发生不期望的写操作。

(2) 厂家规定的写操作专用"5 指令序列",如果不严格按照芯片说明手册使用,会无法启动写操作,这样做就有效地预防了因各种软硬件原因导致的误写入。

(3) 72ms 的上电复位延时定时器 PWRT(Power up Timer),可以有效防止上电期间因各种干扰可能发生的误写入操作。

(4) 启动 BOD(欠压检测)电路,作用是在电压过低(低于 4V)时迅速复位,使 MCU 不要工作于一种似工作而又不工作的状态,防止因 CPU 运行失控而误修改 EEPROM 中的内容。

一般而言,在系统上电、断电期间,EEPROM 中的内容最容易被篡改,采取以上措施的第(3)、(4)条可以有效避开电网通断及运行中的干扰,在前面的复位章节具体讲过 POR、BOR 的原理。另外,在电路上采取措施只能降低干扰造成的影响,而不能完全避免干扰。所以,也可以采取在时间上错开干扰时段,再运行软件的做法。

写入校验方法:

EEPROM 的擦写次数是有限的,这也就是它的寿命。当它接近寿命终点的时候,写入操作会变得非常不可靠,写入的数据不一定就是期望的,如何来鉴别写入的数据是否正确就是一个问题。如何来解决这个问题,在软件上,我们可以采取程序校验的方式。

　　校验的思想是：将先前写入的数据再读出来，与原来存放在 EEDATA 中的数据进行比较，看是否一致，如果一致，说明写操作成功，否则失败。

　　写校验子程序如下：（每写入 1 个字节后，即行校验）

```
BANKSEL EEDATA          ;选择 BANK2 为当前体
MOVF EEDATA, W          ;将 EEDATA 中的数据暂存在 W 中（先前写入 EEPROM 中的数据）
BANKSEL EECON1          ;选择 BANK3 为当前体
BSF EECON1, RD          ;读出已写入的数据,存放在 EEDATA 中
BANKSEL EEDATA          ;选择 BANK2 为当前体
SUBWF EEDATA, W         ;通过相减来比较两者是否相等
BTFSS STATUS, Z
GOTO WRITE_ERR          ;若不相等,进入 WRITE_ERROR 子程序
……                     ;若相等,表示写入正确,程序往下执行
```

17.7　EEPROM 应用实践

　　实验 1：PIC16F877A 片内包含有 EEPROM 存储器，它的存储容量为 256 个 byte。地址编码从 00H 到 FFH，现在要实现的功能是：先在存储单元 3E 中写入数据 57H，之后读出并显示在 RB 端口上，两个过程可以分别用写入和读出程序实现，程序如下：

```
程序名:WRITE_01.ASM
include <p16f877a.inc>            ;@4M oscillator
    ORG 0700
    BANKSEL EEADR                 ;选定 BANK2 为当前体
    MOVLW 0X3E
    MOVWF EEADR                   ;将地址值 3EH 装载到地址指针 EEADR 中
    MOVLW 0X57
    MOVWF EEDATA                  ;再将数据值存入 EEDATA 寄存器中
    BANKSEL EECON1                ;选定 BANK3 为当前体
    BCF EECON1,EEPGD              ;选定 EEPROM 为操作对象
    BSF EECON1,WREN               ;打开写操作允许位
    BCF INTCON,GIE                ;关闭所有中断
    MOVLW 0X55
    MOVWF EECON2                  ;执行 5 指令序列
    MOVLW 0XAA
    MOVWF EECON2
    BSF EECON1,WR                 ;执行写操作
    BSF INTCON,GIE                ;打开所有中断
```

```
        BCF EECON1,WREN              ;关闭写操作允许位
LOOP:NOP
        GOTO LOOP                    ;主程序(循环)
        END
    程序名:READ_01.ASM
    include <p16f877a.inc>           ;@4M oscillator
        ORG 0700
        BANKSEL TRISA
        CLRF TRISB                   ;显示端口 RB 设为输出态
        BANKSEL EEADR                ;选定 BANK2 为当前体
        MOVLW 0X3E
        MOVWF EEADR                  ;将地址值 3EH 装载到地址指针 EEADR 中
        BANKSEL EECON1               ;选定 BANK3 为当前体
        BCF EECON1,EEPGD             ;选定 EEPROM 为操作对象
        BSF EECON1,RD                ;执行读操作
        BANKSEL EEDATA               ;选定 BANK2 为当前体
        MOVF EEDATA,W                ;读取最终结果
        BANKSEL PORTA
        MOVWF PORTB                  ;读取结果送到 RB 端口 LED 显示
LOOP:NOP
        GOTO LOOP                    ;主程序(循环)
        END
```

实验操作说明:首先烧写程序 WRITE_01.ASM 到 PIC16F877A 中,然后对它上电并运行程序,数据 57H 便被写入片内 EEPROM 的地址单元 3EH 中。再次给 PIC16F877A 烧写程序 READ_01.ASM,然后对芯片上电,发现数据 57H 被显示在 RB 端口的 LED 上,其二进制代码为"01010111"。

本实验也可以把两个程序合在一起,一次性写入,先执行写入程序,再执行读出程序,不过需要注意的是,写入程序后需要插入等待或延时程序。因为写入一个 byte 的时间经测试约为 5ms。如果没有等待,马上执行读出程序,读出的数据将不会是期望的值。

实验 2:PIC16F877A 片内包含有 EEPROM 存储器,它的存储容量为 256 个 byte。地址编码从 00H 到 FFH,现在要实现的功能是:从 00H 地址单元开始,依次写入递减数据 FFH、FEH、FDH … 00H,一直写入到最后一个地址单元 FFH。整个写入操作完成后,用 MPLAB IDE 应用软件查看片内 EEPROM 的写入代码。

采用查询方式实现的循环写入程序如下:

```
include <p16f877a.inc>               ;@4M oscillator
    ADDR EQU 70
```

```
        DAT EQU 71                      ;在公共 SFR 区域定义变量地址
        ORG 077F
        MOVLW 0XFF
        MOVWF DAT                       ;给数据赋初值
        MOVLW 0X00
        MOVWF ADDR                      ;给地址赋初值
WRITE:
        BANKSEL EEADR                   ;选定 BANK2 为当前体
        MOVF ADDR,W                     ;地址值先存放在 ADDR 寄存器中
        MOVWF EEADR                     ;再将地址值转移到地址指针 EEADR 中
        MOVF DAT,W
        MOVWF EEDATA                    ;再将数据值存入 EEDATA 寄存器中
        BANKSEL EECON1                  ;选定 BANK3 为当前体
        BCF EECON1,EEPGD                ;选定 EEPROM 为操作对象
        BSF EECON1,WREN                 ;打开写操作允许位
        BCF INTCON,GIE                  ;关闭所有中断
        MOVLW 0X55
        MOVWF EECON2                    ;执行 5 指令序列
        MOVLW 0XAA
        MOVWF EECON2
        BSF EECON1,WR                   ;执行写操作
        BSF INTCON,GIE                  ;打开所有中断
        BCF EECON1,WREN                 ;关闭写操作允许位
        BTFSC EECON1,WR                 ;连续写入字节需查询 WR 状态,若为 1,则等待
        GOTO $ - 1
        DECF DAT,F                      ;数据值递减
        INCF ADDR,F                     ;地址值递增
        BTFSC STATUS,Z
        GOTO LOOP                       ;地址值若递增到零,终止写入过程,进入主程序
        GOTO WRITE                      ;地址值若不为零,继续写入 byte
LOOP:NOP
        GOTO LOOP                       ;主程序(循环)
        END
```

实验 3: 在实验 2 的基础上采用中断的方式实现循环写入功能:从 00H 地址单元开始,依次写入递增数据 00H、01H、02H … FFH,一直写入到最后一个地址单元 FFH。整个写入操作完成后,用 MPLAB IDE 应用软件查看片内 EEPROM 的写入代码。

采用中断方式实现的循环写入程序如下:

```
include <p16f877a.inc>              ;@4M oscillator
        ADDR EQU 70
```

```
        DAT EQU 71              ;在公共 SFR 区域定义变量地址
        ORG 0000
        GOTO START
        ORG 0004
        BANKSEL PIR2
        BCF PIR2,EEIF           ;1 个 byte 写入完毕,清除 EEIF 标志
        INCF DAT,F              ;递增数据
        INCF ADDR,F             ;递增地址
        BTFSS STATUS,Z
        GOTO NEXT               ;地址值若不为零,跳转执行
        BCF INTCON,GIE          ;地址若递增到 00H,则关闭总中断后返回
        RETFIE
NEXT:
        BANKSEL EEADR           ;选定 BANK2 为当前体
        MOVF ADDR,W
        MOVWF EEADR             ;将地址值转移到地址指针 EEADR 中
        MOVF DAT,W
        MOVWF EEDATA            ;将数据值存入 EEDATA 寄存器中
        BANKSEL EECON1          ;选定 BANK3 为当前体
        BCF EECON1,EEPGD        ;选定 EEPROM 为操作对象
        BSF EECON1,WREN         ;打开写操作允许位
        BCF INTCON,GIE          ;关闭所有中断
        MOVLW 0X55
        MOVWF EECON2            ;执行 5 指令序列
        MOVLW 0XAA
        MOVWF EECON2
        BSF EECON1,WR           ;执行写操作
        BSF INTCON,GIE          ;打开所有中断
        BCF EECON1,WREN         ;关闭写操作允许位
        RETFIE                  ;中断返回
START:
        MOVLW 0X00              ;数据赋初始值
        MOVWF DAT
        MOVLW 0X00              ;地址赋初始值
        MOVWF ADDR
        BANKSEL EEADR           ;选定 BANK2 为当前体
        MOVF ADDR,W
        MOVWF EEADR             ;将地址值转移到地址指针 EEADR 中
        MOVF DAT,W
        MOVWF EEDATA            ;将数据值存入 EEDATA 寄存器中
        BANKSEL EECON1          ;选定 BANK3 为当前体
        BCF EECON1,EEPGD        ;选定 EEPROM 为操作对象
```

```
        BSF EECON1,WREN              ;打开写操作允许位
        BCF INTCON,GIE               ;关闭所有中断
        MOVLW 0X55
        MOVWF EECON2                 ;执行 5 指令序列
        MOVLW 0XAA
        MOVWF EECON2
        BSF EECON1,WR                ;执行写操作
        BSF INTCON,GIE               ;打开所有中断
        BCF EECON1,WREN              ;关闭写操作允许位
        BANKSEL PIE2
        BSF PIE2,EEIE                ;打开 EEIE 中断
        BSF INTCON,PEIE              ;打开外设中断
        BSF INTCON,GIE               ;打开总中断
LOOP:NOP                            ;主程序(循环)
        GOTO LOOP
        END
```

本实验的程序运行完毕后,通过 MPLAB IDE 软件执行"READ EEPROM"菜单命令,EEPROM 窗口便可显示写入其中的内容,如图 17.3 所示。

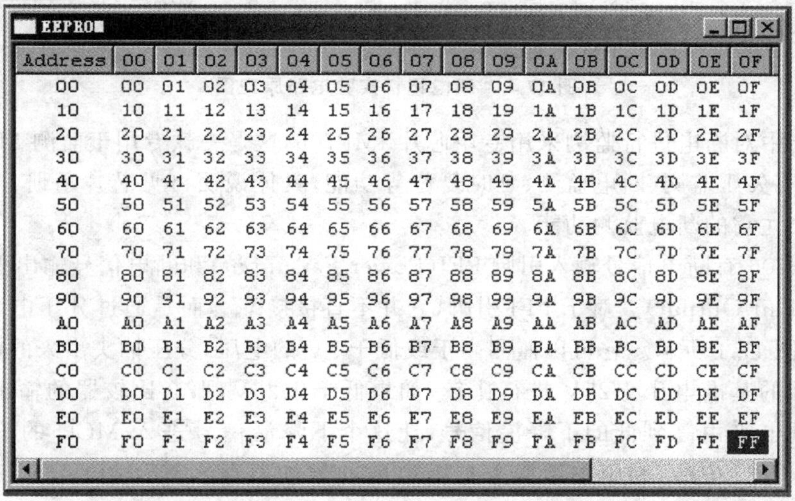

EEPROM																
Address	00	01	02	03	04	05	06	07	08	09	0A	0B	0C	0D	0E	0F
00	00	01	02	03	04	05	06	07	08	09	0A	0B	0C	0D	0E	0F
10	10	11	12	13	14	15	16	17	18	19	1A	1B	1C	1D	1E	1F
20	20	21	22	23	24	25	26	27	28	29	2A	2B	2C	2D	2E	2F
30	30	31	32	33	34	35	36	37	38	39	3A	3B	3C	3D	3E	3F
40	40	41	42	43	44	45	46	47	48	49	4A	4B	4C	4D	4E	4F
50	50	51	52	53	54	55	56	57	58	59	5A	5B	5C	5D	5E	5F
60	60	61	62	63	64	65	66	67	68	69	6A	6B	6C	6D	6E	6F
70	70	71	72	73	74	75	76	77	78	79	7A	7B	7C	7D	7E	7F
80	80	81	82	83	84	85	86	87	88	89	8A	8B	8C	8D	8E	8F
90	90	91	92	93	94	95	96	97	98	99	9A	9B	9C	9D	9E	9F
A0	A0	A1	A2	A3	A4	A5	A6	A7	A8	A9	AA	AB	AC	AD	AE	AF
B0	B0	B1	B2	B3	B4	B5	B6	B7	B8	B9	BA	BB	BC	BD	BE	BF
C0	C0	C1	C2	C3	C4	C5	C6	C7	C8	C9	CA	CB	CC	CD	CE	CF
D0	D0	D1	D2	D3	D4	D5	D6	D7	D8	D9	DA	DB	DC	DD	DE	DF
E0	E0	E1	E2	E3	E4	E5	E6	E7	E8	E9	EA	EB	EC	ED	EE	EF
F0	F0	F1	F2	F3	F4	F5	F6	F7	F8	F9	FA	FB	FC	FD	FE	FF

图 17.3　EEPROM 读出效果图

实验 2 也可以通过这种方式显示出来,只不过地址单元中的数据排列与上图相反。

采用中断方式写入数据可以使 CPU 有更高的工作效率,在同一时间段实现多任务处理;而查询方式不容易实现这一点。

实验 4: 在 PIC16F877A 内部设置一个累加器,使它的值从 00H 到 FFH 循环累

加,累加值显示在 RD 端口的 LED 上,为方便观察,每累加一次延时约 1 秒,这个较容易实现。这里要增进的功能是:实验板断电时记忆当时累加值 xxH,再次上电时,累加计数值从 xxH 开始继续累加。显然,实现这一功能需要用到存储器,在这里就是芯片内置的 EEPROM。

实验中在硬件上需要实现的重要功能就是断电检测。断电后,由于储能电容的作用,系统电压 V_{dd} 呈 RC 放电曲线形下降,短则几十毫秒,多则几百毫秒。在断电的几毫秒内,V_{dd} 不会下降到芯片工作电压以下,故断电后,芯片还是可以正常工作一段时间的,这个时间足够存储一个 byte(存储一个 byte 的时间约 5ms)。实验电路原理图如图 17.4 所示。

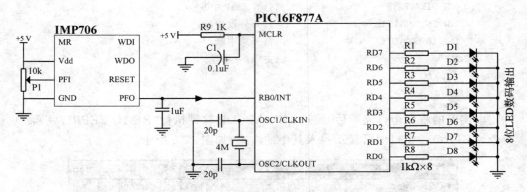

图 17.4   断电记忆实验电路原理图

实验中对断电进行监测采用专用芯片 IMP706,这是一款专用于监测 MCU 的芯片,它具有欠压监测、断电监测、延时复位等功能,具体说明可见芯片手册。在这里,我们只关注它的断电监测功能。

IMP706 有断电信号输入引脚 PFI(Power Fail Input)和断电信号输出引脚 PFO(Power Fail Output)。对于 PFI 引脚,它并不直接接 V_{dd},而是通过分压电阻采集分压比,如图 17.4 所示。它可以监测高于或低于 5V 的电压,分压抽头出来的电压与片内比较器的基准电压 1.25V 进行比较,如果低于 1.25V,那么比较器的输出端 PFO 马上出现电平由高到低的下降沿信号,让这个下降沿信号进入 MCU 的 RB0/INT 端,触发 CPU 中断,利用中断服务把断电前的累加值存入 EEPROM 的 F0H 地址单元,下次上电时从中读出存储数据,继续累加并显示。如果想观察得更清楚,可以在程序中把 DELAY 的时间延长。

根据实验目的,编制如下实现断电记忆功能的程序:

```
include <p16f877a.inc>              ;@4M oscillator
    ADDR EQU 70
    DAT EQU 71
    TOGGLE EQU 72                   ;在公共 SFR 区域定义变量地址
```

```
        ORG 0000
        GOTO START
        ORG 0004                        ;进入中断服务
        BCF INTCON,INTF                 ;清除 INT 中断标志
        BANKSEL EEADR                   ;选定 BANK2 为当前体
        MOVLW 0XF0
        MOVWF EEADR                     ;将地址值转移到地址指针 EEADR 中
        MOVF TOGGLE,W                   ;保存断电前的累加值
        MOVWF EEDATA                    ;再将累加值存入 EEDATA 寄存器中
        BANKSEL EECON1                  ;选定 BANK3 为当前体
        BSF EECON1,WREN                 ;打开写操作允许位
        BCF INTCON,GIE                  ;关闭所有中断
        MOVLW 0X55
        MOVWF EECON2                    ;执行 5 指令序列
        MOVLW 0XAA
        MOVWF EECON2
        BSF EECON1,WR                   ;执行写操作(约 5ms 时间,能量来自储能电容)
        BSF INTCON,GIE                  ;打开所有中断
        BCF EECON1,WREN                 ;关闭写操作允许位
        BANKSEL PORTA                   ;选定 BANK0 为当前体后中断返回
        RETFIE                          ;中断返回
START:
        BANKSEL TRISD
        CLRF TRISD                      ;RD 显示端口设为输出态
        MOVLW 0XFF                      ;RB 端口设为输入态
        MOVWF TRISB
        BCF OPTION_REG,INTEDG           ;设定 INT 下降沿触发中断
        MOVLW 0X90                      ;打开 INTE、GIE 中断
        MOVWF INTCON
        BANKSEL EEADR                   ;选定 BANK2 为当前体
        MOVLW 0XF0
        MOVWF EEADR                     ;将地址值存入到地址指针 EEADR 中
        BANKSEL EECON1                  ;选定 BANK3 为当前体
        BCF EECON1,EEPGD                ;选定 EEPROM 为操作对象
        BSF EECON1,RD                   ;发出读指令,读取上次断电前的累加值
        BANKSEL EEDATA                  ;选定 BANK2 为当前体
        MOVF EEDATA,W                   ;读取最终结果
        MOVWF TOGGLE                    ;将读取值送入累加器 TOGGLE
        BANKSEL PORTA
        CLRF PORTD                      ;清零 RD 端口
```

```
LOOP:
        CALL DELAY                      ;延时
        INCF TOGGLE,F                   ;累加
        MOVF TOGGLE,W
        MOVWF PORTD                     ;刷新显示
        GOTO LOOP                       ;循环往复
DELAY:                                  ;延时时间约 1 秒
        ...
        END
```

程序编制过程中要注意的是,把一个 byte 写入 EEPROM 的时间较长,约 5ms,如果连续写入两个 byte,在第 1 个 byte 的写入指令发出后,需要 CPU 等待,直到侦测到写入完毕信号,随后才能执行第 2 个 byte 的写指令。只有这样,才能保证写入正确。

本程序中,读出指令执行后没有等待,那是因为对片内 EEPROM 的单字节数据读出仅需 1 μs。在 4M 主频下,一个指令的执行时间起码是 1 μs,所以不需等待。但如果在主频较高的情形下,则需要考虑等待时间。

以下是本实验的断电检测波形图,利用 IMP706 实现。图 17.4 中,将电位器 P1 调到合适的分压比,其效果是,当 V_{dd} 降到约 4V 时,IMP706 的 PFO 输出端出现一个陡降的下降沿信号,这个信号刚好可以作为 INT 的中断输入。如图 17.5 所示。

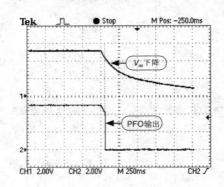

图 17.5   欠压检测及信号输出

本实验稍作扩展,就可以模拟一个汽车的电子里程表。把累加器 TOGGLE 用某个计数器代替(如 Counter0 或 Counter1),计数的触发信号来自外部传感器,传感器用于感知车轮的转动圈数并输出脉冲信号。如果不具备这个条件,可以用信号发生器的输出方波信号模拟。要达到实验的目的,可以把 TIMER 相关章节的计数器实验与本实验结合起来,具体怎么操作,读者可以自己动手。

实验 5:利用 PIC16F876A 的片内 EEPROM 记录一组实验数据,数据性质是温

度值。采集的目的是为了观察某地点一天 24 小时温度随时间的变化情况,采集的间隔时间是 15 min(900s),每采集一个温度值,马上存入 EEPROM,那么 24 小时需要采集 96 个温度值,需要 96 个存储单元(单字节)或 192 个存储单元(双字节)。

采集温度有多种方式可以实现,本实验采用 DS18B20,它可以直接输出串行数字信号。也可以采用 LM35,它输出的是模拟信号,需经放大处理后才能接入片内 A/D 转换器的模拟输入端口。在这里,对于温度数据的采集,采集精度不是本实验的关键,关键是要能实现温度数据的定时存储。

定时这一块可以采用 TIMER1 的自带振荡器电路(32.768kHz),利用它做一个秒发生器,这个在 TIMER1 章节中有过描述。通过一定的设置,使 TIMER1 每秒发生一次中断,利用中断采集数据并存储。

本实验让自带振荡器(32.768kHz)的 TIMER1 自由运行,运行一轮的时间是 2s,把预分频比设为 1:2,那么运行一轮的时间就是 4s,每 4s 中断 1 次,刷新 1 次显示。当中断发生了 225 次时,900s(15 分钟)过去了,此时往 EEPROM 中备份 1 次温度数据。备份 96 次(24 小时)后完毕,关闭 TIMER1。此后,随时可以读出 EEPROM 中的数据并分析。程序在时间上的执行流程如图 17.6 所示。

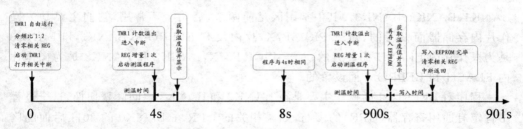

图 17.6　实验 5 的程序执行流程

具体程序,读者可以试着自行编制。过程中要注意的是,先实现每个单一的功能,调试成功后,再把它们联合起来,直至最后整个程序调试成功。

笔者编制了这个程序,把实验电路放在楼顶平台上进行连续测温,从 19:00 开始,到第二天的 19:00。测温完毕后,将 EEPROM 中的数据读出,并用 Excel 进行分析得出图 17.7。

本实验的监测地点位于湖北荆州市,监测时间是从 2015 年 4 月 15 日 19:00 开始的,24 小时后系统停止采集数据。

图 17.7 中纵轴表示摄氏温度(℃),横轴表示采样时间点。每 15 分钟采样一次温度值,一共有 96 个采样时间点。把它们连起来就是 24 小时温度变化曲线。由这个曲线可以分析一天中的最低温(最高温)出现在什么时候,以及气温在不同时段的变化规律。图中监测开始时和结束时的温差较大,那是因为第一天是阴天而第二天是晴天的缘故。

在编制程序时需要注意的是:特殊功能寄存器有四个区,分别是 BANK0、

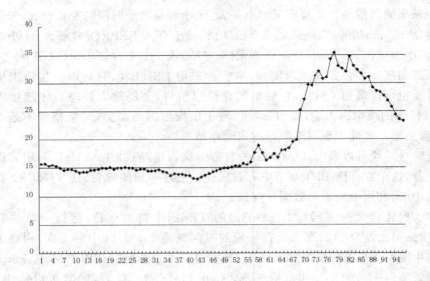

图 17.7　24 小时气温变化曲线

BANK1、BANK2、BANK3。其中常用区是前两个,后两个不常用,它们主要是为操作片内存储器而设置的,对于 PIC16F7X,片内没有 EEPROM,BANK2 和 BANK3 是为操作片内 FLASH 而设置的;对于 PIC16F87X,BANK2 和 BANK3 是为操作片内 FLASH 和 EEPROM 而设置的。

　　程序对 EEPROM 的操作主要是在 BANK2 和 BANK3 之间频繁切换,这个过程中肯定有通用寄存器(GPR)的参与,如果相关的 GPR 在 BANK0 的 20H 后面的区域,会造成程序切换得更加频繁,使得程序的编制异常繁琐。为了避免这一点,硬件在每个 BANK 的 70H 到 7FH 区域进行了影射(Mirror),其存储单元类似于常用的寄存器 INTCON,使用中我们不必关心它在哪个区域。我们也可把 70H~7FH 区域称作公共 GPR 区,使用公共 GPR 区可使程序的编制更加方便。另外,在编制程序的时候,对某些 SFR 的访问必须在 4 个 BANK 之间切换,虽然这样做显得很麻烦。但是千万不要疏漏,否则会造成程序运行不正常。

　　对于 PIC16F87X 系列,不同型号芯片的 GPR 排布也不尽相同,具体可见相关的排布图,使用中应重视这种差异并进行合理布置,如果不注意,就会造成同样的程序在 PIC16F873(比如)上可以正常运行,而在 PIC16F876(比如)上无法正常运行的情况。

　　通过实验 5 进行变量的数据采集是一种在物理上最优化的方式,为什么这样说呢? 通常情况下,对某些物理量数据(温度、压力、电流、电压等)的连续采集,最终的结果,要么通过显示器显示出来,但最后还是要人工记录(监视);要么通过微型打印机打印出来。但这两种方式都需要消耗较多的能量,并且不容易实现电池供电,又或者它不容易实现采集系统的小型化(体积,重量,能耗达到最低)。然而,采用 EEPROM 记录采集数据可以达到所有这些要求。

对于实验 5,为实现最小化,MCU 可以采用贴片封装,供电可以采用 3V 纽扣电池,电路板采用双面板,分立器件尽量使用贴片。像这样做成的系统小巧便利,可以在野外或室内某监测点随意放置。

17.8　EEPROM 模块的 C 语言编程

EEPROM 模块的 C 语言内部函数有如下 2 种,它们分别是:

(1) read_eeprom(address):表示通过读取 EEPROM 的地址值来获取该地址所对应的数据。Address 的数据类型为 int 型;

(2) write_eeprom(address, value):表示通过 EEPROM 的地址值载入该地址对应的数据。Address 和 value 的数据类型均为 int 型。

与中断有关的函数及预处理器如下:

♯ int_eeprom	EEPROM 写中断用预处理器
enable_interrupts(EEPROM)	表示打开 EEPROM 写中断
disable_interrupts(EEPROM)	表示关闭 EEPROM 写中断
clear_interrupt(INT_EEPROM)	表示清除 EEPROM 写中断标志 EEIF
enable_interrupts(GLOBAL)	表示打开总中断
disable_interrupts(GLOBAL)	表示关闭总中断
value = interrupt_active(INT_EEPROM)	侦测 EEIF 中断标志是否置位

将实验 1 的程序用 C 语言实现,程序如下:

(1) 写入数据程序(与 WRITE_01.ASM 对应)

```
♯ include<16f877a.h>
♯ fuses XT,NOWDT,PUT,NOCPD,NOLVP
void main( )
{
        write_eeprom(0x3E, 0x57);          //将数据 57H 写入到 3EH 存储单元中
        while (1)
        {          }
}
```

(2) 读出数据程序(与 READ_01.ASM 对应)

```
♯ include<16f877a.h>
♯ fuses XT,NOWDT,PUT,NOCPD,NOLVP
int value;
void main( )
```

```
{
        value = read_eeprom(0x3E);              //读出 3EH 存储单元中的数据
        output_b(value);                        //将读出的数据送到 RB 端口显示
        while (1)
        {      }
}
```

将实验 2 的程序用 C 语言实现,程序如下:

```
# include<16f877a.h>
# fuses XT,NOWDT,PUT,NOCPD,NOLVP
int address,data;
void main( )
{
        data = 0xFF;                            //定义初始数据
        for (address = 0;address< = 0xFF;address + + )    //利用循环体实现逐个写入
        {
                write_eeprom(address, data);
                data = data - 1;
        }
}
```

将实验 3 的程序用 C 语言实现,程序如下:

```
# include<16f877a.h>
# fuses XT,NOWDT,PUT,NOCPD,NOLVP
int address,data;
# int_eeprom
void ISR_EEPROM( )                              //写 EEPROM 中断服务程序
{
        for(address = 0x01;address< = 0xFF;address + + )//利用循环体实现逐个写入
        {
                data = data + 1;                //数据递增
                write_eeprom(address, data);    //执行写操作
        }
}

void main( )
{
        address = 0x00;                         //地址初始值
        data = 0x00;                            //数据初始值
```

```
    enable_interrupts(INT_EEPROM);              //打开 EEPROM 写中断
    enable_interrupts(GLOBAL);                  //打开总中断
    write_eeprom(address, data);                //在地址 00H 写入数据 00H,以触发中断
    while(1)
    {    }                                      //进入循环
}
```

将实验 4 的程序用 C 语言实现,程序如下:

```
# include<16f877a.h>
# fuses XT,NOWDT,PUT,NOCPD,NOLVP
# use delay(clock = 4M)
int value;

# int_ext
void ISR_H2L( )                                 //RB0/INT 中断服务程序
{
    write_eeprom(0xF0, value);                  //利用断电后的能量将当前显示值存储到 F0H 单元
}

void main( )
{
    ext_int_edge(H_TO_L);                       //定义 INT 中断为下降沿触发
    enable_interrupts(INT_EXT);                 //打开 INT 中断
    enable_interrupts(GLOBAL);                  //打开总中断
    value = read_eeprom(0xF0);                  //读取 F0H 单元中的数据

    while(1)                                     //进入循环体
    {
        delay_ms(1000);                         //延时 1s
        value = value + 1;                      //读出值累加
        output_d(value);                        //送 RD 端口显示
    }
}
```

第 18 章

振荡器电路

18.1 振荡器电路概述

单片机是结构最简单的一种计算机,它的核心还是数字电路系统,既然这样,那就离不开构建时序逻辑电路的时间基准信号,即时基信号。产生时基信号的电路我们称之为振荡器电路。

PIC16F877(A)的振荡器工作频率范围是从直流 DC 到 20MHz,直流表示芯片可以工作在振荡器停振状态,也就是 Sleep 态。有四种类型的振荡器工作方式可供用户选择,它们分别是:

(1) LP(Low—Power Crystal)低功耗模式

这种模式通过牺牲速度来换取低功耗,它是功耗最低的一种振荡模式。它的电路原理与 XT 模式相同。

(2) XT(Crystal/Resonator)晶体/谐振器模式

这种模式是在追求高速特性与适当功耗之间寻求的一种折中。其振荡器的增益是 LP 模式的 15 倍,中档系列机型使用的频率上限可达 4MHz。

(3) HS(High—Speed Crystal/Resonator)高速晶体/谐振器模式

这种模式是为追求最大的增益和频响而设计的;其电流消耗相当高。它的增益约为 XT 模式的 5 倍。这使它可以工作在上限为 20MHz 的主频下。

(4) RC(Resistor/Capacitor)外部"电阻—电容"振荡模式

这种模式类似于常用的 555 定时器电路,是一种张弛振荡器。振荡引脚 OSC1 是施密特触发器的输入端。它是最经济的振荡方式(只需一个外部电阻和电容),是芯片的默认振荡方式,但这种方式的时基变化最大。

如表 18.1 所列,通过系统配置字的两个位(Fosc1 和 Fosc0),可以选定其中一种振荡方式。

表 18.1　振荡模式的选择

Fosc1:Fosc0	振荡模式	反向放大器增益
00	RC	
01	HS	高增益
10	XT	中等增益
11	LP	低增益

18.2　RC 振荡器电路

RC 振荡器电路用于对定时要求不高的场合,它的显著特点是经济。RC 振荡器电路形成的振荡波周期不够稳定,也就是频率精度不高。为什么呢?

因为 RC 振荡器电路的频率是关于电源电压(V_{dd})、电阻(R_1)、电容(C_1)和工作温度的函数,且它们中的每一项电参数都存在较大的误差,所以振荡频率不够稳定也就可想而知了。

比如,这样的 RC 振荡器工作在昼夜温差很大的地方,那么一天当中,高温时段和低温时段振荡频率就会有很大的差别,如果系统在意这种差别就不能用这种振荡模式。RC 元件与 MCU 连接形成的振荡器电路图如图 18.1 所示。

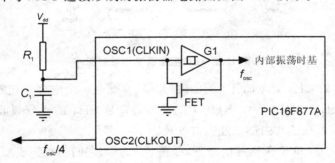

图 18.1　RC 振荡器工作原理图

RC 振荡电路的工作原理与 555 定时器电路有点类似,这里简要地叙述一下。

上电后,RC 电路开始充电,当 C_1 充电电压到达施密特触发器 G1 的门槛值后,G1 输出一个高电平,使场效应管 FET 导通,C_1 的能量被泄放,其电压降低,直到触发 G1 输出低电平使 FET 截止,随后 C_1 又开始充电、放电过程。于是 G1 输出端不断呈现高低电平,方波信号(振荡时基)就是这样形成的。使用中,RC 的参数取值有一定的范围限制,我们建议其取值范围为 $3k\Omega \leqslant R_1 \leqslant 100k\Omega$,原因如下:

① 当 R_1 的阻值小于 2.2 kΩ 时,振荡器工作可能变得不稳定,或完全停止振荡;

② 当 R_1 值很高时如达到 $1M\Omega$ 时,振荡器则易受噪声、湿度和漏电流的干扰。

尽管在没有外部电容($C_1 = 0pF$)的情况下,振荡器仍可工作,但考虑到噪声和稳定性等因素的影响,我们仍建议使用一个大于 20pF 的电容。在没有外部电容或外部电容很小的情况下,外部电容(如 PCB 上的走线电容和封装的引线电容)的微小变化会引发振荡频率发生很大的变化。需要明确认识的是:

① 外接电阻越大,频率偏差越大,因为电阻越大,漏电流的变化对 RC 振荡频率影响越大;

② 外接电容越小,频率偏差越大,因为外接电容越小,输入电容容量的偏差对频率影响越大。

振荡器频率的 4 分频信号可由 OSC2/CLKOUT 引脚输出,它可用作测试或同步其他逻辑单元电路。图 18.2 是 $R_1 = 5.1k\Omega$,$C_1 = 300pF$ 时,芯片的 CLKIN 端和 CLKOUT 端的波形。

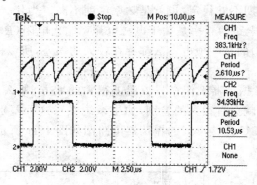

图 18.2   RC 振荡器工作波形图

图 18.2 中的 CH1 是 CLKIN 端的波形。这显然是一个电容的充放电波形,它的频率约为 383kHz。CH2 是 CLKOUT 的波形。它是 CH1 的 4 分频波,输出的是方波,可见振荡波形在芯片内部已经做过处理。

在明确 R_1、C_1 取值范围的前提下,振荡频率 f 与它们的乘积成反比:

$$f \propto 1/RC$$

电路理论告诉我们,电容上的电压是以指数规律上升和下降的,这就是 CH1 波形形成的原因。在合理的取值范围内,RC 的乘积越大,振荡频率越低,反之越高。

18.3   外接石英晶体振荡器电路(LP/XT/HS)

由于石英晶体振荡器具有很高的 Q 值,这使得由它构成的振荡电路,其频率精度和稳定性达到最优。它的频率精度可达 ±0.001%，这其中还包含温度稳定性，这种精度是其他任何形式的振荡电路都无法比拟的。所以，如果要求 MCU 有比较高的时基精度，通常采用如图 18.3 所示的晶振电路。

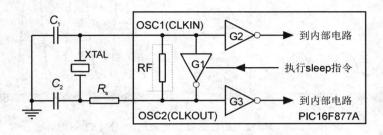

图 18.3　MCU 外接石英晶体振荡器电路图

由图 18.3 可以看出，PIC16F877A 内部振荡器电路是一个并联谐振电路。它由片内反相器 G1、外接石英晶振 XTAL 以及 2 只负载电容 C_1、C_2 共同构成电容三点式自激多谐振荡器(科尔皮兹振荡电路)，其原理分析可见 7.4 章节。其中 G1 通过反馈电阻 RF(2～10M)使其工作于放大器模式。RF 的不同取值对增益有重大影响。

负载电容 C_1、C_2 通常取值范围为 15pF～33pF。只有这样，晶体的振荡频率才会最接近设计频率。

电容值越大越有利于振荡器工作稳定，负面效应会加大振荡器的起振时间。电容 C_1、C_2 的取值通常是相等的，两者差别越大，振荡波形的正负半波周期差别也越大。

以上电路适合 LP、XT、HS 这三种振荡模式、振荡模式与频段是正相关的。选择振荡模式(除 RC 模式外)实际上就是内部电路在切换不同的增益。为什么呢？

在模拟电子学中，我们学过放大电路的频率响应，对于低通电路，输入信号的频率增加到一定值(上限频率)时，输出信号的幅值会衰减；频率增加得越多，幅值衰减越大。然而，在这里，幅值衰减过大使得后续电路不易产生达标的数字信号。要想在增加信号频率的基础上又使信号不衰减，只有增加放大电路的增益，这就是三种模式对应不同增益的原因。

明白了以上道理，我们可以推断，低频段选择的是低增益(LP)，高频段选择的是高增益(HS)。为了验证这一点，可以做一个实验。图 18.3 的电路中，取晶振频率为 4M，$C_1=C_2=30$pF，$R_1=0$(不用)。向 MCU 中载入同样的程序，在振荡模式的选择上，第一次选 XT 模式，第二次选 HS 模式，将示波器探头打到 10X 档(这样输入电容值更小)，分别测试 CLKOUT 的波形，会得到如图 18.4 所示的波形图。

芯片说明中，4M 的主频既可以选择 XT 模式，也可以选择 HS 模式。由波形图

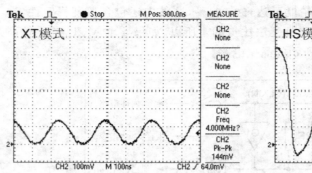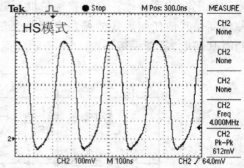

图 18.4   不同增益下的振荡器输出波形 @4M(XT vs HS)

可以看出,两者的增益确实不同。虽然幅值有这么大的差别,但是没有关系,它们都能触发后续数字电路的正常工作。设想在 HS 模式下换上 16M 的晶振,其振荡幅值是不会有右图中那么大的幅值的。

不同频率下使用晶体谐振器的负载电容参考值如表 18.2 所列。

表 18.2   外接给定频率石英晶振时负载电容的建议值

增益方式	频率	C_1	C_2
LP	32kHz	33pF	33pF
	200kHz	15pF	15pF
XT	200kHz	47～68pF	47～68pF
	1MHz	15pF	15pF
	4MHz	15pF	15pF
HS	4MHz	15pF	15pF
	8MHz	15～33pF	15～33pF
	20MHz	15～33pF	15～33pF

下面讲一下振荡电路的某些细致用法,一般情况下可以不必关注这些。

(1) 极端情况下调整增益注意事项

理想情况下,应在建议的晶振负载范围内选择电容,以便电路处于最高工作温度和最低供电电压下(V_{dd})时,晶体均能振荡。因为这种情况会对环路增益起限制作用,最高温和最低 V_{dd} 使得环路增益达到最低,这是一种极端状况。如果此时振荡器能正常工作,那么非极端状况肯定不在话下。

在最高增益情况(最高 V_{dd} 电压和最低工作温度)下,输出正弦波应不被限幅;在最低增益情况(最低 V_{dd} 电压和最高工作温度)下,其幅度应该足够大,以满足芯片手册上所列的时钟输入逻辑的要求。

（2）防止晶振过驱动采取措施

晶振过驱动只可能在 XT 和 HS 模式下存在。如何判断晶振过驱动呢？

这可通过示波器观察反相器 G1 的输出端（OSC2 引脚）来判断。观察到的信号应为一个平滑的正弦波，且在 CLKIN 引脚的最大和最小电平值下能轻松保持其平滑度。

确保正弦波平滑的一个简单方法，还是使系统工作在设计要求的最低温度和最高 V_{dd} 电压下，监视 G1 输出波形。此时，G1 输出应是最大振幅。如果在靠近 V_{dd} 和 GND 的正弦波顶部和底部出现限幅或畸变，而增加负载电容又可能使流过晶体的电流过大或过于偏离厂商的规定值，则可在 CLKOUT 引脚和 C_2 之间增加一个可调电位器，调整其电阻值直至正弦波达到平滑状态。

在低温和高 V_{dd} 电压条件下，环路增益达到最大。此时将输出的平滑正弦波调整至尽量接近最大幅值，这样既可保证该幅值是晶体的最大工作振幅，而且防止晶体过驱动，然后用一个最接近标准阻值的串联电阻 R_s 代替可调电位器。

R_s 固然可使输出正弦波变得平滑，但 R_s 的值越大，CLKOUT 端的输出幅值越小，两者应该寻求折中。另外，如果 R_s 过大，如超过 $20k\Omega$，则输出与输入端的隔离度过大，使得振荡易受到噪声信号干扰。如果必须要用这么大的电阻来防止晶体过驱动，可以尝试增大 C_2 来补偿 R_s 过大造成的不利影响。尽量找到一个结合点，使 R_s 在 $10k\Omega$ 左右或更小，而负载电容也在厂商指定的 20pF 或 32pF 附近。

使用示波器注意，示波器探头会将其自身的负载电容加到被测电路中，因此在设计时应考虑到此问题。例如：如果一个电路在 C_2 为 20pF 时正常工作，示波器探头负载电容为 10pF，当探头接入 C_2 端时，实际上 C_2 端的电容变为了 30pF。振荡输出信号不应出现限幅或畸变。晶振过驱动会导致电路振荡频率跃变到一个高次谐波上，甚至会损坏晶体。

18.4　外接陶瓷谐振器电路（LP/XT/HS）

陶瓷谐振器与石英晶体振荡器的外形外观都有一定的差别，石英晶振一般采用金属外壳封装，陶瓷振荡器一般采用非金属材质封装。其共同点是都具有两只引脚，且内部电路工作原理类似。

陶瓷谐振器的 Q 值与晶振相比非常小，即它的频率精度远远比不上晶振。陶瓷振荡器的振荡频率精度为数十 ppm，尽管比不上晶体振荡器（为数 ppm），但是比 RC 或 LC 振荡的精度要高出很多。另外，陶瓷振荡器的温度稳定性与 RC 或 LC 振荡电路相比也是非常的高。所以，对于要求不高的场合，使用陶瓷振荡器也是不错的选择，因为它与晶振相比，更加小型廉价，起振更快；与 RC 或 LC 振荡相比，性能更好。

虽然陶瓷谐振器与晶体谐振器在电气性能上有一定的不同,但是用在这里,可以不必过于关心这些不同点。其在使用方法上与晶体谐振器基本相似。

不同频率下使用陶瓷谐振器的负载电容参考值如表 18.3 所列。由表中可以看出,其负载电容的取值范围大于晶振负载电容的取值范围。

表 18.3   外接给定频率陶瓷振荡器时负载电容的建议值

增益方式	频率	C_1	C_2
XT	455kHz	68~100pF	68~100pF
	2MHz	15~68pF	15~68pF
	4MHz	15~68pF	15~68pF
HS	8MHz	10~68pF	10~68pF
	16MHz	10~22pF	10~22pF

18.5   外部振荡器电路(LP/XT/HS)

采用图 18.3 片内振荡器的方式,可以为一个芯片提供时基信号,但厂家不推荐用这种方式再为其他芯片提供时基信号,这是因为负载能力有限的缘故。这样,当面临多个芯片都需要同样的时基信号时,我们不得不搭建专用的振荡器电路。

当使用外部振荡源时,根据不同的频率,应设置不同的增益。芯片应设置为 LP、XT 或 HS 三种增益模式之一。如图 18.5 所示,芯片只会使用 OSC1/CLKIN 引脚,而另一引脚 OSC2/clkout 可呈开路状态,它的信号频率与 CLKIN 相同,一般不会用到它。为了降低系统噪声,CLKOUT 端可通过电阻接地,但这样会增加系统功耗。

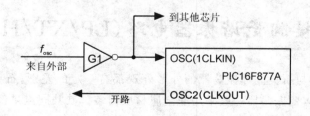

图 18.5   使用外部振荡源接线图

图 18.5 中,外部振荡信号通过非门 G1 接入多个芯片。千万不要忽视 G1 的作用,它的目的是增强负载能力,特别是负载多个芯片时,如果省略 G1,信号 f_{osc} 会衰减,甚至变得无效(无法驱动后续数字电路)。

外部振荡源电路可以由 4000 系列或 74 系列搭建,由于不同的型号频响不一样,对应的频段也不尽相同。在这里,采用频响特性优异的施密特反相器 74AHC14 来搭建串联谐振和并联谐振两种时基振荡器。下面先展示并联谐振振荡器,如图 18.6 所示。

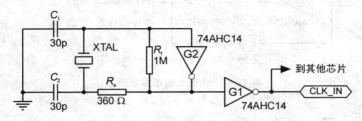

图 18.6　外部并联谐振振荡器

由原理图 18.6 可知,外部并联谐振振荡器与图 18.3 非常类似。它相当于是把片内振荡器移到了外部。图中,反相器 G2、石英晶振 XTAL 以及 2 只负载电容 C_1、C_2 共同构成电容三点式自激多谐振荡器(科尔皮兹振荡电路)。其中 G2 通过反馈电阻 Rf 使其工作于放大器模式。R_f 的值不需要固定,它的不同取值会对增益产生重大影响。电阻 R_s 的作用与图 18.3 类似。

采用图 18.6 中的参数搭建电路,并观察输出波形。当采用 4M 晶振时,输出波形如图 18.7 左图所示,它近似方波;当采用 16M 晶振时,输出波形如图 18.7 右图所示,它近似正弦波。

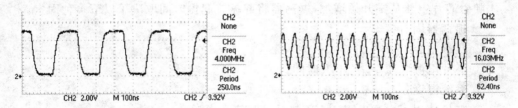

图 18.7　4M 晶振(左)和 16M 晶振(右)时的输出波形(并联振荡)

比较以上两图可以发现,振荡频率越低,输出波形越接近标准的方波,并且振幅越大(左图的方波实际上是振幅足够大的正弦波被削去顶部和底部形成的)。振荡频率越高,输出波形越接近正弦波,并且振幅越小。这些现象与模拟电路中的频响理论是相吻合的。所以说,反馈电阻 R_f 的值是可以调整的。根据不同的频段按需要进行调整,其目的是要保证信号的输出幅度足够大。

以下再介绍外部串联谐振振荡器电路。如图 18.8 所示,电路同样使用晶振的基频。每个反相器在串联谐振电路中都提供 180 度的相移,电阻 R_1、R_2 通过负反馈将反相器偏置在线性工作区,信号通过 G1、G2 两级放大后,最终通过非门 G1 输出。

采用图中的参数搭建电路,并观察输出波形。当采用 4M 晶振,输出波形如图 18.9 左图所示,它近似方波;当采用 16M 晶振时,输出波形如图 18.9 右图所示,它近似正弦波形状。原理分析同图 18.7,在此略。

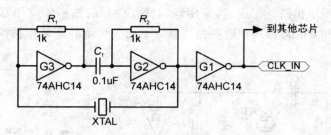

图 18.8 外部串联谐振振荡器

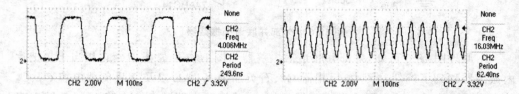

图 18.9 4M 晶振(左)和 16M 晶振(右)时的输出波形(串联振荡)

18.6 石英晶体振荡器的起振过程

随着芯片电压从零开始增加,振荡器将起振。起振时间取决于以下多种因素:

① 振荡器固有频率;

② 负载电容 C_1、C_2 的容量;

③ 芯片电源电压 V_{dd} 的上升时间;

④ 系统温度;

⑤ 如果使用了串联电阻 R_s,还包括其阻值和类型;

⑥ 器件的振荡模式选择,即增益的选择;

⑦ 晶体的品质;

⑧ 振荡器电路布局;

⑨ 系统噪声。

对于一般的应用,起振时间不必过于关注,这里只是作一下大致的介绍。

下面对图 18.3 的电路进行测试,观察晶体振荡器的起振过程。实验条件为:V_{dd} =5V,晶振频率=50kHz,CH2 探头置 10X 档位。实验结果如图 18.10 所示。

由示波器图可以发现,电源电压 V_{dd} 上升到 5V 后,振荡器的振幅还没有完全铺展开。但是振荡可能已经进入稳定状态,箭头所指处,程序可能开始执行。所以说,相对于振荡周期 T_{osc} 为 20 μs 而言,建立稳定的振荡需要一个漫长的过程。

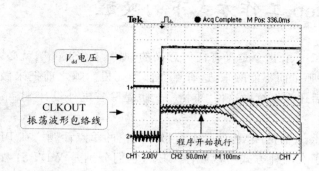

图 18.10　石英晶体振荡器的起振过程

18.7　Sleep 工作方式

　　Sleep 工作方式是 CPU 的特殊功能之一，设计这种工作方式是为了动态地减少芯片的功耗以达到省电的目的。便携式设备，即电池供电的设备上使用这种工作方式具有重要意义，它能使芯片的待机电流达到微安级，大大延长电池的使用寿命。之所以在本章讲述 Sleep 工作方式，是因为该工作方式与主振荡器的状态紧密关联。

　　在程序中，当 Sleep 指令被执行后，芯片就进入了睡眠态。在这种状态下，主振荡器停止了工作，芯片电流消耗达到最低。下一章的图 19.13 展示了 Sleep 指令被执行后主振荡器振荡波形的衰减过程。

　　在 Sleep 态下，为了使电流消耗达到最低，应在芯片上作一些配套的设置：

　　① 所有 I/O 引脚应设为输入态（缺省态）；

　　② 应关闭 Sleep 态下可能消耗电流的功能模块，如 A/D 转换器、模拟比较器；

　　③ 为了避免悬浮输入引起的开关电流，应拉高或拉低高阻输入的 I/O 引脚。如将 T0CKI 引脚的输入置为 V_{dd} 或 V_{ss} 电平，也可降低电流消耗；RB 端口采用弱上拉也可达到同样的目的。

　　烧写芯片时，利用配置位使能某些功能时（如使能 WDT 或使能 BOR），Sleep 态下可能会多消耗一定的电流，而在配置位中关闭该功能也就关闭了该类电流的消耗。

　　芯片进入 Sleep 态后会有标志位被置位，这个标志位就是 STATUS 的 PD 位，上电复位时，该位被置 1；进入 Sleep 态后，该位被清零。在 Sleep 态下，MCLR 引脚必须连接高电平（解除复位态）。因为只有这样，它才能被唤醒。

18.8 Sleep 工作方式下的唤醒

单纯地使用 Sleep 指令是没有任何意义的，既然有"Sleep"，就必须有"Wakeup"和它对应。如果睡了而不能醒来，这有点类似于死机。睡之前把未做完的某"事情"暂且搁置，醒来后还需继续做这件"事情"，这也是除省电外设计 Sleep 功能的真正意图。

如何进行 Sleep 后的唤醒，这是本节将要讨论的重点话题。在 PIC6F877A 的芯片说明中，指出了有两种方式可以唤醒 CPU，它们分别是 WDT 计数溢出信号和中断信号，以下分别讲解。

利用 WDT 计数溢出信号唤醒 CPU

在这种方式下，应在执行 Sleep 指令前使能 WDT。当执行 Sleep 指令时，WDT 的当前计数值会被清零（预分频器也被清零），于是它开始了新一轮计数。同时 STATUS 寄存器的 PD 位将被清零，TO 位将被置 1，系统时钟停振。I/O 端口保持执行 Sleep 指令之前的状态（高电平、低电平或高阻态）。当这一轮计数完毕的时候，WDT 发生计数溢出，于是 CPU 被唤醒。

当执行 Sleep 指令时，紧跟 Sleep 指令的下一条指令同时被取出，并载入到指令译码器（ID）中，在整个睡眠期间，该指令一直留存在 ID 中。当 CPU 被 WDT 唤醒后，会从该指令处继续往下执行。下面做个实验来认识这一点。

编制以下含有 Sleep 指令的程序。在程序中，要求 Sleep 前产生 2.3ms 的脉冲，Sleep 后产生 4.6ms 的脉冲。

```
        include <p16f74.inc>
            ORG 037F
            BANKSEL TRISD
            CLRF TRISD                    ;将 RD 端口设为输出态
            MOVLW B'11110111'
            MOVWF OPTION_REG              ;预分频器分配给 TMR0，无分频器
            BANKSEL PORTA
            BSF PORTD,0                   ;产生第 1 个脉冲（2.3ms）
            CALL DELAY
            BCF PORTD,0
            SLEEP                         ;执行睡眠指令
            BSF PORTD,0                   ;产生第 2 个脉冲（4.6ms）
            CALL DELAY
            CALL DELAY
            BCF PORTD,0
    LOOP:NOP
            GOTO LOOP                     ;主程序（循环）
```

DELAY：…　　　　　　　　　　　　　　　　;延时子程序(2.3ms)
　　　　END

　　使能 WDT,运行以上程序,并用示波器观察 RD0 引脚的输出波形,如图 18.11
所示。

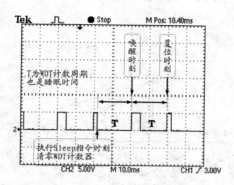

图 18.11　　WDT 溢出对 Sleep 状态的影响

　　观察图 18.11 可以发现,如果 WDT 被打开,程序在产生 2.3ms 的脉冲后,马上
进入睡眠态。从 Sleep 指令执行时刻到唤醒时刻,这一段时间约 18ms,刚好是 WDT
的计数溢出周期。这也表明,执行 Sleep 指令的同时,WDT 计数器被清零。

　　CPU 被唤醒后,WDT 继续运行,程序向下执行后,产生 4.6ms 的脉冲,随之进入
主循环。不久,WDT 发生了计数溢出,程序被复位运行,再次产生 2.3ms 的脉冲,再
次睡眠,再次醒来,如此周而复始,便形成上图的时序。

　　由这个实验也可以看出,如果 WDT 正在运行,芯片在 Sleep 态下会由于 WDT
计数溢出而被唤醒;在非 Sleep 态下,芯片中的程序会由于 WDT 计数溢出而被复位
运行。

　　由前面的实验也可以联想到这样一种功能:芯片能周期性地输出某宽度的脉冲,
其他时间都处在 Sleep 态。要实现这样的功能,将上述程序稍作变更即可。

```
      include <p16f74.inc>
            ORG 037F
            BANKSEL TRISD
            CLRF TRISD                    ;将 RD 端口设为输出态
            MOVLW B'11110111'
            MOVWF OPTION_REG              ;预分频器分配给 TMR0,无分频器
            BANKSEL PORTA
      LOOP:  SLEEP                        ;执行睡眠指令
            BSF PORTD,0                   ;产生 4.6ms 宽度脉冲
            CALL DELAY
            CALL DELAY
            BCF PORTD,0
```

```
    GOTO LOOP                          ;主程序(循环)
DELAY:      ...                        ;延时子程序(4.6ms)
            END
```

　　使能 WDT,运行以上程序,并用示波器观察 RD0 引脚的输出波形,如图 18.12 所示。

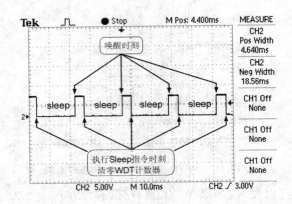

图 18.12　Sleep 状态下的周期性唤醒

　　观察图 18.12 可以发现,如果 WDT 被打开,程序在初始化后马上进入睡眠态。从 Sleep 指令执行时刻到唤醒时刻,这一段时间约 18ms(WDT 的计数溢出周期),刚好是图中的负脉冲时间。唤醒后,程序会产生 4.6ms 宽度的脉冲,脉冲的下降沿时刻芯片再次进入 Sleep 态,WDT 被清零,溢出后被"激活",再次产生脉冲,周而复始,便形成图中的周期波。

利用某些外设的中断信号唤醒 CPU

　　在禁止 WDT 的情形下,利用某些外设的中断信号也可以唤醒 MCU,不过有个前提条件,那就是必须事先将 GIE 位置 1(缺省态为 0)。这个过程是:MCU 被唤醒后首先执行 Sleep 指令后的下一条指令,然后跳转到中断向量 0004H 处执行 ISR,为了保证可靠地跳转,需要在"Sleep"指令后安插"NOP"指令。

　　在 Sleep 态下,PIC16F877A 可以利用的外设中断有以下 10 种:

① RB0/INT 中断;

② RB7~RB4 电平变化中断;

③ 比较器 CM1、CM2 输出电平变化中断;

④ A/D 转换完毕后产生的中断(ADC 采用自带振荡器);

⑤ Timer1 计数溢出中断(异步方式,计数信号不依靠主振荡器);

⑥ Capture 捕捉中断;

⑦ SSP 的起始位、停止位检测中断;

⑧ SSP 从动方式下的数据收、发中断(SPI/I^{2}C);

⑨ PSP 读、写中断；

⑩ EEPROM 写操作完成中断。

如果利用 RB0/INT 中断信号唤醒 MCU,其唤醒时序如图 18.13 所示。

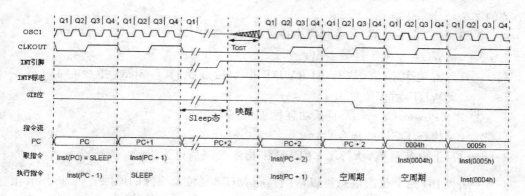

图 18.13　INT 中断唤醒 Sleep 态下的 MCU(操作时序)

由图 18.13 可以归纳出以下几点：

(1) 在 MCU 执行 Sleep 指令的同时,第(PC+1)条指令已被取出,该指令紧跟 Sleep 的下一条指令；

(2) Sleep 指令执行完毕后(系统时钟进入停振状态),MCU 进入 Sleep 态；

(3) 在 Sleep 态下,在 RB0/INT 引脚上输入一个上升沿信号,触发中断标志 IN-TF 置位,置位信号可以启动主振荡器(f_{osc}),随着振幅的加大,在经过 $T_{ost} = 1024T_{osc}$ 的时间后,MCU 开始进入工作状态。这就是 MCU 被唤醒的过程。

(4) MCU 被唤醒后执行的第一条指令,便是主振荡器停振之前取出的第(PC+1)条指令,这同时会取出第(PC+2)条指令,该指令是一条“系统设定的”空周期指令。此时,若 GIE 为 1(全局中断打开),在第(PC+2)条指令执行完毕后,程序将会跳转到 ISR 的入口地址 0004H 处,由此开始执行中断服务程序(ISR)。

利用外设中断唤醒 MCU 的实例可见第 7 章的实验 5。该实验实现的功能包含,利用异步方式下的 TIMER1 中断唤醒 MCU,并在 ISR 中实现电平翻转。实验过程配有各类详细说明。

18.9　与睡眠(Sleep)及唤醒(Wakeup)相关的寄存器

这个寄存器只有如下的 STATUS 寄存器。它的各位分别如下：

寄存器名称	bit7	bit6	bit5	bit4	bit3	bit2	bit1	bit0
STATUS	IRP	RP1	RP0	TO	PD	Z	DC	C

在硬件章节讲过,这是一个很重要的寄存器,它可读可写。现将与睡眠及唤醒有关的 2 个位作一下介绍。

① TO(Time-out bit):超时标志位

0＝WDT 发生了计数溢出;

1＝上电复位值,执行 CLRWDT 指令后或执行了 Sleep 指令(同时清零WDT)后该值也为 1。

② PD(Power-Down bit):低功耗标志位

0＝执行了 Sleep 指令后;

1＝上电复位值,执行了 CLRWDT 指令后该值也为 1。

TO 和 PD 两个位的信息可以帮助判断 MCU 复位及唤醒的原因。另外,结合电源控制寄存器 PCON 的两个位 POR(为 0 表示发生了上电复位)和 BOR(为 0 表示发生了欠压复位),可以更加细致地分辨出 MCU 复位的类型和唤醒的类型,如下表所列。这些分辨工作可在程序的开头通过相应的检测语句实现。编制汇编程序进行检测是很麻烦的事情,而 C 语言在这方面有现存的函数可以调用,使用非常方便。这是因为 CCS C 编译器帮助我们做了汇编程序该做的事情。具体可见 19.12 章节 C 语言部分。

工作条件	POR	BOR	TO	PD
发生了上电复位	0	x	1	1
非法,TO 的上电值为 1	0	x	0	x
非法,PD 的上电值为 1	0	x	x	0
发生了欠压复位	1	0	1	1
发生了 WDT 复位(非 Sleep 态)	1	1	0	1
发生了 WDT 唤醒(Sleep 态)	1	1	0	0
正常状况下发生了 MCLR 复位	1	1	u	u
Sleep 态下发生了 MCLR 复位	1	1	1	0
Sleep 态下发生了中断唤醒	1	1	1	0

注:x 表示不必关心;u 表示不变。

18.10　PIC16F193X 系列的振荡器电路

与 PIC16F877A 比起来,PIC16F193X 的振荡器电路多出了不少功能,其最大的亮点是它集成了片内振荡器模块,并且使用了锁相环 PLL 电路。它有以下几个特点:

（1）可通过软件选择外部或内部系统振荡源，并可通过软件选择振荡频率；

（2）双速启动模式，使外部振荡器起振到程序执行之间的延时达到最小；

（3）故障保护时钟监视器 FSCM（Fail－Safe Clock Monitor），旨在检测外部时钟源（LP、XT、HS、EC 或 RC 模式）的故障并自动切换到内部振荡器；

（4）振荡器起振定时器（OST）确保晶振工作的稳定性。

除了 PIC16F877A 所具备的 4 种振荡模式（RC、LP、XT、HS）外，PIC16F193X 振荡器模块还配置了另外 4 种振荡模式，它们分别是：

① ECL——片外时钟低功耗模式（0 MHz～0.5 MHz）；

② ECM——片外时钟中等功耗模式（0.5 MHz～4 MHz）；

③ ECH——片外时钟高功耗模式（4 MHz～32 MHz）；

④ INTOSC——片内振荡器（31 kHz～32 MHz）。

以上 4 种振荡方式中的前 3 种在 PIC16F877A 中也可实现（如 18.5 外部振荡器电路章节），只是上限频率达不到 32MHz 这么高而已。最大的不同就是内部振荡器这一块。PIC16F193X 的振荡源简化电路结构图如图 18.14 所示。

由图 18.14 可以看出，PIC16F193X 的振荡源电路配置非常灵活，振荡频率的选择范围非常宽，最低为 31kHz，最高可达 32MHz。振荡源根据需要可以选择片外振荡源，也可选择片内振荡源。多路开关 MUX1 是振荡源选择总开关，它可以切换如下 4 路振荡源：

第(1)路信号来自 TIMER1 的自带振荡器 T1OSC，它是一个外部振荡源，用于产生低频信号；

第(2)路信号来自系统振荡器 OSC，它等效于 PIC16F877A 的振荡源；

第(3)路信号来自 4 倍频（通过 PLL）后的振荡源，它的基频通过 MUX3 切换，一路来自片外振荡器 OSC，一路来自片内 8MHz 的振荡源；

第(4)路信号完全来自片内振荡器模块，通过 MUX2 切换振荡频率。

图 18.14 中的亮点是锁相环 PLL 电路，它的设计非常巧妙，具体可见模拟电子技术基础课程介绍，它主要用于将信号频率放大整数倍。单片机领域已广泛使用这种技术对现有主频进行倍频处理。图中的内部振荡器存在多种频率供选择，它们的频率都是整数倍的关系，可见都用到了 PLL 电路。

有一个问题需要引起注意，那就是，硬件上为什么要设计片内振荡源呢？

其一是为了提高引脚的利用率，从而提升系统的集成度，其二也考虑到节能（见 21.5 节内容）。877A 只有片外振荡源，当芯片工作时，OSC1、OSC2 这两个引脚是无法挪作他用的；对于 193X 系列而言，当普通 I/O 口的数量不够用的时候，就可以想到把振荡源"内置"起来，这样除了 V_{dd} 和 V_{ss}，所有的引脚都具备普通 I/O 口的功能。

同理，上电复位端 MCLR 也添加了内置功能，通过系统配置字的控制，当前只能选择其一。当选择内置功能时，MCLR 引脚可用在普通 I/O 口的输入方式下。当使

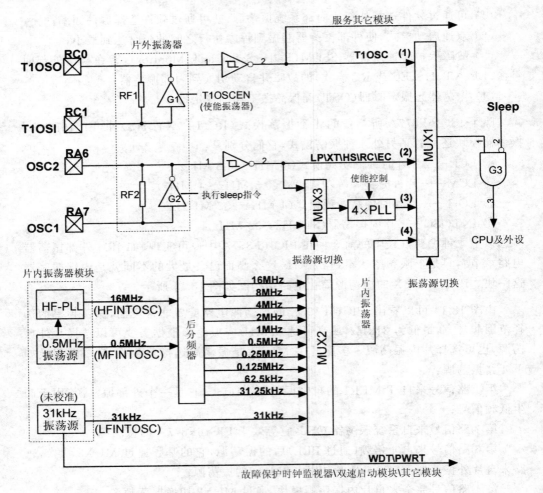

图 18.14　PIC16F193X 的振荡源电路结构图

用片内振荡源或片内 POR 电路时,电路系统的搭建会变得更加简便,系统的集成度会更高,性价比也会得到相应提升。

　　另外需要重视的一点是,片内振荡源虽然使用方便灵活,但它并不能完全取代片外振荡源,主要是两者的频率精度可以有很大差别。不论是石英晶振还是陶瓷晶振,频率精度都可以用 ppm 表示,但是片内振荡源的频率精度只能用％表示(2％～5％),两者有若干数量级的差别。尽管如此,对于大多数应用,使用片内振荡源还是可以满足要求的。

　　OSCSTAT 寄存器的有关位(HFIOFL 位和 HFIOFS 位)可以对片内震荡源的频率漂移幅度进行锁定,详见后文对该寄存器的说明。

　　以下罗列与振荡源选择及切换有关的控制位,这些位决定了 MCU 首次上电时使用的振荡器类型。

(1)"系统配置字 1"的 FOSC<2:0>这 3 个位是振荡器信号源选择位(对应 C 语言的 Fuses 配置)。

它从 000B~111B 共存在 8 种组合,以下给出每种组合所对应的功能。这 3 个位决定了芯片首次上电时使用的振荡源类型。

111 = ECH:外部振荡源,高功耗模式(RA7 引脚为 CLKIN 功能);

110 = ECM:外部振荡源,中等功耗模式(RA7 引脚为 CLKIN 功能);

101 = ECL:外部振荡源,低功耗模式(RA7 引脚为 CLKIN 功能);

100 = INTOSC 片内振荡器(RA7 引脚为 I/O 功能);

011 = EXTRC 片外 RC 振荡器(RA7 引脚为 RC 功能);

010 = HS 振荡器:高速晶振/谐振器连接到 RA6 和 RA7 引脚;

001 = XT 振荡器:晶振/谐振器连接到 RA6 和 RA7 引脚;

000 = LP 振荡器:低功耗晶振连接到 RA6 和 RA7 引脚。

(2)"系统配置字 2"的 PLLEN 位是锁相环 PLL 的 4 倍频功能使能位(对应 C 语言的 Fuses 配置)。

当 PLLEN＝0 时,禁止 4×PLL;

当 PLLEN＝1 时,使能 4×PLL。

以下罗列与振荡源选择及切换有关的 RAM 寄存器位。当 MCU 运行时,通过程序改变这些位的值,能实现主频的动态调整或不同振荡源之间的切换。

① 对于 OSCCON 寄存器(RAM 地址为 99H,复位值为 $B'00111\text{-}00'$)

bit7　SPLLEN:软件 PLL 使能位(Software PLL Enable bit)

如果配置字 1 中的 PLLEN = 1,则忽略该位,始终使能 4×PLL;

如果配置字 1 中的 PLLEN = 0,那么该位的值为:

1 = 使能 4×PLL;0 = 禁止 4×PLL。

bit6~3　IRCF<3:0>:片内振荡器频率选择位(Internal Oscillator Frequency Select bits)

确定这 4 个位的值即可得到一个给定的频率。每一个值对应的是不同的 PLL 倍率或放大器增益。另外,在系统运行时,也可通过程序改变这个值来切换片内振荡源的频率。

000x ＝31 kHz　　　　　低频段

0010 ＝31.25 kHz　　　　中频段

0011 ＝31.25 kHz　　　　高频段

0100 ＝62.5 kHz　　　　 中频段

0101 ＝0.125 MHz　　　　中频段

0110 ＝0.25 MHz　　　　 中频段

0111 ＝0.5 MHz   中频段（复位时的默认频率）

1000 ＝0.125 MHz   高频段

1001 ＝0.25 MHz   高频段

1010 ＝0.5 MHz   高频段

1011 ＝1 MHz   高频段

1100 ＝2 MHz   高频段

1101 ＝4 MHz   高频段

1110 ＝8 MHz 或 32MHz   高频段（32MHz 需要启用 4×PLL）

1111 ＝16 MHz   高频段

注：OSCCON 的 IRCF＜3：0＞位允许重复选择某些频率，这些重复选择使我们可以权衡系统设计。对于给定频率，更改频段时可以获得更低的功耗（增益不同）。在使用同一振荡源的两次频率更改之间可以获得更快的频率转换时间。

bit1～0   SCS＜1：0＞(System Clock Select bits)：系统振荡源选择位

这两个位主要用于选定片内或片外的振荡源。另外，在系统运行的过程中，也可通过程序改变这个值来切换片内、外振荡源。

1x ＝使用片内振荡源 INTOSC（或通过 Fuses 设置实现，这之后 IRCF＜3:0＞的设置才会生效）。

01 ＝使用 Timer1 作为系统振荡源（后备用途）。此时 IRCF＜3:0＞等其他位的设置会变得无效。

00 ＝ 振荡源由配置字 1 中的 FOSC＜2:0＞决定（主要是片外振荡方式），这是上电复位值。

通过配置位或程序都可以选定振荡源，两种方式在功能上存在交集。前者是静态的，后者是动态的。使用过程中应注意甄别，尽量避免功能相交。

为什么要在运行中切换振荡源呢？这涉及到系统能耗问题。这是在节能方式下的细致应用（见 21.5 节）。如果系统对能耗不敏感，可以不必考虑这一块。对于 CPU 来说，当处理任务繁多时，可选择较高的主频工作（耗电但快），反之则选择较低的主频（省电但慢）。

在 PIC16F877A 中，节能用得最多的是睡眠模式。这种模式下，"运行－睡眠－唤醒后运行"这种节能方式会使振荡器的频率发生急剧的变化，而切换振荡源只会使振荡器的频率发生缓变。

系统上电时，振荡器的稳定需要一定的时间。系统运行时切换振荡源，新的振荡源稳定也需要一定的时间。在这个过程中，可以通过查询相关的寄存器位状态来判断振荡器是否已进入稳态以及频率的稳定度，OSCSTAT 寄存器就是提供该功能的。

与振荡器运行状态（是否就绪）有关的寄存器是 OSCSTAT，现对各位的功能说明如下：

② 对于 OSCSTAT 寄存器（RAM 地址为 9AH，复位值为 B'00q00q0-'）

bit 7　T1OSCR：Timer1 振荡器就绪位（Timer1 Oscillator Ready bit）

　　　　　　当 T1OSCEN ＝ 1 时：1 ＝ Timer1 振荡器就绪；

　　　　　　　　　　　　　　　0 ＝ Timer1 振荡器未就绪；

　　　　　　当 T1OSCEN ＝ 0 时：1 ＝ Timer1 振荡器始终就绪。

bit 6 PLLR：4×PLL 就绪位（4×PLL Ready bit）

　　　　1 ＝ 4×PLL 就绪；　　　　　　　0 ＝ 4×PLL 未就绪。

bit 5 OSTS：振荡器起振延时状态位（Oscillator Start－up Time－out Status
　　　　bit）

　　　　1 ＝ 使用配置字 1 的 FOSC＜2：0＞位定义振荡源；

　　　　0 ＝ 使用片内振荡器（FOSC＜2：0＞ ＝ 100）运行。

bit 4 HFIOFR：高频内部振荡器就绪位（High－Frequency Internal Oscillator
　　　　Ready bit）

　　　　　1 ＝ HFINTOSC 就绪；　　　　0 ＝ HFINTOSC 未就绪。

bit 3 HFIOFL：高频内部振荡器锁定位（High－Frequency Internal Oscillator
　　　　Locked bit）

　　　　　1 ＝ HFINTOSC 的精度至少为 2％；

　　　　　0 ＝ HFINTOSC 的精度不是 2％。

bit 2 MFIOFR：中频内部振荡器就绪位（Medium－Frequency Internal Oscilla-
　　　　tor Ready bit）

　　　　　1 ＝ MFINTOSC 就绪；　　　0 ＝ MFINTOSC 未就绪。

bit 1 LFIOFR：低频内部振荡器就绪位（Low－Frequency Internal Oscillator
　　　　Ready bit）

　　　　　1 ＝ LFINTOSC 就绪；　　　0 ＝ LFINTOSC 未就绪。

bit 0 HFIOFS：高频内部振荡器稳定位（High－Frequency Internal Oscillator
　　　　Stable bit）

　　　　　1 ＝ HFINTOSC 的精度至少为 0.5％；

　　　　　0 ＝ HFINTOSC 的精度不是 0.5％。

　　INTOSC 内部振荡器模块可以产生低、中、高频三种振荡信号，分别标记为
LFINTOSC、MFINTOSC 和 HFINTOSC，这三个振荡源可提供多种工作主频。

　　内部振荡源内置在振荡器模块中。内部振荡器模块具有两个内部振荡器和一个
专用的锁相环（HFPLL），用于产生三种内部系统振荡源（基频），它们分别是：

　　① 16 MHz　高频内部振荡器（HFINTOSC）（High－Frequency Internal Oscil-
lator）

　　② 500 kHz　中频内部振荡器（MFINTOSC）（Medium－Frequency Internal
Oscillator）

　　③ 31 kHz　低频内部振荡器（LFINTOSC）（Low－Frequency Internal Oscillator）

外部振荡器(External Clock)模式下,MCU 将接收来自外部的振荡信号。此时,外部振荡源应连接到 OSC1 输入引脚,OSC2/CLKOUT 可用作通用 I/O 或 CLK-OUT 引脚(这取决于配置字 1 中的 CLKOUTEN 位)。图 18.5 就是 EC 模式的引脚连接,RC 振荡模式的连接方式也与此类似。

当选择 EC 模式时,振荡器起振定时器(OST)被禁止。因此,在上电复位(POR)或从 Sleep 态被唤醒后,不会有延时操作。由于 PIC®MCU 的设计是全静态的,停止外部振荡信号的输入可以使 MCU 工作暂停,同时所有的数据保持不变。外部振荡信号重启后,MCU 将恢复工作就像没有时间流逝一样。

振荡器模块包含一个 4×PLL,如图 18.14 所示,利用多路开关 MUX3,它既可以倍频片内振荡源,也可以倍频片外振荡源,倍频的结果就是系统的主频。需要注意的是,4×PLL 的输入频率必须在规定的范围内,具体可参见芯片说明的 PLL 时序规范。使用时,可以通过以下两种方法之一使能 4×PLL:

① 将配置字 2 中的 PLLEN 位置 1;

② 将"1"写入 OSCCON 寄存器中的 SPLLEN 位。如果配置字 2 中的 PLLEN 位已经被置 1,那么可忽略 SPLLEN 的值。

如何配置内部振荡源?

通过执行以下两种操作之一,芯片可以使用内部振荡器模块作为主振荡器:

① 定义配置字 1 中的 FOSC<2:0>位,以便选择芯片复位时用作主振荡器的 INTOSC 振荡源;

② 写入 OSCCON 寄存器中的 SCS<1:0>位可以在系统工作时将外部振荡源切换为内部振荡源。

在 INTOSC 工作方式下,OSC1/CLKIN 可用作通用 I/O 引脚;OSC2/CLKOUT 可用作通用 I/O 或 CLKOUT 引脚,该引脚的具体功能由配置字 1 中 CLK-OUTEN 位的状态决定。

内部振荡器模块具有两个独立的振荡器和一个专用的锁相环 HFPLL,用于产生三种内部振荡源中的一种,现分别描述如下:

(1) 高频内部振荡器(HFINTOSC)

该振荡源经过厂家校准,工作频率为 16 MHz。它由 500 kHz 的 MFINTOSC 振荡源和专用锁相环 HFPLL 一起产生。用户可以通过软件修改 OSCTUNE 寄存器的参数对 HFINTOSC 的频率进行调节。

HFINTOSC 的输出与后分频器和多路开关相连接(图 18.14)。可以使用软件修改 OSCCON 寄存器的 IRCF<3:0>位,以便在 HFINTOSC 频段产生的 9 种频率中选择其一。HFINTOSC 可通过以下方式使能:

配置 OSCCON 寄存器的 IRCF<3:0>位以便选择所需的片内振荡源频率,并且只需满足下列条件之一即可:

① FOSC＜2:0＞ ＝ 100(选择内部振荡源)；

② 将 OSCCON 寄存器的 SCS＜1:0＞位设置为 1x(选择内部振荡源)；

OSCSTAT 寄存器的高频内部振荡器就绪位(HFIOFR)指示它何时准备就绪；OSCSTAT 寄存器的高频内部振荡器状态锁定位(HFIOFL)指示运行中的主频是否在设定频率±2％的范围内变化；OSCSTAT 寄存器的高频内部振荡器状态稳定位(HFIOFS)指示运行中的主频是否在设定频率±0.5％的范围内变化。

(2) 中频内部振荡器(MFINTOSC)

该振荡源也经过厂家校准,工作频率为 500 kHz。用户也可以通过软件修改 OSCTUNE 寄存器的参数对 MFINTOSC 的频率进行调节。

MFINTOSC 的输出与后分频器和多路开关相连接(图 18.14)。可以使用软件修改 OSCCON 寄存器的 IRCF＜3:0＞位,以便在 MFINTOSC 频段产生的 5 种频率中选择其一。MFINTOSC 可通过以下方式使能:

配置 OSCCON 寄存器的 IRCF＜3:0＞位以便选择所需的片内振荡源频率,并且只需满足下列条件之一即可。

① FOSC＜2:0＞ ＝ 100(选择内部振荡源)；

② 将 OSCCON 寄存器的 SCS＜1:0＞位设置为 1x(选择内部振荡源)。

OSCSTAT 寄存器的中频内部振荡器就绪位(MFIOFR)指示它何时准备就绪。

(3) 低频内部振荡器(LFINTOSC)

该振荡源未经过厂家校准,工作频率为 31 kHz。MFINTOSC 的输出与后分频器和多路开关相连接(图 18.14)。可以使用软件修改 OSCCON 寄存器的 IRCF＜3:0＞位,以便选择 31kHz 频率。

配置 OSCCON 寄存器的 IRCF＜3:0＞位以便选择所需的片内振荡源频率,并且只需满足下列条件之一即可:

① FOSC＜2:0＞ ＝ 100(选择内部振荡源)；

② 将 OSCCON 寄存器的 SCS＜1:0＞位设置为 1x(选择内部振荡源)。

OSCSTAT 寄存器的低频内部振荡器就绪位(LFIOFR)指示它何时准备就绪。

使用 LFINTOSC 的外设有:上电延时定时器(PWRT)、看门狗定时器(WDT)、故障保护时钟监视器(FSCM)。

关于外部振荡器模块

外部振荡器模块具有两个独立的振荡器(如图 18.14 所示),其中 OSC 振荡器与 PIC16F877A 雷同,不同的是 T1OSC 振荡器。在 PIC16F877A 中,该振荡器仅仅只能作为 Timer1 的自备振荡器,而在 PIC16F193X 中,它多出了一项功能,那就是它的振荡频率可以作为系统主频。

Timer1 振荡器是与 Timer1 外设关联的独立晶振电路。可使用 T1CON 寄存器中的 T1OSCEN 控制位使能 Timer1 振荡器。用户必须确保 Timer1 振荡器已就绪可供使用,才能将其作为系统振荡源。OSCSTAT 寄存器的 Timer1 振荡器就绪

(T1OSCR)位表示它是否就绪并可使用。在 T1OSCR 位置 1 时,可配置 SCS<1:0>位以便选择 Timer1 振荡器作为系统振荡源。

如何调节片内振荡器的频率

500 kHz 的内部振荡器频率是经过厂家校准的,但是也可以通过程序调节,方法是修改 OSCTUNE 寄存器(RAM 地址为 98H)的值。由于 HFINTOSC 和 MFINTOSC 的振荡源由 500 kHz 内部振荡器提供,因此更改 OSCTUNE 的值会影响它们。

OSCTUNE 寄存器(Oscillator Tunning register)的默认值为 0,低 6 位有效,它的值是 6 位二进制补码。

当其值为 00H 时,将提供厂家校准后的频率 500kHz;

当其值为 1FH 时,频率的调节幅度达到最大;

当其值为 20H 时,频率的调节幅度达到最小。

当修改 OSCTUNE 寄存器时,振荡器频率会刷新为其他频率。在频率转变期间代码继续执行,不会有任何迹象表明主频发生了变化。

OSCTUNE 寄存器值不会影响 LFINTOSC 的当前频率。依赖 LFINTOSC 振荡源工作的部件,如上电延时定时器(PWRT)、看门狗定时器(WDT)、故障保护时钟监视器(FSCM)以及外设,它们的工作不受频率更改的影响。

如何选择 32MHz 片内振荡源

内部振荡源可结合与外部振荡源相关联的 4×PLL 一起使用,以便产生 32MHz 的主频。使用 32MHz 内部振荡源需经过以下设置:

① 首先需使 OSCCON 寄存器的 SCS<1:0> = 00,才能配置 FOSC<2:0>;

② 然后使配置字 1 中的 FOSC<2:0> =100,这样才能使用 INTOSC;

③ OSCCON 寄存器中的 IRCF 位必须设为选择 8MHz 振荡源方式(IRCF<3:0> = 1110);

④ OSCCON 寄存器中的 SPLLEN 位必须置 1,方可使能 4×PLL,或者将配置字 2 中的 PLLEN 位置 1 也可实现。

当 OSCCON 寄存器的 SCS<1:0>=1x 时,4×PLL 不能和内部振荡器一起使用。必须使 SCS<1:0> = 00,4×PLL 才能和内部振荡器一起使用。

注:当配置字 2 中的 PLLEN 位为 1 时,4×PLL 会生效,但它不能由软件禁止,并且 8MHz 振荡源选项将不再可用。

双速时钟启动模式(Two-Speed Clock Start-up Mode)

双速时钟启动模式是通过使外部振荡源起振到程序执行之间的延时达到最小的一种工作方式。在图 18.13 中,T_{ost} 相对于 T_{osc} 是一段很漫长的时间,对于 877A,这段时间 CPU 无法工作;而对于 193X,通过设置,该时间段 CPU 可以工作,此时 CPU 的时基来自片内振荡源。

该模式用于芯片上电复位时或从 Sleep 态醒来时。可以想象,在大量使用睡眠方式的应用中,双速启动具有很大的意义,它能大大提高 CPU 在单位时间内的工作效率,并能降低芯片的总功耗。只有在用到 LP、XT、HS 这些外部振荡方式时,双速启动才有意义。该模式的具体用法,可见芯片说明。

故障保护时钟监视器 (The Fail—Safe Clock Monitor)

故障保护时钟监视器(FSCM)的作用是,当片外振荡器发生故障时,芯片仍能继续运行。FSCM 可以检测到 OST 延时结束任何时刻发生的振荡器故障。通过将配置字 1 中的 FCMEN 位置 1 即可使能 FSCM,FSCM 适用于所有外部振荡器模式(LP、XT、HS、EC、Timer1 振荡器和 RC)。

FSCM 的大致原理是,当外部振荡器出现故障时,FSCM 会将 CPU 时基由外部振荡源切换到内部振荡源,并将 PIR2 寄存器的 OSFIF 标志位置 1,此时若 PIE2 寄存器的 OSFIE 位也置 1,那么系统将产生中断,程序可利用中断对系统的运行进行修正,以减轻可能由振荡器故障造成的影响。此时 CPU 会继续使用内部振荡源,直到系统成功地重启外部振荡器并重新切换到外部振荡器为止。

这种模式是为增强系统可靠性而设计的,具体用法可见芯片说明。

18.11　片内振荡器电路的 C 语言编程

不同于早期的 877A 系列,后推出的 MCU 都内置了片内振荡器,它与片外振荡器是"OR"关系,具体可见本书末尾的附录。

当使用片外振荡器时,程序无法更改主频;而使用片内振荡器时,程序可以更改主频。上一节讲到 193X 的主频设置方法,都是与汇编语句有关的,看上去比较繁琐。如果由 C 语言实现,就会轻松许多。本节以 193X 为对象,阐述这个模块的 C 语言编程。

片内振荡器的 C 语言函数只有一个,即:

setup_oscillator (mode):mode 由 OR 逻辑("|")将若干工作方式组合起来。

①Mode 中的第一项参数可从以下频率值中选取:

OSC_31KHZ	OSC_31250	OSC_62KHZ	OSC_125KHZ
OSC_250KHZ	OSC_500KHZ	OSC_1MHZ	OSC_2MHZ
OSC_4MHZ	OSC_8MHZ	OSC_16MHZ	

② 下面的参数与振荡源选择有关,可以与以上相或:

OSC_TIMER1　　相当于 SCS<1:0>=01,表示选择 Timer1 振荡器(其他设置失效,包括上面的第一项参数)。

OSC_INTRC　　相当于 SCS<1:0>=1x,表示选择片内振荡源,不依赖 Fuses 的设置。

OSC_NORMAL　　相当于 SCS<1:0>=00(上电复位值),此时振荡源由配置字 1 中的 FOSC<2:0>决定。如果使用这个参数,振荡源配置完全取决于 Fuses。

③ 如果要使用 32MHz 振荡频率，可以将以下参数与上面相或：

OSC_PLL_ON 　　相当于 SPLLEN＝1，使能 4×PLL。

OSC_PLL_OFF 　　相当于 SPLLEN＝0，禁止 4×PLL。

编写一个程序来实现片内振荡源的切换，程序如下：

```
# include＜16F1934.h＞
# fuses INTRC_IO,WDT,PUT,NOPROTECT,NOLVP    //选择内部振荡源
# usefast_io ( B )

void main( )
{
    set_tris_b(0x00);                       //将 RB 端口设为输出态
    setup_oscillator(OSC_125KHZ);           //设置主频为 125kHz
    output_high(PIN_B7);
    delay_cycles(5);                        //利用 RB7 生成高电平脉冲,持续时间为 5Tcy
    output_low(PIN_B7);
    setup_oscillator(OSC_500KHZ);           //设置主频为 500kHz
    output_high(PIN_B7);
    delay_cycles(5);                        //利用 RB7 生成高电平脉冲,持续时间为 5Tcy
    output_low(PIN_B7);
    setup_oscillator(OSC_2MHZ);             //设置主频为 2MHz
    delay_cycles(5);                        //等待振荡稳定
    output_high(PIN_B7);                    //利用 RB7 生成高电平脉冲,持续时间为 5Tcy
    delay_cycles(5);
    output_low(PIN_B7);
    while(1)                                //主循环
    { }
}
```

说明：本程序以 16F1934 的片内振荡源为对象，通过程序实现工作主频的切换。最开始将主频设为 125kHz，在 RB7 引脚生成持续时间为 $5T_{cy}$ 的高电平脉冲，后续再将主频分别设为 500kHz、2MHz，设置完成后，重复同样的动作。观察 RB7 引脚上高电平的持续时间，如图 18.15 所示。

通过理论计算可得到不同主频下的高电平（$5T_{cy}$）持续时间分别为 $192\mu s$、$48\mu s$、$12\mu s$，这与示波器的实际测量值相吻合。需要注意的是，2MHz 的主频设置完毕后，插入了延时函数，目的是等待振荡周期稳定。若不这样做，最后的脉宽值会达到 20 μs 左右。由本书的图 13.4 也可以看出振荡未稳定时，SCL 信号的周期会偏大。所以，用程序调整主频不见得会立即生效，其稳定时间随不同情况而定，芯片手册上有这方面的说明（见 DS41364E_CN 的表 5—1）。

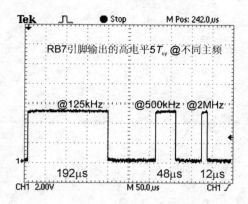

图 18.15　不同主频下的正脉冲宽度

　　等待振荡周期稳定并不一定要插入延时,也可以采用查询方式,寄存器 OSC-STAT(9AH)就具备这个功能,可以通过查询其中的振荡就绪位状态来判断切换后的振荡是否稳定。

　　以上程序打开了 WDT,波形可以在示波器上重复呈现。如果程序语句不对主频进行任何设置,那么 Fuses 中的设置"INTRC_IO"会默认主频为 500kHz,这也是中频内部振荡器 MFINTOSC 的基频。

　　带内置振荡源的 MCU 很早就出现了,与 877A 同时代。只是这类机型不像现在这么普遍而已(可见附录),如早期的 PIC16F62XA、PIC16F8XX、PIC16F9XX 等。不同于 193X 的丰富频率选项,它们的选项很少,有的只有 2 个频率可选(如 627A,可选 4MHz 或 48kHz),其他的也只有不到 10 个频率选项。

　　主频的切换需要在工作效率和节省能耗之间综合权衡。比如对这个实验,当主频较低(125kHz)时,正脉冲的持续时间很长;当主频较高(2MHz)时,正脉冲的持续时间很短。前者对应的是低效率但节能,后者对应的是高效率但耗能。

第 19 章

复位系统

19.1　复位及复位系统概述

在数字电路中,复位信号输入端是很常见的配置。比如说级联的触发器电路在工作过程中,会随着时间的变化呈现出不同的状态。很多时候,都希望在不断电的情况下它能回到最初始的状态,而能实现这个功能的就是复位信号。

单片机的主体也是由数字电路构成的,理所当然的,它也应具备复位功能。复位这个词汇来自英文 Reset,直接翻译就是重新设置的意思。对于 MCU 而言,复位可以确保程序的运行有一个良好的开端。

通常在表达"复位"这个概念的时候,还不够细致。比如说,一个正在 MCU 内部运行的程序出现死机现象,我们通过手动装置对它进行复位,于是它重新开始运行。这里的复位实际上包含了两个动作,一个是进入复位状态,另一个是解除复位,具体过程如图 19.1 所示。

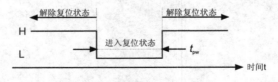

图 19.1　复位过程解析图

对于 PIC16F877A 来说,在运行过程中,进入复位状态需要在 MCLR 端施加一个负脉冲 tpw,这个负脉冲的宽度,芯片手册上指明最小是 $2\ \mu s$。负脉冲形成时,电平先是由高变低,表示芯片正在进入复位状态,持续 $2\ \mu s$ 低电平后,复位生效;随即电平由低变高,表示芯片被解除复位,该时刻程序可以从头开始运行。

当电平由高变低后,为了躲避各种干扰,也可以一直保持在低电平状态,这时也可称为芯片保持复位。在这个状态下,程序不会运行但时刻准备运行。当干扰信号消退后,电平由低变高,该时刻芯片被解除复位,程序开始运行。

以上就是对复位过程的具体解析。在 PIC16F877A 中,为了使系统的运行更加可靠,存在 6 种可使芯片复位的方式,它们分别是:

① 简易方式电源上电复位(Power On Reset);

② 特殊情况下的电源上电复位;

③ 通常情况下的电源上电复位;

④ 正常工作状态下的手动复位 MCLR(Master Clear);

⑤ Sleep 状态下的手动复位 MCLR(Master Clear);

⑥ 看门狗 WDT 复位;

⑦ 电源欠压复位(Brown out reset)。

每一种复位方式都有自己的特点和设计目的。然而,不管是哪一种方式,都包含图 19.1 的复位过程。下面对复位系统的整体和每一种复位方式进行具体说明。

19.2　片内复位系统电路结构

PIC16F877A 的复位系统包含的功能较多,相应的,电路也比较复杂。复位系统的电路结构图如图 19.2 所示。

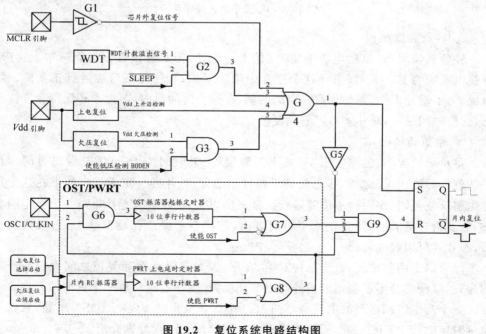

图 19.2　复位系统电路结构图

图 19.2 中的电路大致可以分为两个部分。一部分是虚线框内的时序逻辑电路，它主要用于产生复位的时序，用于提高复位成功的可能性；另一部分是虚线框外的组合逻辑电路，它组合了各种复位功能，但是当前只能使用某一种功能。在分别讲述各种复位功能的工作原理之前，先对与上电复位及欠压复位有关的时序电路 OST/PWRT 进行分析。

如果用示波器观察上电复位或欠压复位的过程，可以发现，"解除复位"动作是一个电平的跳变过程，相对于电源电压 V_{dd} 的上升过程是非常短暂的。如图 19.3 是电源 V_{dd} 接通某感性负载后的上升过程，可见 V_{dd} 的上升并不平坦。如果负载中有 MCU，那么面临何时解除复位的问题，这是值得商榷的。在此分两种情况讨论。

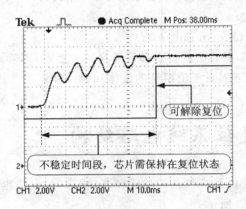

图 19.3　V_{dd} 受干扰上升图示

① 轻负载情况：

轻负载情况下，虽然电源电压 V_{dd} 的上升较快，但上升过程很可能遍布干扰（来自强电系统的 EMI）。如果在这个过程中解除复位，程序是不可能运行正常的。所以说，为了避开干扰，需要预留一定的时间，在这个时间段内，芯片务必保持在复位状态，这段时间过了，芯片才可以解除复位。

② 重负载情况：

重负载情况下，电源电压 V_{dd} 的上升较慢（上升时间小于 PWRT 溢出时间），在未达到电源电压 V_{dd} 之前，很可能是小幅抖动上升，并伴随一定干扰。如果在这个过程中解除复位，程序同样不可能运行正常。所以说，为了使 V_{dd} 上升到一个稳定的状态，需要给它足够的时间，在这个时间段内，芯片务必保持在复位状态，这段时间过了，芯片才可以解除复位。

综合以上两种情况，设想某种对策，在 V_{dd} 开始爬升和解除复位之间设定一个时间序列，以便避开不够稳定的内外部电气环境，让程序的运行有一个良好的开端。

这个产生时间序列的电路就是图 19.2 中虚线框里的 PWRT/OST 电路，它由上电延时定时器 PWRT 和起振定时器 OST 两部分组成，现分别介绍。

（1）上电延时定时器（PWRT）

它是 10 位的计数器，计数信号源来自片内自带的 RC 振荡器，计数范围从 0 到 $1024(2^{10})$。启动后，只会触发一轮计数，计数一轮的时间约为 72ms，这只是个典型值。由于计数的信号源是自带 RC 振荡器，频率精度很低。芯片说明中在 $-40℃\sim 125℃$ 温度区间，其定时范围是 28ms~132ms。只要 PWRT 正在运行，芯片就会保持在复位状态。

在系统配置字中有 PWRT 的使能控制位 PWRTEN。在 MPLAB IDE 中可通过配置位窗口修改这一位。

（2）起振定时器（OST）

当 PWRT 延时结束后，起振定时器 OST 会开始工作。与 PWRT 相同，OST 也是 10 位的计数器，计数范围从 0 到 $1024(2^{10})$，启动后，也只会触发一轮计数。不同的是，它的计数信号来自 CLKIN，这是主振荡器的信号输入端，信号周期为 T_{osc}。计数一轮的时间是 $1024T_{osc}$，可见这个时间不是一成不变的，它随芯片主频的不同而不同。对于 50kHz 的主频，T_{ost} 约为 20.5ms；对于 4MHz 的主频，T_{ost} 为 256 μs，此时，该时间相对于 T_{pwrt} 可以忽略不计。

设定 OST 延时的目的是为了保证主振荡器有足够时间建立能达到一定振幅的稳定振荡。同 PWRT 一样，只要 OST 正在运行，芯片就会保持在复位状态。只有在 XT、HS 和 LP 振荡方式下，OST 定时器才会启动，也只有在上电复位、欠压复位、手动复位或芯片从 Sleep 状态被唤醒时，OST 定时器才会启动。只有 CLKIN 引脚端振荡信号的幅值达到 OST 的输入阈值时，OST 才会开始递增计数，在计数溢出之前，振荡就已经达到稳定状态。

对于高频振荡器，起振时间较短，PWRT 溢出后即可触发 OST，OST 时间相对于 PWRT 时间可以忽略不计。如图 19.4 左图所示。对于低频振荡器，起振时间较长，PWRT 溢出后不会立即触发 OST，这是因为 PWRT 溢出后，振荡信号的幅值达不到 OST 的输入阈值，待达到后，方可启动 OST。如图 19.4 右图所示。从 PWRT

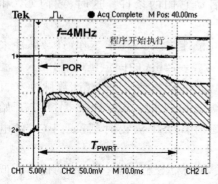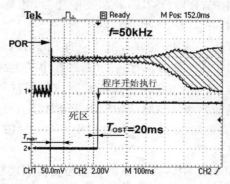

图 19.4　PWRT/OST 在高频（左）与低频（右）工作情形下的对比

溢出到 OST 启动这段时间叫做死区时间(Deadtime)。死区时间有一定的随机性,它不存在范围限制。

19.3　简易的电源上电复位方式

上电复位不同于其他复位,它是很自然的一种复位方式。因为片内程序要运行,必须先给芯片通电。在初学者看来,芯片通电后程序即可运行,似乎不需要"复位"这个动作,其实这只是一种错觉,实际过程都是有步骤可循的。

MCLR 引脚与上电复位紧密相关,它通过电阻或直接与 V_{dd} 相连,这是最简易的上电复位方式。如图 19.5 所示,其上的电压几乎与 V_{dd} 同步变化。芯片内部电路通过感知 V_{dd} 的变化来触发 POR。此时 MCLR 很重要,如果把 MCLR 引脚悬空,芯片就无法完成上电复位。

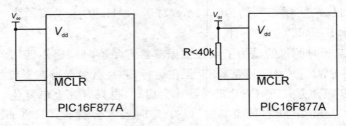

图 19.5　MCLR 引脚直接连接 V_{dd}

每次芯片通电时,上电复位电路模块会对 V_{dd} 的上升过程进行检测,当 V_{dd} 上升到 1.2 V～2.0 V(或 1.6V～1.8V)时,模块内部就会产生一个很窄的复位正脉冲信号 POR,如图 19.6 所示。这之后的工作,可以分两种情况来讨论。

(1) 上电复位过程中启动 PWRT/OST

当 PWRT/OST 两者都被使能后,才具备启动它们的条件。这时,或门 G7 和 G8 被打开。

复位正脉冲产生后,正脉冲的下降沿启动 10 位计数器 PWRT 工作(计数脉冲来自自带 RC 振荡器),直到溢出,过程中产生约 $T_{PWRT}=72ms$ 的固定延时。PWRT 溢出时刻,或门 G8 的电平由低变高,打开与门 G6,允许计数信号进入(计数脉冲来自主振荡器),当计数脉冲的振幅变得足够大可以触发 OST 时,10 位计数器 OST 开始计数,直到溢出($0\sim2^{10}$),过程中产生 $1024T_{osc}$ 延时。OST 溢出时刻,或门 G7 的电平由低到高。

图 19.2 中,与门 G9 的输出与复位直接相关,对于 RS 触发器,若 G9 的输出为低电平,Q 负端也输出低电平,芯片这时保持在复位状态,反之为解除复位状态。

与门 G9 的输入输出关系是:G9＝G5·G7·G8。由图 19.6 的时序图可以看出,或门 G7 的输出在跳变之前,芯片一直保持在复位状态,直到 G7 跳变之后(解除复位态)。一般情况下建议开启上电定时器 PWRT。综上所述,它使芯片的上电复位更加可靠。

　　图 19.7 分别是在开启和关闭 PWRT 的情形下,芯片上电与程序开始执行的时序效果图。由图 19.7 左图可以看出,PWRT 的溢出时间小于 72ms。

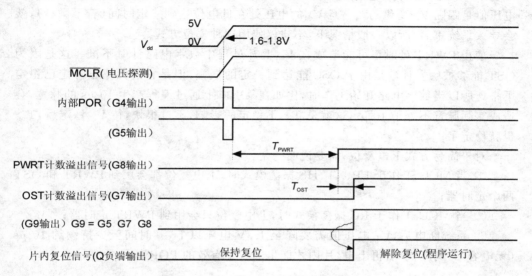

图 19.6　V_{dd} 正常爬升时的上电复位时序
(MCLR 端通过电阻与 V_{dd} 相连或直接相连)

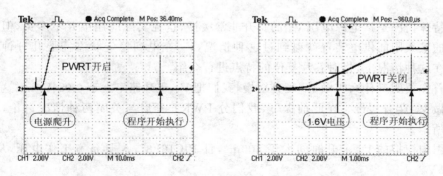

图 19.7　PWRT 开启和关闭效果图@4M

(2) 上电复位过程中禁止 PWRT

　　当 PWRT 被禁止后,上电复位的时间会缩短很多。如图 19.7 右图所示,芯片采用 4M 主频,从 POR 启动到程序开始执行,用时约 4.5ms;如果采用其他主频测试,会发现这样的规律,那就是频率越高,这个时间越短。其原因是频率越高,起振越快,振幅加大越快,振幅大到一定程度,OST(1024T_{osc})启动,频率越高,OST 定时时间越短,芯片解除复位越快。甚至在某个频率下,电压 V_{dd} 还没有完全上升到 5V,程序就开始执行了。通常这种上电复位方式不够可靠,原因在前面已作解释。

综上所述,简易的上电复位方式通过极少的外部元器件,同时通过启用内部延时功能实现。它可以实现较高的性价比,但是这种复位方式只适合用在"安静"的电磁环境中。在电路运行过程中,干扰很容易通过 V_{dd} 影响 MCLR 的电压,因为 V_{MCLR} 的电压值是跟随 V_{dd} 变化的。一旦 V_{dd} 的电压处在低电位达到一定时间(若干微秒),就会导致系统重启,所以一般情况下,不建议使用这种复位方式。

禁止 PWRT 延时很可能造成在 V_{dd} 上升过程中数字电路计时不准。这是因为 OST 能够被触发计数是由于 OSC 能达到一定的振幅,但是它的频率不一定已稳定下来。所以当数字电路开始工作时,比如在某引脚上通过编程产生 $10~\mu s$ 的脉宽,会造成实际脉宽不等于 $10~\mu s$,这就是 T_{osc} 不稳定的影响,不过很快,待 V_{dd} 稳定后,T_{osc} 也就稳定了。

对于简易方式上电复位,需要说明的是:

① 当 MCU 工作于 LP、XT、HS 振荡模式时,上电复位都会用到 PWRT 和 OST 两个定时器;

② 当 MCU 工作于 RC 振荡模式时,上电复位只会用到 PWRT 定时器;

③ 系统断电后,V_{dd} 电压值需要降至 1.5V 电压以下,其时间至少持续约 $10~\mu s$(无电容 C,响应快)后再上电,片内才能生成一个有效的 POR 信号。

19.4 　 特殊情况下的电源上电复位

特殊情况是指电源电压 V_{dd} 的爬升非常缓慢,这在实际应用中并不多见,但笔者研发的某太阳能供电装置就碰到过这种情况,V_{dd} 充电到稳定状态需要几分钟的时间。在这种情况下,将对芯片复位的特点进行介绍。

首先要明确什么叫做 V_{dd} 爬升缓慢,我们把 V_{dd} 爬升速率大于 $0.05~V/ms$ 这种情况叫做 V_{dd} 爬升缓慢。在此前提下,我们分 PWRT 开启与关闭两种情况讨论,如图 19.8 所示。

图中模拟的 V_{dd} 上升时间大于 100ms,且 PIC16F877A 具备宽工作电压,从 2V 到 5.5V。

对于图 19.8 左图,PWRT 开启,当 V_{dd} 缓变到接近 2V 时(说明 1),触发 POR 上升沿,随之触发 PWRT/OST 定时器,定时时间到,芯片被解除复位。

对于图 19.8 右图,PWRT 关闭,当 V_{dd} 缓变到接近 2V 时(说明 1),芯片进入到准备工作状态,内部某些电路被激活,但是 CLKIN 端信号振幅无法激活 OST 计数,一段时间(若干毫秒)后,随着 V_{dd} 的升高,振荡信号振幅加大,OST 被启动计数,直到溢出,此刻芯片被解除复位。

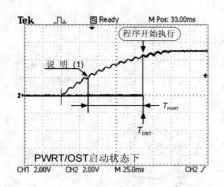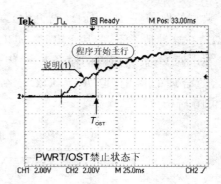

图 19.8　V_{dd} 爬升缓慢时的简易上电复位图示@4M

（MCLR 端通过电阻与 V_{dd} 相连或直接相连）

　　以上两种复位方式,虽然 V_{dd} 还没有达到稳态,但是芯片内数字电路已经开始工作了,数字电路的高电平就是当前的 V_{dd} 值,然而,模拟电路如果此时工作,肯定不会正常。所以说,最好是等到 V_{dd} 进入稳态后再解除复位。那么,如何实现呢？虽然以上内部延时方式达不到目的,但是可以采用外接阻容元器件的方法以便生成更长的延时。

　　以上示例都是通过图 19.5 的方式连接,MCLR 端的电压变化与 V_{dd} 几乎一致,然而,这里要把它们变化的节奏分开,在 V_{dd} 缓慢上升过程中,MCLR 的电压上升更慢,在 V_{dd} 稳定之前,MCLR 端的低电压使芯片始终保持复位状态。实现这种复位方式的电路原理图如图 19.9 所示。

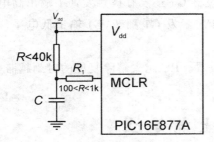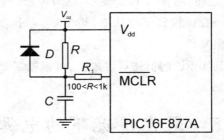

图 19.9　MCLR 端外接阻容器件的上电复位图示

以上电路的使用说明:

（1）为了保证电阻 R 上的压降小于 0.2V,应使 $R <$ 40kΩ;

（2）为了保护 MCLR 引脚内部电路,设置限流电阻 R1,其取值范围是 $100Ω < R_1 < 1$kΩ;

（3）为了使电容 C 能够在系统断电时迅速放电,保证可靠复位,设置二极管 D。

（说明:当电容 C 的取值较大时,系统断电时放电缓慢;再次上电时,C 的积累电荷使得复位变得不可靠。）

典型的取值是 $R = 1\text{k}\Omega$（或更大），$C = 0.1\text{uF}$（可选择，不是特别严格），$R_1 = 100\Omega$。在这种情形下，芯片上电时，MCLR 端的电压跟随 V_{dd} 变化。

在电源 V_{dd} 爬升缓慢的情形下，关闭 PWRT，利用外部 RC（图 19.9）进行延时复位，经过合理的搭配，取 $R = 2\text{k}$，$C = 47\text{uF}$，可以保证在 V_{dd} 稳定后解除复位，如图 19.10 所示。

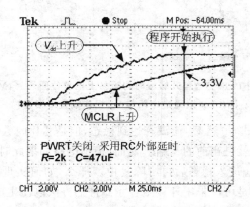

图 19.10　RC 外部延时复位效果图

图 19.10 中，MCLR 端的电压值不再与 V_{dd} 的电压值重合。由于电容充电的影响，MCLR 端的电压值始终低于 V_{dd} 电压值（电容量越大，低得越多）。在 V_{MCLR} 爬升到 3.3V 之前，结合图 19.2 观察，这时施密特触发器 G1 还没有被触发，G1 输出高电平，芯片一直保持在复位状态，当 V_{MCLR} 超过 3.3V，触发 G1 翻转，G1 输出低电平，芯片被解除复位。

其实 RC 的值还可以加大，可根据需要设置。RC 越大解除复位的时刻越滞后。

19.5　通常情况下的电源上电复位

通常情况下，我们采用图 19.9 右图的上电复位方式。芯片外部采用 RC 元件连接，这样不管是在上电时还是在运行过程中都能有效滤掉干扰。芯片内部也可以使用 PWRT 定时器，是否使用可以视 RC 元件参数而定。

在开启 PWRT 的前提下，对于不同的 RC 值，电路的复位方式不尽相同，如图 19.11 所示。

图 19.11 左图是 RC 较小时的情形，MCLR 端电压上升时间小于 PWRT 定时时间，那么 PWRT 对复位起决定性影响。当 PWRT 计数溢出时，芯片即解除复位。

图 19.11 右图是 RC 较大时的情形，MCLR 端电压上升时间大于 PWRT 定时

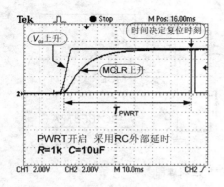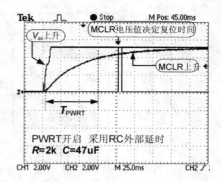

图 19.11　不同 RC 常数的延时复位效果图@4M

时间,那么 PWRT 对复位将丧失影响,起作用的是 MCLR 端电压值。当这个电压值上升到接近 4V 时,将触发图 19.2 中的施密特反相器 G1,使它的输出由高电平变为低电平,芯片由复位态进入解除复位态。所以在这种情况下,可以关闭 PWRT 定时器。

上图中采用 4M 主频,T_{PWRT} 时间远大于 T_{OST} 时间,所以没有标出 T_{OST} 时间段。对于常规方式上电复位,需要说明的是:

系统断电后,V_{dd} 电压值需要降至 1.5V 电压以下,其时间持续约几百微秒(电容 C 的作用)后再上电,片内才能生成一个有效的 POR 信号。

存在专门的"位"来标志上电复位事件,这个位就是 PCON 寄存器中的"POR"位。常态下,它的值为 1,发生了上电复位后,它的值变为 0。程序中可以通过查询该位的状态来判断是否发生了上电复位事件。

19.6　正常工作状态下的手动复位

在由单片机构成的电子产品上,手动复位按钮是必不可少的。对于短时间使用的设备,可以通过手动复位重新设置各项参数。对于长期运行的设备,可以通过手动复位来处理设备死机或运行异常。手动复位功能可以和外部 RC 复位电路融合在一起,如图 19.12 所示。

手动复位按钮通常采用微动开关,常态下开关是断开的,只在按下时才导通。图 19.12 中 MCLR 端通过复位按钮 S 与 GND 相连,使用复位按钮 S 的同时,建议并联电容 C,C 的作用前面已经讲过。在这里,C 还可以起到消除开关 S 抖动的效果。

结合图 19.2 观察,正常工作状态下,MCLR 端为高电平,G1 输出低电平,这使得 RS 触发器的 Q 负端输出高电平,芯片处在解除复位态,片内程序正在运行。当复位

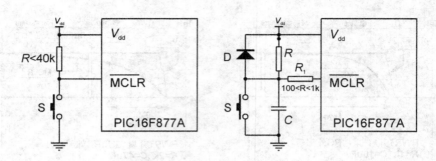

图 19.12   手动复位接线原理图

按钮 S 被按下时，MCLR 端变为低电平，G1 产生上升沿，输出高电平，这使得 RS 触发器的 Q 负端输出低电平，芯片进入复位态；按钮 S 松开后，Q 负端输出高电平，芯片进入解除复位态，片内程序从头开始执行。

MCLR 端连接片内施密特反相器 G1，G1 可以起到一定的抗干扰作用（它的作用是有限的，只能抵抗有限能量干扰），它的滞回功能可以滤掉方波边沿的抖动及某些杂波。所以对于图 19.12 的左图，即使复位按钮 S 存在一定的抖动，在芯片内部也是可以被滤掉的。

手动复位过程中，振荡器的工作不会受到影响，如是图 19.13 所示。

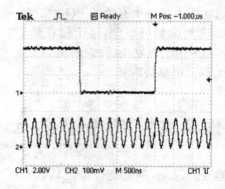

图 19.13   复位脉冲与 OSC 振荡信号

CH1 是 MCLR 的波形，CH2 是 CLKIN 的波形。在 MCLR 端施加一个负脉冲，芯片手册上指明其最小宽度是 2 μs，笔者做过测试，实际上 0.8 μs 的脉宽（脉宽底部电压最大 1.5V）也可以使芯片复位。从另一个方面讲，MCLR 端的抗干扰能力有限，这使得很窄的干扰脉冲可以引起工作中的芯片重启。

解除复位时刻就是 MCLR 负脉冲上升沿时刻，这之后程序并不马上执行，中间需要等待一段时间。经测试，这段时间的表达式是 $5 \times 1024 \times T_{osc}$。

19.7 Sleep 状态下的手动复位

当 MCU 进入 Sleep 状态时,主振荡电路会停止工作,相应的,程序也不会执行。让程序再次运行,在内部可以采用中断的方式唤醒。但是从外部呢?可以通过断电再重新上电的方式,这样做显然不妥,因为系统中其他的设备会受到影响。比较明智的办法就是采用手动复位方式,硬件连接同样如图 19.12 所示。

现在做一个实验来模拟一下 Sleep 状态下的手动复位。

编制一个简单的程序,实现的功能是芯片一上电(关闭 PWRT),RB7 引脚就输出高电平,持续约 6ms,然后变低,随后进入 Sleep 态。通电运行程序,在芯片进入 Sleep 态后,利用 4 μs 的负脉冲信号模拟手动复位信号,施加在 MCLR 引脚上,观察相关信号的波形。

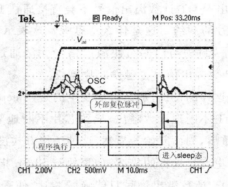

图 19.14 Sleep 状态下的手动复位效果图

图 19.14 中,存在 4 种波形,从上到下依次是 V_{dd} 波形、CLKOUT 波形(OSC 包络线)、MCLR 端波形(外部复位脉冲)、RB7 引脚波形。

当 MCU 上电后,晶体开始起振,待振幅稳定后,内部电路解除复位,程序开始执行,RB7 引脚出现 6ms 的正脉冲,在脉冲发生下降沿后,程序执行 Sleep 指令,芯片进入 Sleep 态,OSC 振幅开始慢慢衰减,直到频率及振幅为零。一段时间后,MCLR 端出现 4 μs 的负脉冲(模拟手动复位),OSC 开始起振,待 2~3ms,振幅稳定后,程序开始执行,RB7 引脚出现正脉冲,随后再次进入 sleep 态。

实际的手动复位脉冲宽度有几十到几百毫秒,从外部观察,边沿有抖动,通过内部施密特触发器整形后触发后续电路。图中,手动复位负脉冲的上升沿触发 OSC 起振。在这里为了方便演示,采用微秒级的脉冲宽度来模拟,并且脉冲很"干净"。

以上描述的就是 Sleep 状态下的手动复位过程。

19.8 看门狗 WDT 复位

看门狗的工作原理在 TIMER0 章节有过详细的讲述。在这里，只是简单地归纳一下。我们把图 19.2 中的 WDT 功能部分剥离出来，如图 19.15 所示。

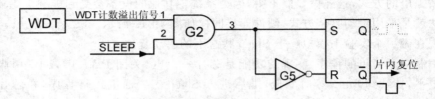

图 19.15　WDT 复位原理图

由图 19.15 可以看出 WDT 计数溢出信号不会直接通往 RS 触发器，它要通过与门 G2，并受到 Sleep 信号的制约。这是什么意思呢？这表示在 Sleep 状态下，G2 的"2"端会产生一个低电平，封锁与门 G2，使溢出信号无法通过。也就是说，在 Sleep 状态下，不允许 WDT 计数溢出信号去触发芯片复位。

如果逻辑上不进行这样的设计，那么可能发生的是，Sleep 状态下，由于无法清零 WDT 计数器，致使 WDT 不断地计数溢出，导致芯片不断地复位。这类似于系统每次启动都会死机，然后重启，周而复始。显然，这种工作方式没有任何意义。

在芯片的说明手册里有过这样的描述：如果执行 Sleep 指令前 WDT 已经启动，那么，Sleep 状态下，WDT 计数溢出信号只能唤醒芯片，使程序继续往后执行，而非复位芯片。所以说，只有在非 Sleep 状态下，WDT 计数溢出信号触发芯片复位才是有意义的。这时，与门 G2 的"2"端会产生一个高电平，使溢出信号可以通过。

需要注意的是，WDT 溢出信号只会作用于芯片内部的电路，而不会影响芯片外部 MCLR 引脚上的电平。

由 TIMER0 章节的 WDT01.ASM 程序生成的实验展示了 WDT 计数溢出信号的复位效果。

19.9 电源欠压复位(BOR 及 LPBOR)

在 MCU 的实际应用中可能会碰到这样的问题：

(1) 对于电池供电系统，随着电能的衰减，当 V_{dd} 下降到 MCU 正常工作电压以下时，会出现什么情况呢？

（2）对于电池供电系统，当功率较大的负载（汽车点火）接入时，V_{dd} 会下降到 MCU 正常工作电压以下，这会出现什么情况呢？

（3）对于市电供电的系统，不用担心 V_{dd} 的稳态值，但是担心 V_{dd} 受到干扰。当干扰的能量达到一定强度时，V_{dd} 可能会出现毫秒级宽度的衰减，这种状况对于有的电子系统可能没有什么影响，但是对基于 MCU 的系统影响却很大，因为 MCU 是以基于微秒级的时间单元工作的，毫秒级的 V_{dd} 衰减对 MCU 来说是很长的时间。这会导致什么呢？

以上几种情况，都会导致片内程序执行混乱甚至死机，造成设备操控失灵。对于较大的系统，重要的设备，还可能引发次生事故，造成较大的经济损失及恶劣影响，这些都是需要避免的。如何避免，硬件设计师在片内设置了电源欠压复位功能模块 BOD(Brown out Detect)，当 BOD 探测到 V_{dd} 欠压时，芯片马上进入复位状态，并持续 PWRT/OST 计数时间以避开干扰，之后解除复位。

对于 PIC16F877A 来说，工作电压范围是 2～5.5V。这个范围可以确保片内数字电路工作正常，但是不能确保模拟电路工作正常，模拟电路的精度是在典型 V_{dd} 值下衡量的。V_{dd} 值偏离典型值越多，误差越大，甚至不能正常工作。所以如果兼顾模拟部分，工作电压不会有这么宽，特别是 V_{dd} 下限，不会低到 2V。为了保证系统整体能正常工作，BOD 规定的动作电压典型值是 4V(3.7～4.3V 之间)，可见，BOD 探测低压存在一定的迟滞，应该是施密特触发器在起作用。为了简便，我们把典型欠压值用 BV_{dd} 表示。

BOD 功能不是一开机就可以启用的。它需要预先设置，观察图 19.2，可以发现与门 G3 通过另一个输入端 BODEN 的状态来控制 BOD 功能的启用与否。BODEN 位在系统配置字中，只有当其值为"1"时，才可以使用 BOD 功能。另外，烧写程序时，可以用 MPLAB IDE 的配置位菜单设置。

欠压复位与上电复位有一定的相似性，它们都会用到时序逻辑电路 PWRT/OST。

欠压复位的发生有三种不同的情况，以下分别讨论。

情形一：当 V_{dd} 发生单次瞬间失压，其值降到 BV_{dd} 以下时，芯片进入复位状态，当 V_{dd} 回升到 BV_{dd} 以上时刻，PWRT/OST 启动，定时时间到后，芯片被解除复位。

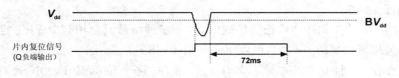

图 19.16　欠压复位时序图一

芯片说明中发生欠压复位的最小 V_{dd} 脉冲宽度是 100 μs，但是笔者测试的结果是,当 V_{dd} 低于 4V 的持续时间为 $2\sim3\ \mu s$ 时,欠压复位即可发生。这说明片内的 BOD 电路很灵敏。但从另一个方面看,芯片的抗干扰能力比较有限。

情形二:当 V_{dd} 发生多次瞬间失压,其值降到 BV_{dd} 以下时,芯片进入复位状态,当 V_{dd} 回升到 BV_{dd} 以上时刻(如图 19.17 中 A 点所示),PWRT/OST 启动,然而,定时时间没到,V_{dd} 又发生失压,这时,芯片仍然保持复位状态,且 PWRT 被重置。一旦 V_{dd} 再次上升到 BV_{dd} 以上(如图 19.17 中 B 点所示),PWRT 将重新启动,定时时间到后,芯片被解除复位。

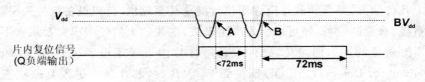

图 19.17 欠压复位时序图二

情形三:当 V_{dd} 发生时间较长的失压(如图 19.18 所示)时,其值降到 BV_{dd} 以下时,芯片进入复位状态,当 V_{dd} 回升到 BV_{dd} 以上时刻,PWRT/OST 启动,定时时间到后,芯片被解除复位。

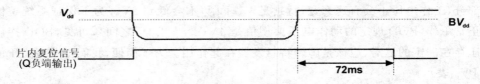

图 19.18 欠压复位时序图三

这种情况表述的"较长时间的失压",其时间是相对于 PWRT 定时时间而言的,这个时间是不能太长的,因为太长就相当于系统断电后再重新上电,那么,片内复位信号会因为失去电能供给而消失,欠压复位功能就无法实现。这种情形相当于是情形一的扩展。

对于欠压复位方式,需要说明的是:

(1) 当 MCU 工作于 LP、XT、HS 振荡模式时,以上三种情形都会用到 PWRT 和 OST 两个定时器,由于一般情形下,OST 的定时时间远小于 PWRT 的定时时间,所以上面图中未标示;

(2) 当 MCU 工作于 RC 振荡模式时,以上三种情形只会用到 PWRT 定时器;

(3) 欠压复位功能开启后,可以不必开启 PWRT 功能;

(4) 存在专门的"位"来标志欠压复位事件,这个位就是 PCON 寄存器中的"BOR"位。常态下,它的值为 1,发生了欠压复位后,它的值变为 0。程序中可以通过查询该位的状态来判断是否发生了欠压复位事件。

做一个实验,观察欠压复位现象。

先编制一个简单的程序,实现的动作是,程序一执行,就将 RB7 引脚置位。烧写程序的过程中,除了打开 BOD 功能外,禁止所有其他配置字功能。

芯片上电后(4M 主频),模拟 V_{dd} 瞬间短路(短接电源和地),制造欠压条件,用示波器观察 V_{dd} 欠压对程序执行造成的影响,实验结果如图 19.19 所示。

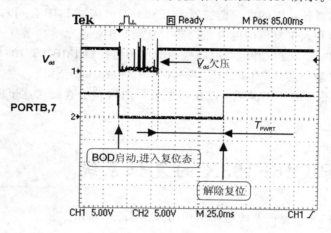

图 19.19 欠压复位效果图

由图 19.19 可以看出,V_{dd} 下降时,BOD 功能使 MCU 马上进入复位状态。此过程中,V_{dd} 电压出现几次毫秒级短暂恢复,但由于持续时间都小于 72ms(典型值),故 PWRT 启动后又被重置,MCU 始终保持在复位状态,直到 V_{dd} 进入稳定的恢复状态(+5V)。在 V_{dd} 的上升沿,PWRT/OST 启动,计数溢出后,MCU 被解除复位,程序立即执行,RB7 引脚电平被置位。

由于 4M 主频下,OST 时间远小于 PWRT 时间,故图中未标明 OST。

需要另外说明的是,上电复位功能可以选择使用 PWRT 定时器,但是欠压复位功能必须使用 PWRT 定时器(默认方式)。即使在烧写程序时,PWRT 被禁止,但发生芯片欠压时,BOD 功能仍然会启动它。

2012 年前后推出的 8 位 MCU 逐渐面向低功耗(XLP)应用,除了通常的 BOR 功能,还增设了 LPBOR 功能(低功耗)。这两个模块同时存在,是并列的关系,其输出信号通过或门向后级延伸,具体可见包含该功能的芯片说明(Reset 章节)。

后期推出的 8 位 MCU,其 BOR 触发电压典型值为 2.45V(F 型)或 1.9V(LF 型)。LPBOR 比 BOR 的触发电压更低(典型值 2.1V),由关联的复位电路可以看出,LPBOR 模块与 BOR 模块是互相替补的关系。当两者都被使能,BOR 失效的时候,LPBOR 可以顶替;无论 BOR 是否被使能,LPBOR 都可以使用。当 BOR 被禁止,LPBOR 可以被更低的跌落电压触发复位。

本章介绍了七种类型的复位方式,它们各具特色。除了这些外,还可以使用电源管理类芯片对 MCU 进行复位操作(更好地替代 BOR 功能),这类芯片的用法更加细化,主要的体现是欠压复位门限值有更多的选项。使用它们,会使系统的设计更趋完美。很多半导体公司都生产这样的芯片,现分别列举几种如下:

① 带电压检测功能的复位芯片 HT70XX(台湾 Holtek 公司);

② 带延时复位功能的电源监控器 IMP809/810(美国 IMP 公司);

③ 带延时和人工复位的电源监控器 IMP811/812;

④ 带延时、人工复位和电源故障检测的电源监控器 IMP705/706/707/708;

⑤ 电源管理类芯片 MCP、MIC 系列(美国 Microchip 公司)。

关于这些芯片的使用说明可以在相关公司的网站上查阅。这里限于篇幅,不多做说明。

19.10 PIC16F193X 的复位系统

PIC16F193X 的复位系统电路结构图如图 19.20 所示。

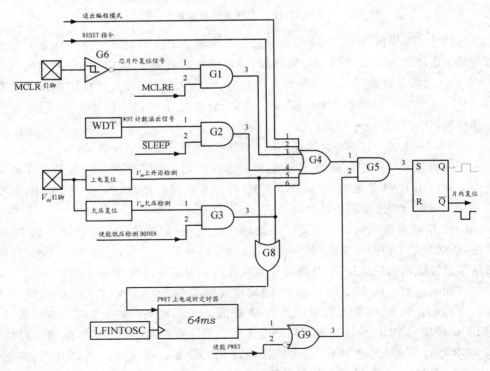

图 19.20 复位系统电路结构图(PIC16F193X)

与 PIC16F877A 比较，PIC16F193X 的复位系统有所不同，主要体现在以下几方面：

（1）在复位信号源上，它增设了软件复位指令 RESET、退出编程模式复位、堆栈上溢复位和堆栈下溢复位。

（2）PWRT 采用不同的振荡源。在延时定时器 PWRT 这方面，它采用片内自带低频振荡器 LFINTOSC 的周期信号定时，定时时间的典型值为 64ms。不论是上电复位还是欠压复位，都可以选择使用 PWRT，这可以通过配置控制字中的 PWRTEN 位来选择。

（3）MCLR/RE3 引脚复合了普通引脚的部分功能。当 MCLR 功能在外部被禁止时，引脚仅仅用作通用输入，而非普通 I/O（具备输入输出功能）。此时上电复位功能由片外转向片内（RE3 内部具备弱上拉功能，该功能由软件控制），RE3 在片内通过"电阻"与 V_{dd} 相连。

MCLR 功能由配置字 1 的 MCLRE 位和配置字 2 的 LVP 位共同决定。当 LVP＝1 时，MCLRE 的状态无效；当 LVP＝0 时，MCLRE 的状态有效（见与门 G1 处）。

（4）BOR 功能做得更加细致。与 877A 比较起来，193X 的 BOR 功能做得更加细致，它存在 4 种工作方式（由配置字 1 中的 BOREN<1:0>定义），分别是：

① BOR 始终使能（BOREN<1:0>＝11）；

② BOR 在系统运行时使能，在 Sleep 态时禁止（BOREN<1:0>＝10）；

③ BOR 由 PCON 寄存器的 BOR 位控制（BOREN<1:0>＝01）；

④ BOR 始终禁止（BOREN<1:0>＝00）。

在 877A 中，BOR 的动作电压典型值为 4V，而 193X 中将 BOR 的动作电压分为两档，分别是 1.9V 和 2.5V。这由配置字 2 中的 BORV 位决定，当该位为 1 时，选择 1.9V；为 0 时选择 2.5V。

19.11　与 C 有关的预处理器 ♯include 与 ♯fuses

编写 C 语言程序之前，需要确定 MCU 的型号。该 MCU 的硬件配置信息不方便都在程序中注明，所以在编程之前，需要预先声明这些信息，那么包含这些信息的文件就是 MCU 的头文件（例如：pic16f73.h）。汇编时这些头文件信息会自动追加到源程序中，这使用户可以省略很多记述，从而方便程序的编写。

在汇编语言编程时,也有头文件,如"include ＜p16f73.inc＞";那么 C 语言编程时,头文件就是"♯ include＜16f877a.h＞"。

头文件中包含着丰富的硬件配置信息,在 PCM 的安装目录 C:\PICC\device 中可以看到各种型号 MCU 的文件名,这是关于头文件的文件名。打开其中的一个文件,可以看到其中的硬件配置信息。

另外,当把用汇编语言编好的程序写入 MCU 的 Flash 之前,需要在相关的编程界面中手动输入一些配置位信息,这样做是比较麻烦的,特别是当 MCU 的型号改变之后,需要重新输入这些信息。但是如果用 C 语言编程,就不必这样做,与 C 语言相关的预处理器"♯ fuses"中可以包含这些信息,Fuse 的英文全称是"The Configuration bits of the Device",即 MCU 设备的配置位,Fuses 表示复数,俗名也称熔丝(保险丝)。当向 MCU 灌注代码的时候,MPLAB 中的控制程序可以自动地将这些配置位信息写入 MCU 中。

"♯ fuses"预处理器只需在编写 C 程序时添加即可,它的各项参数如下表所列,这些参数随 MCU 型号的不同而不同。所有的配置位参数信息都在对应型号 MCU 的头文件中,下表列出的是 PIC16F877A 的相关参数。

	LP	低功耗模式
	XT	晶体/谐振器模式
	HS	高速晶体/谐振器模式
振荡器振荡方式	RC	外部电阻,电容振荡模式
	INTRC_IO	使用片内振荡源(193X)
	ECL	片外振荡源低功耗模式(193X)
	ECM	片外振荡源中等功耗模式(193X)
	ECH	片外振荡源高功耗模式(193X)
	NOWDT	不使用 WDT
看门狗定时器	WDT	
	WDT_SW	WDT 由软件控制(193X)
	WDT_NOSL	WDT 在 Sleep 态禁止(193X)
上电定时器	NOPUT	不使用 PWRT
	PUT	
代码保护	NOPROTECT	不使用代码保护
	PROTECT	

		NOBROWNOUT	不使用欠压复位
欠压复位		BROWNOUT	
		BROWNOUT_SW	BOR 由软件控制(193X)
		BROWNOUT_NOSL	BOR 在 Sleep 态禁止(193X)
		BORV25	欠压至 2.5 V 以下时复位(193X)
		BORV19	欠压至 1.9 V 以下时复位(193X)
低电压编程		NOLVP	不使用低电压编程
		LVP	
Flash 写控制		NOCPD	不允许写 FLASHROM
		CPD	
Debug 控制		NODEBUG	不允许调试模式
		DEBUG	
EEPROM 写控制		NOWRT	不允许写 EEPROM
		WRT_100	不允许写 0000H～00FFH 区域
		WRT_800	不允许写 0000H～07FFH 区域
		WRT_1000	不允许写 0000H～0FFFH 区域

注:表中空白部分表示与上面相反的动作。

在 C 语言编辑窗口中编写一段 C 语言程序之前,可以这样添加头文件及配置位:

```
# include<16f877a.h>                    //指定 MCU 型号
# fuses HS, NOWDT, NOPROTECT, PUT, BROWNOUT, NOLVP
```
//表示高速振荡模式、禁止 WDT、禁止代码保护、使能上电延时复位、使能欠压复位、禁止低电压编程

对于后期推出的机型,由于硬件更趋复杂,其配置位参数信息会更多。比如片内振荡模式配置这块,就有很多表达参数。对不同的机型,表达方式会有所不同,读者在编写 C 语言程序时应该注意。配置详情可见对应型号 MCU 头文件的 Fuses 部分。

19.12　C 语言控制类函数

对于 PIC16F877(A),使用 CCS C 编写程序时存在如下 3 种控制类函数:

(1) reset_cpu( )

语法:reset_cpu( );

函数功能:使程序复位,CPU 执行地址转到 0000H;

函数参数说明:该函数没有返回值。

（2）sleep( )

语法：sleep( )；

函数功能：使 MCU 进入睡眠态，它与汇编语言中 sleep 的执行效果相同。

（3）restart_cause( )

语法：value = restart_cause( )；

函数功能：确定 CPU 复位的原因；

函数参数说明：该函数返回的参数值分别表示不同的复位原因，其对应关系如下：

当返回 3 时，表示 wdt_from_sleep（WDT 唤醒 MCU）；

当返回 11 时，表示 wdt_timeout（WDT 溢出复位）；

当返回 19 时，表示 mclr_from_sleep（sleep 态下手动复位）；

当返回 27 时，表示 mclr_from_run（手动复位）；

当返回 25 时，表示 normal_power_up（正常上电复位）；

当返回 26 时，表示 brownout_restart（电源欠压复位）；

为了方便引用（只使用文字而不使用数字），在芯片的头文件中，利用 define 伪指令建立了两者的对应关系。例如：

```
#define  wdt_timeout   11
```

如果用汇编指令来确定 MCU 的复位原因，程序的编制是非常麻烦的。C 语言的编译器在这里进行了"打包"处理，所以使用 C 语言是非常方便高效的。

第 20 章

C 语言编程

20.1 C 语言简史

C 语言诞生于 20 世纪 70 年代美国新泽西州的贝尔实验室。它的祖先是英国剑桥大学推出的 BCPL 语言,后来贝尔实验室将它发展成 B 语言(取其第一个字母),不久又拓展出 C 语言(取其第二个字母)。C 语言既具备 B 语言精练、接近硬件的特点,又克服了其过于简单、无数据类型的缺点。新推出的 C 语言主要表现在具备多种数据类型,如字符、数组、数值、结构体、联合体、指针等。

1978 年,C 语言正式发布,同时著名的书籍《The C Programming Language》发布。之后 ANSI(美国国家标准协会)在这本书的基础上制定了 C 语言标准。该标准在后来经过了若干次地修改。目前流行的 C 语言编译系统大多是以 ANSI C 为基础进行开发的,但不同版本的 C 编译系统所实现的语言功能和语法规则又略有差别。开发 C 语言的目的在于尽可能地降低用它所写的软件对硬件平台的依赖程度,使之具有可移植性。也就是说,它可以极大地提高工作效率。

本书所讲的是 CCS 公司的 C 编译器,它是为适应 PIC 微控制器这种结构最简单的计算机,在 ANSI C 的基础上作了一定简化,为突出控制功能而进行少量补充而形成的编译器。

20.2 为什么要使用 C 语言

C 语言是一种高级语言(high-level language,HLL)。高级语言是一种采用人类便于理解的兼具语法与结构特点的语言,同时,它也具备清晰定义的规则,这使得由它编写的程序可以精确地转换成机器码。

高级语言是相对于低级语言来说的,汇编语言是低级语言,它的特点在本书已有详细的介绍。那为什么从计算机语言的发展史来看,编程语言没有一直停留在汇编语言的层次上呢? 这个问题可以从经济和技术两个方面来分析:

(1) 经济方面

用西方经济学分工与效率的原理来解释。这个原理大致是这样的:当生产达到一定规模的时候,就会出现分工(专业化),分工的目的是为了促进整体生产效率的提高。反过来说,为了提高生产效率而采取分工这样的组织方式。

用汇编语言来编写程序,本书已经讲了很多。前提是要对硬件非常熟悉,在这个基础上如果编制一个篇幅不大,关系不是太复杂的程序,对于程序员来说,可能不是那么费时费力。但是我们做一个极限考虑,当程序量变得很大,程序内部关系变得很复杂的时候,还采用汇编语言编程,所花的时间和精力是不是难以估量呢? 后一种情况相当于"生产"代码已经达到了一定的规模,我们不希望生产时间很长很长,迫切需要缩短时间,提高生产效率。这样,计算机编程领域的"分工"便产生了,高级语言由此形成。

"分工"中诞生的一个新角色便是"编译器"(Compiler-Translate and Edit,它包含翻译和编辑的意思)。由于分工的过程一般伴随交换,所以编译器需要花钱购买。有了这件利器,高级语言程序员可以像跟某人说话一样"轻松"地编制计算机程序,而不是像汇编语言程序员那样一直要面对机器,"艰难"地跟机器交流(不仅要关心程序逻辑,还要关心如何根据硬件特点配置代码)。然而,高级语言最终还是要被转换成机器码才能被机器执行,这个转换任务完全不需要高级语言程序员操心,它是由专门的软件公司来做的,它的名字就是前面提到的"编译器"。编译器就是把高级语言"翻译"成汇编语言(机器码)的工具,高级语言程序只有通过编译才能变成能够被机器识别的二进制代码。

因此实现同样功能的程序,特别是程序量很大,内部关系复杂的时候,使用高级语言比使用汇编语言具有更高的代码产出率,即编程效率。

(2) 技术方面

一条高级语言语句相当于多条汇编语言指令。假设,过去实现一个功能要用100 条汇编指令,现在用 C 语言实现,可能只需要十多条语句。从编程方面来说,简化的方式更容易被人接受。

使用 C 语言编程,可以直接对对象进行操作,几乎不用考虑对象的硬件关联性。比如,将 RB 端口的所有引脚置位,如果用汇编,程序如下:

```
BCF STATUS,RP1
BSF STATUS,RP0          ;选择 bank1
MOVLW 0XFF
MOVWF TRISB             ;将 RB 端口设为输出态
BCF STATUS,RP1
```

```
BCF STATUS,RP0                    ;选择 bank0
MOVLW 0XFF
MOVWF PORTB                       ;将 RB 端口输出电平全部置高
```

如果用 CCS C 语言实现,只需要一条语句:

```
output_b(0xFF);
```

可见 C 语言是多么的人性化,它不需要考虑一些寄存器的特点(它们的功能及所在的存储区域),只需按最终目的选择函数,并给函数赋值。

对于上面这条语句,只有通过编译器把它变为以上若干条汇编指令(机器码)后方可被机器执行。从这个方面来看,C 语言之于汇编语言,类似于硬件方面的集成电路之于分立器件,它使人们不必总是关注细节,而是关注由这些细节集合而成的功能模块,这使得人们的工作效率产生了数量级的提升。不难想象,要实现同样的功能,若采用集成电路,可能很快就能搭建并调试完毕;而用分立器件,那需要多长的时间去实现,是不可想象的,并且,它要求实验者对分立元件的协同工作有更深地了解,而集成电路使用者不需要具备这么高的专业素养。可见,使用模块化的功能(软件或硬件)进行开发工作是非常轻松高效的。

另外,高级语言具有很好的移植性(Transplant)。这个意思是,同样的高级语言程序可以运行在不同的硬件平台上(理论上),即不同的计算机系统中。要达到这个目的,编译器很关键,不同的硬件平台对应着不同的编译系统,编译系统由专门的软件公司研发生产。

基于以上两方面原因的分析,使用高级语言(如 C 语言)比使用汇编语言有更大的优势。虽然在台式计算机系统中,C 语言已被其他高级语言赶超,但在与计算机硬件紧密相关的工作中,如单片机(MCU)系统,C 语言的功能依然强大,它不仅具有所有高级语言的特性,还具备汇编语言的很多功能,这使得它可以对硬件单元进行访问。

20.3　使用 CCS 公司的 C 语言编译器

前文讲过,C 编译器由专门的公司研发生产。对于 PIC 系列微控制器,世界上也有几家公司专门为其定做 C 编译器,具体信息,可查阅相关资料。笔者在这里选择美国 CCS 公司的 C 编译器。原因是它的内部函数丰富并且价格便宜。CCS 公司的网站:www.ccsinfo.com。可以通过上网来获得一些产品及技术支持信息,笔者在此只作简单介绍。

CCS 公司是 Microchip 公司认证的第三方合作伙伴,它专门为 PIC 微控制器产品提供 C 编译器,这些编译器分为两大类,一类是命令行编译器(Command Line Compiler),它分为低(PCB)、中(PCM)、高(PCH)档三个互相独立的系列,如下所示:

① PCB(PIC Compiler for Base-Line)

这是 PIC 基本系列 MCU 的编译器,对应的系列有 PIC10、PIC12 和 PIC16,它们的指令字宽度是 12 位;

② PCM(PIC Compiler for Mid-Range)

这是 PIC 中档系列 MCU 的编译器,对应的系列有 PIC10、PIC12、PIC14 和 PIC16,它们的指令字宽度是 14 位;

③ PCH(PIC Compiler for High-End)

这是 PIC 高档系列 MCU 的编译器,对应的系列仅有 PIC18,它们的指令字宽度是 16 位。

以上三类编译器都是 DLL 文件,无法单独运行,但它们可以在 Microchip 公司的集成开发环境 IDE 中和 MPLAB 中一起运行。

另一类是 C 语言集成环境编译器(C-Aware IDE Compilers),它们可以单独运行,名称上带有"W"后缀。如图 20.1 所示。PCW 是 PCB 与 PCM 的集合,PCWH 是所有三者的集合。从图 20.1 中也可以看出各自的价格(2015 年)。

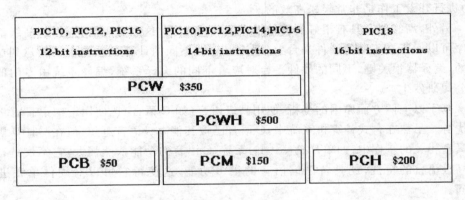

图 20.1　CCS 公司 C 编译器组成图示

带"W"后缀的编译器功能很强,它们具备专用的 C 语言集成开发环境,可以进行编译、分析和实时调试。

CCS 公司的 C 编译器是与 ANSI C 兼容的。受 PIC 微控制器的硬件限制(它是结构最简单的计算机,侧重于控制功能),ANSI C 中的一些标准是达不到的,比如,函数的递归调用无法实现,原因是 PIC 微控制器没有足够深的堆栈。另外,数学运算的精度也受限制,因为它的总线宽度只有 8 位。CCS 公司的 C 编译器有如下特点:

(1) 编译器模块配置灵活且方便选择

对于不同系列的编译器,既有单独可以使用的产品(如 PCB、PCM、PCH),也有可以联合使用的产品(如 PCW、PCWH)。它们具有不同的价格,适合于不同需求层次和经济层次的消费者使用。

（2）内置函数非常丰富

与其他公司的 C 编译器比较起来，CCS 的 C 编译器内置的函数更多，不论是在数学计算方面还是在硬件控制方面。它能使用户更高效地完成工作。硬件控制方面的函数在各章都有详细的介绍。

（3）可以定义位变量

为体现跟硬件联系更紧密的特点，CCS 的 C 编译器定义了位变量，它的数据类型是 int1 型，也称作 short 型，它只能存储 0 或 1 两个数据。它能让编译器生成非常高效的位操作码。

（4）可以直接嵌入汇编程序

C 语言虽然可以实现高效率地编程，但是对硬件的操控，它还是比不上汇编语言的"细致入微"，所以在必要的时候，在 C 语言程序中还可以插入汇编程序。CCS 的 C 编译器能够满足这一要求。

（5）配备有标准输入输出函数

虽然单片机是结构最简单的计算机，但 CCS 的 C 编译器也为它配备了标准输入输出函数。它可以通过 RS232 接口，实现与 PC 机联机来实现键盘输入，显示器输出的操作。另外也可通过 LCD，微型打印机等外设实现数据输出操作。

（6）能对 RAM 中的任意字节或位进行操控

使用"# bit"或"# byte"预处理器可以使 C 变量与设定的 RAM 地址建立对应关系。这个功能使编译器可以对 RAM 中的 SFR 区或 GPR 区的字节或位进行操控。

（7）支持中断

在定义好相应的中断预处理器后，编译器可以自动地完成中断处理时必须的动作，如清除中断标志，保护现场，恢复现场等，这使得中断的管理变得很容易。

（8）可移植性好

编写的 C 程序能够轻易地在 Microchip 公司所有的 MCU 上移植，这对产品升级换代，加快上市时间很有帮助。

20.4　CCS C 编译器的数据类型

标准 C 语言依赖的硬件是 PC 机以及更高档的计算机，这类计算机的硬件资源十分丰富，运算能力强大，它的数据类型众多，由于单个的数据能够囊括更多的字节，使得它能表示很大的数，并且运算精度可以做得很高。而单片机 MCU 是结构最为简单的计算机，它的硬件资源十分有限，这使得在它上面写程序会受到一些限制，比如无法实现函数的递归调用等。另外，由于重点不在计算这块，数据类型相对也较少，数据的运算精度相对也较低。CCS 的 C 编译器为适应 PIC 硬件的特点，在标准

C 的基础上作了一些调整,结果是使得很多方面都变"简单"了。尽管如此,这对于强调控制能力的 MCU 已经足够。

CCS C 编译器的变量及数据类型如表 20.1 所列。

表 20.1　C 编译器数据类型一览表

种　类	数据类型	有无符号	取值范围
整型	int1(short)	unsigned	布尔变量,仅存储 0 或 1
	int8(int)	unsigned	0～255
		signed	－128～＋127
	int16(long)	unsigned	0～65535
		signed	－32768～32767
	int32(long long)	unsigned	0～4294967295
		signed	－2147483648～2147483647
字符型	char(8 位)	unsigned	作为数值处理时为 0～255
实型	float(32 位)	signed	1.2×10^{-38}～3.4×10^{38}(绝对值)及 0
	double	不支持	

与标准 C 的数据类型比较起来,CCS 的 C 编译器增设了布尔型变量,另外,由于不需要很大的数以及很高精度的数,所以双精度浮点型数据 double 以及 long double 都不支持。

CCS C 编译器的不同常量及编辑(Edit)格式如表 20.2 所列。

表 20.2　数据常量分类及格式

书写(编辑)格式	说　明
123	十进制
0123	八进制
0x123	十六进制
0b010010	二进制
123.456	浮点数
123.4E－5	科学计数方式表示的浮点数
'm'	字符
'\010'	以八进制数表示字符
'\xA5'	以十六进制数表示字符
'\c'	控制用字符(转义字符)
"abcdef"	字符串(末尾以'\0'结束)

C 语言的字符常量有两种：

（1）普通字符：如'A'，'c'，'3'等，这些常量是以二进制代码（ASCⅡ码）的形式存储的，它囊括所有英文编辑所用的字母及符号，具体可查看 ASCⅡ码表。

（2）控制字符：也称转义字符，它以"\"开头。如表 20.2 所列这些字符不会显示出来，它起到的是控制作用，如表 20.3 所列的功能说明。

举例说明：对于常数 0xA0，如果将它定义成 int 型，那么输出的就是它本身；如果将它定义成 char 型，那么输出的就是控制字符"\n"，该字符不能显示，只能起到编辑过程中换行的作用。如果要输出字母"n"，可通过将常数"0x6E"定义成 char 型后输出。

表 20.3　控制字符功能说明

ESC 字符	对应的 HEX	功　能
\n	0xA0	Line feed，表示换行
\r	0x0d	Return feed，表示回车
\t	0x09	TAB，表示水平制表符
\b	0x08	Backspace，表示退格
\f	0x0c	Form feed，表示换页
\a	0x07	Alert，表示警告
\v	0x0b	Vertical Space，表示垂直制表符
\?	0x3f	Question Mark，表示输出问号
\'	0x27	表示输出一个单撇号
\"	0x22	表示输出一个双撇号
\\	0x5c	表示输出一个反斜线

20.5　CCS C 编译器的预处理器

预处理器（Pre-proccessor）只是为"翻译"工作服务的，它是在真正的编译工作开始之前由编译器调用的独立程序，故称作预处理器。它是编译器的一部分，简单地说，它只是一个文本替换工具。它的运行结果被作为一个单独的文件传送给真正的编译器进行编译。

（1）预处理器的主要功能

① 有条件地编译源文件的若干部分（由指令 #if、#ifdef、#ifndef、#else、#elif 和 #endif 控制）；

② 替换文本宏，并可以连接标识符，或将标识符放入字符串中（由指令 #define 和 #undef，预编译操作符 # 和 ## 控制）；

③ 包含其他文件(由指令 #include 控制);

④ 产生一个错误(由指令 #error 控制)。

(2) 预处理器的某些方面也可以被控制

① 实现有定义的行为(由指令 #pragma 控制);

② 为预处理器提供文件名和行号(由指令 #line 控制)。

(3) 预处理器指令

预处理指令(Directive)也称编译程序定向或编译程序导向。它控制预处理器的操作,每条指令占据一行并且具有如下格式:

① 以"#"字符开头,指令的名称必须紧跟其后;

② 参数(取决于指令);

③ 换行符(用于续行);

④ 空指令(只有一个 #)是合法的,表示 null 指令,当作空行处理。

预处理器的一般操作方式是:先从源文件中删除所有的"预处理器命令"行,然后在源文件中执行这些预处理器命令所指定的转换操作。经过预处理之后的程序不再包括预处理命令,这之后,再由编译器对预处理过的程序进行编译,得到目标代码。

预处理器代码行的语法与 C 语言其他部分的语法是相互独立的,但经过预处理所产生的源代码必须在上下文环境中合法。CCS C(PCM/PCB/PCH)编译器的预处理器有很多种,它们用于编译工作的不同方面,现列举如下,并作简要说明:

(1) 预定义的宏

__line__   获取当前源程序行的行号,用十进制整数常量表示;

__file__   获取当前源文件的名称,用字符串常量表示;

__data__   获取编译时的日期,用"mm−dd −yyyy"形式的字符串常量表示;

__time__   获取编译时的时间,用"hh:mm:ss"形式的字符串常量表示;

__device__   指定器件型号,只需标注尾部,如 device==877a;

__pcb__   pcb 编译器标识符,用于判定是否是 pcb 在执行编译工作;

__pcm__   pcm 编译器标识符,用于判定是否是 pcm 在执行编译工作;

__pch__   pch 编译器标识符,用于判定是否是 pch 在执行编译工作。

(2) 用于内部函数的预处理器

#use delay   #use fast_io   #use fixed_io

#use standard_io   #use i2c   #use rs232

#use pwm   #use capture   #use spi

#use timer   #use rtos

(3) 用于存储控制的预处理器

#asm 配对;#endasm 指明两者之间是汇编语言程序;

#bit   将常量或变量的某个位与自定义名称建立对应关系;

＃byte	将字节的 RAM 存储地址与自定义名称建立对应关系；
＃locate	给变量指定一个 RAM 地址；
＃reserve	保留一定范围的 RAM 存储区(不使用)；
＃rom	从 Flashrom 的指定地址处顺序插入一组数据；
＃zero_ram	程序执行前清零所有 RAM 单元；
＃fill_rom	将数据填充到 Flashrom 的未使用单元。

（4）修饰函数用的预处理器

＃inline	告知编译器紧跟其后的函数将实现内联处理,这会导致在函数被调用的地方产生重复的代码。该方法会节省堆栈,提高速度,但浪费 Flash 空间。
＃seperate	与＃inline 的动作及产生的效果相反。
＃int_default	如果一个中断被触发,但是没有与之关联的中断服务,那么该预处理器后的函数将被作为"中断服务"调用。
＃int_global	紧接其后的函数为中断执行函数,取代原有的＃int_xxx 功能。即只要发生中断(任何类型),它便响应。该指令要慎用,它不会执行清中断标志及中断的现场保护。
＃int_xxx	紧接其后的函数作为 xxx 中断处理函数,xxx 是个具体的中断名称。

函数的内联处理解释:如果把某函数比作汇编程序中的某子程序,将函数"delay_ms(50)"比作"call delay_50ms",显然后者有对应的子程序体,如果在主程序中要执行三次 delay_50ms 延时,一般情况下采用 call 调用方式处理,这就是调用子程序方式。内联处理要达到的效果与前者完全相同,只是实现方式不同,它不采用调用子程序的方式,而是将延时的程序体替换调用指令。

（5）与 MCU 属性有关的预处理器

＃device	指定 MCU 芯片的型号以及其他关联参数；
＃fuses	向 MCU 灌注代码时配置位的设置；
＃id	设置 MCU 的身份信息(通过数字标识、文件名、checksum)；
＃type	定义各种数据类型；
＃ocs	指定 MCU 的主频；
＃pin_select	选择引脚对应的功能。

（6）条件编译预处理器

＃if	测试一个常量表达式的值,如果为真,则编译后继代码；
＃else	如果为假,编译另外的代码；
＃elif	与 else if 相似；
＃endif	终止条件编译块；
＃ifdef	测试一个宏是否已被定义,如果为真,则编译后继代码；

# else	如果为假,编译另外的代码;
# elif	与 else if 相似;
# endif	终止条件编译块。

(7) 其他预处理器

# case	使编译器在意程序文字的大小写,缺省情况下并不在意这些;
# opt	编译器代码优化级别设定;
# priority	中断的优先级设定;
# org	程序代码在 Flash 中的起始地址设定;
# list	与 # nolist 指令起到效果相反的作用;
# nolist	禁止将该指令后的源文件行插入到".lst"文件中;
# define	定义一个预处理器宏;
# undef	取消一个预处理器宏;
# include	包含另一个源文件的文本;
# error	停止编译并显示错误,常用于程序调试;
# pragma	保持与指定编译器的兼容性。

以上部分预处理器,特别是函数用预处理器,在本书的有关章节中都有过详细解释。未作解释的预处理器,对于它们的语法格式等使用细则请参看 CCS(PCM)编译器手册。

20.6 CCS C 编译器的内置函数

CCS C 编译器的内置函数非常丰富,它们按照不同的类别,被包含在各种头文件中。常用的函数库头文件有以下几种:

stdlib.h	标准库头文件;
string.h	包含字符串处理函数的头文件;
math.h	数学函数库头文件;
stdio.h	标准输入输出函数库头文件。

若程序中需要用到数学运算如 sin( )、cos( )、log( )、sqrt( )等函数,可以调用 math.h 头文件;若需要用到字符串处理功能如 strlen( )、strcpy( )等函数,可以调用 string.h 头文件。内置函数很多,至于其他函数需要什么样的头文件,可以在 CCS C 编译器手册中查找。

除了以上常用的头文件外,其他类型的函数库头文件还有很多,都被存放在硬盘 C:\Program files\PICC\Drivers 文件夹中。可以通过打开文件夹中的某个头文件来浏览其中包含的函数库信息。特别让人兴奋的是,这里面还存放着很多 MCU 外设的驱动函数文件,也可以称作外设驱动程序,与前者不同的是,它们都是 c 文件。有了它们,编程的工作效率可以大大提升。

举例来说,在汇编语言中,我们要在 LCD 上显示字符,必然要编制相应的显示子程序,每次送显时,都要调用该子程序,这个子程序类似于 C 语言中的驱动程序,两者都有入口参数或出口参数。汇编语言中,子程序的调用不够人性化,操作不够便利,且不具备通用性(不方便移植),而 C 语言把这些约定俗成的功能都做成了函数,包含在头文件中。编制程序时,只要包含相关头文件,并调用头文件中的某些函数,输入参数,即可实现对外设的操控。这些函数用多个英文单词表示,一看便知道是什么意思,很亲和。另外,当这些驱动函数用于其他 MCU 机型时,只要有相应的编译器,它们几乎不用改动就可使用,这使得它有很好的移植性。

下面做一个实验来感受下使用外设驱动程序给编程带来的便利。第 12 章 SPI 章节的实验 3 是利用 SPI 接口向 EEPROM—CAT25080 读写数据的实验。CAT25080 是 SPI 接口的存储器,MCU 利用自身的硬件 SPI 与它通信,成功实现数据的读写。

假设 MCU 内部没有配置 SPI 接口,也有办法跟它通信,这就是软件 SPI,即通过软件运行,在任意几个引脚上输出 SPI 时序信号,这个软件就是 CAT25080 的驱动程序。依照驱动程序的提示信息,将图 12.12 的硬件连接作一下修改,CS 端改接 RB0,CLK 端改接 RB1,DI 端改接 RB2,DO 端改接 RB4,其他连接不变。硬件连接完成后,编制程序,就可以实现向 CAT25080 写入和读出数据的功能。

(1) 把数据写入 EEPROM

向 CAT25080 中 0010H 地址单元写入数据 65H。显示端口 RD 全部连接 LED。写入完毕后,LED 全亮。根据实验目的,编制如下程序:

```
# include<16f74.h>
# include<25080.c>                        //包含 CAT25080 的驱动程序
# fuses XT,NOWDT,PUT,NOPROTECT,NOBROWNOUT

void main( )
{
        init_ext_eeprom( );               //初始化 CAT25080
        write_ext_eeprom(0x0010, 0x65);   //向 0010H 地址单元写入数据 65H
        while(1)
        { output_d(0xFF); }               //点亮 RD 端口 LED
}
```

(2) 从 EEPROM 中读出数据

读出 CAT25080 中 0010H 地址单元的数据,并将它显示在 RD 端口的 LED 上。根据实验目的,编制如下程序:

```
# include<16f74.h>
# include<25080.c>                          //包含 CAT25080 的驱动程序
# fuses XT,NOWDT,PUT,NOPROTECT,NOBROWNOUT
int value;

void main( )
{
       init_ext_eeprom( );                  //初始化 CAT25080
       value = read_ext_eeprom(0x0010);     //读取 0010H 地址单元数据
       while(1)
       { output_d(value); }                 //RD 端口显示读取数据
}
```

说明:以上读写 EEPROM 的函数是由驱动程序定义的,必须在包含"25080.c"驱动程序后方可使用,否则会导致编译错误。另外,驱动程序中还定义了其他函数,若需使用,可以通过浏览驱动程序的内容获知。

通过以上程序可以发现,有了外设现存的驱动,编制程序会变得异常简洁,简洁程度甚至超过实验 3 的 C 语言程序。同理,其他常用外设如 LCD、USB、实时时钟芯片 DS1302 等都可以找到现存的驱动。对于不是很常用的外设,如果必要,自己也可以动手编制 C 驱动。

程序的简洁只是表面上的,在程序被编译后,打开"Disassemble Listing"窗口,观察到编译后的代码量很大,原来其中,还包含了 CAT25080 的 C 语言驱动。可见使用具备软件 SPI 的 C 语言驱动程序,虽然使编程更简便,但这种方式会消耗更多的程序存储器(Flash)空间。

本实验虽然很简单,但是通过它,能让读者了解到什么是外设的驱动程序,如何使用它,以及使用它有什么优缺点。

20.7　观察 C 程序的编译结果

CCS 公司的 C 编译器可以通过登录网站购买,过程中需要用到具有国际支付功能的银联卡或信用卡。交易成功后,CCS 公司会给用户发送一封电子邮件,里面包含着下载产品的链接及产品编码(Reference number)。笔者根据自身需求,选择了 PCM 这款廉价的 C 编译器,前面提到过,它只是个单独的 DLL 文件,无法单独运行,它需要配合 MPLAB IDE 一起使用。

购买 PCM 成功后,可以从 CCS 公司提供的链接下载,下载的文件是一个压缩文件,名称是"pcm.crg"。下载完毕后,执行这个文件,根据提示,完成每一步操作,此过程中需要输入编码(Reference number),这个很重要,它相当于安装"钥匙"。安装成功后,单击 MPLAB IDE(8.6)的"project>select language toolsuite"菜单项,打开该窗口,激活 CCS C Compiler 后单击 OK,这之后便可使用 PCM 编译器了。

由于一个 C 源程序被编译后会生成多个文件,所以为了方便管理,在一个 C 源程序被编译前,该程序必须被项目(project)文件所包含,否则程序无法编译。一个源文件被编译后,会生成类型众多的文件,如表 20.4 所列。

表 20.4　编译器生成文件列表

文件扩展名	文件类型	功　　能
.cod	目标文件	包含调试信息的代码文件
.err	错误记录文件	记录编译时产生的错误
.hex	十六进制代码文件	包含机器码和调试信息
.lst	编译一览表	记录编译展开的结果,展示所有对应的汇编指令
.prj	项目文件	包含与项目信息有关的文件
.sym	符号表文件	展示相关的寄存器和变量的地址信息
.tre	函数树文件	展示函数的调用关系,以及每个函数使用 RAM 或 ROM 的情况

为了观察 C 程序的编译结果,将第六章实验 1 的 C 程序编译成功后展开如下(在 LIST 文件或 Disassemble Listing 窗口中都可浏览)。展开后的内容分为五列:

① 第一列表示源程序中 C 语句的行号;

② 第二列表示 Flash 中的 PC 地址;

③ 第三列表示汇编语句对应的机器码;

④ 第四列表示汇编语句(SFR 以代码表示);

⑤ 第五列表示汇编语句,它为笔者手动添加,将 SFR 以标识符的形式表示,方便阅读。

(注:为了缩短篇幅,将中断部分的两个函数变为了一个函数"output_toggle(PIN_C7)"。)

```
- - -    G:\PIC_C16\TMR0_1.c    - - - - - - - - - - - - - - - - - - - - - - - - - -
1:                                # include<16f877a.h>
   0000   3000   MOVLW 0          MOVLW 0x00
   0001   008A   MOVWF 0xa        MOVWF PCLATH
                 ——清零 PCLATH 的页选位,确保下面 GOTO 指令能正确跳转。
   0002   2835   GOTO 0x35        GOTO 0x35
                 ——跳转到 0x35 地址"main"处。
   0003   0000   NOP              NOP
                 ——以下是中断入口地址 0004H,首先保护现场(保存 W、STATUS、PCLATH 的
                   当前值,寄存器 77H~7AH 用于保存其他变量,本程序由于参数少,暂未
                   使用)。
   0004   00FF   MOVWF 0x7f       MOVWF 0x7F
   0005   0E03   SWAPF 0x3, W     SWAPF STATUS,W
```

0006	0183	CLRF 0x3	CLRF STATUS
0007	00A1	MOVWF 0x21	MOVWF 0x21
0008	080A	MOVF 0xa, W	MOVF PCLATH,W
0009	00A0	MOVWF 0x20	MOVWF 0x20
000A	018A	CLRF 0xa	CLRF PCLATH
000B	0804	MOVF 0x4, W	MOVF FSR.W
000C	00A2	MOVWF 0x22	MOVWF 0x22
000D	0877	MOVF 0x77, W	MOVF 0x77,W
000E	00A3	MOVWF 0x23	MOVWF 0x23
000F	0878	MOVF 0x78, W	MOVF 0x78,W
0010	00A4	MOVWF 0x24	MOVWF 0x24
0011	0879	MOVF 0x79, W	MOVF 0x79,W
0012	00A5	MOVWF 0x25	MOVWF 0x25
0013	087A	MOVF 0x7a, W	MOVF 0x7A,W
0014	00A6	MOVWF 0x26	MOVWF 0x26
0015	1383	BCF 0x3, 0x7	BCF STATUS,IRP

——选择 BANK0 和 BANK1

0016	1283	BCF 0x3, 0x5	BCF STATUS,RP0
0017	1E8B	BTFSS 0xb, 0x5	BTFSS INTCON,TMR0IE
0018	281B	GOTO 0x1b	GOTO 0x1B

——判断 TMR0 中断是否打开,若未打开,则执行现场恢复,否则向下执行。

| 0019 | 190B | BTFSC 0xb, 0x2 | BTFSC INTCON,TMR0IF |
| 001A | 282C | GOTO 0x2c | GOTO 0x2C |

——判断 TMR0 中断标志置位否,若未置位,则执行现场恢复;若置位,则跳到 0x2C 处去执行中断任务。

——以下代码到 RETFIE 处都用于中断现场恢复。

001B	0822	MOVF 0x22, W	MOVF 0x22,W
001C	0084	MOVWF 0x4	MOVWF FSR
001D	0823	MOVF 0x23, W	MOVF 0x23,W
001E	00F7	MOVWF 0x77	MOVWF 0x77
001F	0824	MOVF 0x24, W	MOVF 0x24,W
0020	00F8	MOVWF 0x78	MOVWF 0x78
0021	0825	MOVF 0x25, W	MOVF 0x25,W
0022	00F9	MOVWF 0x79	MOVWF 0x79
0023	0826	MOVF 0x26, W	MOVF 0x26,W
0024	00FA	MOVWF 0x7a	MOVWF 0x7A
0025	0820	MOVF 0x20, W	MOVF 0x20,W
0026	008A	MOVWF 0xa	MOVWF PCLATH
0027	0E21	SWAPF 0x21, W	SWAPF 0x21,W
0028	0083	MOVWF 0x3	MOVWF STATUS
0029	0EFF	SWAPF 0x7f, F	SWAPF 0x7F,F
002A	0E7F	SWAPF 0x7f, W	SWAPF 0x7F,W

```
002B   0009   RETFIE             RETFIE
```
——中断返回。
```
002C   118A   BCF 0xa, 0x3       BCF PCLATH,3
002D   120A   BCF 0xa, 0x4       BCF PCLATH,4
```
——预置 PCLATH 的页选位,确保下面 GOTO 指令能正确跳转。
```
002E   282F   GOTO 0x2f          GOTO 0x2F
```
——跳转到地址 0x2F 去执行中断任务。
```
2:              # fuses HS,NOWDT,NOPROTECT,PUT,BROWNOUT,NOLVP
3:              # use fast_io(C)
4:              short toggle;
5:              # int_timer0
6:              void ISR_T0 ( )
7:              {
8:              output_toggle(PIN_C7);
002F   3080   MOVLW 0x80         MOVLW B'1000000'
0030   0687   XORWF 0x7, F       XORWF PORTC,F
```
——作异或运算使 RC7 引脚电平翻转。
```
0031   110B   BCF 0xb, 0x2       BCF INTCON,TMR0IF
```
——清零中断标志 TMR0IF。
```
0032   118A   BCF 0xa, 0x3       BCF PCLATH,3
0033   120A   BCF 0xa, 0x4       BCF PCLATH,4
```
——预置 PCLATH 的页选位,确保下面 GOTO 指令能正确跳转。
```
0034   281B   GOTO 0x1b          GOTO 0x1B
```
——中断任务执行完毕后,跳转到 0x1b 地址处执行现场恢复。
```
9:              }

10:             void main( )
0035   0803   MOVF 0x3, W        MOVF STATUS,W
0036   391F   ANDLW 0x1f         ANDLW 0x1F
0037   0083   MOVWF 0x3          MOVWF STATUS
```
——屏蔽 STATUS 寄存器的 IRP、RP1、RP0 这 3 位。
```
0038   1683   BSF 0x3, 0x5       BSF STATUS,RP0
0039   141F   BSF 0x1f, 0        BSF ADCON1,PCFG0
003A   149F   BSF 0x1f, 0x1      BSF ADCON1,PCFG1
003B   151F   BSF 0x1f, 0x2      BSF ADCON1,PCFG2
003C   119F   BCF 0x1f, 0x3      BCF ADCON1,PCFG3
```
——所有与 AD 转换相关的端口都置为数字口(PCFG3∶PCFG0 = 0111B)。
```
003D   3007   MOVLW 0x7          MOVLW 0x07
003E   009C   MOVWF 0x1c         MOVWF CMCON
```
——所有与比较器相关的端口都置为数字口(CM2∶CM0 = 000B)。
```
003F   1383   BCF 0x3, 0x7       BCF STATUS,IRP
```
——选择 BANK0 和 BANK1

```
11:              {
12:              set_tris_c(0x7F);
   0040  307F   MOVLW 0x7f        MOVLW B'01111111'
   0041  0087   MOVWF 0x7         MOVWF TRISC
              ——将 RC7 端口设为输出态。
13:              toggle = 0;
   0042  1283   BCF 0x3, 0x5      BCF STATUS,RP0
   0043  1027   BCF 0x27, 0       BCF 0x27,0
              ——选择 BANK0,将位变量"27H,0"清零。
14:              setup_timer_0(T0_INTERNAL | T0_DIV_256);
   0044  1683   BSF 0x3, 0x5      BSF STATUS,RP0
   0045  0801   MOVF 0x1, W       MOVF OPTION_REG,W
   0046  39C0   ANDLW 0xc0        ANDLW B'11000000'
              ——选择 BANK1,将位 T0CS、T0SE、PSA 清零,使计数源来自片内。
   0047  3807   IORLW 0x7         IORLW 0x07
   0048  0081   MOVWF 0x1         MOVWF OPTION_REG
              ——将位 PS2、PS1、PS0 置位,使分频比为 256。
15:              set_timer0(0x00);
   0049  1283   BCF 0x3, 0x5      BCF STATUS,RP0
   004A  0181   CLRF 0x1          CLRF TMR0
              ——选择 BANK0,将累加器 TMR0 清零。
16:              enable_interrupts(INT_TIMER0);
   004B  168B   BSF 0xb, 0x5      BSF INTCON,TMR0IE
              ——打开 TMR0 中断。
17:              enable_interrupts(GLOBAL);
   004C  30C0   MOVLW 0xc0        MOVLW B'11000000'
   004D  048B   IORWF 0xb, F      IORWF INTCON,F
              ——将 GIE、PEIE 置位,打开外设中断及总中断。

18:              while(1)
19:              {      }
   004E  284E   GOTO 0x4e         GOTO 0x4E
              ——进入循环。
20:              }
21:
   004F  0063   SLEEP             SLEEP
```

以上汇编程序都添加了详细的注释,如果读者对汇编比较熟悉,可以很轻松地看懂这段程序。从这个意义上说,懂得汇编程序也是很重要的。

与实验 1 的汇编程序比较起来,它的指令数量还是多些,主要体现在两个地方;

(1) 中断的现场保护和现场恢复,它用到了数量众多的寄存器和指令,除了例行保护 W,STATUS,PCLATH 寄存器外,还预留了保护其他变量的存储单元,这种保护方式考虑了"极限"的情况。而实验 1 的中断没有用到现场保护,原因是程序简单,代码量小,且都在页面 0,不存在跳转、数学计算等复杂状况,故没有中断保护程序也可正常运行。但即使添加常规保护,中断的代码量也不会有这么大。

（2）主程序初始化之前,编译器会自动屏蔽与工作无关的其他外设模块,避免它们对当前端口的工作造成负面影响,如"void main( )"之后的汇编语句,它将与 AD 转换器、比较器有关的端口全部设置为数字端口,因为有的端口缺省态为模拟态。这样做使得编制程序的工作更加省心。

而实验 1 没有这些内容,这是因为程序的工作与 RA、RE 端口无关。

对于 PIC16F193x 系列,在 PIC16F877A 的基础上,它的引脚复用功能增加了不少,此时如果用汇编,在使用某个功能时,总想着要屏蔽该引脚的其他几个功能,这使编程很费心。但是如果用 C 编译器,使用某引脚的此功能时,它会自动屏蔽彼功能,这使编程工作轻松不少。

程序的最后有 Sleep 指令,其实在这里,它是无效的,如果没有 while 循环,它便会生效。使用 GOTO 指令前,都会预置 PCLATH 寄存器的值,这样做是为了 GOTO 指令能够正确跳转,其原因在汇编语言章节 3.14 有详细的说明。

在汇编程序中,STATUS 寄存器的 IRP 位用得较少,为什么这里会用到,汇编语言章节 3.13 也有详细的说明。

从展开后的程序可以清晰地看到中断执行的轨迹,过程中汇编器自动将中断标志 TMR0IF 清零,于是 C 语言部分可以忽略这个动作。

第 21 章
新型 8 位 MCU 及特色

21.1　新型 8 位 MCU 系列及特点

　　为了迎合不同的市场需求，Microchip 这些年来推出了很多新型号的 MCU 产品。笔者将编译器 PCM_v5.050 版本中包含的中级型号（全部在产）进行了归纳整理，制成了 8 个附录，分为 A、B、C 三大类，数字后缀仅代表列表序号。表格中将每种型号的具体配置进行了详细的排布，以便读者在设计时能够合理地选型。

　　翻看附录，可以发现 MCU 产品存在不同的系列，只有同系列的产品配置才最为相近。并且，表格按照出厂年代对它们进行了区分。附录 A 中的型号多为前期产品，它们的配置具备通用型特点，至今仍然流行，本书的内容非常适合于学习前期产品。附录 B、C 中的型号多为后期产品，这类产品的模块配置较之前增加了很多，且不同的系列对应着不同的配置。仔细观察，可以发现，配置逐渐面向专业应用，但基本可以涵盖通用功能。

　　Microchip 公司认为：嵌入式 MCU 内部模块的配置会更加偏重于专用化，去除不必要的设计，这将是未来芯片设计的思路之一，特别是对于一些注重低成本的产品，如医疗领域的一次性产品，芯片的模块配置更需简化和专用，以减少一切不必要的成本和浪费。

　　以下按照出厂年代，对后期产品的所有系列进行了分类说明，让读者对它们的特色及演变有一个大致的了解。

　　(1) PIC16HV61X 系列（2009 年）

　　该系列是为简化供电电源而设计的。HV（High Voltage）是高压的意思。当系统仅有的电源电压显著高于 MCU 的 V_{dd} 时，可以使用 HV 系列产品，从而省去稳压器等降压模块，这类产品内置了 5V 并联稳压器（Shunt Voltage Regulator）。假设系统电压 50V，串联 R 和 $9R$ 两个电阻分压，电阻 R 的端压为 5V，这是静态情形，若把

R 换为 MCU(动态),电压不易稳在 5V,随 MCU 工作电流的不同,其端压也会变化,这是不希望的情形。5V 并联稳压器是一个反馈系统,它在片内与 MCU 的 V_{dd} 并联,通过调节自身电流来稳定 V_{dd}。外部串联电阻"9R"的取值是有讲究的,具体可见文档 AN1035 的说明。

(2) PIC16F150X 系列(2011 年)

该系列率先在业界创新性地增加了 3 个新模块:CLC 模块(可配置逻辑单元)、NCO 模块(数控振荡器)和 CWG 模块(互补波形发生器)。

CWG 的亮点:CWG 模块只需要一个输入的过程,就可以直接输出两个互补的信号;一般控制信号不能控制死区,但 CWG 能够实现死区控制。而且,马达或者电源有时需要很快地关闭或者关断输出信号,CWG 也具备自动关闭和自动控制功能。另外,CWG 模块还可以自定义选择输入源。

(3) PIC16F145X 系列(2012 年)

面向 USB2.0 通信而设计,该系列所有产品均具备 USB 通信所需的精确度为 0.25% 的内部时钟源。引脚数量为 14~20,是当时 Microchip 成本最低且外形尺寸最小的 USB MCU。该系列的三款产品采用小至 4×4 mm 的封装,具有广泛集成外设,有助于实现需要 USB 连接和电容式触摸传感功能的嵌入式应用,如脉博血氧仪、电脑配件及安全适配器等。

(4) PIC16F1512/13 系列(2012 年)

与 PIC16F151X 家庭的其他成员(特点为本书内容)相比,这两款新器件提供了更多的模拟功能,包括一个 10 位 ADC 和 CVD(硬件电容分压器),它们联合起来可以实现 mTouch 电容式触摸感应功能。额外的控制逻辑实现自动化的的触摸采样,从而降低了软件大小,使 CPU 有更多的精力处理其他任务。

(5) PIC16F178X 系列(2012 年)

该系列主要为开关电源、电机控制、LED 照明系统而设计。它内置 12 位 ADC、8 位 DAC、运放、高速比较器。其 16 位 PWM(PSMC)可实现业界最高级先进控制。

它实现了先进的模拟器件集成,包括用于测量极小电压及实现 mTouch 容性传感的片上 12 位 ADC,以及产生高分辨率电压基准的 8 位 DAC。另外,片上还包括 50 ns 快速响应时间的模拟比较器。PSMC(可编程开关模式控制器)兼容 ECCP,可以生成几乎所有的 PWM 控制波形。

(6) PIC16F753(2013 年)

该型 MCU 的最大特色是配备了功能强大的 COG(互补输出发生器),它可为比较器和脉宽调制(PWM)外设输入提供非重叠、互补的波形;同时还可实现死区控制、自动关断、自动复位、相位控制和消隐控制。此外,它还配备了一个增益带宽积(GB-WP)为 3 MHz 的运算放大器(OPA),以及一个有助于开关电源应用的斜坡补偿电路(SC)。

PIC16F753 具有更多智能模拟功能,有助于提高系统性能和效率,同时降低系统成本,尤其对于较新的 LED 照明和智能能源应用。凭借集成 COG、高性能比较器和针对直驱 FET 的 50 mA 输出等众多片上通用和专用外设,该型 MCU 可满足各种应用需求。

高电压版(HV)采用了并联稳压器,允许在 2V 至未指定用户定义最大电压等级下工作,工作电流小于 2 mA。高电压版本非常适用于那些具备高电压电源轨的成本敏感型应用。此外,8 通道 10 位 ADC 可用来实现各种传感器和 mTouch 电容式触摸感应功能。

该产品是通用应用,以及电源、电池充电、LED 照明、电源管理和电源控制/智能能源等应用的理想选择。

(7) PIC16F170X/171X 系列(2013 年)

该系列集成了一套丰富的智能模拟和 CIP,采用了性价比极高的价格定位。

芯片内置了两个运算放大器,可用来驱动模拟控制回路、放大传感器信号或进行基本信号调理。片内的过零检测(ZCD)可以简化 TRIAC 控制并尽量减少开关瞬变引起的电磁干扰(EMI)。

此外,该系列还是 PIC16 MCU 家族中首个带有外设引脚选择(PPS)功能的MCU 系列,而这一引脚映射功能可以帮助设计人员灵活指定许多外设功能的引脚排列。

PIC16F170X/171X 系列集成了多种 CIP,如可配置逻辑单元(CLC)、互补输出发生器(COG)和数控振荡器(NCO)等,这些外设的功能会在下一节作介绍。

作为通用型 MCU 产品,PIC16F170X/171X 系列适用的应用市场广泛。例如:消费类(家用电器、电动工具和电动剃须刀)、便携式医疗(血压计、血糖仪和计步器)、LED 照明、电池充电、电源供应以及电机控制。

(8) PIC16F161X 系列(2014 年)

该系列配备了包含 PID 控制算法的数学运算加速器,可以实现完全独立于内核的计算,如 16 位数学计算和 PID 运算。

配备了角定时器(AngTmr)硬件模块,能够针对诸如电机控制、TRIAC 控制或电容放电式点火(CDI)控制等功能计算旋转角度并进行角度定位。配备了 24 位信号测量定时器(SMT),它能够以硬件方式测量高分辨率的数字信号,从而得到更为精准的测量结果,适用于速度控制、测距和转速测量。

内置过零检测(ZCD)模块,能够检测交流电路电压,指示过零状态。简化 TRI-AC 控制应用大大降低了对 CPU 的要求和元器件成本。

集成全新的大电流 I/O(100 mA)端口、可配置逻辑单元(CLC)以及 I^2C、SPI 和 EUSART 通信接口,这些配置有助于加快设计速度、简化片外硬件并更为灵活。含有窗式看门狗定时器(WWDT),它能监测在预先设定好的范围内软件是否正常运行,进而提升可靠性。

内置了循环冗余校验和存储器扫描功能(CRC/SCAN),该功能能够对存储器进行检测和扫描,找到遭破坏的数据。利用能够监测各种硬件故障(暂停或停止等)的硬件限制定时器(HLT),用户如今能够在无需或稍需 CPU 的干预下监测系统的运行并确保安全。

此外,该系列产品还采用了低功耗 XLP 技术以及 8、14 和 20 引脚的小型封装。

(9) PIC16F176X 系列(2014 年)

该系列主要为开关电源系统和 LED 调光系统设计。它是首款可提供多达 2 个独立闭环通道的 PIC MCU。这是通过新增的可编程斜坡发生器(PRG)来实现的,该发生器可自动实现坡度并进行斜坡补偿,提高了混合电源转换应用的稳定性和效率。此外,PRG 还可对系统变化做出实时的、快至纳秒级的响应,而无需 CPU 对多个独立功率通道进行交互,这可以加快研发进度,减少元件数量,同时提升系统效率。

PIC16F1769 系列集成了多个智能模拟单元和数字外设,包括三态运放、10 位 ADC、5 位和 10 位 DAC、10 位和 16 位 PWM、高速比较器以及 2 个 100 mA 大电流 I/O。这些集成外设结合在一起可有助于支持多个独立闭环功率通道和系统管理的需求,并且为简化设计提供了一个 8 位平台。

除电源转换外设之外,该系列还拥有独特的基于硬件的 LED 调光控制功能,该功能通过数据信号调制器(DSM)、运放以及 16 位 PWM 的互连实现。这些外设相结合创建了 LED 调光引擎,它能实现同步切换控制并消除 LED 电流过冲和衰减。而输出开关的同步有助于平滑调光,最大限度地减少颜色漂移,延长 LED 使用寿命并减少发热。

该系列产品还备有多个 CIP,如可配置逻辑单元(CLC)、互补输出发生器(COG)和过零检测(ZCD),这些 CIP 将 MCU 的性能提升到了一个新的水平。

Microchip 声称该系列真正强大的功能在于能够实现片内外设的互连,从而根据特定的应用来创建定制化功能。再加上能够同时控制独立闭环通道,其功能远远超出了传统低成本的 8 位 MCU。

(10) PIC16F157X 系列(2016 年)

PIC16F157X 系列的突出特点是 PWM 的能力和精度。它们是首批带有 4 个 16 位 PWM 且各自均有独立定时器的 8 位 PIC MCU。该系列采用 14-20 引脚封装。

集成的 16 位 PWM 不仅具有典型的 PWM 模块功能,而且具有其他一些高级功能。它们是多功能外设,可以灵活地参与许多应用。16 位 PWM 可以在精度、效率和 EMI 性能三者之间进行优化。它还可以配置为通用定时器,提供 4 个额外的 16 位定时器。一旦配置完毕,16 位 PWM 可以完全独立于内核工作,允许内核执行其他任务。每一个 16 位 PWM 可以用于互补波形发生器(CWG),它能通过控制关键参数实现自动互补输出控制,如死区控制和自动关机。

片内 10 位 ADC、5 位 DAC、基准电压 FVR 和比较器可以在内部连接构成闭环反馈,无需使用引脚或占用 PCB 空间。这样可以降低元器件成本,提高灵活性和简化 PCB 设计。

(11) PIC16F18877 系列(2016 年)

该系列比较前卫,它拥有丰富的 CIP,功能强大。它是首批将 ADC 与计算功能结合在一起的 MCU,可实现输入和传感接口功能(如以硬件而非软件进行累加、求平均值以及低通滤波器计算),具备使其得到广泛应用(如消费电子、IoT 和安全系统)的 CIP。这些新产品也是首批运用空闲(Idle)和打盹(Doze)模式来增强 Microchip 超低功耗(XLP)技术的 PIC16 系列 MCU。此外,它们还是首批可禁止外设模块(PMD)的 8 位 MCU,如可将外设从电源轨和时钟树上移除,从而使漏电降至零。其他诸如硬件限制定时器(HLT)等集成 CIP,组合起来可以轻松保证系统安全运行。

该系列向下兼容 PIC16F183XX(2015 年)系列。Microchip 声称,这两个产品系列在功能和性能上都远远超越传统的 8 位 MCU,它们是 8 位 MCU 市场领导地位的最新标志。

从以上不同年代 8 位 MCU 的发展历程看,外设模块的物理集成度越来越高,但这种集成并不是胡乱的搭配,而是有着很强的目的性,文中已有说明。不同的搭配面向不同的应用系统,并寻求应用系统在芯片上的最大化解决方案。

回过头来看,若 MCU 未实现这样的集成,相关的功能是不是不能实现呢?回答是仍然可以实现,相关的外设之前都有独立模拟或数字芯片可以替代,但是像这样,元器件(外设模块)会变得分立,不容易使产品小型化、轻量化。

外设模块如果以分立器件存在,会更加容易使用。运放或比较器一般都以独立芯片的形式存在,用户看看说明就知道大致用法。但如果集成到 MCU 内部,用户需要熟悉 MCU 的软硬件才能"驱动"它们,可见使用门槛被抬高了。

外设的高度集成,面向的是更加专业的用户,比如开关电源,模块化、小型化、轻量化、高功率密度是发展趋势,那么控制部分就必须尽量小巧,外设高度集成的 MCU 刚好迎合了这种设计需求,如本章介绍的不少外设就是面向开关电源的。

外设的高度集成,也面向对产品成本、体积、重量、功能密度非常敏感的用户,比如消费类电子产品,医疗电子产品等,这类产品市场需求量大,更新换代也快。另外,微小的成本差也是设计者需要考虑的。

随着 MCU 集成了越来越多的外设,分立器件的市场也在逐渐萎缩,比如独立的 ADC、DAC 芯片,逻辑电路芯片 CD4000 系列、LS 系列等出货量大不如前,为了维持一定的利润,它们也在抬高价格。可见,外设在 MCU 内部的高度集成也是为了占领更大的市场。

如果对应用场合没有以上特殊的要求,也可以采用通用 MCU 结合片内或片外外设来达到设计目的,虽然这样会增加一定的成本及软硬件消耗,但整体构思会更加灵活。

对于初学者,如果想从了解硬件入手,笔者不建议一开始就接触这些前卫的机型。如果想让这些机型很快发挥作用,熟悉 C 语言是必要的,另外,对硬件也要有一定的了解。

　　下面章节对独立于内核的外设 CIP 和智能模拟器件作简单介绍，让读者能有大致了解。如果想往某个方面深钻，可结合工作实际并参看相关外设的说明文件。

21.2　独立于内核的外设 CIP

　　独立于内核的外设，其英文名为 Core Independent Peripherals，简称 CIP。主语是"外设"，"独立于内核"是定语，强调外设在之前所不具备的特点。本章内容将用 CIP 简称来取代这一概念。

　　具备 CIP 功能的 MCU，其综合性能会提升到一个新的高度，它会使控制系统的集成度更高。面向特定的领域，其开发工作会变得更加简便，同时通过软件能嵌入更多的其他功能。

　　附录 B 和附录 C 囊括的机型都包含 CIP，随机型的不同其数量有多有少。

　　CIP 的主要特点如下：

　　（1）自维持运行

　　某个 CIP 一旦在系统中启动，它自身便进入稳定的闭环嵌入式控制状态，而无需 MCU 内核介入，此时 CPU 可以进入空闲态（Idle）或睡眠态（Sleep）以节省系统能耗。

　　（2）无需 CPU

　　CIP 在芯片内部具有巧妙的互连方式，从而无需额外代码或 CPU 中断便能几乎零延时地共享数据、逻辑输入或模拟信号。这一点使 CPU 得到了很大的解放，CPU 可以专注于其他系统任务，与没有 CIP 的 MCU 相比，程序代码会用得更少。

　　（3）大幅节省硬件开销

　　通过释放 CPU，具备 CIP 功能的小型低功耗 MCU 可以执行异常复杂的任务，如大功率照明控制和通信。此外，可以将这些集成外设取代片外分立元件来大大地降低元器件成本。

　　PIC16 系列 MCU 包含如下 CIP，下面作简要说明。

　　（1）循环冗余检查模块（CRC Module）

　　循环冗余校验码是数据通信领域中最常用的一种查错校验码，其特征是信息字段和校验字段的长度可以任意选定。循环冗余检查（CRC）是一种数据传输检错功能，对数据进行多项式计算，并将得到的结果附在帧的后面，接收设备也执行类似的算法，以保证数据传输的正确性和完整性。它只能以最大的概率发现数据传输的错误（各种干扰导致），并不能纠错；当发现并接收错误，提示对方重发，直到无差错为止。传统的 MCU 通常用软件实现 CRC，新近出现的 MCU 把这个做成了硬件。

　　硬件 CRC 模块提供先软件配置进而由硬件实现的 CRC 校验功能，它能实现自动多项式生成和 FlashROM 数据完整性校验,也可在被配置后为存储器和通信数据提供 16-bit CRC 校验。

CRC 的原理及使用可见 Microchip 技术文档 TB3128、AN1817 的说明。

其特点:

① 常用的是从 2-bit 到 16-bit 的 CRC 校验,用于存储器数据和通信数据;

② 通过后台扫描自动生成 CRC 校验和;

③ 对通信数据计算 CRC 校验和;

④ 生成可配置的多项式(对所有标准 CRC 的执行);

⑤ 校验和不匹配时会检测到错误的数据;

⑥ 所有存储器的扫描操作都通过软件控制。

其优点:

① 能使代码和数据信息更趋完整;

② 软件配置的方式使得 CRC 操作容易更新和修改;

③ 使得安全标准(如 Class B,UL 等)更容易实现;

④ 在 Sleep 态下仍可工作。

(2) 16 位脉宽调制器(16-bit PWM)

第 9 章对 10 位 PWM 有详细的讲解,由此推断,16 位 PWM 能提供更高的分辨率,通常的 PWM 功能包含于 CCP 模块中,但这里 16 位 PWM 是个单独的 CIP 模块,它有专用的独立时基。

16 位 PWM 是电源、LED 照明、色彩混合和电机控制应用的理想选择。其原理可见 Microchip 技术文档 DS90003137B_CN(TB3137)的说明。

其特点:

① 能实现周期、相位、占空度、偏移控制;

② 存在 4 种工作模式:标准、中间对齐、输出恒为高(当定时器计数值与设定值相等时)、输出随相邻周期序列进行高低电平切换(具体可见芯片手册的说明);

③ 能够灵活地使用多 PWM 输出,如使用 offset 寄存器设置交错输出;

④ 可选的内部或外部时钟源;

⑤ 专用的 16-bit 定时时基,可以生成 4 种比较模式,也可当作常规的 16-bit 定时/计数器使用;

⑥ 与 DSM 联合使用可以生成 LED 调光引擎。

其优点:

① 利用中间对齐方式降低 EMI;

② 智能型 PWM 波形重配置;

③ 利用中断方式触发事件;

④ 精准的占空度控制,能用很小的步长调整占空度,进行更加平滑的转换。

（3）可配置逻辑单元（CLC）

CLC 可定制组合逻辑和时序逻辑。它还使能了外设和 I/O 的片上互连，由此可减少使用外部元件、节省 FlashROM 空间并且增加功能密度。其具体原理可见 Microchip 技术文档 DS90003133A_CN（TB3133）的讲解。

其特点：

① 组合逻辑（AND/OR/XOR/NOT/NAND/NOR/XNOR）；

② 时序逻辑（SR 锁存器、带时钟的 D 触发器、透明 D 触发器、带时钟 JK 触发器）；

③ 带运行时间控制的可定制逻辑；

④ 高达 32 个片内或片外输入源，输入可来自寄存器位或片内时钟源；

⑤ 输出可送至 I/O 端口或片内其他外设；

⑥ 可通过 Microchip 的代码配置器（MCC）进行配置。

其优点：

① 增强片上互联；

② 减少原件数量和 PCB 面积；

③ 快速事件响应；

④ 在 Sleep 态下仍可工作。

（4）角度定时器（AngTMR_Angular Timer）

角度定时器也可称作角区间计数器，它可将周期信号分割为较小的时间间隔并将基于时间的信号转换为基于角度/相位的信号。比如说，钟表上的时针、分针、秒针，它们的转速是不同的，各自有不同的旋转周期；但不管是哪种针，将周期值 N 等分（N 越大角度定位越准确），然后通过计算得到(1/4)*N 的值，这个时间值对应的角度就是 90°（或接近），即 3 点处。所以，AngTMR 可以将时间变量转化为与角度有关的位置变量。

AngTMR 能在每个角度区间尾部触发中断，中断数基于用户希望每个旋转周期分割为多少个角度区间（分辨率），捕捉/比较模式下也可在特定角度处触发中断。为了完成该操作，AngTMR 使用几个计数器来执行硬件除法并在期望时刻触发中断。

当需要在周期信号的特定角度/相位处触发事件时，AngTMR 非常有用。例如，电机控制就是该模块的一个较好的应用。如果直流电机传感器在电机每旋转一次产生一个脉冲，并且用户希望在每次旋转的 30°和 90°处触发事件。若如此，那么 AngTMR 再合适不过了。另外它也可用于机动车内燃机的点火系统，它可以根据发动机的旋转角度实现精准的点火位置控制，且不论发动机的转速高低。

AngTMR 的具体原理可见 Microchip 技术文档 DS90003143A_CN（TB3143）的讲解。

其特点：

① 对于旋转和周期性事件，可以自动提供相位/角度转换，比如电机、AC 交流信

号、TRIAC 控制等；

 ② 将时基信号值转换成角度值；

 ③ 生成基于角变量的中断；

 ④ 侦测丢失的事件；

 ⑤ 简化代码开发工作，用于与角度变量有关的程序；

 ⑥ 可对频率的变化进行自动调整；

 ⑦ 可简化相关的数学运算。

其优点：

 ① 增加控制精度；

 ② 改善系统性能；

 ③ 减少代码数量；

 ④ 在 Sleep 态下仍可工作。

（5）高耐擦写 Flash 单元（HEF_High Endurance Flash）

它相当于片内 EEPROM，但不是真正的 EEPROM，它是 EEPROM 的廉价替代品。具体不同可见第 17.5 章节的说明。

HEF 是一个包含若干存储单元的存储区，位于 FlashROM 的顶部。

（6）数学运算加速器（MathACC_ Math Accelerator）

数学运算加速器提供完全独立于内核的运算功能。具备 16 位数学运算和 PID 运算能力。CPU 卸下这些重担之后，能够有更多的精力处理其他任务，降低 FlashROM 空间的占用，并降低系统功耗。

其特点：

 可进行常规的数学运算和 PID 运算，如：

 ① 相乘、相加和累加运算；

 ② 8 位到 16 位的运算数可得到 35 位的运算结果；

 ③ 4 种操作模式；

 ④ 相乘和累加；

 ⑤ 相加和相乘；

 ⑥ 简单乘数；

 ⑦ 有符号数和无符号数相乘；

 ⑧ 可编程的 PID 控制；

 ⑨ 基于可配置的 Kp，Ki，Kd 常数进行 16 位 PID 运算，得到 34 位的结果。

其优点：

 ① 提升数学运算性能；

 ② 减少代码数量；

 ③ 加速 PID 控制过程。

（7）可编程开关模式控制器（PSMC _Programmable Switch Mode Controller ）

PSMC 是一款带有 6 个可配置输出的高性能 16 位脉宽调制器,具有多种工作模式。PSMC 配置了专用的 64 MHz 时钟,并且可灵活地与外部输入和集成的外设/时钟源连接,这些特性使得 PSMC 可在 8 位 MCU 上提供最高级别的高级 PWM 控制和精度。PSMC 可以简化多种应用的实现,例如:电机控制、照明和电源。PSMC 的具体原理可见 Microchip 技术文档 AN1468 的说明。

其特点:

① 16 位 PWM,最多可提供 6 个可配置输出;

② 各种时钟源:外部时钟、系统时钟和独立的 64 MHz 振荡器;

③ 各种输入源:来自比较器、外部引脚或其他外设;

④ 消隐控制,用于瞬态滤波;

⑤ 独立上升沿/下降沿控制;

⑥ 带独立上升沿和下降沿控制的死区;

⑦ 极性控制/自动关断和重启;

⑧ 输出门控——外部控制的激活/停用;

⑨ 灵活的 PWM 输出模式。

输出模式/目标应用:

① 更高效的单周期指令,用于步进电机控制、有刷直流电机控制、电源;

② ECCP 兼容全桥 PWM,用于有刷直流电机控制;

③ 推挽 PWM（＋比较器输出）,用于半桥和全桥电源、同步驱动电路;

④ 脉冲跳跃 PWM（＋比较输出）,用于高效变换器、电压模式控制器;

⑤ 推挽 PWM,具有 4 个全桥输出（＋比较器输出）,用于 DC/AC 逆变器、D 类输出驱动、感应电机驱动;

⑥ 变频——固定占空比 PWM（＋比较输出）,用于谐振变换器、荧光灯调光镇流器;

⑦ 三相 PWM,用于三相 BLDC 电机、交流逆变器。

（8）温度指示器（TempIND_Temperature Indicator）

用于测量硅裸片的工作温度,其输出是与芯片温度成比例的电压。温度指示器的输出在片内与 ADC 连接。电路可以用作温度阈值检测器,也可以用作更精确的温度指示器,这取决于所执行的校准级别。执行单点校准时,电路可以指示邻近该点的温度;执行双点校准时,电路可以更精确地检测整个温度量程。TempIND 的具体原理可见 Microchip 技术文档 AN1333、AN2092 的讲解。

其特点:

① 提供集成的温度测量;

② ±5℃ 的测量误差;

③ −40℃ 至 85℃ 的测量范围;

④ 在片内与 ADC 连接；

⑤ AD 转换结果随温度而变化。

其优点：

① 低成本温度测量方式；

② 不需要外部硬件支持；

③ 通过温度控制改善 RTC 的运行精度；

④ 在 Sleep 态下仍可工作。

(9) 硬件限制定时器(HLT_Hardware Limit Timer)

硬件限制定时器是 PIC 单片机的增强型 Timer2 模块，它是通过硬件产生的各种信号(边沿或电平信号)来控制累加器 TMR2 启动、复位、停止的定时器系统。传统的定时/计数器只能通过软件指令来实现这些操作，在这里，硬件信号也可以参与进来。

HLT 添加了异步外部复位功能和单事件功能，它可以基于外部事件启动、停止和复位。这个外部信号可以来自外部输入引脚，也可以由 CIP 外设产生，如比较器或过零检测(ZCD)的输出信号。该定时器可以在预期事件丢失时产生中断信号。

HLT 的具体原理可见 Microchip 技术文档 DS90003122A_CN(TB3122)的讲解。如果读者熟悉了本书几种定时器的工作原理，那么搞清楚 HLT 的工作原理也不是一件很困难的事情。

HLT 能用硬件方式在安全关键型应用中实现故障检测，可由硬件探测丢失的周期事件，可用于异步模拟反馈系统。该片上外设可以检测外部硬件故障状况，例如电机控制应用中的堵转和停止状况。此外，还可以用于任何依靠外部信号的精确计时应用。

其特点：

① 带片外复位输入的周期定时器；

② 可选择的事件触发方式；

③ 多种工作模式可供选择；

④ 7 种时钟源可供选择；

⑤ $\frac{1}{4}$ 指令周期的分辨率；

⑥ 可当做常规的 8 位定时/计数器使用，且附带片外信号复位功能(如同 ETimer1)。其优点：

① 降低程序代码的复杂程度；

② 没有用于检测启动的程序代码；

③ 没有用于管理定时器的程序代码；

④ 在 Sleep 态下仍可工作。

（10）24 位信号测量定时器（SMT_24-bit Signal Measurement Timer）

SMT 是 24 位的计数器，它运用了高级时钟和门控逻辑功能。它可用于测量一系列的数字信号如脉宽、频率、占空度、两个信号的边沿相隔时间等。

常规计数器最大可达到 16 位，最大计数值为 65536。SMT 在这个基础上扩展了一个字节，最大计数值可达到 65536×256。可见它能捕捉到更大的脉宽，捕捉的精度也会更高。SMT 的具体原理可见 Microchip 技术文档 DS90003129A_CN（TB3129）的讲解。

其特点：

① 对任何数字信号均能进行精确的测量；

② 测量的分辨率可达到 24 位精度；

③ 提供相对定时测量；

④ 多个中断源，包含周期值匹配中断、对周期值计数完毕中断、对脉宽值计数完毕中断、2 个捕捉中断；

⑤ 灵活的多个输入信号源；

⑥ 可当作常规的 24 位定时器使用；

⑦ 可用作自定义数字协议解码。

其优点：

① 减少代码数量；

② 对变化的输入信号能产生快速响应；

③ 在 Sleep 态下仍可工作。

（11）数控振荡器（NCO_Numerically Controlled Oscillator）

NCO 外设可用于需要高精度线性频率控制的应用设计，例如，照明控制、音调发生器、无线电调谐电路、荧光灯镇流器和 D 类音频放大器。

NCO 提供了一种可编程高精度线性频率发生器，频率范围从低于 1 Hz 到 500 kHz。NCO 采用直接数字合成（DDS_Direct Digital Synthesis）技术产生波形，DDS 是一种利用数字形式的时变信号通过 DAC 产生模拟波形（通常为正弦波）的技术。

NCO 模块根据 DDS 原理工作，即重复地将一个固定值与累加器相加。执行的加法是带进位加法，而余数在发生溢出后会保存在累加器中，累加器溢出值是原始 NCO 输出。NCO 用作一个 20 位定时器，使用累加器溢出值对输入频率进行分频并产生输出信号。NCO 的具体原理可见 Microchip 技术文档 DS90003131A_CN（TB3131）的讲解。

其特点：

① 16 位数字频率控制精度，最大可实现 500 kHz 输出；

② 20 位数字频率控制精度，最大可实现 32 kHz 输出；

③ 源时钟输入频率可达 0.0001% 的步长；

④ 多个时钟源；

⑤ Sleep 态下仍可工作；

⑥ 2 种输出模式：锁定 50％占空比输出、脉冲频率调制输出；

⑦ 可以当作常规的 20 位定时/计数器使用；

⑧ 真正的线性频率控制；

⑨ 更高的频率调整分辨率。

(12) 外设引脚选择模块(PPS_Peripheral Pin Select)

PPS 模块决定片内外设的某个输入或输出信号是如何跟 MCU 引脚互连的。它通过内部多路复用器将任何数字外围配置到任何引脚，确保布局灵活性和消除引脚功能重叠。

PPS 模块的功能随 MCU 的型号不同而不同，有的具备全 PPS 功能，有的只具备部分 PPS 功能。PPS 的具体原理可见 Microchip 技术文档 DS90003130A_CN(TB3130)的讲解。

其特点：

① 可配置任何数字外设到任何引脚；

② 为集成的数字资源提供优化使用，增加设计的自由度；

③ 灵活的引脚功能分配；

④ 可将外设输出连接到多个引脚以增加电流驱动能力；

⑤ 运行时可进行引脚分配。

其优点：

① 为外设资源的整体优化而消除引脚功能重叠；

② 简化和优化移植过程；

③ 提升 PCB 布线的灵活性。

(13) 窗式看门狗定时器(WWDT_Windowed Watch Dog Timer)

标准 WDT 在第六章已经有过详细的说明，新推出的 WWDT 与之不同的是"clrwdt"指令必须安排在溢出时刻之前一个特定的窗口(上下限)时间里。如果在窗口时间之外执行该指令，就会导致 CPU 被强行复位(程序会重新执行)，类似标准WDT 计数满溢出的效果。

WWDT 的具体原理可见 Microchip 技术文档 DS90003123A_CN(TB3123)的讲解。

其特点：

① 在一个可配置的苛刻的时间窗口内监测软件的运行故障；

② 支持标准 WDT 功能；

③ 碰到如下 2 种情况就会复位 CPU：

当 WWDT 发生上溢出时(标准 WDT 功能)；

当 WWDT 发生下溢出时。

④ 窗口的起止区间可设定为 WDT 周期值的 12.5％～100％。

其优点:

① 监视对定时要求苛刻的功能;

② 使得安全标准(如 Class B，UL 等)更容易实现;

③ 在 Sleep 态下仍可工作。

(14) 互补波形发生器(CWG_ Complementary Waveform Generator)/互补输出发生
器(COG_ Complementary Output Generator)

CWG 基于某一个可选输入源来产生两个互补输出波形,这些输入源可以是连
到相关引脚的外部输入,也可以是来自其他片内外设的输出。CWG 可以产生带上
升沿和下降沿死区控制的互补波形,使能高效同步开关。CWG 还集成了自动关闭
和自动重启功能,并且可直接与其他外设/外部输入连接。COG 改进了 CWG 的功
能,增加了消隐控制(Blanking control)和相位控制。

通过两个独立的输入源控制单个或互补的 PWM 输出周期及占空比,这是 CWG
的一个很强大的功能。有了这一功能,再加上对其他关键参数如死区、消隐、相位、极
性、自动关断和自动恢复的良好控制,使得 CWG/COG 成为电源转换应用、电机驱动
应用的理想选择。CWG 的具体原理可见 Microchip 技术文档 DS90003118A_CN
(TB3118)的说明。

其特性:

① 提供非重叠的互补波形;

② 可对接各种输入源,包括比较器、PWM、CLC 和 NCO;

③ 消隐控制,用于瞬态滤波(仅限 COG);

④ 相位控制,用于输出延时(仅限 COG);

⑤ 自动关闭/自动重启;

⑥ 独立的上升沿和下降沿;

⑦ 死区控制;

⑧ 极性控制;

⑨ CWG/COG 的工作模式:半桥模式、正向全桥模式、反向全桥模式、推挽模
式、转向 PWM 模式。

21.3　片内智能模拟器件

越来越多的嵌入式设计从分立的模拟器件向利用 MCU 进行智能控制的片内模
拟器件过渡。其众多优势包括更高的可靠性、更低的总成本和更高的功能密度。

Microchip 近些年推出了智能模拟系列 MCU。附录 B 和附录 C 囊括的机型都
包含有智能模拟器件。片内智能模拟器件的主要特点如下:

① 紧密整合

片内模拟器件可以与 CIP 外设相结合,用于高级闭环控制。这种结合为许多应用提供了更高效的控制,可用于功率转换和基于传感器的系统。

② 极其稳健

将模拟器件集成到 MCU 内部,可以解决所有的噪声和延时问题,使得调试时间更短,产品能更快上市。

③ 缩小尺寸

通过将分立器件的功能整合到 MCU 中,设计人员可以大大缩小系统尺寸。

④ 更低成本

减少外部元件数和缩小 PCB 尺寸,两者均可降低设计单价。

PIC16 系列 MCU 包含如下智能模拟器件,下面作简要说明。

(1) 数据信号调制器(DSM_Data Signal Modulator)

DSM 是一种外设,用户可以通过它将数据流与载波信号进行混合来产生调制输出。载波和调制器信号均送到 DSM 模块输入端,信号可以来自片内或是某个外设的输出,也可以通过某个输入引脚从片外获得。

调制输出信号的产生方式是:对载波和调制器信号执行逻辑与操作,然后送到模块输出引脚上。载波信号由两个不同的独立信号组成:载波高(CARH)信号和载波低(CARL)信号。载波信号的频率通常高于调制器信号。DSM 的具体原理可见 Microchip 技术文档 DS90003126B_CN(TB3126)的说明。

其特点:

① 将载波信号和数字信号调制后生成自定义的载波同步输出波;

② 将片外源信号以“与/或”方式组合;

③ 输出端极性选择;

④ 可产生频移键控(FSK)、相移键控(PSK)、开关键控(OOK)三种调制方案;

⑤ 与 16-bit PWM 搭配后组成 LED 调光引擎。

其优点:

① 平滑信号切换;

② 降低程序代码开销;

③ 用于 LED 调光,可以减少发热、延长 LED 寿命、最小化色偏;

④ 在 Sleep 态下仍可工作。

(2) 运算放大器(Op Amps_Operational Amplifier)

Op Amps 具备集成的信号调理功能。通常的 Op Amps 以分立器件存在,这里把它集成到了 MCU 内部。

OPA 的具体用法可见 Microchip 技术文档 DS90003132A_CN(TB3132)的说明。

其特点：

　　① 对片内或片外信号进行调理的功能；

　　② 提供满摆幅输入输出；

　　③ 2M 的增益带宽积；

　　④ 多种信号输入源可供选择（信号可来自外部引脚、电压基准源 FVR、DAC）；

　　⑤ 输入信号的泄漏电流很低，输入失调电压经过出厂校准；

　　⑥ 可选的单位增益模式；

　　⑦ 存在片内或片外输出端，所有的输入输出端口都可连接至片外引脚。

其优点：

　　① 在进行信号调理或反馈时能实现更高的集成度；

　　② 关键参数可在运行时配置；

　　③ 降低元器件成本；

　　④ 减少 PCB 占用的物理空间；

　　⑤ Sleep 态下仍可运行。

（3）过零检测器（ZCD_Zero Cross Detect）

　　ZCD 模块可以精确地检测交流电的过零点，该功能通常由分立器件构成，这里把它集成到了 MCU 内部。

　　ZCD 的具体原理可见 Microchip 技术文档 DS90003138A_CN（TB3138）的说明。

其特点：

　　① 简化 TRIAC（双向可控硅）的控制电路；

　　② 调光器相位延迟驱动；

　　③ 交流电的周期测量；

　　④ 最小化开关瞬态的 EMI；

　　⑤ 精确的长期时间基准。

（4）AD 转换器模块（Analog to Digital Converters）

　　MCU 片内集成的 ADC 大多是 SAR（逐次逼近）结构的。SAR 具有低功耗和廉价的特点，自然适合与 8 位 MCU 集成。同时也可在 8 位机应用场合提供合适的分辨率和精度。ADC 的内容在第 10 章已讲，其中涉及到 8 位和 10 位分辨率的机型。

　　12 位 ADC 在 PIC16F178x 系列推出，该系列提供 14 个 ADC 通道，转换速度可达 75 kbps。当需要达到更高的转换速度（100 kbps）时，也可以切换到 10 位分辨率模式。

（5）DA 转换器模块（Digital to Analog Converters）

　　第 11.13 章节讲述了 5-bit DAC 的工作原理。这是最为廉价的 DAC，它可以满摆幅地输出 32 级电压，该 DAC 的输出可以连接到外部引脚或片内的一些模块上。灵巧的组合和低成本可以为大功率 LED 驱动和简单的电源电路提供优异的设计支持。后期推出的系列（见附录）包含了更高分辨率（8 位或 9 位）的 DAC 模块。

在照明和电机应用等闭环控制系统中，这类 DAC 可以为比较器模块提供精确的基准电压。通过一系列片内和片外连接选项，这些 DAC 可以与 OPA 相连以便生成不同的 PWM 占空比。

（6）带计算功能的 AD 转换器模块（ADCC_Analog-to-Digital Converter with Computation）

该 ADC 为前卫的机型所携带（如 PIC16F188xx），它具备 10 位转换分辨率。不同于以往，它将后期的数字信号处理功能由软件转移到硬件，这样可以加速信号处理任务，使系统的反馈速度更快。

其特点：

① 减少像传统 ADC 在信号处理过程中的软件消耗。

② 采样定时与硬件的工作状态相关联，硬件来自片内的各种外设。

③ 能进行重复和连续采样。

④ 带有"自动启动采样（转换）"触发功能，除了像通常的 ADC 通过软件启动 AD 采样外，该功能还能通过硬件实现（如下一节的实验）。

⑤ 新的计算方式可对输入模拟信号进行自动计算。可对信号进行数字滤波（低通）或取均值；具备窗口值（上下限）或基准值门槛比较功能。

⑥ 具备简化电容触摸应用的硬件特色。

（7）斜率补偿器模块（SC_Slope Compensation Module）

开关电源的电流型 PWM 控制方式存在一些挑战，如当占空比大于 50％时，环路会变得不稳定，增益峰值也会导致次谐波振荡，斜率补偿（SC）可以应对这些挑战。SC 联合片内智能模拟外设（如 DAC、运放和快速比较器）工作方式对于电流模式控制 DC/DC 转换器是非常有用的。SC 的具体原理可见 Microchip 技术文档 DS90003120A_CN（TB3120）的说明。

其特点：

① 防止频率摇摆；

② 当占空比大于 50％时帮助稳定输出；

③ 可编程的斜率和频率生成；

④ 与分立器件相比较，可以节省元件数量。

（8）可编程斜坡发生器（PRG_Programmable Ramp Generator）

电压斜坡信号可用于需要电压线性变化的电路应用。它通常用作参考信号、斜率补偿器或扫描电压发生器。PRG 可提供各种电压斜坡信号。PRG 的具体原理可见 Microchip 技术文档 DS90003140A_CN（TB3140）的说明。

其特点：

① 模拟斜波发生器(斜率补偿)专门针对电流型 PWM 开关电源;

② 生成独立的上升或下降型电压斜坡;

③ 为闭环控制而设计的内部多路互联;

④ 多种输出方式,如下降斜坡(Slope)、上升斜坡(Ramp)或交替上升/下降斜坡
(Triangle);

⑤ 集成模拟反馈环路的智能控制。

其优点:

① 节省元器件成本;

② 简化开关电源的设计;

③ Sleep 态下仍可工作。

21.4　CIP 功能演示及分析

外设如何独立于内核工作呢?这里选用 PIC16F1614 的 ADC 进行说明。这个
ADC 的结构与 PIC16F193X 的 ADC 比较相似,主要的不同体现在启动 AD 转换的
触发源上,如图 21.1 所示。

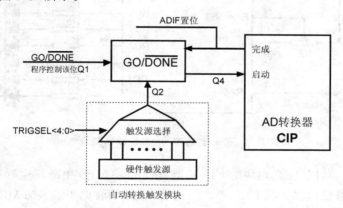

图 21.1　带 CIP 功能的 ADC 模块(PIC16F1614)

通常的 ADC 需要软件才能启动转换(将"GO/DONE"位置 1 即可),而配备 CIP
功能的 ADC 在原有基础上增设了硬件触发功能,如图 21.1 下部所示。硬件触发与
软件触发是"OR"关系,它们发出的信号分别出现在不同的时钟边沿(Q1 或 Q2),内
部处理后,在 Q4 边沿启动 AD 转换。

硬件触发源有很多种,具体可见芯片说明。如当 TMR0/1/3/5 计数溢出时刻可
以启动 AD 转换,当 SMT1/2 与设定值匹配时也可以启动 AD 转换等等。通过对寄
存器 ADCON2 进行设置可以选择唯一触发源。比如,选定 TMR0 计数溢出作为触

发源,首先让 TMR0 自由运行,每个溢出时刻自动启动 AD 转换。整个运行过程不需 CPU 干预,实现了独立运行。对于 AD 转换结果,CPU 在执行其他任务的过程中可以随机读取。要使读取值有意义,读取的频率必须低于启动 AD 转换的频率,比如 1s 的间隔读取一次,那么启动 AD 转换的间隔应该小于 1s。

　　以下的实验就是说明这个过程的,实验的原理如图 21.2 所示。这个原理图与 10.12 节的图很相似,显示部分和模拟电压取样方式雷同。需要注意的是,为了使 AD 转换结果更加稳定,MCU 的外部电源 V_{dd} 和模拟信号输入引脚 RA4 需要添加旁路电容。不同的是图 10.12 只能使用片外振荡源,而对于图 21.2,为了充分利用片外引脚,使用了内置振荡源。

　　PIC16F1614 只有 14 个引脚。不同于其他引脚数稍多的 MCU(至少有一个 8 位端口),它只有两个 6 位端口,分别是 RA5~RA0、RC5~RC0。显示方面(8 位 LED),为了弥补端口数量的不足,将 RC 端口联合 RA 端口的 2 个引脚共同组成一个完整的 8 位端口。在显示的编程方面,这样做显得麻烦些。但如果选用 PIC16F1618(20 引脚),它有一个完整的 RC 端口,显示编程就不存在这样的麻烦。

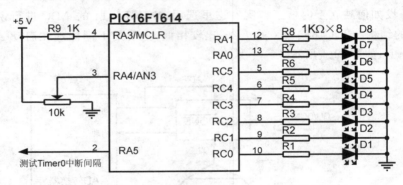

图 21.2　带 CIP 功能的 AD 转换实验电路

　　实验目的:利用 ADC 模块的 CIP 功能,在每个 TMR0 中断发生时自动启动 AD 转换,转换结果显示在 8 位 LED 上。采用 RA5 的翻转电平监视 TMR0 溢出周期。根据实验目的,编制以下程序:

```
# include<16f1614.h>
# fuses INTRC_IO,NOWDT,PUT,NOLVP        //采用片内振荡源(缺省频率 500kHz)
# device ADC = 8                        //将转换分辨率设定为 8 位(最大 10 位)
# byte ADCON2 = getenv("SFR:ADCON2")
# byte PORTA = getenv("SFR:PORTA")
# use fast_io(A)
# use fast_io(C)
# use delay(internal = 4MHz)
int  value;                             //定义 value 为 8 位 int 型
```

```
short value_7,value_6;                      //定义位变量

#int_timer0
void tmr0_isr( )                            //TMR0 中断服务程序
{
    output_toggle(PIN_A5);                  //翻转 RA5 引脚的电平
    delay_us(50);                           //等待 AD 转换完成
    value = read_adc(ADC_READ_ONLY);        //读取 AD 转换结果
    output_c(value);                        //将结果的低 6 位送显
    value_7 = bit_test(value,7);            //检测结果的高 7 位
        if(value_7)                         //若为 1
            {bit_set(porta,1);}             //置位 RA1
        else                                //若为 0
            {bit_clear(porta,1);}           //清零 RA1
    value_6 = bit_test(value,6);            //检测结果的高 6 位
        if(value_6)                         //若为 1
            {bit_set(porta,0);}             //置位 RA0
        else                                //若为 0
            {bit_clear(porta,0);}           //清零 RA0
}
void main( )
{
    setup_oscillator(OSC_4MHZ);             //设置主频为 4M
    set_tris_a(0x10);                       //RA4 置为输入,其它置为输出
    set_tris_c(0x00);                       //将 RC 端口全部置为输出
    set_timer0(0x00);                       //清零累加器 TMR0
    setup_timer_0(T0_INTERNAL|T0_DIV_256);  //TMR0 采用内部振荡源,分频比 256
                                            //同时启动 TMR0,使它自由运行
    setup_adc_ports(sAN3,VSS_VDD);          //RA4 设为模拟输入口,Vdd 为基准电压
    setup_adc(ADC_CLOCK_INTERNAL);          //AD 转换采用自带 RC 振荡源
    set_adc_channel(3);                     //选择 AN3 为当前进行 AD 转换的通道
    ADCON2 = 0x18;                          //选择 TMR0 计数溢出作为触发源
    enable_interrupts(INT_TIMER0);          //打开 TIMER0 中断
    enable_interrupts(GLOBAL);              //打开总中断
    while (1)                               //主程序
    {  }
}
```

　　说明:本程序演示了 ADC 的 CIP 功能。如果不使用 CIP 功能,实验现象也是这样,程序语句差别不大。如去掉"ADCON2 = 0x18",将中断服务中读取 AD 转换结果语句改为"value = read_adc(adc_start_and_read)"即可。但从内部看,两者的运行机制有所不同,一个需要 CPU 参与,而另一个不需要。

用示波器观察 RA5 引脚的输出电平,可以发现,中断每隔 65.6 ms 发生一次,这也是 TMR0 的计数溢出时间。

ISR 中为了等待 AD 转换结果,使用了延迟语句,作为替换,也可以通过查询 ADIF 的状态来获取转换值。本程序为了演示的需要,使用了 TMR0 中断服务。如果没有必要,可以不使用 TMR0 中断(CPU 不参与),这时,TMR0 和 ADC 都会在后台自动运行,在主程序部分,随时可以使用"value = read_adc(adc_read_only)"索取 AD 转换结果。

CIP 的设计思想在最早的 877A 中也有体现,那就是在 Compare 方式下,当匹配触发信号产生时,GO 位被自动置 1,启动 AD 转换。不同于现在的 CIP,那时的触发源非常单一。

PIC16F1614 的 ADC 是 10 位的,这里将它设定为 8 位(舍弃低 2 位),这是因为显示所用引脚数量有限的缘故。

21.5   出色的节能技术

如今 MCU 被越来越多地应用到便携式设备中,在依靠电池供电的情形下,设备使用寿命的长短是衡量其性能的重要指标,这对电路设计及芯片的节能设计提出了更高的要求。Microchip 公司在这方面做得很出色,本节将介绍他们开发的若干芯片节能技术及发展历程。

早期的 MCU(PIC16F877A 系列),某些机型开始采用纳瓦技术(2003 年),这是最初的低功耗标准,它要求睡眠态下 MCU 的功耗处在纳瓦级范围内。后来该技术作了进一步深化,称为"nanoWatt XLP 技术",它在原来纳瓦技术的基础上大幅降低了功耗。

nanoWatt XLP 的技术规范要求 MCU 典型电流消耗小于以下值:

① 100 nA,指掉电电流(I_{PD});

② 800 nA,指 WDT 电流(I_{WDT});

③ 800 nA,指实时时钟和日历运行消耗电流($I_{(RTCC)}$)。

XLP 技术的关键在于以下两点:

① 一系列可由软件设定的硬件配置;

② 这些配置过的硬件在工作时可以根据性能需求改变工作方式以便节省能耗。

不同于 PIC16F1933(1.8 V~5.5 V),PIC16LF1933(1.8 V~3.6 V)才具备 XLP 功能。

MCU 的功率消耗,分为静态功耗和动态功耗两部分:

静态功耗:指主振荡源被禁止且代码未运行时的功耗,主要包括晶体管泄漏、

BOR 电路、WDT 的功耗；

动态功耗：指主振荡源工作时 MCU 的功耗，主要由 CMOS 开关电路造成。而开关电路的损耗（P）主要与开关电压（V）、开关频率（f）、电容效应（c）造成的充放电有关，可用以下公式表征：

$$P = V^2 \times f \times C \qquad\qquad 21-1$$

可见 MCU 的 V_{dd} 对功耗的影响最大，这就是为什么 XLP 技术只在 LF 型号（低电压）实现的原因。降低频率 f 会使 MCU 更节能，负面影响是会降低 MCU 的工作效率。所以在设计时要综合权衡（Trade off）。

下面介绍 MCU 的五种节能模式：

（1）Sleep 模式

这是最经典的节能模式，适用于几乎所有的 MCU，它的实现早于最初的纳瓦技术。

在 Sleep 态下，主振荡源和大多数外设自带的振荡源都被关停，从而使 MCU 处于低功耗状态，相关内容在章节 18.7、18.8 有详细说明。Sleep 模式是一种静态功耗模式，通常用于以下情形：

① 循环时间短，需要频繁唤醒（通常小于 1 秒）时；

② 需要外设作为唤醒源时；

③ Sleep 态下使用比较器或使用 ADC 进行模拟采样时。

（2）Idle 模式

Idle（空闲）模式是动态低功耗模式。当所需外设功能需要比 Sleep 态下外设功能多的时候，可以使用 Idle 模式，将电流消耗降低到运行模式以下。在外设操作很重要而 CPU 操作要求不高的情况下，该模式可显著降低功耗。

Idle 模式是随最初的纳瓦技术一起引入的功能。在 Idle 模式下，主振荡源停止向 CPU 提供时基信号，但仍然向外设提供时基信号（外设可全速运行）。根据 MCU 系列的不同，部分或全部外设可在 Idle 模式下继续运行。

Idle 模式可用于节省 CPU 在等待中断等操作时浪费的能量。当外设高速运行时，不建议使用该模式。

（3）Doze 模式

Doze（打盹）模式也是动态低功耗模式。当所需外设功能需要比 Sleep 态下外设功能多的时候，可以使用 Doze 模式，将电流消耗降低到运行模式以下。在外设操作很重要而 CPU 操作要求不高的情况下，该模式可显著降低功耗。

在 Doze 模式下，主振荡源将分为独立的 CPU 振荡源和外设振荡源。CPU 主振荡源按用户定义的特定因子分频（降低 f），而外设振荡源继续以主振荡速度运行。此时，CPU 操作和 FlashROM 访问减少，但外设工作不受影响。

对于要求外设全速运行，同时执行不重要的 CPU 操作时，该模式非常有用。

　　Idle 和 Doze 模式都是动态功耗模式,虽然它们的功耗低于运行模式下的功耗,但却比静态模式(如 Sleep)下的功耗高出很多。因此,应在不方便进入 Sleep 模式的情况下使用这两种模式,如:

① 发送或接收串行数据;

② 执行高速 ADC 采样;

③ 等待同步定时器计数溢出;

④ 等待使用比较输出事件。

两种模式的使用细则可以参看关联 MCU 的芯片说明。

　　当需要考虑节能时,本书例程中的"loop:goto loop"或"while( )"是程序的主循环,它们大多是在等待中断的发生,CPU 的利用率很低,此时如果让主循环进入 Idle 或 Doze 模式,MCU 功耗会显著降低。

　　(4) 时钟切换(Clock Switching)

　　时钟切换也是随最初的纳瓦技术一起引入的重要节能技术,这是因为主频是动态功耗中最重要的因素,所以它在减小动态电流消耗方面提供了极大的灵活性。

　　Idle 和 Doze 模式都允许降低 CPU 工作频率甚至到零,而外设振荡源仍全速运行,因而消耗大部或全部电流。因此,能够降低系统的整体工作频率非常重要。后期推出的机型基本上都具备时钟切换功能,MCU 中实现的灵活时钟切换功能允许在给定情况下切换到最合适的时钟源(振荡源)。

　　例如,对某种应用,可以将慢速时钟用于对时间要求不高的代码部分,然后在处理计算密集型代码或对时间要求高的代码时再切换到全速时钟源。

　　如同其他动态节能模式一样,时钟切换适用于无法使用 Sleep 模式的情况。在 CPU 和外设对工作频率要求都不高的情况下,应当使用时钟切换代替 Idle 或 Doze 模式,因为时钟切换的功耗远远低于 Idle 或 Doze 模式下的功耗。

　　(5) PMD 功能

　　PMD 的英文名是 Peripheral Module Disable,即外设模块失效(禁止)。该功能被安排在新近推出的 MCU 中(如 PIC16F18xxx 系列)。这类 MCU 有个特点,就是外设很多,虽然可以发挥更强大的功能,但能耗问题又是个矛盾。

　　为了解决这个问题,硬件上增设了 PMD 功能。将 PMD 位置 1 可以完全关闭外设,这个动作包括断开外设的电源和移除振荡源。那么外设的寄存器将变得完全不可读写。

　　PMD 功能之前,对外设进行状态控制的有"xxxEN"位,如 TMR0EN 等,这类位的上电复位值都为零,表示 MCU 启动后,所有的外设都是不工作的,但这并不能说明外设不耗电。此时,程序仍然可以读写相关的寄存器且外设仍可接收振荡信号。因此,这种情况下,外设仍会消耗极少量的电流,而使用 PMD 功能则完全不消耗电流。

　　以上五种节能模式各具特色。Sleep 模式最简单(静态),该模式下一部分外设是不能使用的,这又影响了系统的性能。后期推出的 MCU 新增了众多的外设,这使节能与性能变成了一对矛盾体。Sleep 模式不讲究轻重缓急,不易应对这样的矛盾。于是后期的 MCU 配置了 Idle、Doze、PMD、时钟切换,这类具备"缓变"特点的节能模式(动态)。这有点类似电风扇的控制,Sleep 模式相当于只有开和关的控制,而其他模式相当于存在不同档位(调速)的控制。

"缓变"的节能模式灵活且多变。如何把它们用好,这对用户的设计工作是个考验。当静态节能模式不能满足要求时,可以选择动态节能模式。不管怎样,对于便携式设计,需要在低功耗与高性能之间谋得双赢。

21.6　代码配置器 MCC

代码配置器的英文全称是 MPLAB Code Configurator,简称 MCC。它是一个免费的、图形化的编程环境,它可以生成无缝的、易于理解的 C 程序(或片段)并插入到项目文件中。使用这种直观的界面,对于特定的应用,它可以使能和配置一系列丰富的外设和函数。

MCC 最早的版本 V1.0 发布于 2013 年底,它诞生于集成开发环境 MPLAB X IDE 之后,下载后可作为一个插件置于 IDE 中。最新版本 V3.25 发布于 2016 年底。

之所以在本章介绍 MCC,是因为它与新型 MCU 的开发工作有关。新型 MCU 的硬件部分较过去更为复杂,特别是 CIP 的出现,外设之间的互连更多。如果按照过去的方式写程序,经历的繁多步骤会使效率低下,而使用 MCC 可以大大提高效率,所以 MCC 是与新型 MCU 相适应的一种新型开发工具。MCC 不一定支持所有在产的芯片,具体可见版本说明。如本书的 877A 系列就不支持,而 193X 系列则行。

使用 MCC 的目的是为了加速开发工作。对于时间任务紧、外设用量大的开发,使用 MCC 显得格外有意义。以往的 C 程序都是通过编写(edit)的方式实现,而 MCC 只需通过在 GUI 中轻点鼠标(Click)即可生成代码(程序片段),它创造了一种生成代码的全新方式。

MCC 有如下特点:
① 提供免费的图形化编程环境;
② 为加速开发工作而设计的直观界面;
③ 对外设和函数的自动配置功能;
④ 对芯片说明书(datasheet)的依赖达到最小;
⑤ 可减少整个设计花费的精力和时间;
⑥ 能实现从新手到专家的过程。

限于篇幅，MCC 的具体使用不作描述，它的安装和使用都很方便，Microchip 的网站有这方面的详细说明及视频演示。为了让读者有一个初步的印象，现将 MCC 的性能作简单介绍。

(1) 可提供一系列可用外设，轻松选择并进行配置

图形化的用户界面(GUI_Graphical User Interface)在设备资源区展示关联芯片的所有可用外设。轻松地单击你希望添加到项目中的外设名称，该外设会移动到项目资源区，并准备按照项目需求进行配置。

(2) 可进行代码集成

将 MCC 生成的代码集成到当前的项目中，或由此开创一个新的项目。如果 MCC 探测到项目中存在一个"main.c"文件，它不会再另外生成一个。你只需向"main.c"文件作添加操作即可使用生成的驱动程序。如果你的项目中没有"main.c"文件，MCC 会为你生成一个。

(3) 可与 MPLAB X IDE 相集成

由 MCC 生成的代码会自动地添加到你的项目文件中。所有的 MPLAB X IDE 版本都有与 MCC 生成代码联合工作的特点。

(4) 可快速设置芯片的配置位

芯片的主频和配置位可以在 Composer 区进行快速设置。设置好的主频可以被 MCC 自动引用并用于计算定时器周期、占空比、波特率等其他外设所需的参数。

(5) 可生成标准的驱动程序代码

MCC 根据 Composer 区的设置生成用户定制的、标准化的驱动程序代码。这是添加到用户项目中的实际代码，这些代码(程序片段)可被调试、编辑、复查。同其他代码一样，它可以被手动修改，或者在 Composer 区重新配置后重新生成。

(6) 可轻松地移除外设

移除外设很简单，任何项目资源区的外设都可以通过单击其右侧的"×"被移除。

(7) 可保留对生成代码的更改

同其他代码一样，由 MCC 生成的代码可以被编辑。代码生成后，如果你选择修改这些代码，你可以随便做。但如果你在 MCC 中改变了配置后重新生成代码，会发生什么呢？没有问题，MCC 会检测到这些变化并显示一个比较窗口，允许你选择是保留这些更改还是使用之前生成的代码。

(8) 可简单配置通用 I/O

通过端口管理器，可以对端口引脚的状态进行设置。每个引脚可以自定义一个名称，名称可以显示在端口管理器中或生成的代码中。

端口的方向，输入或输出态，初始值都可通过单击鼠标来设置。输入态的弱上拉(WPUE)，电平变化中断(IOC)也可以进行配置。

(9) 可配置系统需要的外设中断

在中断管理器中可轻易改变 ISR(中断服务)被调用的顺序。选择外设中断并通

过单击上下箭头来设置中断优先级。

（10）可配置外设使用的引脚

当某外设被添加到项目资源区后，与外设关联的引脚会显示在端口管理器中，此时单击该引脚会使它被选中的外设锁定（为其专用）。

（11）可显示芯片引脚的封装视图

端口管理器包含芯片的各种封装视图，这样可以免去浏览 datasheet 的麻烦。封装视图可以根据需要被复制或打印。

（12）可生成专用的驱动程序

专用的驱动程序着重于外设的特殊功能。比如，MSSP 模块可以工作于 I^2C 或 SPI 两种方式，两者都可用作主机或从机。MCC 提供专用的驱动让用户只关注期望的外设功能，使用户不必去配置相关的控制寄存器。

附录A1

年代	型号	主频上限	FlashROM	SRAM	EEPROM	I/O	ADC	CCP	ECCP	SPI	I2C	USART	Timer8	Timer16	比较器	其他
1996	PIC16F83	10M	512	36	64	13										
	PIC16F84	10M	1K	68	64	13										
2001	PIC16F84A	20M	1K	68	64	13										
2003	PIC16F630	20M	1K	64	64	12							1	1(E)	1	
	PIC16F676	20M	1K	128	128	12	8(10bit)						1	1(E)	1	
2004	PIC16F627A (纳瓦)	20M(带内置)	1K	224	128	16	1					2	1	2		
	PIC16F628A(纳瓦)	20M(带内置)	2K	224	128	16					1	2	1	2		
	PIC16F648A (纳瓦)	20M(带内置)	4K	256	256	16					1	2	1	2		
2007	PIC16F635 (纳瓦)	20M(带内置)	1K	64	128	6						1	1(E)	1	EWDT/PLVD
	PIC16F636 (纳瓦)	20M(带内置)	2K	128	256	12						1	1(E)	2	EWDT/PLVD
	PIC16F639 (纳瓦)	20M(带内置)	2K	128	256	12						1	1(E)	2	EWDT/PLVD
2003	PIC16F716	20M	2K	128		13	4(8bit)	1					2	1		
2005	PIC16F785	20M(带内置)	2K	128	256	18	14(10bit)		1				1	1(E)	2	EWDT
2009	PIC16F610(HV)	20M(带内置)	1K	64		11							1	1(E)	2(SR)	
	PIC16F616(HV)	20M(带内置)	2K	128		11	8(10bit)						2	1(E)	2(SR)	
2001	PIC16F873	20M	4K	192	128	22	5(10bit)	2		1	1(主)	1	2	1		
	PIC16F874	20M	4K	192	128	33	8(10bit)	2		1	1(主)	1	2	1		
	PIC16F876	20M	8K	368	256	22	5(10bit)	2		1	1(主)	1	2	1		
	PIC16F877	20M	8K	368	256	33	8(10bit)	2		1	1(主)	1	2	1		
	PIC16F73	20M	4K	192		22	5(8bit)	2		1	1(从)	1	2	1		
	PIC16F74	20M	4K	192		33	8(8bit)	2		1	1(从)	1	2	1		
2002	PIC16F76	20M	8K	368		22	5(8bit)	2		1	1(从)	1	2	1		
	PIC16F77	20M	8K	368		33	8(8bit)	2		1	1(从)	1	2	1		
	PIC16F72	20M	2K	128		22	5(8bit)	1		1	1(主)		2	1		
2003	PIC16F873A	20M	4K	192	128	22	5(10bit)	2		1	1(主)	1	2	1		
	PIC16F874A	20M	4K	192	128	33	8(10bit)	2		1	1(主)	1	2	1		
	PIC16F876A	20M	8K	368	256	22	5(10bit)	2		1	1(主)	1	2	1		
	PIC16F877A	20M	8K	368	256	33	8(10bit)	2		1	1(主)	1	2	1		
2003	PIC16F870	20M	2K	128	64	22	5(10bit)	1				1	2	1		
	PIC16F871	20M	2K	128	64	33	8(10bit)	1				1	2	1		
2002	PIC16F872	20M	2K	128	64	22	5(10bit)	1		1	1(主)		2	1		

注：PIC16F639配备有无线电射频模拟前端，PIC16F785配备有双运放。

附录A2

年代	型号	主频上限	FlashROM	SRAM	EEPROM	I/O	ADC	CCP	ECCP	SPI	I2C	USART	Timer8	Timer16	比较器	其他
2003	PIC16F818(纳瓦)	20M(带内置)	1K	128	128	16	5(10bit)	1		√	√(从)		2	1		
	PIC16F819(纳瓦)	20M(带内置)	2K	256	256	16	5(10bit)	1		√	√(从)		2	1		
2002	PIC16F87(纳瓦)	20M(带内置)	4K	368	256	16		1		1	1(从)	1	2	1	2	
	PIC16F88(纳瓦)	20M(带内置)	4K	368	256	28	1(10bit)	1		1	1(从)	1	2		2	
	PIC16F882(纳瓦)	20M(带内置)	2K	128	128	28	11(10bit)	1		1	1(主)	1(E)	2	1(E)	2(SR)	低功耗WDT
2006	PIC16F883(纳瓦)	20M(带内置)	4K	256	256	24	11(10bit)	1		1	1(主)	1(E)	2	1(E)	2(SR)	低功耗WDT
	PIC16F884(纳瓦)	20M(带内置)	4K	256	256	35	14(10bit)	1		1	1(主)	1(E)	2	1(E)	2(SR)	低功耗WDT
	PIC16F886(纳瓦)	20M(带内置)	8K	368	256	24	11(10bit)	1		1	1(主)	1(E)	2	1(E)	2(SR)	低功耗WDT
	PIC16F887(纳瓦)	20M(带内置)	8K	368	256	35	14(10bit)	1		1	1(主)	1(E)	2	1(E)	2(SR)	低功耗WDT
	PIC16F913(纳瓦)	20M(带内置)	4K	256	256	24	5(10bit)	1		1	1(从)		2	1(E)	2	低功耗WDT/LCD
2005	PIC16F914(纳瓦)	20M(带内置)	4K	256	256	35	8(10bit)	1		1	1(从)		2	1(E)	2	低功耗WDT/LCD
	PIC16F916(纳瓦)	20M(带内置)	8K	352	256	24	5(10bit)	1		1	1(从)		2	1(E)	2	低功耗WDT/LCD
	PIC16F917(纳瓦)	20M(带内置)	8K	352	256	35	8(10bit)	2		1	1(从)		2	1(E)	2	低功耗WDT/LCD
	PIC16F946(纳瓦)	20M(带内置)	8K	336	256	53	8(10bit)	2		1	1(从)		2	1(E)	2	低功耗WDT/LCD
2004	PIC16F684(纳瓦)	20M(带内置)	2K	128	256	12	8(10bit)						2	1(E)	2	ULPWU/EWDT
	PIC16F631	20M(带内置)	1K	64	128	18							1	1(E)	2(SR)	低功耗WDT
	PIC16F677	20M(带内置)	2K	128	256	18	12(10bit)			1	1(主)		2	1(E)	2(SR)	低功耗WDT
2005	PIC16F685	20M(带内置)	4K	256	256	18	12(10bit)	3	1(+)	1			2	1(E)	2(SR)	低功耗WDT
	PIC16F687	20M(带内置)	2K	128	256	18	12(10bit)			1	1(主)	1(E)		1(E)	2(SR)	低功耗WDT
	PIC16F689	20M(带内置)	4K	256	256	18	12(10bit)		1(+)	1	1(主)	1(E)	2	1(E)	2(SR)	低功耗WDT
	PIC16F690	20M(带内置)	4K	256	256	18	12(10bit)			1	1(主)	1(E)		1(E)	2(SR)	低功耗WDT
2009	PIC16F688	20M(带内置)	4K	256	256	12	8(10bit)	2				1(E)	2	1(E)	2	EWDT
2003	PIC16F737(纳瓦)	20M(带内置)	4K	368		25	11(10bit)	3		1	1(主)	1	2	1	2	LVD
	PIC16F747(纳瓦)	20M(带内置)	8K	368		36	14(10bit)	3		1	1(主)	1	2	1	2	LVD
	PIC16F767(纳瓦)	20M(带内置)	8K	368		25	11(10bit)	3		1	1(主)	1	2	1	2	LVD
	PIC16F777(纳瓦)	20M(带内置)	8K	368		36	14(10bit)	2		1	1(主)	1	2	1	2	LVD
2010	PIC16F707(XLP)	20M(带内置)	8K	363		36	14(8bit)	2			1(主)	1	4	2(E)	2	CPS
	PIC16F720(XLP)	16M(带内置)	2K	128		18	12(8bit)	2		1	1(从)	1	2	1		
	PIC16F721(XLP)	16M(带内置)	4K	256		18	11(8bit)	2		1	1(从)	1	2	1		
2007	PIC16F722(XLP)	20M(带内置)	2K	128		25	11(8bit)	2		1	1(从)	1	2	1		CPS
	PIC16F723(XLP)	20M(带内置)	4K	192		25	11(8bit)	2		1	1(从)	1	2	1		CPS

附录A3

年代	型号	主频上限	FlashROM	SRAM	EEPROM	I/O	ADC	CCP	ECCP	SPI	I2C	USART	Timer8	Timer16	比较器	其他
2007	PIC16F724(XLP)	20M(带内置)	4K	192		36	14(8bit)	2		1	1(从)	1	2	1(E)		CPS
	PIC16F726(XLP)	20M(带内置)	8K	368		25	11(8bit)	2		1	1(从)	1	2	1(E)		CPS
	PIC16F727(XLP)	20M(带内置)	8K	368		36	14(8bit)	2		1	1(从)	1	2	1(E)		CPS
2008	PIC16F1933(XLP)	32M(带内置)	4K	256	256	25	11(10bit)	2		1	1(主)	1(E)	4	1(E)	2(SR)	CPS/LCD
	PIC16F1934(XLP)	32M(带内置)	4K	256	256	36	14(10bit)	2		1	1(主)	1(E)	4	1(E)	2(SR)	CPS/LCD
	PIC16F1936(XLP)	32M(带内置)	8K	512	256	25	11(10bit)	2		1	1(主)	1(E)	4	1(E)	2(SR)	CPS/LCD
	PIC16F1937(XLP)	32M(带内置)	8K	512	256	36	14(10bit)	2		1	1(主)	1(E)	4	1(E)	2(SR)	CPS/LCD
	PIC16F1938(XLP)	32M(带内置)	16K	1024	256	25	11(10bit)	2		1	1(主)	1(E)	4	1(E)	2(SR)	CPS/LCD
	PIC16F1939(XLP)	32M(带内置)	16K	1024	256	36	14(10bit)	2		1	1(主)	1(E)	4	1(E)	2(SR)	CPS/LCD
	PIC16F1946(XLP)	32M(带内置)	8K	512	256	54	17(10bit)	2		2	2(主)	2(E)	4	1(E)	2(SR)	CPS/LCD
	PIC16F1947(XLP)	32M(带内置)	16K	1024	256	54	17(10bit)	2		2	2(主)	2(E)	4	1(E)	2(SR)	CPS/LCD
2010	PIC16F1823(XLP)	32M(带内置)	2K	128	256	12	8(10bit)	2	1	1	1(主)	1(E)	2	1(E)	2(SR)	CPS/DSM
	PIC16F1824(XLP)	32M(带内置)	4K	256	256	12	8(10bit)	2	2	1	1(主)	1(E)	2	1(E)	2(SR)	CPS/DSM
	PIC16F1825(XLP)	32M(带内置)	8K	1024	256	12	8(10bit)	2	2	2	1(主)	1(E)	2	1(E)	2(SR)	CPS/DSM
	PIC16F1826(XLP)	32M(带内置)	2K	256	256	16	12(10bit)	2	1	1	1(主)	1(E)	2	1(E)	2(SR)	CPS/DSM
	PIC16F1827(XLP)	32M(带内置)	4K	384	256	16	12(10bit)	2	2	2	2(主)	1(E)	4	1(E)	2(SR)	CPS/DSM
	PIC16F1828(XLP)	32M(带内置)	4K	256	256	18	12(10bit)	2	2	2	1(主)	1(E)	2	1(E)	2(SR)	CPS/DSM
	PIC16F1829(XLP)	32M(带内置)	8K	1024	256	18	12(10bit)	2	2	2	2(主)	1(E)	4	1(E)	2(SR)	CPS/DSM
	PIC16F1847(XLP)	32M(带内置)	8K	1024	256	16	12(10bit)	2	2	2	2(主)	1(E)	4	1(E)	2(SR)	CPS/DSM
2012	PIC16F1512(XLP)	20M(带内置)	2K	128	128	25	17(10bit)	2	1	1	1(主)	1(E)	2	1(E)		LPBOR/EWDT/CVD
	PIC16F1513(XLP)	20M(带内置)	4K	256	128	25	17(10bit)	2	2	1	1(主)	1(E)	2	1(E)		LPBOR/EWDT/CVD
	PIC16F1516(XLP)	20M(带内置)	8K	512	128	25	17(10bit)	2	2	1	1(主)	1(E)	2	1(E)		LPBOR/EWDT
	PIC16F1517(XLP)	20M(带内置)	8K	512	128	36	28(10bit)	2	2	1	1(主)	1(E)	2	1(E)		LPBOR/EWDT
	PIC16F1518(XLP)	20M(带内置)	16K	1024	128	25	17(10bit)	2	2	1	1(主)	1(E)	2	1(E)		LPBOR/EWDT
	PIC16F1519(XLP)	20M(带内置)	16K	1024	128	36	28(10bit)	2	2	1	1(主)	1(E)	2	1(E)		LPBOR/EWDT
	PIC16F1526(XLP)	20M(带内置)	8K	768	128	54	30(10bit)	10		2	2(主)	2(E)	2	1(E)		LPBOR/EWDT
	PIC16F1527(XLP)	20M(带内置)	16K	1536	128	54	30(10bit)	10		2	2(主)	2(E)	2	1(E)		LPBOR/EWDT

附录A4

年代	型号(XLP)内置振荡源	主频配置	FlashROM	SRAM	HEF	I/O	Timer8	Timer16	温度指示器	WWDT	SMT	比较器	ADC	ZCD	DAC	CCP	PWM10	PWM16	PRG	COG	CWG	CLC	CRC	DSM	NCO	Math	OP	0.1A端口	PPS	EUSART	MSSP
2014	PIC16F1613	32M	2K	256	128	12	4(hlt)	1	0	√	2	2	8(10bit)	1	8bit	2					1	0	√			0		0		0	0
	PIC16F1614	32M	4K	512	128	12	4(hlt)	3	1	√	2	2	8(10bit)	1	8bit	2	2				1	2	√			1		2	√	1	1
2014	PIC16F1615	32M	8K	1K	128	12	4(hlt)	3	1	√	2	2	8(10bit)	1	8bit	2	2				1	4	√			1		2	√	1	1
	PIC16F1618	32M	4K	512	128	18	4(hlt)	3	1	√	2	2	12(10bit)	1	8bit	2	2				1	2	√			1		2	√	1	1
	PIC16F1619	32M	8K	1K	128	18	4(hlt)	3	1	√	2	2	12(10bit)	1	8bit	2	2				1	4	√			1		2	√	1	1
2013	PIC16F1703	32M	2K	256	128	12	2	1(E)				2	8(10bit)	1		2				0		0					2		√	0	0
	PIC16F1704	32M	4K	512	128	12	4	1(E)				2	8(10bit)	1	1(8bit)	2	2			1		3					2		√	1	1
	PIC16F1705	32M	8K	1K	128	12	4	1(E)				2	8(10bit)	1	1(8bit)	2	2			1		3					2		√	1	1
2013	PIC16F1707	32M	2K	256	128	12	2	1(E)				2	12(10bit)	1		2				0		0					2		√	0	0
	PIC16F1708	32M	4K	512	128	12	4	1(E)				2	12(10bit)	1	1(8bit)	2	2			1		3					2		√	1	1
	PIC16F1709	32M	8K	1K	128	12	4	1(E)				2	12(10bit)	1	1(8bit)	2	2			1		3					2		√	1	1
2013	PIC16F1713	32M	4K	512	128	25	4	1(E)				2	17(10bit)	1	8bit+5bit	2	2			1		4			1		2		√	1	1
	PIC16F1716	32M	8K	1K	128	25	4	1(E)				2	17(10bit)	1	8bit+5bit	2	2			1		4			1		2		√	1	1
	PIC16F1717	32M	16K	2K	128	36	4	1(E)				2	28(10bit)	1	8bit+5bit	2	2			1		4			1		2		√	1	1
2013	PIC16F1718	32M	16K	2K	128	25	4	1(E)				2	17(10bit)	1	8bit+5bit	2	2			1		4			1		2		√	1	1
	PIC16F1719	32M	16K	2K	128	36	4	1(E)				2	28(10bit)	1	8bit+5bit	2	2			1		4			1		2		√	1	1
2014	PIC16F1764	32M	4K	512	128	12	3(hlt)	3(E)				2	8(10bit)	1	10bit+5bit	1	1	1	1	1		3		1			1	2	√	1	1
	PIC16F1765	32M	8K	1K	128	12	3(hlt)	3(E)				2	8(10bit)	1	10bit+5bit	1	1	1	1	1		3		1			1	2	√	1	1
2014	PIC16F1768	32M	4K	512	128	18	3(hlt)	3(E)				4	12(10bit)	1	(10bit+5bit)*2	2	2	2	2	2		3		2			2	2	√	1	1
	PIC16F1769	32M	8K	1K	128	18	3(hlt)	3(E)				4	12(10bit)	1	(10bit+5bit)*2	2	2	2	2	2		3		2			2	2	√	1	1

注: PIC16F176X配备LPBOR/EWDT功能，其他仅配备LPBOR功能。

附录B1

年代	型号 (XLP) 带内置振荡源	主频工作	FlashROM	SRAM	EEPROM	I/O	ADC	DAC	CCP	OP	PSMC	MSSP	EUSART	Timer8	Timer16	比较器
2011	PIC16F1782	32M	2K	256	256	25	11(12bit)	8bit	2	2	2	1	1	2	1(E)	3
	PIC16F1783	32M	4K	512	256	25	11(12bit)	8bit	2	2	2	1	1	2	1(E)	3
2012	PIC16F1784	32M	4K	512	256	36	14(12bit)	8bit	3	3	3	1	1	2	1(E)	4
	PIC16F1786	32M	8K	1024	256	25	11(12bit)	8bit	3	2	3	1	1	2	1(E)	4
	PIC16F1787	32M	8K	1024	256	36	14(12bit)	8bit	3	3	3	1	1	2	1(E)	4
2013	PIC16F1788	32M	16K	2048	256	25	11(12bit)	8bit+5bit*3	3	2	4	1	1	2	1(E)	4
	PIC16F1789	32M	16K	2048	256	36	14(12bit)	8bit+5bit*3	3	3	4	1	1	2	1(E)	4

附录 B2

年代	型号 (XLP) 带内置振荡源	最高工作频率	FlashROM	SRAM	HEF	I/O	ADC	DAC	PWM10	CWG	CLC	NCO	SPI	I2C	USART	Timer8	Timer16	比较器	其他
2011	PIC16F1503	20M	2K	128	128	12	8(10bit)	5bit	4	1	2	1	√	√(主)		2	1(E)	2	LPBOR/EWDT
	PIC16F1507	20M	2K	128	128	18	12(10bit)		4	1	2	1				2	1(E)		LPBOR/EWDT
	PIC16F1508	20M	4K	256	128	18	12(10bit)	5bit	4	1	4	1	√	√(主)	1(E)	2	1(E)	2	LPBOR/EWDT
	PIC16F1509	20M	8K	512	128	18	12(10bit)	5bit	4	1	4	1	√	√(主)	1(E)	2	1(E)	2	LPBOR/EWDT

附录B3

年代	型号（XLP）带内置振荡源	主频上限	FlashROM	SRAM	EEPROM	I/O	ADC	DAC	CCP	PWM10	PWM16	COG	CWG	SPI	I2C	USART	Timer8	Timer16	clock ref	HLT	PPS	比较器	其他
2013	PIC16F753(HV)	20M	2K	128		12	8(10bit)	9bit	1			1					3	1(E)		2		2	OPA/SC/50mA*2驱动口
2012 (USB)	PIC16F1454	48M	8K	1024		11				2				√	√(主)	1(E)	2	1(E)	1				EWDT/LPBOR/USB
	PIC16F1455	48M	8K	1024		11	5(10bit)	5bit		2			1	√	√(主)	1(E)	2	1(E)	1			2	EWDT/LPBOR/USB
	PIC16F1459	48M	8K	1024		17	9(10bit)	5bit		2			1	√	√(主)	1(E)	2	1(E)				2	EWDT/LPBOR/USB
2016 (PWM)	PIC16F1574	32M	4K	512	128	12	8(10bit)	5bit			4		1			1(E)	2	1(E)+4			1	2	LPBOR
	PIC16F1575	32M	8K	1024	128	12	8(10bit)	5bit			4		1			1(E)	2	1(E)+4			1	2	LPBOR
	PIC16F1578	32M	4K	512	128	18	12(10bit)	5bit			4		1			1(E)	2	1(E)+4			1	2	LPBOR
	PIC16F1579	32M	8K	1024	128	18	12(10bit)	5bit			4		1			1(E)	2	1(E)+4			1	2	LPBOR

附录C1

年代	型号(XLP)内置振荡源	丰频工作频率	FlashROM	SRAM	HEF	I/O	Timer8	Timer16	角度定时器	WWDT	SMT	比较器 EE存储器	ADC	ZCD	DAC	CCP	PWM10	PWM16	PRG	COG	CWG	CLC	CRC	DSM	NCO	Math	OP	0.1A端口	PPS	EUSART	MSSP
2014	PIC16F1613	32M	2K	256	128	12	4(hit)	1	0	√	2	2	8(10bit)	1		2	2				1	0	√			0		0		0	0
2014	PIC16F1614	32M	4K	512	128	12	4(hit)	3	1	√	2	2	8(10bit)	1	8bit	2	2				1	2	√			1		2	√	1	1
2014	PIC16F1615	32M	8K	1K	128	12	4(hit)	3	1	√	2	2	8(10bit)	1	8bit	2	2				1	4	√			1		2	√	1	1
2014	PIC16F1618	32M	4K	512	128	18	4(hit)	3	1	√	2	2	12(10bit)	1	8bit	2	2				1	2	√			1		2	√	1	1
2014	PIC16F1619	32M	8K	1K	128	18	4(hit)	3	1	√	2	2	12(10bit)	1	8bit	2	2				1	4	√			1		2	√	1	1
2013	PIC16F1703	32M	2K	256	128	12	2	1(E)					8(10bit)	1		2				0		0					2		√	0	0
2013	PIC16F1704	32M	4K	512	128	12	4	1(E)			2	2	8(10bit)	1	1(8bit)	2	2			1		3					2		√	1	1
2013	PIC16F1705	32M	8K	1K	128	12	4	1(E)			2	2	8(10bit)	1	1(8bit)	2	2			1		3					2		√	1	1
2013	PIC16F1707	32M	2K	256	128	12	2	1(E)					12(10bit)	1		2				0		0					2		√	0	0
2013	PIC16F1708	32M	4K	512	128	12	4	1(E)			2	2	12(10bit)	1	1(8bit)	2	2			1		3					2		√	1	1
2013	PIC16F1709	32M	8K	1K	128	12	4	1(E)			2	2	12(10bit)	1	1(8bit)	2	2			1		3					2		√	1	1
2013	PIC16F1713	32M	4K	512	128	25	4	1(E)			2	2	17(10bit)	1	8bit+5bit	2	2					4			1		2		√	1	1
2013	PIC16F1716	32M	8K	1K	128	25	4	1(E)			2	2	17(10bit)	1	8bit+5bit	2	2					4			1		2		√	1	1
2013	PIC16F1717	32M	8K	1K	128	36	4	1(E)			2	2	28(10bit)	1	8bit+5bit	2	2					4			1		2		√	1	1
2013	PIC16F1718	32M	16K	2K	128	25	4	1(E)			2	2	17(10bit)	1	8bit+5bit	2	2					4			1		2		√	1	1
2013	PIC16F1719	32M	16K	2K	128	36	4	1(E)			2	2	28(10bit)	1	8bit+5bit	2	2					4			1		2		√	1	1
2014	PIC16F1764	32M	4K	512	128	12	3(hit)	3(E)				2	8(10bit)	1	10bit+5bit	2	1	1	1	2		3		1			1	2	√	1	1
2014	PIC16F1765	32M	8K	1K	128	12	3(hit)	3(E)				2	8(10bit)	1	10bit+5bit	2	1	1	1	2		3		1			1	2	√	1	1
2014	PIC16F1768	32M	4K	512	128	18	3(hit)	3(E)				4	12(10bit)	1	(10bit+5bit)*2	2	2	2	2	2		3		2			2	2	√	1	1
2014	PIC16F1769	32M	8K	1K	128	18	3(hit)	3(E)				4	12(10bit)	1	(10bit+5bit)*2	2	2	2	2	2		3		2			2	2	√	1	1

注：PIC16F176X配备LPBOR/EWDT功能，其他仅配备LPBOR功能。

附录 C2

年代	型号(XLP)带内置振荡源	主频上限	FlashROM	SRAM	HEF	I/O	Timer8	Timer16	WWDT	SMT	比较器	ADC	ZCD	DAC	CCP	PWM10	CWG	CLC	CRC	DSM	NCO	PPS	EUSART	MSSP	PMD	idle&doze	clock ref
2015	PIC16F18313	32M	2K	256	256	6	2	1(E)			1	9(10bit)		5bit	2	2	1	2		1	1	√	1	1	√	√	√
	PIC16F18323	32M	2K	256	256	12	2	1(E)			2	15(10bit)		5bit	2	2	1	2		1	1	√	1	1	√	√	√
	PIC16F18324	32M	4K	512	256	12	4	3(E)			2	15(10bit)		5bit	4	2	2	4		1	1	√	1	1	√	√	√
	PIC16F18325	32M	8K	1K	256	12	4	3(E)			2	15(10bit)		5bit	4	2	2	4		1	1	√	1	2	√	√	√
	PIC16F18344	32M	4K	512	256	18	4	3(E)			2	21(10bit)		5bit	4	2	2	4		1	1	√	1	1	√	√	√
	PIC16F18345	32M	8K	1K	256	18	4	3(E)			2	21(10bit)		5bit	4	2	2	4		1	1	√	1	2	√	√	√
2016	PIC16F18854	32M	4K	512	256	25	3(HLT)	4(E)	√	2	2	24(10bit)	1	5bit	5	2	3	4	√	1	1	√	1	2		√	√
	PIC16F18855	32M	8K	1K	256	25	3(HLT)	4(E)	√	2	2	24(10bit)	1	5bit	5	2	3	4	√	1	1	√	1	2		√	√
	PIC16F18856	32M	16K	2K	256	25	3(HLT)	4(E)	√	2	2	24(10bit)	1	5bit	5	2	3	4	√	1	1	√	1	2		√	√
	PIC16F18857	32M	32K	4K	256	25	3(HLT)	4(E)	√	2	2	24(10bit)	1	5bit	5	2	3	4	√	1	1	√	1	2		√	√
	PIC16F18875	32M	8K	1K	256	36	3(HLT)	4(E)	√	2	2	35(10bit)	1	5bit	5	2	3	4	√	1	1	√	1	2		√	√
	PIC16F18876	32M	16K	2K	256	36	3(HLT)	4(E)	√	2	2	35(10bit)	1	5bit	5	2	3	4	√	1	1	√	1	2		√	√
	PIC16F18877	32M	32K	4K	256	36	3(HLT)	4(E)	√	2	2	35(10bit)	1	5bit	5	2	3	4	√	1	1	√	1	2		√	√

注：PIC16F183XX 配备 LPBOR/EWDT 功能，其他仅配备 LPBOR 功能。

参考文献

[1] Microchip. PICmicro Mid-Range MCU Family Reference Manual，1997 www. microchip.com

[2] Microchip. PIC16F87XA Data Sheet 2003. www.microchip.com.

[3] Microchip. PIC16F7X Data Sheet 2002. www.microchip.com.

[4] Microchip. PIC16(L)F1934/6/7 Data Sheet 2008-2011. www.microchip.com.

[5] Microchip. PIC16(L)F1938/9 Data Sheet 2011. www.microchip.com.

[6] I^2C-bus specification and user manual(Rev. 6-4 April 2014). www.nxp.com.

[7] CCS C Compiler Manual PCB / PCM / PCH 2015.5. www.ccsinfo.com.

[8] MC68HC908GP32 Data Sheet 2008. www.freescale.com.

[9] CAT25080 Data Sheet 2012.8. www.onsemi.cn.

[10] 24C02C Data Sheet 2008. www.microchip.com.

[11] VFC32（Voltage-to-Frequency and Frequency-to-Voltage Converter）2014. www.ti.com.

[12] IMP705/6/7/8,813L 2016. www.ds-imp.com.cn.

[13] DS18B20 2015. www.maximintegrated.com.

[14] 李学海.PIC 单片机实用教程——提高篇.北京:北京航空航天大学出版社, 2002.

[15] 李学海.PIC 单片机实用教程——基础篇.北京:北京航空航天大学出版社, 2002.

[16] Tim W.PIC 嵌入式系统开发.陈小文,闫志强等译.北京:人民邮电出版社,2008.

[17] Muhammad Ali M.Rolin D.Mckinlay.Danny C.PIC 技术宝典.李中华,张雨浓, 陈卓怡等,译.北京:人民邮电出版社,2008.

[18] 白中英.计算机组成原理.北京:科学出版社,2004.

[19] Paul H,Winfield H.电子学.2 版.吴利民,余国文,欧阳华,梅进杰等,译.北京:

电子工业出版社,2005.

[20] 稻叶保.振荡电路的设计与应用.何希才,尤克,译.北京:科学出版社,2004.

[21] 谭浩强.C 程序设计.4 版.北京:清华大学出版社,2010.

[22] 后闲哲也.PIC 单片机 C 程序设计与实践.常晓明,译.北京:北京航空航天大学出版社,2008.

[23] 周惠中.微观经济学.3 版.上海:格致出版社,上海三联书店,上海人民出版社,2012.

[24] Microchip. 高精度 16 位 PWM 技术简介(DS90003137B_CN),2016.

[25] Microchip. 角度定时器使用简介(DS90003143A_CN),2016.

[26] Microchip. Configurable Logic Cell on PIC Microcontroller (DS90003133A),2015.

[27] Microchip. COG 技术简介(DS90003119A_CN),2016.

[28] Microchip. CWG 技术简介(DS90003118A_CN),2016.

[29] Microchip. 数据信号调制器(DSM)技术简介(DS90003126B_CN),2016.

[30] Microchip. 硬件限制定时器(HLT)技术简介(DS90003122A_CN),2015.

[31] Microchip. 数控振荡器(NCO)技术简介(DS90003131A_CN),2015.

[32] Microchip. Peripheral Pin Select in 8-bit Microcontrollers Technical Brief (DS90003130A),2015.

[33] Microchip. 可编程斜坡发生器(PRG)(DS90003140_CN),2016.

[34] Microchip. 可编程开关模式控制器(PSMC)(DS01468A_CN),2012.

[35] Microchip. PIC 单片机的斜率补偿器(SC)(DS90003120A_CN),2015.

[36] Microchip. PIC 单片机的信号测量定时器(SMT)(DS90003129A_CN),2015.

[37] Microchip. Using the Temperature Indicator Module (DS00002092A),2016.

[38] Microchip. 窗式看门狗定时器(WWDT)(DS90003123A_CN),2015.

[39] Microchip. Zero-Cross Detection Module Technical Brief (DS90003138A),2015.

[40] Microchip. nanoWatt 技术和 nanoWatt XLP 技术(DS01267A_CN),2009.

[41] Microchip. 8 位 PIC 单片机的打盹、空闲和 PMD 功能(DS90003144B_CN),2016.

[42] Microchip. MPLAB® Code Configurator v3. xx User's Guide (DS40001829B),2016.

[43] Microchip. PIC16F1614/8 Data Sheet (DS40001769B),2014.